EUL VERLAG

CORPORATE LIFE CYCLE MANAGEMENT

Herausgegeben von Prof. Dr. Klaus Nathusius

Band 1

Norbert Fischl

Unternehmenskultur und radikale Innovation – Eine Analyse von jungen und mittelständischen Unternehmen

Lohmar – Köln 2008 • 492 S. • € 63,- (D) • ISBN 978-3-89936-668-6

JOSEF EUL VERLAG

Corporate Life Cycle Management · Band 1

Herausgegeben von Prof. Dr. Klaus Nathusius

Dr. Norbert Fischl

Unternehmenskultur und radikale Innovation

Eine Analyse von jungen und mittelständischen Unternehmen

Mit einem Geleitwort von Prof. Dr. Klaus Nathusius, Universität Göttingen

EUL VERLAG

Bibliographische Information der Deutschen Bibliothek

Die Deutsche Bibliothek verzeichnet diese Publikation in der Deutschen Nationalbibliothek; detaillierte bibliographische Daten sind im Internet über <http://dnb.ddb.de> abrufbar.

Dissertation, Universität Kassel, 2007, unter dem Titel: Erfolgsrelevanz der Unternehmenskultur junger, radikal innovativer Unternehmen und ihre Übertragbarkeit auf mittelständische Unternehmen zur Erzeugung von radikalen Innovationen
Fachbereich Wirtschaftswissenschaften
Disputation am 07. November 2007

ISBN 978-3-89936-668-6
1. Auflage Februar 2008

Printed in Germany
Druck: RSP, Troisdorf

JOSEF EUL VERLAG GmbH
Brandsberg 6
D-53797 Lohmar
Tel.: +49 (0) 22 05 / 90 10 6-6
Fax: +49 (0) 22 05 / 90 10 6-88
http://www.eul-verlag.de
info@eul-verlag.de

Bei der Herstellung unserer Bücher möchten wir die Umwelt schonen. Dieses Buch ist daher auf säurefreiem, 100% chlorfrei gebleichtem, alterungsbeständigem Papier nach DIN 6738 gedruckt.

Geleitwort des Herausgebers

Die Schriftenreihe „Corporate Life Cycle Management" ist mit der Zielsetzung entstanden, aktuelle Forschungsergebnisse zu verschiedenen Aspekten des unternehmerischen Lebenszyklus unter einer thematischen Klammer zu veröffentlichen. Die Betrachtung reicht dabei von den Phasen der Unternehmensgründungen zu den verschiedenen Phasen und unterschiedlichen strategischen Verzweigungsmöglichkeiten reifer Unternehmen.

Der Herausgeber dieser Schriftenreihe beschäftigt sich seit den siebziger Jahren des letzten Jahrhunderts mit den Fragen des Verhaltens des Managements von Unternehmen. Ausgangspunkt sind dabei lebenszyklusbedingte Defizite und Verluste bei der Kreativität, Innovativität und Anpassungsgeschwindigkeit in vielen gereiften Unternehmen. Hier spielen Aspekte der Unternehmenskultur, der organisatorischen Entwicklung durch Vermeidung der Bürokratisierung und Hierarchisierung, der Schaffung neuer Organisationseinheiten mit Merkmalen junger Unternehmen (Corporate Venturing), der unternehmerischen Sensorik als Voraussetzung für Chancenerkennung, der schnellen und marktorientierten Anpassung von Unternehmen an Änderungen in den Umfeldbedingungen, der Beachtung eines gesunden Risiko- und Chancen-Mixes und der Kooperation und weitgehenden Vernetzung im Zusammenhang mit der Einführung neuer Technologien eine große Rolle.

Die St. Galler Schule hat sich mit einigen grundlegenden Veröffentlichungen zum Thema des Corporate Life Cycle Managements um das Thema verdient gemacht. Arbeiten von Bleicher und Pümpin haben im deutschsprachigen Raum wesentliche Anstösse und Erkenntnisgewinne gebracht. Die nun begonnene Schriftenreihe wird neuere Forschungsergebnisse veröffentlichen und zur Diskussion zu stellen. Dabei ist die grundsätzliche Frage der in der Schriftenreihe gesammelten Beiträge, welche Bedingungen zu gesunderen, erfolgreicher wachsenden und profitableren Unternehmen und zu vermehrten Formen der Anpassung von Unternehmen an Verhaltensweisen von frühen Unternehmensentwicklungsstufen führen. Eine wesentliche Rolle spielt dabei die Neuinterpretation des Schumpeterschem Verhaltens einer schöpferischer Zerstörung durch die frühzeitige Besetzung wenig wettbewerbsintensiver Märkte und Marktsegmente als „Blue Ocean" Strategien.

Frau Dr. Margot Eul, geschäftsführende Gesellschafterin des Josef Eul Verlages, danke ich für die Bereitschaft, die Schriftenreihe „Corporate Life Cycle Management" in ihr Verlagsprogramm aufzunehmen.

Göttingen, Februar 2008

Prof. Dr. Klaus Nathusius

Georg August Universität Göttingen

Entrepreneurship & Entrepreneurial Finance

Geleitwort des Doktorvaters

Herr Norbert Fischl hat sich mit der vorliegenden Dissertation eines Themas angenommen, das von hoher wissenschaftlicher und auch praktischer Aktualität ist. In den letzten Jahrzehnten ist die Unternehmenskultur als Erfolgsparameter von Unternehmen und Management-Tool in jungen, schnell wachsenden Unternehmen zunehmend von der betriebswirtschaftlichen Forschung aufgenommen worden. Dabei standen Untersuchungen zu den Einflüssen personeller und organisatorischer Maßnahmen zur Optimierung der weiteren Unternehmensentwicklung sowie zur Anregung einer höheren Innovationsrate und Verbesserung der Anpassungsgeschwindigkeit und -effektivität an Änderungen in den Rahmenbedingungen im Vordergrund der Betrachtung.

Wie auch in anderen Bereichen der Betriebswirtschaftslehre wurde zunächst nur am Rande auf die spezifischen Bedingungsrahmen und Handlungsalternativen für Unternehmen in unterschiedlichen genetischen Entwicklungsphasen und bestimmten typischen Erscheinungsformen (z.B. unterschieden nach Unternehmensgrößenklassen oder Eigentümer-/ Managerstrukturen) eingegangen. Diese Abstinenz der betriebswirtschaftlichen Forschung ist aber zunehmend zurückgegangen. Im Rahmen von Teildisziplinen der Betriebswirtschaftslehre – wie z.B. der BWL für kleine und mittlere Unternehmen, der BWL für mittelständische Unternehmen und auch der BWL für junge Unternehmen (Entrepreneurship) – gibt es zwischenzeitlich eine intensivere Beschäftigung mit den Spezifika der jeweiligen Unternehmenstypenklasse.

Hier ist die Dissertation von Herrn Fischl einzuordnen, die sich einerseits auf junge, radikal innovierende Unternehmen als wissenschaftliche Zielgruppe und andererseits auf mittelständische Unternehmen als mögliche Nutznießer von Erkenntnissen aus dem Bereich der jungen Unternehmen bezieht. Herr Fischl vollzieht dementsprechend einen Brückenschlag zwischen diesen beiden Unternehmenstypen, was eine innovative und anspruchsvolle Betrachtungsweise darstellt.

Das Thema hat aber auch hinsichtlich der praktisch-wirtschaftlichen Dimension des Handelns und Entscheidens von Gründern/Unternehmern eine erhebliche Relevanz. Untersuchungen des deutschen "Innovationssystems" zeigen immer wieder die Problematik auf, dass zwar in erheblichem Umfang neues Wissen und darauf basierende Schutzrechte geschaffen werden. Deutschland hat auf europäischer Ebene mit Abstand die meisten Patentanmeldungen. Allerdings fehlt es immer wieder an der erfolgreichen erstmaligen Umsetzung neuen Wissens im Markt. Über Innovationen wird viel gesprochen, es werden große staatliche Förderprogramme verabschiedet, aber der Transmissionsprozess in den Markt ist weiterhin unzureichend. Deshalb ist die Frage nach der Umsetzbarkeit von Erfolgsparametern aus dem Bereich der jungen Unternehmen – z.B. der Unternehmenskultur bei radikal innovierenden Gründungs- und Jungunternehmen – auch aus der gesamtwirtschaftlichen Sicht von großer Bedeutung.

Als eindrucksvolles Ergebnis konnte durch Herrn Fischl erarbeitet werden, dass von den unterschiedenen Kulturdimensionen zum Teil sehr deutliche Ergebniswirkungen auf den Erfolg der Unternehmen festzustellen sind. Beispielhaft kann hier der Einfluss der Führungskultur bei hoher Radikalität des Innovationsvorhabens angeführt werden. Die empirischen Ergebnisse zeigen, dass ein hohes Maß an klassischer Führungskultur für den Erfolg schädlich ist. Herr Fischl vermutet, dass gerade an radikalen Innovationen beteiligte Personen Freiräume brauchen, denen ein hohes Maß an Direktion und enger Führung entgegen steht.

Die Ausführungen von Herrn Fischl haben die wesentlichen Komponenten der Unternehmenskultur als Erfolgsfaktoren für radikale Innovationstätigkeit überzeugend herausgearbeitet. Mit seinen empirischen Untersuchungen hat er für das wissenschaftliche Verständnis dieses Teils der Innovationsforschung bezogen auf junge und mittelständische Unternehmen einen bemerkenswerten Beitrag geleistet. Seinem Buch ist eine weite Verbreitung und Beachtung in weitergehenden Forschungsansätzen zu wünschen.

Göttingen, Februar 2008

Prof. Dr. Klaus Nathusius

Vorwort des Autors

Mein großes persönliches Interesse, dem Phänomen Unternehmenskultur in jungen Unternehmen auf den Grund zu gehen, wurde geweckt durch meine beruflichen Erfahrungen. Diese machten mir klar, wie wichtig und Erfolg entscheidend, aber vor allem auch wie unterschiedlich und schwer fassbar, Unternehmenskultur ist. Als erstes muss ich hier meine eigene Gründungserfahrung im Jahr 1999/2000 nennen, dann die davor liegende Tätigkeit beim Großkonzern Ford Motor Company sowie schließlich meine bis heute ausgeübte Tätigkeit als Unternehmensberater bei McKinsey & Company.

In diesem Sinne möchte ich zunächst den Menschen danken, die mir – ohne ihr Wissen – die Inspiration für das Thema der vorliegenden Arbeit gaben: Meinen damaligen Mitgründern Andreas Buchen, Ekkhard Issel, Markus Kleine-Voßbeck und Maik Schulz, Sylke Remmel von Ford Motor Company sowie meinen ehemaligen Kölner Kollegen von McKinsey & Company Dr. Jan Lehmann und Dr. Jan-Hendrik Kraus. Bei McKinsey & Company möchte ich mich zudem für die großzügige Förderung meiner Dissertation bedanken.

Mein besonderer Dank gilt selbstverständlich meinem Doktorvater Prof. Dr. Klaus Nathusius, der es mir ermöglichte, als externer Doktorand an seinem Institut zu promovieren. Zudem möchte ich ihm danken für seine stets konstruktive Kritik und Bereitschaft zur Diskussion sowie die unvergesslichen Doktorandenseminare in Hofgeismar. Ebenso möchte ich Prof. Dr. Gerd-Michael Hellstern für die Übernahme des Zweitgutachtens danken.

Schließlich gilt mein Dank all jenen, die mich während der Anfertigung dieser Arbeit unterstützt und motiviert haben. So geht mein Dank an meine Promotionskollegen im Kölner Büro von McKinsey für zahlreiche inhaltliche und formale Anregungen. Mein besonderer Dank geht an Jens Echterling für seine Ratschläge in der Endphase der Arbeit, insbesondere der Auswertung der Empirie. Dank gebührt auch meinen Mitdoktoranden bei Prof. Dr. Nathusius. Hier möchte ich insbesondere Dr. Johannes Steegmann und Carlo Velten für zahlreiche Anregungen danken. Ebenso Dank sagen möchte ich Dr. Jan Brinckmann und Jeanette Liebeherr für wertvolle Diskussionen über junge Unternehmen und über Unternehmenskultur.

Der größte Dank schließlich gilt meiner Familie: Meiner Frau Diana De Marco, die sicherlich am stärksten die Höhen und Tiefen meiner Dissertation zu spüren bekommen hat und durch immerwährende Unterstützung wesentlich zu ihrem Erfolg beigetragen hat. Meinen Eltern Ute und Günter, meiner Schwester Sylke sowie meiner Großmutter Gertrud Gilljohann für ihre liebevolle Unterstützung auf meinem bisherigen Lebensweg und für die Ermöglichung der Ausbildung, welche schließlich zum Abschluss der Promotion führte. Unserem vor kurzem geborenen Sohn Yuri Fischl, der mir v.a. die letzten Meter bis zur Veröffentlichung dieser Arbeit versüßte. Und schließlich auch unserem Hund Soleil, der mit mir das ein oder andere Wochenende im Büro bei der Einarbeitung der letzten Änderungen an der Dissertation verbringen musste und mich beim Spielen in den kleinen Pausen auf andere Gedanken brachte.

Köln, Februar 2008

Norbert Fischl

Inhaltsverzeichnis

Abbildungsverzeichnis

Tabellenverzeichnis

Abkürzungsverzeichnis

a.a.O.	Am anderen Ort
Abb.	Abbildung
Abs.	Absatz
ADF	Asymptotically-Distribution-Free
AGFI	Adjusted-Goodness-of-Fit-Index
BWL	Betriebswirtschaftslehre
bzw.	beziehungsweise
CFI	Comparative-Fit-Index
DEV	Durchschnittlich erfasste Varianz
d.h.	das heißt
et al.	et alii
evtl.	eventuell
f.	Folgende
ff.	Fortfolgende
FR	Faktorreliabilität
FuE	Forschung und Entwicklung
F&E	Forschung und Entwicklung
GEM	Global Entrepreneurship Monitor
GFI	Goodness-of-Fit-Index
ggf.	gegebenenfalls
GLS	Generalized Least Squares
GTT	German Tech Tour
Hrsg.	Herausgeber
IPC	International Patent Classification

IR	Indikatorreliabilität
ISI	Fraunhofer Institut System- und Innovationsforschung
JTU	Junge Technologieunternehmen
k.A.	Keine Angabe
KMO	Kaiser-Meyer-Olkin-Kriterium
ML	Maximum-Likelihood
MSA	Measure of Sampling Adequacy
NFI	Normed Fit Index
Nr.	Nummer
o.V.	ohne Verfasser
R&D	Research & Development
RMR	Root-Mean-Square-Residual-Index
RMSEA	Root Mean Squared Error Approximation
s.	siehe
S.	Seite
sog.	sogenannten
Tab.	Tabelle
TMT	Top-Management-Teams
TOU	Technologieorientierte Unternehmensgründungen
TWQ	Team Work Quality
ULS	Unweighted Least Squares
USA	United States of America
usw.	und so weiter
VDI	Verein Deutscher Ingenieure
Vgl.	Vergleiche
Vol.	Volume

z.B.	zum Beispiel
z.T.	zum Teil

1 Motivation, Gegenstand und Gang der Untersuchung

1.1 Ausgangslage und Forschungsbedarf

Die Definitionen des Begriffs Innovation sind sehr vielfältig[1]; folgende Aspekte auf hohem Abstraktionsniveau scheinen jedoch konsensfähig[2]: "Innovationen sind im Ergebnis neuartige Produkte oder Verfahren, die sich gegenüber dem vorangehenden Zustand merklich – wie immer das zu bestimmen ist – unterscheiden. Diese Neuartigkeit muss wahrgenommen werden, muss bewusst werden. Die Neuartigkeit besteht darin, dass Zwecke und Mittel in einer bisher nicht bekannten Form verknüpft werden. Diese Verknüpfung hat sich auf dem Markt oder im innerbetrieblichen Einsatz zu bewähren. Das reine Hervorbringen der Idee genügt nicht, Verkauf oder Nutzung unterscheidet Innovation von Invention – jedenfalls in der Rückschau. Innovation ist schließlich ein Prozess, in dem schwerpunktartig bestimmte Aktivitäten im Zeitablauf zu verknüpfen sind."[3]

Auch wenn Josef A. SCHUMPETERS Veröffentlichungen u.a. aufgrund ihrer ideengeschichtlichen Nähe zu NIETZSCHES Rede vom "Übermenschen", Max WEBERS Ausführungen zum "charismatischen Führer" oder Oswald SPENGLERS "faustisch" unternehmerischem Herrenmenschen[4] kritisch betrachtet werden müssen und er im Verlaufe seines Schaffens einen Perspektivenwechsel vollzieht[5], wurde das heutige Innovations- und Unternehmerverständnis doch entscheidend durch SCHUMPETER geprägt.[6] Den Begriff "Innovation" selbst verwendet er zwar erst 1939 in seiner Arbeit "Business Cycles"[7], doch schon in SCHUMPETERS zweitem Hauptwerk "Theorie der wirtschaftlichen Entwicklung" aus dem

---

1 Vgl. Hauschildt, J. (1997): Innovationsmanagement, S. 3 ff.

2 Für eine detaillierte Betrachtung des Innovationsbegriffs und der relevanten Dimensionen zur genauen definitorischen Bestimmung einer Innovation vgl. Kapitel 2.

3 Hauschildt, J. (1997): a.a.O., S. 6.

4 Vgl. Bass, H.H. (1999): Joseph A. Schumpeter (1883-1950) – Innovation und schöpferische Zerstörung: der Unternehmer als Motor der Entwicklung, in: E+Z – Entwicklung und Zusammenarbeit; Werner, H. (2000): Junge Technologieunternehmen – Entwicklungsverläufe und Erfolgsfaktoren, S. 2 ff.; Hotz-Hart, B./Reuter, A./Vock, P. (2001): Innovationen: Wirtschaft und Politik im globalen Wettbewerb, S. 15 ff.; Schmitz, C.E. (2004): Zur Entwicklung des Unternehmerbegriffs, S. 48 ff.,

5 Vgl. Hotz-Hart, B./Reuter, A./Vock, P. (2001): a.a.O., S. 20 f.

6 Vgl. Bass, H.H. (1999): a.a.O., S. 215.

7 Vgl. Hauschildt, J. (1997): a.a.O., S. 7; Weber, S. (2000): Innovation und "schöpferische Zerstörung" (J.A. Schumpeter) – Fragen zu einem Leitbegriff moderner ökonomischer Strategien, S. 1.

Jahr 1911 wird der Durchsetzung von Innovationen – er benutzt dafür den Begriff "Neue Kombinationen" – durch Unternehmer eine hohe Bedeutung beigemessen.[8]

In SCHUMPETERS ökonomischem Grundmodell, heute auch "Schumpeter Mark I" genannt[9], schreibt SCHUMPETER dem sog. dynamischen Unternehmer, getrieben vom Wunsch nach Selbstverwirklichung und sozialem Aufstieg, als Durchsetzer von Innovationen im laufenden Prozeß der "schöpferischen Zerstörung"[10] die zentrale Rolle zu. Pionierunternehmer schaffen es dabei, Innovationen durchzusetzen und Monopolgewinne zu erzielen, welche dann weitere Unternehmer anlocken, woraufhin sich die Gewinnspannen reduzieren.[11] Dadurch müssen die Pionierunternehmer fortlaufend neue Innovationen durchsetzen. Dabei wird durch eine Abfolge von Innovationen Neues geschaffen und Altes zerstört, was zu einer fortlaufenden Steigerung der Leistungsfähigkeit führt. SCHUMPETER sieht also sowohl Führungskräfte bestehender als auch Gründer neuer Unternehmen in einer zentralen wirtschaftlichen Rolle.[12]

Später, im Jahr 1939, greift SCHUMPETER im o.g. Werk "Business Cycles" eine Idee des Wissenschaftlers Nikolai D. KONDRATIEFF auf und ergänzt sein eigenes Grundmodell um die sog. "langen Wellen".[13] Laut KONDRATIEFF sind es nach der Theorie der langen Wellen

---

[8] Vgl. Schumpeter, J.A. (1993): Die Theorie der wirtschaftlichen Entwicklung. Als erstes Hauptwerk kann seine 1908 fertig gestellte Habilitation betrachtet werden. Vgl. dazu Bass, H.H. (1999): a.a.O.

[9] Vgl. z.B. Hotz-Hart, B./Reuter, A./Vock, P. (2001): a.a.O., S. 18 ff.

[10] Der Begriff der "creative destruction" bzw. übersetzt "schöpferischen Zerstörung" wird von Schumpeter allerdings erst in seinem 1942 in den USA erschienenen Werk "Capitalism, Socialism and Democracy" verwendet. Vgl. Weber, S. (2000): a.a.O., S. 8.

[11] Vgl. Werner, H. (2000): a.a.O., S. 2.

[12] Vgl. Freier, P. (2000): Etablierungsmanagement innovativer Unternehmensgründungen: Eine empirische Analyse der Biotechnologie, S. 1.

[13] Vgl.Bass, H.H. (1999): a.a.O. Der Vollständigkeit halber sei angemerkt, dass die Theorie der langen Wellen nicht unumstritten ist. Vgl. zu einer Kritik bspw. Melzer, G. (1990): Die Bedeutung technologischer Basisinnovationen, institutioneller Innovationen und Sozialinnovationen für das Wirtschaftswachstum – Kritik der Kondratieff-Innovations-Cluster-These.

die sog. Basisinnovationen[14], die alle 50 bis 60 Jahre Industrie und Gesellschaft revolutionieren.[15]

Günter KIRSCHBAUM baut auf SCHUMPETERS Gedanken auf und entwickelt daraus den sog. Revitalisierungsansatz.[16] Danach ist es möglich, den in einem marktwirtschaftlichen System erstarrten Entwicklungsstand zu überwinden, indem die noch schlummernden Entwicklungspotentiale geweckt werden. Dazu ist es erforderlich, "...dass ein System aus sich heraus junge, flexible und möglichst innovative Elemente (z.B. neue Unternehmen) generiert, die sich noch in einem relativ frühen Entwicklungsstadium befinden, um dem erstarrten Entwicklungsstand durch Rückgriff auf ein früheres Entwicklungsstadium quasi in Form einer 'Frischzellentherapie" zu begegnen."[17]

Norbert SZYPERSKI argumentiert in eine ähnliche Richtung: Vor allem die Altersstruktur bedinge die dynamische Stabilität des Wirtschaftssystems, nicht allein die Sektoren- und Größenstruktur.[18]

Ausgangspunkt der Diskussion bzgl. der Größenstruktur, also der Relevanz der Größe eines Unternehmens für den technischen Fortschritt, war ebenfalls SCHUMPETER, diesmal mit seinem Spätwerk "Capitalism, Socialism and Democracy" aus dem Jahr 1942, in dem er sein ökonomisches Modell nochmals weiterentwickelte. Er gelangt nun unter dem Eindruck der Vertrustung in den USA zu der Überzeugung, dass professionelle Forschungs-Laboratorien marktbeherrschender Großunternehmen die Treiber dynamischer Innovationstätigkeit seien; diese Sichtweise ist heute auch als "Schumpeter Mark II"-Modell bekannt.[19] Gleichzeitig ist

---

[14] Beispiele für Basisinnovationen sind Dampfmaschine, Eisenbahn, die Elektrifizierung, das Automobil und die Informationstechnik.

[15] Kondratieff, N.D. (1926): Die langen Wellen der Konjunktur, in: Archiv für Sozialwissenschaft und Sozialpolitik.

[16] Vgl. Kirschbaum, G. (1984): Wirtschaftliche Revitalisierung – Regionalwirtschaftliche Aspekte der Gründungsforschung , S.83.

[17] Kirschbaum, G. (1984): a.a.O.

[18] Vgl. Szyperski, N. (1979): Innovative Unternehmensgründer als Promotoren der marktwirtschaftlichen Entwicklung, in: Zeitschrift für betriebswirtschaftliche Forschung, S. 490.

[19] Vgl. Bass, H.H. (1999): a.a.O., Hotz-Hart, B./Reuter, A./Vock, P. (2001): a.a.O., S. 20.

SCHUMPETER jedoch bzgl. der Zukunft des Kapitalismus pessimistisch. [20] Denn den Erfolg des Kapitalismus sieht er zugleich als Ursache seiner Zerstörung an. Verursacht werde dies sowohl durch den Verlust von innovativen Unternehmerpersönlichkeiten und deren Ersatz durch moderne Unternehmen als auch durch den Verlust der klassischen Kapitalistenrolle und deren Ersatz durch moderne diffuse Eigentumsstrukturen sowie die ablehnende Haltung gegenüber der kapitalistischen Gesellschaftsform durch eine wachsende Gruppe von Intellektuellen.[21]

Aus den genannten Ausführungen SCHUMPETERS wurden später von verschiedenen Autoren die sog. Neo-Schumpeter-Hypothesen entwickelt.[22] Die erste Neo-Schumpeter-Hypothese besagt, dass große Unternehmen den kleineren Unternehmen im Hinblick auf ihre Innovationskraft überlegen seien auf Grund mehrerer Faktoren: höhere technische Leistungsfähigkeit, durch Economies-Of-Scale möglichen produktiveren Einsatz des investierten Kapitals, Zugang zu besser qualifizierten Arbeitskräften, höheres Ansehen am Kapitalmarkt sowie Monopolgewinne, die wiederum für weitere Innovationsvorhaben Verwendung finden können.[23] Die Innovationstätigkeit werde also in zunehmendem Maße Aufgabe von Spezialistengruppen. Die zweite Neo-Schumpeter-Hypothese rückt die relative Größe und damit die Marktmacht eines Unternehmens im Vergleich zu seinen Konkurrenten in den Mittelpunkt, indem angenommen wird, dass Unternehmen mit großer Marktmacht zu höherer Innovationstätigkeit angeregt werden.[24]

Diese beiden Schumpeter-Hypothesen waren und sind Gegenstand breiter wissenschaftlicher Diskussionen.[25]. Verschiedene empirische Untersuchungen zur Überprüfung der Hypothesen haben zu widersprüchlichen Ergebnissen geführt.[26] Zusammenfassend kann jedoch gesagt

[20] Vgl. Bass, H.H. (1999): a.a.O.
[21] Vgl. Bass, H.H. (1999): a.a.O.
[22] Es gibt Wissenschaftler, die den Standpunkt vertreten, dass die Schumpeter-Hypothese nicht Schumpeter zuzuordnen ist und auf einer Missinterpretation seiner Werke beruht. Vgl. Mantzavinos, C. (1994): Wettbewerbstheorie – eine kritische Auseinandersetzung, S. 87.
[23] Vgl. Hotz-Hart, B./Reuter, A./Vock, P. (2001): a.a.O., S. 21 f.
[24] Vgl. Hotz-Hart, B./Reuter, A./Vock, P. (2001): a.a.O., S. 24.
[25] Vgl. Caspari, V. (2001): Marktstruktur, Wettbewerb und Innovation, S. 2 ff.
[26] Vgl. Caspari, V. (2001): a.a.O., S. 10.

werden, dass die Schumpeter-Hypothesen keinesfalls als empirisch bestätigt betrachtet werden können.[27]

Vielmehr gibt es heute, fast 100 Jahre nach SCHUMPETERS Theorie der schöpferischen Zerstörung durch dynamische Unternehmer, zahlreiche Belege dafür, "[...] that, regardless of the unit of analysis and performance measure, the relationship between entrepreneurship and economic performance is remarkably robust."[28] Von Bedeutung sind in diesem Zusammenhang die verwendeten Messgrößen.

David B. AUDRETSCH zählt allein sieben verschiedene Möglichkeiten auf, unternehmerische Aktivitäten abzubilden[29]: die Selbständigenquote[30], die Unternehmens-Eigentümer-Quote, mehr an industriespezifischen Innovationsaktivitäten orientierte Größen wie die Höhe von Forschungs- und Entwicklungsaufwendungen, die Anzahl angemeldeter Patente[31] oder am Markt eingeführter Innovationen[32], an Wachstum orientierte Kennzahlen wie z.B. die Anzahl an Unternehmen, die besonders hohe Wachstumsraten z.B. bei Umsatz und/oder Arbeitsplatzschaffung aufweisen[33], oder die Anzahl der Menschen, die in der "Pre-Startup-", "Startup-" oder "Frühphase" eines Unternehmens involviert sind. Das ideale Maß würde alle vorgenannten Aspekte vereinen, jedoch sind die Daten oft nicht leicht oder gar nicht verfügbar.[34]

---

[27] Vgl. Kerber, W. (1994): Evolutorischer Wettbewerb: Zu den theoretischen und institutionellen Grundlagen der Wettbewerbsforschung, S. 109.

[28] Audretsch, D.B. (2002): Entrepreneurship: A Survey of the Literature, S. 1. Eine Abgrenzung der verschiedenen Begrifflichkeiten, wie z.B. Entrepreneurship, Unternehmertum, Unternehmer etc., wird in Kapitel 1.2 erfolgen.

[29] Vgl. im folgenden Audretsch, D.B. (2002): a.a.O., S. 12 f.

[30] Die Selbständigenquote genauso wie die absolute Zahl an Unternehmen an sich lässt keine Aussage darüber zu, inwiefern diese Wirtschaftseinheiten auch erfolgreich sind und z.B. zusätzliche Arbeitsplätze schaffen. Letztlich kommt es nicht auf die Anzahl an Unternehmensgründungen an, sondern auf deren Qualität.Vgl. dazu auch Kreditanstalt für Wiederaufbau (KfW) (2000): Durch Erhöhung der Selbständigenquote zur Vollbeschäftigung?, in: KfW-Beiträge zur Mittelstands- und Strukturpolitik, S. 16 ff.

[31] Allerdings sagen die Anmeldung eines Patents und auch die Höhe der Forschungs- und Entwicklungsaufwendungen noch nichts über den Erfolg der wirtschaftlichen Verwertung aus.

[32] Outputorientierte Größen.

[33] Diese werden auch als sog. "Gazellen" bezeichnet. Vgl. Audretsch, D.B. (2002): a.a.O., S. 4.

[34] Vgl. Audretsch, D.B. (2002): a.a.O.

Als Erfolgsgröße zur Messung des ökonomischen Erfolgs wird am häufigsten das Wachstum an Arbeitsplätzen in den betrachteten Unternehmen verwendet. Weitere verwendete Größen auf Unternehmensebene sind aber auch Überlebensraten, Gewinn[35], Exporte, ausländische Direktinvestitionen, Gehälter, Innovationen und Produktivität. Jedoch ist nur eine ganz geringe Anzahl an jungen Unternehmen wirklich innovativ.[36] Für Deutschland wird z.B. die Anzahl der jährlich neu gegründeten technologieorientierten Unternehmen durch Marianne KULICKE auf ca. 250 bis 350 geschätzt.[37]

Die 1979 unter dem Titel "The Job Creation Process" veröffentlichte Arbeit von David BIRCH war der Auslöser für die wissenschaftliche Diskussion im Hinblick auf die Bedeutung von Unternehmensgründungen und kleinen Unternehmen für die Schaffung von Arbeitsplät-

---

[35] Der Gewinn als Erfolgsgröße wird aber aus zwei Gründen kaum in der empirischen Forschung verwendet: Zum einen gibt es nur wenige Unternehmen, die diese Information preisgeben, zum anderen unterliegt die Gewinnermittlung vielfältigen Spielräumen durch international unterschiedliche Rechnungslegungsvorschriften und erlaubt daher kaum eine Vergleichbarkeit. Vgl. Audretsch, D.B. (2002): a.a.O., S. 12.

[36] Vgl. Audretsch, D.B. (2002): a.a.O., S. 4.

[37] Aufgrund des Fehlens einer detaillierten Gründungsstatistik und unheitlicher Abgrenzungen lässt sich die genaue Anzahl nicht präzise bestimmen (vgl. Kulicke, M. (2000): Neue innovative Unternehmenstypen, S. 1). Die Kreditanstalt für Wiederaufbau (KfW) beziffert die kleine Minderheit schnell wachsender Unternehmen auf deutlich unter fünf Prozent der Gründungen (vgl. Kreditanstalt für Wiederaufbau (KfW) (2000): a.a.O., S. 23). Andere Studien sprechen von folgenden Anteilen innovativer Gründungen an der Gesamtzahl der Gründungen: 3,0 % (vgl. Rentrop, N. (1984): Innovative Imitation als Gründungsstrategie , S. 190), 0,1 - 0,5 % (vgl. Rheinisch Westfälisches Institut für Wirtschaftsforschung e.V. (1998): Kleine und mittlere Unternehmen im sektoralen Strukturwandel – Schwerpunktbericht im Rahmen der Strukturberichterstattung, Gutachten im Auftrag des Bundesministeriums für Wirtschaft, S. 97) und 6,1 - 7,8 % (vgl. Lessat, V. et al. (1999): Beteiligungskapital und Technologieorientierte Unternehmensgründungen. Markt – Finanzierung – Rahmenbedingungen, S. 26). Es muss jedoch ebenso angemerkt werden, dass die US-basierte National Commission on Entrepreneurship insbesondere auf Basis der Arbeit von BHIDÉ, der Interviews führte mit 100 Unternehmensgründern, deren Unternehmen 1989 von dem bekannten US-amerikanischen Monatsjournal "Inc.Com" in den sog. "Inc. 500" Index der wachstumsstärksten, in Privatbesitz befindlichen US-Unternehmen aufgenommen worden waren, folgende Mythen identifiziert, welche einige der wesentlichen Meinungen der Öffentlichkeit über Unternehmensgründungen in Frage stellen: 1. "Most successful entrepreneurs take wild, uncalculated risks in starting their companies.", 2. "Most successful entrepreneurs start their companies with a break-through invention – usually technological in nature." (tatsächlich behaupteten von 100 interviewten Gründern nur sechs, dass sie eine einzigartige Idee hatten und nur ein Drittel der Inc. 500 Unternehmen hatte eine technologiebasierte Geschäftsidee), 3. "Most successful entrepreneurs have strong track records and years of experience in their industries.", 4. "Most successful entrepreneurs have a well-considered business plan and have researched and developed their ideas before taking action." und 5. "Most successful entrepreneurs start their companies with millions in venture capital to develop their idea, buy supplies, and hire employees." (vgl. The National Commission of Entrepreneurship (2001): Five Myths about Entrepreneurs).

zen.[38] BIRCH kam für die USA nach der Analyse von Daten der Dun & Bradstreet Kreditauskunftsdateien zu dem Schluss, dass überproportional viele Arbeitsplätze von kleinen Unternehmen geschaffen werden. Für den Zeitraum zwischen 1980 und 2000 gibt es ähnliche Erkenntnisse für die USA: Dort wurden in vorgenanntem Zeitraum von den Top 500 Unternehmen mehr als fünf Millionen Arbeitsplätze abgebaut, während der kleine Teil der schnell wachsenden Neugründungen 34 Millionen neue Arbeitsplätze schuf.[39] Dies führte auch zu der Bezeichnung "Jobwunder der Clinton-Regierung".

Für Westdeutschland kommen Ulrich CRAMER[40] und CRAMER/Martin KOLLER[41] auf Basis von Daten der Beschäftigungsstatistik zu dem einigermaßen sicheren Ergebnis, dass die These von BIRCH in abgeschwächter Form auch hier gilt. Tito BOERI/CRAMER ermitteln auf Basis derselben Daten, dass Neugründungen im Zeitraum von 1977 bis 1987 per Saldo 750.000 neue Arbeitsplätze zur Verfügung stellten, während bereits 1977 existierende Unternehmen nur 300.000 neue Stellen schufen[42].

---

[38] Vgl. Birch, D.L. (1979): The Job Creation Process – Unpublished report, M.I.T. program on Neighbourhood and Regional Change. Es sei angemerkt, dass die Untersuchung von Birch zahlreicher Kritik insbesondere bzgl. der methodischen Vorgehensweise bei der Auswertung der Daten ausgesetzt war. Die Kritik beruht letztendlich jedoch auf der Annahme unterschiedlicher ökonomischer Theorien, nämlich der eines statischen Gleichgewichts. Birch jedoch ging von einer dynamischen Ökonomie im Schumpeterschen Sinne aus. Zu einer aufschlussreichen Abhandlung zur Kritik an Birch vgl. Kirchhoff, B.A./Greene, P.G. (1995): Response to renewed attacks on the small business job creation hypothesis, in: Frontiers of Entrepreneurship Research. Insgesamt scheint jedoch laut Brüderl/Preisendörfer/Ziegler ein relativer Konsens dahingehend zu bestehen, "dass Kleinbetriebe und kleinbetriebliche Neugründungen zumindest seit Mitte der 70er Jahre einen nennenswerten positiven Beitrag zur Schaffung neuer Arbeitsplätze leisten." (Brüderl, J./Preisendörfer, P./Ziegler, R. (1998): Der Erfolg neugegründeter Betriebe – Eine empirische Studie zu den Chancen und Risiken von Unternehmensgründungen, S. 13).

[39] Vgl. Reynolds, P.D./Hay, M./Camp, S.M. (1999): Global Entrepreneurship Monitor – 1999 Executive Report, S. 7. Natürlich sind für die Schaffung neuer Arbeitsplätze nicht grundsätzlich alle kleinen und mittleren Unternehmen verantwortlich – denn die meisten Unternehmen starten klein und bleiben auch klein - sondern insbesondere diejenigen, die es schaffen, signifikant überdurchschnittlich zu wachsen. Diese sog. Gazellen machten in einer Studie zwischen 1988 und 1992 nur vier Prozent der betrachteten Unternehmen aus, schufen aber 60 % des Nettozuwachses an neuen Jobs (vgl. The National Commission of Entrepreneurship (2001): a.a.O., S. 3 ff.).

[40] Vgl. Cramer, U. (1987): Klein- und Mittelbetriebe: Hoffnungsträger der Beschäftigungspolitik?, in: Mitteilungen aus der Arbeitsmarkt- und Berufsforschung (MittAB).

[41] Vgl.Cramer, U./Koller, M. (1988): Gewinne und Verluste von Arbeitsplätzen in Betrieben – Der "Job-Turnover"-Ansatz, in: Mitteilungen aus der Arbeitsmarkt- und Berufsforschung.

[42] Vgl. Boeri, T./Cramer, U. (1991): Betriebliche Wachstumsprozesse – Eine statistische Analyse auf der Grundlage der Beschäftigtenstatistik 1977-1987, in: Mitteilungen aus der Arbeitsmarkt- und Berufsforschung.

In der Nachkriegszeit wurden kleine Unternehmen sowie Unternehmertum lediglich als Luxus betrachtet, den man sich aus sozialen und politischen Gründen leisten müsse, nicht jedoch aus Gründen ökonomischer Effizienz.[43] Die empirische Evidenz sprach ebenfalls eindeutig gegen eine bedeutendere Rolle.[44] Auch die Globalisierung schien lange für den Vorteil von Größe zu sprechen. AUDRETSCH und THURIK argumentieren jedoch, dass gerade die Globalisierung die Renaissance des Unternehmertums ermöglicht hat, da sie den wichtigsten Wettbewerbsvorteil Richtung wissensbasierter Ökonomie verschoben hat.[45] Großvolumen-Produzenten haben durch die hohen Arbeitskosten in ihren Heimatländern ihre Wettbewerbsfähigkeit verloren. Die Reaktion darauf sind typischerweise Senkung der Personal- oder Produktionskosten, Erhöhung der Produktivität durch erhöhten Technologieeinsatz und Verlagerung der Produktion in Niedriglohnländer. Entscheidend ist heute das Wissen.

Die Wissenschaft hat daher begonnen anzuerkennen, dass das Wissen wie jedes andere Gut analysiert werden kann und als Input-Faktor über die traditionellen Input-Faktoren Arbeit, Kapital und Land hinaus in die sog. Wissensproduktionsfunktion eingeht. Darüber hinaus gibt es zahlreiche empirische Belege für das Modell der Wissensproduktionsfunktion.[46]

Eine berechtigte Frage gilt es aber zu beantworten: Woher kommt bei innovativen kleinen Firmen mit nur sehr geringen R&D Budgets das Wissen? Die Wissenschaft erklärt sich dies durch den sog. Spill-Over-Effekt. Dabei geht das Wissen von Drittfirmen (z.B. dem Unternehmen, das ursprünglich das Wissen hervorgebracht hat) oder Forschungsinstituten (z.B. von Universitäten) auf das neue Unternehmen über. Die Gründe dafür können zweierlei Natur sein: Erstens besteht die Möglichkeit, dass Unternehmen die Fähigkeit entwickeln, Wissen, das Dritte hervorgebracht haben, schnell zu adaptieren. Zweitens gibt es Begründungen, die auf das menschliche Individuum abzielen: Solange z.B. ein Forschungsmitarbeiter eines Unternehmens, in welchem er an einer Innovation arbeitet, die auf seinem Wissen basiert, in etwa den zu erwartenden Wert der Innovation als Kompensation erhält, wird dieser Mitarbei-

---

[43] Vgl. Audretsch, D.B. (2002): a.a.O., S. 6 ff.
[44] Vgl. Audretsch, D.B. (2002): a.a.O., S. 6.
[45] Vgl. Audretsch, D.B./Thurik, R. (2001): Linking Entrepreneurship to Growth, S. 6 ff.
[46] Vgl. Audretsch, D.B. (2002): a.a.O., S. 9.

ter die Firma höchstwahrscheinlich nicht verlassen. Sollte sein Erwartungswert monetärer Art oder hinsichtlich persönlicher Zufriedenheit durch mehr Unabhängigkeit jedoch wesentlich höher sein, so gründet er vielleicht eine eigene Firma, um sein Wissen zu vermarkten.

Dementsprechend stellt AUDRETSCH fest: "Entrepreneurship takes on new importance in a knowledge economy because it serves as a key mechanism by which knowledge created in one organization becomes commercialized in a new enterprise."[47]

Eine besondere Rolle im Gründungsgeschehen spielen die technologieorientierten bzw. innovativen Unternehmensgründungen.[48] Über die vorgenannten Argumente im Hinblick auf die Wichtigkeit von Unternehmensgründungen und Innovationen für ein Wirtschaftssystem hinaus sind insbesondere folgende vier Gründe dafür zu nennen:

- Erstens berichten verschiedene empirische Untersuchungen relativ übereinstimmend, dass technologieorientierte Unternehmensgründungen sich durch niedrigere Ausfallraten sowie stärkere Beschäftigungseffekte auszeichnen im Vergleich zu allgemeinen Gründungen.[49]
- Zweitens tragen technologieorientierte Unternehmensgründungen wesentlich zum sektoralen Strukturwandel bei.[50] Darunter versteht man die prozentuale Verschiebung von einzelnen Wirtschaftssektoren an der gesamtwirtschaftlichen Wertschöpfung[51], die durch Umschichtung von Produktionsfaktoren zu den stärker wachsenden Sektoren verursacht wird.
- Drittens sind technologieorientierte Unternehmen signifikant exportorientierter als andere Unternehmen, was dazu führt, dass geringere Verdrängungseffekte auf die heimi-

---

[47] Audretsch, D.B. (2002): a.a.O., S. 10.
[48] Vgl. Werner, H. (2000): a.a.O., S. 5.
[49] Vgl. Roberts, E.B. (1991): Entrepreneurs in High Technology, S. 127; Kulicke, M. (1993): Chancen und Risiken junger Technologieunternehmen – Ergebnisse des Modellversuchs "Förderung technologieorientierter Unternehmensgründungen", S. 162 f.; Pleschak, F./Werner, H. (1998): Technologieorientierte Unternehmensgründungen in den neuen Bundesländern – Wissenschaftliche Analyse und Begleitung des BMBF-Modellversuchs , S. 157; Wippler, A. (1998): Innovative Unternehmensgründungen in Deutschland und den USA, S. 1.
[50] Vgl. Meyer-Krahmer, F./Grupp, H. (1993): Strategische Sektoren der Bundesrepublik Deutschland – Empirische Befunde und Vermutungen , S. 16.

sche Wirtschaft zu verzeichnen sind. Gleichzeitig fließen durch die Exporte zusätzliche Geldströme ins Inland, was tendenziell auch für eine Wachstums-Funktion spricht.[52]

- Viertens ist "...the established leader in an area usually unlikely to pioneer the next major breakthrough"[53], weil "...the core of the problem for established firms is that radical innovations are essentially unplannable."[54] Die Wichtigkeit von Neugründungen wird klar vor dem Hintergrund, dass vielleicht 95 % der radikalen Innovationen von neuen, jungen und nicht von etablierten Unternehmen stammen.[55] ZAHRA/BOGNER stellen für junge Softwarefirmen sogar fest, dass Radikalität den Erfolg erhöht.[56]

Technologieorientierte Neugründungen, die oft auch durch Venture Capital finanziert sind[57], und Innovationen haben also eine zentrale Bedeutung für Wirtschaftswachstum und Wohlstand[58] einer Nation sowie für die Wettbewerbsfähigkeit von Unternehmen.[59] Innovatio-

---

[51] Vgl. Meyer-Krahmer, F./Grupp, H. (1993): a.a.O., S. 272.

[52] Vgl. Fritsch, M. (1990): Wachstumsmotor junge Technologieunternehmen – Zu Besonderheiten der Beschäftigungsentwicklung von jungen Technologieunternehmen im Verarbeitenden Gewerbe der Bundesrepublik Deutschland, in: Internationales Gewerbearchiv, S. 157.

[53] Schweickart, L. (2000): The Entrepreneurial Adventure: A History of Business in the United States. Die vorliegende Arbeit gibt sich selbstverständlich nicht der Illusion hin, die in dieser Arbeit befragten Unternehmen würden alle den nächsten technologischen Durchbruch schaffen und auch vermarkten können. Jedoch gibt es zahllose Beispiele, wo gerade neue Unternehmensgründungen dies schafften, und von daher erscheint es geboten, die Forschung auf diesem Gebiet zu erweitern. Hier seien nur wenige Beispiele kurz erwähnt: Alexander Graham Bell erfand 1876 das Telefon, doch die damals den Telegraphenmarkt beherrschende Firma Western Union lehnte den angebotenen Kauf der Patente ab; auch dem durch die neugegründete Firma Haloid 1960 (1961 dann Umbenennung in Xerox) eingeführten ersten modernen Fotokopierer gingen zahlreiche erfolglose Versuche voran, die Erfindung an z.B. IBM, Kodak und 20 weitere Firmen zu verkaufen; und auch zwei der heute größten Technologiefirmen der Welt, Microsoft und Intel, begannen als kleine Firmen in Nischenmärkten (vgl. dazu detailliert für weitere Beispiele Christensen, C.M. (1997): The Innovator's Dilemma: When New Technologies Cause Great Firms to Fail, Timmons, J.A. (1999): New Venture Creation, Entrepreneurship for the 21st Century; Edwards, C. (2000): Entrepreneurs Creating the New Economy; Bhide, A. (2000): The Origin and Evolution of New Businesses).

[54] Edwards, C. (2000): a.a.O., S. 20.

[55] Vgl. Timmons, J.A. (1999): a.a.O., S. 9 und S. 81.

[56] Vgl. Zahra, S.A./Bogner, W.C. (2000): Technology strategy and software new venture's performance, in: Journal of Business Venturing

[57] Vgl. Kortum, S./Lerner, J. (1998): Does Venture Capital Spur Innovation?.

[58] Vgl. Leder, M. (1989): Innovationsmanagement: Ein Überblick, in: Zeitschrift für Betriebswirtschaft, S. 1; VDI-Nachrichten et al. (2001): Innovationskompass 2001: radikale Innovationen erfolgreich managen – Handlungsempfehlungen auf Basis einer empirischen Untersuchung, S. 5 ff.

nen gelten daher als Imperativ für jedes Unternehmen[60] – insbesondere in Anbetracht von sich schnell verändernden Technologien[61], reduzierten Gewinnmargen wegen kürzerer Produktlebenszyklen[62] sowie ansteigenden F&E-Kosten und einer zunehmend höheren Produktkomplexität.[63]

In Deutschland stechen jedoch insbesondere drei durchaus interdependente Problemfelder hervor, die einer Ausnutzung der aufgezeigten Möglichkeiten entgegenstehen:

- Das Problem fehlender Neugründungen scheint in Deutschland relativ tief verwurzelt zu sein.[64] Es wird gar eine fehlende "Kultur der Selbständigkeit" beklagt.[65] Symptomatisch ist, dass in keinem anderen der am Global Entrepreneurship Monitor (GEM)[66] teilnehmenden Länder die Angst zu scheitern die Menschen häufiger davon abhält, ein Unternehmen zu gründen, als in Deutschland.[67] In dieses Bild passt auch, dass

---

[59] Vgl. Albach, H. (1989): Editorial: Innovationsmanagement im Wettbewerb, in: Zeitschrift für Betriebswirtschaft, S. VII sowie Green, S.G./Gavin, M.B./Aiman-Smith, L. (1995): Assessing a multidimensional measure of radical technological innovation, in: IEEE Transactions on Engineering Management, S. 203.

[60] Vgl. Maier, J./Obermaier, F. (2001): Die Bedeutung des "supporting space" für Innovationsverhalten und Netzwerkbildung von kleinen und mittleren Unternehmen , S. 39; Trommsdorff, V. (1995): Fallstudien zum Innovationsmarketing, S. 1.

[61] Vgl. Wheelwright, S.C./Clark, K.B. (1994): Revolution der Produktentwicklung – Spitzenleistungen in Schnelligkeit, Effizienz und Qualität durch dynamische Teams, S.16.

[62] Vgl. Bullinger, H.-J. (1995): Integrierte Produktentwicklung, S. 7.

[63] Vgl. Shepherd, C./Ahmed, P.K. (2000): From product innovation to solutions innovation: A new paradigm for competitive advantage, in: European Journal of Innovation Management, S. 100.

[64] Vgl. Freier, P. (2000): a.a.O., S. 1.

[65] Vgl. dazu Luber, S./Gangl, M./Leicht, R. (1997): Fehlende Kultur der Selbständigkeit?.

[66] Der Global Entrepreneurship Monitor (GEM) ist die größte akademische Forschungsinitiative im Bereich des Entrepreneurship, wenn nicht gar der gesamten BWL. Im GEM werden seit 1998 statistische Kennzahlen über neu entstehende bzw. neu entstandene Unternehmen erhoben. Beteiligten sich anfangs fünf Länder inkl. Deutschland, so ist der Kreis der teilnehmenden Länder mittlerweile auf 37 Länder aus allen fünf Kontinenten für das Erhebungsjahr 2002 angewachsen. Das deutsche GEM-Team arbeitet unter der Leitung von Prof. Rolf Sternberg, geschäftsführender Direktor des Wirtschafts- und Sozialgeographischen Instituts der Universität zu Köln. Die im GEM erhobenen Daten sind lt. eigener Aussage dieser Forschungsinitiative einzigartig im Hinblick auf Quantität, Qualität, Aktualität und Komparabilität.

[67] 49% der 18-64-jährigen Erwachsenen stimmten mit "Ja" der folgenden Aussage zu: "Die Angst zu scheitern würde Sie davon abhalten, ein Unternehmen zu gründen." Der Durchschnitt aller GEM-Länder sowie der Länder aus West-, Süd- und Nordeuropa (inkl. Deutschland) liegt bei lediglich knapp 33%, die Länder des ehemaligen British Empire (USA, Kanada, Australien, Neuseeland, Südafrika) bringen es sogar lediglich auf einen Durchschnitt von knapp 27%. Vgl. Sternberg, R./Bergmann, H. (2003): Global Entrepreneurship Monitor – Länderbericht Deutschland 2002.

Deutschland bei den Gründungsquoten[68] nur im Mittelfeld, weltweit gesehen sogar nur im unteren Drittel plaziert ist, wie der GEM bei 37 teilnehmenden Ländern für 2002 zeigt. So liegt die Quote der "Nascent Entrepreneurs"[69] im internationalen Vergleich mit 3,51% (Rang 23) zwar leicht über dem Mittelwert der west-, süd- und nordeuropäischen Referenzländer, jedoch z.B. deutlich unter dem Mittelwert von 6,1% der Länder des ehemaligen British Empire (Australien, Südafrika, Kanada, USA, Neuseeland) und noch deutlicher unter dem Anteil der USA von 7%. Noch schlechter sehen die deutschen Zahlen für die "Young Entrepreneurs"[70] aus: 2,07% (Rang 26) im Vergleich zum Mittelwert der west-, süd- und nordeuropäischen Staaten von 2,84% und des ehemaligen British Empire von 4,29% (USA: 4,5%). Dementsprechend Mittelmaß ist mit 5,16% (Rang 24) auch die Total Entrepreneurial Activity (TEA)[71] (europäische Referenzstaaten 5,94%, ehemaliges British Empire 9,71%, USA 10,5%). Auch der Anteil der potentiell wachstumsstarken Gründungen ist mit 0,65% weit vom Mittelwert 0,83% der west-, süd- und nordeuropäischen Länder entfernt (ehemaliges British Empire 1,4%).

- Angesichts des relativ niedrigen Anteils der potentiell wachstumsstarken Gründungen verwundert es auch nicht, dass Deutschland eine Technologielücke nachgesagt wird.

---

[68] Da es in diesem Zusammenhang allerdings nicht nur auf die schiere Anzahl von selbständigen Unternehmern, sondern auf deren Qualität und Innovativität ankommt, ist das alleinige Beklagen einer relativ geringen Selbständigenquote nicht immer zielführend.

[69] Die Quote der Nascent Entrepreneurs gibt den Anteil der Personen wieder, die zum Befragungszeitpunkt in eine Gründung involviert sind, und zeichnet somit ein hochaktuelles Bild der stattfindenden Gründungsaktivitäten. Zur Gruppe der Nascent Entrepreneurs werde alle Personen zwischen 18 und 64 Jahren gezählt, die a) zum Zeitpunkt der Befragung allein oder mit Partnern versuchen, ein neues Unternehmen zu gründen, b) in den letzten 12 Monaten etwas zur Unterstützung der Neugründung getan haben (z.B. Suche nach Ausstattung oder Standorten, Organisation des Gründungsteams, Schreiben eines Business Plans, Bereitstellung von Kapital), c) die Inhaber- oder Teilhaberschaft im Unternehmen anstreben und d) während der letzten drei Monate keine Vollzeitlöhne und -gehälter gezahlt haben. Die Quote beträgt für D im Jahr 2002 knapp 3,6%. Dies entspricht Rang 23 unter 37 befragten Ländern. Vgl. Sternberg, R./Bergmann, H. (2003): a.a.O..

[70] Der Anteil der Young Entrepreneurs gibt den Anteil der Personen wieder, die in schon bestehenden, aber noch sehr jungen Unternehmen tätig sind. Als Young Entrepreneurs werden Personen zwischen 18 und 64 Jahren bezeichnet, die a) Inhaber oder Teilhaber eines bereits existierenden Unternehmens sind und dort in der Geschäftsführung tätig sind sowie b) aus diesem Unternehmen nicht länger als dreieinhalb Jahre Gehälter, Gewinne oder Sachleistungen bekommen haben. Vgl. Sternberg, R./Bergmann, H. (2003): a.a.O.

[71] Die Total Entrepreneurial Activity (TEA) bildet die Gesamtheit der Personengruppen der Nascent sowie der Young Entrepreneurs ab, wobei Doppelzählungen ausgeschlossen sind. Vgl. Sternberg, R./Bergmann, H. (2003): a.a.O.

Die internationale Konkurrenzfähigkeit im obersten Technologiesegment wie z.B. Informations- und Biotechnologie sei nicht mehr gegeben.[72] "Wirklich radikale Innovationen sind bei uns weniger zu erwarten als in England und den USA"[73], stellt der Technikgeneseforscher RAMMERT 1999 in einem Interview fest. Deutschland sei stark in eher defensiven Innovationen in den traditionellen mittleren Technologien, die auf Mechanik und Elektronik zurückgreifen.

- Für Deutschland können Zweifel an der Innovationsleistung insgesamt geltend gemacht[74] und ein Mangel an Innovatoren beklagt werden[75]. Insbesondere im Vergleich zu den USA liegt Deutschland meist um mehrere Jahre zurück.[76] Es ist festzuhalten, dass Deutschland von 1991 bis 2001 mit einem Rückgang von 18,4% auf 13,9% deutliche Weltmarktanteile bei den forschungs- und entwicklungsintensiven[77] Waren verloren hat[78]. Splittet man die forschungs- und entwicklungsintensiven Waren wiederum auf in die zwei Untergruppen "höherwertige Technik"[79], die im allgemeinen als inkrementelle Innovationen betrachtet werden, und "Spitzentechnik[80]", unter der man eher radikale[81] Innovationen versteht, so stellt man fest, dass Deutschland zwar bis

[72] Vgl. Aiginger, K. (2003): Deutschland leidet an einer "Technologielücke".

[73] Rammert, W. (1999): Radikale Innovationen nicht zu erwarten.

[74] Vgl. Crooker, R./Feige, A. (2001): Innovationsweltmeister Deutschland – ein Mythos der Vergangenheit? , S. 14.

[75] Vgl. Staudt, E./Kottmann, M. (2001): Deutschland gehen die Innovatoren aus, S. 9 ff.

[76] Vgl. Lehrer, M. (2000): Has Germany finally fixed its high-tech problem? The recent boom in German technology-based entrepreneurship, in: California Management Review, S.89.

[77] Als solche Waren werden die Warengruppen bezeichnet, bei denen Unternehmen im Durchschnitt mehr als 3,5% des Umsatzes für Forschung und Entwicklung aufwenden. Vgl. VDI-Nachrichten et al. (2001): a.a.O., S. 7.

[78] Vgl. VDI-Nachrichten et al. (2001): a.a.O., S. 7. Allerdings sei angemerkt, dass die absoluten Weltmarktanteile im Hinblick auf die Analyse von strukturellen und technologischen Positionen von Volkswirtschaften kaum Aussagekraft haben, da es immer auf die relativen Positionen ankommt. Hierzu werden z.B. der sog. RCA (Revealed Comparative Advantage) oder der RWA (Relativer Welthandelsanteil) als Indikatoren verwendet. Nichtsdestotrotz wird die technologische Leistungsfähigkeit Deutschlands insgesamt eher skeptisch gesehen. Vgl. Legler, H./Gehrke, B./Krawczyk, O. (2004): a.a.O., S. 34 ff.

[79] "Höherwertige bzw. hochwertige Technologie" definiert sich als Warengruppen, bei denen Unternehmen durchschnittlich 3,5-8,5% ihres Umsatzes in Forschung und Entwicklung investieren. Vgl. Legler, H./Gehrke, B./Krawczyk, O. (2004): a.a.O., S. 5.

[80] "Spitzentechnologie" definiert sich als Warengruppen, bei denen Unternehmen durchschnittlich mehr als 8,5% ihres Umsatzes in Forschung und Entwicklung investieren. Vgl. Legler, H./Gehrke, B./Krawczyk, O. (2004): a.a.O., S. 5.

[81] Weitergehende Ausführungen zum Begriff der radikalen Innovation bzw. zur Klassifizierung von Innovationen dem Grade nach finden sich in Kapitel 2.1.3.

1998 seine führende Stellung bei der höherwertigen Technik behaupten konnte, bei der Spitzentechnik jedoch sogar mit sinkender Tendenz hinter die USA, Japan und Großbritannien auf Platz vier zurückfiel.[82]

Daher stellt sich die Frage, wie wieder mehr – und insbesondere radikale – Innovationen in Deutschland hervorgebracht werden können. Der Grund für das besondere Interesse an radikalen Innovationen liegt darin, dass sie – auch wenn in ihnen das größte Risiko steckt – das größte Wachstumspotential[83] bieten und somit potentiell maßgeblichen Anteil am zukünftigen Wirtschaftswachstum haben.

Radikale Innovationen besitzen einen außerordentlich hohen Neuigkeitsgrad und bestehen aus einem Eigenschaftsbündel, das neu für den Markt ist und bisher unbekannte Bedürfnisse befriedigt.[84] Die für das Management solcher radikalen Innovationen geeigneten Techniken unterscheiden sich allerdings von denen, die für das Management weniger innovativer Vorhaben sinnvoll sind.[85]

Auf Grund der mit radikalen Innovationen einhergehenden hohen Risiken lösen diese in Unternehmen große Unsicherheit aus.[86] Gleichzeitig sind mit ihnen aber auch enorme Hoffnungen dahingehend verbunden, mit einer radikalen Innovation die Marschrichtung einer gesamten Branche vorgeben zu können[87] und einen hohen Mehrwert zu generieren.[88] Jedoch scheitern immer noch viele – und insbesondere radikale – Innovationen.[89]

---

[82] Vgl. VDI-Nachrichten et al. (2001): a.a.O., S. 7 f.
[83] Vgl. Green, S.G./Gavin, M.B./Aiman-Smith, L. (1995): a.a.O., S. 203 sowie Wippler, A. (1998): a.a.O., S. 16.
[84] Vgl. Brockhoff, K. (2000): Produktinnovation , S. 28.
[85] Vgl.Lehner, F. (2001): Innovatives Management: Ein Widerspruch in sich selbst? , S. 259.
[86] Vgl. Hart, S.L./Milstein, M.B. (1999): Global sustainability and the creative destruction of industries, in: Sloan Management Review, S. 23 f.; Mascitelli, R. (2000): From experience: Harnessing tacit knowledge to achieve breakthrough innovation, in: Journal of Product Innovation Management, S. 191; Vandermerwe, S. (1987): Diffusing new ideas in-house, in: Journal of Product Innovation Management, S. 259.
[87] Vgl. Drucker, P.F. (1985): The discipline of innovation, in: Harvard Business Review, S. 8.
[88] Vgl. Ahuja, G./Lambert, C.M. (1998): Entrepreneurship in the large corporation: A longitudinal study of how established firms create breakthrough innovations, in: Strategic Management Journal, S. 522.

Die Literatur schreibt dabei dem Innovationsmanagement im Allgemeinen sowie der Unternehmenskultur im Besonderen einen starken Einfluß auf die Generierung von Innovationsideen, den Ablauf der dazugehörigen Prozesse und den Erfolg der Innovationen zu. [90]

Ende der 70er Jahre und Anfang der 80er Jahre waren es vor allem die Wissenschaftler PASCALE/ATHOS[91] sowie OUCHI[92], die – ausgehend von damals beobachtbaren Wettbewerbsvorteilen japanischer gegenüber US-amerikanischen Unternehmen – zu dem Schluss kamen, dass die Unternehmenskultur japanischer Prägung ein wesentlicher Erfolgsfaktor sei.

Anfang der 80er Jahre beschäftigte sich dann auch zunehmend die US-amerikanische populärwissenschaftliche Literatur mit der Relevanz von Unternehmenskultur zur Erreichung von Unternehmenszielen. Mit der Veröffentlichung der beiden weltweit beachteten Management-Bestseller "Corporate Cultures. The Rites and Rituals of corporate Life" von DEAL und KENNEDY (1982)[93] sowie "In Search of Excellence: Lessons from America's Best Run companies" der Unternehmensberater PETERS und WATERMAN (1982[94]) von der Firma McKinsey & Company begann eine regelrechte Unternehmenskultureuphorie. Diese fasste mit der deutschen Übersetzung des o.g. Werkes von PETERS und WATERMAN im Jahre 1983 auch hierzulande Fuß und führte dazu, dass ab 1986 eine deutliche Zunahme der Veröffentlichungen zum Thema Unternehmenskultur festzustellen war.[95] Diese Euphorie geriet in den darauffolgenden Jahren jedoch ins Stocken. Hauptsächlich wurde dies verursacht durch die Erkenntnis, dass die Unternehmenskultur sich in der unternehmerischen Praxis nicht

---

[89] Vgl. Halmann, J.I.M./Keizer, J.A./Song, M. (2001): Risk factors in product innovation projects, S. 2; Crawford, M. (1997): New products management; Jensen, B./Harmsen, H. (2001): Implementation of success factors in new product development – the missing link?, in: European Journal of Innovation Management, S. 38 f.

[90] Vgl. Gussmann, B. (1987): Innovationsfördernde Unternehmenskultur, S. 4 f.; Hauschildt, J. (1997): a.a.O., S. 114 ff.; Heinen, E. (1997): Unternehmenskultur als Gegenstand der Betriebswirtschaftslehre , S. 3 sowie Kieser, A. (1984): Innovation und Organisationskultur, in: Gdi-Impuls, S.3.

[91] Vgl. Pascale, R.T./Athos, A.A. (1981): The art of Japanese management.

[92] Vgl. Ouchi, W.G. (1981): Theory Z: How American Management can Meet the Japanese Challenge.

[93] Vgl. Deal, T.E./Kennedy, A.A. (1982): Corporate Cultures.

[94] Vgl. Peters, T.J./Waterman, R.H. (1982): In Search of Excellence.

[95] Vgl. Tiebler, P./Prätorius, G. (1993): Ökonomische Literatur zum Thema "Unternehmenskultur" , S. 32.

einfach kurzfristig im Sinne eines mechanistisch interpretierbaren Kulturmanagements instrumentalisieren läßt.[96]

Neuere Arbeiten belegen jedoch, dass der Themenkomplex der Unternehmenskultur immer noch von großer Bedeutung ist.[97] Allerdings ist mittlerweile klar geworden, dass insbesondere weiterführende empirische Arbeiten vonnöten sind: "In vielerlei Hinsicht erscheint also die empirische Unternehmenskulturforschung entwicklungsbedürftig und entwicklungsfähig. [...] Für den wissenschaftlichen Bereich geht es jetzt darum, die Phase des reproduzierenden Redens und Schreibens über Organisationskultur zu überwinden. Dass Organisationskultur wichtig ist, hat man uns nun oft genug mitgeteilt. Nun gilt es, diese Ankündigungen durch eigenständige, weiterführende und vor allem empirische Forschung einzulösen."[98] Jedoch existiert ein zuverlässiges und valides Instrument zur Messung der Unternehmenskultur bis heute nicht[99], schon gar nicht für junge Unternehmen.

Darüber hinaus weist die wissenschaftliche Literatur insbesondere die folgenden vier weiteren Defizite auf:

---

[96] Vgl. Lorsch, J.W. (1986): Managing culture: The invisible barrier to strategic change, in: California Management Review, S. 95 ff.; Ebers, M. (1991): Der Aufstieg des Themas "Organisationskultur" in problem- und disziplingeschichtlicher Perspektive , S. 54 ff.; Sackmann, S. (1990): Möglichkeiten der Gestaltung von Unternehmenskultur , S. 114 ff. sowie Sackmann, S. (1996): Erfassung und Analyse von National- und Organisationskultur – eine kritische Betrachtung , S. 55 ff.; Dietel, B. (1997): Unternehmenskultur – eine Herausforderung für die Theorie der Unternehmung? , S. 233 ff.

[97] Vgl. Hofstede, G. (1998): Attitudes, Values and Organizational Culture: Disentangling the Concepts, in: Organization Studies sowie Tushman, M.L./O'Reilly, C.A. (1996): Ambidextrous Organizations: Managing Evolutionary and Revolutionary Change, in: California Management Review. Sogar das Bundesministerium für Forschung hat aktuell im Jahr 2005 einen Flyer herausgegeben mit dem Titel "Aufbau innovationsförderlicher Unternehmenskulturen" und spricht darin von der "(Wieder-) Entdeckung der Unternehmenskultur", aber auch davon, dass es an ausgefeilten Managementinstrumenten zum Aufbau und zur Weiterentwicklung von Unternehmenskulturen fehlt und dass die Wirkungen von Unternehmenskulturen im Unternehmensumfeld kaum untersucht sind. Um diese Zusammenhänge besser zu verstehen, werden verschiedene, insbesondere kleine und mittlere, Unternehmen (KMU), aber auch Forschungseinrichtungen in Projekte über die vier Cluster "Unternehmenskultur in KMU/Neue Bundesländer", "Unternehmensleitbilder", "Kulturentwicklung" sowie "Unternehmensethik" eingebunden, welche entsprechend gefördert werden (vgl. Bundesministerium für Bildung und Forschung (2005): Aufbau Innovationsförderlicher Unternehmenskulturen – Flyer Des Bundesministeriums Für Bildung Und Forschung).

[98] Gabele, E. (1993): Unternehmenskultur , S. 131.

[99] Vgl. Unterreitmeier, A. (2004): a.a.O., S. 16. Unterreitmeier entwickelt jedoch nach Kenntnisstand der vorliegenden Arbeit auf Basis einer Meta-Analyse als erster Autor ein solches Instrument. Ob dieses jedoch auch für junge Unternehmen geeignet ist, wird im Verlaufe der vorliegenden Arbeit noch diskutiert werden.

- Die richtige Gestaltung der frühen Phasen des Innovationsprozesses wird zwar als ein wesentlicher Erfolgsfaktor angesehen, er zählt jedoch zu den bisher kaum durchdrungenen Fragestellungen.[100]
- Auch das Verständnis des Unternehmensgründungsprozesses weist große Lücken auf[101]. Der Bestand von Unternehmen wird in der Regel vorausgesetzt[102], so dass der Vorgründungsprozess – die Phase von der Gründungsidee bis zum Markteintritt mit ersten Umsätzen – trotz seiner enormen Wichtigkeit[103] in der Regel gänzlich ausgeblendet wird: "[...] the nature of the gestation process, despite considerable speculation, is largely a mystery. Even the duration of the gestation, from conception to birth, is unknown."[104]
- Gleiches gilt für die Messung des Innovationsgrades im Vorgründungsprozess. Auch hier werden in vielen Konstrukten Dimensionen verwendet, die nur sinnvoll abgefragt werden können, wenn ein Unternehmen schon etabliert ist[105].
- Des weiteren sind trotz der Wichtigkeit mittelständischer Unternehmen – sie beschäftigten im Jahr 2003 knapp 60 Prozent aller deutschen Arbeitnehmer, inkl. der kleinen

---

[100] Vgl. Herstatt, C./Verworn, B. (2003): Management der frühen Innovationsphasen: Grundlagen – Methoden – Neue Ansätze.

[101] Vgl. Mellewigt, T./Witt, P. (2002): Die Bedeutung des Vorgründungsprozesses für die Evolution von Unternehmen: Stand der empirischen Forschung, in: Zeitschrift für Betriebswirtschaft, S. 81.

[102] Vgl. Picot, A./Laub, U.-D./Schneider, D. (1989): Innovative Unternehmensgründungen: Eine ökonomisch-empirische Analyse, S. 1; Kaiser, L./Gläser, J. (2004): Entwicklungsphasen neugegründeter Unternehmen, S. 14.

[103] Vgl. Stichcombe, A.L. (1965): Social structure and organizations , S. 153-193; vgl. weiter Kieser, A./Woywode, M. (1998): Evolutionstheoretische Ansätze , S. 253-285; Brüderl, J./Preisendörfer, P./Ziegler, R. (1998): a.a.O.; Cooper, A.C./Gimeno-Gascon, F.J./Woo, C.Y. (1994): Initial human and financial capital as predictors of new venture performance, in: Journal of Business Venturing, S. 371-395; Klandt, H./Kirchhoff-Kestel, S./Struck, J. (1998): Zur Wirkung der Existenzgründungsförderung auf junge Unternehmen. Eine vergleichende Analyse geförderter und nicht-geförderter Unternehmen; Roure, J.B./Keeley, R.H. (1990): Predictors of success in new technology based ventures, in: Journal of Business Venturing, S. 201-220.

[104] Reynolds, P./Miller, B. (1992): New firm gestation: Conception, birth, and implications for research, in: Journal of Business Venturing, S. 406.

[105] Vgl. für genaue Ausführungen zu dieser Fragestellung Kapitel 2.3 dieser Arbeit.

Unternehmen sogar ca. 80 Prozent aller deutschen Beschäftigten[106] – Fragestellungen zum Innovationsmanagement in mittelständischen Unternehmen zwar oft diskutiert, bisher jedoch kaum im Hinblick auf die Relevanz der Unternehmenskultur beantwortet worden. Dies scheint umso wichtiger, wenn man bedenkt, dass lediglich ein Drittel der kleinen und mittelständischen Unternehmen während der letzten drei Jahre eine Innovation eingeführt hat.[107]

In diesem Sinne möchte die vorliegende Arbeit in o.g. Lücken stoßen. Daher werden fünf Forschungsziele verfolgt:

- Die erste Zielsetzung liegt neben einer Bestandsaufnahme zur Unternehmenskultur insbesondere in der Diskussion und Entwicklung relevanter Facetten der Unternehmenskultur in jungen Unternehmen. Diese Entwicklung soll theoriegestützt erfolgen.
- Die entwickelten Facetten sollen anschließend einer empirischen Überprüfung unterzogen werden. Dafür muss ein Messinstrument für Unternehmenskultur in jungen Unternehmen entwickelt werden. Die empirische Überprüfung soll mit anspruchsvollen statistischen Methoden erfolgen.
- Ferner soll die Erfolgswirksamkeit von Unternehmenskultur in jungen Unternehmen untersucht werden. Hierzu sollen Hypothesen getestet werden, die im Rahmen der theoriegestützten Modellentwicklung erarbeitet werden.
- Des weiteren soll der situative Einfluss des Innovationsgrads überprüft werden. Auch hierfür werden Hypothesen getestet, die im theoretischen Teil der Arbeit entwickelt werden.
- Schließlich soll ein Vergleich der Unternehmenskultur in jungen Unternehmen mit derjenigen in mittelständischen Unternehmen erfolgen. Auf Basis der ggf. festzustel-

[106] Vgl. Günterberg, B./Kayser, G. (2004): SMEs in Germany – Facts and Figures 2004, S. 22. Mittelständische Unternehmen sind dabei als Unternehmen mit einer Mitarbeiterzahl zwischen 10 und 499 definiert. Kleine Unternehmen haben weniger als 10 Mitarbeiter. Vgl. zu einer Diskussion der Abgrenzungskriterien kleiner und mittlerer Unternehmen (KMU) auch Günterberg, B./Wolter, H.-J. (2002): Unternehmensgrößenstatistik 2001/2002 – Daten und Fakten, Gruber, M. (2000): Der Wandel von Erfolgsfaktoren mittelständischer Unternehmen, S. 16-29 oder Krimphove, D./Tytko, D. (2002): Der Begriff "mittelständische Unternehmen" in betriebswirtschaftlicher und juristischer Diskussion .

lenden Unterschiede kann eine mögliche Übertragbarkeit von bei jungen Unternehmen als erfolgreich identifizierten Ausprägungen der Unternehmenskultur diskutiert werden. Die Analyse geschieht dabei deskriptiv-explorativ, d.h. ohne dass vorher eine explizite Hypothesenentwicklung erfolgt.

Zur Realisierung dieser Forschungsziele ist die Beantwortung der folgenden Fragen notwendig:

- Was heißt Unternehmenskultur in jungen Unternehmen und wie kann das Konstrukt konzeptualisiert und operationalisiert werden?
- Welchen Einfluss haben möglicherweise verschiedene Facetten der Unternehmenskultur auf den Unternehmenserfolg junger Unternehmen?
- Welche situativen Einflüsse übt der Innovationsgrad dabei aus?
- Gibt es ggf. noch weitere moderierende Effekte?
- Inwiefern unterscheidet sich die Unternehmenskultur in mittelständischen Unternehmen von derjenigen in jungen Unternehmen?

Den in der vorliegenden Untersuchung interessierenden Wirkungszusammenhang zwischen Unternehmenskultur, Innovationsgrad sowie Innovations- bzw. Unternehmenserfolg in jungen Unternehmen zeigt die folgende Abb. 1-1.

[107] Vgl DG Bank (2000): DG Bank Mittelstandsumfrage Frühjahr 2000 – Sonderthema "Investition und Innovation".

Abb. 1-1: Interessierende Wirkungszusammenhänge der vorliegenden Untersuchung

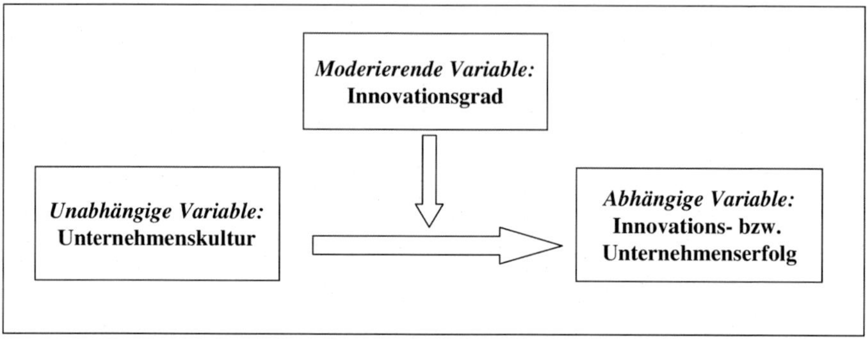

1.2 Abgrenzung des Untersuchungsgegenstandes

Um eine möglichst hohe Vergleichbarkeit der betrachteten Unternehmen und damit eine höhere Validität der Ergebnisse sicherzustellen, ist u.a. eine genaue Beschreibung des Untersuchungsgegenstands notwendig. [108] Dies sind hier primär junge, technologieorientierte Unternehmen. Diese werden auch als Start-ups bezeichnet.[109] Die Festlegung der in der vorliegenden Arbeit betrachteten jungen Unternehmen wird im Folgenden anhand der Gründungstypologie von SZYPERSKI/NATHUSIUS (2001) vorgenommen. Dies führt auch zur Eingrenzung der betrachteten innovativen Branchen bzw. Technologien. Ebenso wird dem dynamischen Aspekt von Unternehmensgründungen Rechnung getragen, indem ein Lebenszyklusmodell für junge Technologieunternehmen nach KLOCKE (2004) vorgestellt wird. Schließlich werden auch die betrachteten mittelständischen Unternehmen abgegrenzt.

1.2.1 Gründungstypologie junger Technologieunternehmen

In Deutschland wurden im Jahr 2004 laut CREDITREFORM insgesamt 928.000 Unternehmen in den Gewerbe- und Handelsregistern neu eingetragen; netto, d.h. abzüglich von

[108] Vgl. Werner, H. (2000): a.a.O., S. 17.
[109] Vgl. Schefczyk, M./Pankotsch, F. (2002): Theoretische und empirische Implikationen wachstumsstarker Start-ups – Stand der Forschung , S. 25 f. In dieser Arbeit soll jedoch im Weiteren der Begriff "junge Technologieunternehmen" verwendet werden.

666.000 Löschungen in den Registern, bleibt ein Saldo von 262.000 neuen Unternehmen.[110] Diese neu gegründeten Unternehmen weisen dabei vielfältige Unterschiede auf, z.B. im Hinblick auf Branchenzugehörigkeit, Technologieorientierung, Innovationsgehalt, langfristige strategische Ausrichtung, Finanzbedarf und -ausstattung oder regionalen Fokus.[111] Eine für die deutsche Gründungsforschung nach wie vor richtungsweisende[112] Abgrenzung verschiedener Gründungsformen haben SZYPERSKI/NATHUSIUS vorgenommen, welche in folgender Abbildung dargestellt ist.[113] Anhand der dort verwendeten Kriterien soll im Folgenden auch die Abgrenzung des dieser Arbeit zugrundeliegenden Verständnisses junger Technologieunternehmen erfolgen.

[110] Vgl. Verband der Vereine Creditreform e.V. (2004): Gründungsbilanz 2004. Das Zentrum für Europäische Wirtschaftsforschung GmbH (ZEW) ermittelt auf Basis des sog. Mannheimer Gründungspanels und des Mannheimer Unternehmenspanels in Zusammenarbeit mit CREDITREFORM für für das Jahr 2003 ca.245.000 Unternehmensgründungen und ca. 350.000 –schließungen sowie 39.000 Insolvenzen. Die Zunahme der Gründungen im Vergleich zu 2002 um ca. 20.000 ist jedoch hauptsächlich durch arbeitsmarktpolitische Maßnahmen (z.B. "Ich-AG", Überbrückungsgeld) zu erklären. Ohne diese Maßnahmen wäre vermutlich ein deutlicher Rückgang der Gründungsaktivitäten zu verzeichnen gewesen. Laut ZEW ist der Anteil der Gründungen in der Spitzen- und in der hochwetigen Technologie mit nur 1 Prozent außerdem weiter rückläufig (1995: 1,4 Prozent). Andere Berechnungen liefert z.B. das IfM Bonn auf Basis von Gewerbean- und abmeldungen (ca. 500.000 Gewerbeneuanmeldungen pro Jahr) oder die KfW Bankengruppe, die von 1, 6 Millionen Personen spricht, die sich 2003 selbstständig gemacht hätten. Das ZEW verwendet jedoch nach eigener Aussage einen enger abgegrenzten Unternehmensbegriff und kommt daher zu niedrigeren Gründungs- und Schließungszahlen. Vgl. Rammer, C. (2004): Unternehmensdynamik in Deutschland 1995-2003: Die Rolle forschungs- und wissensintensiver Branchen und eine Einordnung im internationalen Vergleich, S. 2 ff.

[111] Vgl. Steegmann, J. (2005): Funktionen der Hausbank bei der Unterstützung von Unternehmensgründungen, S. 10.

[112] Vgl. Castringius, R. (2004): Regionale Gründungsförderung, S. 41. Vgl. ebenso Castringius, R. (2004): a.a.O., S. 42 f. zur Problematik der nicht zufriedenstellenden Gründungsstatistiken in Deutschland. Vgl. außerdem Fritsch, M./Niese, M. (2002): Überblick über Problembereiche bei der Erfassung von Gründungen und Stilllegungen , S. 7.

[113] Vgl. im folgenden Szyperski, N./Nathusius, K. (1999): Probleme der Unternehmensgründung, S. 26 ff. sowie Nathusius, K. (2001): Grundlagen der Gründungsfinanzierung, S. 4 ff. Vgl. auch

Abb. 1-2: Merkmale und Ausprägungen zur Gründungstypologie

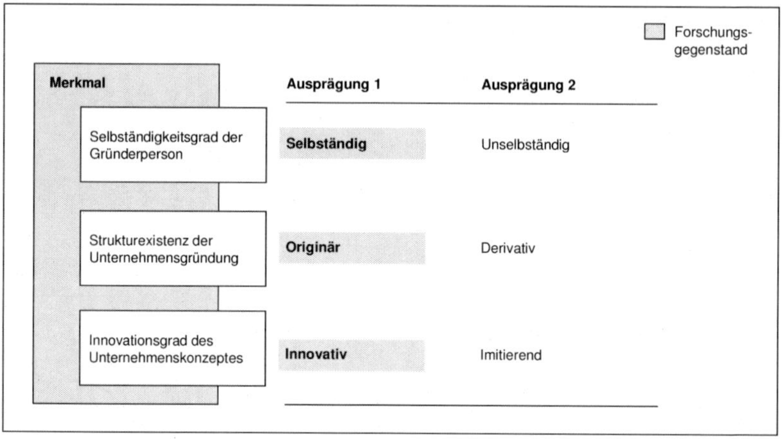

Quelle: Steegmann, J. (2005), S. 11 in Anlehnung an Nathusius, K. (2001): Grundlagen der Gründungsfinanzierung, S. 4.

1.2.1.1 Selbständigkeitsgrad und Strukturexistenz der jungen Unternehmen

Die Herausforderungen an den oder die Unternehmensgründer sind je nach Gründungsform grundsätzlich unterschiedlich[114]. Daher ist es sinnvoll, unterschiedliche Gründungsformen exakt voneinander zu unterscheiden. Das erste Merkmal "Selbständigkeitsgrad" gibt dabei Aufschluss darüber, inwiefern der oder die Gründer von ihrer bisherigen beruflichen Tätigkeit in die unternehmerische Selbständigkeit wechseln oder aber ihre aktuelle Beschäftigung nicht verlassen. Selbständige Gründungen werden also zum Aufbau einer selbständigen unternehmerischen Existenz vorgenommen. Die Unternehmensgründer sind dann keinem Vorgesetzten mehr weisungsgebunden, sondern handeln auf eigene Rechnung und eigenes Risiko.[115] Unselbständige Gründungen hingegen erfolgen insbesondere von Angestellten, die die Gründung im Auftrag einer externen Institution – häufig ist dies der aktuelle Arbeitgeber – realisieren,

[114] Vgl. Scheidt, B. (1994): Die Einbindung junger Technologieunternehmen in Unternehmens- und Politiknetzwerke – Eine theoretische, empirische und strukturpolitische Analyse, S. 29.

[115] Vgl. Saßmannshausen, P.S. (2001): Wesen und Wege der Selbständigkeit , S. 126.

z.B. im Rahmen der Ausgründung eines Konzern-Geschäftsbereichs. Solche Gründungen können meistens auf unternehmensinterne Hilfestellungen im Hinblick auf Erfahrungswerte oder Netzwerke zurückgreifen und unterscheiden sich daher deutlich von den selbständigen Gründungen.[116]

Fokus dieser Arbeit sollen daher die selbständigen Gründungen sein. Dieses Kriterium wird im Sinne dieser Arbeit auch als erfüllt angesehen, wenn im Rahmen der Unternehmensgründung die Absicht besteht, in die unternehmerische Selbständigkeit zu wechseln – zum Zeitpunkt der empirischen Befragung kann der Gründer also auch noch angestellt sein, was z.B. darin begründet sein kann, dass er zunächst den Erfolg von bestimmten Meilensteinen in der Anlaufphase der Gründung abwarten möchte, um das eigene Risiko der frühen Aufgabe eines sicheren Arbeitsplatzes und Gehalts zu limitieren.[117]

Das zweite Merkmal der sog. "Strukturexistenz" grenzt die Unternehmen danach ab, ob die Wirtschaftseinheit in der gleichen Form schon vor dem Gründungsakt bestanden hat oder nicht. Originäre Gründungen schaffen vollständig neue Strukturen, dagegen wird bei derivativen Gründungen auf schon bestehende Strukturen zurückgegriffen und diese ggf. verändert, wie z.B. bei Unternehmensübernahmen oder -umgründungen. Die gründungsbedingten Herausforderungen sind daher bei derivaten Gründungen deutlich anders gelagert.

Die klassische Form der Neugründung ist also die originär selbständige Gründung; im Rahmen der Diskussion der Erfolgsrelevanz von Unternehmenskultur soll in der vorliegenden Arbeit ausschließlich diese berücksichtigt werden. Darunter sollen in dieser Arbeit auch Ausgründungen aus Universitäten oder anderen Forschungseinrichtungen, die sog. "Spin-Offs", fallen.

---

[116] Vgl. Steegmann, J. (2005): a.a.O., S. 12.
[117] Vgl. Steegmann, J. (2005): a.a.O., S. 11.

Zusammenfassend – wiederum nach einer Darstellung von SZYPERSKI/NATHUSIUS – können also die folgenden Gründungsformen unterschieden werden[118]: Die selbständige von der unselbständigen und die originäre von der derivativen Gründung. Tab. 1-1 zeigt die aus der Kombination der o.g. Entscheidungskriterien resultierenden vier möglichen Gründungsformen. Diese Abgrenzungssystematik ist in der Praxis allerdings nicht immer ganz überschneidungsfrei – so könnte bspw. die Errichtung einer neuen Betriebsstätte in einem für die bestehende Unternehmung völlig neuen sozio-ökonomischen Umsystem durchaus der Neugründung ähnlich sein.

Tab. 1-1: Gründungsformen

	Originäre Gründung	**Derivative Gründung**
Selbständige Gründung	Neugründung	Übernahme, Umgründung
Unselbständige Gründung	Neue Betriebsstätte	Akquisition, Fusion

Quelle: Eigene Darstellung in Anlehnung an Szyperski, N./Nathusius, K. (1977)

1.2.1.2 Innovationsgrad und Technologieklassifizierung der Unternehmensgründung

Wie schon in Kapitel 1.1 der vorliegenden Arbeit erörtert, gibt es in der (Gründungs-) Forschung keinen Konsens bzgl. des Innovationsbegriffs, durch SCHUMPETER wurde er jedoch entscheidend geprägt. An dieser Stelle sei darauf verwiesen, dass das Innovationsverständnis und die Methodik zur Messung des Innovationsgrads dieser Arbeit in Kapitel 2 genauer definiert und hier nicht weiter vertieft werden sollen. Aus den ebenfalls schon in Kapitel 1.1 genannten Gründen werden technologieorientierte Unternehmensgründungen Gegenstand dieser Arbeit sein. Eine einheitliche Definition existiert allerdings auch hier nicht.[119] So gibt es u.a. die Begriffe "technologieorientierte Unternehmensgründungen (TOU)" und "junge Technologieunternehmen (JTU)", die häufig synonym verwendet werden, sich jedoch laut LESSAT ET AL. hinsichtlich des Unternehmensalters unterscheiden.[120] Technologieorientier-

---

[118] Vgl. im folgenden Szyperski, N./Nathusius, K. (1977): Probleme der Unternehmensgründung, S. 27 ff.
[119] Vgl. Lessat, V. et al. (1999): a.a.O., S. 7.
[120] Vgl. Lessat, V. et al. (1999): a.a.O., S. 7 und auch das folgende Kapitel 1.2.2.

te Gründungen weisen aber relativ zu allgemeinen Unternehmensgründungen einige Spezifika auf.[121] Häufiger als letztere haben junge Technologieunternehmen insbesondere neue Produkte, neue Produktionsverfahren oder innovative Dienstleistungen zum Gegenstand[122], und "...die Produkte oder Dienstleistungen, die von Unternehmen mit hoher Technologieorientierung angeboten werden, haben in der Regel einen im Vergleich höheren Innovationsgrad."[123] Diese Vereinfachung bietet die Möglichkeit, eine Differenzierung der Unternehmensgründungen nach der Technologieintensität[124] des Wirtschaftszweigs vorzunehmen. Dies ist jedoch insofern problematisch, als sich die Frage stellt, wie Hochtechnologie definiert bzw. abgegrenzt wird, denn "... eine optimale Abgrenzung von Hochtechnologie gibt es nicht, da jeder Indikator seine ganz spezifischen Vor- und Nachteile hat."[125] Darüber hinaus ist der Begriff Hochtechnologie nicht nur kein klar definierter Begriff, sondern unterliegt auch einem Zeittrend. "Was heute als High-Tech gilt, wird in einigen Jahren nicht mehr so bezeichnet werden"[126], stellen daher NERLINGER/BERGER zu Recht fest. Insofern sind Durchschnittswerte und Expertenmeinungen durchaus hilfreich, jedoch haben sich auch Experten schon getäuscht.

---

[121] Vgl. Steinle, C./Schumann, K. (2003): Kooperation, Innovation und Erfolg technologieorientierter Gründungen – Konzept und Ergebnisse einer repräsentativen Studie , S. 17.

[122] Vgl. Steinle, C./Schumann, K. (2003): a.a.O., S. 17.

[123] Brettel, M./Jaugey, C./Rost, C. (2000): Business Angels – Der informelle Beteiligungskapitalmarkt in Deutschland, S. 28. Der Vollständigkeit halber sei jedoch auch hier noch einmal darauf verwiesen, dass BHIDÉ auf Basis von 100 Interviews mit Unternehmensgründern, deren Unternehmen 1989 von dem bekannten US-amerikanischen Monatsjournal "Inc.Com" in den sog. "Inc. 500" Index der wachstumsstärksten, in Privatbesitz befindlichen US-Unternehmen aufgenommen worden waren, feststellte, dass von 100 interviewten Gründern nur sechs behaupteten, dass sie eine einzigartige Idee hatten und nur ein Drittel der Inc. 500 Unternehmen eine technologiebasierte Geschäftsidee verfolgte. Vgl. The National Commission of Entrepreneurship (2001): a.a.O., S. 13.

[124] Technologieintensität ist definiert als der Quotient aus FuE-Ausgaben und Umsatz. Branchen mit einer Technologieintensität >3,5 % werden als forschungs- und entwicklungsintensive Branchen bezeichnet, im Hinblick auf die Technologien selbst wird bei einer Intensität zwischen 3,5 % und 8,5 % von höherwertiger oder hochwertiger Technologie, bei > 8,5 % von Spitzentechnologie gesprochen. Vgl. auch Kapitel 1.1.

[125] Nerlinger, E./Berger, G. (1995): Technologieorientierte Industrien und Unternehmen: Alternative Definitionen, S. 39. Vgl. vorgenannte Publikation auch für einen guten Literaturüberblick zur Abgrenzung bzw. Definition von technologieorientierten Industrien bis 1995, da sich die Klassifikationen natürlich weiterentwickeln. So hat z.B. das Statistische Bundesamt 2003 eine überarbeitete Klassifikation der Wirtschaftszweige (WZ 2003) herausgegeben.

[126] Nerlinger, E./Berger, G. (1995): a.a.O., S. 39.

Es gibt zahlreiche Klassifikationen von Technologie[127]; KRETSCHMER beispielsweise gibt eine Übersicht von mehr als 20 Klassifikationen verschiedener Institute.[128] Die umfangreichste ist mit ca. 60.000 Sachgebieten die Internationale Patentklassifikation (IPC)[129]. Daraus jedoch nun die innovativen Sachgebiete herauszufiltern scheint ein schwieriges Unterfangen: Die Neigung zur Patentierung wird erstens beeinflusst von Charakteristika der betrachteten Technologien, z.B. im Hinblick auf die Imitationsgefahr, zweitens von unternehmensinternen Größen, z.B. der Größe der Unternehmen, und drittens von unzähligen weiteren Faktoren, die unabhängig vom technologischen Fortschritt sind.[130] Bestätigt wird diese Schwierigkeit von empirischen Studien, die zeigen, dass kleine Unternehmen weniger Patente anmelden als große Unternehmen.[131] Gerade bei dieser Arbeit bestünde daher die Gefahr, dass hochinnovative Technologiegebiete nicht in die Untersuchung eingeschlossen würden. Darüber hinaus spricht gegen die IPC, dass sie aus systemtheoretischer Sicht nicht als Klassifikationssystem betrachtet werden kann.[132] Aber auch andere Klassifikationen sind größtenteils ungeeignet: Zwar sind sie oftmals plausibel, doch die Herleitungen sind wenig fundiert und können nicht nachvollzogen werden.[133] Teilweise werden Branchen mit Technologien vermischt.[134]

"Das heute verfügbare bestmögliche methodische Instrumentarium zur übergreifenden, langfristigen Technikvorschau"[135] sind sog. Delphi-Untersuchungen. "Das Delphi-Verfahren ist – im weiteren Sinne – eine spezielle Methode zur Technikbewertung."[136] 1992, 1995 und 1998

[127] Vgl. Brandkamp, M. (2000): Technologien für innovative Unternehmensgründungen, S. 5.
[128] Vgl. Kretschmer, T. (1992): Forschungs- und Technologiefelder der Zukunft – Analyse nationaler und internationaler Prognosen und Programme, Bericht im Auftrag des Bundesministers der Verteidigung.
[129] Vgl. Deutsches Patentamt (1984): Internationale Patentklassifikation, Band 9: Einführung, Verzeichnis der Klassen und Hauptgruppen; Faust, K. (1989): Dynamische Felder der Technik im Licht der internationalen Patentaktivität, S. 5.
[130] Vgl. Brandkamp, M. (2000): a.a.O., S. 5.
[131] Vgl. Gielow, G. (1987): Unterschiede im Innovationsverhalten zwischen kleinen und großen Unternehmen , S. 226; Scherer, F.M. (1965): Firm Size, Market Structure, Opportunity, and the Output of Patented Invention, in: The American Economic Review; Schmookler, J. (1965): Invention and Economic Growth, S. 25.
[132] Vgl. Balk, M. (1975): Klassifikationskalkül, Klassifikationssystem und internationale Patentklassifikation, in: Datenverarbeitung Steuern Wirtschaft Recht (DSWR).
[133] Vgl. Brandkamp, M. (2000): a.a.O., S. 5 f.
[134] Vgl. Kretschmer, T. (1992): a.a.O., S.9.
[135] Bundesministerium für Bildung und Forschung (1996): Delphi-Bericht 1995 zur Entwicklung von Wissenschaft und Technik, S. 1.
[136] Bundesministerium für Forschung und Technologie (1993): Deutscher Delphi-Bericht zur Entwicklung von Wissenschaft und Technik, S. 11.

erstellte das Fraunhofer-Institut für Systemtechnik und Innovationsforschung (ISI) jeweils einen Delphi-Bericht für die Bundesregierung. Diese zukunftsbezogenen Berichte sind insbesondere vor dem Hintergrund potentiell radikaler, zukunftsweisender Innovationen zu berücksichtigen. So schließt denn auch das ISI im Jahr 2000 den Delphi-Bericht von 1998 in seine Neudefinition der Hochtechnologie bei der Überarbeitung[137] der für die Berichterstattung zur technologischen Leistungsfähigkeit in Deutschland verwendeten Liste von FuE-intensiven Gütern neben der Berücksichtigung der vom Statistischen Bundesamt 1993 neu herausgegebenen Klassifikation der Wirtschaftszweige (WZ 93)[138] explizit ein.[139] Die daraus entwickelte Liste der Spitzentechnologien zeigt die folgende Tab. 1-2.

Eine weitere Einteilung, die ebenfalls Forschungsarbeiten des ISI entstammt, wurde 1995 in der Publikation "Technologie am Beginn des 21. Jahrhunderts" vorgenommen.[140] Durch Befragung von 69 Experten wurden durch die Ermittlung der "technologischen Ähnlichkeit untersuchter Themenbereiche" innovative und voneinander abgrenzbare Oberthemen und sogar Technologie- und Teilgebiete ermittelt, nachdem die Ergebnisse der Befragung noch Cluster- und Sensitivitätsanalysen unterzogen wurden.[141] Die neun verschiedenen sog. Oberthemen[142] dieser Analyse zeigt die folgende Tabelle Tab. 1-3:

Eine Studie des VDI[143], welche sechs internationale Technologieprognosen aus den USA, Japan, Großbritannien und den Niederlanden vergleicht, ermittelt acht Technologiefelder, die zukünftig eine besonders wichtige Rolle für die wirtschaftliche Entwicklung spielen könnten/dürften und in der folgenden Tab. 1-4 zu sehen sind.

---

[137] Die bis dato verwendete Liste stammte aus dem Jahr 1988. Vgl. Grupp, H. et al. (2000): a.a.O., S. 1.

[138] Wie schon erwähnt, hat das Statistische Bundesamt 2003 eine neue Klassifikation der Wirtschaftszweige (WZ 2003) herausgegeben. Jedoch wurde diese noch nicht im aktuellen Bericht "Zur technologischen Leistungsfähigkeit Deutschlands 2005" berücksichtigt, sondern dort wurde bei der Hochtechnologie noch auf die "I-SI/NIW-Hochtechnologieliste 2000 in der Abgrenzung WZ 93" zurückgegriffen (vgl. Legler, H./Gehrke, B. (2005): Zur technologischen Leistungsfähigkeit Deutschlands 2005 , S. 92).

[139] Vgl. Grupp, H. et al. (2000): a.a.O., S. 2 f. sowie S. 21 f.

[140] Vgl.Grupp, H. (1995): a.a.O.

[141] Vgl. Grupp, H. (1995): a.a.O., S. 25.

[142] Diesen neun Oberthemen sind wiederum insgesamt 80 Technologiegebiete zugeordnet.

[143] VDI steht für Verein deutscher Ingenieure e.V. Er ist mit 125.000 Mitgliedern der größte technische Verein Deutschlands. Vgl. Verein deutscher Ingenieure e.V. (VDI) (Publikationsdatum unbekannt): Der VDI im Profil.

Tab. 1-2: Spitzentechnologien nach der ISI-NIW-Hochtechnologieliste 2000

Neue Nutzpflanzen
Sonstige pflanzliche Stoffe
Enzyme
Radioaktive Stoffe
Antibiotika
Hormone
Impfstoffe
Blutfaktoren
Diagnostische Reagenzien
Andere pharmazeutische Waren
Agrarchemie
Sprengstoffe
Tiefbohrwerkzeuge
Gasturbinen, Strahltriebwerke
Wasser-, Wind- und Kernkraftwerke
Computer
Computer-Zubehör
Telekommunikation, Multimedia
Medizinische Elektronik
Integrierte Schaltkreise
Teilchenbeschleuniger etc.
Luftfahrzeuge
Kriegsschiffe
Optische Instrumente
Navigation
Wissensch. Experimentiergeräte
Strahlennachweis
Waffen und Munition

Quelle: Grupp, H. et al. (2000): Hochtechnologie 2000 – Neudefinition der Hochtechnologie für die Berichterstattung zur technologischen Leistungsfähigkeit Deutschlands, S. 69.

Tab. 1-3: Neun relevante Technologiefelder am Beginn des 21. Jahrhunderts nach ISI

Neue Werkstoffe
Nanotechnologie
Mikroelektronik
Photonik
Mikrosystemtechnik
Software und Simulation
Molekularelektronik
Biotechnologie
Produktions- und Managementtechnik

Quelle: Grupp, H. (1995): Technologie am Beginn des 21. Jahrhunderts, S. 199 und S. 265.

Tab. 1-4: Acht prognostizierte besonders relevante Technologiefelder bis max. ca. 2020/2030 nach VDI

Energie
Nano- und Mikrosystemtechnologie
Materialtechnik
Produktions- und Prozesstechnik
Informations- und Kommunikationstechnologien
Elektronik
Biotechnologie und Life Science
Gesundheit und Ernährung

Quelle: Eigene Darstellung nach Seiler, P./Holtmannspötter, D./Albertshauser, U. (2004): Internationale Technologieprognosen im Vergleich, S. 89 ff.

Da die Liste nach NIW-ISI doch relativ detailliert ist und teilweise auch eng an konkrete Produkte, die nicht unbedingt auf den ersten Blick in verschiedene Kategorien fallen (z.B. Kriegsschiffe vs. Waffen und Munition), angelehnt ist, wird sich die vorliegende Arbeit eher an den Listen von ISI und VDI orientieren, zumal diese große Schnittmengen aufweisen. Managementtechniken sollen jedoch unberücksichtigt bleiben.

Da die Recherche nach geeigneten jungen Unternehmen nicht notwendigerweise durch Rückgriff auf bestehende Datenbanken, welche bspw. die vorgenannte Schlüsselung nach Technologien schon enthalten, erfolgen soll bzw. ggf. aus Kostengründen auch nicht erfolgen kann, sondern insbesondere auch eigene Recherchen z.B. über Messe-Ausstellerlisten, Mitgliedslisten von Verbänden, Vereinen etc. oder das Internet geleistet werden sollen, erscheint die Vorgehensweise, eine Abgrenzung der zu betrachtenden Unternehmen von vornherein ausschließlich über den Detailgrad konkreter Technologien anzustreben, aufgrund des damit ggf. notwendigen sehr hohen Fachwissens bzw. noch höheren Rechercheaufwands nicht immer geeignet bzw. umsetzbar.[144] Letztlich wird gerade auch über die in dieser Arbeit ebenfalls vorgenommene multidimensionale Messung des Innovationsgrads und weitere Angaben zum Geschäftsgegenstand der jungen Unternehmen nochmals kontrolliert, inwiefern die Unternehmen innovativ und technologieorientiert sind. Insofern scheint – ggf. parallel zu Zugängen zu geeigneten Datenbanken – auch eine Herangehensweise vertretbar, die zunächst über eine Branchenbetrachung eine potentielle Identifizierung der hier interessierenden Unternehmen vornimmt, zumal viele Technologien wie z.B. die Bio-, die Nano- oder die optische Technologie als Schlüsseltechnologien[145] auch sog. Querschnittstechnologien[146] sind, die in verschiedenen Branchen entwickelt werden und zu Innovationen führen und die darüber hinaus auch unterschiedlichen wissenschaftlichen Fachbereiche zuzurechnen sind.[147] Daher finden sich diese Technologien auch nicht bzw. kaum in einer Klassifikation von Wirtschaftszweigen oder Produktgruppen wieder.[148] Beispielsweise finden Forschungsaktivitäten der Biotechnologie und der Nanotechnologie in Deutschland in mehreren Branchen statt, wie die folgende Tabelle zeigt[149]:

[144] Darüber hinaus lässt sich z.B. der Sektor der modernen Biotechnologie gar nicht mit amtlichen Wirtschaftssystematiken herausarbeiten, da die betroffenen Produkte/Produktzweige nicht separat ausgewiesen werden. So ist es nämlich bspw. nicht möglich, in der WZ 93 gentechnische Medikamente aus der Position "Herstellung von pharmazeutischen Erzeugnissen" herauszufiltern. Vgl. Komar, W. (2003): Standortbedingungen der Biotechnologiebranche – Eine Analyse zur Identifikation von Erfolgsfaktoren für Biotechnologiefirmen und Bioregionen, S. 5.

[145] Vgl. Leppin, K. (2002): Still, verborgen, unsichtbar – Nanotechnik soll die Wirtschaft im 21. Jahrhundert revolutionieren. Deutsche Start-ups sind Weltspitze, in: Die Zeit, auch Kulicke, M./Menrad, K./Wörner, S. (2002): a.a.O., S. 13 oder Freier, P. (2000): a.a.O., S. 81 ff.

[146] Vgl. z.B. Kulicke, M./Menrad, K./Wörner, S. (2002): a.a.O., S. 13, auch Seiler, P./Holtmannspötter, D./Albertshauser, U. (2004): a.a.O., S. 92 oder auch Freier, P. (2000): a.a.O., S. 81 ff.

[147] Vgl. für einen guten Überblick über aktuelle Hintergründe zur Nanotechnologie Klocke, B. (2004): a.a.O., S. 87 ff.

[148] Vgl. Frietsch, R./Grupp, H. (2002): Technologische Leistungsfähigkeit Deutschlands auf dem Gebiet der Optischen Technologie, S. 5.

[149] Vgl. für die Biotechnologie Kulicke, M./Menrad, K./Wörner, S. (2002): a.a.O., S. 6. Für die Nanotechnologie vgl. Bachmann, G. (1998): a.a.O., S. 129.

Tab. 1-5: Branchen, welche durch Bio- und Nanotechnologie beeinflusst werden

Biotechnologie	**Nanotechnologie**
Medizin/Pharma	Medizin/Pharma/Biologie
Umwelttechnik	Feinmechanik/Optik/Analytik
Landwirtschaft	Chemie/Materialien
Lebensmittelherstellung	Elektronik/Informationstechnik
Verfahrenstechnik	Automobiltechnik

Quelle: Eigene Darstellung nach Kulicke, M./Menrad, K./Wörner, S. (2002): Innovationsmanagement in jungen Biotechnologieunternehmen, S. 6 und Bachmann, G. (1998): Innovationsschub aus dem Nanokosmos – Technologieanalyse , S. 129.

Auch die optische Technologie findet sich z.B. nicht nur in Produkten der Wirtschaftszweige der Medizintechnik oder des Maschinenbaus, sondern auch in Produkten der Elektrotechnik wieder.[150] Eine Studie vom Niedersächsischen Institut für Wirtschaftsforschung nennt darüber hinaus die folgenden Industriezweige als potentiell Hochtechnologie beinhaltend[151]:

Tab. 1-6: Hochtechnologiebranchen nach NIW/ISI

Chemische Industrie
Maschinenbau
Elektrotechnik
Büromaschinen/EDV
Medientechnik
Mess-/Steuer-/Regeltechnik/Feinmechanik/Optik
Fahrzeugbau

Quelle: Eigene Darstellung nach Legler, H./Gehrke, B./Krawczyk, O. (2004): Deutschlands forschungs- und wissensintensive Wirtschaftszweige: Spezialisierung, Wachstum, Beschäftigung und Qualifikationserfordernisse, S. 6.

Auch die beiden Übersichten zu Hochtechnologiebranchen weisen weitgehende Überschneidungen auf, ohne dabei natürlich volllkommen identisch zu sein. Eine strikte Abgrenzung würde aber auch der Realität nicht entsprechen, solange sich nicht alle Beteiligten auf eine

[150] Frietsch, R./Grupp, H. (2002): a.a.O., S. 5 ff.
[151] Vgl. Legler, H./Gehrke, B./Krawczyk, O. (2004): a.a.O., S. 6.

identische Nomenklatur einigen – und dies wird, wenn überhaupt, erst in ferner Zukunft geschehen. Die sog. "German Tech Tour" (GTT), auf welcher 2005 und davor im Jahr 2000[152] durch ein Komitee führender deutscher Beteiligungsgeber 25 Technologieunternehmen mit dem angeblichen Potential zur Marktführerschaft prämiert wurden[153], unterteilt die Hochtechnologiesegmente folgendermaßen[154]: neue Materialien; Nano-, Opto-, Mikroelektronik und Laser; Telekommunikation und Infrastruktur; Software; Neue Medien, E-Commerce und Internet; Medizintechnik. Die Biotechnologie wird in einem separaten, noch neu aufzulegenden Wettbewerb beleuchtet.[155]

Diese Arbeit wird den Fokus der Empirie bei den jungen Unternehmen auf die oben diskutierten (Hoch-) Technologiefelder legen. Dabei kann jedoch aufgrund der erläuterten Problematik keiner der beschriebenen Einteilungen exklusiv unter Ausschluss anderer Abgrenzungen gefolgt werden.

1.2.2 Lebenszyklus junger Technologieunternehmen

Gegenstand dieser Arbeit sind u.a. junge technologieorientierte Unternehmen. Das Merkmal "jung" deutet zwar darauf hin, dass der Gründungszeitpunkt noch nicht lange zurückliegt bzw. gar erst in der Umsetzung begriffen ist – jedoch können bzw. müssen je nach Branche bzw. Technologie-Fokus auch Unternehmen noch als jung angesehen werden, die es vielleicht schon über zehn Jahre am Markt gibt, da z.B. eine extrem lange Forschungsphase Umsätze erst relativ spät möglich macht. Die durchschnittliche Entwicklungsdauer z.B. im Pharmabe-

---

[152] Allerdings sind eine ganze Reihe der im Jahr 2000 prämierten Unternehmen per 29.06.2005 zumindest nicht mehr unter den unter http://www.techtour.com/Tours/german/00/german_tt_2000.html angegebenen Firmen-Internetadressen zu finden.

[153] Vgl. European Tech Tour Association (2004): Press Release – Wachstumskapital für aufstrebende Technologieunternehmen.

[154] Vgl. Asche, S. (2005): Die Klasse der Besten, in: VDI Nachrichten.

[155] Vgl. European Tech Tour Association (2004): a.a.O.

reich beträgt ca. acht bis zwölf Jahre[156], so dass dies für Biotechnologie-Unternehmen durchaus denkbar ist, ebenso in anderen Bereichen, vor allem vor dem Hintregrund radikaler Innovationen. Jedoch besteht keine "... genaue Festlegung, bis zu welchem Alter bzw. Entwicklungsstand ein Technologieunternehmen als "jung" zu bezeichnen ist".[157] So sprechen BRETTEL/JAUGEY/ROST (2000) mit Bezug auf ein Phasenmodell nach MASON/HARRISON[158] (1994) davon, dass ein Unternehmen ca. zwei Jahre nach Gründung und dem Überstehen der Vorgründungs-, Gründungs- und Frühphase mit Erwirtschaftung erster Umsätze in die Wachstumsphase eintrete und spätestens acht Jahre nach der Gründung "... nicht mehr als "jung", sondern als nunmehr "etabliert" ("established stage") zu bezeichnen"[159] sei. LESSAT ET AL. (1999) geben an, dass die sog. technologieorientierten Unternehmensgründungen (TOU) im ersten Jahr ihrer Existenz erfasst würden, während junge technologieorientierte Unternehmen (JTU) als solche erst nach der Gründungsphase zu bezeichnen seien.[160] Manche Betrachtung wiederum zieht die Grenze bei drei[161] oder bei fünf[162] Jahren, andere wählen zwei[163]. Insofern scheint eine scharfe Abgrenzung nach Jahren ungeeignet bzw. bestenfalls dann geeignet, wenn auf eine große Menge schon erhobener Daten, z.B. vom ZEW-

---

[156] Vgl. Miller, F. (2004): Schneller zum besseren Medikament, in: Fraunhofer Magazin, S. 8 f. und Ronzheimer, M. (2001): Branchenreport Biotechnologie. Die Entwicklungszeit wird sich wohl trotz des massiven Einsatzes neuer FuE-Strategien und Technologien sowie des wesentlich besseren Verständnisses von Krankheitsursachen zukünftig nur unwesentlich verkürzen lassen (vgl. Hermann, R. (2004): Arzneien effizient entwickeln, in: Fraunhofer Magazin, S. 9). Die Entwicklungsphasen im Bereich der Biotechnologie, allen voran der pharmazeutische Entwicklungsprozess von Medikamenten, gestaltet sich, bedingt durch die gesetzlich vorgeschriebenen drei klinischen Testphasen, welche insgesamt zwischen sechs und sieben Jahren dauern, deutlich länger als in anderen Technologiebereichen (vgl. Freier, P. (2000): a.a.O., S. 89 ff.).

[157] Lessat, V. et al. (1999): a.a.O., S. 7.

[158] Vgl. Mason, C.M./Harrison, R.T. (1994): Informal Venture Capital in the UK .

[159] Brettel, M./Jaugey, C./Rost, C. (2000): a.a.O., S. 8.

[160] Vgl. Lessat, V. et al. (1999): a.a.O., S. 7.

[161] Vgl. Lessat, V. et al. (1999): a.a.O., S. 16.

[162] Vgl. z.B. Rammer, C. (2004): FuE-Verhalten von jungen Unternehmen in Deutschland – eine Panelanalyse für den Zeitraum 1998-2003, S. 4.

[163] Vgl. Werner, H. (2000): a.a.O., S. 13.

Gründungspanel, zurückgegriffen wird.[164] Vielmehr lassen sich die Entwicklungsstufen junger Unternehmen nicht exakt in Jahren, Monaten oder Tagen angeben, zumal der Eintrag z.B. ins Handelsregister zu einem weitgehend willkürlichen Zeitpunkt stattfinden kann.[165] Entsprechend stellen SZYPERSKI/NATHUSIUS (1977) Mitte der 70er Jahre als erste fest: "Eine solche Eingrenzung kann nicht geeignet sein, die komplexen Zusammenhänge, die das Phänomen der Gründung einer Unternehmung kennzeichnen, kalkulierbar zu machen."[166] Daher erscheinen Phasen- bzw- Lebenszyklusmodelle für die Abgrenzung junger Unternehmen besser geeignet.[167] In Anlehnung an biologische Lebenszyklen wird an die Stelle des zeitpunktbezogenen Aktes der Unternehmensgründung der gesamte Gründungsprozess gesetzt.[168] Aber auch hier ist eine genaue Abgrenzung zwischen den Phasen durchaus schwierig.[169] In der Literatur gibt es zudem eine Vielzahl solcher Modelle[170], die sich allerdings häufig sehr ähnlich sind.[171] Konsens über die Anzahl der Phasen sowie die damit verbundene Strukturie-

---

[164] Ein weiterer Ansatz zur Kategorisierung von Gründungs- und Finanzierungsmodellen stammt von Wetzel. Er unterscheidet Life-Style- (angestrebter Umsatz innerhalb der ersten fünf Jahre max. USD 10 Millionen), Middle-Market- (max. USD 10-50 Millionen) und High-Potential-Ventures (>USD 50 Millionen). Ähnlich klassifiziert Timmons, neben den Life-Style-Ventures definiert er noch sog. "Foundation Firms", welche auf USD 5-15 Millionen wachsen können. Wie Wetzel für die "High-Potential-Ventures", so definiert auch Timmons die "High-Potential-Firms" (angestrebter Umsatz USD 20-25 Millionen p.a.) als Zielgruppe von Venture Capitalisten. Die erste Gruppe der Life-Style-Ventures machen Schätzungen von Nathusius zufolge auf Basis von Wetzel und Timmons ca. 85-90 %, die Middle-Market-Ventures ca. 8-12 % und die High-Potential-Ventures ca. 1-2 % aus. Vgl. Nathusius, K. (2001): a.a.O., S. 44 ff. Grundsätzlich sollen diese High-Potential-Ventures natürlich auch Fokus dieser Arbeit sein; jedoch ist es gerade bei potentiell radikalen Innovationen durch die Technologieunsicherheit so, dass Umsätze noch nicht oder erst spät fließen. Daher wird die Kategorisierung nach Umsätzen in der vorliegenden Arbeit nicht als Abgrenzungskriterium verwendet.

[165] Vgl. Klocke, B. (2004): a.a.O., S. 9.

[166] Szyperski, N./Nathusius, K. (1977): a.a.O., S. 23.

[167] Die Veränderung bei den Übergängen zwischen den Phasen kann auch von Krisen begleitet werden, weshalb es in der Literatur auch sog. Krisenmodelle gibt. Hier folgt auf eine Phase der Evolution eine Phase der Revolution bzw. Krise. Letztlich weisen diese Modelle aber lediglich mehr Phasen als andere Modelle auf, da sich Evolutions- und Revolutionsphasen abwechseln. Sie sollen daher hier nicht weiter thematisiert werden. Vgl. Kaiser, L./Gläser, J. (2004): a.a.O., S. 11.

[168] Vgl. z.B. Klocke, B. (2004): a.a.O., S. 11 oder Freier, P. (2000): a.a.O., S. 40 ff. Allerdings sollte die Analogie zwischen Unternehmen und Organismen auch nicht überstrapaziert werden (vgl. z.B.Klocke, B. (2004): a.a.O., S. 11).

[169] Vgl. Szyperski, N./Nathusius, K. (1977): a.a.O., S. 30 ff.

[170] Vgl. Brettel, M./Jaugey, C./Rost, C. (2000): a.a.O., S. 8; Klocke, B. (2004): a.a.O., S. 10 ff.

[171] Vgl. Klocke, B. (2004): a.a.O., S. 13.

rung und die Aktivitäten von Innovationsprozessen besteht jedoch nicht.[172] Da zudem bei den sehr komplexen und heterogenen radikalen Innovationen sehr hohe Anforderungen an die Flexibilität des Prozesses gestellt werden, scheint ein detailliertes allgemeingültiges Modell kaum möglich.[173] Daher dürfte die einzige Möglichkeit eine Form sein, die abstrakt und doch prozessual ist.[174] Eine Übersicht über Phasenmodelle des Innovationsmanagements zeigt die Abbildung Abb. 1-3.

Ein besonders bekannter Entwurf eines sequentiellen Innovationsphasenkonzepts ist der sog. Stage-Gate-Prozess nach COOPER (1998).[175] Eine Kritik an den oben angeführten sequentiellen Modellen lautet jedoch, dass Rück- und Vorkoppelungen vernachlässigt werden.[176] Ein Modell, welches dieses Manko zu vermeiden versucht, stammt von BURGELMAN (1983), der auf Basis eines Mosaiks verschiedene Bausteine simultan und sequentiell berücksichtigt.[177] Dieses Modell bezieht sich jedoch auf große, bereits etablierte Firmen. Personenorientierte Ansätze sind weitere Alternativkonzepte, jedoch berücksichtigen diese nicht die interessierenden inhaltlichen Aktivitäten, sondern machen die Veränderung der Phasenschwerpunkte an den handelnden Personen fest.[178] Ein Prozessmodell insbesondere für radikale Innovationen stellt VERYZER (1998) vor und unterscheidet dabei acht Phasen.[179] Jedoch stützt er sich

---

[172] Vgl. Billing, F. (2003): a.a.O., S. 38 ff. Neben Lebenszyklusmodellen für junge Unternehmen gibt es auch Modelle zur Phasengliederung von Innovationsprojekten (vgl. dazu Abb. 1-3), welche in der Regel Vorschlägen für das Innovationsmanagement in etablierten Firmen entstammen. Da beide Modellarten letztlich ähnliche Phänomene beschreiben, seien sie der Vollständigkeit halber auch beide dargestellt. Einer der wesentlichsten Unterschiede liegt darin, dass bei Lebenszyklusmodellen für Unternehmensgründungen die Marktanalyse explizit mit berücksichtigt wird und diese auch in die Produktentwicklung von Anfang an einfließen (vgl. auch Klocke, B. (2004): a.a.O., S. 13 f.), auch wenn es gerade typisch für radikale Innovationen sei, dass die Forschung in den Anfängen ohne konkrete Marktfokussierung und wesentlich experimenteller als bei inkrementellen Innovationen erfolgt (vgl. Billing, F. (2003): a.a.O., S. 42; vgl. auch die vorgeschlagenen Prozess-Schritte nach Veryzer (1998) in Krieger, A. (2005): a.a.O., S. 24). Letztlich folgt diese Arbeit jedoch Modellen, welche auf junge Technologieunternehmen fokussieren.

[173] Vgl. Billing, F. (2003): a.a.O., S. 41 ff.

[174] Vgl. Billing, F. (2003): a.a.O., S. 43.

[175] Cooper, R.G. (1998): Product leadership – Creating and launching superior new products, S. 105; vgl. auch Billing, F. (2003): a.a.O., S. 40; auch Krieger, A. (2005): a.a.O., S. 23.

[176] Krieger, A. (2005): a.a.O., S. 25.

[177] Vgl. Burgelman, R.A. (1983): A process model of internal corporate venturing in the diversified major firm, in: Administrative Science Quarterly, S. 230.

[178] Vgl. Krieger, A. (2005): a.a.O., S. 25.

[179] Vgl. Veryzer Jr., R.W. (1998): Discontinous innovation and the new product development process, in: Journal of Product Innovation Management, S. 317.

dabei, wie auch viele andere Prozessmodelle[180], auf nur wenige Fallstudien; darüber hinaus erscheint eine Abgrenzung derart vieler Phasen analytisch problematisch.[181]

Abb. 1-3: Phasenmodelle zum Innovationsablauf

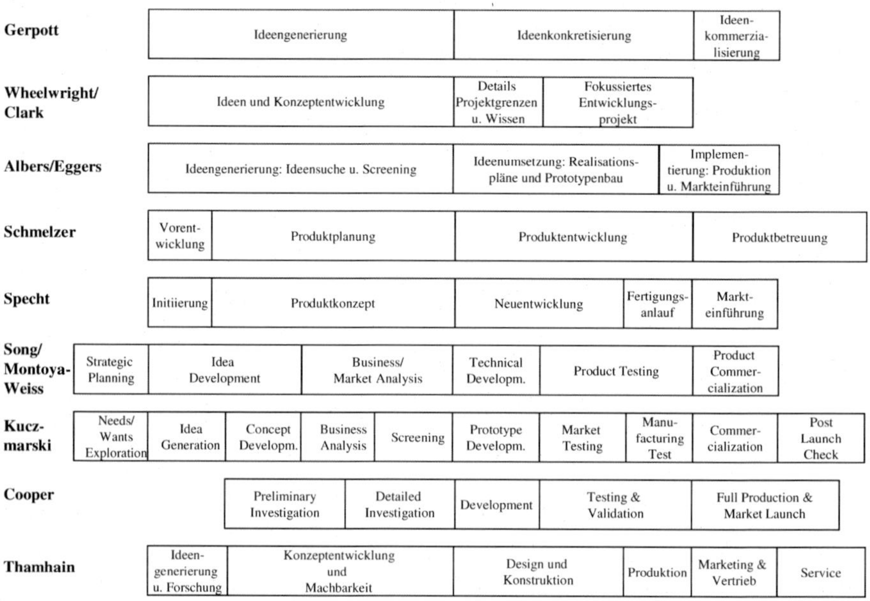

Quelle: In Anlehnung an Billing, F. (2003): Koordination in radikalen Innovationsvorhaben, S. 41, mit eigenen Ergänzungen.[182]

Nach ALBERS/EGGERS (1991) können jedoch drei idealtypische Schritte des Produkt-Innovationsprozesses unterschieden werden: (1) Ideengenerierung (Ideensuche und Screning),

[180] Vgl. Krieger, A. (2005): a.a.O., S. 24; auch Klocke, B. (2004): a.a.O., S. 11 ff.
[181] Vgl. Krieger, A. (2005): a.a.O., S. 24.
[182] Die Breite der Phasen ist kein Indiz für deren zeitliche Dauer sondern ergeben sich ausschließlich aus der graphischen Gegenüberstellung der Ansätze.

(2) Ideenumsetzung (Realisationspläne und Prototypenbau) und (3) Implementierung (Produktion und Markteinführung).[183]

Drei Lebenszyklus-Modelle speziell für junge Technologieunternehmen stellt KLOCKE (2004) in folgender Tabelle gegenüber. Diese beinhalten ebenfalls die im vorigen Absatz erläuterten drei idealtypischen Schritte, wenn man die jeweils letzten Phasen unberücksichtigt lässt.

Tab. 1-7: Vergleich Entwicklungsmodelle für junge Technologie-Unternehmen

Phase	Kazanjian/Drazin (1989)	Hanks et al. (1993)	Reinhold/Belz (2000)
0	-	-	Forschung
1	Konzeptionalisierung/ Entwicklung (4,3)	Produktentwicklung (4,3)	Produktentwicklung
2	Kommerzialisierung (5,6)	Kommerzialisierung (7,4)	Markterschließung
3	Wachstum (7,1)	Ausbau der Produktion (6,7)	Marktdurchdringung
4	Stabilität (9,4	Reife/Diversifizierung (16,2)	-

Quelle: Klocke, B. (2004): Unternehmens- und Netzwerkentwicklung in High-Tech-Sektoren, S. 14. In Klammern steht das durchschnittliche Unternehmensalter, sofern von Autoren angegeben.

SZYPERSKI/NATHUSIUS (1977) unterteilen den Lebenszyklus in die vier Phasen Gründungsphase, Frühentwicklungsphase, Entwicklungsphase II und Entwicklungsphase III, welche mit den in der Tabelle ersichtlichen Phasen eins bis vier korrelieren; danach folgt ein neuer Entwicklungszyklus.[184] In der Gründungsphase wird in diesem Modell noch kein Umsatz getätigt, ab der Frühentwicklungsphase I werden erste geringe Umsätze gemacht. In

[183] Vgl. Albers, S./Eggers, S. (1991): Organisatorische Gestaltung von Produktinnovations-Prozessen – Führt der Wechsel des Organisationsgrades zu Innovationserfolg?, in: Schmalenbachs Zeitschrift für betriebswirtschaftliche Forschung, S. 48; weitere Autoren unterscheiden ebenfalls drei Phasen (vgl. z.B. Siemer, S. (1991): Diversifizieren mit Venture-Management – Effizienz und praktische Anwendung von Venture-Einheiten zur Erschließung neuer Geschäftsfelder, S. 37 ff.; Wheelwright, S.C./Clark, K.B. (1994): a.a.O., S. 172 ff.; Gerpott, T.J. (1999): Strategisches Technologie- und Innovationsmanagement, S. 52 f.; Abernathy, W.J./Utterback, J.M. (1978): Patterns of industrial innovation . Entsprechend unterscheiden sowohl Billing (2003) als auch Krieger (2004) die drei Phasen Initiative, Geschäftsaufbau und Markterschließung (vgl. Krieger, A. (2005): a.a.O., S. 26 ff.; Billing, F. (2003): a.a.O., S. 44 ff.).

[184] Vgl. Szyperski, N./Nathusius, K. (1977): a.a.O., S. 31 ff.

dieser Arbeit soll der Eintritt in verschiedene Phasen jedoch nicht von der Erzielung von Umsätzen abhängig gemacht werden.[185]

Typische Aktivitäten und Probleme, Organisationsstrukturen sowie quantitative Entwicklungen der verschiedenen Phasen nach KAZANJIAN/DRAZIN (1989) zeigt die Tab. 1-8.

Ausgehend von o.g. Gegenüberstellung verschiedener Phasenmodelle und mit Hilfe qualitativer Interviews entwickelt KLOCKE (2004) für technologieorientierte Start-ups ein eigenes Modell, welches sich bei der empirischen Überprüfung auf Basis von 42 befragten Firmen mit einer positiven Beurteilung von 93% der befragten Unternehmen bestätigt hat, große Ähnlichkeit mit anderen Modellen aufweist (so können die Stufen eins bis vier den drei oben gegenübergestellten Modellen direkt zugeordnet werden) und in Tab. 1-9 zu sehen ist.[186]

Da Unternehmenskultur nach SCHEIN (1995) den Überzeugungen, Werten und Prämissen der Unternehmensgründer entspringt, diese auch im weiteren (Gründungs-) Verlauf entscheidend von ihnen geprägt wird[187] und gleichzeitig in der vorliegenden Untersuchung als zumindest nicht kurzfristig veränderbar verstanden wird[188], ist eine Analyse von Veränderungen der Unternehmenskultur im Zeitablauf jedes einzelnen hier betrachteten jungen technologieorientierten Unternehmens über verschiedene Phasen hinweg nicht vorgesehen.[189]

---

185 Vgl. ähnlich auch Freier, P. (2000): a.a.O., S. 41.

186 Von 37 Antworten (fünf Unternehmen machten keine Angabe) gaben 78% auf einer Skala von eins (=sehr schlecht) bis fünf (=sehr gut) an, dass die Phasenbeschreibung gut oder sehr gut mit der Realität übereinstimme (vgl. Klocke, B. (2004): a.a.O., S. 136 f.). Insofern wurde das Modell natürlich nur mit einem Single-Item-Ansatz bestätigt. Darüber hinaus ist die Stufe fünf nur als Option zu verstehen, da sie in der Stichprobe nur von einem Fall unterstützt wird (vgl. Klocke, B. (2004): a.a.O., S. 118).

187 Vgl. Schein, E.H. (1995): Unternehmenskultur – Ein Handbuch für Führungskräfte, S. 172 ff.

188 Vgl. dazu auch Kapitel 3.4.1.

189 In der Literatur wird die Meinung vertreten, dass sich die Erfolgswirkung von Managementwerkzeugen mit fortschreitender Reife eines Innovationsvorhabens verändert.

Tab. 1-8: Entwicklungsstufen Technologie-Unternehmen nach KAZANJIAN/ DRAZIN (1989)

Benennung der Phasen		Aktivitäten und dominante Probleme	Organisations-strukturen	Quantitative Entwicklung
1	Konzep-tionalisierung/ Entwicklung	• Entwicklung von Produkt bzw. Technologie, Konstruktion des Prototypen • Identifikation von Marktchancen • Sichern von finanziellem Rückhalt	• Dominanz des Gründers • Keine Formalisierung der Organisations-strukturen	-
2	Kommer-zialisierung	• Weiterentwicklung des Produkts • Entwicklung einer Produk-tion mit höherer Kapazität • Kommerzialisierung des Produkts, Aufbau einer verlässlichen Gruppe von Verkäufern	• Dominanz des Eigentümers oder von kleiner Partnergruppe • Erste Strukturen, aber wenig Formalisierung	Erste Umsätze
3	Wachstum	• Produktion, Vertrieb und Verkauf in hohen Stückzahlen • Kontrolle der Kosten, Balance von Gewinn und zukünftigem Wachstum	• Kontrolle des Eigentümers bzw. der Partner • Hierarchie und funk-tionale Spezialisierung bilden sich aus; Rollen, Verantwortungen und Regeln werden definiert	Hohes Umsatz- und Mitar-beiterwachstum
4	Stabilität	• Einführung überarbeiteter Produkte • Aufrechterhaltung von Wachstum und Marktposition • Absatzerweiterung in neue Regionen und Märkte	• Unterstützung oder Ersetzen des Eigentümers durch erfahrenes Managementteam • Bürokratische Prinzipien, gefestigte und standardisierte Regeln und Prozeduren	Umsatzwachs-tum verringert sich auf Höhe des Markt-wachstums

Quelle: Klocke, B. (2004): a.a.O., S. 12.

Tab. 1-9: Beschreibung der Entwicklungsstufen nach KLOCKE[190]

Stufe	Beschreibung der Stufe
1	• Fokus auf Grundlagenforschung bzw. angewandte Forschung, Entwicklung einer innovativen Produktidee • Umsetzung und Verbesserung des prinzipiellen (technologischen) Konzepts (zum Beispiel Aufbau eines Prototypen) • Noch kein Umsatz
2	• Optimierung der Umsetzung bzw. des Prototypen • Aufbau der industriellen Produktion • Kennenlernen der ersten Kunden, Umsätze weitgehend über sich ergebende Möglichkeiten und weniger nach systematischer Planung
3	• Konzentration auf den Vertrieb; systematisches Vorgehen, um die Kundenbasis aufzubauen und zu vergrößern (z.B. Ansprache von möglichen Kunden in Zielmärkten) • Technologie wird weitestgehend beibehalten; geringe technologische Modifikationen, um Produkt auf die Bedürfnisse spezieller Kundengruppen anzupassen
4	• Zufriedenstellen der existierenden Kunden und Aufbau von Reputation und einem Markennamen als Hauptziele • Absatz vor allem über bestehende Kunden, sich vertiefende Kundenbeziehungen ermöglichen konkrete Problemlösungen • Kerntechnologien werden beibehalten und ggf. überarbeitet, um an der Spitze der technologischen Entwicklung zu bleiben • Möglicherweise werden bestehende Produktlinien erweitert bzw. ausdifferenziert
5	• Fokus wieder auf das Erschließen neuer Märkte, weil der bisherige Markt schrumpft bzw. zu klein ist für das erwünschte Firmenwachstum • Alternativ: Fokus auf das Erschließen fundamental neuer Technologien, um neue Produktinnovationen zu entwickeln

Quelle: Klocke, B. (2004): a.a.O., S. 136.

Sollte wider Erwarten festgestellt werden, dass erfolgreiche Unternehmen z.B. in frühen Phasen deutlich andere Ausprägungen der betrachteten Dimensionen von Unternehmenskultur aufweisen als erfolgreiche Unternehmen späterer Phasen, so soll dies trotzdem auch im Sinne einer Komplexitätsreduktion des in dieser Arbeit zu entwickelnden Fragebogens Gegenstand zukünftiger Forschungsarbeiten bleiben. Hieraus lässt sich die erste These dieser Arbeit ableiten:

[190] Phase 5 ist allerdings nur optional zu verstehen; bei KLOCKE (2004) befand sich lediglich ein einziges Unternehmen in dieser Phase (vgl. Klocke, B. (2004): a.a.O., S. 119).

Hypothese 1: Ein moderierender Effekt der Entwicklungsstufe eines jungen Unternehmens auf die Wirkungsbeziehung zwischen der jeweiligen Dimension der Unternehmenskultur und dem Unternehmenserfolg liegt nicht vor.

Allerdings ist beim Phasenkonzept nach KLOCKE eine weitere Aufgliederung nach BRINCKMANN (vorr. 2007) interessant.[191] BRINCKMANN unterteilt die Entwicklungsstufen getrennt nach Aktivitäten in einen technologischen Schwerpunkt, einen Marketingschwerpunkt sowie einen Finanzierungsschwerpunkt (vgl. Tab. 1-10 – Tab. 1-12) – denn junge Unternehmen können sich durchaus je nach Schwerpunkt zum selben Stichtag in unterschiedlichen Phasen befinden. Dabei werden Unternehmen noch als jung eingeordnet, solange sie sich unabhängig vom inhaltlichen Schwerpunkt maximal in Phase vier befinden. Die Zusammenfassungen der Phasen null bis zwei bzw. eins bis drei können auch jeweils als Gründungs- und Entwicklungsphase, die Phasen drei bis fünf bzw. vier bis fünf auch jeweils als Kommerzialisierungsphase bezeichnet werden.[192] Darüber hinaus darf in der vorliegenden Arbeit ein als jung bezeichnetes Technologieunternehmen maximal 15 Jahre alt sein.[193] Ferner wird der sog. Initialzeitpunkt als relevanter Gründungszeitpunkt eines Unternehmens verstanden. Der Initialzeitpunkt ist der Zeitpunkt, zu dem sich das Gründerteam formiert und erste Unternehmensaktivitäten unternimmt. Dieser Zeitpunkt muss nicht notwendigerweise mit der formalen Unternehmensgründung zusammenfallen, da die Gründer häufig diverse Aktivitäten unternehmen und die formale Gründung erst später vollziehen.[194]

---

[191] Vgl. Brinckmann, J. (1912-2006): a.a.O..
[192] Vgl. Klocke, B. (2004): a.a.O., S. 119.
[193] Vgl. auch den Fragebogen zur empirischen Erhebung von Brinckmann, J. (1912-2006): a.a.O.
[194] Vgl. auch den Fragebogen zur empirischen Erhebung von Brinckmann, J. (1912-2006): a.a.O.

Tab. 1-10: Technologische Entwicklungsstufen nach BRINCKMANN

Technologischer Schwerpunkt					
Gründungs- und Entwicklungsphase			Kommerzialisierungsphase		
Phase 0	**Phase 1**	**Phase 2**	**Phase 3**	**Phase 4**	**Phase 5**
- Fokus auf Grundlagen- bzw. angewandter Forschung - Entwicklung einer innovativen Produktidee	- produktideen-bezogene technologische Forschung - Umsetzung und Verbesserung des prinzipiellen technologischen Konzepts - Aufbau eines ersten Prototypen	- Optimierung der Umsetzung bzw. des Prototypen - Aufbau der industriellen Produktion	- Produktion läuft - Technologie wird weitestgehend beibehalten - Geringe technologische Modifikationen, um Produkt auf die Bedürfnisse spezieller Kundengruppen anzupassen	- Kerntechnologien werden beibehalten bzw. ggf. überarbeitet, um an der Spitze der technologischen Entwicklung zu bleiben - Möglicherweise werden bestehende Produktlinien erweitert bzw. ausdifferenziert	- Fokus auf das Erschließen fundamental neuer Technologien, um neue Produktinnovationen zu entwickeln

Quelle: Brinckmann, J. (2006): Competence of Top Management Teams and the Success of New Technology-Based Firms (working title), mit eigener Ergänzung.

Tab. 1-11: Entwicklungsstufen des Marketing nach BRINCKMANN

Marketingschwerpunkt				
Gründungs- und Entwicklungsphase			Kommerzialisierungsphase	
Phase 1	**Phase 2**	**Phase 3**	**Phase 4**	**Phase 5**
- Noch keine/kaum marktbezogene Aktivitäten	- Kennenlernen erster Kunden - Umsätze weitgehend über sich ergebende Möglichkeiten und weniger nach systematischer Planung	- Konzentration auf die Kunden-akquise / Vertrieb - Systematischer Aufbau / Vergrößerung der Kundenbasis	- Zufriedenstellen existierender Kunden, Aufbau von Reputation und einem Marken-namen als Hauptziele - Absatz vor allem über bestehende Kunden - Vertiefung der Kunden-beziehungen ermöglicht konkrete Problemlösungen	- Fokus auf das Erschließen neuer Märkte gerichtet, weil der bisherige Markt langfristig zu klein ist

Quelle: Brinckmann, J. (2006): a.a.O., mit eigener Ergänzung.

Tab. 1-12: Entwicklungsstufen der Finanzierung nach BRINCKMANN

Finanzierungsschwerpunkt				
Gründungs- und Entwicklungsphase			Kommerzialisierungsphase	
Phase 1	**Phase 2**	**Phase 3**	**Phase 4**	**Phase 5**
- Begrenzte Finanzierung aus eigenen Mitteln, von Familie oder Freunden bzw. externes Seed-Capital - Ermittlung des Finanzbedarfs des Unternehmens für die nächsten Jahre	- Informationssuche über Finanzierungsmöglichkeiten - Vorbereitung auf die Anforderungen professioneller Kapitalgeber - Präsentation bei potentiellen Investoren	- Nachhaltige Finanzierung durch professionellen Eigen- oder Fremdkapitalgeber gesichert (z.B. Bank-kredit, Fördermittel, VC) - Einrichtung der Investors Relations und Beziehungspflege zu den Investoren	- Sicherung von weiteren Finanzierungstranchen - Verbesserung des Reporting für die Investoren - Evtl. Nutzung auch von nicht-finanziellen Ressourcen der Kapitalgeber (Know-how, Netzwerk etc.)	- Sicherung der Folgefinanzierung durch weitere Investoren in neuer Finanzierungs-runde - evtl. Exit bisheriger professioneller Investoren - zunehmende Finanzierung aus dem Cash-Flow

Quelle: Brinckmann, J. (2006): a.a.O., mit eigener Ergänzung.

Da jedoch beim Pre-Test des Fragebogens erhebliche Bedenken hinsichtlich der Komplexität der Entwicklungsstufenmodelle nach KLOCKE und auch BRINCKMANN, insbesondere vor dem Hintergrund des ohnehin schon sehr langen Fragebogens, geäußert wurden, ist letztlich das im Fragebogen im Anhang ersichtliche, deutlich vereinfachte Phasenmodell in die Befragung eingegangen.

1.2.3 Unternehmensgründer

In seiner Checkliste der Anforderungen an den Unternehmensgründer schreibt KLEINHÜCKELSKOTEN (2002), dass das Gründerteam aus mindestens zwei Personen bestehen müsse.[195] Häufig werden Teamgründungen aus Gründen der Kompetenzergänzung insbesondere im technischen und kaufmännischen Bereich als potentiell erfolgsträchtiger als Einzelgründungen betrachtet.[196] Da diese Arbeit u.a. auch die Team-Kultur betrachtet, sollen nur junge Technologieunternehmen in die Betrachtung einbezogen werden, die mindestens aus zwei Gründern bestehen.

Gründer initiieren und koordinieren den Gründungsprozess. Jedoch umfasst die Funktion der Gründer – im Gegensatz zu Personen, die nur einzelne Aufgaben innerhalb des Gründungsprozesses übernehmen, wie z.B. Erfinder, Investoren oder Berater – auch die Ausführung der Unternehmensgründung.[197] Der englischsprachige Begriff des "Entrepreneurs" deckt sich weitestgehend mit dem des Unternehmensgründers, welcher die Möglichkeit zur Gründung

---

[195] Vgl. Kleinhückelskoten, H.-D. (2002): Welche Anforderungen stellt der Business Angel an den Unternehmensgründer? Welche Zielunternehmen sind für ihn interessant? , S. 25.

[196] Vgl. z.B. Brettel, M. (2003): Ausgewählte do's and do not's bei der Unternehmensgründung, S. 6; allerdings gibt es auch Studien, die Teamgründungen nicht als erfolgreicher identifizieren (vgl. z.B. Brettel, M. (2003): a.a.O., S. 6 oder auch Steinle, C./Schumann, K. (2003): a.a.O., S. 32). Vgl. auch Mellewigt, T./Witt, P. (2002): a.a.O., S. 96 f für eine Übersicht der empirischen Befunde zum Zusammenhang von Teamgründungen und Unternehmenserfolg (gemessen in Form von Überlebensdauer, Beschäftigten- und Umsatzwachstum); Teamgründungen stellen demnach einen Erfolgsfaktor dar. Zum Aspekt der komplementären Fähigkeiten z.B. Werner, H. (2000): a.a.O., S. 49. Der Teamarbeit an sich wird aber für die erfolgreiche Konzeption und Realisierung von Innovationen eine besonders hohe Bedeutung beigemessen (vgl. Gemünden, Hans Georg and Högl, Martin (2001): Management Von Teams – Theoretische Konzepte Und Empirische Befunde, S. 4 ff.).

[197] Für eine ausführliche Betrachtung des Unternehmerbegriffs in der Gründungsforschung vgl. Schmitz, C.E. (2004): a.a.O., S. 11 ff.

erkennt und dann zu ihrer Umsetzung eine neue Wirtschaftseinheit bildet.[198] Einschränkend versteht diese Arbeit die Unternehmer zusätzlich im Sinne SCHUMPETERS als "... Wirtschaftssubjekte, deren Funktion die Durchsetzung neuer Kombinationen ist und dabei das aktive Element sind"[199], d.h. es geht um Innovationen, die das Gleichgewicht zerstören.[200]

CASTRINGIUS (2004) stellt insofern zu Recht fest, dass ein Gründer nicht notwendigerweise auch ein Unternehmer ist.[201] Darüber hinaus versteht ANDERSECK (2000) unter einem Existenzgründer nur diejenigen, "deren Gründungen beschäftigungswirksam werden, d.h. die neue Arbeitsplätze schaffen."[202]

Zusätzlich sei noch festgehalten, dass SCHUMPETER nicht verlangt, dass ein Unternehmer auch Eigentümer am Unternehmen ist.[203] Nach KLANDT hingegen zeichnet sich ein Entrepreneur durch die drei Eigenschaften Risikoübernahme durch Einsatz von eigenem Kapital, Leitungs- und Koordinationsfunktion im Unternehmen sowie Innovation im Schumpeterschen Sinne aus.[204] Diese Arbeit verlangt zumindest die letzten beiden Punkte.

1.2.4 Mittelständische Unternehmen

Mittelständische Unternehmen werden in Anlehnung an die Herangehensweise des Instituts für Mittelstandsforschung Bonn nach quantitativen Kritierien definiert: Danach zählen Unternehmen mit 10 bis 499 Beschäftigten sowie einem Umsatz zwischen 1 und 50 Millionen Euro zu den mittelständischen Unternehmen[205]. Alle Unternehmen, die unter diese Grenzen fallen, werden als kleine Unternehmen bezeichnet. Da sich jedoch auch Unternehmen mit deutlich größerer Mitarbeiterzahl und wesentlich höherem Umsatz als mittelständische Unternehmen

---

198 Vgl. z.B. Klandt, H. (1999): Entrepreneurship: Unternehmerausbildung an deutschen Hochschulen, in: Betriebswirtschaftliche Forschung und Praxis, S. 241.
199 Castringius, R. (2004): a.a.O., S. 45.
200 Vgl. Castringius, R. (2004): a.a.O., S. 46.
201 Vgl. Castringius, R. (2004): a.a.O., S. 44 ff.
202 Anderseck, K. (2000): "born or made" – Der Weg zum Unternehmensgründer, S. 6.
203 Vgl. Castringius, R. (2004): a.a.O., S. 47 f.
204 Vgl. Klandt, H. (1984): Aktivität und Erfolg des Unternehmensgründers: Eine empirische Analyse unter Einbeziehung des sozialen Umfeldes, S. 29.
205 Vgl. Günterberg, B./Wolter, H.-J. (2002): a.a.O., S. 20f.

verstehen[206] und ein Einblick in die Innovationsstrukturen dieser Unternehmen ebenso interessante Erkenntnisse hervorzubringen verspricht, sollen in der vorliegenden Arbeit die Grenzen etwas flexibler ausgelegt werden. Da die Identifizierung einer geeigneten Stichprobe angesichts der sehr großen Zahl an deutschen mittelständischen Unternehmen in der Regel nicht händisch, sondern mittels geeigneter Datenbanken erfolgt, sollen die dort möglichen Abgrenzungskriterien genutzt werden. In technologischer Hinsicht sind insbesondere Industrieunternehmen interessant, die eigene Produkte entwickeln und herstellen, da nur so ein sinnvoller Vergleich zu den jungen Unternehmen hergestellt werden kann.

1.3 Gang der Untersuchung

Die Arbeit untergliedert sich in die folgenden sich diesem ersten Kapitel anschließenden Kapitel 2 bis 6:

In *Kapitel 2* und *Kapitel 3* werden die theoretischen Grundlagen der Arbeit gelegt: *Kapitel 2* stellt im ersten Schritt die in der wissenschaftlichen Literatur diskutierten Innovationsdefinitionen insbesondere im Hinblick auf radikale Innovationen dar und zeigt auf, welches Innovationsverständnis dieser Arbeit zu Grunde liegt. In einem zweiten Schritt werden die in der wissenschaftlichen Literatur diskutierten Methoden des Innovationsmanagements zusammengetragen. Darüber hinaus werden für Schritt eins mögliche Messmethoden zur Datenerhebung des Betrachtungsgegenstandes "Radikale Innovationen" diskutiert. Abschließend wird die Erhebung von Erfolgsmaßen in jungen Unternehmen dargestellt.

Kapitel 3 erörtert das Konzept der Unternehmenskultur. Dabei wird zuerst der Ursprung der Unternehmenskulturdiskussion nachgezeichnet, bevor im nächsten Schritt die verschiedenen Unternehmenskulturverständnisse erläutert und bisherige Studien zur Unternehmenskultur dargestellt werden. Danach werden die in der vorliegenden Arbeit interessierenden Dimensionen der Unternehmenskultur hergeleitet. Diese werden inhaltlich ausgearbeitet und entspre-

[206] Vgl. Schmitt, E. (1997): Strategien mittelständischer Welt- und Europamarktführer, S. 35ff.

chende Hypothesen hergeleitet. Abschließend erfolgt im Hinblick auf die Empirie der vorliegenden Arbeit die jeweilige Operationalisierung der erarbeiteten Konstrukte der Unternehmenskultur.

In *Kapitel 4* wird die methodische Konzeption der Arbeit dargelegt. Nach der Beschreibung der Vorgehensweise bei der empirischen Untersuchung und der Untersuchungsstichprobe folgt die Erarbeitung der Grundlagen für die quantitative Analyse der erhobenen Daten.

Kapitel 5 zeigt die Ergebnisse der empirischen Untersuchung anhand der durchgeführten Analysen je betrachteter Dimension der Unternehmenskultur auf und interpretiert diese.

Kapitel 6 widmet sich abschließend einer Zusammenfassung der vorliegenden Arbeit sowie den Implikationen für Wissenschaft und Praxis.

2 Management radikaler Innovationen

Ein einheitliches Verständnis des Innovationsbegriffs in der Wissenschaft liegt bis heute nicht vor.[207] Ebensowenig gilt dies für den Begriff der radikalen Innovation.[208] In diesem Kapitel werden daher die Eckpunkte zur Charakterisierung einer Innovation skizziert und die Besonderheiten radikaler Innovationen aus verschiedenen Blickrichtungen dargestellt. Bevor zum Abschluss dieses Kapitels mögliche Parameter zur Bestimmung des Innovationserfolgs beschrieben werden, wird auf Basis bestehender Konstrukte zur Bestimmung der Radikalität einer Innovation ein eigener Ansatz zur empirischen Überprüfung des Innovationsgrads insbesondere für junge Unternehmen unter Berücksichtigung des Resource Based View erarbeitet.

2.1 Einführung des Innovationsbegriffs

Die Bezeichnung Innovation stammt vom lateinischen Wort "innovatio" und bedeutet "Neuerung" oder "Erneuerung". Neuheit ist somit das Kernelement[209] einer Innovation, es handelt sich folglich um etwas, "das bisher in dieser Form nicht bestanden hat".[210]

Die Beschäftigung mit dem Konzept der Innovation in der Betriebswirtschaftslehre[211] ist auf SCHUMPETER (1912) und sein Werk "Theorie der wirtschaftlichen Entwicklung"[212] zurückzuführen, ohne dass er allerdings das Wort Innovation selbst in seinen Frühwerken benutzte. SCHUMPETER sprach vielmehr von der Durchsetzung neuer Kombinationen[213]. Diese neuen

[207] Vgl. Hauschildt, J. (1997): a.a.O., S. 3 ff.
[208] Vgl. Green, S.G./Gavin, M.B./Aiman-Smith, L. (1995): a.a.O., S. 203.
[209] Vgl. Weyrich, C. (1997): Was ist eine Innovation , S. 41.
[210] Helm, R. (2001): Planung und Vermarktung von Innovationen: Die Präferenz von Konsumenten für verschiedene Innovationsumfänge unter Berücksichtigung des optimalen Stimulationsniveaus und marktbezogener Einflussfaktoren, S. 47.
[211] Für einen Überblick über andere Wissenschaftsdisziplinen, die sich mit dem Thema Innovation auseinandergesetzt haben, vgl. z.B. Bellmann, K./Haritz, A. (2001): Innovation in Netzwerken , S.272.
[212] Vgl. Schumpeter, J.A. (1912): Theorie der wirtschaftlichen Entwicklung.
[213] Vgl. Schumpeter, J.A. (1931): Theorie der wirtschaftlichen Entwicklung – Eine Untersuchung über Unternehmergewinn, Kapital, Kredit, Zins und den Konjunkturzyklus, S. 100f.

Kombinationen sind dann Innovationen, wenn sie eine neue Zweck-Mittel-Beziehung offerieren[214].

Obwohl also die betriebswirtschaftliche Innovationsforschung vergleichsweise alt ist, sind die Definitionen des Begriffs "Innovation" – wie schon am Anfang des ersten Kapitels angedeutet – sehr vielfältig und facettenreich[215], so dass es einer genauen und möglichst konsensfähigen Begriffsbestimmung bedarf, um zu gewährleisten, dass Forschungsergebnisse auch miteinander vergleichbar sind und somit eine der großen Schwächen der Innovationsforschung – mangelnde Vergleichbarkeit – zukünftig behoben wird.[216]

2.1.1 Begriffliche Unterscheidung: Innovation vs. Invention

Von der Innovation zu unterscheiden ist die sog. Invention, die Erfindung also. Die Invention bildet zwar die Grundlage einer Innovation[217], jedoch wird sie streng genommen erst durch die marktfähige Umsetzung bzw. unternehmensinterne Anwendung zu einer Innovation im eigentlichen Sinne[218]. NATHUSIUS (1979) z.B. definiert in diesem Sinne eine "Innovation als erstmalige Durchsetzung der neuen Kombination am Markt"[219].

Diesem sehr engen Begriffsverständnis soll in dieser Arbeit allerdings insbesondere deshalb nicht gefolgt werden, weil die Vermutung nahe liegt, dass der Großteil der zu betrachtenden jungen Unternehmen noch keine Innovation am Markt durchgesetzt hat. Vielmehr sind SCHLAAK (1999) folgend unter Innovationen auch "[...] der Prozeß und das Ergebnis einer

---

[214] Vgl. Baker, N.R./Siegman, J./Rubenstein, A.H. (1967): The Effects of Perceived Needs and Means on the Generation of Ideas for Industrial Research and Development Projects, in: IEEE-Transactions on Engineering Management, S. 160.

[215] Vgl. Hauschildt, J. (1997): a.a.O., S. 4 f.

[216] Vgl. Tornatzky, L.G./Klein, K.J. (1982): Innovation Characteristics and Innovation Adoption – Implementation: A Meta-Analysis of Findings, in: IEEE Transactions on Engineering Management, S. 31 f.

[217] Vgl. Cutler, L.S. (2000): Creativity – essential to technological innovation, in: Research Technology Management, S. 29.

[218] Vgl. Hauschildt, J. (1997): a.a.O., S. 6; Cutler, L.S. (2000): a.a.O., S. 29; Garcia, R./Calantone, R. (2002): A critical look at technological innovation typology and innovativeness terminology – A literature review, in: Journal of Product Innovation Management, S.112.

[219] Nathusius, K. (1979a): Venture Management – Ein Instrument zur innovativen Unternehmensentwicklung, S. 74; vgl. auch Daft, R.L./Becker, S.W. (1978): The innovative organization, S. 4.

aus Sicht von Mitgliedern der Unternehmung neuen oder veränderten Kombination von Zwecken und Mitteln, die eine Verwendung im Markt oder Unternehmen gefunden hat"[220] zu verstehen. Somit soll jedes betrachtete Innovationsprojekt die Einführung im Markt oder im Unternehmen zum Ziel haben, ausdrücklich sind aber auch noch im Prozeß der Umsetzung befindliche – also angestrebte – Innovationen in den Fokus dieser Arbeit eingeschlossen.

Die in vorgenannter Innovationsdefinition von SCHLAAK (1999) enthaltenen Begrifflichkeiten lassen erkennen, dass es der genauen Bestimmung der definitorischen Dimensionen bedarf, um ein präzises Verständnis des Innovationsbegriffs zu ermöglichen. Diese sollen im folgenden Kapitel überblicksartig dargestellt werden.

2.1.2 Kriterien zur grundlegenden Charakterisierung einer Innovation

Innovationen lassen sich grundsätzlich nach beliebig vielen Kriterien unterscheiden[221]. Um das in dieser Arbeit zu Grunde liegende Verständnis von Innovation zu verdeutlichen, werden im Folgenden die wesentlichen in der wissenschaftlichen Literatur diskutierten Dimensionen von Innovationen dargestellt. Diese erlauben erst in ihrer gemeinsamen Betrachtung eine Aussage darüber, was innovativ ist und was nicht.[222] Darüber hinaus sind DOWNS/MOHR folgend sämtliche Ausführungen dieser Arbeit vor dem Hintergrund der projektbezogenen Sichtweise zu verstehen, d.h. dass das einzelne Innovationsprojekt Gegenstand der Betrachtung ist.[223]

[220] Schlaak, T. (1999): Der Innovationsgrad als Schlüsselvariable: Perspektiven für das Management von Produktentwicklungen, S.31.
[221] Vgl. Albach, H. (1994): Culture and technical innovation – A cross-cultural analysis and policy recommendation, S. 77.
[222] In enger Anlehnung an Hauschildt, J. (1997): a.a.O., S. 7 ff.
[223] Vgl. Downs, G.W.jr./Mohr, L.B. (1976): Conceptual Issues in the Study of Innovation, in: Administrative Science Quarterly, S. 706 ff.

HAUSCHILDT (1997) unterscheidet vier Dimensionen: die inhaltliche, die subjektive, die prozessuale und die normative Dimension.[224]

Die inhaltliche Dimension beantwortet die Frage "*Was wird erneuert?*". Nach vorherrschender Meinung werden Innovationen inhaltlich in folgende Subkategorien unterteilt[225]: Produkt-[226], Prozess-[227] sowie Organisations-[228], geschäftsbezogene[229] und Sozialinnovationen[230].

Die Hauptaufmerksamkeit in der Literatur gilt immer noch den Produkt- und Prozessinnovationen.[231] Diese werden von ZAHN/WIEDER (1995) auch zusammengefasst als technische Innovationen klassifiziert.[232] Produktinnovationen erfüllen einen bestehenden Zweck auf eine neue Art oder sie erfüllen ganz neue Zwecke für den unternehmensexternen Nutzer[233]. Es geht also um die effektivere Bedürfnisbefriedigung des Benutzers.[234] Bei Prozessinnovationen hingegen geht es um die Verbesserung des Leistungserstellungsprozesses[235]. Dieser Effi-

---

[224] Vgl. Hauschildt, J. (1997): a.a.O., S. 7. Lutschewitz beispielsweise fügt noch zwei weitere Dimensionen hinzuLutschewitz, H. (1974): Die Diffusion innovativer Investitionsgüter – Ein Beitrag zu einer Theorie des Investitionsgütermarketing, vgl. Lutschewitz, H. (1974): a.a.O., S. 33 ff. Diese zwei Dimensionen sollen hier aber nicht weiter betrachtet werden.

[225] Vgl. im Folgenden ausführlich: Kotler, P. (1992): Marketing-Management, S. 482 f.; vgl. auch Thom, N. (1980): Grundlagen des betrieblichen Innovationsmanagements, S. 32 ff.; Specht, G./Beckmann, C. (1996): F&E-Management, S. 15 f.; Albach, H. (1998): Unternehmensgründungen in Deutschland – Potentiale und Lücken, S. 2 ff.

[226] Unter Produktinnovation werden sowohl materielle als auch immaterielle Produkte verstanden. Immaterielle Produkte – Dienstleistungsinnovationen also – sollen jedoch im Folgenden nicht weiter betrachtet werden.

[227] Vgl. Bühner, R. (1989): Betriebswirtschaftliche Organisationslehre, S. 145; Trommsdorff, V. (1991): Innovationsmarketing – Querfunktion der Unternehmensführung, in: Marketing – Zeitschrift für Forschung und Praxis, S. 179; Siemers, S.H.A. (1997): Innovationsprozess im Mittelstand – Teamorientierte Arbeitsformen zur Förderung von Innovationen, S. 28; Boer, H./During, W.E. (2001): Innovation, what innovation? A comparison between product, process and organizational innovation, in: International Journal of Technology Management, S. 97.

[228] Vgl. Zahn, E./Weidler, A. (1995): Integriertes Innovationsmanagement , S. 352.

[229] Vgl. Johannessen, J.A./Olsen, B./Lumpkin, G.T. (2001): Innovations as newness: What is new, how new and new to whom?, in: European Journal of Innovation Management, S. 23; Leifer, R. et al. (2000): Radical innovation: How mature companies can outsmart upstarts, S. 2.

[230] Vgl. Meißner, W. (1989): Innovation und Organisation, S. 29 ff.; Zapf, W. (1989): Über soziale Innovationen, in: Soziale Welt, S. 175 f.

[231] Vgl. Hauschildt, J. (1997): a.a.O., S. 9.

[232] Vgl. Zahn, E./Weidler, A. (1995): a.a.O., S. 362.

[233] Vgl. Hauschildt, J. (1997): a.a.O., S. 10 f.

[234] Vgl. Hauschildt, J. (1997): a.a.O., S. 10.

[235] Vgl. Thom, N. (1990): Innovation management in small and medium-sized firms, in: International Management Review, S. 183.

zienzgedanke ist fast ausschließlich innerbetrieblich relevant.[236] Allerdings bedingen sich diese beiden Innovationskategorien teilweise[237]. So können z.B. Produktinnovationen eines Unternehmens als Verfahrensinnovation zur Produktivitätssteigerung in einem anderen Unternehmen genutzt werden. Übergreifend betrachtet sollten Unternehmen Produkt- und Prozessinnovationen als sich ergänzend begreifen und sie gleichermaßen als strategisch wichtig zur Erarbeitung von Wettbewerbsvorteilen nutzen.[238]

Von Organisationsinnovationen spricht man, wenn es um unternehmensinterne Neuerungen vor allem organisationsstruktureller und kultureller Art geht.[239] Bei geschäftsbezogenen Innovationen geht es um grundlegendere Neuerungen als bei Organisationsinnovationen, es geht um die Innovation des Geschäftsmodells: Über das Unternehmen hinaus sind Faktoren wie Branchen- und Marktstrukturen und die von den Marktbeteiligten akzeptierten "Spielregeln", die sich im Zeitablauf ändern bzw. erneuern können, Gegenstand der Betrachtung.[240] Der Fokus von Sozialinnovationen ist noch weiter gefasst. Hier geht es beispielsweise um unternehmensexterne politische Innovationen oder neue Lebensstile.[241] Für eine erschöpfende Betrachtung der Auswirkungen von Innovationen ist eine genaue Abgrenzung bzw. isolierte Betrachtung der diskutierten inhaltlichen Subkategorien jedoch nicht immer eindeutig möglich und auch nicht immer wünschenswert, da z.B. eine Produktinnovation gleichzeitig Organisations- oder geschäftsbezogene Innovationen induzieren kann.[242] Untersuchungsgegenstand dieser Arbeit sollen die technischen Innovationen als das die Innovation auslösende Moment sein.[243]

---

[236] Vgl. Stippel, N. (1999): Innovationscontrolling, S. 9; ebenso Hauschildt, J. (1997): a.a.O., S. 10 f.
[237] Vgl. Trommsdorff, V./Schneider, P. (1990): Grundzüge des betrieblichen Innovationsmanagement , S. 4.
[238] Vgl. Pleschak, F./Sabisch, H. (1996): Innovationsmanagement, S. 20.
[239] Vgl. Zahn, E./Weidler, A. (1995): a.a.O., S. 352.
[240] Vgl. Johannessen, J.A./ Olsen, B./ Lumpkin, G.T. (2001): Innovations as newness: What is new, how new and new to whom?, in: European Journal of Innovation Management, S. 23; Leifer, R. et al. (2000): a.a.O., S. 2; Song, X.M./Montoya-Weiss, M.M. (1998): Critical Development activities for really new versus incremental products, in: Journal of Product Innovation Management, S. 126.
[241] Vgl. Zapf, W. (1989): a.a.O., S. 175 f.
[242] Vgl. Schlaak, T. (1999): a.a.O., S. 29.
[243] Vgl. Schlaak, T. (1999): a.a.O., S. 29.

Die subjektive Dimension beschäftigt sich mit der Frage *"Neu für wen?"*. Die Einstufung einer Neuerung als Innovation hängt stark vom Blickwinkel des Betrachters ab.[244] Aus Unternehmenssicht mag ein neu entwickeltes Produkt eine Innovation sein, aus Marktsicht kann es – sofern ein Produkt mit nahezu identischen Merkmalen schon vorher von anderen Wettbewerbern vertrieben wurde – lediglich eine Produktimitation darstellen. Allerdings herrscht in der Literatur ahingehend Konsens, dass die Einstufung bzw. Bewertung einer Innovation durch das innovierende Unternehmen selbst geschehen sollte, also subjektiv bleiben muss.[245]

SALOMO stellt in diesem Zusammenhang fest, dass unternehmensinternen Betrachtern nicht ohne weiteres unterstellt werden kann, unter verzerrter Realitätswahrnehmung zu leiden.[246] Darüber hinaus wäre eine Befragung z.B. von potentiellen Kunden insofern problematisch, als diesem erheblichen Mehraufwand keine signifikant höhere Informationsqualität gegenüberstünde.[247] Auch eine Bewertung von sog. Experten vornehmen zu lassen, hat gewisse Tücken, da diese zum einen schwer zu bestimmen sind und andererseits schon häufiger Fehlurteile getroffen wurden.[248]

Vorgenannte Argumentation darf aber nicht mißverstanden werden in dem Sinne, dass eine Einstufung von Innovationen ohne Berücksichtigung z.B. der Neuheit im Hinblick auf den Markt erfolgt.[249] Gerade neuere Arbeiten zur Messung des Innovationsgrades unterscheiden zwischen einer Makro- und einer Mikroebene[250], die anhand verschiedener Dimensionen von mindestens zwei Unternehmensmitarbeitern bewertet werden.[251] Diese Arbeit verwendet den subjektiven Innovationsbegriff aus Unternehmenssicht.

---

244 Vgl. Hauschildt, J. (1997): a.a.O., S. 16.

245 Vgl. Tebbe, K. (1990): Die Organisation von Produktinnovationsprozessen, S. 10 f.; Van de Ven, A.H. (1986): Central Problems in the Management of Innovation, in: Management Science, S. 592.

246 Vgl. Salomo, S. (2003): a.a.O., S. 9.

247 Vgl. Salomo, S. (2003): a.a.O., S. 8.

248 Vgl. Hauschildt, J. (1997): a.a.O., S. 16.

249 Vgl. Kapitel 2.3 für Details bzgl. der berücksichtigten Dimensionen zur Bestimmung des Innovationsgrads.

250 Vgl. Salomo, S. (2003): a.a.O., S. 7; vgl. weiter Billing, F. (2003): a.a.O., S. 29. Für eine ausführliche Diskussion der relevanten Dimensionen zur Innovationsgradbestimmung siehe Kapitel 2.3.

251 Vgl. Ernst, H. (2003): Unternehmenskultur und Innovationserfolg – Eine empirische Analyse, in: Zeitschrift für betriebswirtschaftliche Forschung, S. 24; Salomo, S. (2003): a.a.O., S. 7.

Die prozessuale Dimension klärt die Fragestellung *"Wo startet, wo endet die Innovation?"*. Es können verschiedene Phasen des Innovationsprozesses unterschieden werden. Gegenüber einer statischen Betrachtung hat eine solche dynamische Sichtweise den Vorteil, dass die zeitliche Entwicklung in die Betrachtung eingeschlossen wird.[252] HAUSCHILDT definiert den Innovationsprozess über sieben Schritte, angefangen bei der Idee über die erfolgreiche Einführung der Innovation im Markt bzw. im Unternehmen bis hin zur laufenden Verwertung.[253] THAMHAIN unterscheidet sechs Teilschritte[254], ALBERS/EGGERS nur drei[255], und COOPERS prominenter Stage-Gate-Prozess basiert auf fünf Stufen, die genommen werden müssen.[256] Darüber hinaus gibt es noch eine ganze Reihe weiterer Prozessmodelle.[257] Strittig ist in der Literatur vor allem die Einbeziehung der Verwertung in den Innovationsprozeß, da diese sich stark von den vorherigen Aufgaben unterscheidet und da außerdem die Innovation in tägliche Routine überführt werden muss.[258] Für die Messung des wirtschaftlichen Erfolgs einer Innovation mag jedoch die Phase der Verwertung ein sinnvolles Objekt der Betrachtung sein.[259]

Im Rahmen dieser Arbeit soll der wirtschaftliche Erfolg jedoch keine notwendige Bedingung für die Existenz einer Innovation sein, insbesondere weil junge Unternehmen diesen noch nicht unbedingt vorweisen können.

Schließlich gibt die normative Dimension Antwort auf die Frage *"Ist neu gleich besser oder erfolgreich?"*. Die Problematik dieser Frage besteht aus zwei Aspekten. Erstens stellt sich die

---

[252] Vgl. Billing, F. (2003): a.a.O., S. 35.
[253] Vgl. Hauschildt, J. (1997): a.a.O., S. 19 ff.
[254] Vgl. Thamhain, H.J. (1990): Managing technologically innovative team efforts towards new product success, in: Journal of Product Innovation Management, S.12.
[255] Vgl. Albers, S./Eggers, S. (1991): a.a.O., S. 48. Vgl. ähnlich auch Gerpott, T.J. (1999): a.a.O., S. 52 f. und Wheelwright, S.C./Clark, K.B. (1994): a.a.O., S. 172 ff.
[256] Vgl. Cooper, R.G. (1998): a.a.O., S. 102 ff.
[257] Vgl. z.B. Schmelzer, H.J. (1999): Prozessmanagement in der Produktentwicklung , S. 207 f.; Specht, G./Gerhard, B. (1999): Beteiligung unternehmensinterner Funktionsbereiche am Innovationsprozeß. Determinante des Erfolgs technischer Produktinnovationen , S. 222 ff.; Song, X.M./Montoya-Weiss, M.M. (1998): a.a.O., S. 126; Kuczmarski, T.D. (2000): Managing new products: Using the MAP™ system to accelerate growth, S. 150.
[258] Vgl. Hauschildt, J. (1997): a.a.O., S. 22.
[259] Vgl. Schlaak, T. (1999): a.a.O., S. 30.

Frage, ob eine Innovation eine Verbesserung des Status quo beinhalten muss.[260] Vielfältige Interessenskonflikte in der Beurteilung lassen ein Verneinen der Frage naheliegend erscheinen.[261] Diese Arbeit folgt der Auffassung, dass das konstitutive Merkmal in diesem Zusammenhang ausschließlich die Unterschiedlichkeit des Objekts sein soll.[262] Zweitens stellt sich die Frage der Erfolgsmessung einer Innovation.[263] Dadurch, dass Innovationsentscheidungen zukunftsbezogen sind, weiß man erst hinterher, ob eine Innovation erfolgreich war oder nicht.[264] Insofern sind rückwärtsgerichtete, marktbezogene Erfolgsmaße – sog. quantitativ-objektive Kennzahlen[265] – insbesondere für hoch innovative Projekte ungeeignet zur Innovationsbeurteilung.[266] Wesentlich besser geeignet sind sog. quantitativ-subjektive Kennzahlen.[267] Diese sollen hier verwendet werden.[268]

2.1.3 Der radikale Innovationsbegriff

Nach wie vor ist ein einheitliches Begriffsverständnis einer "radikalen Innovation" kaum entwickelt. Dementsprechend stellen GREEN/GAVIN/AIMAN-SMITH kritisch fest: "Moreover, we find virtually no commonly accepted definition or measure of radical innovation, and in many cases we find operationalizations of radical innovation where the validity and realiability of those measures have never been tested."[269] Im Folgenden wird daher versucht, einen konsolidierten Kurzüberblick der meistdiskutierten Begriffsverständnisse zu geben.

Grundsätzlich kann festgehalten werden, dass radikale Innovationen einen besonders hohen Neuigkeitsgrad besitzen und gleichzeitig charakterisiert werden durch einen hohen Unsi-

---

[260] Vgl. Hauschildt, J. (1997): a.a.O., S. 22; Thom, N. (1980): a.a.O., S. 25 f.
[261] Vgl. Hauschildt, J. (1997): a.a.O., S. 22.
[262] Vgl. Schlaak, T. (1999): a.a.O., S. 30.
[263] Vgl. Hauschildt, J. (1997): a.a.O., S. 22.
[264] Vgl. Billing, F. (2003): a.a.O., S. 155; vgl. auch Hauschildt, J. (1997): a.a.O., S. 23.
[265] Vgl. Werner, B.M./Souder, W.E. (1997): Measuring R&D Performance – State of the art, in: Research Technology Management; Billing, F. (2003): a.a.O., S. 34 ff.
[266] Vgl. Hauschildt, J. (1997): a.a.O., S. 23.
[267] Vgl. Werner, B.M./Souder, W.E. (1997): a.a.O., S. 36.
[268] Für eine ausführlichere Diskussion der Messung des Innovationsgrads in Zusammenhang mit der Erfolgsmessung vgl. Kapitel 2.4.
[269] Green, S.G./Gavin, M.B./Aiman-Smith, L. (1995): a.a.O., S. 203.

cherheits- bzw. Risikofaktor sowie einen langen Zeithorizont.[270] Durch Erforschung neuer Zweck-Mittel-Beziehungen sollen neue Produkt-Markt-Kombinationen im Sinne von Verfahren, Produktlinien oder Geschäftssystemen hervorgebracht werden.[271] Ziel ist es z.B., Märkte umzudefinieren oder Unternehmen strategisch neu zu positionieren.[272] Dies impliziert, dass oftmals keine Vergleichsmaßstäbe vorliegen. Der Begriff "Neuheit" ist daher nicht unproblematisch, da er immer auf eine wahrgenommene Ähnlichkeit zu oder Entfernung von einer schon existierenden Sache referiert.[273] Dieser Vergleich ist wiederum statisch, da er sich auf einen bestimmten Zeitpunkt bezieht.[274] Jedoch darf man den Neuigkeitsgrad nicht als dichotome Verteilung zwischen den Polen "neu" und 'nicht neu' auffassen[275], er ist vielmehr als ein Kontinuum zu verstehen, das von evolutionär bzw. kontinuierlich bis hin zu revolutionär bzw. diskontinuierlich reicht[276].

Die Literatur verwendet vielfältige Begrifflichkeiten, um die unterschiedliche Neuheit einer Innovation zu beschreiben. So führt HAUSCHILDT die folgenden Innovations-Begriffspaare auf[277]: grundlegend/instrumental, größere/geringere, revolutionäre/evolutionäre, radikale/inkrementale, originäre/adaptive, Pionier-/Nachfolger-, Basis-/Verbesserung- und diskontinuierliche/kontinuierliche. BOWER/CHRISTENSEN sprechen von Disruptive Innovation vs. Sustaining Technology[278], und VERYZER benutzt außer den Begriffen Revolutionary vs. Evolutionary auch die Ausdrücke Discontinuous vs. Continuous.[279]

---

[270] Vgl. Leifer, R. et al. (2000): a.a.O., S. 18; Sicotte, H./Langley, A. (2000): Integration mechanism and R&D project performance, in: Journal of Engineering Technology ManagementSicotte, H./Langley, A. (2000): a.a.O., S. 2; Jaafari, A. (2001): Management of risks, uncertainties and opportunities on projects – Time for a fundamental shift, in: International Journal of Project Management, S. 90.

[271] Vgl. Leifer, R. et al. (2000): a.a.O., S. 18.

[272] Vgl. Wheelwright, S.C./Clark, K.B. (1994): a.a.O., S. 134; Foster, R.N./Kaplan, S. (2001): Creative destruction, in: The McKinsey Quarterly, S. 107 ff.

[273] Vgl. Billing, F. (2003): a.a.O., S. 18.

[274] Vgl. Billing, F. (2003): a.a.O., S. 18.

[275] Vgl. Billing, F. (2003): a.a.O., S. 18.

[276] Vgl. Veryzer Jr., R.W. (1998): a.a.O., S. 306.

[277] Vgl. Hauschildt, J. (1997): a.a.O., S. 12.

[278] Vgl. Bower, J.L./Christensen, C.M. (1995): Disruptive Technologies – Catching the wave, in: Harvard Business Review, S. 45 ff.

[279] Vgl. Veryzer Jr., R.W. (1998): a.a.O., S. 306.

Die oben aufgeführten vielfältigen Ausdrücke für hoch innovative vs. weniger innovative Projekte können durchaus synonym verwendet werden.[280] In dieser Arbeit jedoch sollen einheitlich der Begriff "radikal" für hoch innovative und der Ausdruck "inkremental" für weniger innovative Projekte Verwendung finden.

Inkrementale Innovationen verfolgen das Hauptziel, eine Verbesserung von Kostenpositionen zu erreichen[281] oder bestehende Produkte zu erweitern, zu veredeln oder zu adaptieren.[282] Radikale Innovationen sind hingegen geprägt durch einen höheren Umfang und größere Reichweite[283] der Vorhaben und zielen darüber hinaus darauf ab, durch bessere Funktionalitäten höhere Preise am Markt durchzusetzen.[284]

Nachdem nun ein Begriffsverständnis von radikalen Innovationen vorliegt, wird im folgenden Kapitel das Management von radikalen Innovationen thematisiert. Auf mögliche Methoden zur Messung radikaler Innovationen wird in Kapitel 2.3 eingegangen werden.

2.2 Innovationsmanagement bei radikalen Innovationen

Da die Entwicklung von völlig neuen Produkten für Unternehmen langfristig von großer Wichtigkeit ist, wird "dem" Innovationsmanagement eine besondere Bedeutung zur erfolgreichen Unternehmensführung beigemessen.[285] Gezieltes Einwirken auf ein Innovationsprojekt kann die Erfolgschancen erhöhen, eine Garantie für den Erfolg einer Innovation durch ent-

[280] Vgl. z.B. Leavy, B. (1997): Innovation and the established organization, in: Journal of General Management, S. 40; Rice, M.P. et al. (1998): Managing discontinuous innovation, in: Research Technology Management, S. 52; Song, X.M./Montoya-Weiss, M.M. (1998): a.a.O., S 124 ff.; Veryzer Jr., R.W. (1998): a.a.O., S. 306; Garcia, R./Calantone, R. (2002): a.a.O.Garcia, R./Calantone, R. (2002): a.a.O., S. 111; Zahra, S.A./Nielsen, A.P. (2002): Sources of capabilities, integration and technology commercialization, in: Strategic Management Journal, S. 378.

[281] Vgl. Abernathy, W.J./Utterback, J.M. (1978): a.a.O., S. 42.

[282] Vgl. Song, X.M./Montoya-Weiss, M.M. (1998): a.a.O., S 126.

[283] Vgl. Wheelwright, S.C./Clark, K.B. (1994): a.a.O., S. 137.

[284] Vgl. Abernathy, W.J./Utterback, J.M. (1978): a.a.O., S. 42.

[285] Vgl. z.B. Stern, T./Jaberg, H. (2003): Erfolgreiches Innovationsmanagement – Erfolgsfaktoren, Grundmuster, Fallbeispiele, S. 2 ff.

sprechendes Management gibt es jedoch trotz allem nicht.[286] Entscheidend für den Erfolg ist zum einen die Komplexität der Innovation, zum anderen auch die Erfahrung mit dem Management von Innovationen[287], beides jeweils in Abhängigkeit vom Neuheitsgrad der angestrebten Innovation.[288]

Jedoch ist zu beachten, dass Ansätze des Innovationsmanagements, die sich bei inkrementalen Innovationen als erfolgreich herausgestellt haben, bei radikalen Innovationen völlig ungeeignet sein können,[289]da sich die relevanten Faktoren zur erfolgreichen Umsetzung grundlegend unterscheiden.[290] Die für radikale Innovationen notwendigen Prozesse und Managementaktivitäten werden jedoch bis heute nocht nicht ausreichend reflektiert.[291]

HAUSCHILDT definiert daher Innovationsmanagement allgemein als sowohl "... die bewußte Hervorbringung einer Innovation als auch das Ergebnis dieses Prozesses unter Beachtung von betriebswirtschaftlichen und organisatorischen Kriterien"[292]. Dieser Innovationsprozess sollte dabei explizit in das Unternehmen eingebettet[293] und z.B. durch eine innovationsfreundliche Unternehmenskultur unterstützt werden.[294] Hauptziel des Innovationsmanagements ist es, eine neue Technologie bereitzustellen und diese in Markt oder Unternehmen durchzusetzen.[295] Darüber hinaus hat Innovationsmanagement rein dispositiven, nicht ausführenden Charakter.[296] Es beinhaltet folgende Aktivitäten: die Definition und Verfolgung von Zielen und das Treffen von Entscheidungen, die Planung, Durchführung und Kontrolle von Innovationsprozessen sowie die Schaffung von Rahmenbedingungen, die innovationsförderlich sind.[297]

---

286 Vgl. Lynn, G.S./Morone, J.G./Paulson, A.S. (o.J.): Wie echte Produktinnovationen entstehen , S. 11.
287 Vgl. Van de Ven, A.H. et al. (1999): The innovation journey, S. 11.
288 Vgl. Billing, F. (2003): a.a.O., S. 17.
289 Vgl. Lynn, G.S./Morone, J.G./Paulson, A.S. (o.J.): a.a.O., S. 10.
290 Vgl. Wheelwright, S.C./Clark, K.B. (1994): a.a.O., S. 137.
291 Vgl. Veryzer Jr., R.W. (1998): a.a.O., S. 308.
292 Hauschildt, J. (2001): Innovationsmanagement , S. 364.
293 Vgl. Hauschildt, J. (1997): a.a.O., S. 26.
294 Vgl. Pleschak, F./Sabisch, H. (1996): a.a.O., S. 45.
295 Vgl. Gerpott, T.J. (1999): a.a.O., S. 58 f.
296 Vgl. Hauschildt, J. (1997): a.a.O., S. 25.
297 Vgl. Hauschildt, J. (1997): a.a.O., S. 25 und Pleschak, F./Sabisch, H. (1996): a.a.O., S. 45.

Typischerweise unterscheidet man Innovationsmanagement auf Portfolio- von Innovationsmanagement auf Vorhabensebene. Auf Portfolioebene muss eine optimale Mischung aus Innovationsprojekten erzielt werden im Hinblick auf Risiko und Ertrag, oder anders ausgedrückt: Stabilität und Wachstum müssen entsprechend den Präferenzen und Fähigkeiten kombiniert werden.[298] Durch Bewertung, Auswahl, Priorisierung oder Abbruch von Projekten[299] wird der Ressourceneinsatz gezielt gesteuert.[300]

2.2.1 Abgrenzung des Innovationsmanagements von anderen Konzepten

Innovationsmanagement ist von F&E- und Technologiemanagement abzugrenzen. Während Innovationsmanagement, wie im vorigen Abschnitt ausgeführt, seinen Schwerpunkt bei den dispositiven Managementaktivitäten hat, fokussiert das F&E-Management die naturwissenschaftlich-technischen Prozesse.[301] Es ist eine Teilmenge des Innovationsmanagements, die jedoch leichter strukturiert werden kann und deshalb auch besser planbar ist.[302] Während in der Vergangenheit allerdings hauptsächlich die Effizienz von F&E-Prozessen Gegenstand der Betrachtung war, ist heute die Effektivität stärker in den Vordergrund gerückt.[303]

Die Inhalte des Technologiemanagements sind hingegen weniger gut trennscharf darzustellen.[304] Allgemein kann festgehalten werden, dass das Technologiemanagement für die Beibehaltung der technologischen Wettbewerbsfähigkeit eines Unternehmens in strategischer Hinsicht verantwortlich ist und konzeptionelle Fragen fokussiert.[305] Über den rein naturwissen-

---

[298] Vgl. Roussel, Philip A., Saad, Kamal N., and Erickson, Tamara J. (1991): Third Generation R&D: Managing the Link to Corporate Strategy, S. 93.

[299] Vgl. Roussel, Philip A., Saad, Kamal N., and Erickson, Tamara J. (1991): a.a.O., S. 93; Cooper, R.G. (1998): a.a.O., S. 186.

[300] Vgl. Ebner, M./Walti, A. (1996): Innovationsmanagement als Antwort auf den zunehmenden Wettbewerbsdruck , S. 21 f.; Khurana, A./Rosenthal, S.R. (1997): Integrating the fuzzy front end of new product development, in: Sloan Management Review, S. 104; Möhrle, M.G. (1994): Instrumentelles FuE-Management – Das Zusammenspiel von FuE-Programm-Portfolio und FuE-Projektverflechtungsgraph , S. 299; Sommerlatte, T. (1995): Management von Forschung und Entwicklung , S. 332 ff.

[301] Vgl. Hauschildt, J. (1997): a.a.O., S. 27.

[302] Vgl. Hauschildt, J. (1997): a.a.O., S. 27 f.

[303] Vgl. Gerybadze, A. (1995): Innovationsmanagement , S. 831; Sommerlatte, T. (1995): a.a.O., S.326; Pleschak, F./Sabisch, H. (1996): a.a.O., S. 7.

[304] Vgl. Hauschildt, J. (1997): a.a.O., S. 28.

[305] Vgl. Gerybadze, A. (1995): a.a.O., S. 831; Hauschildt, J. (1997): a.a.O., S. 28 f.; Kroy, W. (1995): Technologiemanagement für grundlegende Innovationen , S. 58.

schaftlich-technischen Aspekt hinaus findet somit auch die Marktperspektive im Technologiemanagement Berücksichtigung.[306] Dabei geht es nicht nur – wie es überwiegend im Innovationsmanagement der Fall ist – um neue Technologien, sondern auch um schon bestehende.[307] Durch den vorausschauenden Charakter des Technologiemanagements kann es Aufgaben für das Innovationsmanagement definieren.[308]

2.2.2 Unternehmertum und radikales Innovationsmanagement

Wie schon im ersten Kapitel dieser Arbeit beschrieben, ist nach SCHUMPETER der Unternehmer per Definition ein Innovator bzw. Innovationsmanager: Er setzt neue Kombinationen durch.[309] Unternehmertum bzw. Entrepreneurship ist also gleichzusetzen mit dem Hervorbringen von Innovationen.[310]

"An organisation is entrepreneurial if it develops a higher than average number of new products"[311], konstatieren JENNINGS/LUMPKIN entsprechend. SHARMA/CHRISMAN gehen sogar noch einen Schritt weiter und stellen die Hypothese auf, dass Unternehmertum Grundvoraussetzung für Innovationen sei.[312] Dabei ergreift der Unternehmer eine Chance und setzt

---

[306] Vgl. Lynn, F./Heintz, S. (1992): From experience: Where does your new technology fit into the marketplace?, in: Journal of Product Innovation Management, S. 19 ff.; Brockhoff, K. (1999): Forschung und Entwicklung: Planung und Kontrolle, S. 7 ff.; Michel, K. (1987): Technologie im strategischen Management: Ein Portfolio-Ansatz zur integrierten Technologie- und Marktplanung, S. 124.

[307] Vgl. Gerybadze, A. (1995): a.a.O., S. 831; Hauschildt, J. (1997): a.a.O., S. 28 f.; Kroy, W. (1995): a.a.O., S. 58.

[308] Vgl. Hauschildt, J. (1997): a.a.O., S. 29.

[309] Vgl. Schumpeter, J.A. (1934): Theorie der wirtschaftlichen Entwicklung, S. 74; Schumpeter, J.A. (1952): Aufsätze zur ökonomischen Theorie, S. 111; vgl. weiter Gemünden, H.G./Konrad, E.D. (2000): Unternehmerisches Verhalten als ein bedeutender Erfolgsfaktor von technologischen Unternehmensgründungen – eine kritische Würdigung von Erklärungsansätzen verschiedener Modellkonstrukte, in: Die Unternehmung, S. 261 ff.

[310] Vgl. Jennings, D.F./Lumpkin, J.R. (1989): Functioning modeling corporate entrepreneurship – An empirical integrative analysis, in: Journal of Management, S. 489.

[311] Jennings, D.F./Lumpkin, J.R. (1989): a.a.O., S. 489; vgl. weiter Trommsdorff, V./Schuster, H. (1985): Strategie- und Imageplanung für junge Technologieunternehmen, in: Absatzwirtschaft, S. 116; Bart, C.K. (1988): New venture units – Use them wisely to manage innovation, in: Sloan Management Review, S. 36.

[312] Vgl. Sharma, P./Chrisman, J.J. (1999): Toward a reconciliation of the definition in the field of corporate entrepreneurship, in: Entrepreneurship Theory and Practice, S. 17 f.; vgl. weiter Bentley, K. (1990): A discussion of the link between one organization's style and structure and its connection with its market, in: Journal of Product Innovation Management, S. 20; Leavy, B. (1997): a.a.O., S. 39.

diese mittels vorhandener und/oder noch aufzubauender Kompetenzen um.[313] ABERNATHY/UTTERBACK argumentieren ähnlich, beziehen sich jedoch bei der Definition der unternehmerischen Handlung genauso wie ZAHRA nur auf radikale Innovationen. [314] Unternehmertum ist folglich zwingend erforderlich für das Innovationsmanagement.[315] Wie aber sollte Unternehmertum organisiert werden? Die wesentlichen Eckpunkte dieser Frage werden im Folgenden diskutiert.

2.2.3 Organisationsformen für Innovationsmanagement

Strittig im Zusammenhang mit der Organisation von Innovationsmanagement ist in der Literatur u.a. die Frage, ob sich Unternehmertum ausschließlich in einer neuen Organisationseinheit entfalten kann oder ob dies nicht auch in schon bestehenden, etablierten Organisationseinheiten bzw. Unternehmen geschehen kann. SHARMA/CHRISMAN unterscheiden daher Independent von Corporate Entrepreneurship, vertreten aber die Meinung, dass Unternehmertum sowohl "Independent" als auch "Corporate" machbar sei.[316] Dieser Sichtweise widersprechen BYGRAVE/HOFER, die eine neue Organisation für notwendig halten[317], wohingegen sowohl COVIN/SLEVIN[318] als auch ZAHRA[319] beide Formen für möglich halten. Vor dem Hintergrund, dass die vorliegende Arbeit auch mittelständische Unternehmen betrachtet, folgt diese Arbeit der Auffassung, dass unternehmerisches Handeln in beiden Organisationsformen stattfinden kann.

---

[313] Vgl. Walter, A./Auer, M./Gemünden, H.G. (2002): The impact of personality, competence, and activities of academic entrepreneurs on technology transfer success, in: International Journal of Entrepreneurship and Innovation, S. 271 ff.

[314] Vgl. Abernathy, W.J./Utterback, J.M. (1978): a.a.O., S. 42; Zahra, S.A. (1996): Governance, ownership, and corporate entrepreneurship – The moderating impact of industry technology opportunities, in: Academy of Management Journal, S. 1714; Maidique, M.A. (1982): Entrepreneurs, champions and technological innovation , S. 562 ff.

[315] Vgl. Saleh, D.S./Wang, C.K. (1993): The management of innovation – Strategy, structure, and organizational climate, in: IEEE Transactions on Engineering Management, S. 19.

[316] Vgl. Sharma, P./Chrisman, J.J. (1999): a.a.O., S. 18.

[317] Bygrave, W.D./Hofer, C.W. (1991): Theorizing about entrepreneurship, in: Entrepreneurship Theory and Practice, S. 12

[318] Vgl. Covin, J.G./Slevin, D.P. (1991): A conceptual model of entrepreneurship as firm behaviour, in: Entrepreneurship Theory & Practice, S. 7 ff. Die Eigenschaften des Unternehmers sind laut Covin/Slevin sowohl in unabhängigen als auch in etablierten Firmen identisch: Innovativität, Risikobereitschaft und proaktives Handeln.

[319] Vgl. Zahra, S.A. (1996): a.a.O., S. 1714 ff.

Der Unternehmer zeichnet sich dabei nach COVIN/SLEVIN sowohl in unabhängigen als auch in etablierten Unternehmen durch Innovativität, Risikobereitschaft und Proaktivität aus.[320]

Als Synonyme für Corporate Entrepreneurship werden in der Literatur auch die Begriffe Corporate Venturing und Venture Management verwendet.[321] Unter einem Venture versteht man dabei ein unternehmerisches Risiko, das die Umsetzung einer chancenorientierten Produktinnovation innerhalb einer etablierten Unternehmung zum Ziel hat[322]. Venture Management soll in diesem Sinne hauptsächlich vorhandene Wettbewerbsvorteile stärken oder neue schaffen durch die Durchsetzung von Innovationen.[323]

Vom externen Venture Management wird internes Venture Management unterschieden.[324] Beim letzterem wird das Innovationsmanagement aus dem laufenden Geschäftsprozess ausgegliedert, bleibt aber in der Organisation des Unternehmens verankert. Dies wird auch als Parallelorganisation bezeichnet.[325] BURGELMANN favorisiert diese Lösung insbesondere für radikale Innovationen, während inkrementale Innovationen in der existierenden Routine-Organisation umgesetzt werden können.[326] Das externe Venture Management sieht die Beteiligung an selbständigen jungen Unternehmen vor.[327] In beiden Fällen wird eine Öffnung des

---

[320] Vgl. Covin, J.G./Slevin, D.P. (1991): a.a.O., S. 7 ff.; vgl. weiter Zahra, S.A. (1996): a.a.O., S. 1714 ff.

[321] Vgl. Nathusius, K. (1979b): Grundansatz und Formen des Venture Managements, in: Schmalenbachs Zeitschrift für betriebswirtschaftliche Forschung, S. 507 f.; Sharma, P./Chrisman, J.J. (1999): a.a.O., S. 13 ff.

[322] Vgl. Siemer, S. (1991): a.a.O., S. 16 und S. 22; Block, Z./MacMillan, I.C. (1993): Corporate Venturing – Creating new business within the firm, S. 14 f.

[323] Vgl. Gaitanides, M./Wicher, H. (1985): Venture Management – Strategien und Strukturen der Unternehmensentwicklung, in: Die Betriebswirtschaft, S. 414; Block, Z./MacMillan, I.C. (1993): a.a.O., S. 18; Zahra, S.A. (1995): Corporate Entrepreneurship and financial performance – The case of management leveraged buyouts, in: Journal of Business Venturing, S. 227.

[324] Vgl. im Folgenden Nathusius, K. (1979b): a.a.O., S. 507.

[325] Vgl. Galbraith, J.R. (1982): Designing the innovating organization, in: Organizational Dynamics, S. 6; Gaitanides, M./Wicher, H. (1985): a.a.O., S. 391 f.; Christensen, C.M./Overdorf, M. (2000): Meeting the challenge of disruptive change, in: Harvard Business Review, S. 68; Ernst, H. (2002): Success Factors of New Product Development: A Review of the Empirical Literature, in: International Journal of Management Reviews, S. 31; Benner, M.J./Tushman, M. (2003): Exploitation, exploration and process management – The productivity dilemma revisited, in: Academy of Management Review, S. 248.

[326] Vgl. Burgelman, R.A. (1985): a.a.O., S. 42; vgl. ähnlich Bower, J.L./Christensen, C.M. (1995): a.a.O., S. 52 f.; Bleicher, K. (1999): Das Konzept Integriertes Management. Visionen – Missionen – Programme, S. 35.

[327] Vgl. Nathusius, K. (1979b): a.a.O., S. 507. Dies kann z.B. in Form von Joint-Ventures, Spin-Offs oder Corporate Venture Capital geschehen.

etablierten Unternehmens gegenüber Veränderungen bewirkt[328] und Innovationsbarrieren können überwunden werden.[329] Inwiefern etablierte Unternehmen und junge interne oder externe Ventures sich ergänzende innovationsförderliche Vorteile aufweisen, zeigt die folgende Tab. 2-1:

Tab. 2-1: Innovationsförderliche Vorteile reifer Großunternehmen und junger Gründungseinheiten

Vorteile reifer Unternehmen	Vorteile junger Gründungseinheiten
• Organisationsvorteil: Transparenter Unternehmensaufbau u. funktionierende Prozessorganisation • Erfahrungsvorteil: Technologie-, Produktions- u. Markterfahrung sowie Geschäftskontakte • Ressourcenvorteil: Finanzieller, personeller und materieller Ressourcenzugriff • Risikomischvorteil: Risikominimierung durch unterschiedliche Geschäftsaktivitäten in unterschiedlichen Entwicklungsstufen • Kostenvorteil: Stückkosteneffekte bei Großserienproduktion u. Kostendegression im Marketing	• Strukturvorteil: Flache Hierarchien u. freie Kommunikationsbeziehungen • Gründervorteil: Hohe innovatorische Leistungsmotivation und Anpassungsfähigkeit • Entscheidungsvorteil: Hohe Autonomie bei Strategieentscheidungen • Flexibilitätsvorteil: Schnelles Reaktionsvermögen auf operativer Ebene • Kosten- und Zeitvorteil: Geringere Forschungs- und Entwicklungskosten bzw. -zeiten

Quelle: In Anlehung an Wicher, H. (1991): Grundsatz und Strukturformen des Venture Management – Konzeption und empirische Befunde , S. 162 f.

Für das Venture Management bedarf es geeigneter Mitarbeiter. Diese werden im Gegensatz zu den Entrepreneuren als Intrapreneure bezeichnet. Ein Intrapreneur ist nach KNIGHT "[...]

[328] Vgl. Nathusius, K. (1979a): a.a.O., S. 35 f.; vgl. auch Nathusius, K. (1979b): a.a.O., S. 513; Servatius, H.-G. (1988): New Venture Management – Erfolgreiche Lösung von Innovationsproblemen für Technologie-Unternehmen, S. 7 ff.; Schendel, D. (1990): Introduction to the special issue on corporate entrepreneurship, in: Strategic Management Journal, S. 2.

[329] Vgl. Backholm, A. (1999): Corporate Venturing – An overview, S.10. Umsetzungsbarrieren sind z.B. die kurzfristige Managementperspektive, zu hohe Bürokratisierung, die Distanz der Top-Manager zum operativen Geschäft, mangelnde Offenheit bzgl. neuer Ideen und Unsicherheit, fehlende Anreizstrukturen sowie eine innovationshemmende Buchführungspraxis (vgl. Quinn, J.B. (1985): Managing innovation – Controlled chaos, in: Harvard Business Review, S. 75 f.).

a corporate employee who introduces and manages an innovative project within the corporate environment, as if he or she were an independent entrepreneur."[330]

Intrapreneure arbeiten oftmals im Verborgenen, sozusagen im "Untergrund", ohne dass die Vorgesetzten Kenntnis davon haben; Diese Arbeit im Verborgenen wird auch als *U-Boot-Gruppe* oder *Skunkworks* bezeichnet.[331] BITZER plädiert jedoch für ein offizielles Unternehmensbekenntnis zum Intrapreneur, um die starke Zufallsabhängigkeit von inoffiziellen Arbeiten zu reduzieren.[332] In Kombination mit einem Motivationskonzept können dann die im Unternehmen existierenden Innovationspotentiale geweckt und genutzt werden.[333]

BURNS/STALKER schlagen in diesem Zusammenhang vor[334], in Abhängigkeit vom Zustand der Markt- und Technologieumwelten mechanistische Organisationsformen für stabile Umwelten und organische Organisationsformen bei dynamischen – also ständigen Veränderungen unterliegenden – Rahmenbedingungen, die verstärkte Innovationstätigkeiten erfordern[335], einzusetzen.[336] Über die Eigenschaften der beiden Organisationsformen gibt die folgende Tab. 2-2 Auskunft.

---

[330] Vgl. Knight, R.M. (1987): Corporate Innovation and entrepreneurship – A Canadian study, in: Journal of Product Innovation Management, S. 285; vgl. auch Hill, R.M./Hlavacek, J.D. (1972): The venture team – A new concept in marketing organization, in: Journal of Marketing; S. 45.

[331] Vgl. {Siemer 1991 #1290}, S. 165; Staehle, Wolfgang H. (1990): Management – Eine Verhaltenswissenschatliche Perspektive, S. 412 ff.; Cooper, R.G./Kleinschmidt, E.J. (1995): Benchmarking the firm's critical success factors in new product development, in: Journal of Product innovation management, S. 383; Eglau, H.O. et al. (2000): Durchstarten zur Spitze – McKinseys Strategien für mehr Innovation, S. 41 ff.; Müller-Stewens, G./Lechner, C. (2001): Strategisches Management – Wie strategische Initiativen zum Wandel führen, S. 325.

[332] Vgl. Bitzer, M.R. (1991): Intrapreneurship – Unternehmertum in der Unternehmung, S. 17.

[333] Vgl. Schween, K. (1996): Corporate Venture Capital – Risikokapitalfinanzierung deutscher Industrieunternehmen, S. 17.

[334] Der Umfang der Stichprobe war allerdings mit n=20 relativ gering (vgl. Hauschildt, J. (1997): a.a.O., S. 115). Für Kritik am sog. M-O Paradigma von Burns/Stalker vgl. weiter ebenfalls z.B. Hauschildt, J. (1997): a.a.O., S. 116 ff.

[335] Vgl. Gebert, D./Boerner, S./Lanwehr, R. (2001): Innovationsförderliche Öffnungsprozesse – "Je mehr, desto besser?", in: Die Betriebswirtschaft, S. 205

[336] Vgl. Burns, T./Stalker, G.M. (1961): The management of innovation, S. 37 ff.; vgl. weiter Zahn, E./Foschiani, S. (2000): Strategien und Strukturen für den Hyperwettbewerb , S. 108.

Ein ähnliches, allerdings theoretisch basiertes Konzept vertritt MINTZBERG.[337] Jedoch warnt WILSON vor einem organisatorischen Dilemma, nach dem eine Organisation zwar durch zunehmende Freiheitsgrade der Mitarbeiter stärker innovationsorientiert wird, parallel die Erfolgswahrscheinlichkeit einer Umsetzung der Innovation aber sinkt.[338] Insofern liegt im Innovationsmanagement, definiert als der "[...] approach to plan and execute in a controlled manner (=manage) something that is by definition new, unprecedented, unpredictable and not repetitive (=innovation)"[339], ein systeminhärenter Widerspruch, den es mittels entsprechendem Innovationsmanagement zu meistern gilt.

---

[337] Vgl. Mintzberg, H. (1991): The effective organization – Forces and forms, in: Sloan Management Review, S. 56 ff.

[338] Vgl. Wilson, J.Q. (1966): Innovation in organization – Notes towards a theory , S. 198 ff.; vgl. auch Sapolsky, H.M. (1967): Organizational structure and innovation, in: The Journal of Business, S. 497; Wicher, H. (1985): Innovation und Organisation – Das Paradigma vom organisatorischen Dilemma, in: Wirtschaftswissenschaftliches Studium, S. 358.

[339] Staudt, H. (1997): Initiating corporate renewal – A study of the process of fundamental innovation development, S. 79.

Tab. 2-2: Charakteristika mechanistischer vs. organischer Organisationsstrukturen

	Struktur	
Charakteristika	**Mechanistisch**	**Organisch**
Leitungsspannen	Klein	Groß
Zahl der Hierarchieebenen	Viele	Wenige
Homogenität des Managements	Hoch	Niedrig
Zentralisationsgrad	Hoch	Niedrig
Personen, die Kontakte zu anderen Abteilungen unterhalten	Wenige	Viele
Ausmaß formaler Regelungen	Hoch	Niedrig
Ausführlichkeit der Stellenbeschreibungen	Hoch	Niedrig
Inhalt der Kommunikation	Anleitung/Entscheidung	Rat/Information
Qualifikationsunterschiede	Groß	Klein
Fachliche Autorität	Schwach vertreten	Stark vertreten
Personale und bürokratische Autorität	Stark vertreten	Schwach vertreten
Leistungsorientierung	Zielerreichung	Übertreffen von Erwartungen
Innovationsaktivitäten	Inkremental	Radikal

Quelle: In Anlehnung an Kieser, A. (1974): Der Einfluss der Umwelt auf die Organisationsstruktur der Unternehmung, in: Zeitschrift Führung + Organisation, S. 304 und Burgelman, R.A. (1985): Managing the new venture division – Research findings and implications for strategic management, in: Strategic Management Journal, S. 44.

2.3 Messung radikaler Innovationen

Um den Innovationsgrad eines neuen Produkts beurteilen zu können, muss man einen Vergleich zwischen dem neuen und einem schon bestehenden Produkt anstellen.[340] Der Vergleich kann als statisch bezeichnet werden, da er sich auf einen fixen Zeitpunkt bezieht.[341]

Insbesondere bei radikalen Innovationen ist es aber oftmals schwierig, diesen Vergleich anzustellen, da häufig nur vereinzelte oder gar keine Referenzpunkte bestehen.[342] Wie es trotzdem gelingen kann, Innovationsgrade verschiedener Abstufungen zu messen, sollen die folgenden Kapitel darlegen.

---

[340] Vgl. Billing, F. (2003): a.a.O., S. 19 f.; vgl. auch Weik, E. (1997): Innovation, aber wie? Einige Gedanken zur Verwendung des Begriffes in der BWL , S. 11 sowie Schlaak, T. (1999): a.a.O., S. 34.

[341] Vgl. Schlaak, T. (1999): a.a.O., S. 17.

[342] Vgl. Billing, F. (2003): a.a.O., S. 19 f.

2.3.1 Ermittlung des Innovationsgrads

Dem Innovationsgrad kommt in empirischen Untersuchungen zum Thema "Innovationsmanagement"eine zentrale Bedeutung zu[343], da diesem erstens im Hinblick auf die richtige theoretische und empirische Ermittlung von Erfolgsfaktoren für die Neuproduktentwicklung und zweitens in Bezug auf das passende Innovationsmanagement eine hohe Wichtigkeit zukommt[344], weil sich geeignete Managementmethoden für niedrige Innovationsgrade unterscheiden können von Managementmethoden für hohe Innovationsgrade.

Dementsprechend gibt es in der Literatur eine große Zahl an Versuchen, den Innovationsgrad zu bestimmen.[345] Diese haben jedoch zu mehr Verwirrung als Klärung geführt[346], da zum einen keine einheitliche Definition verwendet wurde und zum anderen z.B. Meinungsverschiedenheiten darüber vorhanden waren, ob Innovationsgrade nun als dichotome (z.B. radikal vs. inkremental), tetra-kategorische[347] (in Form einer 2x2-Matrix), triadische (radikal vs. mittel vs. inkremental) oder sogar als Variable mit noch mehr Kategorien aufgefaßt werden müssten.[348]

Erst in jüngerer Vergangenheit, insbesondere seit Ende der 90er Jahre, haben verschiedene Autoren über sog. Meta-Analysen versucht, durch einen umfassenden Literaturvergleich einheitliche Dimensionen des Innovationsgrades abzuleiten, um sie dann mittels ausführlicher

343 Vgl. Hauschildt, J. (1997): a.a.O.; auch Brockhoff, K./Zanger, C. (1993): Messprobleme des Neuigkeitsgrades – dargestellt am Beispiel von Software, in: Zeitschrift für betriebswirtschaftliche Forschung.

344 Vgl. Song, X.M./Xie, J. (2000): Does innovativeness moderate the relationship between cross-functional integration and product performance, in: Journal of International Marketing.

345 Vgl. Salomo, S. (2003): a.a.O., S. 3; vgl. auch Billing, F. (2003): a.a.O., S. 20 f.

346 Vgl. Billing, F. (2003): a.a.O., S. 20.

347 Z.B. konzentrieren sich Henderson/Clark auf die Technik der Neuerung und gliedern die Matrix-Achsen in architektonisches Wissen und Komponentenwissen, wobei erst durch Destruktion des vorhandenen Wissens radikale Innovationen entstehen können (vgl. Henderson, R.M./Clark, K.B. (1990): Architectural innovation: The reconfiguration of existing product technologies and the failure of established firms, in: Administrative Science Quarterly). Dagegen verwenden Abernathy/Clark technische Fähigkeiten und marktbezogene Fähigkeiten als Matrix-Achsen, die zerstört oder erhalten werden können (vgl. Abernathy, W.J./Clark, K.B. (1985): Innovation – Mapping the winds of creative destruction, in: Research Policy). Um einen Literaturüberblick bzgl. Matrix-Varianten zu bekommen vgl. Afuah, A. (1998): Innovation management: Strategies, Implementation, and profits.

348 Vgl. Garcia, R./Calantone, R. (2002): a.a.O., S. 117.

konzeptioneller Arbeit in einen einheitlichen Messansatz zu überführen.[349] Auf diesen Meta-Analysen aufbauend – also unter Verzicht auf eine weitere Meta-Analyse – haben insbesondere BILLING und SALOMO diese Analysen verglichen und aus diesem Vergleich weitgehend ähnliche, vollständige und überschneidungsfreie Konzepte zur Messung des Innovationsgrades entwickelt.[350]

Auch diese Arbeit wird keine weitere Meta-Analyse durchführen. Vielmehr wird im folgenden Kapitel 2.3.2 der Vorgehensweise von SALOMO gefolgt[351] und diese zur Anwendung auf junge Unternehmen vor dem Hintergrund der Beiträge anderer Autoren entsprechend angepaßt werden.

2.3.2 Dimensionen zur Messung des Innovationsgrads

Die im vorigen Kapitel erwähnten Meta-Analysen stimmen darin überein, dass der Innovationsgrad als mehrdimensionales Konstrukt aufzufassen ist[352]. Damit wird explizit von lediglich nominalen oder ordinalen Skalierungen abgesehen.

GARCIA/CALANTONE sowie DANEELS/KLEINSCHMIDT[353] unterscheiden in perspektivischer Hinsicht zwischen Makro- und Mikroebene. Dabei wird die Innovation auf Makroebene überbetrieblich verglichen und immer auf einen Zustand ex ante bzgl. Neuerungen auf Welt-, Branchen- oder Marktniveau referiert. Die Mikroebene wird dagegen unternehmensspezifisch definiert als Abstand des Neuen zum im Unternehmen bisher Bekannten. Eine Innovation auf der Makroebene zieht somit immer auch eine Neuheit auf der Mikroebene

---

[349] Vgl. Avlonitis, G.J./Papastathopoulo, P.G./Gounaris, S.P. (2001): An empirically-based typology of product innovativeness for new financial services: Success and failure scenarios, in: Journal of Product Innovation Management; Danneels, E./Kleinschmidt, E.J. (2001): Product innovativeness from the firm's perspective: Its dimensions and their relation with project selection and perfomance, in: Journal of Product Innovation Management; Garcia, R./Calantone, R. (2002): a.a.O.Garcia, R./Calantone, R. (2002): a.a.O.; Green, S.G./Gavin, M.B./Aiman-Smith, L. (1995): a.a.O.; Schlaak, T. (1999): a.a.O.

[350] Vgl. Billing, F. (2003): a.a.O.; Salomo, S. (2003): a.a.O.

[351] Vgl. im folgenden Salomo, S. (2003): a.a.O.

[352] Vgl. im folgenden Salomo, S. (2003): a.a.O., S. 4.

[353] Daneels/Kleinschmidt beschränken sich allerdings im Messkonzept auf die Mikroebene (vgl. Danneels, E./Kleinschmidt, E.J. (2001): a.a.O.).

nach sich. Umgekehrt gilt dies allerdings nicht. In welche Treiber der Innovation sich Makro- und Mikroebene weiter untergliedern lassen, wird in den folgenden zwei Kapiteln dargestellt werden.

2.3.2.1 Dimensionen auf der Makroebene

Die Makroebene läßt sich grundsätzlich in die Dimensionen "Markt" und "Technologie" unterteilen. Die Dimension "Markt" beinhaltet dabei die Neuartigkeit aus der Sicht des Kunden. Diese setzt sich zum einen zusammen aus der Veränderung des Produktnutzens, zum anderen aber auch aus den Ausmaßen verlangter Änderungen im Kaufverhalten, im Umgang mit dem Produkt oder in den dem Kunden bisher vertrauten kognitiven Strukturen, wodurch Unsicherheit bzgl. der Kriterien zur Bewertung der Innovation und der Funktionaliäten entstehen (subjektives Adoptionsrisiko). Die Dimension "Technologie" umfaßt Veränderungen von sich schnell entwickelnden Technologien, die in der Industrie bisher nicht oder kaum bekannt waren. Ein hoher Innovationsgrad in dieser Dimension liegt bspw. dann vor, wenn bisher eingesetzte Technologien durch neue ersetzt werden.[354]

Über die Makrodimensionen Markt und Technologie hinaus entwickelt SALOMO eine dritte Makrodimension. Er nennt sie "Externe Ressourcen". Darunter werden externe Faktoren subsumiert, die vermutlich insbesondere bei radikalen Innovationen eine Rolle spielen. Beispiele sind notwendige Anpassungen der Infrastruktur (z.B. für den Aufbau von Wasserstofftankstellen), von regulatorischen Rahmenbedingungen oder auch Änderungen gesellschaftlicher bzw. sozialer Voraussetzungen.

2.3.2.2 Dimensionen auf der Mikroebene

Auch auf der Mikroebene wird zwischen einer Markt- und einer Technologiedimension unterschieden. Inhaltlich weichen diese Dimensionen nicht wesentlich von den vorgenannten

[354] Vgl. Green, S.G./Gavin, M.B./Aiman-Smith, L. (1995): a.a.O.

Ausführungen zur Makrodimension ab. Bei der Markt- und der Technologiedimension auf Mikroebene geht es allerdings mehr um die Vertrautheit des Unternehmens bzgl. der Beziehungen zu seinem Umfeld (z.B. Kunden, Märkte, neue Marktposition, Know-How). Allerdings ist die theoretische Unterscheidung zwischen der Technologiedimension auf Makroebene und derjenigen auf Mikroebene wenig realitätsnah. Dies liegt vor allem darin begründet, dass Unternehmen in der Regel eine Innovation mit niedrigem Makroinnovationsgrad für sich selbst nicht als Innovation mit hohem Mikroinnovationsgrad einstufen würden, selbst wenn die betrachtete Technologie für das Unternehmen völlig neu wäre[355]. Daher erhebt SALOMO diese Dimension auch nicht getrennt, sondern fasst die technologische Diskontinuität in einer Dimension zusammen.[356]

Des Weiteren gibt es analog zur Dimension "Externe Ressourcen" auf Makroebene eine Dimension "Interne Ressourcen". Hierbei wird der Innovationsgrad in Anlehnung an den ressourcenbasierten Ansatz bestimmt von der Eignung der im Unternehmen vorhandenen Ressourcen zur Umsetzung der Innovation. Dies wird auch als "Fit" bezeichnet.

Die Abb. 2-1 gibt den von SALOMO vorgeschlagenen konzeptionellen Rahmen – hier noch inklusive der Trennung zwischen technologischen Diskontinuitäten der Mikro – und Makro-Ebene - zur Bestimmung des Innovationsgrads wieder.

---

[355] Vgl. Salomo, S. (2003): a.a.O., S. 5.
[356] Vgl. Salomo, S. (2003): a.a.O., S. 10.

Abb. 2-1: Dimensionen zur Bestimmung des Innovationsgrads nach SALOMO

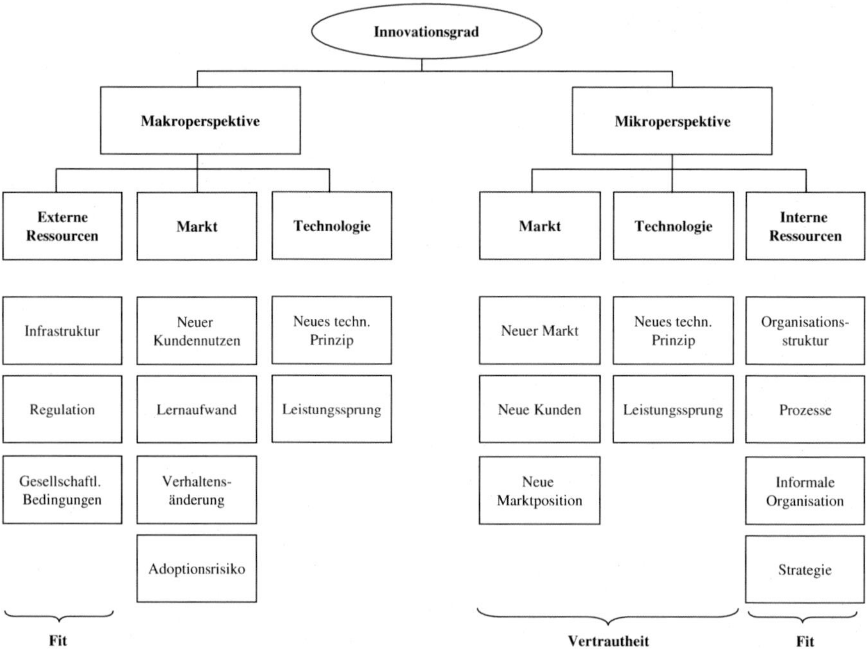

Quelle: Salomo, S. (2003): Konzept und Messung des Innovationsgrades – Ergebnisse einer empirischen Studie zu innovativen Entwicklungsvorhaben, S. 7.

2.3.3 Messung des Innovationsgrads in jungen Unternehmen

Da es in dieser Arbeit um die Messung des Innovationsgrads bei jungen Technologieunternehmen geht, erscheint eine Überprüfung der Eignung des im vorigen Kapitel dargestellten Modells nach SALOMO (2003) geboten.

Die für die Makrodimension verwendeten Items – ersichtlich in folgender Tab. 2-3 – erscheinen auch für junge Technologieunternehmen geeignet und sollen in dieser Arbeit zur Anwendung kommen. Bei der Technologiedimension sei – wie im vorigen Kapitel schon erwähnt – nochmals angemerkt, dass aus Gründen der Realitätsferne keine Unterscheidung zwischen einer technologischen Mikro- und Makro-Ebene erfolgt.[357] Darüber hinaus wurde das in Tab. 2-3 noch aufgeführte zweite Item der Technologiedimension zur sprunghaften Leistungssteigerung bei SALOMO (2003) eliminiert, da es die geringste Item-to-Total-Korrelation[358] aufwies und nur so ein akzeptables Niveau von Cronbach's Alpha[359] erreicht werden konnte.[360] Außerdem unterteilt sich die Makro-Marktdimension, entgegen SALOMOs Erwartungen, in zwei Dimensionen: "Zum einen werden die Items zum Kundennutzen und zum Vorteil gegenüber Konkurrenzprodukten zu einer Dimension zusammengefasst, zum anderen bilden die Items zum Lernaufwand und zu Einstellungs- und Verhaltensänderungen bei den Kunden

---

[357] Vgl. Salomo, S. (2003): a.a.O., S. 5.

[358] "Die sog. Item-to-Total-Korrelation bezieht sich ebenfalls auf eine Gruppe von Indikatoren, die denselben Faktor messen. Die Item-to-Total-Korrelation einer Indikatorvariable ist definiert als die Korrelation dieses Indikators mit der Summe aller Indikatoren, die demselben Faktor zugeordnet sind. "Compared to items with relatively low correlations with total scores, those that have higher correlations with total scores have more variance relating to the common factor among these items, and they add more to the … reliability." (Nunally 1978). Aus diesem Grund empfiehlt es sich, die Item-to-Total-Korrelationen als Eliminationskriterium für Indikatoren anzuwenden: Weist ein bestimmter Faktor einen zu niedrigen Wert des Cronbachschen Alphas auf, so lässt sich seine Reliabilität in der Regel dadurch steigern, dass die zugehörige Indikatorvariable mit der niedrigsten Item-to-Total-Korrelation eliminiert wird. Dieses Vorgehen orientiert sich an der Empfehlung von Churchill (1979)." (Fitzek, D./Gaso, B./Voelz, D. (2002): Performance Effects of Supplier Relationship Management, S. 14).

[359] Die Bestimmung von Cronbach's Alpha ist ein Verfahren zur Bestimmung der Reliabilität, welche neben der Validität das zweite zentrale Qualitätskriterium bei Messungen ist. Reliabilität bedeutet, "dass Messinstrumente bei wiederholter Messung unter gleichen Bedingungen auch das gleiche Ergebnis produzieren müssen." (Ludwig-Mayerhofer, W. (2005): ILMES – Internet-Lexikon der Methoden der empirischen Sozialforschung: Reliabilität). "Validität heißt allgemein Gültigkeit. Konkret versteht man darunter im Bereich der empirischen Sozialforschung vor allem zwei Aspekte: (1.) Die Validität von Messungen, d.h. die Eigenschaft, das zu messen, was gemessen werden soll; (2.) die Validität von Untersuchungen allgemein. Die Diskussion zu Punkt 2. findet vor allem in der Literatur über experimentelle vs. nicht- oder quasiexperimentelle Forschungsdesigns statt." (Ludwig-Mayerhofer, W. (2005): ILMES – Internet-Lexikon der Methoden der empirischen Sozialforschung: Validität). Zum Abschluss noch eine Definition von Cronbach's Alpha: "Ein Maß zur Berechnung der internen Konsistenz einer aus mehreren Items zusammengesetzten Skala. Interne Konsistenz bedeutet, dass die einzelnen Items mit der Gesamtheit der übrigen Items zusammenhängen, und gilt als Maß der Reliabilität der Skala. Alpha kann – bei perfekter Konsistenz – ein Maximum von +1 erreichen; je kleiner der Wert (es sind auch negative Werte möglich!), desto geringer ist die Konsistenz. Die Formel für Alpha lautet: $Alpha = nr / (1 + r(n-1))$. Dabei steht n für die Zahl der Items und r für den Mittelwert aus allen bivariaten Korrelationen zwischen den Items." (Ludwig-Mayerhofer, W. (2005): ILMES – Internet-Lexikon der Methoden der empirischen Sozialforschung: Cronbachs Alpha). "Der Wertebereich von Alpha erstreckt sich von Null bis Eins, wobei ein hoher Wert auf eine hohe Reliabilität hinweist. Ab welchem Wert des Koeffizienten die Reliabilität als akzeptabel anzusehen ist, ist in der Literatur umstritten; häufig orientiert man sich jedoch an dem Vorschlag von Nunnally, der fordert, dass Alpha einen Mindestwert von 0,7 erreichen sollte (Nunnally 1978)." (Fitzek, D./Gaso, B./Voelz, D. (2002): a.a.O., S. 13).

[360] Vgl. Salomo, S. (2003): a.a.O., S. 12.

eine eigene Dimension."[361] Zusätzlich wurde erstmals eine Externe Ressourcen-Fit-Dimension als relevante Dimension des Innovationsgrads identifiziert.[362]

Wenn man bedenkt, dass bei jungen und insbesondere potentiell radikal innovierenden Unternehmen kaum etwa schon etablierte Kundenbeziehungen oder schon über lange Zeit gewachsene Organisationsstrukturen vorhanden sind, fällt bei der Betrachtung der Formulierungen vor allem im Modell von SALOMO (2003) auf, dass besonders die Dimensionen der Mikroperspektive in den Bezeichnungen und den damit verbundenen Inhalten – siehe dazu auch die folgende Tab. 2-4 – stark auf schon bestehende und etablierte Unternehmen ausgerichtet sind. Darüber hinaus konnte mittels explorativer Faktorenanalyse entgegen den Erwartungen für die Mikro-Marktdimension kein eigener Faktor gebildet werden, weshalb die in der Tabelle noch der Vollständigkeit halber aufgeführte Dimension nicht bestätigt werden konnte.[363]

[361] Salomo, S. (2003): a.a.O., S. 12.
[362] Vgl. Salomo, S. (2003): a.a.O., S. 17.
[363] Vgl. Salomo, S. (2003): a.a.O., S. 12 ff.

Tab. 2-3: Items Makrodimensionen nach SALOMO vor explorativer Faktorenanalyse

Makrodimensionen
Technologie-Dimension
Bei dem Vorhaben wird ein völlig neues technologisches Prinzip angewendet
Die Technologie ermöglicht eine sprunghafte Leistungssteigerung
Existierende Technologien werden durch die Innovation verdrängt (z.B. DVD vs. Video)
Marktdimension I
Die Innovation adressiert einen völlig neuen Kundennutzen
Die Innovation bietet dem Kunden einzigartige Vorteile gegenüber Konkurrenzprodukten
Marktdimension II
Die Innovation verlangt von den Kunden umfangreiche Einstellungs- und Verhaltensänderungen
Der Kunde kann schnell, leicht und zuverlässig prüfen, ob die Innovation seine Anforderungen erfüllt
Die Innovation erfordert einen hohen Lernaufwand für den Kunden
Externe Ressourcen-Fit-Dimension
Für die Durchsetzung der Innovation am Markt musste eine neue Infrastruktur (wie. z.B. Wasserstoff-Tankstellen für Wasserstoffbetrieb von Autos) geschaffen werden
Für die Durchsetzung der Innovation am Markt mussten regulatorische Rahmenbedingungen (z.B. durch staatliche Stellen oder Berufsverbände) erheblich angepasst/geschaffen werden
Die Innovation steht im Kreuzfeuer gesellschaftlicher Kritik

Quelle: Salomo, S. (2003): a.a.O., S. 12 f.

Auch für die Interne Ressourcen-Fit-Dimension konnten lediglich vier Items (Neuorientierung Strategie, neue Organisationsstruktur, Neuaufbau der Mitarbeiterqualifikationen und Veränderung Unternehmenskultur) dem Faktor zugeordnet werden; die restlichen mussten bei SALOMO eliminiert werden.[364]

Die in SALOMOs Item-Formulierungen ersichtliche Ausrichtung auf schon länger bestehende Unternehmen bestätigt teilweise auch der Blick auf die bei SALOMO gegenübergestellten[365] Items anderer Autoren.

[364] Vgl. Salomo, S. (2003): a.a.O., S. 13 f.
[365] Vgl. Salomo, S. (2003): a.a.O., S. 6 und S. 19 ff.

Tab. 2-4: Items Mikrodimensionen nach SALOMO vor explorativer Faktorenanalyse

Mikrodimensionen
Marktdimension
Durch die Innovation gewinnen wir sehr viele neue Kunden
Das Innovationsprojekt verbessert (voraussichtlich) die Marktposition des eigenen Unternehmens grundlegend
Wertschöpfungsstufen werden duch die Innovation überflüssig oder ändern sich stark (z.B. B2B-Marktplätze vs. Klassischer Vertrieb)
Interne Ressourcen-Fit Dimension
Mit der Umsetzung des Vorhabens war eine Neuorientierung der Unternehmensstrategie verbunden
Die Umsetzung des Vorhabens verlangte eine vollkommen neue Organisationsstruktur
Die notwendigen Qualifikationen der Mitarbeiter zur Umsetzung der Innovation mussten komplett neu aufgebaut werden
Zur Umsetzung der Innovation mussten die Unternehmensprozesse grundlegend verändert werden
Mit den zur Produktion verwendeten Verfahren/Anlagen hatten wir nur sehr wenig Erfahrung
Das gesamte Vorhaben hat die bisher im Unternehmen vorhandene Kultur sehr stark verändert
Die Umsetzung der Innovation verlangte eine deutlich intensivere Zusammenarbeit mit externen Partnern
Der Finanzbedarf für das Vorhaben übersteigt weit den sonst bei Entwicklungsvorhaben üblichen Rahmen

Quelle: Salomo, S. (2003): a.a.O., S. 13 f.

Denn wenn z.B. bei DANEELS/KLEINSCHMIDT u.a. davon die Rede ist, "To what extent was this market for this product new or different for your firm – new or different from markets that you normally sell into"[366], bei HAUSCHILDT/SCHLAAK u.a. befragt wird "Die in die Produktneuheit eingegangene Technologie ist für unser Unternehmen sehr neu gewesen"[367] und "Die Entwicklung, die Einführung und der Verkauf der Produktneuheit hat die bisher in der Firma vorhandene Kultur sehr stark verändert"[368], bei GREEN ET AL. u.a. bewertet werden muss "Prior firm experience for selling this business line"[369], AVLONITIS ET AL. u.a. fragen "The service was totally new to the company"[370] oder es bei GATIGNON ET AL. u.a. heißt "Innovation involved fundamentally new concepts or principles for business

366 Danneels, E./Kleinschmidt, E.J. (2001): a.a.O., S. 366.
367 Hauschildt, J./Schlaak, T.M. (2001): Zur Messung des Innovationsgrades neuartiger Produkte, in: Zeitschrift für Betriebswirtschaft, S. 177.
368 Hauschildt, J./Schlaak, T.M. (2001): a.a.O., S. 179.
369 Green, S.G./Gavin, M.B./Aiman-Smith, L. (1995): a.a.O., S. 211.
370 Avlonitis, G.J./Papastathopoulo, P.G./Gounaris, S.P. (2001): a.a.O., S. 330.

unit"[371], so erscheinen diese Items wohl grundsätzlich besser geeignet, müssten jedoch für diese Arbeit in der Formulierung stärker auf junge Unternehmen und ihre Gründerteams angepasst werden. Denn gerade bei jungen Technologieunternehmen handelt es sich per definitionem z.B. um einen neuen Markt aus Perspektive dieses Unternehmens, gleiches gilt sowohl für die Kunden und die Marktposition als auch im Hinblick auf notwendige Veränderungen der Organisationsstruktur oder der Unternehmensstrategie – alles gab es vorher für ein junges Unternehmen noch nicht, sondern genau diese Dinge müssen erst noch erarbeitet bzw. entschieden werden und sind u.a. abhängig von der Erfahrung der Gründer. Die Berücksichtigung des ressourcenbasierten Ansatzes[372], wie auch von SALOMO erwähnt, zur Messung des Innovationsgrads aus Mikroperspektive erscheint aus Sicht der vorliegenden Arbeit grundsätzlich also trotzdem für die Bestimmung des Mikro-Innovationsgrads geeignet. Auf Grund der in der Literatur immer wieder betonten Wichtigkeit der Unternehmensgründer[373] für den Erfolg, sollten die entsprechenden Items jedoch stärker auf diese ausgerichtet bzw. angepasst sein.

Der ressourcenbasierte Ansatz bzw. Resource Based View wurde erstmals von WERNERFELT (1984)[374] explizit in die wissenschaftliche Literatur eingeführt, geht jedoch stark auf die Arbeiten von PENROSE (1959), SCHUMPETER (1934) und schon RICARDO (1817) zurück.[375] "This perspective focuses on the internal resources of the firm as the major determinants of competitive success."[376] Entscheidend für diese Perspektive ist die Definition der Ressourcen.[377] WERNERFELT definiert diese als "... anything which could be thought of as a strength or weakness of a given firm ... those (tangible and intangible) assets which are tied

---

[371] Gatignon, H. et al. (2002): A Structural Approach to Assessing Innovation: Construct Development of Innovation Locus, Type and Characteristics, in: Management Science, S. 1110.
[372] Vgl. zum ressourcenbasierten Ansatz Salomo, S. (2003): a.a.O., S. 5 f. Vgl. auch z.B. Zahra, S.A./Kirchhoff, B.A. (2001): The impact of maturity upon firm growth among technology-based new ventures zur Relevanz des ressourcenbasierten Ansatzes für junge Technologieunternehmen.
[373] Vgl. z.B. Mellewigt, T./Witt, P. (2002): a.a.O., S. 93 ff.
[374] Vgl. Wernerfelt, B. (1984): The Resource-based View of the Firm, in: Strategic Management Journal.
[375] Vgl. Welbourne, T.M./Wright, P.M. (2002): Which Resources Matter in Initial Public Offering Firms? A Longitudinal Comparison of Five Resources' Contributions to Firm Performance, S. 4 oder Lindström, T. (2005): Resource-Based View of Diversification: Main Concepts and Comparison with other Views, S. 2 f.
[376] Welbourne, T.M./Wright, P.M. (2002): a.a.O., S. 4.
[377] Vgl. Welbourne, T.M./Wright, P.M. (2002): a.a.O., S. 5.

semipermanently to the firm."[378] Beispiele von Ressourcen können "brand names, in-house knowledge of technology, employment of skilled personnel, trade contracts, machinery, efficient procedures, capital etc."[379] sein. BARNEY (1991) erweitert diese Definition um "all assets, capabilities, organizational processes, firm attributes, information, knowledge, etc., controlled by a firm that enable the firm to conceive of and implement strategies that improve its efficiency and effectiveness."[380] Er unterteilt diese möglichen Ressourcen in die drei Kategorien physische Ressourcen, organisationale Ressourcen und Humanressourcen.[381] Hierbei ist jedoch nach Auffassung der vorliegenden Arbeit unklar, worunter die für junge Unternehmen so wichtigen[382] finanziellen Ressourcen fallen sollen. Die Unterscheidung von GRANT scheint daher besser auf junge Unternehmen anwendbar; bei ihm werden tangible (z.B. finanzielle Ressourcen, physische Anlagen), intangible (z.B. Technologie-Patente, Reputation, Markennamen, Kultur) und humane Ressourcen (z.B. spezielle Fähigkeiten/Wissen, Kommunikations-/Interaktionsfähigkeit, Motivation) voneinander abgegrenzt. Gerade bei jungen Unternehmen sind finanzielle Ressourcen und personelle Ressourcen besonders wichtig, und auch sonstige Ressourcen wie z.B. die benötigten Produktionsfaktoren – dies können je nach Branche und Produktidee Maschinen, Laboreinrichtungen, Hard- und Software, Räumlichkeiten o.ä. sein – sind von Bedeutung.[383] Daher scheint die vorgenannte Unterteilung nach GRANT hier geeignet. Daraus ergeben sich die in folgender Abb. 2-2 ersichtlichen Dimensi-

---

[378] Wernerfelt, B. (1984): a.a.O., S. 172.

[379] Wernerfelt, B. (1984): a.a.O., S. 172.

[380] Barney, J. (1991): Firm Resources and Sustained Competitive Advantage, in: Journal of Management, S. 101.

[381] Vgl. Barney, J. (1991): a.a.O., S. 101.

[382] Vgl. Mellewigt, T./Witt, P. (2002): a.a.O., S. 93 ff. Vgl. für die Relevanz von finanziellen Ressourcen in jungen Technologieunternehmen z.B. auch Heirman, A./Clarysse, B./Van Den Haute, V. (2003): How and Why Do Firms Differ at Start-Up? A Resource-Based Configurational Perspective, S. 3 ff. oder Manigart, S./Baeyens, K./Van Hyfte, W. (2002): The survival of venture capital backed companies, in: Venture Capital. Letztere Autoren kommen jedoch, entgegen der weit verbreiteten Meinung, zu dem Schluss, dass Venture Capital finanzierte Unternehmen keine höhere Überlebenswahrscheinlichkeit als nicht Venture Capital finanzierte Unternehmen haben. Laut den Autoren gilt jedoch: "Apart from anecdotal evidence, little is known on the impact of VC on company survival." (Manigart, S./Baeyens, K./Van Hyfte, W. (2002): a.a.O., S. 104). Bestehende Studien hätten "one major flaw: that of survival bias." (Manigart, S./Baeyens, K./Van Hyfte, W. (2002): a.a.O., S. 104).

[383] Vgl. Mellewigt, T./Witt, P. (2002): a.a.O., S. 93 ff. Vgl. für die Relevanz von finanziellen, personellen und sonstigen Ressourcen in jungen Technologieunternehmen z.B. auch Heirman, A./Clarysse, B./Van Den Haute, V. (2003): a.a.O., für die Relevanz von Humankapital in jungen Technologieunternehmen z.B. auch Piva, E./Colombo, M.G. (2005): Academic Start-Ups and the New Technology-Based Firms: A Matched Pair Comparison, S. 3 ff.

onen. Die darauffolgenden Tab. 2-5 und Tab. 2-6 zeigen Items, die zur Erhebung dieser Dimensionen in jungen Unternehmen besser geeignet erscheinen.[384]

SALOMO stellt jedoch auch fest: "Da bei hohem Makro-Innovationsgrad auch automatisch immer ein hoher Mikro-Innovationsgrad gegeben ist, korreliert der Grad der absoluten technologischen Neuheit (Makro-Ebene) folglich positiv mit dem in Relation zur bisherigen betrieblichen Praxis individuell bestimmten Technologie-Innovationsgrad."[385]

Letztlich wird die Entscheidung darüber, ob ein Vorhaben als radikal einzustufen ist, also immer hauptsächlich von der Makro-Ebene abhängen: "Eine 'radikale' Innovation sollte auf der Makro-Ebene sowohl in der Markt- als auch in der Technologiedimension eine hohe Diskontinuität aufweisen. Ein zusätzlich hoher Anpassungsbedarf im Umfeld würde die Einstufung als radikale Innovation verfestigen. Von dieser Extremposition ausgehend, lassen sich Innovationen mit niedrigerem Innovationsgrad bestimmen, die zum Beispiel eine hohe Diskontinuität in der Makro-Technologie-Dimension aufweisen, aber nicht in der entsprechenden Marktdimension. Je nach Umfang von Vertrautheit und Fit in den Mikro-Dimensionen variiert dann der Innovationsgrad von "moderat" bis "inkremental". Eine wirklich inkrementale Innovation wird jedoch keine Diskontinuitäten in den Makro-Dimensionen aufweisen und in der Regel auch nur in einer der beiden Vertrautheitsdimensionen auf der Mikro-Ebene höhere Änderungswerte zeigen."[386]

---

[384] Diese Items wurden in Anlehnung an schon bestehende Fragebögen (siehe Quellenangaben in Tab. 2-5) formuliert bzw. abgewandelt.
[385] Salomo, S. (2003): a.a.O., S. 5.
[386] Salomo, S. (2003): a.a.O., S. 7.

Abb. 2-2: Mögliche Dimensionen zur Bestimmung des Innovationsgrads bei jungen Unternehmen

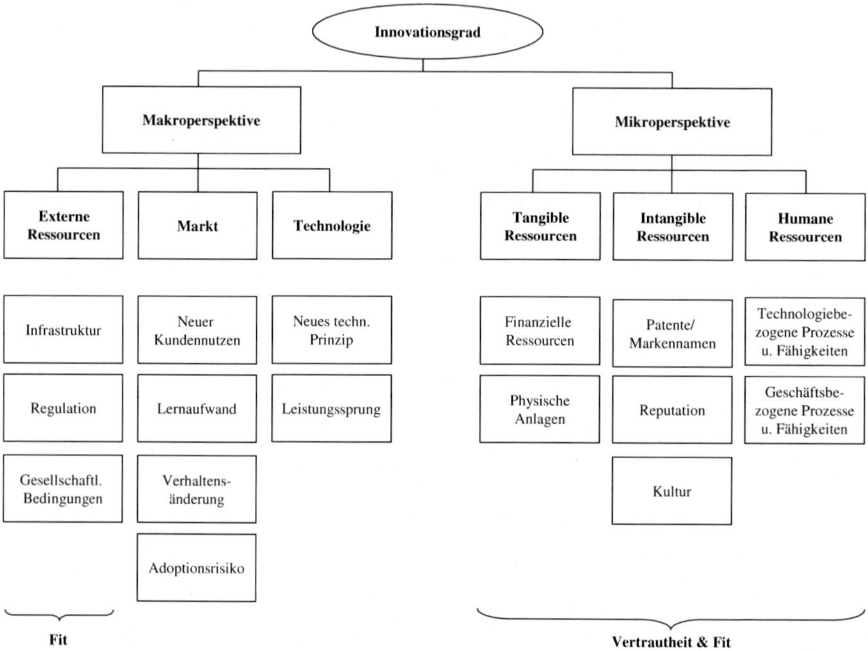

Quelle: Eigene Darstellung in Anlehnung an Salomo, S. (2003): a.a.O., S. 7.[387]

[387] Die Kultur-Dimension in der Mikroperspektive wird in dieser Arbeit nicht mit Items abgefragt.

Tab. 2-5: Items zur Messung der Mikrodimension "Humane Ressourcen"

	Items Mikrodimension Humane Ressourcen
Nr.	***Die im Gründerteam unseres Unternehmens für F&E zuständige/n Person/en...***
1	... verfügte/n **zu Beginn** des Innovationsvorhabens **nicht** über das zur Entwicklung der Produktneuheit erforderliche technologische Wissen.
2	... hatte/n **zu Beginn** des Innovationsvorhabens **keine** praktische Erfahrung in der Anwendung der im Rahmen des Innovationsvorhabens erforderlichen technologischen Fähigkeiten bzw. des technologischen Wissens.
3	... hatte/n **zu Beginn** des Innovationsvorhabens **keine** Erfahrung in der Verwendung der bei der Produktneuheit verwendeten technischen Komponenten.
4	... konnte/n die vorhandenen technologischen Fähigkeiten und Erfahrungen im Rahmen des Innovationsvorhabens **nicht** anwenden.
	Der/die im Gründerteam unseres Unternehmens für die Fertigung und Produktion zuständige/n Person/en...
5	... verfügte/n **zu Beginn** des Innovationsvorhabens über **keine** praktischen Erfahrungen in den für die Herstellung der Produkt-neuheit verwendeten Produktionsverfahren und -prozessen.
6	... konnte/n zur Herstellung der Produktneuheit **nicht** auf (aus evtl. vorherigen Tätigkeiten) bestehende und erprobte Lieferbeziehungen zurückgreifen.
7	Insgesamt waren die im Rahmen des Innovationsvorhabens eingesetzten technologie- und technikbezogenen Prozesse sowie Fähigkeiten für das Gründerteam **in hohem Maße** neu.
	Die im Gründerteam unseres Unternehmens für Marketing und Vertrieb zuständige/n Person/en...
8	... verfügte/n **vor der Markteinführung** über **keine** Erfahrungen mit den zur Vermarktung der Produktneuheit geplanten Vertriebskanälen.
9	... hatte/n **vor der Markteinführung** noch **keine** Erfahrungen in der Nutzung der für die Produktneuheit verwendeten Werbe- und Kommunikationsmedien gesammelt.
10	... musste/n zur Vermarktung der Produktneuheit in **großem Umfang** mit für sie **neuen** Vermarktungspartnern zusammenarbeiten.
11	... konnte/n zum Zwecke der Marktforschung **nicht** auf ihr/ihnen bekanntes Know-How zurückgreifen, um die für die Produktneuheit relevanten Marktinformationen zu erhalten.
	Die Mitglieder des Gründerteams (bzw. die Geschäftsführung) zur Steuerung des Innovationsvorhabens...
12	... griff/en im Rahmen des Innovationsprojekts auf Formen der Koordination bzw. Steuerung zurück, die für sie **vollkommen neu** waren.
13	... wendete/n im Rahmen des Innovationsprojekts für sie **vollkommen neue** Reporting-, Monitoring- und
14	... sah/en sich im Rahmen des Innovationsprojekts der Herausforderung gegenüber, ihrerseits **vollkommen neue** Managementfähigkeiten zu entwickeln.
	Generell ließ sich im Unternehmen feststellen, dass...
15	... der Arbeitsbedarf, der durch die Produktneuheit verursacht wurde, **nicht** allein durch das Gründerteam abgedeckt werden konnte.
16	... die am Innovationsvorhaben beteiligten Mitarbeiter **umfangreiche** Schulungs- bzw. Trainingsmaßnahmen erhalten mussten, um die für sämtliche Belange der Produktneuheit erforderlichen Fähigkeiten zu entwickeln.
17	... sich die im Rahmen des Innovationsprojekts ablaufenden Entscheidungsprozesse **deutlich** von den dem Gründerteam auf Basis seiner Erfahrung vertrauten Prozessen unterschieden.
18	... sich die im Rahmen des Innovationsprojekts zu beobachtenden Kommunikationsprozesse **deutlich** von den dem Gründerteam auf Basis seiner Erfahrung vertrauten Prozessen unterschieden.
19	Insgesamt wichen die im Rahmen des Innovationsvorhabens verwendeten geschäftsbezogenen Prozesse und Fähigkeiten aus Sicht des Gründerteams **erheblich** von den vorhandenen Prozessen und Fähigkeiten ab.

Quelle: In Anlehnung an den Fragebogen in Heinemann, F. (Dissertation eingereicht): Gestaltung der organisatorischen Rahmenbedingungen von Neuproduktentwicklungsprodukten - Eine Analyse der Bedeutung des Innovationsgrads für die Eignung möglicher innovationskontexte auf Basis des Akteursmodells

Tab. 2-6: Items zur Messung der Mikrodimensionen "Tangible Ressourcen" und "Intangible Ressourcen"

Nr.	Mikrodimension Tangible Ressourcen
	Das Unternehmen...
20	... verfügt über ausreichende finanzielle Mittel, um aus **heutiger Sicht** die **Gründungs- und Entwicklungsphase** problemlos abzuschließen.
21	...ist aus **heutiger Sicht** davon überzeugt, die Finanzierung der **Gründungs- und Entwicklungsphase** problemlos zu bewältigen.
22	... verfügt über ausreichende finanzielle Mittel, um **aus heutiger Sicht** die **Kommerzialisierungsphase** problemlos zu bewältigen.
23	...ist aus **heutiger Sicht** davon überzeugt, die Finanzierung der **Kommerzialisierungsphase** problemlos zu bewältigen.
24	... verfügt **aus heutiger Sicht** schon über alle notwendigen Forschungsanlagen, um die angestrebte Innovation bis zur Marktreife zu entwickeln.
25	... verfügt **aus heutiger Sicht** schon über alle notwendigen Produktionsanlagen, um die angestrebte Innovation in Serie herzustellen.
	Mikrodimension Intangible Ressourcen
	Das Unternehmen...
26	... verfügt **aus heutiger Sicht** über ausreichenden Patentschutz, um die eigene Innovation vor Konkurrenz zu schützen.
27	... wird aus heutiger Sicht **in absehbarer Zeit** über ausreichenden Patentschutz verfügen, um die eigene Innovation vor Konkurrenz zu schützen.
28	... verfügt bereits **heute** über eine deutschlandweite Reputation auf dem Gebiet der angestrebten Innovation.
29	... verfügt bereits **heute** über eine internationale Reputation auf dem Gebiet der angestrebten Innovation.

Insofern soll in der vorliegenden Arbeit die Bewertung der Radikalität der Innovation nicht von der Mikroebene, sondern ausschließlich von der Makroebene mit der Technologiedimension, der Makro-Marktdimension sowie dem Externen Ressourcen-Fit abhängen. Vor dem Hintergrund der Berücksichtigung der in einer empirischen Untersuchung notwendigen Begrenzung der Anzahl an Frage-Items werden die möglichen Indikatoren für einen Mikroinnovationsgrad in jungen Unternehmen nicht weiter verwendet bzw. zukünftigen Untersuchungen überlassen.[388] Zusätzlich werden jedoch noch Indikatoren für die Makrodimensionen von BRINCKMANN (2006) verwendet und ebenso wird seine Anpassung der Formulierungen auf die erste technologische Entwicklung der betrachteten jungen Unternehmen übernommen. Damit ergeben sich die in der folgenden Tab. 2-7 ersichtlichen Indikatoren.

[388] Vgl. dazu bspw. Heinemann, F. (Dissertation eingereicht): a.a.O.

Tab. 2-7: Items zur Messung des Innovationsgrads in der vorliegenden Arbeit

	Makrodimensionen
Nr.	***Technologie-Dimension***
1	Die Technologie unseres ersten Produkts basiert(e) auf neuen technologischen Prinzipien.
2	Die im ersten Produkt eingesetzte Technologie erlaubt(e) einen deutlichen Leistungssprung.
3	Die im ersten Produkt eingesetzte Technologie hat(te) das Potenzial, alte Technologien zu
4	Die technologische Entwicklung des ersten Produkts ist (war) äußerst komplex.
	Marktdimension
5	Unser erstes Produkt bietet (bot) dem Kunden einen vollkommen neuen Nutzen.
6	Unser erstes Produkt bietet (bot) dem Kunden einzigartige Vorteile gegenüber
7	Unser erstes Produkt ist (war) in der Form noch nicht zu beziehen.
8	Mit unserem ersten Produkt entwickeln (entwickelten) wir einen vollkommen neuen Markt.
9	Der Markt für unser erstes Produkt ist (war) äußerst komplex.
10	Unser erstes Produkt verlangt(e) von den Kunden umfangreiche Einstellungs- und
11	Bei unserem ersten Produkt kann (konnte) der Kunde schnell, leicht und zuverlässig prüfen, ob es seine Anforderungen erfüllt(e).
12	Unser erstes Produkt erfordert(e) einen hohen Lernaufwand für den Kunden.
	Externe Ressourcen-Fit-Dimension
13	Für unser erstes Produkt ist (war) der Aufbau einer neuen Infrastruktur (z.B. Wasserstoff-Tankstellen für Wasserstoffbetrieb von Autos) notwendig.
14	Für unser erstes Produkt sind (waren) umfangreiche regulatorische Änderungen (z.B. Gesetze oder Industriestandards durch z.B. staatliche Stellen oder Berufsverbände) notwendig.
15	Unser erstes Produkt steht (stand) im Kreuzfeuer gesellschaftlicher Kritik
16	Das Umfeld des Marktes für unser erstes Produkt ist (war) äußerst komplex.

Quelle: In Anlehnung an Salomo, S. (2003): a.a.O., S. 13 f.; Brinckmann, J. (1912-2006): a.a.O.

2.4 Messung und Operationalisierung von Innovationserfolg

Ein Ziel der vorliegenden Arbeit ist es, die Relevanz der Unternehmenskultur für den Erfolg radikaler Innovationsvorhaben zu untersuchen. Der Erfolg der betrachteten Unternehmenskulturen muss sich daher am Zielerreichungsgrad der Innovationen messen lassen. Jedoch gibt es heute eine solche Vielzahl an Kennzahlen zur Erfassung des Innovationserfolgs, dass sie kaum mehr zu überschauen sind.[389] Grundsätzlich kann jedoch festgestellt werden, dass die zeitnahe Untersuchung des Innovationserfolgs insbesondere dann schwierig ist, wenn das innovative Produkt noch nicht im Markt eingeführt wurde.[390] Dies wird mit hoher Wahr-

[389] Vgl. Krieger, A. (2005): a.a.O., S. 29; Schlaak, T. (1999): a.a.O., S. 102 ff.; für eine zusammenfassende Darstellung vgl. Hauschildt, J. (1997): a.a.O., S. 387 ff.; vgl. kritisch Alterowitz, R./Zonderman, J. (1988): New corporate ventures – How to make them work, S. 49.

[390] Vgl. Billing, F. (2003): a.a.O., S. 159.

scheinlichkeit für einen Großteil der in dieser Arbeit betrachteten jungen Unternehmen zutreffen.

Die o.g. Schwierigkeiten werden dann besser verständlich, wenn man die möglichen Methoden der Erfolgsmessung genauer betrachtet. Dazu wird auf ein Konzept zur Messung des Innovationserfolgs von PAPPAS/REMER (1985) zurückgegriffen, die drei Ansätze unterscheiden:

- Qualitativer Ansatz,
- quantitativ-metrischer (=quantitativ-objektiver) Ansatz sowie
- semi-quantitativer bzw. quantitativ-nichtmetrischer (=quantitativ-subjektiver) Ansatz.

Wie bereits erwähnt, werden jedoch bei der Betrachtung des Innovationserfolgs in jungen Unternehmen quantitative Daten oftmals nicht verfügbar sein, da diese meist erst nach der Markteinführung zur Verfügung stehen. Daher werden in dieser Arbeit insbesondere qualitative und quantitativ-nichtmetrische Erfolgsgrößen verwendet. Diese müssen (1) den Innovationsvorhaben einzeln zuzuordnen sein, (2) gegen ein vorher festgelegtes Ziel gemessen werden, (3) den wirtschaftlichen Erfolg abbilden bzw. einen Zusammenhang zu diesem herstellen und (4) umfassend sein, d.h. auch der Erfolg im Laufe des Innovationsprozesses, wenn Markterfolg ggf. noch nicht messbar ist, soll abgebildet werden können .[391] Eine Systematisierung möglicher Ansätze, die Ableitung möglicher Erfolgsgrößen sowie die in der vorliegenden Arbeit verwendeten Maße und ihre Operationalisierung werden im nächsten Kapitel vorgestellt.

---

[391] Vgl. Krieger, A. (2005): a.a.O., S. 29 f.

2.4.1 Mögliche Erfolgsgrößen

Laut GERPOTT (1999) steht fest, dass es "den ziel- und situationsunabhängig durchweg optimalen Kriterienansatz zur Innovationserfolgsmessung nicht gibt."[392] In der Literatur wird oft eine Systematisierung nach input-, prozess- sowie output-bezogenen Erfolgsgrößen vorgeschlagen.[393]

Input-bezogene Erfolgsgrößen versuchen, mittels Betrachtung der für das Innovations- bzw. Gründungsvorhaben bereitgestellten Ressourcen, z.B. in Form der F&E-Aufwendungen pro Mitarbeiter, den Innovationserfolg zu indizieren.[394] Damit werden jedoch vorgenannte Anforderungen an Erfolgsgrößen nicht erfüllt, da lediglich eine Art Innovationsorientierung des betrachteten Unternehmens dargestellt wird, wirtschaftliche Innovationseffekte aber unberücksichtigt bleiben.[395] Diese Kennzahlen werden deshalb hier nicht weiter betrachtet.

Prozessbezogene Erfolgsmaße sind dagegen für das Innovationsmanagement unabdingbar.[396] Dies liegt vor allem darin begründet, dass man erst nach Abschluss des Innovationsmanagements weiß, "ob eine Innovation ein wirtschaftlicher Erfolg war oder nicht...". [397] Insbesondere die Wirkungen von Technologieinnovationen treten häufig erst mit deutlicher Zeitverzögerung auf.[398] Insofern ist der erwartete anstatt des realisierten Innovationserfolgs maßgeblich.[399] Zur Messung des prozess-bezogenen Erfolgs können die folgenden drei Kenngrößen Qualität/Leistung, Zeit und Kosten/Budget unterschieden werden:[400]

---

392 Gerpott, T.J. (1999): a.a.O., S. 89.
393 Vgl. Brockhoff, K. (1994): Forschung und Entwicklung – Planung und Kontrolle, S. 217 f.; vgl. auch Krieger, A. (2005): a.a.O., S. 29 ff.
394 Vgl. Kern, W./Schröder, H.-H. (1977): Forschung und Entwicklung in der Unternehmung, S. 101; Loch, C.H./Stein, L./Terwiesch, C. (1996): Measuring development performance in the electronics industry, in: Journal of Product Innovation Management, S. 12.
395 Vgl. Gerpott, T.J. (1999): a.a.O., S. 77.
396 Vgl. Krieger, A. (2005): a.a.O., S. 30.
397 Hauschildt, J. (1997): a.a.O., S. 23.
398 Vgl. Gerpott, T.J. (1999): a.a.O., S. 87.
399 Vgl. Hauschildt, J. (1997): a.a.O., S. 23.
400 Vgl. Brockhoff, K./Schmaul, B. (1996): Organization, autonomy, and success of internationally dispersed R&D facilities, in: IEEE Transactions on Engineering Management, S. 37; vgl. auch Rommel, G. et al. (1993): Einfach überlegen – Das Unternehmenskonzept, das die Schlanken schlank und die Schnellen schnell macht.

- Qualität/Leistung: Die Produktqualität ergibt sich aus der ganzheitlichen Beurteilung eines Produkts.[401] Dazu zählen sowohl die technische Leistungs-[402] sowie die kundenbezogene Funktionsfähigkeit.[403] Vor allem radikale Innovationen unterscheiden sich oftmals durch die kundenbezogenen Leistungsmerkmale.[404] Die Produktqualität ist daher eine wichtige Komponente für den Innovationserfolg.[405]
- Zeit: Aufgrund des sich zunehmend verkürzenden Lebenszyklus von Produkten bei gleichzeitig steigender Entwicklungskomplexität und – insbesondere bei radikalen Innovationen – in der Regel höherer Entwicklungszeit wird der Faktor Zeit als ein zweiter relevanter Faktor für den Innovationserfolg eingestuft.[406] Insofern sollte das Ziel sein, die Entwicklungszeit möglichst gering zu halten, um schnell den Markteintritt zu schaffen und entsprechend länger Wert zu generieren.[407]
- Kosten/Budget: Das Ziel lautet hier, die geplanten Kostenbudgets einzuhalten, also im angestrebten Kostenrahmen zu bleiben.[408] Besonders bei radikal innovierenden jungen Unternehmen ist die Einhaltung von Kosten- bzw. Budgetzielen überlebenswichtig.

Die gerade beschriebenen drei prozessorientierten Erfolgsdimensionen stehen allerdings in der Regel in einem Konflikt zueinander, da die Zielerreichung in einer Dimension sich typischerweise mindestens auf eine weitere Dimension negativ auswirkt.[409] Deshalb müssen die drei Dimensionen ganzheitlich und nicht isoliert betrachtet werden. Insgesamt sind diese jedoch gut geeignet, ein Innovationsvorhaben relativ zu den zuvor definierten Zielen zu be-

---

401 Vgl. Brockhoff, K. (1999): Produktpolitik, S. 49.
402 Vgl.Pleschak, F./Sabisch, H. (1996): a.a.O., S. 133.
403 Vgl. Trommsdorff, V. (2002): Konsumentenverhalten, S. 170.
404 Vgl. Abernathy, W.J./Utterback, J.M. (1978): a.a.O., S. 42.
405 Vgl. Beal, R.M./Lockamy, A.I. (1999): Quality differentiation for competitive advantage – A contingency approach, in: European Journal of Innovation Management, S. 79.
406 Vgl.Pfeiffer, W. (1985): Zur Notwendigkeit strategischer Vorsteuerung von Innovationsprozessen , S. 130.
407 Vgl. Geschka, H. (1993): Wettbewerbsfaktor Zeit – Beschleunigung von Innovationsprozessen, S. 18 sowie Tellis, G.J./Golder, P.N. (1996): First to market, first to fail? Real causes of enduring market leadership, in: Sloan Management Review, S. 65.
408 Horváth, P. (1995): Instrumente des F&E-Controllings , S. 713. Zur Ableitung von Zielkosten vgl. z.B. Cooper, R./Slagmulder, R. (1999): Develop profitable products with target costing, in: Sloan Management Review, S. 23.
409 Vgl. Pleschak, F./Werner, H. (1998): a.a.O., S. 113; Bates, M. et al. (2001): How fast is too fast?, in: The McKinsey Quarterly, S. 54.

werten[410], und werden daher in dieser Arbeit auch verwendet. "Mit den outputorientierten Kriterien versucht man, technologische Ergebnisse von Innovationsanstrengungen oder deren Beitrag zur Veränderung der wirtschaftlichen Erfolgsposition eines Unternehmens abzubilden."[411] Als Meta-Erfolgsmaß kann zunächst das Überleben des Innovationsvorhabens bzw. der Unternehmensgründung definiert werden.[412] Des Weiteren kann der Gesamtnutzen anhand von drei Dimensionen kategorisiert werden:[413]

- Technische Effekte: Durch spezifische Messwerte der Produktqualität, z.B. Leistung oder Verbrauch, könnten direkte technische Effekte bestimmt werden. Indirekte technische Effekte von Innovationen können z.B. Lernerfolge, Erfahrungsgewinn, zusätzliches Know-How, Transfereffekte auf andere Produkte, Werbe-, Sicherungs- und Abwehreffekte sowie die Erkenntnis von Schwachstellen sein.
- Ökonomische Effekte: Die direkt messbaren Effekte fokussieren auf Umsatzsteigerung, Erlangung von Subventionen, Steigerung des Gewinns bzw. Deckungsbeitrags und Kostensenkung. Indirekte Effekte stellen bspw. eine Umsatzverringerung oder Kostenerhöhung der Konkurrenz dar. Darüber hinaus ist der Marktanteil des Innovationsvorhabens ebenfalls eine gute Annäherung für den ökonomischen Erfolg, da so neben dem Markterfolg auch der erzielte Wettbewerbsvorteil sichtbar wird.
- Sonstige Effekte betreffen die individuelle oder systembezogene Ebene. Erstere können z.B. die Selbstverwirklichung des Innovators oder dessen wissenschaftliche Anerkennung sein. Soziale, Umwelt- und Autonomieeffekte definieren die systembezogene Ebene. Die sonstigen Effekte sollen aber in der vorliegenden Arbeit keine Rolle spielen.

Auch outputbezogene Erfolgsgrößen sollen, soweit sie denn bei den betrachteten jungen Unternehmen schon vorhanden sind, in die Bewertung des Erfolgs einbezogen werden. Grö-

[410] Vgl. Sheremata, W.A. (2000): Centrifugal and centripetal forces in radical new product development under time pressure, in: Academy of Management Review, S. 392.
[411] Gerpott, T.J. (1999): a.a.O., S. 81.
[412] Vgl. Backholm, A. (1999): a.a.O., S. 37 f.
[413] Vgl. im folgenden Hauschildt, J. (2004): Innovationsmanagement, S. 502 ff.

ßen wie z.B. die Anzahl der innerhalb eines bestimmten Zeitraums angemeldeten Patente ("Patentmengeneffizienz") oder die Menge der in wissenschaftlichen Zeitschriften veröffentlichten Publikationen sind wegen der sehr begrenzten Aussagekraft im Hinblick auf die wirtschaftliche Verwertung explizit von der Betrachtung ausgenommen.[414] Gleiches gilt für die sog. Produktinnovationsrate und die Produktinnovationseffizienz, da beide Maße für junge Unternehmen kaum relevant sein dürften. Die folgende Abb. 2-3 fasst noch einmal die zuvor diskutierten Erfolgsgrößen überblicksartig zusammen.

Abb. 2-3: Mögliche Größen zur Messung des Erfolgs radikaler Innovationen

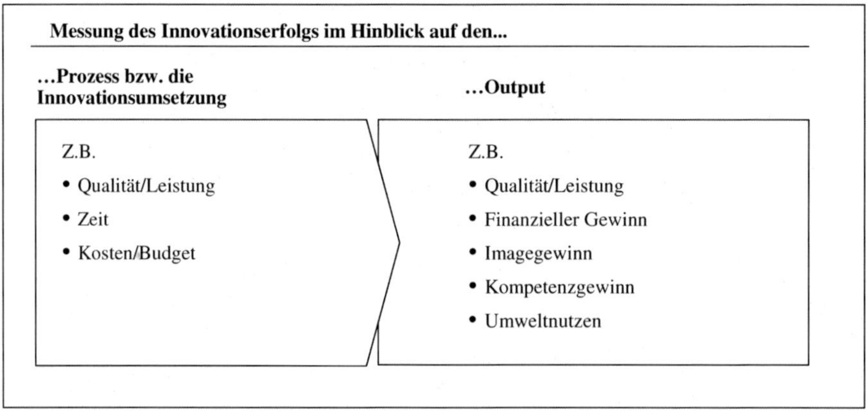

Quelle: Krieger, A. (2005): Erfolgreiches Management radikaler Innovationen – Autonomie als Schlüsselvariable, S. 32.

2.4.2 Operationalisierung von Erfolg

Die Operationalisierung der in der vorliegenden Arbeit verwendeten Erfolgsgrößen ist in der folgenden Tabelle dargestellt. Diese geben subjektive Einschätzungen des Erfolgs wieder. Darüber hinaus wird auch versucht, objektive Kennzahlen zu erheben. Dazu zählt zum einen das sog. Mitarbeiterwachstum, welches sich aus separaten Angaben zur Anzahl der Mitarbei-

[414] Vgl. Brockhoff, K. (1994): a.a.O., S. 221 ff.

ter im Vergleich des Initialzeitpunkts[415] zu heute manifestiert. Zum anderen wird auch der Umsatz p.a. des Initialjahrs vs. des abgelaufenen Geschäftsjahrs zumindest abgefragt, auch wenn es bei jungen Unternehmen durchaus eher die Regel denn die Ausnahme ist, dass Umsätze noch nicht vorhanden oder aber auf einem sehr niedrigen, kaum aussagekräftigen Niveau sind.

Tab. 2-8: Operationalisierung des subjektiven Erfolgs

Nr.	***Wie haben Sie die folgenden Ziele erreicht bzw. welche Erwartung haben Sie bezüglich der jeweiligen Zielerreichung?***	***Ziel überhaupt nicht erreicht***						***Ziel voll und ganz erreicht***
1	Umsatzentwicklung des Unternehmens	□*1*	□*2*	□*3*	□*4*	□*5*	□*6*	□*7*
2	Liquidität des Unternehmens	□*1*	□*2*	□*3*	□*4*	□*5*	□*6*	□*7*
3	Profitabilität des Unternehmens	□*1*	□*2*	□*3*	□*4*	□*5*	□*6*	□*7*
4	Sicherstellung der Finanzierung des Unternehmens	□*1*	□*2*	□*3*	□*4*	□*5*	□*6*	□*7*
5	Wettbewerbsposition des Unternehmens am Markt	□*1*	□*2*	□*3*	□*4*	□*5*	□*6*	□*7*
6	Wettbewerbsposition relativ zu Konkurrenzunternehmen	□*1*	□*2*	□*3*	□*4*	□*5*	□*6*	□*7*
7	Marktanteil des Unternehmens	□*1*	□*2*	□*3*	□*4*	□*5*	□*6*	□*7*
8	Bekanntheit des Unternehmens am Markt	□*1*	□*2*	□*3*	□*4*	□*5*	□*6*	□*7*
9	Zeitspanne bis zum ersten funktionsfähigen Prototypen	□*1*	□*2*	□*3*	□*4*	□*5*	□*6*	□*7*
10	Zeitspanne bis zum ersten Markteintritt (Time to Market)	□*1*	□*2*	□*3*	□*4*	□*5*	□*6*	□*7*
11	Zeitspanne bis zum Erreichen der Gewinnzone	□*1*	□*2*	□*3*	□*4*	□*5*	□*6*	□*7*
12	Qualität der Technologie/des Produkts	□*1*	□*2*	□*3*	□*4*	□*5*	□*6*	□*7*
13	Einhaltung der geplanten Kosten	□*1*	□*2*	□*3*	□*4*	□*5*	□*6*	□*7*

Quelle: In Anlehnung an Brinckmann, J. (1912-2006): a.a.O.; Krieger, A. (2005): a.a.O., S. 148 ff.; Billing, F. (2003): a.a.O., S. 182 ff.

[415] Unter dem Initialzeitpunkt wird in der vorliegenden Untersuchung der Zeitpunkt verstanden, zu dem sich das Gründerteam formiert und erste Unternehmensaktivitäten unternommen hat. Dieser Zeitpunkt muss nicht notwendigerweise mit der formalen Unternehmensgründung zusammenfallen, da die Gründer häufig diverse Aktivitäten unternehmen und die formale Gründung erst später vollziehen.

3 Unternehmenskultur

"Unternehmenskultur ist ein vielschichtiges, komplexes und schwer fassbares Phänomen."[416] Bedingt durch die große Menge an theoretischen Ansätzen gibt es bisher kein einheitliches Verständnis oder Konzept der Unternehmenskultur. In diesem Kapitel sollen daher zunächst die Grundlagen im Hinblick auf die Merkmale von Kultur, die Entwicklungsgeschichte des Unternehmenskulturbegriffs sowie die dieser Arbeit zugrundeliegende Definition von Unternehmenskultur nach SCHEIN (1985) gelegt werden. Bevor dann eine Darstellung von Konzepten und Operationalisierungen von Unternehmenskultur sowie ihrer Funktion erfolgt, werden noch artverwandte Begriffe abgegrenzt. Dies führt dann über den Zusammenhang von Managementkompetenz und Unternehmenskultur zu den insbesondere in jungen Unternehmen relevanten Aspekten von Unternehmenskultur sowie deren Operationalisierung. Damit wird im Kapitel 3 dem ersten Forschungsziel und der ersten Forschungsfrage[417] der vorliegenden Untersuchung Rechnung getragen.

Erwähnt sei noch, dass diese Arbeit nicht den Anspruch hat, eine erneute vollständige Meta-Analyse zur Neu- oder Umstrukturierung der verschiedenen Forschungsansätze der Unternehmenskultur durchzuführen. Es soll vielmehr ein strukturierter Überblick gegeben werden, der zwar alle wichtigen Aspekte beinhaltet, sich jedoch nicht in Details verliert. Für noch tiefergehende Betrachtungen wird auf die schon veröffentlichten sowohl deutsch- als auch englischsprachigen Publikationen verwiesen.[418]

[416] Unterreitmeier, A. (2004): a.a.O., S. 19.
[417] Vgl. Kapitel 1.1.
[418] Vgl. für detaillierte Überblicke zur Entwicklung der Unternehmenskulturforschung bspw. Steger, U. (1993): Unternehmenskultur aus forschungstheoretischer und praktischer Sicht – Ergebnisse eines Delphi-Prozesses oder Fank, M. (1997): a.a.O. Für sehr gute Überblicke auch der quantitativen empirischen Unternehmenskulturforschung inkl. einer vergleichenden Betrachtung bisher verwendeter Dimensionen der Unternehmenskultur vgl. z.B. Pflesser, C. (1999): a.a.O. oder Unterreitmeier, A. (2004): a.a.O.

3.1 Eigenschaften von Kultur und Unternehmenskultur

"Culture [...] is that complex whole which includes knowledge, belief, art, morals, law, custims, and any other capabilities and habits acquired by man as a member of society."[419] Der aus der Ethnologie stammende Kulturbegriff weist eine Vielzahl an Definitionen auf. [420] Dies zeigten schon 1952 KROEBER/KLUCKHOHN, die dem Kulturbegriff fast 170 konzeptionell unterschiedliche Definitionen, vorwiegend aus der angloamerikanischen Kulturethnologie stammend, zuordneten.[421] Insofern ist es wenig überraschend, dass die heutigen Organisationskulturforscher[422] keineswegs eine neue "Schule" bilden, die auch nur annähernd durch Konsens bzgl. Forschungsgegenstand, Forschungsziel und Forschungsmethoden auffallen würde.[423] Dennoch soll zunächst Kultur an sich nach UNTERREITMEIER (2004) wie folgt definiert werden:

"1. *Kultur ist menschengeschaffen*: Kultur ist das Ergebnis kollektiven gesellschaftlichen Denkens. Die Kulturprodukte können sowohl materieller Art (z.B. Bauwerke, Kunstwerke, Literatur) als auch immaterieller Natur (z.B. Motive, Werte, Einstellungen, Organisationen, Sitten und Gebräuche) sein.

2. *Kultur ist ein überindividuelles, soziales Phänomen*: Kultur wird getragen und überliefert von Mitgliedern einer sozialen Gruppe. Die Kontinuität ist unabhängig von der Existenz eines einzelnen Individuums. Jede Gesellschaft verfügt über eine eigene Kul-

---

419 Edward Burnett Tylor (1871): Primitive Culture, S. 1.

420 In der Unternehmenskulturliteratur wird häufig statt von Ethnologie, Völkerkunde bzw. Kulturanthropologie fälschlicherweise verkürzend nur von Anthropologie gesprochen, was hierzulande aber eher für Physische bzw. Philosophische Anthropologie steht. Dies ist darauf zurückzuführen, dass deutschsprachige fachfremde Autoren die im englischsprachigen Raum für o.g. Bezeichnungen üblichen Begriffe "Ethnology", "Anthropology", "Cultural Anthropology" und "Social Anthropology" lediglich mit Anthropologie übersetzen. Der Vollständigkeit halber sei aber erwähnt, dass sich im deutschsprachigen Raum einige wenige Ethnologen auch als Anthropologen bezeichnen. Vgl. dazu Helmers, S.: Beiträge der Ethnologie zur Unternehmenskultur, 1993, S. 148.

421 Vgl. Kroeber, A.L./Kluckhohn, C. (1952): Culture, S. 62 ff.

422 Die Begriffe Unternehmenskultur und Organisationskultur werden in dieser Arbeit synonym verwendet. Sie haben sich je nach Forschungsdisziplin gleichwertig etabliert. Vgl. für eine ökonomische Perspektive z.B. Tiebler, P./Prätorius, G. (1993): a.a.O., für eine (organisations-) psychologische Sichtweise z.B.Kaschube, J. (1993): Betrachtung der Unternehmens- und Organisationskulturforschung aus (organisations-) psychologischer Sicht .

423 Vgl. Fank, M. (1997): a.a.O., S. 68.

tur, die über die Zeit weitergegeben wird. Kultur erlangt damit überindividuelle Existenz.

3. *Kultur wird erlernt und durch Symbole übermittelt*: Durch die menschliche Fähigkeit zur Bildung von Symbolen (z.B. in Form von Sprache und Schrift) sind Wissensbestände über lange Zeit tradierbar. Dadurch kann das "soziale Erbe" einer Gruppe, d.h. die Summe der Überzeugungen, Verhaltensweisen und -regeln von Generation zu Generation weitergegeben werden. Dies stellt einen wesentlichen Bestandteil des Phänomens individuellen und kollektiven Lernens dar.

4. *Kultur ist verhaltenssteuernd*: Kultur bewirkt eine Kanalisation des menschlichen Denkens und Handelns über von allen Gruppenmitgliedern akzeptierte Verhaltensregeln. Kultur umfasst 'sämtliche Regeln, Normen und Verhaltenskodices einer sozialen Gruppe, durch die das tatsächliche Verhalten ihrer Mitglieder im Sinne eines funktionsfähigen Systems gelenkt wird'[424]. Diese sind jedoch abzugrenzen vom Verhalten selbst: 'Das menschliche Verhalten ist eine Antwort auf oder eine Funktion ihrer Kultur. Die Kultur ist das Unabhängige, das Verhalten das Abhängige, das Variable: und wenn sich Kultur wandelt, wandelt sich auch das Verhalten.'[425]

5. *Kultur wirkt harmonisierend*: Im Inneren strebt Kultur nach Konsistenz. Werte, Normen und Verhaltensweisen müssen möglichst frei von Widersprüchen sein. Im Außenverhältnis bewirkt Kultur in einem integrativen Prozess die Abstimmung der Gesellschaft mit ihrer Umwelt und zugleich eine Abgrenzung von derselben. Sie gibt den Menschen ein Sicherheitsgefühl und ermöglicht das Überleben: 'Culture, a uniquely human attribute, is something which man interposes between himself and his environment in order to ensure his security and survival'[426].

6. *Kultur ist anpassungsfähig*: Kultur wird ständig geschaffen und geht auch wieder verloren. Sie ist nicht statisch oder vollkommen dauerhaft, sondern passt sich den sich verändernden Umweltbedingungen in einem evolutionären Prozess an: 'Culture is adapti-

[424] Von Keller, E. (1982): Management in fremden Kulturen: Ziele, Ergebnisse und methodische Probleme der kulturvergleichenden Managementforschung, S. 117.
[425] White, L.A. (1963): Der Begriff Kultur , S. 379.
[426] Carneiro, R.L. (1968): Cultural Adaptation S. 551.

ve. Culture changes; and the process of change appears to be an adaptive one, comparable to evolution in the organic realm but of a different order'[427]."[428]

Kultur kann nach KASPER (1987) in Mikro- und Makroebenen unterschieden werden (vgl. Abb. 3-1.)[429] Global-, Landes- und Branchenkultur bilden die Makroebene, die Mikroebene besteht aus unternehmensbezogenen Subsystemen, wie z.B. der Bereichs- oder Gruppenkultur, und ist der Unternehmenskultur untergeordnet.[430] Die verschiedenen Kulturebenen beeinflussen sich wechselseitig.[431]

---

[427] Murdock, G.P. (1940): The Cross-Cultural Survey, in: American Sociological Review, S. 367.
[428] Unterreitmeier, A. (2004): a.a.O., S. 19 f.
[429] Vgl. Kasper, H. (1987): a.a.O., S. 34.
[430] Vgl. Fank, M. (1997): a.a.O., S. 245 ff.
[431] Vgl. Unterreitmeier, A. (2004): a.a.O., S. 21.

Abb. 3-1: Ebenen der Kulturbetrachtung

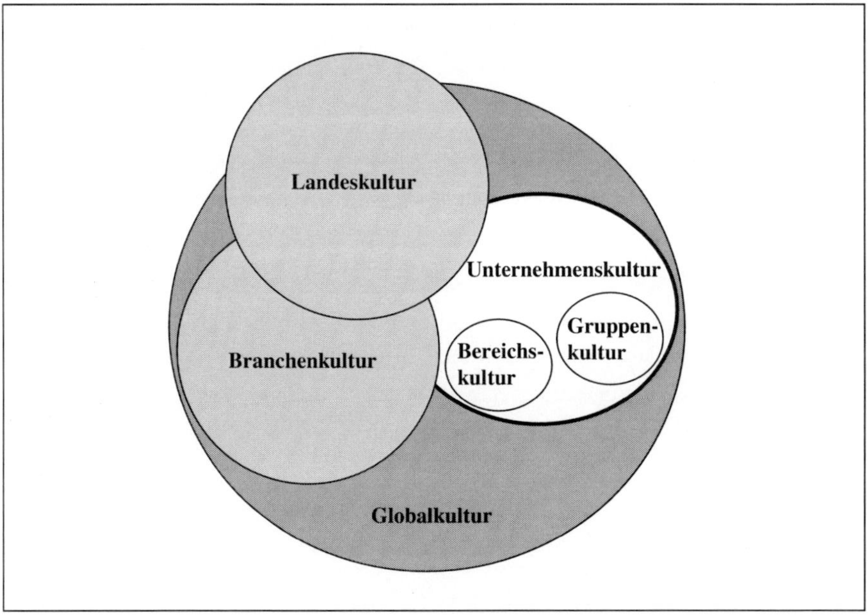

Quelle: Kasper, H. (1987): Organisationskultur – Über den Stand der Forschung, S. 33; Fank, M. (1997): Ansatzpunkte für eine Abgrenzung des Begriffs Unternehmenskultur anhand der Betrachtung verschiedener Kulturebenen und Konzepte der Organisationstheorie , S. 246.

3.2 Entwicklungsgeschichte der Unternehmenskulturforschung in den Wirtschaftswissenschaften

Auch wenn der Begriff der Unternehmenskultur bzw. "Corporate Culture" – verursacht einerseits durch Erklärungsdefizite der Mainstream-Ökonomie und andererseits durch das große Interesse der Management-Praxis an einer Antwort auf die "japanische Herausforderung"[432] – erst Ende der 70er bzw. Anfang der 80er Jahre vorwiegend durch US-amerikanische populärwissenschaftliche Publikationen, insbesondere in Gestalt der kulturvergleichenden Managementforschung zuzurechnenden und schon im ersten Kapitel erwähnten

[432] Vgl. Tiebler, P./Prätorius, G. (1993): a.a.O., S. 24 f.

Werke von OUCHI (1981), PASCALE/ATHOS (1981); DEAL/KENNEDY (1982) und PETERS/WATERMAN (1982)[433], einem breiteren Publikum bekannt wurde, sind die von der Unternehmenskulturforschung bearbeiteten Themengebiete auch in der ökonomischen Tradition keineswegs neu.[434] Die Ursprünge liegen relativ weit zurück.[435]

Schon 1789 wird vom späteren Direktor der preußischen Königlichen Porzellan-Manufaktur (KPM)[436], Friedrich Philipp ROSENSTIEL, der "esprit de corps" angemahnt[437], und diese geistige Orientierung findet sich Anfang der 30er Jahre des 20. Jahrhunderts in der Diskussion über die sog. Wirtschaftsstile[438] wieder. Auch Werke der Historischen Schule, die ihren Ursprung zu Beginn des 20. Jahrhunderts hat, sowie das Forschungsgebiet der Firmen- und Unternehmergeschichte, welches Ende des 18. Jahrhunderts entstand und ca. ab 1890 an Bedeutung gewann, berücksichtigen ebenso kulturelle Aspekte wie das Konzept der Betriebsgemeinschaft aus den 20er Jahren des letzten Jahrhunderts.[439] Parallelen zum Konzept der Unternehmenskultur finden sich auch in der GUTENBERGSCHEN Betriebswirtschaftslehre nach dem Zweiten Weltkrieg, welche den Menschen im Unternehmen als soziales, motivierbares und durch Kultur geprägtes Lebewesen sieht und nicht lediglich als Produktionsfaktor.[440] Auch die Ende der 20er Jahre beginnende Human-Relations-Bewegung stellte fest, dass die informelle Organisation (bspw. Normen, Werte, Gefühle, Bedürfnisse, Einstellungen, Verhaltensmuster) einer der wichtigsten Faktoren organisatorischer Effizienz sei, woraufhin die Forschung begann, sich im Rahmen der Organisationsforschung und -theorie mit infor-

---

433 Insbesondere im Hinblick auf die versuchte Erklärung des Unternehmenserfolgs durch die Unternehmenskultur der von den McKinsey-Beratern Peters/Waterman untersuchten 62 als exzellent geltenden Unternehmen ist kritisch anzumerken, dass sich 14 Unternehmen davon zwei Jahre nach der Untersuchung in erheblichen finanziellen Schwierigkeiten befanden (vgl. Unterreitmeier, A. (2004): a.a.O., S. 32).

434 Vgl. Heinen, E. (1997): a.a.O., S. 3; Von Rosenstiel, L. (1993): Unternehmenskultur – einige einführende Anmerkungen , S. 8 ff.; Tiebler, P./Prätorius, G. (1993): a.a.O., S 42 f.

435 Vgl. Unterreitmeier, A. (2004): a.a.O., S. 22.

436 Vgl. http://www.luise-berlin.de/Bms/bmstxt00/0010prob.htm

437 Vgl. Von Rosenstiel, L. (1993): a.a.O., S. 9 f.

438 Vgl. Von Rosenstiel, L. (1993): a.a.O., S. 10; auch Unterreitmeier, A. (2004): a.a.O., S. 22 f. Wirtschaftsstile werden durch fünf Merkmale definiert: den Wirtschaftsgeist, die natürlichen und technischen Grundlagen, die Gesellschaftsverfassung, die Wirtschaftsverfassung und den Wirtschaftslauf (vgl. Unterreitmeier, A. (2004): a.a.O., S. 23).

439 Vgl. Unterreitmeier, A. (2004): a.a.O., S. 22 ff.

440 Vgl. Unterreitmeier, A. (2004): a.a.O., S. 26.

meller Organisation, Motivationstheorie, Verhaltenswissenschaften[441], Entscheidungs- und Lernverhalten sowie mit Systemtheorien auseinanderzusetzen.[442] So sprach BARNARD, der damalige Chef der New Jersey Bell Telefongesellschaft und Autor zahlreicher Bücher 1938 davon, dass der Unternehmensleiter für die Gestaltung und Verwaltung gemeinsamer Wertvorstellungen einer Organisation verantwortlich sei.[443] Die Organisationstheorie kann daher als Wurzel der Unternehmenskultur-Theorie bezeichnet werden. Ein weiterer Ursprung der Unternehmenskultur-Theorie liegt in der schon zu Beginn dieses Kapitels erwähnten kulturvergleichenden Managementforschung.[444]

Erstmals verwendet wurde der Begriff der Unternehmenskultur 1951 vom Psychologen JAQUES in seiner bahnbrechenden Arbeit "The changing culture of a factory", wobei er in seiner Definition heutigen Konzepten bereits sehr nahe stand.[445] Dass JAQUES' Konzept dennoch zunächst lange Zeit vergessen war, nun aber eine Art Renaissance erlebt, hat nach VON ROSENSTIEL vier Gründe: Erstens die gewandelte Wertorientierung in westlichen Industriegesellschaften, zweitens die Wettbewerbsverschärfung sowohl national als auch international, drittens die Erkenntnis der Überlegenheit japanischer Unternehmen und viertens die Einsicht, dass die Möglichkeiten rationaler und technokratischer Unternehmens- und Personalführung begrenzt sind.[446]

---

[441] Viele Definitionen von Unternehmenskultur gehen davon aus, dass die geteilten Werte und Normen und Einstellungen von Mitarbeitern in einem Lernprozess erworben werden; insofern ist der verhaltenswissenschaftliche Ansatz im Rahmen der Erforschung von Unternehmenskultur relevant (vgl. Unterreitmeier, A. (2004): a.a.O., S. 28). Entsprechend erarbeitet Pflesser eine verhaltenswissenschaftliche theoretische Fundierung seines Modells der Marktorientierten Unternehmenskultur. Dazu greift er zurück auf die systemisch-sozialpsychologische Theorie der Unternehmung nach Katz/Kahn (1978) (vgl. Katz, D./Kahn, R.L. (1978): a.a.O.) sowie auf eine Analogie zu einem theoretischen Ansatz der Individualpsychologie nach Ajzen/Fishbein (1970,1973,1980) (vgl. Ajzen, I./Fishbein, M. (1970): The Prediction of Behavior from Attitudinal and Normative Variables, in: Journal of Experimental Social Psychology; Ajzen, I./Fishbein, M. (1973): Attitudinal and Normative Variables as Predictors of Specific Behaviors, in: Journal of Personality and Social Psychology; Ajzen, I./Fishbein, M. (1980): Understanding Attitudes and Predicting Social Behavior; auch Pflesser, C. (1999): a.a.O., S. 53 ff.). Vgl. zu einer Darstellung der verhaltenswissenschaftlichen Fundierung auch die Abbildungen in Kapitel 3.4.3 zu den Schlussfolgerungen für das Forschungsverständnis der vorliegenden Arbeit.

[442] Vgl. Tiebler, P./Prätorius, G. (1993): a.a.O., S. 48; auch Unterreitmeier, A. (2004): a.a.O., S. 22 ff.

[443] Vgl. Tiebler, P./Prätorius, G. (1993): a.a.O., S. 44.

[444] Vgl. Unterreitmeier, A. (2004): a.a.O., S. 30 ff.

[445] Vgl. Von Rosenstiel, L. (1993): a.a.O., S. 10.

[446] Vgl. Von Rosenstiel, L. (1993): a.a.O., S. 10 ff.

Dieser Perspektiven-, wenn nicht gar Paradigmenwechsel lässt eine interdisziplinäre Betrachtung des Phänomens der Unternehmenskultur sinnvoll erscheinen.[447] Entsprechend werden im Folgenden Definitionen von Unternehmenskultur aus unterschiedlichen Disziplinen kurz vorgestellt.

3.3 Definitionen und Funktionen von Unternehmenskultur

Ebenso wie beim o.g. Kulturbegriff gibt es in der einschlägigen Literatur auch für den Begriff der Unternehmenskultur eine kaum zu überschauende Vielzahl an Definitionen. Grund dafür sind u.a. die verschiedenen Forschungsperspektiven der einzelnen Autoren.[448] Jedoch gibt es über alle Definitionen, Disziplinen und Forschungsperspektiven hinweg verbindende Elemente.[449] Da nur eine interdisziplinäre Vorgehensweise zum Verständnis der Unternehmenskultur geeignet ist, sollen, bevor das Unternehmenskulturverständnis dieser Arbeit am Ende des Kapitels 3.3.1 dargelegt wird, ausgewählte Beispiele zum Verständnis von Unternehmenskultur aus Sicht der wissenschaftlichen Disziplinen Betriebswirtschaftslehre, Psychologie, Ethnologie sowie aus dem Blickwinkel von eher praxisorientierter Autoren vorgestellt werden. In Kapitel 3.3.2 wird dann das Konzept der Unternehmenskultur von anderen Begriffen bzw. Konzepten abgegrenzt.

3.3.1 Beispiele zum Verständnis von Unternehmenskultur und Unternehmenskulturverständnis der vorliegenden Arbeit

Für die (entscheidungsorientierte) Betriebswirtschaftslehre definieren bspw. HEINEN/FANK Unternehmenskultur als "[...] ein Gerüst und ein Vorrat an Sinnstrukturen und Handlungsmustern, aus welchen heraus Situationen, Handlungen und Entscheidungen des Unternehmensalltags einer bewertenden Interpretation hinsichtlich ihrer Bedeutung für die Unternehmung als Ganzes zugänglich werden."[450]

---

[447] Auch andere Disziplinen befassen sich – wie schon erwähnt – mit Kultur als direktem oder indirektem Forschungsgegenstand. Dazu gehören z.B. die Anthropologie, die Ethnologie und die Psychologie (vgl. Unterreitmeier, A. (2004): a.a.O., S. 32 ff.).

[448] Vgl. zu den verschiedenen Forschungsperspektiven Kapitel 3.4.1.

[449] Vgl. Rohloff, S. (1994): Die Unternehmenskultur im Rahmen von Unternehmenszusammenschlüssen, S. 101.

[450] Fank, M. (1997): a.a.O., S. 25.

Der US-amerikanische Organisationswissenschaftler KILMAN wählt folgende Definition: "Culture can be defined as the shared philosophies, ideologies, values, assumptions, beliefs, expectations, attitudes and norms that knit a community together."[451] Und der deutsche Organisationswissenschaftler Mark EBERS begreift Organisationskultur als "[...] die kognitiven, normativen und affektiven Orientierungsmuster, die von der Mehrzahl der Organisationsmitglieder fraglos gültig akzeptiert werden."[452]

Der bereits erwähnte Psychologe Elliott JAQUES schreibt: "The culture of a factory is its customary and traditional way of thinking and of doing things, which is shared to a greater or lesser degree by all its members ... Culture in this sense covers a wide range of behavior."[453]

Der Psychologe Jürgen KASCHUBE schreibt zum Verständnis von Organisationskultur: "Werte und Normen stehen als 'Konzepte' oder 'mental culture' in den meisten Ansätzen der Organisationskultur im Mittelpunkt. [...] Häufig mit Werten und Normen vermischt kommen Orientierungen auf kognitiver Ebene hinzu, die als 'Denkhaltungen', 'Überzeugungen' oder 'basic assumptions' bezeichnet werden."[454]

Die auch der Disziplin der Psychologie zuzurechnenden Oswald NEUBERGER und Ain KOMPA definieren Unternehmenskultur als "[...] die Gesamtheit sowohl der manifesten soziokulturellen Gestaltungen (Sprache, Handlungsmuster, materielle Produkte) wie auch der diesen Manifestationen zugrundeliegenden oder zugeschriebenen Begründungen (Werte, Normen, Regeln, Wirklichkeitsauffassungen [...]). Kurz: Soziale Tatsachen und ihr Code."[455]
Eine der am weitesten verbreiteten[456] Definitionen der Unternehmenskultur stammt vom Organisationspsychologen SCHEIN (1985). Er definiert als "... culture: a pattern of basic

---

[451] Kilman, R.H./Saxton, M.J./Serpa, R. (1985): Introduction: Five Key Issues in Understanding and Changing Culture , S. 5.
[452] Ebers, M. (1987): Organisationskultur und Führung , S. 1619.
[453] Jacques, E. (1951): The changing culture of a factory, S. 251.
[454] Kaschube, J. (1993): a.a.O., S. 97 f.
[455] Neuberger, O./Kompa, A. (1987): Wir, die Firma. Der Kult um die Unternehmenskultur, S. 5.
[456] Vgl. Pflesser, C. (1999): a.a.O., S. 12.

assumptions – invented, discovered, or developed by a given group as it learns to cope with its problems of external adaptation and internal integration – that has worked well enough to be considered valid, and, therefore, to be taught to new members as the correct way to perceive, think, and feel in relation to those problems." [457]

Ähnlich wie SCHEIN definieren auch die Organisationspsychologen O'REILLY/CHATMAN (1996): Unternehmenskultur ist ein "... system of shared values (that define what is important) and norms that define appropriate attitudes and behaviors for organizational members. As a system of social control, organizational culture can influence members' focus of attention, behavior, and commitment."[458]

Aus Sicht der Ethnologie kritisiert Sabine HELMERS ausdrücklich die Definition SCHEINs, weil die instrumentelle Sicht von Kultur, die den Gesichtspunkt optimaler Problemlösung hervorhebt, schon von der Ethnologie widerlegt sei – menschliches Kulturverhalten richte sich nicht ausschließlich nach der optimalen Problemlösung: "Kultur umfaßt sowohl das Tiefe, Unbewußte als auch das Offenkundige, Bewußte, sowohl Ideen als auch Artefakte. Im Unternehmensbereich bedeutet dies, dass sowohl die 'hard facts' als auch die 'soft facts' gleichermaßen durch die Kultur gebildet sind und wiederum auf die Kultur einwirken. Unternehmenskultur umfasst die Art der Mitarbeiterführung, die Kleiderordnung, die Firmenlegenden, die Zukunftsvisionen genauso wie die Produktionsanlagen, die Unternehmensstruktur, das Rechnungswesen, die Aktien und Kredite oder die Architektur."[459]

Der 1982 aus der Unternehmensberatungspraxis hervorgegangene Bestseller "Corporate Cultures: The Rites and Rituals of Corporate Life" von DEAL/KENNEDY sieht Unterneh-

[457] Schein, E.H. (1985): a.a.O., S. 9.
[458] O'Reilly, C.A./Chatman, J.A. (1996): Culture as social control: Corporations, culture and commitment , S. 166.
[459] Helmers, S. (1993): Beiträge der Ethnologie zur Unternehmenskulturforschung , S. 163.

menskultur folgendermaßen: "Corporate culture: A cohesion of values, myths, heroes, and symbols, that has come to mean a great deal to the people who work here."[460]

Ebenfalls von Unternehmensberatern, Tom PETERS und Robert WATERMAN, wurde der Verkaufshit "In Search of Excellence" geschrieben. Hier wird zwar keine eigene Definition von Organisationskultur gegeben, folgendes Zitat macht jedoch den Ansatz ihres Buches deutlich: "Doch was rational bedeutet, wird in der Betriebswirtschaftslehre mittlerweile sehr eng definiert. Die rationale Lösung ist die 'richtige' Lösung, aber bereinigt um all die störenden menschlichen Faktoren; so entstehen zum Beispiel perfekte Strategien, die alte Gewohnheiten, praktische Hindernisse und ganz einfache menschliche Inkonsequenz außer acht lassen."[461]

Diese Arbeit folgt in ihrem Definitionsverständnis den augenfälligen Überschneidungen über alle vier Disziplinen hinweg. "Zentrale Elemente der aufgeführten Definitionen sind verschiedene Ebenen und Funktionen einer Unternehmenskultur."[462] Zu den Elementen einer Unternehmenskultur werden dabei beispielsweise organisationsweit geteilte Werte, Normen und daraus resultierende Verhaltensmuster gezählt.[463] In diesem Zusammenhang folgt die vorliegende Arbeit dem Mehrebenenmodell von SCHEIN (1985).[464] Eine detailliertere Erläuterung erfolgt in Kapitel 3.4.2.

Im Hinblick auf die Funktionen von Unternehmenskultur unterscheiden DILL/HÜGLER (1997) originäre und derivative Funktionen.[465] Originäre Funktionen ergeben sich unmittelbar aus der Unternehmenskultur, während derivative Funktionen als Folge aus den originären resultieren und eine Wirkung der Kultur darstellen. Die originären Funktionen zielen auf die

---

[460] Vgl. Deal, T.E./Kennedy, A.A. (1982): a.a.O., S. 415.
[461] Peters, T.J./Waterman, R.H. (1984): Auf der Suche nach Spitzenleistungen – Was man von den bestgeführten US-Unternehmen lernen kann, S. 55.
[462] Pflesser, C. (1999): a.a.O., S. 12.
[463] Vgl. Pflesser, C. (1999): a.a.O., S. 12 ff und auch S. 49. Für weitere Details vgl. die Kapitel 3.4.2 und 3.4.3.
[464] Vgl. dazu detailliert das Kapitel 3.4.2.
[465] Vgl. im folgenden Dill, P./Hügler, G. (1997): Unternehmenskultur und Führung betriebswirtschaftlicher Organisationen – Ansatzpunkte für ein kulturbewußtes Management , S. 141 ff.

Koordination, die Integration sowie die Motivation ab. Unter Koordinationsfunktion wird die Abstimmung bzgl. des Erreichens übergeordneter Zielsetzungen verstanden. Die Integrationsfunktion betrifft die Entwicklung und die Festlegung bestimmter Organisationsstrukturen, welche zu einer Minimierung der Störungen in den organisationalen Prozessen führen. Je mehr die Mitarbeiter in ihrem Werte- und Normensystem übereinstimmen, desto eher werden die o.g. Zielsetzungen erreicht. Die Motivationsfunktion betrifft die Arbeitsmotivation. In diesem Zusammenhang können Werte und Normen einer Unternehmenskultur einen Sinn des unternehmerischen Handelns vermitteln und dadurch zu einer höheren Bedürfnisbefriedigung beitragen. Derivative Funktionen führen dagegen indirekt vor allem zu Effizienz- und zu Effektivitätsgewinnen, z.B. in Form von größerem Commitment der Mitarbeiter, höherer Loyalität, größeren Anstrengungen, mehr Innovationen, niedrigerer Fluktuation, besserer Problemlösung oder schnellerer Umsetzung von Plänen. Die Funktionen von Unternehmenskultur können insbesondere anhand so genannter "starker Kulturen" erforscht werden.[466] In den Anfängen der Unternehmenskultur-Theorie wurden eindeutige, positive Zusammenhänge zwischen starken Unternehmenskulturen und dem Unternehmenserfolg festgestellt und quantifiziert; dieser Zusammenhang konnte jedoch in weiteren empirischen Studien nicht bestätigt werden.[467] "Dennoch wird ein solcher Bezug generell nicht in Frage gestellt."[468]

3.3.2 Abgrenzung Unternehmenskultur von anderen Begriffen bzw. Konzepten

Teilweise werden einige Begriffe ähnlich verwendet wie der Begriff "Unternehmenskultur", obwohl Unterschiede bestehen. Diese sollen im Folgenden für die wichtigsten Begriffe herausgearbeitet werden.

3.3.2.1 Abgrenzung vom Unternehmens- bzw. Organisationsklima

Vom Konzept der Unternehmenskultur abzugrenzen ist insbesondere der Begriff des Organisationsklimas.[469] Eine Abgrenzung zwischen Unternehmenskultur und Organisationsklima ist

[466] Vgl. Unterreitmeier, A. (2004): a.a.O., S. 44.
[467] Vgl. Unterreitmeier, A. (2004): a.a.O., S. 45.
[468] Unterreitmeier, A. (2004): a.a.O., S. 45.
[469] Vgl. Pflesser, C. (1999): a.a.O., S. 13 oder auch Poech, A. (2002): a.a.O., S. 13.

jedoch nach wie vor selten[470] zu finden und schwierig zu leisten.[471] Unter ersterem wird das umfassendere[472] Konzept verstanden, da bei der Unternehmenskultur sowohl deskriptive als auch evaluative Aspekte einbezogen werden, das Organisationsklima sich jedoch beschränkt auf die wertfreie Beschreibung der Organisationsrealität. DENISON stellt in diesem Zusammenhang fest:

"On the surface, the distinction between organizational climate and organizational culture may appear to be quite clear: Climate refers to a situation and its links to thoughts, feelings, and behaviors of organizational members. Thus, it is temporal, subjective, and often subject to direct manipulation by people with power and influence."[473] Kultur hingegen beziehe sich auf einen sich entwickelnden Kontext.[474] In diesen kann eine "Situation" dann ggf. eingebettet sein.[475] Dadurch, dass Kultur in der Geschichte und in der Regel in ganzen Organisationen verankert ist, ist sie aufgrund ihrer Komplexität jedoch gerade nicht so schnell und direkt zu beeinflussen wie das Organisationsklima.[476] Daher ist es keine Überraschung, dass "The two perspectives have generated distinct theories, methods, and epistemologies as well as a distinct set of findings, failings, and future agendas."[477]

Die aus der Anthropologie und Soziologie stammende Kulturforschung zeichnete sich in den Anfängen methodisch vor allem durch ein idiographisch geprägtes, d.h. die Einmaligkeit der Unternehmenskultur betonendes und damit qualitative Erhebungsmethoden vorziehendes, Vorgehen aus während die ursprünglich überwiegend der Disziplin der Psychologie zugehörigen Klimaforscher nomothetische, d.h. quantitative Methoden mit dem Ziel, verallgemeinerbare Gesetzmäßigkeiten abzuleiten und Vergleiche zu ermöglichen, präferierten.[478] Beim konkreten Vergleich einzelner Studien kommt man jedoch zu dem Schluss, dass o.g. Unter-

---

470 Vgl. Fank, M. (1997): a.a.O., S. 250.
471 Vgl. Fank, M. (1997): a.a.O. S. 250; auch Poech, A. (2002): a.a.O., S. 13.
472 Vgl. Fank, M. (1997): a.a.O., S. 252.
473 Denison, D.R. (1996): a.a.O., S. 644.
474 Vgl. Denison, D.R. (1996): a.a.O., S. 644.
475 Vgl. Denison, D.R. (1996): a.a.O., S. 644.
476 Vgl. Denison, D.R. (1996): a.a.O., S. 644.
477 Denison, D.R. (1996): a.a.O., S. 644.
478 Vgl. Fank, M. (1997): a.a.O., S. 252, Denison, D.R. (1996): a.a.O., S. 621.

schiede immer mehr verschwimmen, so dass "[...] these two research traditions should be viewed as differences in interpretation rather than differences in the phenomenon."[479]

Auch SCHEIN stellt einen Zusammenhang fest: "My own resolution of this dilemma is to define climate as a cultural artifact resulting from espoused values and shared tacit assumptions. To understand climate fully, one must dig deeper and examine values and assumptions. In other words, to understand what goes on in organizations and why it happens in the way it does, one needs several concepts. Climate and culture, if each is carefully defined, then become two crucial building blocks for organizational description and analysis." [480]

SCHEIN folgt in seiner Argumentation dem von ihm entworfenen sog. Drei-Ebenen-Modell[481] der Unternehmenskultur, das mit Artefakten, Werten und Basisannahmen diese drei Ebenen definiert und eine qualitative Erhebung insbesondere der Werte und Basisannahmen beinhaltet. Diese Arbeit folgt auf Grund der schwierigen Unterscheidung der beiden "Phänomene" der Sichtweise von Roy PAYNE: "Thus, although it is difficult to distinguish definitions of culture from those of climate, it is possible to claim that climate is a way of measuring culture."[482] Vor dem Hintergrund, dass diese Arbeit einen quantitativen Datenerhebungsansatz verfolgt, wird immer von Unternehmenskultur gesprochen, zumal die Erhebung von Werten und Normen und nicht die Betrachtung kultureller Artefakte im Vordergrund steht. Vgl. zu Werten und Normen ausführlich auch die nachfolgenden Kapitel 3.4.1 und 3.4.2 der vorliegenden Untersuchung.

---

[479] Denison, D.R. (1996): a.a.O., S. 645.
[480] Schein, E.H. (2000): Sense and Nonsense About Culture and Climate , S. XXIV.
[481] Vgl. dazu ausführlich das noch folgende Kapitel 3.4.2.
[482] Payne, R.L. (2000): Climate and Culture: How Close Can They Get? , S. 166.

3.3.2.2 Abgrenzung von weiteren Begriffen bzw. Konzepten

Weitere im Zusammenhang mit Unternehmenskultur häufiger zu findende Begriffe sind Unternehmensphilosophie, Unternehmensethik, Corporate Identity und Organisationales Lernen.[483] Auch diese werden im Folgenden kurz der Unternehmenskultur gegenübergestellt.

Die Unternehmensphilosophie bezieht sich im Gegensatz zur Unternehmenskultur auf einen Sollzustand, nicht auf real gelebte Werte und Normen.[484] Eine vollständige Überlappung von Soll- und Ist-Zustand ist daher unwahrscheinlich.[485] Trotzdem wird die Unternehmensphilosophie oftmals als Instrument zur positiven Beeinflussung der Unternehmenskultur eingestuft.[486]

Unternehmensethik bezeichnet die moralische Bewertung der Zustände in einem Unternehmen durch eine höhere Instanz.[487] Diese Bewertung ist jedoch nicht Teil der Unternehmenskultur.[488] Unternehmenskultur beschränkt sich auf vorhandene Werte und Normen, die zur Erreichung der organisationalen Ziele besonders geeignet sind.

Corporate Identity unterscheidet sich von der Unternehmenskultur hautpsächlich dadurch, dass sie primär als Erscheinungsbild nach außen zum Markt wirkt, wohingegen der Unternehmenskultur-Ansatz stärker ins Innere eines Unternehmens gerichtet ist.[489] Da ein Unternehmen aber nach außen nur ein glaubwürdiges Erscheinungsbild abgeben kann, wenn die Mitarbeiter dieses durch ihr Verhalten unterstützen, sind die beiden Konzepte miteinander

[483] Vgl. Pflesser, C. (1999): a.a.O., S. 13; Fank, M. (1997): a.a.O., S. 249. Weitere Begriffe, die häufig in diesem Zusammenhang erwähnt werden, sind Führung, Organisationsstruktur, Strategien des Unternehmens und Corporate Identity. (vgl. Fank, M. (1997): a.a.O., S. 249).
[484] Vgl. Pflesser, C. (1999): a.a.O., S. 13.
[485] Vgl. Pflesser, C. (1999): a.a.O., S. 13.
[486] Vgl. Pflesser, C. (1999): a.a.O., S. 13.
[487] Vgl. Pflesser, C. (1999): a.a.O., S. 13.
[488] Pflesser, C. (1999): a.a.O., S. 13.
[489] Vgl. Fank, M. (1997): a.a.O., S. 254.

verbunden.[490] Jedoch wird gerade deshalb die schnelle Veränderbarkeit der Corporate Identity in der zugrunde liegenden Unternehmenskultur ihre Grenzen finden.[491]

Das Thema Organisationales Lernen kann je nach zugrunde liegendem Konzept aus vier verschiedenen Blickwinkeln auf die Abgrenzung zur Unternehmenskultur untersucht werden.[492] Organisationales Lernen als Adaption verwendet die klassische Lerndefinition, wonach Lernen durch Verhaltensänderung zustande kommt; hier gibt es kaum Gemeinsamkeiten zur Unternehmenskultur. Organisationales Lernen als Teilen von Annahmen verlangt eine umfassende Selbstkenntnis der geteilten Werte und Normen, um durch eine Art organisationales Gedächtnis auf diesen Werten basierte Entscheidungen zu treffen; dieses Selbstbild findet sich in der Unternehmenskultur wieder. Organisationales Lernen als Entwicklung einer Wissensbasis betrachtet diese Wissensbasis als Voraussetzung, die den Lernprozeß erst ermöglicht. Unternehmenskultr steht dabei für das Potential zur Veränderung und schafft den notwendigen Raum dafür. Organisationales Lernen als institutionalisierte Erfahrung basiert auf der Erkenntnis, dass durch die wiederholte Durchführung von gleichen Aktivitäten Wissen entsteht. Hier wird insofern auf die Unternehmenskultur Bezug genommen, als aus diesen Aktivitäten verallgemeinerbare Regeln entstehen, die sich auf neue Situationen anwenden lassen.

3.4 Mögliche Konzeptualisierung und Operationalisierung von Unternehmenskultur

Ende der 70er Jahre begann die Erforschung der Operationalisierung und Messung von Unternehmenskultur, später kamen diverse Ansätze hinzu, welche sich im Hinblick auf das Kulturverständnis und die Erhebungsmethodik der jeweiligen Autoren deutlich unterscheiden.[493] Nach wie vor dominieren dabei qualitative Forschungsansätze, die Anzahl quantitativer Untersuchungen bleibt dagegen bis heute überschaubar. Da die Vertreter beider For-

[490] Vgl. Fank, M. (1997): a.a.O., S. 253 f.
[491] Vgl. Fank, M. (1997): a.a.O., S. 255.
[492] Vgl. im folgenden Fank, M. (1997): a.a.O., S. 255 ff.
[493] Vgl. im folgenden Unterreitmeier, A. (2004): a.a.O., S. 49.

schungsrichtungen die Vorteile der eigenen Vorgehensweise betonen und andere Ansätze anzweifeln überrascht es nicht, dass sich Inhalte bzw. Dimensionen des Unternehmenskultur-Konstrukts sowie die Anweisungen zu dessen Messung deutlich unterscheiden.

Dieses Sub-Kapitel stellt daher zunächst unterschiedliche Forschungsperspektiven, insbesondere im Hinblick auf quantitative oder qualitative Erhebungsmethoden, dar, geht dann auf mögliche Modelle zur Erklärung der Elemente und Wirkungsmechanismen der Unternehmenskultur ein und legt danach das Forschungsverständnis der vorliegenden Arbeit fest. Bevor im Anschluss die Darstellung einer Auswahl bisheriger Ansätze zur Messung von Unternehmenskultur folgt, werden die Grundlagen zur Konzeptualisierung und Operationalisierung des theoretischen Konstrukts "Unternehmenskultur" gelegt.

3.4.1 Forschungsperspektiven auf die Unternehmenskultur

Es gibt drei Forschungsrichtungen, die in Forschungsgegenstand, -methode und -ziel voneinander abgegrenzt werden können: die objektivistische[494], die subjektivistische[495] und die integrative[496] Perspektive.

Das objektivistische Kulturverständnis begreift Kultur als beeinflussbare Variable, die als ein soziales und normatives Subsystem neben vielen anderen Führungsteilsystemen existiert und als Gestaltungsparameter im Sinne eines strategischen Erfolgsfaktors aufgefasst werden kann.[497] Die Unternehmenskultur ist real existent, ein Unternehmen *hat* also eine Kultur.

---

[494] Die objektivistische Perspektive wird synonym auch als funktionalistisches bzw. positivistisches Kulturverständnis oder auch als Variablen-Ansatz (vgl. Tiebler, P./Prätorius, G. (1993): a.a.O., S. 59) bezeichnet.

[495] Die subjektivistische Perspektive wird synonym auch symbolistische bzw. interpretative Sichtweise oder auch Metaphern-Ansatz (vgl. Kaschube, J. (1993): a.a.O., S. 104) genannt.

[496] Die integrative Perspektive wird auch als "Mid-Range Approach" (vgl. Pflesser, C. (1999): a.a.O., S. 89 f.) bzw. dynamisches Kulturverständnis bezeichnet (vgl. Kaschube, J. (1993): a.a.O., S. 107, 126).

[497] Vgl. Pflesser, C. (1999): a.a.O., S. 16 f.; Tiebler, P./Prätorius, G. (1993): a.a.O., S. 59 f., 105; Gontard, M. (2002): Unternehmenskultur und Organisationsklima, S. 12.

Die Anhänger der objektivistischen Forschungsrichtung präferieren quantitative Methoden zur Erhebung der Unternehmenskultur. Das Forschungsziel besteht folglich in ihrer Deskription und Gestaltung. Jedoch beschränkt sich die Deskription in der Regel auf die leicht beobachtbaren und greifbaren Artefakte, wie z.B. Symbole, Riten oder sichtbare Verhaltensweisen, so dass die Frage nach dem eigentlichen Wesen der Unternehmenskultur nicht beantwortet wird, da fälschlicherweise die sichtbaren Ergebnisse von Unternehmenskulturen mit der eigentlichen Unternehmenskultur gleichgesetzt werden. Nach wie vor ist jedoch der Großteil der zum Thema "Unternehmenskultur" veröffentlichten Beiträge dieser Forschungsrichtung zuzurechnen.

Demgegenüber sieht die Fraktion der subjektivistischen Perspektive Unternehmenskultur als erkenntnisleitenden Begriff der Organisationsforschung, das Kulturphänomen wird zur Basis-Metapher erhoben, welche die Unternehmenskultur als Ausdruck menschlichen Bewusstseins versteht und nicht als real existent. Die Möglichkeit der aktiven Beeinflussung der Unternehmenskultur wird daher bezweifelt, lediglich ihre Interpretation sei zulässig. Die Organisation ist also als gemeinsame sozial konstruierte Wirklichkeit der Organisationsmitglieder zu verstehen, ein Unternehmen *ist* eine Kultur.

Das Methodenverständnis beinhaltet vorrangig qualitative Verfahren, und das grundlegende Ziel dieser Forschungsrichtung liegt in der tiefergehenden Erklärung, nicht in der Beschreibung von Unternehmenskultur, insbesondere im Verstehen ihrer Wurzeln. Dies soll im Dialog zwischen Forscher und Organisationsmitglied geschehen, so dass die Bedeutungsinhalte interpretativ entschlüsselt werden. Im Gegensatz zum objektivistischen Ansatz zeichnen sich die Arbeiten der subjektivistischen Sichtweise also dadurch aus, dass sie versuchen, die hinter den beobachtbaren Ausprägungen der Unternehmenskultur liegenden Überzeugungen, Werte und Normen zu verstehen und zu erklären, um darauf aufbauend zunächst die nach wie vor über alle Ansätze hinweg nur spärlich vorhandenen theoretisch-konzeptionellen Grundlagen zu erarbeiten.[498] Jedoch sind qualitative Ansätze problembehaftet, wenn es darum geht, aus

[498] Vgl. Tiebler, P./Prätorius, G. (1993): a.a.O., S. 62.

qualitativen Daten ein verallgemeinerbares und abstraktes Modell mit zentralen Inhalten und Ursache-Wirkungs-Beziehungen herzuleiten. Einige Autoren, die dieser Forschungsrichtung zuzurechnen sind, sind z.B. PONDY/MITROFF (1979), MORGAN (1980), SMIRCICH (1983) oder HEINEN (1997).

Als Synthese des objektivistischen und des subjektivistischen Ansatzes und damit als potentieller Lösungsansatz im Hinblick auf die o.g. Kritik an den beiden Extremen kann die integrative Herangehensweise betrachtet werden. Zunächst soll als Basis ein tieferes Verständnis der grundlegenden Annahmen im Hinblick auf Wirkungszusammenhänge der Unternehmenskultur geschaffen werden, um darauf aufbauend ein kulturbewusstes Management im objektivistischen Sinn zu etablieren. Die abgestimmte Berücksichtigung von sowohl quantitativen als auch qualitativen Erhebungsverfahren kann zum einen die Individualität jedes Unternehmens und zum anderen die Generalisierbarkeit der Ergebnisse besser berücksichtigen. Zu den bekanntesten Vertretern dieser Forschungsrichtung zählen SCHEIN und SACKMANN. Jedoch sind bisher kaum empirische Arbeiten zu dieser Perspektive vorhanden.[499]

ROUSSEAU hingegen hält die Festlegung auf eine bestimmte Forschungsperspektive nicht für angebracht. Je nach untersuchter Ebene der Unternehmenskultur sollten auch unterschiedliche Erhebungsmethoden eingesetzt werden:

"Starting at the point of greatest subjectivity, assumptions unconsciously held are difficult to assess without interactive probing. Members' fears and defenses are elusive psychodynamics difficult to elicit without interaction. In contrast, characteristic patterns of behaviors (norms) regarding how members should (or should not) act are far more accessible. The method appropriate to assessing culture depends on those elements we choose to examine. As the elements of culture we are interested in become more conscious (values, behavioral norms) or

[499] Vgl. Pflesser, C. (1999): a.a.O., S. 50.

observable (artifacts), these are accessible by both structural and non-standardized assessments."[500]

Diese Arbeit folgt primär der objektivistischen Perspektive und geht davon aus, dass die Unternehmenskultur aktiv beeinflusst und empirisch erhoben werden kann. Mit Bezug auf die Aussage von ROUSSEAU gilt dies umso mehr, weil diese Arbeit den Fokus auf die Ebene der Werte und Normen bzw. daraus resultierender Verhaltensweisen legen wird (vgl. zu verschiedenen Ebenen der Unternehmenskultur das Kapitel 3.4.2). Allerdings wird insofern auch auf die integrative Perspektive Bezug genommen, als in dieser Arbeit davon ausgegangen wird, dass sehr kurzfristige Veränderungen von Unternehmenskulturen durch aktive Beeinflussung so gut wie ausgeschlossen sind.

3.4.2 Modelle und Elemente von Unternehmenskultur: Ebenen- und typologieorientierte Ansätze sowie Artefakte, Werte/Normen und Grundannahmen

Es gibt mittlerweile zahlreiche Modelle zur Erklärung der Elemente und Wirkungsmechanismen einer Unternehmenskultur.[501] Dabei gibt es zwei Stoßrichtungen: Die erste, die auch die große Mehrheit der in der Literatur vorhandenen Modelle darstellt, zeichnet sich dadurch aus, dass das Phänomen Unternehmenskultur durch mehrere miteinander in Beziehung stehende Ebenen (z.B. Werte und Verhaltensweisen) konzipiert wird.[502] Innerhalb dieser Ebenen werden dann eine oder mehrere interessierende Dimensionen der Unternehmenskultur definiert. Die zweite vertritt einen typologieorientierten Ansatz.[503] Dafür werden einige wenige Dimensionen der Unternehmenskultur gewählt, die dann verschiedenen Idealtypen zugeordnet werden.[504] Im Folgenden soll das jeweils am weitesten verbreitete Modell der zwei Stoßrichtungen dargestellt werden.

---

[500] Rousseau, D.M. (1990): Quantitative Assessment of Organizational Culture: The Case for Multiple Measures , S. 166.
[501] Vgl. Pflesser, C. (1999): a.a.O., S. 14; Krohmer, H. (1999): Marktorientierte Unternehmenskultur als Erfolgsfaktor bei der Strategieimplementierung, S. 25.
[502] Vgl. Pflesser, C. (1999): a.a.O., S. 14; Krohmer, H. (1999): a.a.O., S. 25.
[503] Vgl. Pflesser, C. (1999): a.a.O., S. 15.
[504] Vgl. Pflesser, C. (1999): a.a.O., S. 15; Krohmer, H. (1999): a.a.O., S. 28 f.

Eines der bekanntesten, wenn nicht gar das bekannteste, und in der Literatur am meisten akzeptierte Mehrebenenmodell ist das Modell der Unternehmenskultur des Psychologen SCHEIN.[505] Das Bemerkenswerte an seinem Modell ist die explizite Nachvollziehbarkeit von der Definition bis hin zur methodischen Umsetzung – ein Charakteristikum, das vielen anderen Konzepten fehlt.[506] Das Modell von SCHEIN konzeptualisiert die Inhalte einer Unternehmenskultur auf drei Ebenen (vgl. Abb. 3-2).[507] Diese verschiedenen Ebenen unterliegen Wechselwirkungen, wobei die mittlere Ebene der Werte eine Art "Vermittlerrolle" zwischen Grundannahmen und Artefakten einnimmt. So werden bspw. Artefakte durch Werte erzeugt, und die Grundannahmen entstehen im Verlauf der Zeit ebenfalls aus umgewandelten Werten, aber auch umgekehrt konkretisieren sich Werte aus den basalen Grundannahmen.

Abb. 3-2: Drei-Ebenen-Modell der Unternehmenskultur nach SCHEIN

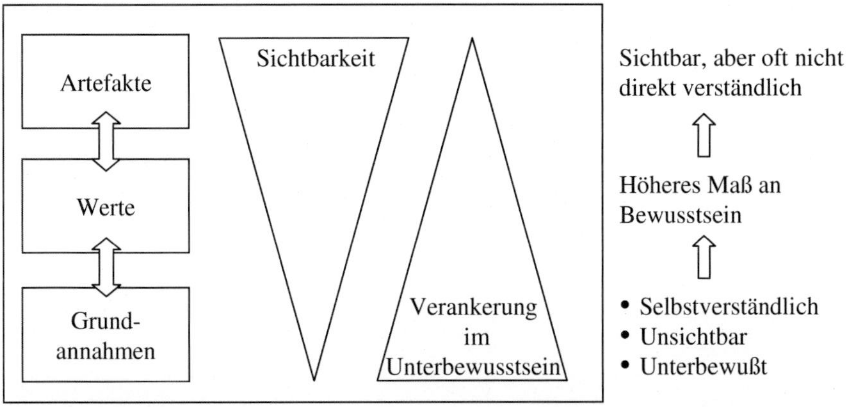

Quelle: Schein, E.H. (1984): Coming to a New Awareness of Organizational Culture, in: Sloan Management Review, S. 4, und Schein, E.H. (1985): Organizational Culture and Leadership, S. 14.

Auf der oberen Ebene finden sich die beobachtbaren Artefakte, die jedoch teilweise nicht direkt entschlüsselbar und daher interpretationsbedürftig sind. Zu den Artefakten gehören

---

505 Vgl. Gontard, M. (2002): a.a.O., S. 24; Pflesser, C. (1999): a.a.O., S. 14; Krohmer, H. (1999): a.a.O., S. 26.

506 Vgl. Gontard, M. (2002): a.a.O., S. 24; Pflesser, C. (1999): a.a.O., S. 14; Kaschube, J. (1993): a.a.O., S. 123.

507 Vgl. im folgenden auch Schein, E.H. (1984): a.a.O. und Schein, E.H. (1992): Organizational Culture and Leadership.

verbale (z.B. Sprache, Geschichten, Legenden, Mythen), handlungsorientierte (z.B. Handlungsmuster und -abläufe, Rituale, Zeremonien) und physische (z.B. Kleidung, Gebäude, Architektur, Technologie) Manifestationen. Artefakte sind also sichtbare Manifestationen einer Unternehmenskultur, und wie SCHEIN es ausdrückt "The most visible level of the culture... – its constructed physical and social environment."[508]

Die mittlere Kulturebene beinhaltet die Werte eines Unternehmens, welche die Mitarbeiter in das Unternehmen einbringen und welche den Organisationsmitgliedern weitestgehend bewusst sind.[509] Werte entwickeln sich jedoch im Rahmen eines Lernprozesses und reflektieren daher eine kondensierte Form historisch gewonnener Erfahrungen.[510] Werte legen fest, was von Menschen für richtig oder falsch gehalten wird, und sind daher mit Ethik bzw. Moral verbunden.[511] Sie stellen eine Auffassung über das Wünschenswerte bzw. das für die Zukunft Erstrebenswerte dar und können als Orientierungsleitlinie interpretiert werden, die das Verhalten des Einzelnen oder von einer Gruppe beeinflusst.[512] Entsprechend definiert KLUCKHOHN (1951): "A value is a conception, explicit or implicit, distinctive of an individual or characteristic of a group, of the desirable which influences the selection from available modes, means, and ends of action."[513] Diese Werte werden oft in Form von Unternehmensleitbildern, Unternehmensgrundsätzen oder in einer Unternehmensphilosophie festgehalten.[514] Die unternehmensweite Gültigkeit der Werte hat integrativen Charakter für einzelne Mitglieder, weshalb Werte auch als "... the psychological glue that bind a firm's many participants together in a common effort"[515] bezeichnet werden.

---

[508] Schein, E.H. (1985): a.a.O., S. 14.
[509] Vgl. Pflesser, C. (1999): a.a.O., S. 14; Unterreitmeier, A. (2004): a.a.O., S. 39.
[510] Vgl. Pflesser, C. (1999): a.a.O., S. 60.
[511] Vgl. Schein, E.H. (1985): a.a.O., S. 15 f.
[512] Vgl. Unterreitmeier, A. (2004): a.a.O., S. 39 f.; Heinen, E. (1985): Entscheidungsorientierte Betriebswirtschaftslehre und Unternehmenskultur, in: Zeitschrift für Betriebswirtschaft (ZfB), S. 987.
[513] Kluckhohn, C. (1951): Values and Value-Orientations in the Theory of Action: An Exploration in Definition and Classification , S. 395.
[514] Vgl. Unterreitmeier, A. (2004): a.a.O., S. 40.
[515] Frederick, W.C. (1995): Values, Nature and Culture in the American Corporation, S. 16.

Auch wenn SCHEIN sie nicht explizit im Zusammenhang mit der Unternehmenskultur erwähnt, so zählen neben Werten auch Normen zu den Elementen der Unternehmenskultur.[516] Im Unterschied zu Werten zeichnen sich Normen durch einen höheren Grad der Konkretisierung sowie einen stärkeren Verhaltensbezug aus, sind jedoch auch von geringerer Stabilität und Dauerhaftigkeit, dadurch aber in der Tendenz besser beeinflussbar.[517] Sie leiten sich aus den gewachsenen und gelebten Werten und Werthaltungen eines Unternehmens ab.[518] Normen können als "... allgemein anerkannte (kollektive) und für das Zusammenleben der Menschen als verbindlich geltende Regeln oder Vorschriften ..."[519] sowie als "... standards of expected behavior, speech and 'presentation of self' [...]"[520] definiert werden. Sie wirken entscheidungs- und handlungsregulierend, sind also "[...] definierte, relativ dauerhafte und implizite Regeln über Verhaltensweisen bzw. deren Resultate, die von Mitgliedern einer sozialen Gemeinschaft akzeptiert, erwartet, kontrolliert und sanktioniert werden."[521] Auf ein gewinnorientiertes Unternehmen übertragen bedeutet dies: "Normen bringen Regeln und Verhaltensvorschriften zum Ausdruck, welche Aktivitäten und Interaktionen auszuführen sind und welches Verhalten gegenüber Mitarbeitern und Kunden und gegenüber Kosten und Gewinnen erwünscht ist und verpflichtend."[522]

Das Zusammenspiel von Werten, Normen und Verhaltensweisen stellen die folgenden zwei Abbildungen Abb. 3-3 und Abb. 3-4 dar. Die erste basiert auf der schon erwähnten systemisch-sozialpsychologischen Theorie von KATZ/KAHN (1978), die zweite auf der ebenfalls schon erwähnten Analogie zum erweiterten Einstellungsmodell nach AJZEN/FISHBEIN (1970, 1973, 1980) (vgl. zu beiden Abbildungen auch die Fußnote 441 in Kapitel 3.2).

---

[516] Vgl. Pflesser, C. (1999): a.a.O., S.13 f., 49, 61; auch Unterreitmeier, A. (2004): a.a.O., S. 39 f.
[517] Vgl. Pflesser, C. (1999): a.a.O., S. 61.
[518] Vgl. Unterreitmeier, A. (2004): a.a.O., S. 40.
[519] Unterreitmeier, A. (2004): a.a.O., S. 40.
[520] Sathe, V. (1983): Implications of Corporate Culture: A Manager's Guide to Action, in: Organizational Dynamics, S. 7.
[521] Pflesser, C. (1999): a.a.O., S. 61.
[522] Heinen, E. (1985): a.a.O., S. 987.

Die auf der unteren Ebene befindlichen Grundannahmen setzen sich mit den grundsätzlichen Fragen der menschlichen Existenz und den Beziehungen des Menschen zum Unternehmen selbst und zu dessen Umwelt auseinander, z.B. im Hinblick auf die Auffassung von Realität, Zeit oder Raum.[523] Nach SCHEIN sind die Grundannahmen der Kern einer Unternehmenskultur.[524] Sie bestimmen Wahrnehmung, Denken und Gefühle, sind den Menschen in einer Organisation größtenteils aber nicht bewusst, sondern werden als selbstverständlich im Unterbewusstsein akzeptiert.[525]

[523] Vgl. Pflesser, C. (1999): a.a.O., S. 14.
[524] Vgl. Unterreitmeier, A. (2004): a.a.O., S. 40.
[525] Vgl. Krohmer, H. (1999): a.a.O., S. 26.

Abb. 3-3: Übertragung des erweiterten Einstellungsmodells von AJZEN/FISHBEIN (1980) auf ein Modell der Unternehmenskultur

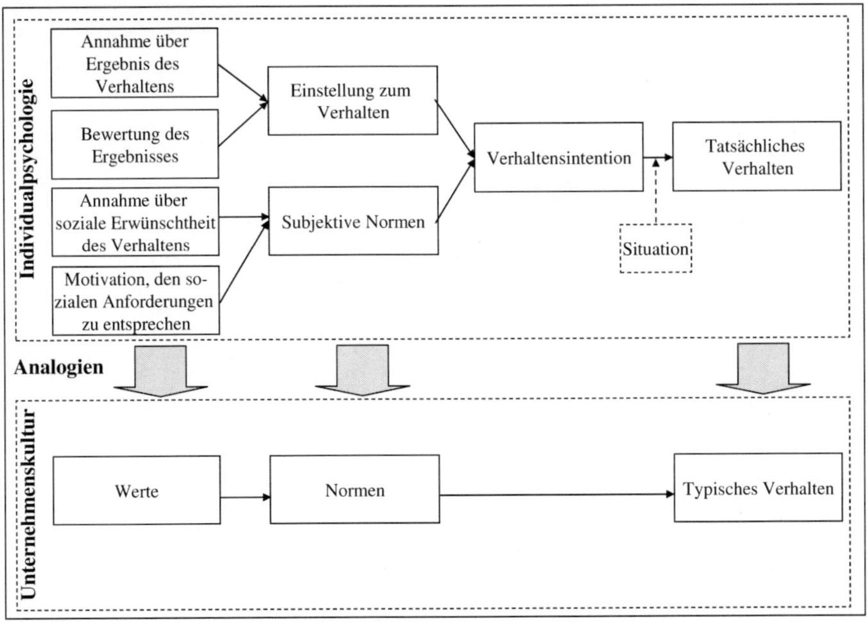

Quelle: Pflesser, C. (1999): Marktorientierte Unternehmenskultur – Konzeption und Untersuchung eines Mehrebenenmodells, S. 58.

Daher sind die Grundannahmen auch nur schwer erfassbar.[526] Die Grundannahmen leiten sich im Zeitverlauf durch einen Lernprozess aus den Werten ab, sofern sich diese über längere Zeit als erfolgreich bewährt haben.[527] Insofern kann die Ebene der Grundannahmen als eine Art mehr oder weniger selbstverständliches Referenzsystem beschrieben werden, auf welches normalerweise automatisch und ohne Nachdenken Bezug genommen wird.[528] Die Mitarbeiter "agieren im Sinne der kulturell bedingten Wertvorstellungen, weil sie eine Alternative gar

[526] Vgl. Schein, E.H. (1985): a.a.O., S. 113 f; auch Unterreitmeier, A. (2004): a.a.O., S. 41.
[527] Vgl. Unterreitmeier, A. (2004): a.a.O., S. 40.
[528] Vgl. Unterreitmeier, A. (2004): a.a.O., S. 40.

nicht sehen. Der tatsächlich gegebene Einfluß wird daher von ihnen selbst nicht wahrgenommen."[529]

Abb. 3-4: Sichtweise der Organisation als offenes soziales System und Zusammenspiel der zentralen Elemente

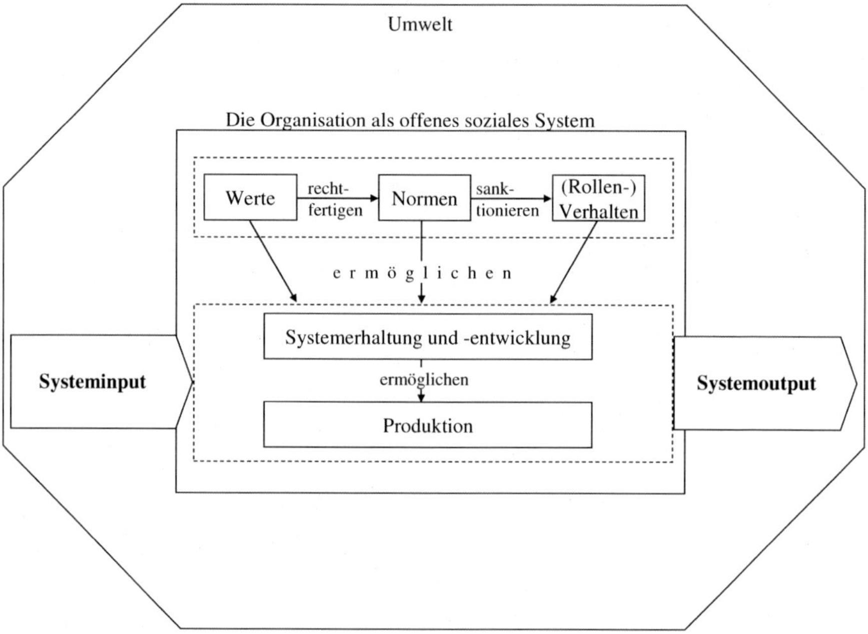

Quelle: Pflesser, C. (1999): a.a.O., S. 56, in Anlehnung an Katz, D./Kahn, R.L. (1978): The social psychology of organizations.

Das in der Literatur am häufigsten[530] zu findende typologiebasierte Modell der Unternehmenskultur ist das Modell nach QUINN/ROHRBAUGH[531] unter Berücksichtigung der darauf aufbauenden Arbeiten von QUINN[532] sowie CAMERON/FREEMAN.[533] Diese Typologie ist

529 Dülfer, E. (1992): Kultur und Organisationsstruktur , Sp. 1203.
530 Vgl. Pflesser, C. (1999): a.a.O., S. 15; Krohmer, H. (1999): a.a.O., S. 29.
531 Vgl. Vgl. Ernst, H. (2003): a.a.O., S. 28.
532 Vgl. Pflesser, C. (1999): a.a.O., S. 15.

im "Competing Values-Approach" von QUINN begründet. Dieser beinhaltet folgende miteinander konkurrierende organisationale Effektivitätskriterien, wobei die Typologie jedoch nur auf den ersten beiden Wertepolaritäten beruht[534]: (1) Externer/interner Fokus, (2) Betonung von Flexibilität/Betonung von Kontrolle und (3) Ergebnis-/ Prozessorientierung.

Daraus resultieren vier Idealtypen einer Unternehmenskultur, die aber kaum in Reinform vorkommen[535]: (1) Clan-Kultur, (2) Adhocratie-Kultur, (3) Markt-Kultur und (4) Hierarchie-Kultur (vgl. Abb. 3-5). Die wesentlichen Unterscheidungsmerkmale der vier Typen sollen nun kurz skizziert werden.[536]

Die hervorstechenden Eigenschaften der Clan-Kultur sind Zusammengehörigkeitsgefühl, eine familiäre Atmosphäre und Teamwork. Darüber hinaus prägen ein patriarchalischer Führungsstil, Loyalität und Tradition bei gleichzeitiger Betonung des Engagements sowie der Weiterentwicklung der Mitarbeiter diese Ausprägung der Kulturtypologien. Als Gegensatz dazu kann die Markt-Kultur beschrieben werden.[537] Diese zeichnet sich durch Leistungsmessung, Zielerreichung und Wettbewerbsorientierung aus. Der entscheidungs- und aufgabenorientierte Führungsstil soll zu Wettbewerbsvorteilen und Markterfolgen beitragen. Das zweite gegensätzliche Wertepaar besteht aus Adhocratie- vs. Hierarchie-Kultur.[538] Das Herzstück der ersteren sind Unternehmertum, Kreativität und Risikofreude, die sich im Bekenntnis zum innovationsorientierten Führungsstil manifestieren. Letztere ist im Bürokratiemodell von Weber beheimatet[539] und definiert sich insbesondere durch Standardisierung, Formalisierung und einen in diesem Sinne verwaltenden Führungsstil, der zu Stabilität und eingespielten internen Prozessen führen soll.

---

[533] Vgl. Ernst, H. (2003): a.a.O., S. 28
[534] Vgl. Krohmer, H. (1999): a.a.O., S. 29.
[535] Vgl. Pflesser, C. (1999): a.a.O., S. 16; Ernst, H. (2003): a.a.O., S. 30.
[536] Vgl. im folgenden Pflesser, C. (1999): a.a.O., S. 15 f.; Krohmer, H. (1999): a.a.O., S. 30 sowie Ernst, H. (2003): a.a.O., S. 28 f.
[537] Vgl. Ernst, H. (2003): a.a.O., S. 29.
[538] Vgl. Ernst, H. (2003): a.a.O., S. 29.
[539] Vgl. Ernst, H. (2003): a.a.O., S. 29.

Abb. 3-5: Typologie der Unternehmenskultur nach CAMERON/FREEMAN

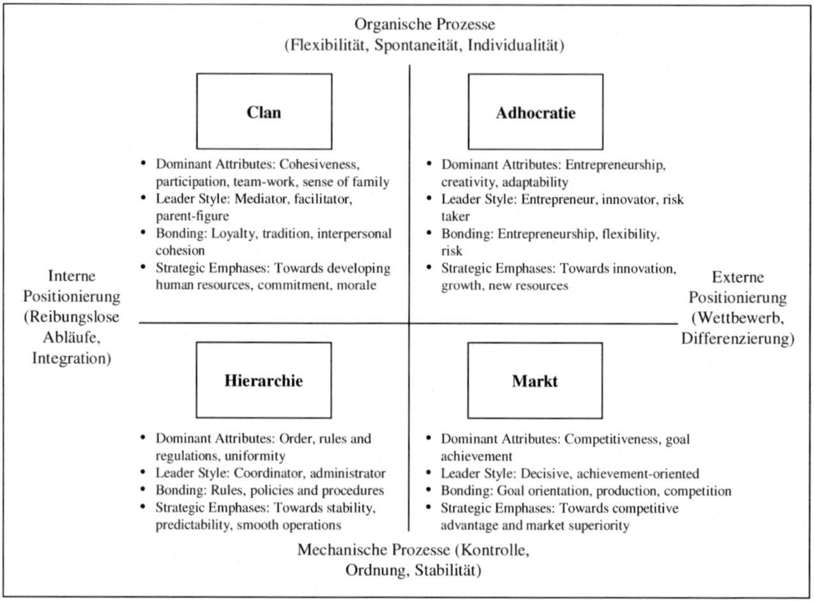

Quelle: In Anlehnung an Cameron/Freeman (1991), S. 29.

3.4.3 Schlussfolgerungen für das Forschungsverständnis der vorliegenden Arbeit

Für diese Arbeit stellt sich nun die Frage, welchem Modellverständnis – ebenen- oder typologieorientiert – gefolgt werden soll. Die Beantwortung hängt eng damit zusammen, inwiefern das Modell das Ziel einer differenzierten empirischen Analyse erlaubt.[540] Da Unternehmenskultur beim typologiegestützten Ansatz auf einem sehr hoch aggregierten Niveau erfasst wird, ist die vorgenannte Zielsetzung schwer zu erreichen.[541] Darüber hinaus ist kritisch anzumerken, dass die auf QUINN basierenden Typologien teilweise per Definition erfolgreicher sind als andere, da die o.g. Wertepolaritäten selbst schon als Effektivitätskriterien eines Unterneh-

[540] Vgl. Pflesser, C. (1999): a.a.O., S. 30.
[541] Vgl. Pflesser, C. (1999): a.a.O., S. 30.

mens gesehen werden.[542] Daher wird dem Mehrebenenmodell nach SCHEIN gefolgt, das innerhalb der drei möglichen Ebenen die gezielte Betrachtung einzelner Dimensionen ermöglicht und detaillierte Dependenzanalysen erlaubt.[543] Mögliche und für diese Arbeit relevante Dimensionen der Unternehmenskultur werden im folgenden Kapitel diskutiert. Vorher soll Abb. 3-6 noch einmal deutlich machen, inwiefern sich das Forschungsverständnis dieser Arbeit mit den Ausführungen der vorigen Kapitel und dem nächsten Kapitel zu den einzelnen Dimensionen einer Unternehmenskultur in Einklang bringen lässt.

Abb. 3-6: Dreidimensionaler Würfel zur Bestimmung des Forschungsverständnisses

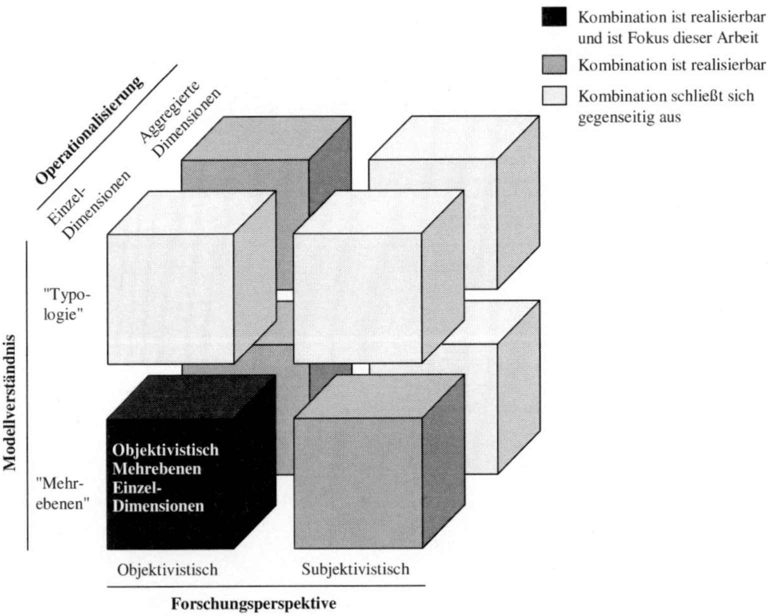

---

[542] Vgl. Pflesser, C. (1999): a.a.O., S. 30.

[543] Vgl. dazu auch das Zitat von Rousseau (1990) in Kapitel 3.4.1. Rousseau geht davon aus, dass je nach untersuchter Ebene der Unternehmenskultur auch unterschiedliche Erhebungsmethoden eingesetzt werden können bzw. sollen.

Darüber hinaus fokussiert die vorliegende Arbeit auf die Erfassung von Werten und von Normen. Werte werden verstanden als verhaltensbeeinflussende Auffassung über das Wünschenswerte bzw. das für die Zukunft Erstrebenswerte sowie als Orientierungsleitlinie für unternehmerische Ziel- und Handlungsweisen. Normen dagegen zeigen einen höheren Grad der Konkretisierung sowie einen stärkeren Verhaltensbezug und sind daher als Regeln und Verhaltensvorschriften zu verstehen, die regeln, "... welche Aktivitäten und Interaktionen auszuführen sind und welches Verhalten gegenüber Mitarbeitern und Kunden und gegenüber Kosten und Gewinnen erwünscht ist und verpflichtend."[544]

Da sich Grundannahmen nach SCHEIN einer quantitativen Erfassung entziehen, werden diese in der vorliegenden Arbeit nicht erhoben.[545] Darüber hinaus sind die Grundannahmen für die vorliegende Arbeit auch nicht von Bedeutung. Grundannahmen unterscheiden sich in der Regel nur auf der Makroebene (Landes- oder Globalkultur), aber nicht innerhalb derselben Landeskultur.[546] Da die vorliegende Arbeit ausschließlich Unternehmen in Deutschland betrachtet, sind keine signifikanten Unterschiede bezüglich der Grundannahmen zu erwarten. Außerdem resultieren die Grundannahmen im Zeitverlauf aus dem vorherrschenden Wertesystem.[547] Auch Artefakte werden in der vorliegenden Arbeit nicht weiter betrachtet.

3.4.4 Konzeptualisierung und Operationalisierung theoretischer Konstrukte und ihre Bedeutung für die Messung von Werten und Normen

Für Unternehmenskultur gilt ebenso wie für den Innovationsgrad:[548] "Unternehmenskultur ist ein theoretisches Konstrukt."[549] Unternehmenskultur ist also nicht direkt beobacht- und messbar, sondern es handelt sich um eine latente Variable.[550] Ein solcher theoretischer Begriff muss deshalb konzeptualisiert und operationalisiert werden, wenn man ihn messbar machen

---

544 Heinen, E. (1985): a.a.O., S. 987.
545 Vgl. Schein, E.H. (1985): a.a.O., S. 113 f.
546 Vgl. Unterreitmeier, A. (2004): a.a.O., S. 41 f.
547 Vgl. Schein, E.H. (1985): a.a.O., S. 18.
548 Für die Diskussion der Messung des Innovationsgrads sowie einen Vorschlag zur Operationalisierung bei jungen Unternehmen vgl. Kapitel 2.3.
549 Unterreitmeier, A. (2004): a.a.O., S. 56.
550 Vgl. im Folgenden Unterreitmeier, A. (2004): a.a.O., S. 56 ff.

möchte. In Anlehnung an die bekannte Grundlagenveröffentlichung zur Skalenbildung von CHURCHILL (1979)[551] wird nachfolgend die Vorgehensweise zur Entwicklung eines Messinstruments für latente Konstrukte beschrieben.[552]

Der Untersuchungsgegenstand wird im Rahmen der Konzeptualisierung durch die Definition des Konstrukts präzisiert. Da es eine ggf. sehr große Menge an möglichen Eigenschaften eines Konstrukts gibt, muss klar definiert werden, welche im Definitionsbereich und welche außerhalb liegen. Dabei sind eine umfangreiche Literaturrecherche oder auch Expertengespräche ratsam, um ein möglichst vollständiges Verständnis des Untersuchungsobjekts und erste Einblicke in die Dimensionalität des Konstrukts zu gewinnen.

Die darauffolgende Entwicklung des Messinstruments wird auch Operationalisierung genannt. Dieses Messinstrument soll die Dimensionen des Konstrukts messen. Dies geschieht unter Angabe von Messanweisungen (Korrespondenzregeln) und mittels geeigneter Indikatorvariablen.[553] Die Phase der Operationalisierung kann in zwei Schritte unterteilt werden. Der erste Schritt umfasst die Sammlung von Indikatorvariablen. Hier erfolgt vor allem eine Analyse der relevanten Literatur und/oder auch Expertenbefragungen und Fallstudien, um Kenntnis darüber zu erlangen, welche Definitionen des Konstrukts bisher existieren und aus welchen Dimensionen oder Komponenten es zusammengesetzt ist. Hauptziel dieses ersten Schrittes ist die Zusammenstellung bzw. die Erarbeitung von Items, welche die Konstruktdimensionen umfassend abbilden. In einem Pretest werden am Ende des ersten Schrittes die Indikatoren auf Verständlichkeit und Eindeutigkeit überprüft, um sie ggf. erneut zu überarbeiten oder sogar zu eliminieren. Hiernach erfolgt die Erhebung der Daten.

---

[551] Vgl. Churchill Jr., G.A. (1979): A Paradigm for Developing Better Measures of Marketing Constructs, in: Journal of Marketing Research.

[552] Die folgende Zusammenfassung zur Skalenbildung nach Churchill orientiert sich an der Darstellung von Unterreitmeier (vgl. Unterreitmeier, A. (2004): a.a.O., S. 56 ff.).

[553] Unter einer Indikatorvariable versteht man eine direkt beobachtbare, manifeste Variable. Ein Indikator ist als physische Reaktion von Auskunftspersonen auf Items definiert. Die Reaktion kann z.B. in Form von Zustimmung/Ablehnung auf eine Aussage erfolgen. Davon zu unterscheiden ist ein Item. Ein Item ist als das grundlegende Element einer Skala definiert, z.B. in Form einer Frage, Aussage oder einer Meinung. In Anlehnung an Nieschlag et al. (1997) wird in der vorliegenden Arbeit als Indikator das "[...] mit einem vorgegebenen Spektrum möglicher Reaktionen (mindestens zwei) versehene Item [...]" bezeichnet (Nieschlag, R./Dichtl, E./Hörschgen, H. (1997): Marketing, S. 690). Als Syonym kann auch der Begriff Variable verwendet werden (vgl. Unterreitmeier, A. (2004): a.a.O., S. 57).

Für die Messung von Wertkonstrukten ist also die Multi-Item-Messung die valideste und angemessenste Methode.[554] Da die Wertedimensionen im Rahmen der vorliegenden Arbeit auf organisationaler Ebene erfasst werden, ist es notwendig, eine "Uns"-Meinung abzufragen.[555] Dazu werden Formulierungen verwendet wie z.B. "in unserem Unternehmen wird....besonders betont" oder "in unserem Unternehmen wird auf...besonderer Wert gelegt" oder "in unserem Unternehmen wird...angestrebt".[556] Für diese Art der Wertemessung konnten GABELE/KIRSCH/TREFFERT (1977) empirisch nachweisen, dass es einer befragten Person möglich ist, tatsächlich kollektive Werte zu beurteilen; dabei konnte kein signifikanter Einfluss von diversen Persönlichkeitsmerkmalen auf das Antwortverhalten festgestellt werden.[557] Für in der Literatur gefundene Dimensionen der Unternehmenskultur, welche den für diese Arbeit definierten Dimensionen entsprechen, wird für ggf. publizierte Items, sofern erforderlich, eine Umformulierung vorgenommen werden. Sollten nach einer Literaturrecherche keine vergleichbaren Dimensionen (und zugehörige Items) der Unternehmenskultur für junge technologieorientierte Unternehmen, wie sie die vorliegende Arbei definiert, gefunden werden, so wird ggf. auf Messinstrumente zurückgegriffen, welche ähnliche bzw. verwandte Konstrukte messen, und bei diesen Items wird dann ebenfalls eine entsprechende Umformulierung vorgenommen. Auf eigenen Überlegungen basierende Items berücksichtigen natürlich auch die vorigen Ausführungen.

Gegenüber Werten haben Normen, wie schon im vorigen Kapitel 3.4.2 geschildert, eine höhere Spezifität.[558] Dies sollte bei der Messung von Normen, die sich insbesondere auf das von einem sozialen Umfeld erlaubte bzw. geforderte Verhalten beziehen, berücksichtigt wer-

---

554 Vgl. Pflesser, C. (1999): a.a.O., S. 128 f; auch Gabele, E./Kirsch, W./Treffert, J. (1977): Werte von Führungskräften der deutschen Wirtschaft – Eine empirische Analyse.

555 Vgl. Pflesser, C. (1999): a.a.O., S. 129.

556 Vgl. Pflesser, C. (1999): a.a.O., S. 129. Die vorliegende Arbeit geht davon aus, dass auch Formulierungen wie z.B. "in unserem Unternehmen wird...besonders hervorgehoben", "in unserem Unternehmen wird...vorgelebt", "in unserem Unternehmen sind wir...in besonderem Maße aufgeschlossen", "in unserem Unternehmen wird...besonders vor Augen geführt" etc. auch den bei Pflesser (1999) beschriebenen Anforderungen an die Item-Formulierung genügen.

557 Vgl. Gabele, E./Kirsch, W./Treffert, J. (1977): a.a.O., S. 127 ff.

558 Vgl. O'Reilly, C.A./Chatman, J.A./Caldwell, D.F. (1991): People and Organizational Culture: A Profile Comparison Approach to Assessing Person-Organization Fit, in: Academy of Management Journal, S. 492.

den.[559] Dies schlägt sich zum einen in einer Messung über multiple Items und zum anderen im normativen Charakter der Itemformulierung nieder.[560] Die Items enthalten vor dem Hintergrund der Definition von Normen in Kapitel 3.4.2 Formulierungen wie z.B. "in unserem Unternehmen wird akzeptiert/erwartet/kontrolliert/sanktioniert...".[561] Für die Itemgenerierung bzw. -umformulierung gilt bei den Normen natürlich das Gleiche wie bei den Werten.

In der zweiten Phase der Operationalisierung erfolgt die quantitative Datenanalyse. Diese beinhaltet die Zuordnung der Indikatoren zu Faktoren und Dimensionen sowie die Überprüfung der Konstrukte auf Reliabilität und Validität, wobei nicht geeignete Items eliminiert werden. Die zweite Phase ist beendet, wenn "... ein Messinstrument vorliegt, das unter Reliabilitäts- und Validitätsaspekten optimiert wurde."[562] Danach wird empfohlen, das Messinstrument mit den verbliebenen Indikatoren anhand einer neuen Stichprobe zu überprüfen, um festzustellen, ob das Messmodell stichprobenunabhängig ist.

Die Konzeptualisierung und Operationalisierung der Unternehmenskultur für junge Technologieunternehmen wird deshalb wie folgt vorgenommen: Zuerst werden Ansätze zur Operationalisierung von Unternehmenskultur in der wissenschaftlichen Literatur verglichen und entsprechende Dimensionen dargestellt. Inwiefern diese Dimensionen für junge Technologieunternehmen geeignet sind, wird darauffolgend in den Kapiteln 3.5 und 3.6 diskutiert und ein eigenes Modell bzw. Konstrukt entwickelt. Im Anschluss an die Beschreibung der jeweiligen Dimensionen wird für jede Dimension eine Indikatormenge wie oben beschrieben für Werte und Normen gebildet, welche nach Möglichkeit sowohl auf in der Literatur veröffentlichten als auch auf eigenen Überlegungen basiert. Das so entwickelte Messinstrument wird dann

[559] Vgl. Jackson, J. (1966): A Conceptual and Measurement Model for Norms and Roles, in: Pacific Sociological Review, S. 38.
[560] Vgl. Heide, J.B./John, G. (1992): Do Norms Matter in Marketing Relationships?, in: Journal of Marketing, S. 37.
[561] Vgl. Pflesser, C. (1999): a.a.O., S. 129. Die vorliegende Untersuchung geht davon aus, dass auch Formulierungen wie z.B. "in unserem Unternehmen wird...sehr geschätzt" (vgl. auch Pflesser, C. (1999): a.a.O., S. 141), "in unserem Unternehmen wird...als Vorteil angesehen" (vgl. auch Pflesser, C. (1999): a.a.O., S. 146), "in unserem Unternehmen wird...sehr geschätzt", "in unserem Unternehmen wird...als normal angesehen" etc. auch den bei Pflesser (1999) beschriebenen Anforderungen an die Item-Formulierung genügen.
[562] Unterreitmeier, A. (2004): a.a.O., S. 58.

vorab in einem Pretest durch Experten auf Vollständigkeit, Verständlichkeit und Überschneidungsfreiheit geprüft werden. In Kapitel 5 erfolgt die Überprüfung sowohl des Messinstruments als auch der entwickelten Hypothesen anhand einer Stichprobe.

3.4.5 Dimensionen zur Messung von Unternehmenskultur

Wie bereits umrissen, sind zur empirischen Erhebung von Unternehmenskultur grundsätzlich eine dimensionen- und eine typologieorientierte Vorgehensweise denkbar. Insbesondere auf Grund der Schwierigkeiten bzgl. einer differenzierten empirischen Analyse, hervorgerufen durch das hochaggregierte Niveau des typologieorientierten Ansatzes, verwendet diese Arbeit verschiedene Einzeldimensionen der Unternehmenskultur. Diese konkrete und detaillierte Erfassung von einzelnen Dimensionen einer Unternehmenskultur erlaubt ein hohes Maß an Genauigkeit bei der Hypothesenüberprüfung.[563] In den nachfolgenden Kapiteln soll ein Überblick über in der Literatur verwendete bzw. diskutierte Dimensionen gegeben sowie die Gründe für die Auswahl der hier verwendeten Einzeldimensionen dargelegt werden. Dazu werden in einem ersten Schritt verschiedene Studien zur Erforschung der Unternehmenskultur gegenübergestellt, um dann in einem zweiten Schritt die für diese Arbeit ausgewählte Vorgehensweise insbesondere vor dem Hintergrund der hier betrachteten jungen Unternehmen detaillierter zu diskutieren. Der Vollständigkeit halber werden vorher noch fallstudien- und typologiebasierte Studien überblicksartig dargestellt. Die Übersichten der fallstudien- und typologiebasierten Arbeiten, darauf sei hingewiesen, sind in Anlehnung an die 1999 veröffentlichte Arbeit von Christian PFLESSER[564], ergänzt um vorhandene neuere Arbeiten, entstanden. Da PFLESSERs Arbeit den Themenkomplex in angemessener Form aufarbeitet, wird auch darauf verzichtet, alle aufgelisteten Studien nochmals ausführlich zu beschreiben. Die Übersicht zu den dimensionenorientierten Ansätzen jedoch berücksichtigt neben einigen anderen nicht nur die Arbeit PFLESSERs, sondern vor allem auch die Arbeit von UNTERREITMEIER (2004), welche durch Vergleich und kritische Diskussion von 27 verschiedenen quantitativen Ansätzen zur Erfassusng von Unternehmenskultur einen sehr detaillierten Über-

[563] Vgl. Pflesser, C. (1999): a.a.O., S. 50.
[564] Vgl. Pflesser, C. (1999): a.a.O., S. 18 ff.

blick bzgl. möglicher Dimensionen liefert.[565] Während PFLESSER auch die Erfolgsauswirkungen von Unternehmenskultur in seiner Übersicht betrachtet, ansonsten in seiner Arbeit jedoch auf die Ausarbeitung "nur" einer denkbaren Dimension der Unternehmenskultur, nämlich der der Marktorientierung, abzielt, fokussiert UNTERREITMEIER vor allem darauf, die Vielzahl der in der Literatur diskutierten Dimensionen der Unternehmenskultur weiter zu verdichten. Die vorliegende Arbeit legt daher einen aktuellen Überblick vor.

3.4.6 Bisherige Studien zur Unternehmenskultur

3.4.6.1 Fallstudienbasierte Beiträge

Die folgende Tab. 3-1 zeigt ausgewählte fallstudienbasierte Beiträge zur Unternehmenskultur im Überblick. Das Verdienst der schon mehrfach erwähnten praxisorientierten Arbeiten von DEAL/KENNEDY (1982) und PETERS/WATERMAN (1982) liegt vor allem in der Bekanntmachung des Phänomens der Unternehmenskultur. Dies führte letztlich zu einer verstärkten Auseinandersetzung der Wissenschaft mit diesem Thema. Vor allen Dingen in methodischer Hinsicht weisen insbesondere diese beiden Arbeiten jedoch Schwächen auf, da ihre Schlussfolgerungen kaum nachprüfbar sind bzw. schon widerlegt wurden. Mehrere Veröffentlichungen zeigen, dass viele der von PETERS/WATERMAN als besonders exzellent dargestellten Unternehmen die 80er Jahre nicht überlebt haben oder nur wenige Jahre später in starke finanzielle Probleme gerieten[566], obwohl sie die meisten der acht Attribute aufwiesen, die nach PETERS/WATERMAN für exzellente Unternehmenskulturen und damit für exzellente Leistungen in finanzieller Hinsicht entscheidend sind. Eine weitere Studie zeigte, dass

[565] Vgl. Unterreitmeier, A. (2004): a.a.O., S. 58 ff. Darüber hinaus gibt es eine weitere Arbeit von Poech (2003), in der 35 verschiedene Instrumente dargestellt werden, welche zur Diagnose von Unternehmenskultur entwickelt worden sein sollen; allerdings fällt dort auf, dass mehrere der aufgeführten Arbeiten nicht explizit der Unternehmenskultur gewidmet sind, sondern z.B. dem Organisationsklima oder sehr kontextspezifischen Betrachtungsweisen (bspw. soziale Atmosphäre in psychatrischen Krankenhausabteilungen) zuzurechnen sind. Des Weiteren fehlt bei Poech eine den Vergleich abschließende nach Kriterien geordnete Gesamtübersicht. Da darüber hinaus bei Unterreitemeier alle wesentlichen Arbeiten zur Unternehmenskultur enthalten sind, wird die Arbeit von POECH nur der Vollständigkeit halber kurz erwähnt und bei Bedarf auf sie Bezug genommen (vgl. Poech, A. (2002): a.a.O., S. 24 ff.); vgl. zu einer Kritik an der Arbeit von Poech auch Unterreitmeier, A. (2004): a.a.O., S. 83 ff. Es wird insbesondere die mangelnde Transparenz der Arbeit im Hinblick auf die Indikatorensammlung und deren Zuordnung zu den Dimensionen kritisiert.

[566] Vgl. Carroll, D.T./Salerno, L.M. (1983): A disappointing search for excellence, in: Harvard Business Review.

ein von PETERS/WATERMAN als exzellent eingestuftes Unternehmen sich in der Unternehmenskultur nicht von zwei anderen Unternehmen unterschied, diese allerdings weit weniger gute Leistungen aufwiesen.[567]

Eine fallstudienbasierte Auseinandersetzung mit der Unternehmenskultur auf wissenschaftlichem Niveau unternahmen u.a. Sonja SACKMANN (1991, 1992) mittels der Methode der Inhaltsanalyse von Interviews oder Edgar SCHEIN (1985, 1992) mit dem aus seinem nicht unumstrittenen klinischen Forschungsansatz[568] entstandenen Dreiebenen-Modell, welches aber als eines der ersten Modelle eine theoretische Fundierung bietet und damit eines der wichtigsten Grundlagenwerke für die Unternehmenskulturforschung darstellt. [569] Auch TRICE/BEYER stellen basierend auf mehreren Fallstudien die Facetten einer Unternehmenskultur dar.[570]

---

567 Vgl. Reynolds, P.D. (1986): Organizational culture as related to industry, position and performance: A preliminary report, in: Journal of Management Studies.

568 Der klinische Forschungsansatz von Schein schreibt nur speziell ausgebildeten Außenstehenden die Fähigkeit zu, bei intensiver Beschäftigung mit einem Unternehmen die Unternehmenskultur erfassen zu können. Vgl. Pflesser, C. (1999): a.a.O., S. 25.

569 Vgl. Pflesser, C. (1999): a.a.O., S. 24 f.

570 Vgl. Trice, H./Beyer, J. (1993): The Cultures of Work Organizations.

Tab. 3-1: Studien zur fallstudienbasierten Untersuchung von Unternehmenskultur

Autor/en	Methode(n)	Datengrundlage	Konzeptualisierung/ Operationalisierung	Zentrale Ergebnisse/ Erfolgsauswirkungen
Deal/Kennedy (1982)	Keine	Mehrere Fallstudien	Vier prägende Kulturtypen einer Unternehmenskultur: - Werte - "Helden" - Rituale - Netzwerke	Keine
Peters/Waterman (1982)	Keine	n=62 Fallstudien, teilweise unterstützt durch Tiefeninterviews	Sieben Basiswerte einer Unternehmenskultur: - "Being best" - Details of execution - People as individuals - Superior quality and service - Most members of the organization innovators - Informality to enhance communication - Economic growth, profits	Positiver Effekt der Hauptausprägungen einer Unternehmenskultur auf wirtschaftliche Erfolgsmaße
Sackmann (1991,1992)	Ansatz zwischen quantitativer und qualitativer Forschung	n=52 mittels persönlicher Interviews Befragte aus drei Divisionen eines amerikanischen Mischkonzerns	Unternehmenskultur ist kognitiv basiert und entspringt vier Dimensionen kulturellen Wissens: - Dictionary knowledge - Directory knowledge - Recipe knowledge - Axiomatic knowledge	Keine
Schein (1992)	Klinischer Forschungsansatz	Mehrere Fallstudien	Unternehmenskultur besteht aus drei Ebenen: - Basisannahmen - Werte - Artefakte	Keine
Trice/Beyer (1993)	Keine	Mehrere Fallstudien	Unternehmenskultur besteht aus grundlegenden Werten sowie Ideologien und wird über verschiedenste Formen (z.B. Sprache, Geschichten, Praktiken etc.) vermittelt	Keine

Quelle: Pflesser, C. (1999): a.a.O., S. 18.

3.4.6.2 Typologieorientierte Beiträge

Wie bereits erwähnt, dominiert bei der typologieorientierten Messung von Unternehmenskultur der Ansatz von QUINN (1988) mit der Weiterentwicklung von CAMERON/FREEMAN (1991). Hauptergebnisse dieses Vorgehens sind akzeptable Reliabilitäten bei der Messung von

Unternehmenskultur sowie teilweise signifikante Zusammenhänge zwischen Organisationsstruktur, Kulturtypen und Innovationserfolg. Einen Überblick über entsprechende Forschungsergebnisse liefert die folgende Tab. 3-2.

Tab. 3-2: Ausgewählte typologieorientierte Untersuchungen von Unternehmenskultur

Autor/en	Untersuchungs-design	Stichprobe	Relevante unabhängige Variablen	Relevante abhängige Variablen	Zentrale Ergebnisse/ Erfolgsauswirkungen
-Quinn (1988) -Quinn/Cameron (1983) -Quinn/ Rohrbaugh (1981, 1983) -Quinn/Spreitzer (1991)	-Qualitative und quantitative Erhebungen -Auswertung mittels Cronbachsches Alpha, Korrelationsanalysen, multidimensionale Skalierung	Mehrere qualitative und quantitative Erhebungen	Vier Idealtypen einer Unternehmenskultur, die sich durch die Wertepolaritäten Orientierung und Kontrolle unterscheiden: -Market -Adhocracy -Clan -Hierarchy	–	Zugrundeliegende Wertepolaritäten sind als Effektiviätskriterien einer Organisation geeignet
Cameron/ Freeman (1991)	-Schriftliche Befragung -Auswertung mittels Varianz- und Diskriminanzanalysen	n=334 Bildungsinstitutionen der USA	Vier Idealtypen einer Unternehmenskultur, die sich durch die Wertepolaritäten Orientierung und Kontrolle unterscheiden: -Market -Adhocracy -Clan -Hierarchy Berücksichtigung -der Kongruenz und -der Stärke der Unternehmenskultur	Typ und Grad der Kongruenz der Unternehmenskultur	-Organisationale Merkmale aus sechs Kategorien (z.B. Organisationsstruktur, strategische Orientierung) haben z.T. stark signifikanten Effekt auf den Typ und den Grad der Kongruenz der Unternehmenskultur -Typ der Unterneh-menskultur hat signifikanten Einfluss auf neun Dimensionen der organisationalen Effektivität von Bildungseinrichtungen

Autor/en	**Untersuchungs-design**	**Stichprobe**	**Relevante unabhängige Variablen**	**Relevante abhängige Variablen**	**Zentrale Ergebnisse/ Erfolgsauswir-kungen**
Zammuto/ Krakower (1991)	-Schriftliche Befragung und zwei Fallstudien US-amerikanischer Universitäten -Auswertung durch Korrelations- und Clusteranalysen sowie Cronbachsches Alpha	n=3406 Mitarbeiter US-amerikanischer Universitäten	Vier Typen einer Unternehmenskultur nach Quinn (1988)	Organisationsstruktur, Organisationsklima, Strategie	Teilweise signifikante Korrelation der Unternehmenskultur-typen mit Variablen aus den Kategorien Organisationsstruktur, Organisationsklima und Strategie
Desphandé/ Farley/ Webster (1993)	–	–	Vier Typen einer Unternehmenskultur nach Quinn (1988), Kundenorientierung, Innovativität	Erfolg der strategischen Geschäftseinheit (Profitablität, Größe, Marktanteil und Wachstum im Vergleich zum größten Konkurrenten)	Marktkulturen haben den größten Erfolg. Kundenorientierung führt zu höherem Erfolg, wobei die Beurteilung der Kundenorientierung durch die Kunden wichtig ist und nicht die Beurteilung durch das Unternehmen. Innovativität erhöht den Unternehmenserfolg
Moorman (1995)	-Schriftliche Befragung -Konfirmatorische Faktorenanalyse, Cronbachsches Alpha, Regressionsanalyse	n=92 Marketingvorstände US-amerikanischer Unternehmen	Vier Typen einer Unternehmenskultur nach Quinn (1988)	Vier Dimensionen des Informationspro-zesses	Die vier Kulturtypen haben unterschiedliche, teilweise signifikante Effekte auf vier Dimensionen des Informationsprozesses
Ernst (2003)	-Schriftliche Befragung -Auswertung im kausalanalytischen Verfahren mittels MultiTrait-MultiMethod (MTMM)-Verfahren	n=258 Befragte aus 43 verschiedenen SGE's, wobei ein Informant Bias ausgeschlossen werden sollte durch Befragung von je sechs Personen aus unterschiedlichen Bereichen (F&E, Marketing, Produktion plus eine Person, die als genereller Ansprechpartner die Innovationsprojekte beurteilen sollte) pro Unternehmen	Vier Typen einer Unternehmenskultur nach Quinn (1988)	Neun Variablen des Innovationserfolgs auf Programmebene nach Cooper und Kleinschmidt (1995) wurden zu drei Dimensionen verdichtet: -Profitabilität -Wachstum -Zielerreichung	-Drei v. vier Unterneh-menskulturtypen (Ausnahme:"Market-Kultur") valide messbar -Eine innovations-freundliche Unter-nehmenskultur ("Adhocracy-Kultur") erhöht den Innova-tionserfolg signifikant -Eine stark hierarch-ische Unternehmens-kultur ("Hierarchy-Kultur") reduziert den Innovationserfolg signifikant -"Adhocracy-Kulturen" treten signifikant mehr auf bei hoher Technologiedynamik, "Hierarchy-Kulturen" signifikant häufiger bei niedriger Technologie-dynamik vorzufinden

Quelle: Eigene Darstellung in Anlehnung an Pflesser, C. (1999): a.a.O., S. 23.

3.4.6.3 Dimensionsorientierte Beiträge

"Demonstrating that a set of replicable dimensions exists is a prerequisite to making meaningful comparisons across organizations and industries."[571] Und obwohl "Organizational culture is postulated to be one of the greatest theoretical levers required for understanding organizations"[572], gibt es bis heute keinen Konsens bzgl. Schlüsseldimensionen der Unternehmenskultur, die in der Lage sind, Unternehmenskultur über verschiedene Organisationen hinweg zu erfassen.[573]

Bei einigen Forschungsarbeiten können die zur genaueren Untersuchung gewählten Charakteristika der Unternehmenskultur nur durch die sehr kontextspezifischen Betrachtungsweisen erklärt werden, was o.g. Forderung entgegensteht. Nur einige Beispiele unter vielen dafür sind a) die unternehmensspezifische Erhebung von Werten und Macht in einer Schnellrestaurantkette und einem Robotertechnikunternehmen durch ENZ (1988)[574], b) die situationsspezifische Untersuchung von Unternehmenskultur im Hinblick auf trödelnde Arbeiter in der indischen Textilindustrie durch AMSA (1986)[575], c) die funktionenspezifische Betrachtung z.B. des Marketings durch WEBSTER[576] oder d) die ausschließliche Betrachtung des Themas aus der Top-Management-Perspektive etwa bei GOLL/ZEITZ[577].[578]

Andere – fragebogenbasierte – Instrumente zur Erhebung der Unternehmenskultur können jedoch auch kontextunspezifisch angewendet werden. Die betrachteten Kulturdimensionen werden entweder deduktiv, d.h. durch konzeptionelle Überlegungen, oder induktiv, z.B. auf

571 Chatman, J.A./Jehn, K.A. (1994): Assessing the relationship between industry characteristics and organizational culture: How different can you be?, in: Academy of Management Journal, S. 525.
572 Delobbe, N./Haccoun, R.R./Vandenberghe, C. (2002): Measuring Core Dimensions of Organizational Culture? A Review of Research and Development of a New Instrument, S. 3.
573 Vgl. Delobbe, N./Haccoun, R.R./Vandenberghe, C. (2002): a.a.O., S. 3.
574 Vgl. Enz, C.A. (1988): The role of value congruity in intraorganizational power, in: Administrative Science Quarterly.
575 Vgl. Amsa, P. (1986): Organizational culture and work group behaviour: An empirical study, in: Journal of Management Studies.
576 Vgl. Webster, C. (1993): Refinement of the marketing culture scale and the relationship between marketing culture and profitability of a service firm, in: Journal of Business Research.
577 Vgl. Goll, I./Zeitz, G. (1991): Conceptualizing and measuring corporate ideology, in: Organization Studies.
578 Vgl. auch Delobbe, N./Haccoun, R.R./Vandenberghe, C. (2002): a.a.O., S. 5.

Tiefeninterviews basierend, hergeleitet und teilweise auch empirisch bestätigt; bei manchen Instrumenten fehlt eine Erklärung der Herleitung allerdings völlig bzw. die Konstruktion des Messinstruments wird nicht offen gelegt.[579] Es ist daher zu befürchten, dass das subjektive Ermessen diese Operationalisierungsvorschläge stark prägt.[580]

PFLESSER (1999) sowie UNTERREITMEITER (2004) stellen beide fest, dass die Arbeiten zur Untersuchung von Erfolgsauswirkungen der Unternehmenskultur nur teilweise signifikante Effekte von einzelnen Kulturdimensionen auf den Unternehmenserfolg ergeben und es sich dabei um eine Fragestellung handelt, die kontrovers diskutiert wird.[581] Dennoch "... wird ein solcher Bezug generell nicht in Frage gestellt."[582] Die in PFLESSERs Veröffentlichung dargestellten dimensionenorientierten Arbeiten zur Unternehmenskultur sind in der folgenden Tab. 3-3 zu sehen.[583]

---

579 Vgl. Delobbe, N./Haccoun, R.R./Vandenberghe, C. (2002): a.a.O., S. 5, auch Unterreitmeier, A. (2004): a.a.O., S. 89.

580 Vgl. Unterreitmeier, A. (2004): a.a.O., S. 89.

581 Vgl. Pflesser, C. (1999): a.a.O., S. 18 ff.; Unterreitmeier, A. (2004): a.a.O., S. 44 ff. Vgl. auch Ernst, H. (2003): a.a.O., S. 23 ff.

582 Unterreitmeier, A. (2004): a.a.O., S. 45.

583 Eine weitere Übersicht von Arbeiten zur Beziehung von Unternehmenskultur und Erfolg findet sich in Wilderom, C.P.M./Glunk, U./Maslowski, R. (2000): Organizational Culture as a Predictor of Organizational Performance , S. 198 f.

Tab. 3-3: Ausgewählte großzahlige und dimensionenorientierte empirische Arbeiten zur Unternehmenskultur

Autor/en	Jahr	Konzeptualisierung/ Operationalisierung	Stichprobe	Methoden	Determinanten	Zentrale Ergebnisse/ Erfolgsauswirkungen
Denison	1984	Zwei Elemente einer Organisationskultur: -Arbeitsorganisation -Entscheidungsfindungspraktiken	n=43.747 Befragte aus 6.671 Arbeitsgruppen von 34 amerikanischen Unternehmen unterschiedlicher Branchen per schriftlicher Befragung	-Auswertung mittels Perzentilrang-vergleich und Mittelwertvergleich	Keine	Arbeitsorganisation und partizipative Entscheidungsfindung wirken sich positiv auf Kapitalrendite (ROI) und Umsatzrendite (ROS) aus
-Dunn/ Norburn/ Birley -Norburn et al.	-1985, 1994 -1990	Sieben Wertedimensionen einer Unternehmenskultur nach Peters/Waterman (1982)	Drei unterschiedliche Stichproben (n1=54, n2= 168, n3=478) aus unterschiedlichen Industrien (schriftliche Befragung)	-Auswertung durch t-Tests, Mittelwertvergleiche und Clusteranalyse	Keine	Alle sieben Wertedimensionen einer Unternehmenskultur mit positiven Effekten auf die Marketing-Effektivität
Reynolds	1986	14 Polaritäten einer Unternehmenskultur: -Extern vs. intern -Aufgabe vs. sozial -Sicherheit vs. Risiko -Konformität vs. Individualität -Indiv. vs. gruppenbezogene Belohnung -Indiv. vs. kollektive Entscheidungsfindung -Zentrale vs. dezentrale Entscheidungsfindung -Ad hoc vs. planend -Stabil vs. innovativ -Kooperation vs. Wettbewerb -Einfach vs. komplex -Informell vs. formell -Hohe vs. niedrige Loyalität -Ignoranz vs. Wissen bzgl. organisationaler Erwartungen	n=275 Ansprechpartner verschiedener Branchen und Hierarchiestufen (schriftliche Befragung)	-Auswertung durch Mittelwertvergleiche, Varianzanalysen, Korrelationsanalysen	-Signifikanter Einfluß der Branchenzugehörigkeit auf die meisten Polaritäten der Unternehmenskultur -Signifikanter Einfluß der Hierarchiestufe auf die meisten Polaritäten der Unternehmenskultur	Exzellentes Unternehmen (nach Peters/Waterman 1982) unterscheidet sich nur bezüglich einzelner Polaritäten signifikant von anderen Unternehmen
Hofstede/ Neuijen/ Ohayv/ Sanders	1990	Unternehmenskultur als Werteebene und Praktiken-Ebene: Drei Werte-Dimensionen: -Need for security -Work centrality -Need for authority Sechs Praktiken-Dimensionen: -Process vs. result -Employee vs. job -Parochial vs. professional -Open vs. closed system -Loose vs. tight control -Normative vs. pragmatic	-Fallstudien -Branchenübergreifende geschichtete Zufallsstichprobe von n=1295 Befragten von 20 Geschäftseinheiten aus 10 niederländischen und dänischen Unternehmen (schriftliche Befragung)	-Auswertung durch Faktoren-, Korrelations- und Varianzanalysen	-Wertedimensionen variieren stärker zwischen Nationalitäten als zwischen Organisationen -Praktiken variieren signifikant zwischen Organisationen -Strukturelle Charakteristika der Organisationen korrelieren teilweise mit einzelnen Praktiken	Keine
Calori/ Sarnin	1991	Unternehmenskultur als Werteebene mit 12 Praktiken-Ebene mit 17 Dimensionen	Stichprobe von n=280 Befragten aus fünf französischen Industrieunternehmen (schriftliche Befragung)	-Auswertung mittels Cluster- und Korrelationsanalyse sowie Signifikanztests	Keine	Werte, Praktiken, Intensität und Homogenität korrelieren teilweise mit ROI, Umsatzrentabilität und Umsatzwachstum

Autor/en	Jahr	Konzeptualisierung/ Operationalisierung	Stichprobe	Methoden	Determinanten	Zentrale Ergebnisse/ Erfolgsauswirkungen
O'Reilly/ Chatman/ Caldwell	1991	Sieben Wertedimensionen einer Unternehmenskultur: Innovation, Stability, Respect for people, Outcome orientation, Attention to detail, Team orientation, Aggressiveness	Kombination von fünf Teilstichproben mit n=826 Wirtschaftsprüfern aus sieben verschiedenen Unternehmen	Auswertung mittels Faktoren-, Korrelations- und Regressions-analysen	Keine	Kultureller Fit zwischen Person und Organisation hat teilweise signifikante Auswirkungen auf die individuelle Bewertung der Arbeit (z.B. Arbeitszufriedenheit)
Kotter/ Heskett	1992	-Stärke -Orientierungen: -Kunden -Mitarbeiter -Aktionäre -Führungsaufgabe	- Fallstudien - Drei aufeinanderfolgende empirische Erhebungen bei großen US-amerikanischen Unternehmen verschiedenster Branchen mit n1=207, n2=22, n3=20	-Auswertung mittels Korrelationsanalysen	Keine	Stärke der Unternehmenskultur und die gleichzeitige Betonung der vier Orientierungen haben positive Effekte auf: -Ertragssteigerung -Personalzuwachs -Steigerung des Aktienkurses -Zunahme des Nettogewinns
Sheridan	1992	Unternehmenskultur wird durch sieben Wertedimensionen nach O'Reilly/ Chatman/Caldwell (1991) erfasst	Stichprobe von n=96 Befragten aus sechs US-amerikanischen Wirtschaftsprüfungsgesell-schaften (persönl. Interviews)	-Auswertung durch Korrelations- und multifaktorielle Varianzanalyse	Keine	Unternehmenskultur hat signifi-kante Auswirkung auf die Mitarbeiterfluktuation
Chatman/ Jehn	1994	Unternehmenskultur wird durch sieben Wertedimensionen nach O'Reilly/ Chatman/Caldwell (1991) erfasst	Stichprobe von n=15 US-amerikanischen Unternehmen aus vier Dienstleistungs-branchen (persönliche Befragung)	-Auswertung durch exploratorische Faktorenanalyse sowie Varianzanalysen	-Branchenzuordnung erklärt Unterschiede in den meisten Unternehmenskulturdimensionen besser als Unternehmens-zugehörigkeit -Technologische Intensität und Marktwachstum können Unter-schied in einzelnen Dimensionen nur teilweise erklären	Keine
Sharma	1994	Unternehmenskultur setzt sich zusammen aus zwei Dimensionen des Entscheidungsfindungsprozesses: -Formalisierungsgrad -Involvierte funktionale Bereiche (Unterscheidung von drei Kulturtypen)	Stichprobe von n=109 Unternehmen aus dem mittleren Westen der USA (schriftliche Befragung)	-Auswertung durch Faktorenanalyse, Clusteranalyse, Kreuztabellen sowie Chi-Quadrat-Statistik	Keine	Unternehmenskultur hat signifi-kante Effekte in dreierlei Hisicht: -Auf die Anzahl kontaktierter Lieferanten -Auf den Typ der kontaktierten Lieferanten -Auf kaufentscheidende Faktoren
Kitchell	1995	Sieben Normendimensionen einer Unternehmenskultur: International market extension, Risk-taking orientation, Long-term corporate goals, Proactive information search, Flexibility, Openness in communication, Future orientation	Stichprobe von n=110 Unternehmen der US-amerikanischen metallverarbeitenden Industrie (persönliche Interviews)	-Auswertung mittels Regressionsanalyse und Cronbachssches Alpha	Keine	-Normendimensionen haben einen positiven Effekt auf Innovativität -Kontrollvariable Branchen-zugehörigkeit hat ebenfalls signi-fikanten Effekt auf Innovativität

Quelle: Pflesser, C. (1999): a.a.O., S. 19 ff.

Einige wenige Studien haben infolge der je nach Autor sehr unterschiedlichen Konstruktion von Unternehmenskultur den Versuch unternommen, über eine Meta-Analyse gemeinsame Kerndimensionen zu identifizieren. Bei der Recherche nach solchen "Meta-Arbeiten" sind nur wenige Veröffentlichungen gefunden geworden, welche die identifizierten Dimensionen auch empirisch überprüfen. Bei der ersten Studie handelt es sich um die Arbeit der Autoren XENIKOU/FURNHAM (1996), welche vier verschiedene Ansätze zur Erfassung von Normen (Culture Gap Survey von KILMAN/SAXTON (1983), Organizational Culture Inventory von COOKE/LAFFERTY (1989)) sowie zur Erfassung von Werten (Corporate Culture Survey von GLASER (1983), Organizational Beliefs Questionnaire von SASHKIN (1984)) kombinieren.[584] Der daraus resultierende Fragebogen mit 218 Variablen wurde dann von 157 Mitarbeitern aus zwei britischen Unternehmen beantwortet und statistisch validiert. Allerdings ergaben sich lediglich Korrelationen zwischen 0,40 und 0,57 für die von XENIKOU/FURNHAM vorab als überlappend und hoch korrelierend prognostizierten Dimensionen der verschiedenen Messinstrumente.[585] Des Weiteren wird mittels einer Faktorenanalyse über alle Variablen eine gemeinsame Fünf-Faktoren-Struktur mit folgenden Dimensionen hergeleitet: Openness to change in a supportive culture, Task-oriented organizational growth, The human factor in a bureaucratic culture, Negativism and resistance to new ideas und Positive social relations in the workplace.[586] Ordnet man diese fünf Dimensionen in den Dimensionenvergleich von DENISON (1996) ein, so ergibt sich unter Berücksichtigung der Arbeiten

---

[584] Vgl. Xenikou, A./Furnham, A. (1996): A correlational and factor analytic study of four questionnaire measures of organizational culture, in: Human Relations.

[585] Vgl. Xenikou, A./Furnham, A. (1996): a.a.O., S. 353, 361. Die besten Reliabilitätswerte (gemessen an Cronbach's Alpha) erreichte mit Werten zwischen 0,60 und 0,92 der Messansatz von Cooke/Lafferty (1989). Die Werte der drei weiteren Messvorschläge verteilen sich wie folgt: 0,60 bis 0,86 für Kilman/Saxton (1983), 0,35 bis 0,78 für Sashkin (1984) und 0,55 bis 0,77 für Glaser (1983).

[586] Vgl. auch Parry, K.W./Proctor-Thomson, S.B. (2001): Testing the Validity and Reliability of the Organisational Description Questionnaire (ODQ), in: International Journal of Organisational Behaviour, S. 122.

von DELOBBE/HACCOUN/VANDENBERGHE (2002) und POECH (2003) die folgende Tab. 3-4:[587]

Tab. 3-4: Vergleich ausgewählter Dimensionen der Unternehmenskultur von Kultur- und Klimaforschern

	Culture Researchers						Climate Researchers		
Authors	Cooke/ Rousseau (1988)	Hofstede (1990)	O'Reilly/ Chatman (1992)	Xenikou/ Furnham (1996)	Delobbe et al. (2002)	Poech (2003)	Litwin/ Stringer (1968)	Hellriegel/ Slocum (1974)	Koys/ DeCotiis (1991)
Dimensions									
Structure	Conven-tional Culture	Authority	Stability	Resistance to change	Control	Learning culture	Structure	Central-isation	-
Support	Humanistic culture	Power distance	Respect for people	Human factor	Commit-ment solidarity	Leadership culture	Support	Supportive-ness	Support
Risk	Avoidance culture	Security	Innovation	Openness to change	Innovation productivity	Innovation culture	Risk	Innovation	Innovation
Cohesiveness	Affiliative culture	Collectivism	Teamwork	Social Relations	Recognition supportive-ness	Team culture	Identity	Peer relations	Cohesion
Outcome orientation	Achieve-ment culture	Results orientation	Outcome orientation	Task-oriented organizational growth	Innovation productivity	Entrepre-neurial culture	Standards	Motivation to achieve	Pressure

Quelle: Eigene Darstellung in Anlehnung an Denison, D.R. (1996): What is the difference between organizational culture and organizational climate? A native's point of view on a decade of paradigm wars, in: Academy of Management Review und Poech, A. (2002): Erfolgsfaktor Unternehmenskultur – Eine empirische Analyse zur Diagnose kultureller Einflussfaktoren auf betriebliche Prozesse.[588]

---

[587] Zur Kritik an der Untersuchung von Poech (2003) vgl. Fußnote 588 der vorliegenden Arbeit. Poech nimmt in ihrer Arbeit Bezug auf das Center-of Excellence-Modell für eine erfolgreiche und innovationsorientierte Unternehmenskultur von Frey/Schulz-Hardt (2000) (vgl. Frey, D./Schulz-Hardt, S. (2000): Zentrale Führungsprinzipien und Center-of-Excellence-Kulturen als notwendige Bedingung für ein funktionierendes Ideenmanagement), welches 15 Dimensionen umfasst: Kundenorientierungskultur, Konkurrenzorientierungskultur, Kreativkultur bzw. schöpferische Chaoskultur, Wertschöpfungskultur, Mitarbeiterorientierungs- bzw. Führungskultur, Kommunikationskultur, Unternehmerkultur, Kulturen des Kritischen Rationalismus (Problemlösekultur, Konstruktive Fehlerkultur, Lern- und Zukunftskultur, Konstruktive Streit- und Konfliktkultur, Frage- und Neugierkultur), Team- und Synergiekultur, Zivilcouragekultur sowie Rekreationskultur. Diese 15 Dimensionen werden dann von Poech zur Vereinfachung zu sechs Dimensionen zusammengefasst: Unternehmerkultur, Servicekultur, Teamkultur, Lernkultur, Innovationskultur und Führungskultur. Da der Faktor Innovationskultur nicht bestätigt werden konnte, wurde ein Faktor "Fehlerkultur" ergänzt. Auch die Arbeit von Delobbe/Haccoun/Vandenberghe (2002) weist laut Rücksprache (Antwort-Email vom 13.05.2004) mit Tanguy Dulac, Assistent von Frau Delobbe an der Université Catholique de Louvain in Belgien, einige Probleme mit der Faktorenstruktur auf. Der Vollständigkeit halber sei aber auch diese Arbeit hier erwähnt.

[588] Poech (2003) verwendet in ihrer Arbeit noch eine sechste Dimension der Unternehmenskultur, die sie als "Service-Kultur" bezeichnet. Da die anderen Arbeiten eine solche Dimension nicht verwenden, wird sie nicht separat aufgeführt.

Die zweite identifizierte Meta-Analyse von 27 Veröffentlichungen in der Arbeit von UNTERREITMEIER (2004)[589] stellt nach Kenntnisstand der vorliegenden Arbeit den bisher umfangreichsten Dimensionenvergleich zur Unternehmenskultur dar. Nach der Gegenüberstellung der in der folgenden Tab. 3-5 ersichtlichen Arbeiten fasst UNTERREITMEIER die ermittelten Dimensionen der besprochenen Forschungsansätze zusammen und ordnet diese dann in einem iterativen Prozess in Gruppen mit dem Ziel, Kategorien mit möglichst ähnlichen Begriffen zu erhalten und die Überschneidungen zwischen den Gruppen möglichst gering zu halten.[590] "Da es bei insgesamt 180 Dimensionen kaum möglich ist, alle Konzepte widerspruchsfrei in ein überschaubares Kategoriensystem einzuordnen wurde darauf verzichtet, jede Dimension einer Gattung zuzuweisen."[591] Konzepte, welche nicht eindeutig zuordenbar waren, wurden daher einer nicht weiter berücksichtigten Restgruppe zugeordnet. Da XENIKOU/FURNHAM in ihrer Meta-Analyse nachwiesen, dass Normen und Werte prinzipiell auf die gleichen Faktoren laden, hat UNTERREITMEIER eine Trennung von Normen und Werten nicht vorgenommen; lediglich Artefakte wurden einem separaten Faktor zugeordnet.[592] Als Ergebnis ermittelt UNTERREITMEIER (2004) zehn Dimensionen einer Unternehmenskultur, welche in Anhang Tab. 1 dargestellt sind.[593] Die Dimensionen wurden dann durch 113 Items operationalisiert.[594] Darüber hinaus ist die Arbeit von UNTERREITMEIER (2004) auch eine der wenigen Untersuchungen, welche ihre Vorgehensweise zur Dimensio-

[589] Vgl. Unterreitmeier, A. (2004): a.a.O., S. 58 ff.

[590] Vgl. Unterreitmeier, A. (2004): a.a.O., S. 91 ff.

[591] Unterreitmeier, A. (2004): a.a.O., S. 91.

[592] Vgl. Unterreitmeier, A. (2004): a.a.O., S. 91.

[593] Das Messinstrument wurde mit Hilfe explorativer und konfirmatorischer Faktorenanalysen unter Reliabilitäts- und Validitätsaspekten optimiert. In den zehn Dimensionen konnten dabei insgesamt 20 Faktoren identifiziert werden, welche durch 52 Indikatoren operationalisiert werden. Die Güte der Messungen kann als sehr befriedigend eingestuft werden. Durch die große Stichprobe – es wurden 2.300 Beschäftigte in 49 Unternehmen befragt – bietet die Arbeit Unterreitmeiers zudem wenig Angriffsfläche im Hinblick auf eine zu geringe Stichprobengröße, eine nicht zufällige Auswahl der Mitarbeiter oder die Untersuchung von zu wenigen Unternehmen (vgl. dazu Unterreitmeier, A. (2004): a.a.O., S. 173 f.). Darüber hinaus ist anzumerken, dass von den ursprünglich 27 verglichenen Studien nur solche in *Tab. 3-5* aufgeführt werden, die einen eigenen Vorschlag zur Operationalisierung enthalten; dies war nur bei 22 Arbeiten der Fall (vgl. Unterreitmeier, A. (2004): a.a.O., S. 85). Des Weiteren konnten selbstverständlich für die in Anhang Tab. 1 ersichtliche Zuordnung von Dimensionen anderer Arbeiten zu den zehn gewählten Dimensionen nur erfolgen, sofern die Indikatoren bzw. Items offen gelegt worden waren (vgl. zur Offenlegung Unterreitmeier, A. (2004): a.a.O., S. 58 ff. und S. 89 sowie in dieser Arbeit Tab. 3-5*)*. Schließlich wurden Konzepte, die nicht eindeutig einer Kategorie zugeordnet werden konnten (z.B. Messung von Arbeitszufriedenheit oder Commitment gegenüber dem Unternehmen), in eine sog. Restgruppe eingeordnet und von Unterreitmeier im Folgenden nicht weiter berücksichtigt (vgl. Unterreitmeier, A. (2004): a.a.O., S. 91).

[594] Vgl. Unterreitmeier, A. (2004): a.a.O., S. 94 ff.

nenherleitung sehr transparent machen, und nach Kenntnisstand der vorliegenden Untersuchung die einzige Arbeit, welche auch von methodisch-statistischer Seite dem aktuellen Stand der Forschung entsprechend umfassend vorgeht. Allerdings muss kritisch angemerkt werden, dass bei UNTERREITMEIER (2004) die Art der Formulierung der Items nicht weiter thematisiert wird. Die vorliegende Arbeit hingegen nimmt in Anlehnung an PFLESSER (1999) explizit Bezug darauf.[595]

[595] Vgl. Pflesser, C. (1999): a.a.O., S. 129 und auch Kapitel 3.4.4 der vorliegenden Arbeit.

Tab. 3-5: Forschungsansätze zur Operationalisierung von Unternehmenskultur

Autor(en)/ Instrument	**GORDON/CUMMINS (1979): The Survey of Management-Climate**	**ALLEN/DYER (1980): Norms Diagnostic Index**	**HOFSTEDE (1980)**
Konzept der Unternehmenskultur	Nicht explizit definiert, da Messung des Management Climate	Unbewusste Verhaltensnormen	Nicht explizit definiert, da Messung von Landeskulturen durch Arbeitsumfeld, Werte und Arbeitsziele
Konstruktion des Messinstruments	Qualitative Interviews, Dokumentenanalyse, Literaturrecherche (k.A.), Faktoren- und Clusteranalyse	k.A.	Expertengespräche, Pilotstudien, Faktorenanalysen
Dimensionen	- Organizational Clarity - Decision Making Structure - Organizational Integration - Management Style - Performance Orientation - Organizational Vitality - Compensation - Human Resource Development	-Performance Facilitation - Job Involvement -Training - Leader-Subordinate Interaction - Policies and Procedures - Confrontation - Supportive Climate	- Power Distance - Uncertainty Avoidance - Individualism - Masculinity
Indikatoren	- 48 Items; alle Indikatoren offen gelegt	- 38 Items; aber Zuordnung der Items zu Dimensionen wird nicht offen gelegt	- Ursprünglich ca. 80 Items, Vorschlag eines Fragebogens für zukünftige interkulturelle Studien enthält 25 Items; Offenlegung von 22 Items
Skalierung	Rating-Skala, 7-stufig	Rating-Skala, 5-stufig	Meist Rating-Skala, 5-stufig
Stichprobe	Mitglieder der oberen vier bis fünf Managementebenen, Befragung von mehr als 25.000 Managern (teilweise Mehrfacherhebung)	k.A.	116.000 Beschäftigte von IBM in 40 Ländern zwischen 1968 und 1972
Datenanalyse	Perzentile, Profile	Faktorenanalyse, pragmatische Überlegungen	Subjektive Eingriffe, Faktoren- und Clusteranalyse
Autor(en)/ Instrument	**GLASER (1983): Corporate Culture Survey**	**KILMANN/SAXTON (1983): Culture Gap Survey**	**SASHKIN (1984): Organizational Beliefs Questionnaire**
Konzept der Unternehmenskultur	Basiert auf DEAL/KENNEDY (1982): Values, Heroes, Rituals, Cultural Network	Verhaltensbedingte Regeln (Normen)	Werte
Konstruktion des Messinstruments	k.A.	Interviews und Gruppendiskussionen, relativ willkürliche Reduktion von 400 Items auf 28	k.A.
Dimensionen	- Values - Heroes - Traditions/Rituals - Cultural Network	- Task Support - Taks Innovation - Social Relationships - Personal Freedom	- Work Should be Fun - Being the Best - Innovation - Attention to Detail - Worth and Value of People - Quality - Communicating to get the job done - Growth/Profit/Other Indicators of Success -Hands-on Management - Importance of Shared Philosophy
Indikatoren	- 20 Items; aber Indikatoren nicht offen gelegt	- 28 Normenpaare; jedoch sehr geringe Transparenz bzgl. Gewinnung der Normenpaare	- 50 Items; aber Indikatoren nicht offen gelegt
Skalierung	Rating-Skala, 5-stufig	Dichotom (Gegensätze)	Rating-Skala, 5-stufig
Stichprobe	k.A.	k.A.	k.A.
Datenanalyse	k.A.	Normenprofil, "Culture-Gaps" als Differenz aus Ist- und Sollwerten	k.A.

Autor(en)/ Instrument	**KOBI/WÜTHRICH (1986)**	**REYNOLDS (1986)**	**COOKE/LAFFERTY (1989): Organizational Culture Inventory**
Konzept der Unternehmenskultur	Verhaltenswirksame geteilte Normen, Wertvorstellungen und Denkhaltungen	Sociostructural System (Structures, Strategies, Management Processes etc.); Cultural System (Values, Beliefs)	Normen
Konstruktion des Messinstruments	k.A.	Aus Literatur (u.a. DEAL/KENNEDY 1982, HOFSTEDE 1980, HARRISON 1972, PETERS/WATERMAN 1982), dann Reduktion	k.A.
Dimensionen	- Kundenorientierung - Mitarbeiterorientierung - Resultats- und Leistungsorientierung - Innovationsorientierung - Kostenorientierung - Kommunikationsorientierung - Unternehmensorientierung - Technologieorientierung	- External vs. Internal Emphasis - Task vs. Social Focus - Safety vs. Risk - Conformity vs. Individuality - Individual vs. Group Rewards - Individual vs. Collective Decision Making - Centralized vs. Decentralized Decision-Making - Ad Hockery vs. Planning - Stability vs. Innovation - Cooperation vs. Competition - Simple vs. Complex Organization - Informal vs. Formalized Procedures - High vs. Low Loyalty - Ignorance vs. Knowledge of Organizational Expectations	- Humanistic/Helpful - Affiliation - Achievement - Self-Actualization - Approval - Conventionality - Dependence - Avoidance - Oppositional - Power - Competitive - Perfectionism
Indikatoren	- 43 Items; Fragebogen auszugsweise veröffentlicht, jedoch wenig theoriegestützt und sehr unsystematisch generiert	- 14 Items (je 5 Antwortkategorien); jedoch werden nicht alle Statements offen gelegt	- 120 Items (10 pro Dimension); Indikatoren und Fragebogen sind jedoch nicht zugänglich
Skalierung	Rating-Skala, 7-stufig	Guttman-Skala	Rating-Skala, 5-stufig
Stichprobe	k.A.	n=275 (je ein Unt. der Branchen Software und Franchise-Restaurant, sowie 3 Industrieunternehmen	k.A.
Datenanalyse	Kulturprofil (Polaritätenprofil)	Mittelwerte, Varianzanalysen	Mittelwerte pro Dimension

Autor(en)/ Instrument	**HOFSTEDE ET AL. (1990)**	**KERN (1991): Unternehmenskulturelles Werteinventar**	**O'REILLY ET AL. (1989): Organizational Culture Profile**
Konzept der Unternehmenskultur	Values und Practices (Symbole, Heroen, Rituale)	Werthaltungen und unmittelbar wahrnehmbare Äußerungen	Organisationelle Werte
Konstruktion des Messinstruments	60 Items aus HOFSTEDE (1980), weitere 75 durch Tiefeninterviews und eigene Überlegungen	Exploration (Expertenbefragung), Faktorenanalyse, Itemselektion (subjektiv)	54 Statements (Herkunft unbek.) durch Faktorenanalyse verdichtet, Reduktion auf 26 Items
Dimensionen	Values: - Need for Security - Work Centrality - Need for Authority Practices: - Process-Oriented vs. Results-Oriented - Employee- vs. Job-Oriented - Parochial vs. Professional - Open vs. Closed Systems - Loose vs. Tight Control - Normative vs. Pragmatic	- Menschlichkeit - Internat. Geschäftspolitik - Wettbewerbsorientierung - Umweltschutz/Sicherheit - Markt/Service - Macht/Expansion - Mäzenatentum - Rentabilität - Protestant. Ethik/Toleranz - Beschäftigungssicherheit - Dezentralisierung - Tradition - Minimierung von Risiken - Unseriöse Geschäftspraktiken - Privatheit vor Arbeit	- Innovation - Outcome Orientation - Aggressiveness - Detail Orientation - Team Orientation - Stability - Respect for People
Indikatoren	- 135 Items, reduziert auf 81; diese 81 sind offen gelegt	- 143 Items, reduziert auf 33; diese 33 sind offen gelegt	- 26 Items; diese sind jedoch wegen der knappen Beschreibung wenig hilfreich
Skalierung	Rating-Skala, 5-stufig	Rating-Skala, 4-stufig	Ordnung der Items nach dem Grad der Charakteristik für zu bewertendes Unternehmen
Stichprobe	n=1.295 (Mitarbeiter aller Ebenen von 20 Unternehmenseinheiten in 10 Organisationen)	n=211 (Leser einer Zeitschrift)	Mehrere Gruppen (Studenten, Beschäftigte in Wirtschafsprüfungsges., Regierungsbehörde)
Datenanalyse	Mittelwerte je Unternehmen bzw. Unternehmenseinheit	Häufigkeiten, Mittelwerte	k.A.

Autor(en)/ Instrument	**CHATTERJEE ET AL. (1992)**	**FLETCHER/JONES (1992): The Cultural Audit**	**GORDON/DiTOMASO (1992)**
Konzept der Unternehmenskultur	Nicht explizit definiert	Underlying values, beliefs and principles, expressed in management structure and practices	Beliefs and Values
Konstruktion des Messinstruments	Ansätze von GORDON/CUMMINS (1979), KILMANN/SAXTON (1983) u.a.	k.A.	Indikatoren von GORDON/CUMMINS (1979), Faktorenanalyse
Dimensionen	- Innovation and Action Orientation - Risk-Taking - Lateral Integration - Top Management Contact - Autonomy and Decision Making - Performance Orientation - Reward Orientation	- Work Demands - Interpersonal Relationships in the Workplace - Work Supports and Constraints - Physical Environment - Performance - Organizational Commitment - Job Dissatisfaction - Strain	- Clarity of Strategy/Shared Goals - Systematic Decision-Making - Integration/Communication - Innovation/Risk-Taking - Accountability - Action Orientation - Fairness of Rewards - Development and Promotion from Within
Indikatoren	- 29 Items; diese werden jedoch nicht offen gelegt	k.A.	- 48 Items; siehe GORDON/CUMMINS (1979)
Skalierung	Rating-Skala, 5-stufig (Messung der kulturellen Differenzen von Unternehmen)	Rating-Skala, 5-stufig	Rating-Skala, 7-stufig
Stichprobe	n=185 (Top-Manager fusionierter Unternehmen)	k.A.	Mitglieder der oberen vier bis fünf Managementebenen, Befragung von mehr als 25.000 Managern (teilw. Mehrfacherhebung)
Datenanalyse	Indexbildung aller Indikatoren	Mittelwerte	Perzentile, Profile
Autor(en)/ Instrument	**GUPTARA (1992)**	**DENISON/MISHRA (1995)**	**HOLMES/MARSDEN (1996)**
Konzept der Unternehmenskultur	k.A.	k.A.	Werte und Normen
Konstruktion des Messinstruments	k.A.	Eigene Überlegungen	Wörterbücher zur Bestimmung von Schlagworten, Software
Dimensionen	- Competition - Perfectionism - Achievement - Self-Actualization - Helpfulness - Affiliation - Approbation - Conventionality - Dependence - Avoidance - Oppositionalism - Power - Creativity - Innovation - Intrapreneurship	- Adaptability - Mission - Involvement - Consistency	- Affiliation - Authority - Commitment - Equity - Leadership - Normative - Participation - Performance - Reward - Teamwork
Indikatoren	k.A.	- 8 Items (2 pro Dimension); Items werden offen gelegt	- 59 Items
Skalierung	k.A.	k.A.	k.A.
Stichprobe	k.A.	n=764 (Befragung von Top-Managern)	n=11 (Wirtschaftsprüfungsgesellschaften) mit 21 zu untersuchenden Dokumenten
Datenanalyse	Scoring-Verfahren (keine weiteren Angaben)	Faktorenanalyse, Multidimensionale Skalierung	Dokumentenanalyse, Typisierung von vier Idealtypen

Autor(en)/ Instrument	**WEBER (1996)**	**XENIKOU/FURNHAM (1996)**
Konzept der Unternehmenskultur	Werte und Grundprämissen nach SCHEIN (1985)	Werte, Normen, Artefakte
Konstruktion des Messinstruments	Ansätze von CHATTERJEE ET AL. (1992)	Konzepte von GLASER (1983), KILMANN/SAXTON (1983), SASHKIN (1984), COOKE/LAFFERTY (1989)
Dimensionen	- Innovation and Action Orientation - Risk-Taking - Lateral Integration - Top Management Contact - Autonomy and Decision Making - Performance Orientation - Reward Orientation	- Openness to Change in a Cooperative Culture - Task-Oriented Organizational Growth - The Human Factor in a Bureaucratic Culture -Artifacts - Negativism and Resistance to New Ideas - Positive Social Relations in the Work Place
Indikatoren	- 29 Items; jedoch nicht veröffentlicht	- 218 Items (alle Indikatoren der herangezogenen Konzepte); diese sind jedoch größtenteils nicht zugänglich
Skalierung	Rating-Skala, 5-stufig	Rating-Skala, 5-stufig
Stichprobe	n=129 (Mitglieder des Top-Managements aus 52 Unternehmen)	n=157 (Mitarbeiter aller Ebenen von zwei Unternehmen)
Datenanalyse	Mittelwerte der Ähnlichkeiten als Indikator für "Cultural Differences"	Reliabilitätswerte (Cronbachsche Alphas)
Autor(en)/ Instrument	**HOFSTEDE (1998)**	**POECH (2003)**
Konzept der Unternehmenskultur	Attitudes, Values and Practices	Center-of-Excellence-Modell nach FREY/SCHULZ-HARDT (2000)
Konstruktion des Messinstruments	HOFSTEDE ET AL. (1990), Experteninterviews, Itemselektion	Vorstudie zur Itemgenerierung
Dimensionen	- Communication Climate - Attitudes about Work Content - Values about Work Content - Gender Issues - Attitudes about Direct Boss - Attitudes towards Work Pressures - Values about Work Content	- Unternehmerkultur - Servicekultur - Teamkultur - Lernkultur - Innovationskultur - Führungskultur
Indikatoren	- 110 Items, reduziert auf 73; diese sind veröffentlicht	- 60 Items (10 pro Dimension); diese werden nur teilweise (2 pro Dimension) veröffentlicht
Skalierung	Rating-Skala, 5-stufig	Rating-Skala, 5-stufig
Stichprobe	n=2.600 (Beschäftigte einer Versicherungsgesellschaft)	n=1.118 (Mitarbeiter in 11 Unternehmen)
Datenanalyse	Faktorenanalyse	Mittelwerte

Quelle:Unterreitmeier, A. (2004): Unternehmenskultur bei Mergers & Acquisitions – Ansätze zur Konzeptualisierung und Operationalisierung, S. 86-89.

3.5 Unternehmenskultur in jungen Unternehmen – das Konzept der Managementkompetenz

Wenn man die Dimensionen der Unternehmenskultur priorisieren möchte, bei denen die Betrachtung für junge, hoch innovative Unternehmen interessant erscheint, so stellt sich die Frage nach der Vorgehensweise. Denn auch wenn nun durch das vorige Kapitel ein guter Überblick über bisher diskutierte Dimensionen einer Unternehmenskultur vorliegt, ist unklar, ob diese auch den besonderen Gegebenheiten junger Technologieunternehmen gerecht werden. Ein möglicher Ansatz aus Sicht der vorliegenden Arbeit besteht darin, für junge Unternehmen relevante Dimensionen der Unternehmenskultur aus Kriterien abzuleiten, die in der (empirischen) Entrepreneurship-Forschung bereits als erfolgsrelevant erkannt oder zumindest als erfolgsrelevant diskutiert wurden. Eine geeignete Ausgangsbasis zur Umsetzung dieses Vorgehens ist das sog. Konstrukt der "Management-Kompetenz in jungen Unternehmen" nach BRINCKMANN und SALOMO.[596] Die notwendige Herstellung des Zusammenhangs zwischen Kompetenz und Unternehmenskultur wird darauffolgend im Kapitel 3.6 erarbeitet. Hintergrund für die Arbeit von BRINCKMANN und SALOMO sind a) erste empirische Befunde, die auf eine Erfolgsrelevanz von Kompetenzen eines Gründers bzw. Führungsteams hindeuten; und b) dass bisher trotzdem ein systematisch entwickeltes Messkonzept zur Bestimmung der Managementkompetenz bei jungen Unternehmen nicht vorhanden ist.

Kompetenz ist definiert als der Grad an Übereinstimmung zwischen den Fähigkeitsanforderungen einer Aufgabe und den vorhandenen Fähigkeiten.[597] Die Betrachtung des Kompetenzkonstrukts gegenüber der sog. Traits-orientierten[598] Entrepreneurshipforschung ist insofern zu bevorzugen, als Kompetenz das umfassendere Konstrukt darstellt und im Gegensatz zu den weitestgehend determinierten Traits bzw. Charaktereigenschaften trainiert und erlernt werden kann und daher leichter veränderbar ist. Bisher in der Entrepreneurshipforschung vorhandene

---

[596] Vgl. im folgenden Salomo, S./Brinckmann, J. (2003): a.a.O.

[597] Vgl. Salomo, S./Brinckmann, J. (2003): a.a.O., S. 3.

[598] Gegenstand der Traits-orientierten Entrepreneurshipforschung ist die Suche nach besonderen Charaktereigenschaften bei erfolgreichen Unternehmerpersönlichkeiten. Vgl. Salomo, S./Brinckmann, J. (2003): a.a.O., S. 3.

Ansätze zur Bestimmung von Managementkompetenz in jungen Unternehmen definieren alle keine einheitlich benannten Dimensionen der Managementkompetenz.

Sie lassen sich jedoch fast alle den drei Dimensionen "unternehmerische", "fachliche" und "soziale" Kompetenz zuordnen (vgl. Tab. 3-6). Die dort ersichtlichen Konzepte sind jedoch weder immer überschneidungsfrei noch vollständig.

Diverse Überschneidungen finden sich z.B. in den Dimensionen Opportunity, Conceptual und Strategic Competencies nach MAN/LAU/CHAN oder bei der Unterscheidung zwischen einer Entrepreneurial und einer Managerial Role bei CHANDLER/HANKS. Daher stellen BRINCKMANN/SALOMO zu Recht fest, dass eine Abgrenzung einzelner Kompetenzbereiche bei den Entrepreneurship-orientierten Ansätzen teilweise unklar ist. Darüber hinaus bleiben z.B. die Inhalte insbesondere zur sozialen Kompetenz auf einem eher oberflächlichen Niveau. Den sich daraus ergebenden weiteren Bedarf an systematischerer und inhaltlich tiefergehender Ableitung eines möglichst vollständigen und überschneidungsfreien Kompetenzkonzepts für junge Unternehmen nehmen BRINCKMANN/SALOMO mit Bezugnahme auf Erkenntnisse der allgemeinen Managementkompetenzforschung vor. Grundlegende Arbeiten auf dem Gebiet der Management-Kompetenz wurden schon in den 50er Jahren des 20. Jahrhunderts von KATZ (1955) und DAHRENDORF (1956) veröffentlicht und finden sich in verschiedenen betriebswirtschaftlichen Ansätzen, beispielsweise der "Theory of the Growth of the Firm"[599], dem "Resource Based View of The Firm"[600] oder der "Humankapitaltheorie"[601], wieder.

[599] Vgl. Penrose, E.T. (1959): The theory of the growth of the firm.
[600] Vgl. Wernerfelt, B. (1984): a.a.O.
[601] Vgl. Pickett, L. (1998): Competencies and Managerial Effectiveness: Putting Competencies to work, in: Public Personnel Management.

Tab. 3-6: Kompetenzkonzepte der Entrepreneurshipforschung

Chandler/ Jansen (1992)	Entrepreneurial Role . Fähigkeit, Geschäftsmöglichkeiten zu erkennen und Konzepte zur Nutzung zu entwickeln . Antrieb, das Unternehmen zum Erfolg zu führen	Technical-Functional Role . Fähigkeit, Instrumente, Prozeduren und Techniken eines Fachgebiets erfolgreich einzusetzen . Branchenbezogene Spezialfähigkeiten	Managerial Role . Konzeptionelle Kompetenz, um die Interessen und Aktivitäten in der Organisation zu koordinieren . Menschliche Kompetenz, andere zu verstehen, zu motivieren und mit ihnen zusammenzuarbeiten . Politische Kompetenz, die eigene Position zu verbessern sowie Macht und ein Netzwerk aufzubauen					
Herron (1994)	Entrepreneurial Skill Entdeckung profitabler Geschäftsmöglichkeiten	Administrative Skill Planung und Verwaltung der Geschäftsaktivitäten	Technical Product/ Service Skill Ausführlicher Entwurf der Produkte und Dienstleistungen	Technical Organizational Skill Bewertung der Funktionen der Organisation	Technical Industry Skill Verständnis für die Branche und die Bedeutung von Trends und Veränderungen	Networking Skill Beziehungen aufbauen und Beeinflussung von wichtigen Personen außerhalb der Organisation	Leadership Skill Motivation/ Beeinflussung des Verhaltens der Mitarbeiter	
Chandler/ Hanks (1994)	Entrepreneurial Competence . Suche und Auswahl von Geschäftsmöglichkeiten . Entwicklung von Strategien . Markterfahrung	Managerial Competence . Führung . Delegation . Koordination . Umgang mit Mitarbeitern und Kunden						
Snell/Lau (1994)	Global oriented outlook	Readiness to seize relevant opportunities	Vivid vision, purpose, mission, dream for the company	Ability to conceptualize/ formulate strategies	Analytical market approach	Systematic financial management	Strategic approach to HR-Management	Promotions and learning culture
Man/Lau/ Chan (2002)	Opportunity Competencies . Erkennen von Geschäftsmöglichkeiten . Entwickeln von Geschäftsmöglichkeiten	Conceputal Competencies . Lernen . Entscheiden . Problemlösen . Druck aushalten . Innovation . Umgang mit Risiken	Strategic Competencies . Vision schaffen . Ziele festlegen . Strategien formulieren	Commitment Competenccies . Initiieren . Proaktiv agieren	Organizing Competencies . Führen . Kontrollieren . Überwachen . Organisieren . Ressourcensteuerung (intern/ extern)	Social Competencies . Kommunikation . Überzeugen . Interne und externe Beziehungen knüpfen		

Legende:
- Hellgrau: Unternehmerische Kompetenzen
- Weiß: Fachliche Kompetenzen
- Dunkelgrau: Soziale Kompetenzen

Quelle: Salomo, S./Brinckmann, J. (2003): Management-Kompetenz in jungen Unternehmen, S. 7.

Zentrale Studien zur Management-Kompetenz strukturieren die Kompetenz zwar in verschiedenen Dimensionen, jedoch zeigt sich trotzdem ein deutlicher Grundkonsens. So unterscheidet eine weit verbreitete, auf KATZ (1955) zurückgehende, Systematik zwischen fachlichen, sozialen und konzeptionellen Fähigkeiten. Fachkompetenz bezeichnet die Beherrschung eines Fach- bzw. Funktionsbereichs, basierend auf umfangreichem Wissen und Erfahrung. Sozialkompetenz steht für die Befähigung eines Menschen, mit anderen Menschen effektiv zusammenzuarbeiten. Im Fokus dieser Dimension stehen besonders die Teamfähigkeit sowie die Führungsfähigkeit, teilweise werden auch der Umgang mit Informationen oder mit Netzwerkpartnern integriert. Konzeptionskompetenz schliesslich umfasst Fähigkeiten, die sich mit den Adjektiven konzeptionell, ganzheitlich-reflektierend, strategisch, zielbildend, priorisierend und methodisch charakterisieren lassen.

Mit Betrachtung des Unternehmers bzw. des Unternehmer-Teams vom Manager bzw. Management-Team grenzt sich die Entrepreneurshipforschung allerdings zum Teil klar von der klassischen Betriebswirtschaftslehre, der die o.g. Konzepte entspringen, ab. Zentrale Konzepte der aktuellen Entrepreneurshipdiskussion, wie z.B. dasjenige der "Entrepreneurial Orientation", konkretisieren daher die innovationsbezogene Durchsetzungskompetenz des Unternehmers.[602] Das Konstrukt der Entrepreneurial Orientation umfasst die fünf Dimensionen Innovation, Proactivity, Risk-Taking, Autonomy und Corporate Aggressiveness.[603] Da diese Dimensionen die strategisch unternehmerische Ausrichtung eines jungen Unternehmens widerspiegeln, nehmen BRINCKMANN/SALOMO (2003) sie in ihr Konzept der Managementkompetenz in jungen Unternehmen auf. Folglich unterscheiden sie zwischen Unternehmer-, Fach- und Sozial-Kompetenz (vgl. Abb. 3-7).

---

[602] Vgl. Lumpkin, T.G./Dess, G.G. (1996): Clarifying the entrepreneurial orientation construct and linking it to performance, in: Academy of Management Journal, S. 142; Wiklund, J. (1999): The Sustainability of the Entrepreneurial Orientation-Performance Relationship, in: Entrepreneurship – Theory and Practice, S. 37.

[603] Vgl. Lyon, D.W./Lumpkin, G.T./Dess, G.G. (2000): Enhancing Entrepreneurial Orientation Research: Operationalizing and Measuring a Key Strategic Decision Making Process, in: Journal of Management.

Unternehmerkompetenz setzt sich zusammen aus Konzeptions-, Innovations- und Durchsetzungskompetenz, die sich entsprechend der Entrepreneurshipforschung unternehmerischer Aktivität zuordnen lassen[604]:

- Konzeptionskompetenz umfasst dabei die Fähigkeit, durch eine strukturierte und gut geplante Vorgehensweise klare Geschäftsmodelle zu entwerfen sowie die dazu notwendigen Ziele, Prioritäten und Maßnahmen zu setzen.

Abb. 3-7: Dimensionen von Management-Kompetenz in jungen Unternehmen

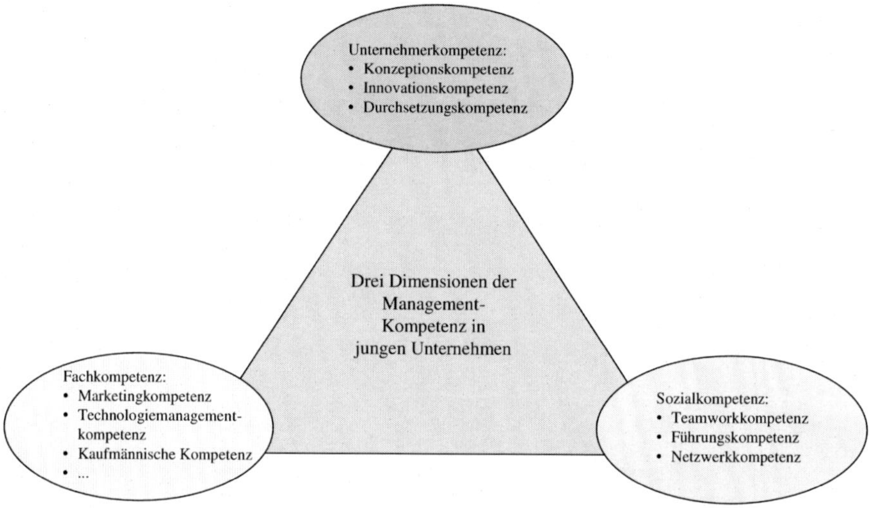

Quelle: In Anlehnung an Salomo, S./Brinckmann, J. (2003): a.a.O., S. 18.

- Innovationskompetenz ist in den klassischen Kompetenzmodellen nicht explizit, teilweise aber implitzit enthalten. In der Entrepreneurshipforschung wird Innovationskompetenz je-

[604] Vgl. im Folgenden Salomo, S./Brinckmann, J. (2003): a.a.O., S. 18 ff.

doch entsprechend der Entrepreneurial Orientation explizit als relevante Kompetenz betont. Sie beinhaltet Fähigkeiten, dem Geschäftsmodell eine innovative Orientierung zu geben. Fähigkeiten, die hierzu beitragen, sind unkonventionelles Denken, Einfallsreichtum, Originalität, das gezielte Eingehen von Risiken sowie autonomes Denken.

- Als finale Sub-Dimension der Unternehmerkompetenz schließt die Durchsetzungsfähigkeit Fähigkeiten ein, die sicherstellen, dass ein Geschäftsmodell trotz diverser externer oder interner Widerstände und Rückschläge dennoch umgesetzt wird. Dazu gehören Hartnäckigkeit und Beharrlichkeit durch proaktives Handeln ("Proactivity") und Mut zur Konfrontation, sofern erforderlich.

Bei der Sozialkompetenz geht es grundsätzlich unabhängig von der Interaktionsebene insbesondere um Informations- und Kommunkationskompetenzen, die, aufbauend auf der Akzeptanz und Anerkennung Dritter, eine konstruktive Konfliktlösung und die Koordination der Interaktions-Beteiligten im Hinblick auf ein Ziel ermöglichen. Sozialkompetenz kann nach den Sub-Dimensionen Teamwork-, Führungs- sowie Netzwerkkompetenz unterschieden werden[605]:

- Teamworkkompetenz bezieht sich auf die Interaktion der Führungsteammitglieder miteinander. Ein etabliertes Konstrukt der Teamforschung zur Messung der Teamworkkompetenz ist das Konstrukt der Teamworkqualität. Im speziellen Fall eines Führungs- bzw. Gründerteams wird die Qualität der Zusammenarbeit nach MÜLLER durch das Maß der Kommunikation, der gegenseitigen Unterstützung, der Kooperation sowie der präzisen Koordination bestimmt. HOEGL/GEMUENDEN ergänzen vorgenannte Dimensionen um die Dimension der Konfliktregulierung, des Zusammenhalts im Gründerteam sowie der Ausgeglichenheit der Aktivitäten der jeweiligen Teammitglieder.

- Führungskompetenz beschreibt die Fähigkeit von Führungsmitgliedern eines jungen Unternehmens zur Kommunikation und Interaktion mit denjenigen, die nicht dem Füh-

[605] Vgl. im Folgenden Salomo, S./Brinckmann, J. (2003): a.a.O., S. 20 ff.

rungsteam angehören und hierarchisch niedriger gestellt sind. Interaktion mit bspw. einem auf ähnlicher Hierarchiestufe angesiedelten Beirat fällt unter die Teamworkkompetenz, bei Merkmalen externer Interaktion, wie z.B. bei einem Überwachungsfunktion ausübenden Aufsichtsrat, greift die noch zu erklärende Netzwerkkompetenz. Die Qualität der Führungskompetenz wird zum einen daran gemessen, wie gut die Übereinstimmung der Mitarbeiter- mit den Unternehmenszielen ist, zum anderen schlägt sie sich in der Arbeitseinstellung der Mitarbeiter bzw. in der Mitarbeitermotivation nieder.

- Netzwerkkompetenz steht für die Fähigkeit, Interaktion des Führungsteams mit Unternehmensexternen zu initiieren, zu entwickeln und zu nutzen. Besonders junge Unternehmen können sich durch Netzwerke Vorteile verschaffen, indem sie ihre meist begrenzten eigenen Ressourcen besser nutzbar machen bzw. sich Zugriff auf unternehmensfremde erfolgskritische Ressourcen verschaffen. Kritische Netzwerkpartner sind z.B. Investoren, Technologieentwicklungs- oder Marktpartner. Zur Messung der Netzwerkkompetenz gibt es ein etabliertes Konstrukt der Netzwerkforschung.

Fachkompetenz beinhaltet eine Vielzahl fach- bzw. funktionsbezogener Fähigkeiten, die sich verschiedenartig[606] strukturieren lassen. Prinzipiell sollte das Führungsteam eines jungen Unternehmens, in Abhängigkeit von Geschäftsmodell und strategischer Ausrichtung ggf. mit unterschiedlichen Schwerpunkten, in allen klassischen Funktionsbereichen eines Unternehmens kompetent sein. Dazu zählen Finanzen- und Rechnungswesen, Personal, Entwicklung, Beschaffung, Logistik, Produktion sowie Marketing und Vertrieb. Als besonders relevant für junge Unternehmen hat sich jedoch Fachkompetenz in marktbezogenen, kaufmännischen sowie technologiemanagementbezogenen Aktivitäten herausgestellt[607]:

[606] Porter z.B. orientiert sich an der Wertekette eines Unternehmens und unterscheidet primäre Aktivitäten, die direkt auf die Wertschöpfung abzielen (z.B. Eingangslogistik, Produktion, Marketing und Vertrieb) sowie sekundäre Aktivitäten, die unterstützend wirken (z.B. Technologieentwicklung, Personalwirtschaft, Beschaffung). Klassische Funktionsbereiche werden unterschieden nach Finanzen und Rechnungswesen, Personal, Beschaffung, Logistik, Produktion sowie Marketing und Vertrieb.

[607] Vgl. im Folgenden Salomo, S./Brinckmann, J. (2003): a.a.O., S. 22 ff.

- Marketingkompetenz beschreibt alle marktbezogenen Aktivitäten. NARVER/SLATER (1990) weisen nach, dass Marktorientierung grundsätzlich positive Erfolgseffekte hat. Für junge Unternehmen hat sie eine umso höhere Bedeutung, als diese sich erst noch am Markt etablieren müssen. Dies zeigt auch die häufige Insolvenzursache "Mängel im Absatzbereich".[608]

- Kaufmännische Kompetenz umfasst finanz- bzw. realwirtschaftliche und rechtlich verpflichtende Aspekte. Die erste Perspektive betont die Notwendigkeit, Ressourcen – bei technisch innovativen Produkten sind diese insbesondere finanzieller Art – zu akquirieren und diese dann effektiv und effizient zur Umsetzung des Geschäftsmodells einzusetzen. Auch hier weisen insolvente Unternehmen im Vergleich zu unauffälligen Unternehmen mangelnde kaufmännische Fähigkeiten auf.[609] Die zweite Perspektive basiert auf gesetzlichen Anforderungen. So muss ein Kaufmann u.a. der Buchführung nachkommen sowie Inventar, Gewinn- und Verlustrechnung und Bilanz erstellen. Selbst wenn dafür externe Dienstleister engagiert werden, so befähigen doch entsprechende kaufmännische Kompetenzen zu einer bessere Zusammenarbeit mit diesen Dienstleistern sowie zu einer Kontrollfunktion.

- Unter Technologiemanagement-Kompetenz wird die Fähigkeit verstanden, zentrale Managementaktivitäten von Technologien zu beherrschen und nicht die Beherrschung der Technologie selbst. Die Bedeutung dieser Fähigkeit für junge Unternehmen liegt darin begründet, dass häufig sehr technologielastige Geschäftsmodelle dominieren, z.B. im Rahmen der Bio-, der Nano- oder der Softwaretechnologie.

Im folgenden Kapitel soll nun versucht werden, die in dieser Arbeit betrachteten Unternehmenskulturdimensionen aus den hier dargestellten wichtigen Kompetenzen von jungen innovativen Unternehmen herzuleiten und eine Priorisierung vorzunehmen. Der Zusammenhang

---

[608] Vgl. Hauschildt, J./Leker, J. (2000): Krisendiagnose durch Bilanzanalyse oder auch Buchmann, P. (1987): Bestimmungsgründe für betriebliche Insolvenz, in: Sparkasse. Buchmann kommt bei der Analyse von mehr als 10.000 Insolvenzen zu dem Schluss, dass falsche Markteinschätzung eine der zentralen Ursachen für die Insolvenz ist.

[609] Vgl. Ziegler, W. (1984): Die Unternehmensbeurteilung als Instrument zur Früherkennung von Kreditrisiken.

zwischen dem Kompetenz- und dem Unternehmenskultur-Konstrukt wird dazu ebenfalls im folgenden Kapitel diskutiert.

3.6 Zusammenhang von Kompetenzen und Unternehmenskultur: Ableitung der betrachteten Dimensionen der Unternehmenskultur bei jungen Unternehmen

"Because [an organization; Anmerkung des Verfassers] members' understanding of competence may be related to their broader understanding of the nature of the enterprise and the appropriate culture for its undertaking, the ways in which competence is understood in any particular organization can provide both members of the organization and outsiders with a significant indicator of the culture(s); the assignation of competence or incompetence to particular activities or ways of being tells us something of culture in organizations."[610]

Die im vorigen Kapitel hergeleiteten erwünschten Inhalte der Kompetenz-Dimensionen für junge, innovative Unternehmen werden also erst vor dem Hintergrund der vorhandenen Unternehmenskultur einer verhaltenssteuernden Bewertung unterzogen "... in order to explore how different ways of managing within these cultures are seen by managers to be competent – or incompetent."[611] Wie sich Management-Kompetenz und Unternehmenskultur zueinander verhalten, zeigt auch die folgende Abb. ***3-8***.

Vor diesem Hintergrund gehört zu jeder Dimension der Management-Kompetenz eine entsprechende Dimension der Unternehmenskultur: Die Unternehmerkultur, die Sozialkultur sowie die Fachkultur mit ihren jeweiligen zugehörigen Sub-Dimensionen, ersichtlich in Abb. 3-9.

[610]McAuley, J. (1994): Exploring Issues in Culture and Competence, in: Human Relations, S. 418.
[611] McAuley, J. (1994): a.a.O., S. 418.

Abb. 3-8: Zusammenhang zwischen Management-Kompetenz und Unternehmenskultur

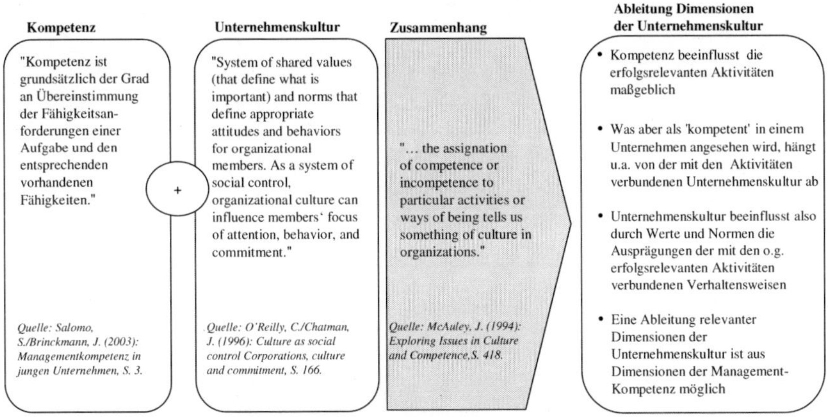

Diese Arbeit wird in Analogie zur im vorigen Kapitel besprochenen Sozialkompetenz auf die Sozialkultur fokussieren. Dies hat zwei Gründe: Zum einen wird den mit Sozialkompetenz verbundenen Begriffen Teamwork, Führung und Netzwerke grundlegende Bedeutung für den Unternehmenserfolg insbesondere auch in jungen Unternehmen beigemessen, ohne dass diese Konstrukte bisher inhaltlich detaillierter ausgearbeitet oder ausreichend empirisch überprüft worden wären.[612] Zum anderen ist unter Berücksichtigung des methodischen Ansatzes eine Fokussierung zwingend erforderlich.

[612] Vgl. Salomo, S./Brinckmann, J. (2003): a.a.O.; Gemünden, H.G./Högl, M. (2001): Teamarbeit in innovativen Projekten: Eine kritische Bestandsaufnahme der empirischen Forschung , S. 27; Gupta, V./MacMillan, I.C./Surie, G. (2004): a.a.O., S. 241 ff.; Witt, P. (2004): a.a.O., S. 401 ff.

Abb. 3-9: Dimensionen der Unternehmenskultur in jungen Unternehmen

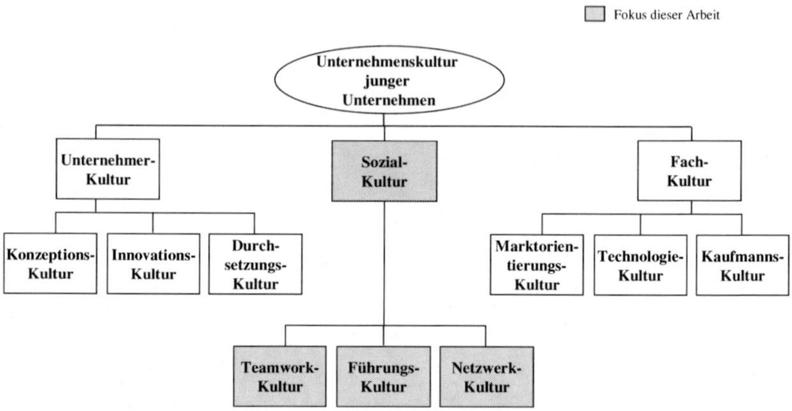

In den folgenden Kapiteln werden daher die Inhalte der Haupt- und ggf. Sub-Dimensionen sowie die Hypothesen für die empirische Überprüfung von Teamwork-, Führungs- und Netzwerkkultur erarbeitet. Des Weiteren erfolgt jeweils im Anschluss an die inhaltlichen Ausarbeitungen auch die Operationalisierung der einzelnen Dimensionen.

3.7 Inhalte der betrachteten Dimensionen der Unternehmenskultur in jungen Unternehmen, Hypothesen und Operationalisierung

3.7.1 Teamwork-Kultur

SEERS ET AL. (1995) stellen fest: "At this point, teamwork remains a sports metaphor that is occasionally and casually applied in the management literature. Teamwork cannot as yet be described as a management construct."[613] In der Zwischenzeit hat es einige wenige neue Versuche gegeben, dieses Forschungsdefizit zu beheben.[614] Dennoch muss diese Forschungs-

[613] Seers, A./Petty, M.M./Cashman, J.F. (1995): Team-member exchange under team and traditional management: A naturally occuring quasi-experiment, in: Group & Organization Management, S. 35.
[614] Vgl. z.B. Högl, M./Gemünden, H.G. (2001): a.a.O.

richtung als nach wie vor jung eingestuft werden; insbesondere empirische Befunde sind noch Mangelware.[615]

1) Die Wichtigkeit von Teamarbeit für den Erfolg von Innovationsprozessen wird in der theoretischen Literatur betont.[616] Vor allem "... the performance of the top management team is especially critical"[617] bei Unternehmensneugründungen. Das Gründer- bzw. Führungsteam wird bei allen in der vorliegenden Untersuchung betrachteten Dimensionen der Unternehmenskultur der Fokus sein. Auch diverse empirische Arbeiten bestätigen den Zusammenhang zwischen Teamarbeit und Innovationserfolg.[618] Jedoch gibt es eine Vielzahl an potentiellen Erfolgsfaktoren, und die betrachteten Erfolgsfaktoren sind je nach Untersuchung unterschiedlich.[619] Dabei ist nach HÖGL/GEMÜNDEN (2001) "The most elementary component of TWQ [Team Work Quality; Anmerkung des Verfassers] the communication within a team."[620] Darüber hinaus gilt der Umgang mit bzw. die "Nutzung" von Konflikten als "Central to the effort to meld talent and ability ..."[621] in Gründerteams. Ebenso wird der Umgang mit Fehlern in einem Unternehmen als besonders erfolgskritisch angesehen; aber auch die Erforschung des Konstrukts der Fehlerorientierung in Unternehmen kann auf Basis der – nach Kenntnisstand der vorliegenden Untersuchung – ersten empirischen Forschungsarbeit noch als sehr jung bezeichnet werden: Bis zur Entwicklung eines ersten Messinstruments durch RYBOWIAK ET AL. (1999) waren "... no scales or questionnaires developed to measure orientation towards errors."[622] Jedoch sind "... attitudes towards errors and how one deals with them ... indications of a company's organizational culture."[623] Diese drei Bestandteile der Teaminteraktion – Kommunikation, Konflikt und Fehler – sind nach dem Verständnis der vorliegenden Arbeit zentrale Bestandtei-

---

[615] Vgl. Gemünden, H.G./Högl, M. (2001): a.a.O., S. 27.
[616] Vgl. Gemünden, H.G./Högl, M. (2001): a.a.O., S. 4.
[617] Ensley, M.D./Pearson, A.W./Amason, A.C. (2002): Understanding the dynamics of new venture top management teams: Cohesion, conflict, and new venture performance, in: Journal of Business Venturing, S. 367.
[618] Vgl. Gemünden, H.G./Högl, M. (2001): a.a.O., S. 4 ff.
[619] Vgl. Gemünden, H.G./Högl, M. (2001): a.a.O., S. 12 ff.
[620] Högl, M./Gemünden, H.G. (2001): a.a.O., S. 437.
[621] Ensley, M.D./Pearson, A.W./Amason, A.C. (2002): a.a.O., S. 366.
[622] Rybowiak, V.et al. (1999): a.a.O., S. 528.
[623] Rybowiak, V.et al. (1999): a.a.O., S. 528.

le einer Teamwork-Kultur. Sie sollen daher im Folgenden inhaltlich aufgearbeitet und im Anschluss jeweils im Hinblick auf die dahinterstehenden Werte und Normen operationalisiert werden. In diesem Zusammenhang stellt sich die Frage, ob auf Items von bereits vorliegenden Untersuchungen zurückgegriffen werden kann.

Eine Literaturrecherche in den EBSCO Literaturdatenbanken "Business Source Premier", "EconLit" sowie "SocIndex" ergab jedoch zu den Stichworten "Team culture", "Teamwork culture" und "Teamkultur" neben diversen irrelevanten Publikationen als Treffer nur eine Veröffentlichung in einem darüber hinaus qualitativ eher mittelmäßigen[624] Journal, welche sich ausschließlich mit "Teamwork culture" beschäftigt.[625] Zwar werden in dieser Arbeit "conflict management" oder auch "effectiveness of communication" als Maß für Teamarbeit genannt, die Herangehensweise an die Thematik der Teamwork-Kultur erscheint jedoch wenig geeignet als Basis für die vorliegende Arbeit – so fehlen u.a. sowohl ein konkreter Messvorschlag als auch mögliche Beispiel-Items zur Erhebung einer Teamwork-Kultur – und wird daher nicht weiter betrachtet. Dies unterstreicht umso mehr die Notwendigkeit, einen solchen Messvorschlag zu erarbeiten, was die vorliegende Arbeit leisten möchte. Auch der in Anhang Tab. 1 ersichtliche Überblick verschiedener Dimensionen der Unternehmenskultur von UNTERREITMEIER (2004) konnte nur vereinzelt Hinweise auf mögliche Operationalisierungen geben. So untersucht POECH (2004) die Dimension Teamkultur im Hinblick auf die Verhaltensebene (Normen), veröffentlicht jedoch nur zwei (von 12) normenorientierte Items, welche außerdem nicht in der in Kapitel 3.4.4 beschriebenen Art und Weise formuliert sind. O'REILLY ET AL. (1991) verwenden eine Dimension "Team Orientation", die nur sehr knappe Beschreibung der Indikatoren ist jedoch wenig hilfreich.[626] XENIKOU/FURNHAM (1996) verwenden eine Dimension "Positive Social Relations in the Work Place", jedoch wurden auch hier die Indikatoren nicht veröffentlicht. Auch weitere Studien von SASHKIN (1984; Dimension "Communicating to get the job done", aber Items nicht offen gelegt) oder KOBI/WÜTHRICH (1986; Dimension "Kommunikationsorientierung", jedoch keine Items)

624 Vgl. Harzing, A.-W. (2003): Journal Quality List.
625 Vgl. Castka, P./Bamber, C.J./Sharp, J.M. (2003): Measuring teamwork culture: the use of a modified EFQM model, in: Journal of Management Development.
626 Vgl. Unterreitmeier, A. (2004): a.a.O., S. 74.

sind kaum hilfreich. Selbst bei UNTERREITMEIERs Dimension "Problemlösungsverhalten" werden weder Konflikte noch Fehler erkennbar thematisiert. Items, welche zur Operationalisierung von Kommunikationskultur, Konfliktkultur und Fehlerkultur[627] geeignet sind, müssen also auf zweierlei Art und Weise hergeleitet werden. Zum einen basierend auf empirischen Arbeiten, welche Items zu den genannten Schwerpunkten verwenden, dies jedoch nicht explizit unter Berücksichtigung einer unternehmenskulturellen Sichtweise tun. Dann werden mögliche Items in der Formulierung gemäß Kapitel 3.4.4 entsprechend angepasst werden. Zum anderen werden auch Items auf Basis eigener Überlegungen und Erfahrungen formuliert werden.

3.7.1.1 Teamwork-Kultur und Kommunikations-Kultur: Bisherige Untersuchungen zur Erfolgsrelevanz

GLADSTEIN (1984) fokussiert auf die Faktoren Intragruppenprozess und Boundary Management.[628] Ersterer ist ein Faktor bestehend aus Open Communication, Supportiveness, Conflict, Weighting of Individual Inputs und Discussion of Strategy, letzterer wird definiert als die Team-Interaktion mit der organisatorischen Umgebung. Eines der Ergebnisse ist, dass der Intragruppenprozess deutlichen Einfluss auf die Teameffektivität, definiert als Faktor bestehend aus Leistung, Mitarbeiter- und Kundenzufriedenheit, hat, das Boundary Management jedoch nicht.

SEERS (1989) betrachtet die Ausgewogenheit der Beiträge der Teammitglieder und kann einen signifikanten Einfluss auf Teamleistung, Arbeitszufriedenheit der Teammitglieder und Zusammenhalt (Kohäsion) nachweisen.[629] SEERS/PETTY/CASHMAN (1995) bauen darauf auf und zeigen, dass ein höherer Grad an Team-Autonomie (self-management) sowohl zu

[627] Zur Fehlerkultur liegt, wie schon erwähnt, lediglich ein Messinstrument von Rybowiak et al. (1999) vor, auf welches im Folgenden und insbesondere auch zur Operationalisierung von Fehlerkultur noch Bezug genommen werden wird.

[628] Vgl. Gladstein, D.L. (1984): Groups in context: A model of task group effectiveness, in: Administrative Science Quarterly.

[629] Vgl. Seers, A. (1989): Team-member exchange quality: A new construct for role-making research, in: Organizational Behavior and Human Decision Process, S. 127 ff.

einer höheren Ausgewogenheit der Mitgliederbeiträge als auch zu besseren Teamleistungen führt.[630]

Mary Beth PINTO und Jeffrey PINTO (1990) stellen fest, dass sich Teams mit einem hohen Grad an bereichsübergreifender Zusammenarbeit (Cross-functional Cooperation) deutlich unterscheiden in Kommunikationsart, -inhalt und -häufigkeit von Teams mit einem niedrigen Grad an Zusammenarbeit. Die Unterschiede betreffen ein höheres Maß an informeller Kommunikation und an Kommunikation mit anderen Teammitgliedern bzgl. relevanter Projektinformationen sowie eine höhere Konzentration auf die Aufgabe bei gleichzeitig weniger Beschäftigung mit persönlichen Konflikten, was zu einem wesentlichen Einfluss auf den Projekterfolg in den Dimensionen Task Outcomes und Psychological Outcomes führt.[631]

Darauf aufbauend entwickeln PINTO/PINTO/PRESCOTT (1993) ein Modell der bereichsübergreifenden Zusammenarbeit, das fünf Faktoren direkten positiven Einfluss auf die bereichsübergreifende Zusammenarbeit zuspricht: Superordinate Goals, Physical Proximity, Accessibility, Project Team Rules & Procedures und Organizational Rules & Procedures.[632] Auf Basis der 1990 von PINTO/PINTO erhobenen Daten wird dieses Modell getestet, und dieser Test belegt, dass die Konstrukte Superordinate Goals, Physical Proximity und Project Team Rules einen signifikant positiven Einfluss auf die Zusammenarbeit haben und diese wiederum auf den Projekterfolg.

In derselben Firma testen CAMPION/MEDSKER/HIGGS (1993)[633] bei 78 Teams mit einfacheren Verwaltungsaufgaben und CAMPION/PAPPER/MEDSKER (1996)[634] in einer Repli-

[630] Vgl. Seers, A./Petty, M.M./Cashman, J.F. (1995): a.a.O.
[631] Vgl. Pinto, M.B./Pinto, J.K. (1990): Project team communication and cross-functional cooperation in new program development, in: Journal of Product Innovation Management.
[632] Vgl. Pinto, M.B./Pinto, J.K./Prescott, J.E. (1993): Antecedents and consequences of project team cross-functional cooperation, in: Management Science.
[633] Vgl. Campion, M.A./Medsker, G.J./Higgs, A.C. (1993): Relation between work group characteristics and effectiveness: Implications for designing effective work groups, in: Personnel Psychology.
[634] Vgl. Campion, M.A./Pepper, E.M./Medsker, G.J. (1996): Relations between work team characteristics and effectiveness: A replication and extension, in: Personnel Psychology.

kationsstudie bei 60 Teams mit höheren administrativen Aufgaben direkte Effekte von mehreren potentiellen Einflussfaktoren auf die Effektivität von Teams, gemessen als Productivity, Satisfaction und Manager Judgements. Die u.a. betrachteten vier Team-Prozessmerkmale sind Potency/Teamspirit, d.h. inwiefern eine Gruppe an ihre eigenen Fähigkeiten glaubt, Social Support, d.h. welche soziale Stimmung und Hilfsbereitschaft im Team herrscht, Workload sharing, d.h. wie ausgewogen die Beiträge aller Teammitglieder zur Kollektivleistung sind, und Communication/Cooperation within the group, d.h. inwiefern die Teammitglieder bereit sind, zusammenzuarbeiten und Informationen auszutauschen. Als Ergebnis zeigt sich, dass in beiden Studien die vier Prozessvariablen positiv signifikant korreliert sind sowohl mit der vom Management als auch mit der vom Team beurteilten Produktivität; die Ergebnisse der Untersuchung von 1996 korrelieren jedoch wesentlich stärker. Ebenso zeigt die Mitarbeiterzufriedenheit 1996 einen deutlichen Zusammenhang zu allen vier Prozessmerkmalen, 1993 ist dies lediglich der Faktor Potency. Somit wird deutlich, dass der Teamprozess einen großen Einfluss auf Teamleistung und Mitarbeiterzufriedenheit hat, was insofern bemerkenswert ist, als dass die betrachteten Teams mit wenig innovativen Aufgaben zu tun hatten; dort dürfte der Teamprozess eine noch größere Rolle spielen.[635]

BRODBECK (1994) belegt anhand der Untersuchung von 21 deutschen Software-Entwicklungsprojekten den positiven Einfluss der teaminternen informellen Information (Kommunikationsdichte sowie zeitlicher Aufwand für Kommunikation) auf die Teamleistung bzw. den Innovationserfolg.[636] BRODBECKS empirische Befunde sind Beleg für die Wichtigkeit teaminterner Kommunikation für produktive Teamarbeit in innovativen Projekten.[637]

DENISON/HART/KAHN (1996) entwickeln auf Basis einer Literaturbestandsaufnahme einen empirischen Bezugsrahmen und ein Erhebungsinstrument für Studien von bereichsübergreifenden Teams. Die generierten Items wurden überarbeitet und getestet, um ein reli-

---

635 Vgl. Gemünden, H.G./Högl, M. (2001): a.a.O., S. 20.
636 Vgl. Brodbeck, F.C. (1994): Intensive Kommunikation lohnt sich für SE-Projekte .
637 Vgl. Gemünden, H.G./Högl, M. (2001): a.a.O., S. 20.

ables und valides Messinstrument zu erhalten.[638] Dieses wurde dann für eine Erhebung bei 43 Produktentwicklungsteams genutzt; allerdings sind die Auswertungen dahingehend beschränkt, dass nur die Qualität der entwickelten Maße getestet und keine Kausalanalyse durchgeführt wird. Dennoch ist die Untersuchung wertvoll, da sowohl die Konstrukte gut abgebildet als auch die Zuordnung der Konstrukte zu den drei Kategorien Context, Process und Outcomes belegt und somit eine Reihe von Merkmalen bereichsübergreifend arbeitender Teams ermittelt werden, die zukünftig verwendet werden können.[639] Es zeigt sich somit, dass die gesamte Güte des Teamprozesses nur mit mehreren Konstrukten analysiert werden kann.[640]

GEMÜNDEN/HÖGL (2001) nutzen die oben beschriebenen Erkenntnisse und entwickeln auf dieser Basis einen neuen Vorschlag zur Messung des Konstrukts Teamarbeit (Team Work Quality – TWQ).[641] Dieses besteht bei ihnen aus den folgenden sechs Sub-Konstrukten: Kommunikation und Information, Aufgabenkoordination, Ausgewogenheit der Mitgliederbeiträge, gegenseitige Unterstützung, Arbeitsnormen (Engagement) und Kohäsion (Zusammenhalt).

Kommunikation, bei GEMÜNDEN/HÖGL (2001) definiert als Mittel zum Austausch von Informationen zwischen den Teammitgliedern, wird als der wichtigste Bestandteil der Teamarbeit besonders betont.[642] Sie wird operationalisiert mittels vier weiterer Attribute: Häufigkeit, Formalisierungsgrad, Struktur und Offenheit. Die Aufgabenkoordination umfasst die zielgerichtete Koordination der Einzelbeiträge der Teammitglieder. Bei der Ausgewogenheit der Mitgliederbeiträge kommt es darauf an, dass die Teammitglieder entsprechend der individuellen Fähigkeiten ausgewogen im Team integriert sind und an Problemlösungen partizipie-

---

[638] Vgl. Denison, D.R./Hart, S.L./Kahn, J.A. (1996): From chimneys to cross-functional teams: Developing and validating a diagnostic model, in: Academy of Management Journal sowie Gemünden, H.G./Högl, M. (2001): a.a.O., S. 21.

[639] Vgl. Gemünden, H.G./Högl, M. (2001): a.a.O., S. 22.

[640] Vgl. Gemünden, H.G./Högl, M. (2001): a.a.O., S. 22.

[641] Vgl. im folgenden: Gemünden, H.G./Högl, M. (2001): Determinanten und Wirkungen der Teamarbeit in innovativen Projekten – Eine theoretische und empirische Analyse , S. 33-66 sowie Högl, M./Gemünden, H.G. (2001): a.a.O., S. 435-449.

[642] Vgl. Gemünden, H.G./Högl, M. (2001): a.a.O., S. 38.

ren, nicht jedoch darauf, dass alle von allem (z.B. Ideen, Erfahrungen etc.) gleichviel einbringen. Die gegenseitige Unterstützung betont die Kooperation und nicht den Wettbewerb untereinander bei stark interdependenten Aufgaben. Bei den Arbeitsnormen, die zum Sanktionieren von Abweichungen des tatsächlichen vom erwarteten Handeln dienen, sind besonders Normen im Hinblick auf den Arbeitseinsatz bzw. das Engagement von Bedeutung. Die Kohäsion beschreibt die Elemente, die Teammitglieder zum Verbleib im Team bewegen. Dazu gehören die gegenseitige persönliche Anziehung der Teammitglieder (Interpersonal Attractiveness), der Stellenwert, welcher dem Teamziel von den Teammitgliedern beigemessen wird (Commitment to Task) sowie Stolz auf die Teammitgliedschaft und der Glaube an die Team-Leistungsfähigkeit (Group Pride), was auch als Teamgeist umschrieben werden kann.

Die Teamarbeit wird von GEMÜNDEN/HÖGL (2001) als wesentlicher Einflussfaktor auf die Teamleistung, definiert als die Fähigkeit, Qualitäts-, Kosten- und Zeitziele ("magisches Dreieck") zu realisieren, sowie auf das Potential für zukünftige Teamarbeit, definiert als Arbeitszufriedenheit und Lernerfolg (Know-How-Gewinn), angenommen. In einer empirischen Untersuchung von 145 Software-Entwicklungs-Teams aus vier deutschen Labors bestätigen sich die vermuteten Zusammenhänge; die Qualität der Teamarbeit (TWQ) wirkt positiv auf die Teamleistung bei innovativen Vorhaben.[643] Außerdem bestätigt sich, dass die Teamarbeit eine Funktion von Teambesetzung und Teamführung ist.

3.7.1.1.1 Zwischenfazit und Aufstellung der Hypothesen zur Kommunikations-Kultur

Als Zwischenfazit kann festgehalten werden, dass in der Literatur insbesondere die Kommunikation als sehr relevanter Faktor der Teamarbeit angesehen wird. Die Operationalisierung fokussiert dabei (vgl. für die verwendeten Items folgende Tab. 3-7) bei GEMÜNDEN/HÖGL zum einen auf die Offenheit der projektrelevanten Kommunikation; dabei geht es um die Weitergabe wichtiger Informationen, um die firmeninterne Integration von Know-How und Erfahrung sicherzustellen. Zum anderen werden mittels der drei Kriterien Häufigkeit, Forma-

[643] Vgl. Högl, M./Gemünden, H.G. (2001): a.a.O., S. 445.

lisierungsgrad und Struktur auch formale Kriterien verwendet.[644] Letztere werden in der vorliegenden Untersuchung jedoch nicht weiter berücksichtigt werden.

Darüber hinaus ist denkbar, dass auch eine Unternehmenskultur der nicht projektrelevanten Kommunikation, z.B. Kommunikation über private Dinge, erfolgsrelevant ist.[645]

Tab. 3-7: Items zur Messung des Faktors "Communication" nach HÖGL/GEMÜNDEN

1	There was frequent communication within the team
2	The team members communicated often in spontaneous meetings, phone conversations etc.
3	The team members communicated mostly directly and personally with each other
4	There were mediators through whom much communication was conducted
5	Project-relevant information was shared openly by all team members
6	Important information was kept away from other team members in certain situations
7	In our team there were conflicts regarding the openness of the information flow
8	The team members were happy with the timeliness in which they received information from other team members
9	The team members were happy with the precision of the information received from other team members
10	The team members were happy with the usefulness of the information received from other team members

Quelle: Högl, M./Gemünden, H.G. (2001): Teamwork Quality and the Success of Innovative Projects: A Theoretical Concept and Empirical Evidence, in: Organization Science, S. 447.

Die wissenschaftliche Forschung zu Innovationsaktivitäten unterscheidet in diesem Zusammenhang grundsätzlich die freundliche Kommunikation ("friendly communication") von der Problemlösungs-Kommunikation und Management-Kommunikation.[646] Die freundliche Kommunikation wird auch als nicht-arbeitsbezogene Kommunikation, die Problemlösungs- und die Management-Kommunikation auch als arbeitsbezogene Kommunikation bezeichnet.[647] Die vorliegende Untersuchung bezeichnet arbeitsbezogene Kommunikation auch als unternehmensbezogene Kommunikation. Um zu vermeiden, dass in der deutschen Sprache "freundliche Kommunikation" als freundlicher Umgangston missverstanden wird, verwendet

[644] Vgl. Högl, M./Gemünden, H.G. (2001): a.a.O., S. 437, 447.

[645] Eine Untersuchung der Erfolgsrelevanz der sog. "friendly communication" ist bisher kaum erfolgt. Vgl. dazu und zur Erfolgsrelevanz von nicht projektrelevanter bzw. nicht arbeitsbezogener Kommunikation Kratzer, J. (2001): Communication and Performance: An Empirical Study in Innovation Teams, S. 46 ff.

[646] Vgl. Kratzer, J. (2001): a.a.O., S. 13.

[647] Vgl. ausführlicher zur arbeitsbezogenen Kommunikation Kratzer, J. (2001): a.a.O., S. 39 ff.

die vorliegende Untersuchung die Ausdrücke private Kommunikation bzw. nicht-arbeitsbezogene oder nicht-unternehmensbezogene Kommunikation.

Erste Untersuchungen zeigen widersprüchliche Auswirkungen der privaten Kommunikation. So wurde einerseits festgestellt, dass nicht-arbeitsbezogene Kontakte das individuelle Engagement beeinträchtigen können und durch gegenseitige Einflussnahme Kreativität blockiert werden kann, andererseits jedoch durch freundliche Kommunikation das Teilen von Informationen, der produktive Konflikt, die Kreativität und auch das individuelle Engagement gefördert werden kann.[648]

Die vorliegende Arbeit versucht daher mittels der Untersuchung der Team-Kommunikation-Kultur die Auffassungen des Führungsteams über das grundsätzlich Wünschenswerte sowie mögliche Verhaltensregeln im Hinblick auf den Stellenwert von und den Umgang mit arbeitsbezogener sowie mit freundlicher Kommunikation im Unternehmen zu ermitteln.[649]

Dazu wird die arbeitsbezogene Team-Kommunikationskultur in der vorliegenden Untersuchung u.a. in Anlehnung an HÖGL/GEMÜNDEN (2001) mittels Items operationalisiert, welche Werte und Normen insbesondere im Hinblick auf die Offenheit der projekt- bzw. unternehmensbezogenen Kommunikation berücksichtigen; die oben ersichtlichen Items von HÖGL/GEMÜNDEN werden dazu, wie bereits in Kapitel 3.4.4 ausgeführt, entsprechend umformuliert und ergänzt. Auch auf PFLESSERS (1999) Items zu Werten und Normen bzgl. der Offenheit der internen[650] bzw. der marktorientierten[651] Kommunikation wird zurückge-

---

[648] Vgl. Kratzer, J. (2001): a.a.O., S. 46 ff.

[649] Vgl. für das Verständnis von Werten und Normen in der vorliegenden Arbeit auch Kapitel 3.4.3. Natürlich können auch beim in den noch folgenden Kapiteln betrachteten Umgang mit Konflikten bzw. Fehlern Elemente der Kommunikation eine Rolle spielen. Der grundsätzliche kommunikative Umgang mit Konflikten oder Fehlern ist aber letztlich auch schon in der Operationalisierung der Offenheit der projekt- bzw. unternehmensbezogenen Kommunikation enthalten. In den Kapiteln zu den Konfliktkulturen bzw. Fehlerkulturen werden dann auf Grund der Komplexität der jeweiligen Konstrukte verschiedene Werte und Normen zum Umgang mit Konflikten und Fehlern spezifischer und detaillierter berücksichtigt; dort spielt dann die Kommunikation an sich nicht die Hauptrolle und ist ggf. ein Element von mehreren.

[650] Vgl. Pflesser, C. (1999): a.a.O., S. 132.

[651] Vgl. Pflesser, C. (1999): a.a.O., S. 142.

griffen. Als Ergänzung wird die Kultur der privaten Kommunikation berücksichtigt, da diese in der wissenschaftlichen Literatur im Hinblick auf die Erfolgsrelevanz bisher kaum betrachtet wurde.[652]

Abschließend werden die folgenden Hypothesen zur Team-Kommunikations-Kultur formuliert:

Hypothese 2 a: Eine ausgeprägte Kultur der offenen arbeitsbezogenen Kommunikation fördert den Erfolg in jungen Unternehmen positiv.

Hypothese 2 b: Je radikaler ein Innovationsvorhaben in jungen Unternehmen ist, desto wichtiger für den Erfolg ist eine ausgeprägte Kultur der offenen arbeitsbezogenen Kommunikation.

Hypothese 2 c: Eine ausgeprägte Kultur der offenen privaten Kommunikation fördert den Erfolg in jungen Unternehmen positiv.

Hypothese 2 d: Je radikaler ein Innovationsvorhaben in jungen Unternehmen ist, desto wichtiger für den Erfolg ist eine ausgeprägte Kultur der offenen privaten Kommunikation.

[652] Vgl. dazu und ausführlicher zur freundlichen Kommunikation Kratzer, J. (2001): a.a.O., S. 46 ff.

Abb. 3-10: Subdimensionen der Teamwork-Kultur

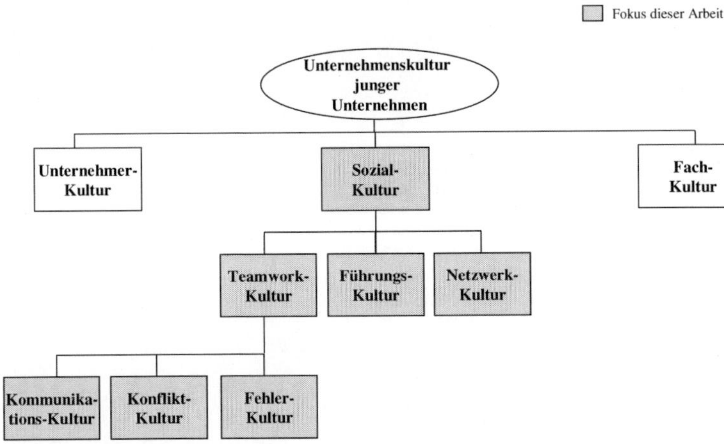

3.7.1.1.2 Operationalisierung der Team-Kommunikations-Kultur

Die Items zur Operationalisierung der Kommunikations-Kultur sind, die Ausführungen im vorigen Kapitel berücksichtigend, in folgender Tabelle unter Angabe der Quellen ersichtlich.

Tab. 3-8: Items zur Operationalisierung der Team-Kommunikations-Kultur

Nr.	Items	Quelle
	Offenheit der arbeits- bzw. unternehmensbezogenen Kommunikation: In unserem Unternehmen…	
1	...wird besonderer Wert auf eine offene arbeitsbezogene Kommunikation gelegt.	Pflesser (1999), ähnlich Högl/Gemünden (2001)
2	...wird erwartet, dass relevante unternehmensbezogene Informationen offen von allen Mitarbeitern geteilt werden.	In Anlehnung an: Högl/Gemünden (2001), Pflesser (1999)
3	...wird auf die unmittelbare Weitergabe von arbeitsbezogenen Informationen besonders viel Wert gelegt.	Pflesser (1999), ähnlich Högl/Gemünden (2001)
4	...streben wir proaktive arbeitsbezogene Kommunikation an.	Pflesser (1999)
5	...wird eine funktionsübergreifende Informationsweitergabe angestrebt.	Pflesser (1999)
6	...wird erwartet, dass regelmäßig funktionsübergreifende Besprechungen stattfinden.	Pflesser (1999)
7	...wird die Weitergabe von arbeitsbezogenen Informationen erwartet.	Pflesser (1999)
8	...wird die Weitergabe von arbeitsbezogenen Informationen kontrolliert.	Pflesser (1999)
9	...wird das Zurückhalten von wichtigen unternehmensrelevanten Informationen sanktioniert.	In Anlehnung an: Högl/Gemünden (2001)
	Offenheit der privaten Kommunikation: In unserem Unternehmen…	
1	...wird viel Wert auf eine offene nicht-arbeitsbezogene Kommunikation gelegt.	Eigene Überlegungen
2	...wird erwartet, dass relevante nicht-arbeitsbezogene Probleme (z.B. Sorgen privater Art) jeglicher Art unmittelbar und offen angesprochen werden.	Eigene Überlegungen
3	...wird auf Kommunikation über private Dinge besonderer Wert gelegt.	Eigene Überlegungen
4	...wird erwartet, dass über private Dinge kommuniziert wird.	Eigene Überlegungen
5	...wird erwartet, dass gemeinsame Freizeitaktivitäten unternommen werden.	Eigene Überlegungen
6	...werden gemeinsame Freizeitaktivitäten der Mitarbeiter gefördert.	Eigene Überlegungen
7	...wird das Motto "Je besser wir uns privat kennen, desto erfolgreicher können wir zusammenarbeiten" besonders betont.	Eigene Überlegungen
8	...werden Mitarbeiter bzw. Kollegen, die sich eher zurückhaltend im Hinblick auf nicht-arbeitsbezogene Kommunikation geben, nicht voll akzeptiert.	Eigene Überlegungen

3.7.1.2 Teamwork-Kultur und Team-Konflikt-Kultur

"Teamwork and harmony are worthy objectives, but a healthy dose of conflict also plays an important role in fostering innovation."[653], stellen DYER/SONG (1998) in ihrer empirischen Untersuchung fest. Harmonische Teamarbeit birgt nämlich das Risiko, die erst durch Konflikte entstehende kreative Spannung zu unterdrücken, die aber gerade für Neuproduktentwicklungen besonders wichtig ist.[654]

Auch eine Studie der AKADEMIE FÜR FÜHRUNGSKRÄFTE zeigt die Relevanz des Umgangs mit Konflikten in Unternehmen. [655] Entsprechend fasste die Frankfurter Rundschau zusammen: "Viel zu kurz kommt in deutschen Unternehmen das zwischenmenschliche Beziehungsmanagement."[656] Denn die AKADEMIE FÜR FÜHRUNGSKRÄFTE hat auf Basis von 242 befragten Führungskräften ermittelt, dass diese Schwächen bei der Klärung von Konflikten auf zwischenmenschlicher Ebene und der Schaffung eines positiven Betriebsklimas durch Mittel der "Kommunikation, Teamleitung und Teamentwicklung, Projektmanagement, Konfliktlösungen, Moderation, Feedback und Coaching"[657] kritisierten.

Auch wenn DE DREU/WEINGART (2003) in einer Meta-Analyse bisheriger Untersuchungen zur Erfolgsrelevanz von verschiedenen Konfliktarten für die Teamleistung feststellen, dass "...it seems safe to stop assuming that, whereas relationship conflict is detrimental to team performance, task conflict improves team performance. Clearly, it does not"[658], so ermutigen sie dennoch zu weiterer Forschung: "This finding should not be taken as conclusive evidence that conflict does not have a functional side to it or that conflict can never be posi-

[653] Dyer, B./Song, M.X. (1998): Innovation Strategy and Sanctioned Conflict: A New Edge in Innovation?, in: Journal of Product Innovation Management, S. 505.

[654] Vgl. Dyer, B./Song, M.X. (1998): a.a.O., S. 505.

[655] Vgl. Akademie für Führungskräfte der Wirtschaft GmbH, B.H. (2001): "Beziehungs-Weise..." – Führung und Unternehmenskultur.

[656] O.V. (2001): Viel zu kurz kommt in deutschen Unternehmen das zwischenmenschliche Beziehungsmanagement, in: Frankfurter Rundschau.

[657] Akademie für Führungskräfte der Wirtschaft GmbH, B.H. (2001): a.a.O., S. 6 ff.

[658] De Dreu, C.K.W./Weingart, L.R. (2003): Task Versus Relationship Conflict, Team Performance and Team Member Satisfaction: A Meta-Analysis, in: Journal of Applied Psychology, S. 748.

tive. Rather, current findings suggest that in some tasks, conflict interferes less that in other tasks, and in future research more emphasis should be placed on how team members manage their task and relationship conflicts. Conflict may have positive consequences under very specific circumstances, and we need to detect those circumstances in new research."[659] Dazu soll die vorliegende Untersuchung einen Beitrag leisten.

3.7.1.2.1 Begriffsverständnis "Konflikt"

Der Begriff Konflikt leitet sich aus dem lateinischen "confligere" ab und bedeutet "zusammenstoßen, zusammenschlagen".[660] Es existiert zur genauen Eingrenzung des Begriffs eine ganze Reihe an Definitionen, die sich, wie später noch gezeigt werden wird, wiederum nach mehr oder weniger beliebigen Kriterien klassifizieren lassen.[661]

GLASL (1999) definiert in Anlehnung an THOMAS[662] (1976) einen sozialen[663] Konflikt folgendermaßen: "Sozialer Konflikt ist eine Interaktion zwischen Aktoren (Individuen, Gruppen, Organisationen), wobei wenigstens ein Aktor Unvereinbarkeiten im Denken, Vorstellen, Wahrnehmen und/oder Fühlen und/oder Wollen mit dem anderen Aktor in der Art erlebt, dass im Realisieren eine Beeinträchtigung durch einen anderen Aktor erfolgt."[664]

Demnach bedingt ein sozialer Konflikt die Interaktion zwischen den beteiligten Parteien, wobei es nach BECHTOLDT (2003) genügt, dass nur eine der beteiligten Parteien "...die Unvereinbarkeit ihrer Interessen mit denjenigen der anderen Konfliktpartei empfindet und dementsprechend handelt – unabhängig von der objektiven Richtigkeit dieser Auffassung."[665] Entscheidend ist dabei das Handlungselement, denn nur die Wahrnehmung einer Unverein-

---

[659] De Dreu, C.K.W./Weingart, L.R. (2003): a.a.O., S. 748.
[660] Vgl. www.duden.de unter Duden-Suche, Suchwort "Konflikt". Suche durchgeführt am 21.10.2004.
[661] Vgl. Bechtoldt, M. (2003): a.a.O., S. 9 ff.
[662] Vgl. Thomas, K.W. (1976): Conflict and conflict management .
[663] Weitere konzeptionelle Konfliktansätze wie z.B. spieltheoretische (vgl. z.B. Rapoport, A. (1974): Game theory as a theory of conflict resolution) oder rollentheoretische (vgl. z.B. Katz, D./Kahn, R.L. (1978): a.a.O.) Ansätze werden in dieser Arbeit nicht berücksichtigt.
[664] Glasl, F. (1999): Konfliktmanagement, S. 14 f.
[665] Bechtoldt, M. (2003): a.a.O., S. 9; vgl. auch Glasl, F. (1999): a.a.O., S. 15.

barkeit macht noch keinen Konflikt aus. Erst die subjektive Beeinträchtigung und eine daraus resultierende Handlung kann als Konflikt bezeichnet werden.[666] Das dieser Arbeit zugrunde liegende Konfliktverständnis orientiert sich an der Auffassung von GLASL. Allerdings gibt es noch weitere Definitionen.

Ein sehr viel enger gefasstes Verständnis von sozialen Konflikten zeigen RÜTTINGER/SAUER (2000).[667] Sie definieren entsprechend das Bewusstsein eines Gegensatzes bei beiden Parteien als Voraussetzung für einen Konflikt: "Soziale Konflikte sind Spannungssituationen, in denen zwei oder mehr Parteien, die voneinander abhängig sind, mit Nachdruck versuchen, scheinbare oder tatsächlich unvereinbare Handlungspläne zu verwirklichen und sich dabei ihrer Gegnerschaft bewusst sind."[668]

Zwar ist es einleuchtend, dass bei zwei Parteien, die sich zufällig und nicht beabsichtigt behindern, wesentliche Merkmale eines Konflikts (z.B. Wahrnehmung der anderen Partei als Gegner, Antizipation von feindlichen Gegenreaktionen etc.) fehlen und insofern das Bewusstsein eines Gegensatzes auf Seiten beider Parteien notwendig ist, um von einem sozialen Konflikt sprechen zu können.[669] Jedoch ist diese Auffassung sehr eng gefasst, wenn man bedenkt, dass Menschen sich in ihren Wahrnehmungen, Motivationen und beabsichtigten Handlungen mehrheitlich unterscheiden als übereinstimmen dürften.[670]

Der Vollständigkeit halber seien auch noch wesentlich enger gefasste Definitionsvorschläge kurz erwähnt. So definiert BERLEW (1977) Konflikte einfach als zwischenmenschliche Uneinigkeit. DAHRENDORF (1961) versteht unter einem Konflikt jede Beziehung von Elementen, die sich durch objektive ("latente") oder subjektive ("manifeste") Gegensätzlichkeiten auszeichnet. Mit solch wenig konkreten inhaltlichen Aussagen lässt sich aber kaum arbeiten – denn nach diesen Definitionen befinden sich sämtliche Menschen miteinander im

---

[666] Vgl. Bechtoldt, M. (2003): a.a.O., S. 9.
[667] Vgl. Bechtoldt, M. (2003): a.a.O., S. 10.
[668] Rüttinger, B./Sauer, J. (2000): a.a.O., S. 7.
[669] Vgl. Bechtoldt, M. (2003): a.a.O., S. 10.
[670] Vgl. Bechtoldt, M. (2003): a.a.O., S. 10.

Konflikt, da so gut wie alle Menschen in ihren Einstellungen und Werten nie vollständig deckungsgleich sind.[671]

3.7.1.2.2 *Ursachen, Ablauf und Auswirkungen von Konflikten*

Um Konflikte besser verstehen und analysieren zu können, ist ein übergeordnetes Analysemodell hilfreich. Die wissenschaftliche Literatur scheint sich diesbezüglich einig zu sein, dass Konflikte immer Ursachen, einen Kern-Konflikt-Prozess und daraus folgende Auswirkungen haben. Entsprechend entwerfen WALL/CALLISTER (1995) ein Konflikt-Zyklus-Modell, welches in der folgenden Abb. 3-11 zu sehen ist.

Abb. 3-11: Der Konflikt-Zyklus nach WALL/CALLISTER

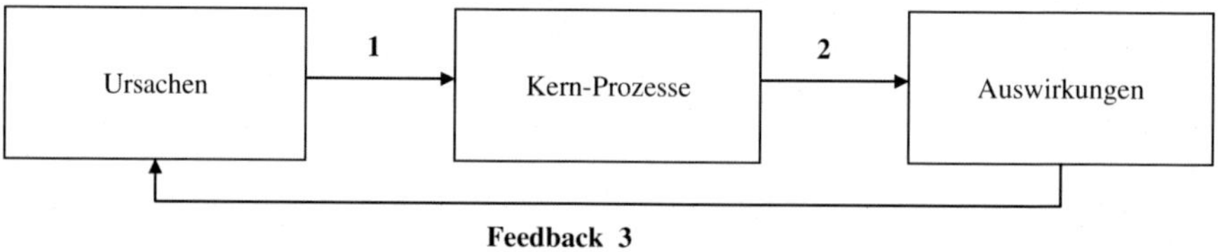

Quelle: Wall Jr., J.A./Callister Ronda Roberts (1995): Conflict and Its Management, in: Journal of Management, S. 516.

Die Ursachen für solche Konflikte können vielfältiger Natur sein. WALL/CALLISTER erwähnen drei Hauptursachen[672]:

1. Individuelle Ursachen, z.B. Unterschiede in Persönlichkeit, Werten (Konflikt ist gut vs. Konflikt ist schlecht; letzteres findet sich z.B. in Japan oder Korea) und Zielen, Stress, Ärger oder der Wunsch nach Unabhängigkeit,
2. Zwischenmenschliche Faktoren, z.B. im Hinblick auf unterschiedliche Wahrnehmung, Kommunikations- und Verhaltensweisen, gegebene Strukturen (Macht, Abhängigkei-

[671] Vgl. Bechtoldt, M. (2003): a.a.O., S. 10.
[672] Vgl. Wall Jr., J.A./Callister Ronda Roberts (1995): a.a.O., S. 517 ff.

ten etc.) oder vorherige Konflikt-Interaktion und damit verbundene negative Erfahrungen, sowie

3. Eigenschaften des potentiellen Konflikt-Anlasses ("issue") selbst, wie z.B. komplexe vs. simple Anlässe, die Häufigkeit der Anlässe, die Einstufung des "issues" als Grundsatzfrage oder die Größe und die Unteilbarkeit von Anlässen (z.B. der Bau einer neuen Eisenbahnstrecke durch bewohntes Gebiet, Neubesetzung genau einer freiwerdenden Vorstandsstelle[673]).

Den Kern-Prozess des Konflikts muss man sich nach THOMAS' (1992)[674] stark kognitivem Verständnis so vorstellen, dass ein Betroffener bemerkt, dass ein anderer etwas, das für den Betroffenen wichtig ist, negativ beeinflusst oder beeinflussen wird.[675] Nach einiger Überlegung und emotionaler Spannung entscheidet der Betroffene, wie er reagieren möchte, und führt diese Reaktion aus. Der andere reagiert darauf nun seinerseits, nachdem er die Reaktion wahrgenommen, durchdacht, emotional bewertet und einen Reaktionsplan ersonnen hat. Wenn der Betroffene jetzt wiederum reagiert, so ist ein Konflikt entstanden.[676] WALTON (1969)[677] beschreibt diesen Prozess etwas simpler.[678] Durch "issues" kommen Gefühle und Konfliktverhalten zum Vorschein, welche dann zu einem auslösenden Ereignis führen.[679] DYER/SONG (1997) definieren einen Konflikt ähnlich als "task related disagreements arising whenever goals of a person or group are perceived to be incompatible with those of another person or group with the express intention of denying the other's goals."[680]

---

[673] Vgl. Rüttinger, B./Sauer, J. (2000): a.a.O., S. 24.
[674] Vgl. Thomas, K.W. (1992): Conflict and negotiation processes in organizations , S. 653.
[675] Vgl. Wall Jr., J.A./Callister Ronda Roberts (1995): a.a.O., S. 523.
[676] Vgl. Wall Jr., J.A./Callister Ronda Roberts (1995): a.a.O., S. 523.
[677] Vgl. Walton, R.E. (1969): Interpersonal peacemaking: Confrontations and third party consultation.
[678] Vgl. Wall Jr., J.A./Callister Ronda Roberts (1995): a.a.O., S. 523.
[679] Vgl. Wall Jr., J.A./Callister Ronda Roberts (1995): a.a.O., S. 523.
[680] Dyer, B./Song, M.X. (1998): a.a.O., S. 476.

Die möglichen Auswirkungen von Konflikten sind ebenfalls vielfältig.[681] Sie können analog zu den schon dargestellten Konflikt-Ursachen beschrieben werden. Zusätzlich werden noch Lösungen und "Reste" von Konflikten betrachtet.

1. Individuelle Auswirkungen, z.B. in Form von Verärgerung, Feindseligkeit, sozialer und emotionaler Abschottung, Anspannung, Angst oder Stress. Konflikte von niedriger Intensität können bei den Beteiligten allerdings auch eine stimulierende Wirkung haben, wohingegen konfliktbedingte stark negative Gefühle zu Frustration, Job-Unzufriedenheit sowie niedriger Motivation und Leistung führen können.
2. Auswirkungen auf zwischenmenschliche Beziehungen, die während und nach dem Konflikt im Allgemeinen schlechter werden. Dies äußert sich z.B. in Form von Misstrauen, Missverständnissen, der Einstufung des Gegenspielers als Gefahr für die eigenen Ziele oder der Unfähigkeit, die andere Perspektive nachzuvollziehen. Auch die Kommunikationsqualität und -quantität verändert sich oft durch Konflikte, indem die Qualität tendenziell feindlicher wird und die Häufigkeit entweder zunimmt, weil die Betroffenen nun den Konflikt offen austragen, teilweise auch mit nicht direkt involvierten Kollegen darüber sprechen, oder aber abnimmt, weil sich die Betroffenen zurückziehen und den Gegenspieler meiden. Weitere Auswirkungen zwischenmenschlicher Art betreffen das Verhalten der Beteiligten (z.B. Wettbewerb[682], Vermeidung des Zusammentreffens, Konfrontation, Bedrohungen, körperliche Gewalt, Nötigung oder Protest), die Organisations- bzw. Managementstrukturen innerhalb einer Gruppe, wenn die Konflikte zwischen Gruppen ausgetragen werden (z.B. Veränderung des Führungsstils hin zu mehr Autorität, erhöhter Fokus auf die Gruppenaktivitäten vs. persönlicher Zufriedenheit, höherer interner Gruppenzusammenhalt), oder aber zwischen Gruppen (z.B. abnehmende Interdependenz und Koordination zwischen den betroffenen Gruppen oder Verfolgung umstrittener Ziele).
3. Auch die Konflikt-Angelegenheit ("issue") selbst verändert ihren Charakter, sobald der Konflikt entstanden ist. Selbst einfache Konflikte werden dann in der Regel komplexer, zum einen subjektiv gesehen, weil die im Kern manchmal banalen Konflikte auf-

[681] Vgl. im Folgenden Wall Jr., J.A./Callister Ronda Roberts (1995): a.a.O., S. 523 ff.
[682] Vgl. Rüttinger, B./Sauer, J. (2000): a.a.O., S. 26 ff.

grund von Missverständnissen nur noch verzerrt wahrgenommen werden, aber zum anderen auch objektiv betrachtet, weil zusätzliche Verflechtungen erst im Verlaufe des Konflikts auftauchen. Daraus können dann weitere Konflikte entstehen.

4. Schließlich führen sich entwickelnde Konflikte zu Ergebnissen verschiedenster Art. Konflikte können Lösungen expliziter oder stillschweigender Natur, aber genauso auch explizite oder stillschweigende Blockadehaltungen hervorbringen. Auch kann es sein, dass der Konflikt einfach toleriert wird. Für alle vorgenannten Fälle gibt es entweder integrative (beide Seiten profitieren) oder distributive (nur eine Seite profitiert auf Kosten der anderen) Ergebnisse. Unabhängig davon, ob es nun zu einer Lösung kommt oder nicht, können Konflikte einerseits sehr negative Auswirkungen in Form von Frustrationen, gegenseitigem Misstrauen, fehlendem Engagement oder sogar körperlicher Gewalt haben. Andererseits sind auch positive Effekte von Konflikten möglich. So denken manche Autoren, dass Konflikte auf einem moderaten Niveau Gruppeneffizienz und -produktivität verbessern. Auch könnten Kreativität stimuliert und die Qualität von Entscheidungen verbessert werden.

3.7.1.2.3 Klassifizierung von Konflikten

Im Hinblick auf eine im Vergleich zu WALL/CALLISTER übersichtlichere und überschneidungsfreiere Klassifizierung von Konflikten gibt es mittlerweile eine ganze Reihe an Vorschlägen, die aber mehr oder weniger beliebige Kriterien verwenden.[683] Diese Vorschläge in eine umfassende Systematik einzugliedern, ist jedoch so gut wie unmöglich, da die jeweiligen Autoren von zu unterschiedlichen Erkenntnisvoraussetzungen bzw. Wissenschaftstheorien ausgehen.[684] Darüber hinaus mag es vielleicht theoretisch eine solche Klassifikation geben, diese bietet jedoch evtl. für die Praxis wiederum kaum Anknüpfungspunkte.[685] Ein in der deutschen Literatur bekannter Vorschlag nach Friedrich GLASL (1999) nimmt eine Dreitei-

[683] Vgl. Glasl, F. (1999): a.a.O., S. 47.
[684] Vgl. Glasl, F. (1999): a.a.O., S. 47. Vgl. für eine sehr ausführliche Abhandlung zu Konfliktdiagnose, Dynamik der Eskalation sowie Strategien der Konfliktbehandlung das vorgenannte Buch von Friedrich Glasl. Es kann als das Standardwerk zum Konfliktmanagement in der deutschen Literatur bezeichnet werden.
[685] Vgl. Glasl, F. (1999): a.a.O., S. 47.

lung von Konflikten nach Streitgegenständen, Erscheinungsformen und Eigenschaften der Konfliktparteien vor[686]:

Konflikte nach Streitgegenständen können unterschieden werden nach realistischen vs. unrealistischen, echten vs. unechten bzw. substantiellen vs. affektiven Konflikten.[687] Bei realistischen, echten und substantiellen Konflikten sind der Anlass objektivierbare Streitgegenstände, wohingegen unrealistische, unechte bzw. affektive Konflikte darauf abzielen, den Konfliktgegner persönlich anzugreifen. Übertragen auf die in der deutschen Literatur bekannte Terminologie von RÜTTINGER und SAUER könnten erstere Streitgegenstände als Verteilungskonflikt, letztere als Beziehungskonflikt bezeichnet werden.[688] Der Verteilungskonflikt hat seine Ursache in Aufteilungs- bzw. Verteilungsproblemen, d.h. z.B. in der Auseinandersetzung um zur Verfügung stehende Mittel bzw. die Verteilung knapper oder knapp gehaltener Ressourcen.[689] Der Beziehungskonflikt hingegen hat Streitigkeiten zum Gegenstand, die durch die Uneinigkeit über die soziale Beziehung, d.h. durch persönliche emotionale Verletzungen bzw. Verletzungen des Selbstwertgefühls, zwischen den Parteien entstanden sind.[690] Des Weiteren unterscheiden RÜTTINGER und SAUER noch den Bewertungs- und den Beurteilungskonflikt.[691] Streitgegenstände bei Bewertungskonflikten sind die Ziele, die erreicht werden sollen, insofern, als die Parteien "unvereinbare Handlungspläne realisieren wollen, weil sie den Ergebnissen oder Konsequenzen der Handlungspläne einen unterschiedlichen

---

686 Vgl. Glasl, F. (1999): a.a.O., S. 48 ff.
687 Vgl. Glasl, F. (1999): a.a.O., S. 48 ff.
688 Vgl. Bechtoldt, M. (2003): a.a.O., S. 10.
689 Vgl. Rüttinger, B./Sauer, J. (2000): a.a.O., S. 19 ff. Die genaue Definition nach Rüttinger und Sauer (S. 24) lautet: "Von einem Verteilungskonflikt soll dann gesprochen werden, wenn die Kontrahenten den Wert eines Ereignisses gleich hoch einschätzen, beide aber nicht gleichzeitig dieses Ereignis realisieren können, weil es nicht auf beide gleichzeitig übertragen werden kann." Als Beispiel wird die potentielle Beförderung eines hohen Managers auf genau einen freiwerdenden Vorstandsposten angeführt für den Fall, dass zwei solch hochrangiger Manager diesen Posten haben wollen.
690 Vgl. Rüttinger, B./Sauer, J. (2000): a.a.O., S. 26.
691 Vgl. Rüttinger, B./Sauer, J. (2000): a.a.O., S. 19 ff. Damit schließt sich der Autor dieser Arbeit explizit nicht der Auffassung von Bechtoldt (2003) an, die den Bewertungs- und den Beurteilungskonflikt ohne Nennung von Gründen unter der zweiten Kategorie "Konflikte nach Erscheinungsform" einordnet (vgl. Bechtoldt, M. (2003): a.a.O., S. 12). Diese Vorgehensweise ist nach hiesiger Auffassung nicht intuitiv und daher nicht nachvollziehbar.

Wert beimessen."[692] Die Ursache für einen solchen Konflikt liegt häufig in verschiedenen Wertvorstellungen der Kontrahenten.[693] Ein Beurteilungskonflikt resultiert aus der Uneinigkeit über die Wege zum Ziel, d.h. er ist "dann gegeben, wenn die Kontrahenten unvereinbare Handlungspläne verwirklichen wollen, weil sie die Auftretenswahrscheinlichkeit gleich bewerteter Ergebnisse unterschiedlich beurteilen."[694] Streitursache ist hier in der Regel unterschiedliche Information oder Informationsverarbeitung.[695] Weitere allgemeine Voraussetzungen für Konflikte sind zum einen eine gegenseitige Abhängigkeit, zum anderen eine relative Selbständigkeit der Kontrahenten.[696] Darüber hinaus gibt es noch die sog. konfliktfördernden Bedingungen. Darunter fallen persönlichkeitsabhängige Merkmale, wie z.B. die Reaktion auf Abhängigkeit oder Frustration sowie die Gruppengröße.[697]

In der englischen Literatur wird ähnlich wie in der deutschen Literatur von "task conflict" bzw. "relationship conflict" gesprochen.[698] Bei einem task conflict geht es um Unterschiede in Ideen, Standpunkten bzw. Meinungen zu Gruppenaufgaben und nicht, wie beim relationship conflict, um in zwischenmenschlichen Unverträglichkeiten begründete Konflikte.[699] Zusätzlich definiert die englische Literatur seit kurzem noch den "process conflict".[700] Hierbei handelt es sich um Konflikte bzgl. der Übertragung von Verantwortlichkeiten, d.h. Uneinigkeiten darüber, wer was machen soll und wer wie viel Verantwortung übertragen bekommt. Man

---

692 Rüttinger, B./Sauer, J. (2000): a.a.O., S. 22. Als Beispiel führen Rüttinger und Sauer die Einführung eines Zeiterfassungssystems zur Anwesenheitskontrolle an. Sowohl der Produktions- als auch der Personalleiter sind sich diesbzgl. einig, dass dadurch die Produktion steigen, aber die Zufriedenheit der Arbeiter abnehmen wird. Ein Bewertungskonflikt entstünde, wenn z.B. der Produktionsleiter mehr Wert auf die Produktion legt, der Personalleiter aber die Arbeitszufriedenheit höher bewertet.

693 Vgl. Rüttinger, B./Sauer, J. (2000): a.a.O., S. 26.

694 Rüttinger, B./Sauer, J. (2000): a.a.O., S. 23. Als Beispiel werden wiederum der Produktions- und der Personalleiter genommen, die in einen Beurteilungskonflikt geraten, wenn sie zwar beide an einer Produktionssteigerung interessiert sind, der eine jedoch meint, das Zeiterfassungssystem lasse die Produktion steigen, und der andere das Gegenteil vertritt, weil z.B. gleichzeitig die Fehlzeiten wegen Krankheit stiegen.

695 Vgl. Rüttinger, B./Sauer, J. (2000): a.a.O., S. 26.

696 Vgl. Rüttinger, B./Sauer, J. (2000): a.a.O., S. 57 ff.

697 Vgl. Rüttinger, B./Sauer, J. (2000): a.a.O., S. 91 ff. Die Gruppengröße fällt nach der Kategorisierung Glasls unter "Konflikte nach Eigenschaften der Parteien" und wird dort behandelt. Um aber die Ausführungen von Rüttinger/Sauer zusammenhängend wiederzugeben, wurde die Gruppengröße auch hier erwähnt.

698 Vgl. Jehn, K.A./Mannix, E.A. (2001): a.a.O., S. 238; auch De Dreu, C.K.W./Weingart, L.R. (2003): a.a.O.

699 Vgl. Jehn, K.A./Mannix, E.A. (2001): a.a.O., S. 238.

700 Vgl. Jehn, K.A./Mannix, E.A. (2001): a.a.O., S. 239.

kann also von einer Dreiteilung der Konfliktarten sprechen.[701] Daher sollen in dieser Arbeit die Begriffe Sachkonflikt, Beziehungskonflikt und Prozesskonflikt verwendet werden.

Angemerkt werden muss, dass es zwar, wie die eben beschriebenen Kategorisierungen zeigen, relativ einfach ist, Konflikte nach verschiedenen Kriterien zu kategorisieren und theoretisch zu analysieren; in der Praxis ist dies jedoch häufig wesentlich schwieriger ist. Zum einen liegt dies daran, dass Konflikte verschoben sein können, d.h. die Kontrahenten thematisieren nicht den eigentlichen Konflikt, sondern weichen auf andere, sog. verschobene, Konfliktbereiche aus, etwa auf Grund von Angst vor Sanktionen bedingt durch interne oder externe Machtkonstellationen, Bedenken moralischer Natur, Scham vor Beobachtern oder aber Berechnung und Taktik. Dann ist auf den ersten Blick oftmals nur das Symptom sichtbar, nicht aber die wirkliche Ursache. Zum anderen kommen die o.g. Konfliktformen selten überschneidungsfrei in ihrer Reinform vor. Vielmehr gehen Konflikte häufig auf vielfältige Ursachen zurück, die sich noch gegenseitig verstärken und nicht unabhängig voneinander auftreten. Insofern sind die Kategorisierungen geeignet, um sich der verschiedenen Problematiken bewusst zu werden, und auch wichtig, um entsprechende verallgemeinerbare Aussagen aus Datenerhebungen zu gewinnen.[702] Die tatsächliche Komplexität von Konflikten darf dabei jedoch nicht vergessen werden. Einen zusammenfassenden Überblick zur Klassifizierung von Streitgegenständen und Konfliktursachen gibt die Abb. 3-12.

Die Betrachtung von Konflikten nach der Erscheinungsform berücksichtigt, dass Konflikte einen unterschiedlichen Verlauf nehmen können, obwohl sie dieselbe Ursache haben, wobei nicht der Verlauf selbst, sondern die Erscheinungsform betrachtet wird.[703] Es können dabei nach DAHRENDORF (1958) latente von manifesten Konflikten unterschieden werden.[704] Unter latenten Konflikten werden Situationen subsumiert, bei denen zwischen den Parteien

---

701 Vgl. z.B, auch die Arbeiten von Jehn, K.A./Mannix, E.A. (2001): a.a.O., S. 238 ff. oder von Kellermanns, F.W./Eddleston, K.A. (2004): Feuding Families: When Conflict Does a Family Firm Good, in: Entrepreneurship: Theory & Practice, S. 211 ff.

702 Jehn und Mannix (2001) oder Kellermann und Eddleston (2004) gehen in ihren empirisch basierten Veröffentlichungen bspw. gar nicht mehr auf diese Problematik ein.

703 Vgl. Bechtoldt, M. (2003): a.a.O., S. 11.

704 Vgl. Bechtoldt, M. (2003): a.a.O., S. 11.

zwar objektivierbare Gegensätze bestehen, diese aber nicht zu einer offenen Auseinandersetzung führen. Des Weiteren können nach MACK/SNYER (1957) nicht-institutionalisierte von institutionalisierten Konflikten unterschieden werden.[705] Für letztere gibt es in Organisationen häufig Verfahrensrichtlinien. Bei ersteren ist dies nicht der Fall, da diese jederzeit entstehen können und ihr Verlauf unberechenbar ist.

Unterscheidungsrelevante Merkmale der Konfliktparteien betreffen zum einen die Rolle und den Status der Beteiligten (z.B. Vorgesetzter, Kollege, Mitarbeiter etc.), zum anderen die Gruppengröße. So können intraindividuelle, zwischenmenschliche, gruppenübergreifende, interorganisationale und internationale Konflikte unterschieden werden.[706] Die erste Möglichkeit bezieht sich auf Konflikte einer Person mit sich bzw. in sich selbst[707], die zweite auf Konflikte einer Person mit anderen Personen, die dritte auf Konflikte innerhalb einer Gruppe bzw. eines Teams oder zwischen Gruppen/Teams, die vierte auf Konflikte innerhalb einer Organisation oder zwischen Organisationen und die fünfte Möglichkeit bezieht sich auf Konflikte innerhalb eines Staates oder zwischen Staaten. Diese Arbeit fokussiert auf die zweite und dritte Möglichkeit, also auf Konflikte zwischen Personen und innerhalb bzw. zwischen Teams, da wachstumsstarke Start-ups in der Regel Teamgründungen sind, deren Teammitglieder auch verschiedene Hintergründe und Wissensschwerpunkte im Hinblick auf technische und kaufmännische bzw. Management-Kompetenz mitbringen. Einen Überblick über Intra- und Inter-System-Konflikte gibt die folgende Tab. 3-9.

---

[705] Vgl. Bechtoldt, M. (2003): a.a.O., S. 11.

[706] Vgl. Wall Jr., J.A./Callister Ronda Roberts (1995): a.a.O., S. 516. Vgl. diesen Artikel auch für einen detaillierten Überblick über den Stand der Konflikt-Literatur.

[707] Nach Lewin (1935, 1936) können drei Formen intraindividueller Konflikte unterschieden werden. Der Appetenz- bzw. Annäherungskonflikt ist gegeben, wenn der Betroffene die Wahl zwischen zwei positiven Alternativen hat. Der Aversions- bzw. Vermeidungskonflikt bezieht sich auf eine Situation, in der der Betroffene vor die Wahl zwischen negativen Alternativen gestellt wird. Die Kombination beider Möglichkeiten wird als Appetenz-Aversions-Konflikt bezeichnet.

Abb. 3-12: Klassifizierung von Konfliktgegenständen und -ursachen

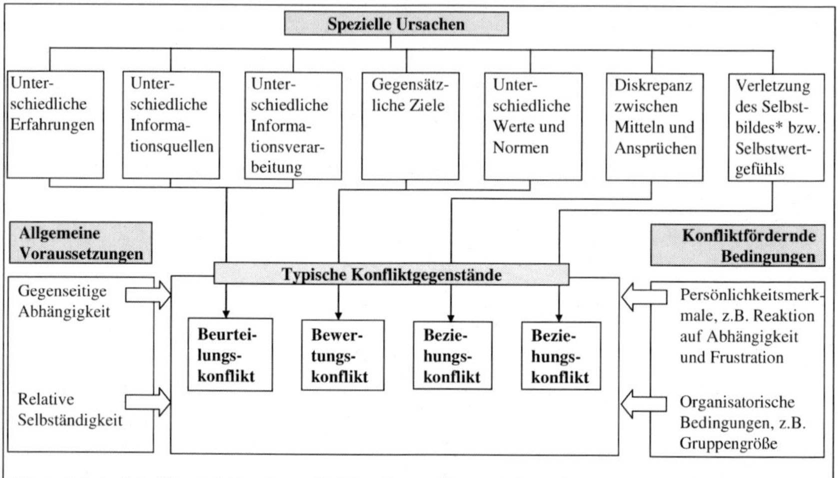

* Bestandteile des Selbstbildes sind: Einstellungen, Vorlieben, Normen, Werte sowie Vorstellungen über die persönlichen Kenntnisse und Fähigkeiten, und insbesondere auch der Beruf inklusive des übertragenen Aufgabenbereichs.

Quelle: Rüttinger, B./Sauer, J. (2000): Konflikt und Konfliktlösungen, S. 98, mit eigenen Ergänzungen.

Tab. 3-9: Systemische Konfliktklassifikation nach GALTUNG (1965)

	Systemsicht	
Ebenensicht	**Intra-System-Konflikt**	**Inter-System-Konflikt**
Individuelle Ebene	Intrapsychischer Konflikt, z.B. Bedürfnis nach Gruppenzugehörigkeit vs. Streben nach Unabhängigkeit	Konflikt zwischen gruppenexternem Vorgesetzten und Gruppenmitglied
Kollektive Ebene	Intra-Gruppenkonflikt, z.B. Arbeitsverteilungskonflikt	Inter-Gruppenkonflikt

Quelle: Bechtoldt, M. (2003): Die Bedeutung sozialer Kompetenz für die Bewältigung interpersoneller Stress-Situationen am Arbeitsplatz, S. 14, mit eigenen Ergänzungen.

3.7.1.2.4 Zwischenfazit

Es kann festgehalten werden, dass ein Konflikt die Interaktion zwischen den beteiligten Parteien voraussetzt, wobei es genügt, dass eine der Parteien diesen Konflikt wahrnimmt. Darüber hinaus ist als definitorisches Element eines Konflikts ein Handlungselement erforderlich. Bei der Klassfizierung von Konflikten kann eine Unterscheidung der Streitgegenstände nach Sach-, Beziehungs- und Prozesskonflikten erfolgen. Da die Unterscheidung in der Praxis, wie oben schon erwähnt, nicht immer überschneidungsfrei zu leisten ist, soll in der vorliegenden Untersuchung auf die Pole Sachkonflikt und Beziehungskonflikt fokussiert werden. Dafür spricht ebenfalls, dass Prozesskonflikte – also Uneinigkeit darüber, wer was macht bzw. wer wie viel Verantwortung übertragen bekommt – nach Auffassung der vorliegenden Untersuchung letztlich ihre Ursache auch immer in der Sache oder in der Beziehung haben.[708] Im Hinblick auf die in der vorliegenden Arbeit betrachteten Konfliktparteien liegt der Fokus auf Mitgliedern des Führungsteams sowie ihrer in Werten und Normen manifestierten Einstellung zum Umgang mit Konflikten. Wie Konflikt-Kultur operationalisiert werden kann, wird im folgenden Kapitel erarbeitet werden.

3.7.1.2.5 Mögliche Konfliktmanagement-Strategien: Das Dual-Concern-Modell

Die wissenschaftliche Literatur beschreibt verschiedene Arten der Konflikthandhabung. Diese sind bisher in der wissenschaftlichen Literatur jedoch im Hinblick auf ihre Auswirkungen z.B. auf Team-Effektivität oder Unternehmenserfolg weitestgehend ignoriert worden. Im Hinblick auf Beziehungskonflikte stellen DE DREU/VAN VIANEN (2001) entsprechend fest: "Relationship conflict is often conceived of as detrimental to team effectiveness but research ignored the question *what to do* when relationship conflict in teams emerges."[709] Auch andere Untersuchungen setzen in der Regel lediglich das Ausmaß bzw. das Niveau an Sach-, Bezie-

[708] Dieses nach Auffasung der vorliegenden Untersuchung offensichtliche Argument wurde jedoch in der Arbeit von Jehn/Mannix (2001) gar nicht thematisiert.

[709] De Dreu, C.K.W./Van Vianen, A.E.M. (2001): a.a.O., S. 322.

hungs- und/oder Prozesskonflikten in Beziehung zu Erfolgsmaßen.[710] In diese Lücke möchte die vorliegende Arbeit stoßen und explizit Konflikt-Kulturen definieren, die auf die Kompetenz des Umgangs mit Konflikten Bezug nehmen.

Es gibt potentiell unendlich viele Möglichkeiten, einen Konflikt zu handhaben. In der wissenschaftlichen Literatur hat sich folgende eingrenzende Betrachtungsweise durchgesetzt: "Although an infinite number of conflict management strategies may be conceived of, conflict research and theory tends to converge on Dual Concern Theory."[711] Nach dem Dual-Concern-Modell von PRUITT/RUBIN (1986), welches zurückgeht auf frühere Arbeiten von BLAKE/MOUTON (1964) und DEUTSCHs (1973) "Theory of Cooperation and Competition", ist Konfliktmanagement eine Funktion von hohem oder niedrigem Eigeninteresse in Kombination mit hohem oder niedrigem Fremdinteresse.[712] Eigeninteresse (concern for self) steht dabei für das Interesse an den eigenen Belangen, Fremdinteresse (concern for other) spiegelt das Interesse für die Belange des Konfliktgegners wider. Die Dual-Concern-Theorie hat sowohl durch Feldstudien in Organisationen als auch mittels experimenteller Laborforschung Bestätigung gefunden.[713] "As such, the theory provides a solid basis for the development of instruments to assess conflict management strategies at work."[714]. Wie Abbildung Abb. 3-13 zeigt, resultieren aus den Kombinationen von Eigen- und Fremdinteresse die folgenden fünf Strate-

[710] Vgl. die auf diesem Forschungsgebiet bahnbrechende Untersuchung von Jehn, K.A. (1994): Enhancing Effectiveness: An Investigation of Advantages and Disadvantages of Value-Based Intragroup Conflict, in: The International Journal of Conflict Management; in dieser wird auch lediglich auf das Ausmaß des Konflikts Bezug genommen. Die Meta-Analyse von De Dreu/Weingart bestätigt diese Feststellung (vgl. De Dreu, C.K.W./Weingart, L.R. (2003): a.a.O.). Allerdings wird in dieser Meta-Analyse aus nicht nachvollziehbaren Gründen die Arbeit von Xie/Song/Stringfellow (1998) nicht einbezogen. Diese verwendet die auch in der vorliegenden Arbeit berücksichtigten Konfliktmanagementstrategien Avoidance, Accomodation, Compromise, Collaboration, Competition, Hierarchy (vgl. Xie, J./Song, M.X./Stringfellow, A. (1998): Interfunctional conflict, conflict resolution styles, and new product success: A four-culture comparison, in: Management Science. Dort verweisen Xie/Song/Stringfellow (1998) für die detaillierten Items auf das folgende Working Paper: Xie, J./Song, X.M./Stringfellow, A. (1997): Conflict Management in New Product Development Process: An International Perspective. Leider konnte bisher jedoch trotz intensiver Recherche und Kontaktaufnahme mit den Autoren keine Kopie der vorgenannten Publikation ausfindig gemacht werden. Evtl. liegt auch darin der Grund für die Nichtberücksichtigung durch De Dreu/Van Vianen.

[711] De Dreu, C.K.W.et al. (2001): a.a.O., S. 646.

[712] Vgl. De Dreu, C.K.W.et al. (2001): a.a.O., S. 646.

[713] Vgl. De Dreu, C.K.W.et al. (2001): a.a.O., S. 647.

[714] De Dreu, C.K.W.et al. (2001): a.a.O., S. 647.

gien zum Umgang mit Konflikten: Avoiding, Yielding, Problem Solving, Forcing und Compromising.

Darüber hinaus generieren DE DREU/VAN VIANEN (2001) noch einen Faktor "Third Party"[715], welcher auch bei XIE/SONG/STRINGFELLOW (1998) als "hierarchical resolution"[716] berücksichtigt wird und auf RUEKERT/WALKER (1987)[717] zurückgeht.[718]

Im Folgenden wird die Basis zur Operationalisierung der sechs Strategien gelegt. Dazu sollen zunächst die Inhalte beschrieben werden. Die deutschen Übersetzungen sollen als Konflikt-Vermeidungs- (avoidance), Konflikt-Nachgebe- (yielding), Aktive-Konflikt-Zusammenarbeits- (problem solving), Konflikt-Autoritäts- (forcing), Konflikt-Kompromiss- (compromising) sowie als Konflikt-Drittpartei- (third party)-Strategie bezeichnet werden. Vor dem unternehmenskulturellen Hintergrund der vorliegenden Arbeit können diese auch mit dem Zusatz "Kultur" anstatt "Strategie" versehen werden.

---

[715] Vgl. De Dreu, C.K.W./Van Vianen, A.E.M. (2001): a.a.O., S. 316.
[716] Vgl. Xie, J./Song, M.X./Stringfellow, A. (1998): a.a.O., S. 196.
[717] Vgl. Ruekert, R.W./Walker Jr., O.C. (1987): Marketing's interaction with other funtional units: A conceptual framework and empirical evidence, in: Journal of Marketing.
[718] Vgl. Xie, J./Song, M.X./Stringfellow, A. (1998): a.a.O., S. 195.

Abb. 3-13: Fünf Konfliktmanagement-Strategien im Dual-Concern-Modell

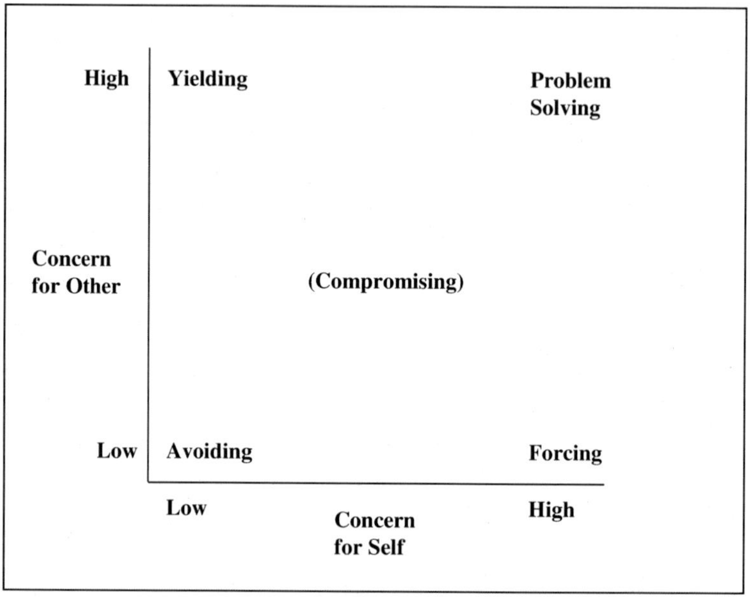

Quelle: De Dreu, C.K.W. et al. (2001): A theory-based measure of conflict management strategies in the workplace, in: Journal of Organizational Behavior, S. 646.

Konflikt-Vermeidungs-Kultur: XIE/SONG/STRINGFELLOW (1998) sprechen von "Avoidance", also Vermeidung, und definieren: "When avoidance is used to resolve conflicts, conflicts are ignored rather than confronted."[719] Die Wichtigkeit von Problemen wird heruntergespielt, und es wird versucht, die Auseinandersetzung damit zu unterdrücken.[720] Dies kann insbesondere bei der Neuproduktentwicklung sehr schädlich sein, da bei Vermeidung von interfunktionalen Konflikten das Produkt wahrscheinlich technisch exzellent ist, aber die Kundenbedürfnisse evtl. nicht erfüllt werden.[721] RÜTTINGER/SAUER unterscheiden die Begriffe Konfliktvermeidung und Konfliktunterdrückung.[722] Konfliktvermeidung steht dabei

[719] Xie, J./Song, M.X./Stringfellow, A. (1998): a.a.O., S. 195.
[720] Vgl. De Dreu, C.K.W.et al. (2001): a.a.O., S. 646.
[721] Vgl. Xie, J./Song, M.X./Stringfellow, A. (1998): a.a.O., S. 195.
[722] Vgl. Rüttinger, B./Sauer, J. (2000): a.a.O., S. 207 ff.

für das Ziel des Vorgesetzten, Konflikte gar nicht erst aufkommen zu lassen, z.B. durch Einstellen von Mitarbeitern, die im Allgemeinen die gleiche Meinung teilen und es insbesondere nicht wagen, unerwünschte Themen offen anzusprechen. Bei der Konfliktunterdrückung ist dem Vorgesetzten das Vorhandensein von Konflikten durchaus bewusst, eine offene Auseinandersetzung wird jedoch unterbunden bzw. im Keim erstickt. Dies geschieht in der Regel durch den Rückgriff auf die Autorität des Vorgesetzten und damit verbundene angedrohte Sanktionsmaßnahmen. Daher ist die Konfliktunterdrückung nach RÜTTINGER/SAUER eher unter die Konflikt-Autoritäts-Kultur zu subsumieren, die als dritte Möglichkeit der passiven Konflikt-Kultur noch erläutert werden wird.

Konflikt-Nachgebe-Kultur: DE DREU ET AL. nennen diese Konfliktlösungsmöglichkeit "Yielding"[723], RAHIM/MAGNER (1995) wählen die Bezeichnung "Obliging"[724], XIE/SONG/STRINGFELLOW (1998) sprechen von "Accomodation"[725] und meinen damit eine Herangehensweise zur Konfliktlösung, in der "one party yields to the wishes of the o-ther"[726], was dazu führt, dass eine "... one-sided decision is made."[727] Typisch sind also die Akzeptanz bzw. Berücksichtigung der Wünsche des Konfliktgegners; einseitige Zugeständnisse, vorbehaltlose Versprechungen und das Anbieten von Hilfe sind weitere Merkmale.[728] Das einseitige Nachgeben bzw. Anpassen einer Partei mag zwar zeiteffizient sein, jedoch birgt dies die Gefahr, dass wichtige Informationen unbeachtet bleiben und damit die Erfolgswahrscheinlichkeit der Neuproduktentwicklung sinkt.[729]

Aktive-Konflikt-Zusammenarbeits-Kultur: "Participants work cooperatively toward a win-win solution by bringing all relevant issues into the open, sharing information, and analyzing the situation objectively. Attempts are made to 'enlarge the pie' rather than merely agree on how

---

[723] Vgl. De Dreu, C.K.W.et al. (2001): a.a.O., S. 646.
[724] Vgl. Rahim, M.A./Magner, N.R. (1995): Confirmatory Factor Analysis of the Styles of Handling Interpersonal Conflict: First-Order Factor Model and Its Invariance Across Groups, in: Journal of Applied Psychology, S. 123.
[725] Vgl. Xie, J./Song, M.X./Stringfellow, A. (1998): a.a.O., S. 195.
[726] Xie, J./Song, M.X./Stringfellow, A. (1998): a.a.O., S. 195.
[727] Xie, J./Song, M.X./Stringfellow, A. (1998): a.a.O., S. 195.
[728] Vgl. De Dreu, C.K.W.et al. (2001): a.a.O., S. 646.
[729] Vgl. Xie, J./Song, M.X./Stringfellow, A. (1998): a.a.O., S. 195

to divide it."[730] Bei dieser Art der Konflikt-Kultur geht es um echte Konfliktlösung durch Zusammenarbeit. Sie wird auch als "Collaboration"[731], "Problem Solving"[732] oder "Integration"[733] bezeichnet und basiert auf dem kooperativen Beitrag verschiedener Funktionen und Sichtweisen, welche wahrscheinlicher zu einer für alle Beteiligten optimalen Lösung führen, denn wenn man nur auf Kompromisse aus ist, dann mit der Einschränkung, dass "... compromise may reduce the level of innovativeness and is less likely to lead to breakthroughs."[734] Dies ist im Hinblick auf den Fokus dieser Arbeit auf radikale Innovationen besonders relevant. Und auch wenn diese Form der Konfliktbewältigung potentiell viel Zeit in Anspruch nimmt, so kann das gemeinsame Engagement der Beteiligten doch dazu führen, dass die Implementierungsgeschwindigkeit zunimmt und dadurch der Gesamtprozess effizient verläuft. Auch RÜTTINGER/SAUER führen unter der Überschrift "Konfliktlösung" aus, dass der ideale Weg, mit einem Konflikt umzugehen, der ist, eine möglichst für beide Kontrahenten befriedigende Lösung zu finden, so dass Beurteilungs-, Bewertungs-, Verteilungs- oder Beziehungsgegensätze in einem Problemlösungsprozess aufgehoben werden.[735] Dieser Problemlösungsprozess besteht aus der Bewältigung der folgenden Problemstellungen: Erstens stellt sich die Frage, wie Konflikte realistisch analysiert werden können – dazu zählt angesichts der typischerweise herrschenden Zeitknappheit die Fokussierung auf das Wesentliche: "... die beteiligten Personen, die Handlungspläne, die Ziele, die Gründe und die möglichen Lösungen."[736] Zweitens stellt sich die Frage, inwiefern eine Veränderung der allgemeinen Einstellungen zum Konflikt konstruktiv herbeigeführt werden kann. Eine grundsätzlich kompetitive Einstellung ist besonders hinderlich für eine sachliche Konfliktlösung. Da sie jedoch tief in der Persönlichkeitsstruktur eines Menschen verankert ist, kann sie nur durch Schulung

---

[730] Xie, J./Song, M.X./Stringfellow, A. (1998): a.a.O., S. 196. Hier ist sowohl das Interesse für die Durchsetzung der eigenen Vorstellungen als auch für die Berücksichtigung der Interessen der anderen Partei hoch (Kombination von "high assertiveness" und "high concern for others". Bei der Konflikthandhabung per "compromise" bzw. Kompromiss sind diese beiden Dimensionen jew. nur mittelmäßig ausgeprägt (vgl. dazu auch Xie, J./Song, M.X./Stringfellow, A. (1998): a.a.O., S. 196.).

[731] Xie, J./Song, M.X./Stringfellow, A. (1998): a.a.O., S. 196.

[732] De Dreu, C.K.W.et al. (2001): a.a.O., S. 646.

[733] Thomas, K.W. (1976): Conflict and Conflict Management , S. 900.

[734] Xie, J./Song, M.X./Stringfellow, A. (1998): a.a.O., S. 196.

[735] Vgl. im folgenden Rüttinger, B./Sauer, J. (2000): a.a.O., S. 215 ff. Hier wird jedoch nicht explizit zwischen Konfliktlösung durch Zusammenarbeit und Konfliktlösung durch Kompromiss unterschieden. Vielmehr ergibt sich diese Unterscheidung nach Auffassung des Autors dieser Arbeit zwangsläufig aus dem Grad der Zufriedenheit beider Parteien im Hinblick auf die gefundene Lösung.

[736] Rüttinger, B./Sauer, J. (2000): a.a.O., S. 217.

und Training nach und nach verändert werden. Den Anstoß dazu muss ggf. eine Führungskraft geben. Drittens muss darüber nachgedacht werden, wie Verhaltensweisen der Beteiligten positiv beeinflusst werden können. Hierbei betonen RÜTTINGER/SAUER die aktive Moderatoren-Rolle des Vorgesetzten, der Anregungen und Hilfestellungen geben soll. Da in der vorliegenden Arbeit aber auf die Konflikteinstellung innerhalb des Führungsteams fokussiert wird, werden letztere Punkte nicht weiter thematisiert werden.

Konflikt-Durchsetz-Kultur: "Power is used to get one's way regardless of the wishes of the other party"[737], schreiben XIE/SONG/STRINGFELLOW (1998) und nennen diese Methode "Competition"[738]. Weitere Bezeichnungen sind "Forcing"[739], "Contending"[740] oder "Dominating"[741]. RÜTTINGER/SAUER sprechen in diesem Fall, wie oben bereits beschrieben, von Konfliktunterdrückung. Bei unwichtigen Streitpunkten, nicht genügend vorhandener Zeit, zu kompetitiven Konfliktparteien oder von den Mitarbeitern erwarteter autoritärer Führung mag das sog. "Machtwort" durchaus angebracht und effizient sein.[742] Jedoch ist es wahrscheinlicher, dass diese "Gewinner-Verlierer"-Situation suboptimal für die Neuproduktentwicklung ist, da Menschen gegeneinander ausgespielt werden und als Folge bei den Verlierern vermutlich das Engagement nachlässt und nur noch "Dienst nach Vorschrift" geleistet wird bzw. die unterdrückten Konflikte auf andere Art und Weise ausgetragen werden.[743] Selbst die dosierte oder einzelne Anwendung von Autorität kann die Beziehung zwischen Vorgesetzten und Mitarbeitern nachhaltig belasten, da auch eine einmalige Drohung als immer wiederkehrende Möglichkeit betrachtet wird.[744]

---

[737] Xie, J./Song, M.X./Stringfellow, A. (1998): a.a.O., S. 195.
[738] Vgl. auch Thomas, K.W. (1976): a.a.O., S. 900.
[739] Vgl. De Dreu, C.K.W.et al. (2001): a.a.O., S. 646.
[740] Vgl. De Dreu, C.K.W./Van Vianen, A.E.M. (2001): a.a.O., S. 312.
[741] Vgl. Rahim, M.A./Magner, N.R. (1995): a.a.O., S. 123.
[742] Vgl. Rüttinger, B./Sauer, J. (2000): a.a.O., S. 211 ff sowie Xie, J./Song, M.X./Stringfellow, A. (1998): a.a.O., S. 195.
[743] Vgl. Xie, J./Song, M.X./Stringfellow, A. (1998): a.a.O., S. 195 f sowie Rüttinger, B./Sauer, J. (2000): a.a.O., S. 213 f.
[744] Rüttinger, B./Sauer, J. (2000): a.a.O., S. 214.

Konflikt-Kompromiss-Kultur: Dieser Ansatz basiert auf einem jeweils mittleren Interesse sowohl für die Durchsetzung der eigenen Vorstellungen als auch für die Berücksichtigung der Interessen der anderen Partei.[745] Daher ist die Bereitschaft vorhanden, sich auf einen Kompromiss bzw. einen Mittelweg zu verständigen, der in den Augen beider Kontrahenten als fair und beiderseitig akzeptabel angesehen wird. Diese Kultur mag zeitsparender als die Zusammenarbeits-Kultur sein, jedoch besteht die Gefahr, dass die Innovativität und damit die Wahrscheinlichkeit der Entwicklung radikaler Innovationen reduziert werden. Jedoch "Some see compromising as half-hearted problem solving. Others, however, see it as a distinct strategy that involves the matching of others' concessions, making conditional promises and threats, and an active search for a middle ground."[746] Auch in der vorliegenden Untersuchung soll diese Debatte nicht auf einem theoretischen Level weitergeführt werden, sondern diese Kulturdimension wird empirisch berücksichtigt.[747]

Konflikt-Drittpartei-Kultur: Hierbei wird eine Konfliktlösung z.B. durch das Anrufen eines gemeinsamen Vorgesetzten gesucht, wenn sich die Beteiligten nicht ohne Hilfe auf einen Kompromiss einigen können.[748] Im Sinne einer Schiedsstelle versucht der Vorgesetzte dann, eine Lösung per Vermittlung zu erreichen. XIE/SONG/STRINGFELLOW (1998) sprechen dabei von einer "Hierarchical Solution"[749] und benennen die Dimension mit "Hierarchy", RÜTTINGER/SAUER verwenden den Begriff "Konfliktüberbrückung"[750]. Grundsätzlich scheint die Wahrscheinlichkeit hoch zu sein, dass bei dieser Vorgehensweise ein vermittelter Kompromiss als Ergebnis herauskommt. Die Mitwirkung des Vorgesetzten ist in diesem Fall noch wesentlich stärker als bei der Konflikt-Zusammenarbeits-Kultur, denn hier beteiligt sich der Vorgesetzte direkt an der Findung von Lösungsmöglichkeiten und übernimmt eine Art Schiedsrichterrolle. Er wird seinen Vorschlag qua seiner Autorität in der Regel auch durchsetzen können, dabei stellt sich dann aber wieder die Frage, inwiefern dieser von beiden Seiten

---

[745] Vgl. im folgenden Xie, J./Song, M.X./Stringfellow, A. (1998): a.a.O., S. 196.
[746] De Dreu, C.K.W.et al. (2001): a.a.O., S. 647.
[747] Vgl. auch De Dreu, C.K.W.et al. (2001): a.a.O., S. 647.
[748] Vgl. im Folgenden Xie, J./Song, M.X./Stringfellow, A. (1998): a.a.O., S. 196 sowie Rüttinger, B./Sauer, J. (2000): a.a.O., S. 233 ff.
[749] Vgl. Xie, J./Song, M.X./Stringfellow, A. (1998): a.a.O., S. 196.
[750] Vgl. Rüttinger, B./Sauer, J. (2000): a.a.O., S. 233 ff.

akzeptiert wird. Insofern ist eine hohe Akzeptanz ein wichtiges Kriterium für die weitere Motivation der Konfliktparteien. Bei DE DREU/VAN VIANEN (2001) wird der Begriff "Third Party"[751] verwendet, da hier nicht nur ein Item mit Bezug auf den Vorgesetzten, sondern ein weiteres Item die Mitsprache auch von Team-Externen berücksichtigt. Da bei jungen Unternehmen häufiger Beiräte, Investoren etc. vorhanden sind, soll die Sichtweise auch auf sog. Dritte ausgeweitet werden.

3.7.1.2.6 Bisherige Untersuchungen zur Erfolgsrelevanz von Konflikthandhabung und Aufstellung der Hypothesen zur Konflikt-Kultur

Wie schon in Kapitel 3.7.1.2 beschrieben, hat eine Meta-Analyse von DE DREU/WEINGART (2003) ergeben, dass die gängige Meinung, Sachkonflikte würden die Teamleistung grundsätzlich positiv beeinflussen, empirisch nicht gestützt wird. In der vorliegenden Arbeit soll jedoch nicht das Ausmaß je Konfliktart, sondern die Konfliktkultur vor dem Hintergrund des Umgangs mit Konflikten in Abhängigkeit von der Art des Konflikts auf ihre Relevanz für den Unternehmenserfolg untersucht werden. Die Erfolgsrelevanz von Möglichkeiten der Konflikthandhabung wurde jedoch bis heute nur selten getestet[752], vor allem kaum im Hinblick auf Neuproduktentwicklungen bzw. junge Unternehmen. Darüber hinaus sind Meinungen und empirische Befunde, wie schon beschrieben, widersprüchlich:[753] Einige wissenschaftliche Arbeiten haben einen negativen Zusammenhang zwischen Konflikten und Gruppenleistungen oder Firmenerfolg festgestellt[754], andere Arbeiten wiederum stützen zunehmend die Vermutung, der Zusammenhang zwischen Konflikten und Gruppenleistung[755], organisationalem Lernen[756] oder Entscheidungsfindung[757] sei positiv. Eine dritte Sichtweise beschreibt den Mittelweg und besagt, dass entweder eine zu hohe oder eine zu niedrige Dosis

---

[751] Vgl. De Dreu, C.K.W./Van Vianen, A.E.M. (2001): a.a.O., S. 316.
[752] Vgl. Xie, J./Song, M.X./Stringfellow, A. (1998): a.a.O., S. 193.
[753] Vgl. Xie, J./Song, M.X./Stringfellow, A. (1998): a.a.O., S. 193.
[754] Vgl. z.B. Brown, L.D. (1983): Managing Conflict at Organizational Interfaces; Schwenk, C.R./Cosier, R.A. (1993): Effects of Consensus and Devil's Advocacy on Strategic Decision Making, in: Journal of Applied Social Psychology.
[755] Vgl. Bourgeois, L.J. (1985): Strategic Goals, Perceived Uncertainty, and Economic Performance in Volatile Environments, in: Academy of Management Journal.
[756] Vgl. Fiol, C.M. (1994): Consensus, Diversity, and Learning in Organizations, in: Organization Science
[757] Vgl. Schwenk, C.R./Valacich, J.S. (1994): Effects of Devil's Advocacy and Dialectical Inquiry on Individuals Versus Groups, in: Organizational Behavior and Human Decision Processes.

an Konflikten schädlich sei und nur ein mittleres Konfliktniveau den Erfolg fördere.[758] Im Folgenden werden eine Untersuchung zur Erfolgsrelevanz von Konflikten in jungen Unternehmen sowie drei weitere Forschungsarbeiten zur Erfolgsrelevanz von verschiedenen Konfliktmanagement-Strategien vorgestellt. Auf Basis dieser Erkenntnisse werden dann die Hypothesen formuliert.

ENSLEY/PEARSON/AMASON (2002) fokussieren nach dem Kenntnisstand der vorliegenden Untersuchung als erste und bis heute einzige bei der Erforschung der empirischen Erfolgsrelevanz von Konflikten auf junge Unternehmen ("ventures").[759] Sie formulieren ein Modell, nach dem der Zusammenhalt in Top-Management-Teams (TMT) a) positiv mit Sach- bzw. kognitiven Konflikten und b) negativ mit Beziehungs- bzw. affektiven Konflikten zusammenhängt, und sich c) ein hoher Zusammenhalt wiederum positiv auf den Erfolg der betrachteten jungen Unternehmen, gemessen mittels Gewinn und Umsatzwachstum, auswirkt. Darüber hinaus wird angenommen, dass d) Sachkonflikte positiv korrelieren mit affektiven Konflikten.[760]

Die empirischen Befunde, basierend auf 70 jungen Unternehmen, stützen die Thesen a), b) und c) teilweise und d) vollständig. Die nur teilweise Bestätigung der Hypothesen lag bei a) daran, dass von den zwei Dimensionen des Zusammenhalts "Feelings of Morale" und "Sense of Belonging" nur erstere positiv mit "Cognitive Conflict" korrelierte. Bei b) lag es daran, dass "Sense of Belonging" in keinem signifikanten Zusammenhang zu "Cognitive Conflict"

---

758 Vgl. Brown, L.D. (1983): a.a.O.; Jehn, K.A. (1995): A Multimethod Examination of the Benefits and Detriments of Intragroup Conflict, in: Administration Science Quarterly. Xie, Song, Stringfellow finden in ihrer empirischen Untersuchung eine Bestätigung der konkaven Beziehung zwischen Konflikt und Innovationserfolg. Allerdings trifft dies nur auf die untersuchten japanischen und Hong Kong-chinesischen Firmen, nicht jedoch auf die US-amerikanischen oder britischen Firmen der Untersuchung zu. Insofern ist zusätzlich eine Relevanz der jew. Landeskultur zu vermuten.

759 Vgl. im folgenden Ensley, M.D./Pearson, A.W./Amason, A.C. (2002): a.a.O.

760 Dass "Cognitive Konflikt" nicht nur die Group-Performance fördert, sondern auch die Entstehung eines wiederum Performance-hemmendem "Affective Conflict" unterstützt, wurde auch schon in anderen Arbeiten festgestellt. Einer der Hauptgründe dafür ist, dass beteiligte Entscheider bzw. Manager nie vollständig ihre Präferenzen begründen können werden und dann kognitives Nicht-Übereinstimmen als persönliche Kritik missinterpretiert wird. Vgl. dazu z.B. De Dreu, C.K.W. (1997): Productive Conflict: The Importance of Conflict Management and Conflict Issue , S. 17 oder Amason, A.C./Schweiger, D.M. (1997): The Effects of Conflict on Strategic Decision Making Effectiveness and Organizational Performance , S. 106.

stand. Hypothese c) wurde für die Erfolgsvariable Umsatzwachstum bestätigt, was hauptsächlich dem "Sense of Belonging" zuzuschreiben ist, nicht jedoch für den Gewinn. Das Positive an den Befunden ist, dass sie die Relevanz von Konflikten auch in jungen Unternehmen bestätigen und somit als explizite Begründung herangezogen werden können, sich in der vorliegenden Arbeit weiter mit diesem Themenkomplex zu beschäftigen. Da sich die Untersuchung von ENSLEY/PEARSON/AMASON (2002) jedoch nicht mit Konfliktstrategien bzw. -kulturen auseinandersetzt, ist sie für die vorliegende Untersuchung nur von eingeschränkter Bedeutung. Arbeiten, welche auch diese berücksichtigt haben, werden im Folgenden vorgestellt. Im Anschluss daran erfolgt die Formulierung der Hypothesen.

DYER/SONG (1997) sind nach Kenntnis der vorliegenden Untersuchung die ersten[761], die eine empirische Untersuchung zu Sachkonflikten unter Berücksichtigung der verschiedenen fünf Konfliktmanagementmethoden des Dual-Concern-Modells durchführen und dabei einen Vergleich US-amerikanischer mit japanischen Firmen vornehmen.[762] Zusätzlich berücksichtigen sie die strategische Ausrichtung der Unternehmen, die sie nach den vier Möglichkeiten "Prospectors", "Defenders", "Analyzers" und "Reactors" klassifizieren.[763] So wird u.a. die Hypothese bestätigt, dass "Prospectors" sowohl ein höheres Niveau an Sachkonflikten als auch höheren Erfolg haben. Andererseits wurde die Hypothese, dass "Prospectors" ein höheres Maß an Problemlösungsverhalten ("Integrating") zeigen als "Defenders" nur für Japan bestätigt, nicht jedoch für die USA, und auch Machteinsatz ("Forcing") fand bei "Defenders" nicht häufiger statt als bei "Prospectors." Die Ergebnisse liefern Hinweise für die spätere Formulierung der Hypothesen.

---

[761] Vgl. zur selben Feststellung Xie, J./Song, M.X./Stringfellow, A. (1998): a.a.O., S. 193.

[762] Vgl. im Folgenden Dyer, B./Song, X.M. (1997): The impact of strategy on conflict: A cross-national comparative study of U.S. and Japanese firms, in: Journal of International Business Studies; vgl. zu einer weiteren Publikation, die auf den gleichen Daten basiert, auch Dyer, B./Song, M.X. (1998): a.a.O.

[763] Vgl. Dyer, B./Song, X.M. (1997): a.a.O., S. 469. Die vier Strategietypen werden dort wie folgt definiert: "Prospectors move quickly to seize opportunities in the marketplace through new products, new markets, and new technologies. Defenders find and keep such secure niches in a stable product or service area, not looking beyond their current product domain. Analyzers mix a new product and aggressive new domain approach in one business with a stable approach in a second business. Reactors, who lack a true strategic perspective, are buffeted by environmental elements." (Dyer, B./Song, X.M. (1997): a.a.O., S. 469).

JEHN (1997) findet auf Basis von Beobachtungen und Gesprächen mit sechs Arbeitsgruppen heraus, dass neben Sach- und Beziehungskonflikten auch Prozesskonflikte in Teams eine Rolle spielen und diese sich negativ auf die Leistung auswirken.[764] Jedoch sind Prozesskonflikte im Vergleich zu Sach- und Beziehungskonflikten am wenigsten in der wissenschaftlichen Literatur untersucht worden.[765] Aber auch JEHN/NORTHCRAFT/NEALE (2001) stellen laut JEHN/MANNIX (2001) fest, "... that groups who continually disagreed about task assignments were unable to effectively perform their work."[766] Beide Arbeiten liefern also Bestätigung dafür, dass Prozesskonflikte potentiell erfolgsrelevant sind. Prozesskonflikte, definiert als Uneinigkeit darüber, wer was machen soll und wer wieviel Verantworung übertragen bekommt, wurden inhaltlich bisher nicht für Gründerteams konkretisiert empirisch erhoben.[767] Basierend auf eigener Gründungserfahrung und Gesprächen mit verschiedenen befreundeten Gründern kommt es in Gründerteams jedoch häufig vor, dass es Konflikte bezüglich der Frage gibt, wer quasi den "Vorstandsvorsitz" im Gründerteam übernimmt oder wer (teilweise vermeintlich) mehr Verantwortung übertragen bekommt als andere Teammitglieder. Daher sollen in dieser Arbeit Prozesskonflikte in der empirischen Erhebung berücksichtigt werden. Hinweise für den Umgang mit Prozesskonflikten liefern vorgenannte Arbeiten jedoch nicht.

XIE/SONG/STRINGFELLOW (1998) entwickeln in ihrer Arbeit ein Modell, das Innovationserfolg in Beziehung setzt a) zum Maß des funktionsübergreifenden Konflikts[768] zwischen den drei Bereichen Marketing, Forschung & Entwicklung und Produktion sowie b) zu Konfliktlösungsstrategien (Avoidance, Accomodation, Competition, Collaboration, Compromise und Hierarchical Resolution).[769] Die Operationalisierung des Ausmaßes an funktionsübergrei-

[764] Vgl. Jehn, K.A. (1997): A qualitative analysis of conflict types and dimensions in organizational groups, in: Administrative Science Quarterly, S. 530.

[765] Vgl. Jehn, K.A./Mannix, E.A. (2001): a.a.O., S. 239.

[766] Jehn, K.A./Mannix, E.A. (2001): a.a.O., S. 239. Vgl. für die Ergebnisse der Arbeit von Jehn/Northcraft/Neale Jehn, K.A./Northcraft, G.B./Neale, M.A. (1999): Why differences make a difference: A field study of diversity, conflict, and performance in workgroups, in: Adminstrative Science Quarterly, S. 752 ff.

[767] Eine Suche in EBSCO am 05.08.2005 lieferte für die Stichworte "team conflict" sowie "team" oder "top management team", u.a. auch kombiniert mit "leadership", keine relevanten Ergebnisse.

[768] Das Verständnis des funktionsübergreifenden Konflikts entspricht nach Auffassung des Autors dieser Arbeit dem des Sachkonflikts.

[769] Vgl. im folgenden Xie, J./Song, M.X./Stringfellow, A. (1998): a.a.O.

fendem Konflikt erfolgt dabei in Anlehnung an DYER/SONG (1997) anhand einer modifizierten Skala mit vier Items. Die Messung der ersten fünf Konfliktmanagement-Strategien erfolgt nach dem Dual-Concern-Modell durch Skalen mit je einem Item; auch "Hierarchical Resolution" wird mit einem Item ermittelt; nur "Collaboration" wird mittels zwei Items gemessen.[770] Zentrale Ergebnisse dieser Arbeit, basierend auf Antworten von insgesamt 968 Marketing-Managern aus Japan, Hong Kong, USA sowie Großbritannien, sind:

- In Japan und Hong Kong bestätigte sich die Hypothese einer konkaven Beziehung zwischen Neuprodukterfolg und funktionsübergreifendem Konflikt, in den zwei westlichen Ländern war die Beziehung nicht signifikant. Das bedeutet, dass es ein optimales Niveau an Konflikt gibt, und bei dessen Unterschreitung sich eine Erhöhung des Konfliktniveaus positiv und bei Überschreitung sowie Erhöhung negativ auf den Produkterfolg auswirkt.
- Bei den Effekten der Konflikthandhabungsstrategien gibt es ebenfalls einen deutlichen Ost-West Unterschied[771]: In Japan wurden alle sechs Hypothesen H 2a bis H 2f bestätigt, in Hong Kong H 2a, H 2b, H 2f und H 2e, und H 2c sowie H 2d waren zwar nicht signifikant bestätigt worden, trugen aber immerhin die hypothetisierten Vorzeichen. In den USA und Großbritannien wurden H 2a und H 2d bestätigt, H 2b und H 2c führen gegenteilig zu den Hypothesen zu einem höheren Neuprodukterfolg, und H 2e und H 2f beeinflussen den Erfolg nicht signifikant.
- Bei den Interaktionseffekten, zu verstehen als moderierender Effekt durch das Ausmaß des Konflikts[772], ergibt sich ein ähnliches Bild wie bei den Konflikthandhabungsstra-

[770] Vgl. Xie, J./Song, X.M./Stringfellow, A. (1997): a.a.O., S. 37.

[771] Die Hypothesen diesbzgl. lauteteten: H 2a – "An increase in the use of avoidance in resolving interfunctional conflict decreases new product success.", H 2b – "An increase...accommodation...decreases...", H 2c – "An increase...competition...decreases...", H 2d – "An increase...collaboration...increases...", H 2e – "An increase...compromise...increases...", H 2f – "An increase...hierarchical method...increases..." (Xie, J./Song, M.X./Stringfellow, A. (1998): a.a.O., S. 196).

[772] Unter einem positiven bzw. negativen Interaktionseffekt (bzw. moderierendem Effekt) wird eine stärkere positive bzw. negative Auswirkung auf den Erfolg verstanden, wenn das Maß an interfunktionalem Konflikt hoch ist. Die Hypothesen lauten: H 3a – "There is a negative interaction effect between interfunctional conflict and the use of avoidance on new product success", H 3b – "... positive interaction effect ... accommodation ...", H 3c – "... positive ... competition ...", H 3d – "... negative ... collaboration ...", H 3e – "... negative ... compromise ...", H 3d – "... negative ... hierarchical method ..." (Xie, J./Song, M.X./Stringfellow, A. (1998): a.a.O., S. 197).

tegien. In Japan bestätigen sich wieder alle Hypothesen 3a bis 3f. Hong Kong unterstützt die drei negativen Interaktions-Hypothesen 3d, 3e und 3f; 3a bis 3c sind nicht signifikant. In den USA wird lediglich Hypothese 3c gestützt, und entgegen den Hypothesen 3e und 3f gibt es dort einen positiven Interaktionseffekt zwischen Konflikt und Compromise sowie Hierarchical Resolution. Die britische Stichprobe bestätigt H 3c, die weiteren Hypothesen zeigen keinen signifikanten Effekt.

Insgesamt kann also bei XIE/SONG/STRINGFELLOW (1998) festgehalten werden, dass sich erstens Konfliktvermeidung bei Sachkonflikten in allen Ländern negativ auf den Produkterfolg ausgewirkt hat. Darüber hinaus wirkt sich zweitens Zusammenarbeit in allen Ländern positiv auf den Produkterfolg aus, und Kompromiss hat zumindest in Japan und Hong Kong einen positiven Effekt. Drittens zeigt sich, dass in den USA, Großbritannien und Japan die positive Beziehung zwischen interfunktionalem Konflikt und Machteinsatz ("competition") umso höher ist, je größer das Maß an Konflikt ist. Die vorliegende Untersuchung fokussiert jedoch nur auf Deutschland und nimmt keinen Ländervergleich vor. Darüber hinaus gibt es Multi-Item-Instrumente für die Erhebung der Konfliktmanagement-Strategien.[773] Schließlich wird die vorliegende Arbeit nicht das Ausmaß an Konflikt als moderierende Variable erheben.[774] Auch wenn in der Forschung unterschiedlich starke moderierende Effekte des Ausmaßes an Konflikt festgestellt werden konnten[775], wird von DE DREU/VAN VIANEN (2001) gefordert, "... to test specific moderators of the effects of (responses to) relationship conflict on team functioning and team effectiveness. One such moderator variable is task complexity mentioned above."[776] Die Betrachtung der Radikalität von Innovationen als moderierende Variable in der vorliegenden Untersuchung erfüllt genau diesen Anspruch. Daher ist die Untersuchung von XIE/SONG/STRINGFELLOW (1998) von untergeordneter Bedeutung für

---

[773] Vgl. die Arbeit von De Dreu, C.K.W.et al. (2001): a.a.O., insbesondere S. 647 für eine Kritik an bisherigen Multi-Item-Instrumenten sowie S. 668 für ihren Vorschlag für ein neues Messinstrument, DUTCH genannt.

[774] Vgl. zu moderierenden Effekten bspw. Xie, J./Song, M.X./Stringfellow, A. (1998): a.a.O., S. 193 ff. – dort werden sie als "interaction effects" bezeichnet. Vgl. auch De Dreu, C.K.W./Van Vianen, A.E.M. (2001): a.a.O., S. 319.

[775] Vgl. De Dreu, C.K.W./Van Vianen, A.E.M. (2001): a.a.O., S. 324.

[776] De Dreu, C.K.W./Van Vianen, A.E.M. (2001): a.a.O., S. 324.

die Entwicklung der in der vorliegenden Arbeit verwendeten Items zur Messung der Konfliktkulturen. Für die Entwicklung der Hypothesen gibt sie jedoch wertvolle Hinweise.

DE DREU/VAN VIANEN (2001) beschäftigen sich als erste mit drei verschiedenen Möglichkeiten ("Collaboration", "Contending" und "Avoiding"; des Weiteren identifizieren sie einen Faktor "Third party", gehen auf letzteren aber nicht weiter ein; vgl. zur Operationalisierung die folgende Tab. 3-10), Beziehungskonflikte zu managen. Eine Meta-Analyse von 13 zwischen 1996 und 1999 veröffentlichten empirischen Befunden zum Zusammenhang zwischen Beziehungskonflikten und Teameffektivität sowie Teamzufriedenheit bestätigt deutlich einen negativen Zusammenhang.[777] DE DREU/VAN VIANEN (2001) bestätigen jedoch als erste Autoren die in der vorliegenden Arbeit schon geäußerte Skepsis bezüglich der in der bisherigen Forschung vorherrschenden Konzentration auf das Ausmaß des Konflikts: "Focusing on the antecedents of relationship conflict is useful, but it would be simplistic to assume that we can always prevent relationship conflict occuring. To some extent (demographic) diversity in team composition cannot be controlled and trust is a dynamic and fragile rather than a stable and robust characteristic of teams. In fact, we need to acknowledge that teams sooner or later experience relationship conflicts and have to manage them."[778] Im Gegensatz zur häufig geäußerten These in der Literatur, bei Konflikten wirke vor allem das Mittel der Konflikt-Problemlösung bzw. Zusammenarbeit ("Collaborating") positiv auf den Erfolg, ist hier zur Vorsicht zu raten – denn diese Erkenntnis basiert auf der generellen Betrachtung von Konflikten bzw. der Untersuchung von Sachkonflikten.[779] Hingegen fand eine qualitative Untersuchung von MURNIGHAN/CONLON (1991) heraus, dass im Fall von befragten Streichquartetten die Unterdrückung von Beziehungskonflikten zu höherem Erfolg führte.[780] Auf Basis dieser Erkenntnisse formulieren DE DREU/VAN VIANEN (2001) die Hypothesen, dass sich Machteinsatz ("Contending") und Zusammenarbeit ("Collaborating") negativ auf die Team-Funktionalität (Hypothese 1a) und die Team-Effektivität (Hypothese 1b) auswirken.

---

[777] Vgl. De Dreu, C.K.W./Van Vianen, A.E.M. (2001): a.a.O., S. 310 f.

[778] De Dreu, C.K.W./Van Vianen, A.E.M. (2001): a.a.O., S. 311. Dies gilt im übrigen genauso für die Untersuchung von Sachkonflikten.

[779] Vgl. De Dreu, C.K.W./Van Vianen, A.E.M. (2001): a.a.O., S. 312 f.

[780] Vgl. Murnigham, J.K./Conlon, D.E. (1991): The dynamics of intense work groups: a study of British string quartets, in: Administrative Science Quarterly.

Vermeidung ("Avoiding") hingegen wirke positiv auf die Team-Funktionalität (Hypothese 2a) und die Team-Effektivität (Hypothese 2b). Alle Hypothesen wurden in der Untersuchung bestätigt.[781] Diese Erkenntnisse werden bei der Formulierung der Hypothesen entsprechend berücksichtigt.

Tab. 3-10: Conflict responses to relationship conflict

"Conflict responses to relationship conflict" nach DE DREU/VAN VIANEN (2001)

	In my team, we usually deal with relationship conflicts by...
Nr.	***Items 'Collaborating'***
1	...discussing the issues to work out mutually acceptable decisions.
2	...cooperate to better understand others' views and positions.
3	...settle the issues through give and take.
	Items 'Contending'
4	...putting pressure on other's to accept one's ideas.
5	...sticking to one's positions.
6	...raising one's voice and using threats.
	Items 'Avoiding'
7	...avoiding the issues.
8	...acting as if nothing has happened.
9	...hushing up the quarrel.
	Items 'Third Party Response'
10	...asking the supervisor to help.
11	...turning to other's outside the team for assistance.

Quelle: De Dreu, C.K.W./Van Vianen, A.E.M. (2001): Managing relationship conflict and the effectiveness of organizational teams, in: Journal of Organizational Behavior, S. 315 f.

JEHN/MANNIX (2001) beziehen als erste Autoren dynamische Aspekte von Konflikten in ihre Arbeit ein.[782] Sie stellen Hypothesen auf, nach denen erfolgreiche Teams a) am Anfang und am Ende der Gruppenarbeit ein höheres Maß an Prozesskonflikten haben als weniger erfolgreiche Teams und zusätzlich ein geringeres Maß an Prozesskonflikt in der mittleren Phase haben, b) über alle Phasen hinweg ein niedrigeres Maß an Beziehungskonflikten haben als weniger erfolgreichen Teams, c) in der mittleren Phase ein höheres Maß an Sachkonflikten als zu Beginn und am Ende der Interaktion haben sowie d) umso bessere Konfliktverhaltensmuster haben (entsprechend der drei vorigen Hypothesen), je höher der Gruppen-Werte-

[781] Vgl. De Dreu, C.K.W./Van Vianen, A.E.M. (2001): a.a.O., S. 319 ff.
[782] Vgl. im folgenden Jehn, K.A./Mannix, E.A. (2001): a.a.O.

Konsens ist. Wie die folgende Tab. 3-11 zeigt, erhielten die o.g. Hypothesen a) und b) nur teilweise Bestätigung, Hypothese c) wurde jedoch bestätigt. Hypothese d) wurde insofern teilweise bestätigt, als das Gruppen-Werte-Konsens in den mittleren und späten Phasen Sach-, Prozess- und Beziehungskonfliket vorhersagte. Da in der Arbeit von JEHN/MANNIX (2001) lediglich das Ausmaß des Konflikts, nicht aber der Umgang damit eine Rolle spielt, ist diese für die vorliegende Untersuchung nicht weiter hilfreich. Darüber hinaus wird auch Konfliktkulturen in Anlehnung an die Ausführungen in Kapitel 1.2.2 eine zeitliche Stabilität unterstellt, so dass der dynamische Aspekt in der vorliegenden Untersuchung nicht weiter berücksichtigt werden wird.

Tab. 3-11: Dynamische Betrachtung der Konfliktstärke erfolgreicher vs. weniger erfolgreicher Teams

Phase der Teamarbeit	*Früh*		*Mittel*		*Spät*	
Teamerfolg	*Erfolgreich*	*Nicht erfolgreich*	*Erfolgreich*	*Nicht erfolgreich*	*Erfolgreich*	*Nicht erfolgreich*
Konflikttyp	**Stärke an Konflikt**					
Process	1,14	1,78	1,54	1,36	3,07	3,07
Relationship	1,39	1,39	1,63	1,72	2,57	3,06
Task	1,70	2,21	2,33	2,10	1,63	3,39

Quelle: In Anlehnung an Jehn, K.A./Mannix, E.A. (2001): The dynamic nature of conflict: A longitudinal study of intragroup conflict and group performance, in: Academy of Management Journal, S. 246.

Auch wenn es also bisher nur wenige empirische Befunde zur Erfolgsrelevanz von Konflikthandhabung und der damit zusammenhängenden Konfliktkultur insbesondere im Hinblick auf junge Unternehmen und Innovationen gibt und es daher für verallgemeinernde Schlussfolgerungen noch zu früh ist, geht diese Arbeit dennoch grundsätzlich von ihrer Erfolgsrelevanz aus und formuliert entsprechend die folgenden Hypothesen:

Hypothese 3 a: Eine ausgeprägte Konflikt-Zusammenarbeits-Kultur bei Sachkonflikten beeinflusst den Erfolg in jungen Unternehmen positiv.

Hypothese 3 b: Je radikaler ein Innovationsvorhaben in jungen Unternehmen ist, desto wichtiger für den Erfolg ist bei Sachkonflikten eine ausgeprägte Konflikt-Zusammenarbeits-Kultur.

Hypothese 3 c: Eine ausgeprägte Konflikt-Vermeidungs-Kultur bei Beziehungskonflikten beeinflusst den Erfolg in jungen Unternehmen positiv.

Hypothese 3 d: Je radikaler ein Innovationsvorhaben in jungen Unternehmen ist, desto wichtiger für den Erfolg ist bei Beziehungskonflikten eine ausgeprägte Konflikt-Vermeidungs-Kultur.

Hypothese 3 e: Eine ausgeprägte Konflikt-Vermeidungs-, Konflikt-Nachgebe-, Konflikt-Durchsetz-, Konflikt-Kompromiss- sowie Konflikt-Drittpartei-Kultur bei Sachkonflikten beeinflusst den Erfolg in jungen Unternehmen negativ.

Hypothese 3 f: Eine ausgeprägte Konflikt-Nachgebe-, Konflikt-Zusammenarbeits-, Konflikt-Durchsetz-, Konflikt-Kompromiss- sowie Konflikt-Drittpartei-Kultur bei Beziehungskonflikten beeinflusst den Erfolg in jungen Unternehmen negativ.

3.7.1.2.7 Operationalisierung von Team-Konflikt-Kultur

Eins der ältesten Messinstrumente für Konflikte ist der sog. Conflict Measurement Survey von KILMANN/THOMAS (1977), "… but it has been criticized and replaced by other measures because of disappointing psychometric qualitities."[783] Eine wesentliche Verbesserung stellt der Rahim Organizational Conflict Inventory (ROCI-2) dar, welcher auf Basis von RAHIMs erstem Messinstrument durch RAHIM/MAGNER (1995) weiterentwickelt wurde und für Konflikte mit Vorgesetzten, Gleichgestellten und Untergebenen jeweils die fünf

[783] De Dreu, C.K.W.et al. (2001): a.a.O., S. 647.

Konfliktmanagement-Strategien nach dem Dual-Concern-Modell misst.[784] Aber der ROCI-2, obwohl ein weit verbreitetes Messinstrument, "... suffers from a number of disadvantages including less than optimal psychometric properties."[785] Um diese Schwächen zu beseitigen, entwickelt VAN DE FLIERT (1997) ein Messinstrument namens "DUTCH", welches nicht nur 16 bzw. 20 (anstatt 28) Items enthält, sondern auch unabhängig von der hierarchischen Beziehung der Konfliktparteien eingesetzt werden kann.[786] DE DREU ET AL. (2001) kritisieren am "DUTCH" jedoch, dass "... we have no information about the convergence between self and other reports of conflict management strategies, or between self-reports and actual conflict behavior."[787] Zusätzlich stellen sie fest: "In addition, the psychometric qualities of the DUTCH are unknown."[788] Entsprechend führen sie zwei Untersuchungen durch, erzielen bei der konfirmatorischen Faktorenanalyse gute bis exzellente Werte und entwickeln den DUTCH somit weiter zu einem "... parsimonious, flexible and valid instrument to assess conflict management strategies at work."[789] Der in folgender Tabelle Tab. 3-12 dargestellte weiterentwickelte DUTCH dient daher als Basis zur Formulierung der Items zur Erhebung der entsprechenden Konfliktkulturen. Zusätzlich wird eine Dimension "Third Party" in Anlehnung an DE DREU/VAN VIANEN (2001; vgl. Tab. 3-10) verwendet. Die Formulierung der Items im Hinblick auf Werte und Normen folgt dabei der in Kapitel 3.4.4 beschriebenen und auch schon in Kapitel 3.7.1.1.1 bzw. 3.7.1.1.2 verwendeten Vorgehensweise. Die Items zur Messung der sechs Konfliktkulturen gehen aus Tab. 3-13 hervor.

---

[784] Vgl. De Dreu, C.K.W.et al. (2001): a.a.O., S. 647.
[785] De Dreu, C.K.W.et al. (2001): a.a.O., S. 647.
[786] Vgl. De Dreu, C.K.W.et al. (2001): a.a.O., S. 647.
[787] De Dreu, C.K.W.et al. (2001): a.a.O., S. 647.
[788] De Dreu, C.K.W.et al. (2001): a.a.O., S. 647.
[789] De Dreu, C.K.W.et al. (2001): a.a.O., S. 645.

Tab. 3-12: Dimensionen und Items des DUTCH nach DE DREU ET AL. (2001)

	When I have a conflict at work, I do the following:
Nr.	***Items 'Problem Solving'***
1	I examine issues until I find a solution that really satisfies me and the other party.
2	I stand for my own and other's goals and interests.
3	I examine ideas from both sides to find a mutually optimal solution.
4	I work out a solution that serves my own as well as other's interests as good as possible.
	Items 'Forcing'
5	I push my own point of view.
6	I search for gains.
7	I fight for a good outcome for myself.
8	I do everything to win.
	Items 'Avoiding'
9	I avoid a confrontation about our differences.
10	I avoid differences of opinion as much as possible.
11	I try to make differences loom less severe.
12	I try to avoid a confrontation with the other.
	Items 'Yielding'
13	I give in to the wishes of the other party.
14	I concur with the other party.
15	I try to accomodate the other party.
16	I adapt to the other partie's goals and interests.
	Items 'Compromising'
17	I try to realize a middle-of-the-road solution.
18	I emphasize that we have to find a compromise solution.
19	I insist we both give in a little.
20	I strive whenever possible towards a fifty-fifty compromise.

Quelle: De Dreu, C.K.W.et al. (2001): a.a.O., S. 668.

Tab. 3-13: Items zur Erhebung der sechs Konfliktkulturen

	Itemformulierung: In unserem Unternehmen…	**Quelle**
Nr.	***Items 'Konflikt-Vermeidungs-Kultur'***	
1	...wird angestrebt, Meinungsverschiedenheiten weitestgehend zu vermeiden.	In Anlehnung an De Dreu et al. (2001)
2	...wird angestrebt, Unstimmigkeiten schon im Keim zu ersticken.	In Anlehnung an De Dreu et al. (2001)
3	...wird erwartet, Konfrontationen mit anderen aus dem Weg zu gehen.	In Anlehnung an De Dreu et al. (2001)
4	...wird akzeptiert, dass Konflikte totgeschwiegen werden.	In Anlehnung an De Dreu/Van Vianen (2001)
	Items 'Konflikt-Nachgebe-Kultur'	
5	...wird erwartet, den Wünschen des Konfliktgegners nachzugeben.	In Anlehnung an De Dreu et al. (2001)
6	...wird Wert darauf gelegt, mit dem Konfliktgegner übereinzustimmen.	In Anlehnung an De Dreu et al. (2001)
7	...wird besonders die Wichtigkeit betont, dem Konfliktgegner entgegenzukommen.	In Anlehnung an De Dreu et al. (2001)
8	...wird erwartet, sich den Zielen und Interessen des Konfliktgegners anzupassen.	In Anlehnung an De Dreu et al. (2001)
	Items 'Aktive-Konflikt-Zusammenarbeits-Kultur'	
9	...wird besonders viel Wert darauf gelegt, ein Problem solange zu untersuchen, bis eine Lösung gefunden ist, die beide Konfliktparteien wirklich zufriedenstellt.	In Anlehnung an De Dreu et al. (2001)
10	...wird erwartet, sowohl für die eigenen Ziele und Interessen als auch für die der anderen Konfliktpartei einzutreten.	In Anlehnung an De Dreu et al. (2001)
11	...wird angestrebt, immer die Sichtweisen beider Parteien zu betrachten, um eine beiderseitig optimale Lösung zu finden.	In Anlehnung an De Dreu et al. (2001)
12	...wird viel Wert darauf gelegt, eine Lösung zu finden, welche sowohl den eigenen Interessen als auch den Interessen des Konfliktgegners so gut wie möglich dient.	In Anlehnung an De Dreu et al. (2001)
	Items 'Konflikt-Durchsetz-Kultur'	
13	...wird akzeptiert, dass man seine eigene Sichtweise durchsetzt.	In Anlehnung an De Dreu et al. (2001)
14	...wird erwartet, aus Konflikten als Gewinner hervorzugehen.	In Anlehnung an De Dreu et al. (2001)
15	...wird akzeptiert, dass jeder bei Konflikten ein möglichst gutes Ergebnis für sich selbst anstrebt.	In Anlehnung an De Dreu et al. (2001)
16	...wird besonders viel Wert darauf gelegt, dass man bei Konflikten alles tut, um seine Sichtweise durchzusetzen.	In Anlehnung an De Dreu et al. (2001)
17	...wird akzeptiert, dass Druck auf den anderen ausgeübt wird, damit die eigenen Ideen akzeptiert werden.	In Anlehnung an De Dreu/Van Vianen(2001)
	Items 'Konflikt-Kompromiss-Kultur'	
18	...wird akzeptiert, dass man sich auf einen Mittelweg einigt.	In Anlehnung an De Dreu et al. (2001)
19	...wird besonders betont, dass Kompromiss-Lösungen gefunden werden müssen.	In Anlehnung an De Dreu et al. (2001)
20	...wird, wenn irgend möglich, immer ein 50/50-Kompromiss angestrebt.	In Anlehnung an De Dreu et al. (2001)
	Items 'Konflikt-Drittpartei-Kultur'	
21	...wird viel Wert darauf gelegt, Unternehmensexterne aktiv in die Konfliktlösung einzuschalten.	In Anlehnung an De Dreu/Van Vianen (2001)
22	...wird besonders viel Wert darauf gelegt, den formal Vorgesetzten um Unterstützung zu bitten.	In Anlehnung an De Dreu/Van Vianen (2001)
23	...wird akzeptiert, dass im Zweifel der "Ranghöchste" ein Machtwort spricht.	Eigene Überlegungen

Quelle: Eigene Darstellung, in Anlehnung an De Dreu, C.K.W.et al. (2001): a.a.O. sowie De Dreu, C.K.W./Van Vianen, A.E.M. (2001): a.a.O.

3.7.1.3 Teamwork-Kultur und Team-Fehler-Kultur

RYBOWIAK ET AL. (1999) entwickeln als erste und nach dem Kenntnisstand der vorliegenden Untersuchung auch bisher einzige[790] ein achtdimensionales Instrument "... to measure orientation towards errors."[791] Dies liegt in folgender Argumentation begründet: "Errors are an important issue in work psychology for various reasons. First, it is the raw material that produces stress, accidents, inefficient human-machine interaction, quality and performance problems, and a bad climate. Thus, many recurrent problems in industry are related to the issue of errors, for example the Three Mile Island accident or Leeson's 1.5 billion dollar loss. Second, attitudes towards errors and how one deals with them are indications of a company's organizational culture. Bureaucratic companies usually attempt to prevent errors at all costs, while entrepreneurial cultures have a more positive attitude towards errors and what one can learn from them. Thirdly, if a company wants to change its culture or if one wants to introduce the issue of error in selection procedures, one needs a measure of error orientation."[792]

Die Fehler-Kultur stellt einen wichtigen Bestandteil der Unternehmenskultur in einem innovationsorientierten Umfeld dar.[793] Unter der Team-Fehler-Kultur werden in dieser Arbeit die die Einstellung und das Verhalten prägenden Werte und Normen einer Organisation gegenüber Fehlern verstanden: Fehler sind dabei definiert als unbeabsichtigte Abweichungen von Zielen, Standards, Verhaltenskodices, der Wahrheit oder einer metrischen Größe.[794] In der vorliegenden Untersuchung interessieren in Anlehnung an VAN DYCK ET AL. (2004) vor allem handlungs- bzw. prozessbedingte Fehler, verursacht sowohl durch unbeabsichtigte Abwei-

---

[790] Der auch an der Veröffentlichung von Rybowiak et al. (1999) beteiligte Frese entwickelt zusammen mit drei weiteren Autoren auf der Basis von sechs der acht Dimensionen von Rybowiak et al. ein Instrument zur Bestimmung des Ausmaßes einer "Error Management Culture" vs. einer "Error Aversion Culture" (vgl. Van Dyck, C. et al. (2004): a.a.O.). Diese Operationalisierung von van Dyck et al. (2004) wird in der vorliegenden Untersuchung als Basis für die Operationalisierung verwendet und im Folgenden noch vorgestellt werden.

[791] Rybowiak, V.et al. (1999): a.a.O., S. 528.

[792] Rybowiak, V.et al. (1999): a.a.O., S. 528.

[793] Vgl. Van Dyck, C. et al. (2004): a.a.O., S. 6 ff; Bauer, J. et al. (2003): Fehlerorientierung im betrieblichen Arbeitsalltag – Ein Vergleich zwischen Führungskräften und Beschäftigten ohne Führungsfunktion, S. 3.

[794] Vgl. Van Dyck, C. et al. (2004): a.a.O., S. 4.

chung von Plänen, Zielen oder geeigneten Feedback-Prozessen als auch durch fehlerhafte Handlungen, die durch mangelndes Fachwissen hervorgerufen werden.[795]

Natürlich sind Fehler bei der Arbeit ein Ärgernis. Fehler unterbrechen Arbeitsabläufe, Fehlerkorrekturen benötigen Zeit, können frustrierend sein, führen typischerweise zu dem unangenehmen Gefühl, dass man es hätte besser wissen müssen, und manche Fehler haben ernsthafte Folgen für Individuen und Organisationen.[796] Insofern ist es nicht verwunderlich, dass Menschen Fehler lieber gänzlich vermeiden.[797] Auch die Wissenschaft hat Fehler bisher überwiegend mit negativen Assoziationen belegt; das Verständnis der negativen Folgen ist deutlich besser entwickelt als das von potentiell positiven Effekten.[798] Häufig beschäftigen sich Unternehmen daher auch nur mit Fragen der Fehlervermeidung. [799] Allerdings trägt ein Ansatz der Fehlervermeidung nicht dem Umstand Rechnung, dass Fehler allgegenwärtig sind, nie gänzlich ausgerottet werden können und sogar unter Experten vorkommen.[800] Zudem müssen Kontrollmechanismen installiert werden, welche wiederum Risikofreudigkeit und Aktivität hemmen und den Planungsaufwand erhöhen.[801] Fehler werden aber immer vorkommen und potentiell negative Auswirkungen haben.[802] Dabei wird übersehen, dass ein Ansatz der puren Fehlervermeidung um jeden Preis die Chance nimmt, aus Fehlern zu lernen und somit einen Nutzen aus ihnen zu ziehen und z.B. Fortschritte in Form von Innovationen zu erzielen.[803] In Unternehmen, welche Fehler als etwas Schlechtes ansehen und diese sanktionieren, werden Mitarbeiter es vorziehen, Fehler zu verdecken; ein Lerneffekt kann somit nicht stattfinden.[804] Der konstruktive Umgang mit Fehlern ist jedoch potentiell besonders relevant bei radikalen Innovationen, da diese Innovationen mit einer sehr hohen Unsicherheit im Hinblick u.a. auf

---

[795] Vgl. Van Dyck, C. et al. (2004): a.a.O., S. 4.
[796] Vgl. Keith, N./Frese Michael (2004): Performance Effects of Error Management Training: A Meta-Analysis, S. 3; Van Dyck, C. et al. (2004): a.a.O., S. 5.
[797] Vgl. Keith, N./Frese Michael (2004): a.a.O., S. 3.
[798] Vgl. Keith, N./Frese Michael (2004): a.a.O., S. 3; Van Dyck, C. et al. (2004): a.a.O., S. 3.
[799] Vgl. Van Dyck, C. et al. (2004): a.a.O., S. 5.
[800] Vgl. Rybowiak, V.et al. (1999): a.a.O., S. 528; Keith, N./Frese Michael (2004): a.a.O., S. 3; Van Dyck, C. et al. (2004): a.a.O., S. 5.
[801] Vgl. Rybowiak, V.et al. (1999): a.a.O., S. 528.
[802] Vgl. Van Dyck, C. et al. (2004): a.a.O., S. 5.
[803] Vgl. Van Dyck, C. et al. (2004): a.a.O., S. 3, 5; Keith, N./Frese Michael (2004): a.a.O., S. 3.
[804] Vgl. Van Dyck, C. et al. (2004): a.a.O., S. 8.

Realisierbarkeit und Markterfolg behaftet sind und daher - vor allem in der Anfangsphase, wenn viele Zusammenhänge noch gar nicht umfassend bekannt sind – das häufige Auftreten von Fehlern wahrscheinlich ist.[805] Gerade unentdeckte Fehler können hier jedoch dauerhaft sehr kostspielig sein, Folgefehler nach sich ziehen[806] und sich sogar negativ auf den Produkterfolg auswirken[807].

In einem hoch innovativen Umfeld sind für das Gewinnen von Wissen aus Fehlern vor allem drei Vorgehensweisen zu erwähnen, die dem in diesem Zusammenhang besonders relevanten Ansatz des "Learning by doing"[808] Rechnung tragen: Der sog. "Trial and Error"-Ansatz, der Ansatz des "Experimentierens" und der "Probe and Learn"-Ansatz. Dabei ist Trial and Error ("Versuch und Irrtum") ein relativ unsystematisches und zufallsgetriebenes Ausprobieren.[809] Da Lernerfolge jedoch gerade durch Ausprobieren neuer Ideen entstehen[810], ist Trial and Error vor allem bei radikalen Innovationen ein etablierter Bestandteil des Innovationsprozesses[811]. Eine systematischere und damit auch zeiteffiziente Vorgehensweise stellt der Ansatz des Experimentierens dar. Es geht dabei um strategische Experimente, die auf vorab definierte Ursache-Wirkungs-Zusammenhänge fokussieren und bei sonst gleichen Rahmenbedingungen nur die interessierenden Größen systematisch variieren.[812] GOVINDARAJAN/TRIMBLE (2004) stellen entsprechend fest: "The ability to explore emerging opportunities by launching and learning from strategic experiments is more critical to survive than ever."[813] Probe and Learn ist ein aus dem Innovationsmarketing entstandener und bereits vielfach erprobter An-

[805] Vgl. Van Dyck, C. et al. (2004): a.a.O., S. 27.
[806] Vgl. Liebeherr, J. (Dissertationsentwurf noch nicht eingereicht): Vorliegendes Kapitel mit Arbeitstitel: Fehlertoleranz als Teil der innovationsorientierten Unternehmenskultur.
[807] Vgl. Cannon, M.D./Edmondson, A.C. (2001): Confronting failure: Antecedents and consequences of shared beliefs about failure in organizational work groups, in: Journal of Organizational Behvior.
[808] Vgl. Segal-Horn, S. et al. (1987): Non-facilitated Action Learning, in: Management Education and Development.
[809] Vgl. Liebeherr, J. (Dissertationsentwurf noch nicht eingereicht): a.a.O.
[810] Vgl. Falter, T./Krahe, A. (2002): Aus Fehlern lernen, in: Wissensmanagement.
[811] Vgl. Polley, D./Van de Ven, A.H. (1996): Learning by discovering during innovation development, in: International Journal of Technology Management.
[812] Vgl. Govindarajan, V./Trimble, C. (2004): Strategic innovation and the science of learning, in: MIT Sloan Management Review, S. 67.
[813] Govindarajan, V./Trimble, C. (2004): a.a.O., S. 67.

satz für die Prototypenentwicklung bei radikalen Innovationen.[814] Prototypen werden dabei sehr früh auf dem Markt getestet, um aus den dabei festgestellten Fehlern lernen zu können und diese Erkenntnisse zeitnah wieder in die Entwicklung einer verbesserten Version einfließen zu lassen.[815]

Wie bereits erwähnt, ist das Ziel der Fehlervermeidung konzeptionell verbunden mit dem Ziel der Kontrolle.[816] Kontrolle führt jedoch dazu, dass Lernen nicht notwendigerweise stattfindet, und manche Lernstrategien, wie z.B. das Experimentieren, stehen sogar in direktem Gegensatz zu Kontrollbestrebungen.[817] Beim Ansatz des Fehlermanagements wird daher gerade die Erkenntnis in den Mittelpunkt gerückt, dass aus Fehlern gelernt werden kann[818], und auf die Frage fokussiert "... what can be done after an error has occured"[819], um die negativen Auswirkungen von Fehlern zu minimieren, gleichzeitig aber auch die positiven Chancen zu nutzen.[820] Diese Sichtweise wird gestützt von Untersuchungen im Hinblick auf Fehlermanagement-Trainings, welche gezeigt haben, dass Fehler zu Lerneffekten beitragen.[821]

Den Wert von Fehlern als Quelle zum Lernen und zu neuem, wertvollen Wissen betonen auch die Modelle von GILLINGHAM[822] und von ARGYRIS[823]: GILLINGHAMs Pfadmodell zeigt, dass ein Fehler zu unterschiedlichen Ergebnissen, nämlich Lernen oder nicht Lernen, führen kann – je nachdem, wie mit Fehlern im Unternehmen umgegangen wird.[824] Lernen kann in diesem Sinne nicht stattfinden, wenn a) Fehler verdeckt werden, b) Fehler entdeckt

---

[814] Vgl. Lynn, G.S./Morone, J.G./Paulson, A.S. (1996): Marketing and discontinous Innovation: The Probe and Learn Process, in: California Management Review.

[815] Vgl. Liebeherr, J. (Dissertationsentwurf noch nicht eingereicht): a.a.O.

[816] Vgl. Vgl. Van Dyck, C. et al. (2004): a.a.O., S. 5.

[817] Vgl. Van Dyck, C. et al. (2004): a.a.O., S. 5 f.

[818] Vgl. McCune, J.C. (1997): Making lemonade, in: Management Review; Jones, C.F./O'Brien, J. (1991): Mistakes that worked.

[819] Van Dyck, C. et al. (2004): a.a.O., S. 3.

[820] Vgl. Van Dyck, C. et al. (2004): a.a.O., S. 3.

[821] Vgl. Van Dyck, C. et al. (2004): a.a.O., S. 6; Keith, N./Frese Michael (2004): a.a.O., S. 2 ff.

[822] Vgl. Gillingham, D.W./Blanco, J./Lewko, J.H. (1997): An integrated model of error management, in: Disaster Prevention and Management.

[823] Vgl. Argyris, C. (1985): Interventions for improving leadership effectiveness, in: Journal of Management Development.

[824] Vgl. Gillingham, D.W./Blanco, J./Lewko, J.H. (1997): a.a.O.

werden, aber keine sorgfältige Ursachenforschung erfolgt und c) Fehler entdeckt werden, der Verursacher bestraft wird, aber ebenfalls keine Ursachenforschung erfolgt. Im Gegenteil, GILLINGHAM behauptet, dass Lernen nur erfolgen kann, wenn zum einen der Verursacher nicht bestraft wird, da sonst diese negative Sanktionierung die Verdeckung von Fehlern nach sich zieht, und zum anderen eine Ursachenforschung erfolgt. Nur dadurch ließe sich erreichen, dass Fehler nicht verdeckt und somit langfristig vermieden würden. ARGYRIS argumentiert ähnlich und unterscheidet in seinem Modell zwischen einer kurz- und einer langfristigen Problemlösungsperspektive (single-loop vs. double-loop). Kurzfristige Lösungen werden zwar als geeignet angesehen, den unmittelbaren Fehler zu beheben, jedoch wird ohne tiefere Ursachenforschung ein ähnlicher Fehler wieder auftreten. Zur langfristigen Problembewältigung müssten daher die damit verbundenen Pläne und Regeln sowie die dahinter stehenden Werte, Normen und Einstellungen verändert werden.

Für die Etablierung der verschiedenen Merkmale einer fehlertoleranten, lernenden Organisation sind die Führungskräfte von besonderer Bedeutung.[825] Denn trotz zunehmender Sensibilität von Unternehmen für den konstruktiven Umgang mit Fehlern gehört der offene Umgang mit Fehlern auf der individuellen Ebene noch lange nicht zum Geschäftsalltag.[826] Insofern können Führungskräfte lernendes Verhalten blockieren, wenn sie das reine Wissen höher gewichten als das aktive Lernen.[827] Jedoch ist es insbesondere bei radikalen Innovationen unrealistisch anzunehmen, dass Fehler nur einer Person oder einer kleinen Gruppe an Mitarbeitern anzulasten sind; denn vor allem bei hoch innovativen Produktentwicklungen ist es in der Regel ein Team, das gemeinsam daran arbeitet.[828]

3.7.1.3.1 Zwischenfazit

Der Stellenwert, welcher Fehlern in einem Unternehmen eingeräumt wird; hängt also davon ab, ob dem Konzept des Fehlermanagements oder dem Konzept der Fehlervermeidung Priori-

---

[825] Vgl. Liebeherr, J. (Dissertationsentwurf noch nicht eingereicht): a.a.O.

[826] Vgl. Farson, R./Keys, R. (2002): The failure-tolerant leader, in: Harvard Business Review:

[827] Vgl. Antal, A.B./Lenhardt, U. (2001): Barriers to Organizational Learning , S. 2167.

[828] Vgl. Weick, K.E./Coutu, D.L. (2003): Sense and Reliability, in: Harvard Business Review; Liebeherr, J. (Dissertationsentwurf noch nicht eingereicht): a.a.O.

tät eingeräumt wird. VAN DYCK ET AL. (2004) plädieren in diesem Zusammenhang für Fehlermanagement als eine gleichzeitige Berücksichtigung von Kontrolle und Lernen: "On the control side, error management implies quick error detection and damage control. With regard to learning from errors, error management uses errors as learning opportunities and encourages exploration and experimentation."[829] Sie stellen aber auch fest: "Unfortunately, much of the evidence for using a positive organizational approach to errors is still anecdotal and needs to be empirically validated."[830] In diese Lücke möchte die vorliegende Untersuchung stoßen. Im Folgenden werden daher das Instrument zur Erhebung von Fehler-Kultur nach RYBOWIAK ET AL. (1999) sowie die darauf aufbauenden empirischen Arbeiten von BAUER ET AL. (2003) sowie von VAN DYCK ET AL. (2004) vorgestellt, um die Erfolgsrelevanz darzulegen sowie das in der vorliegenden Arbeit verwendete Messinstrument herzuleiten.

3.7.1.3.2 Bisherige Untersuchungen zur Erfolgsrelevanz von Fehler-Kultur und Aufstellung der Hypothesen zur Fehler-Kultur

Es gibt empirische Hinweise darauf, dass vergangener bzw. aktueller Unternehmenserfolg in einem sich schnell ändernden Umfeld kein guter Indikator für zukünftigen Unternehmenserfolg ist.[831] Dies könnte darin begründet liegen, dass diese heute erfolgreichen Firmen für den jetzigen Zeitpunkt passende und erfolgreiche Routinen entwickelt haben, diese Routinen aber zukünftige Fehler und den Umgang mit ihnen nicht berücksichtigen.[832] Des Weiteren belegt eine sehr aktuelle Studie von VAN DYCK ET AL. (2004), dass eine ausgeprägte Fehlermanagement-Kultur positiv auf Zielerreichung[833], Überlebensfähigkeit[834] und Gesamtkapitalrendite ("Return on assets") von Unternehmen wirkt und ein besserer Vorhersagewert für die

---

[829] Van Dyck, C. et al. (2004): a.a.O., S. 6.
[830] Van Dyck, C. et al. (2004): a.a.O., S. 3.
[831] Vgl. Audia, P./Locke, E.A./Smith, K.G. (2000): The paradox of success: An archival and laboratory study of strategic persistance following radical environmental change, in: Academy of Management Journal.
[832] Vgl. Van Dyck, C. et al. (2004): a.a.O., S. 6.
[833] Definiert als "To what degree has your organization achieved its most important goal in the last year?" sowie "How successful is your organization in comparison to other companies in the same line of industry and of (about) the same size?" (Van Dyck, C. et al. (2004): a.a.O., S. 13).
[834] Definiert als Maß, welches verschiedene Indikatoren wirtschaftlicher Leistungsfähigkeit kombiniert (vgl. Van Dyck, C. et al. (2004): a.a.O., S. 13 f.).

Profitabilität von Unternehmen ist als ihre vorangegangenen Leistungen.[835] Diese Ergebnisse basieren auf zwei Untersuchungen in kleineren und mittleren Unternehmen; VAN DYCK ET AL. (2004) argumentieren, dass in großen Unternehmen homogene Unternehmenskulturen wohl kaum anzutreffen seien und daher kleine und mittlere Unternehmen sogar besonders geeignet seien, um Unternehmenskultur zu untersuchen, da bei diesen die Wahrscheinlichkeit deutlich höher sei, homogene Kulturen anzutreffen.[836] Die erste Untersuchung resultierte in 350 Respondenten[837] aus 65 kleineren und mittleren niederländischen Unternehmen der definierten Industriesektoren "production and construction", "business services", "finances and insurances" sowie "trade". Der positive Zusammenhang zwischen Fehlermanagement-Kultur und Zielerreichung basierte auf einem N von 65 Firmen, der positive Zusammenhang zwischen Fehlermanagement-Kultur und Überlebensfähigkeit auf einem N von nur 25 Unternehmen, da für die anderen 40 Unternehmen die Kennzahl der Überlebensfähigkeit nicht ermittelt werden konnte.[838] Mit 10 der 65 Unternehmen wurden Interviews geführt, welche die Überzeugung bestätigten, dass Fehler-Kultur in Organisationen sinnvoll untersucht werden kann. Ein negativer Zusammenhang zwischen der "Error aversion culture" und den o.g. Leistungs-Kennzahlen konnte jedoch entgegen den Erwartungen nicht festgestellt werden.[839] Daher wurde bei der zweiten empirischen Erhebung, durchgeführt im Jahr 1998/99, nur noch der Zusammenhang zwischen Fehlermanagement-Kultur sowie der oben definierten Zielerreichung und Gesamtkapitalrendite ("Return on assets") untersucht. Basierend auf einem N von 165 Respondenten aus 47 teilnehmenden deutschen Unternehmen wurde bestätigt, dass Fehlermanagement-Kultur positiv signifikant sowohl mit Zielerreichung als auch mit der Verän-

---

[835] Vgl. Van Dyck, C. et al. (2004): a.a.O.

[836] Vgl. Van Dyck, C. et al. (2004): a.a.O., S. 10.

[837] In den potentiell an der Untersuchung teilnehmenden Unternehmen wurde der Fokus auf die Befragung von Managern gelegt, da diese zum einen einen besseren Überblick und bessere Informationen über die verschiedenen Abteilungen haben und zum anderen gerade Manager Unternehmenskultur entscheidend prägen (vgl. Van Dyck, C. et al. (2004): a.a.O., S. 12). Daher wurden jeweils ein bis zwei Manager eingeladen, an der Untersuchung teilzunehmen, verbunden mit der Bitte, die Fragebögen an Manager-Kollegen weiterzuleiten, welche sie als "the most representative cross-section of their company's management." (Van Dyck, C. et al. (2004): a.a.O., S. 12) betrachteten. Dabei wurden nur Unternehmen bei der Auswertung berücksichtigt, wenn mindestens drei Fragebögen ausgefüllt wurden (vgl. Van Dyck, C. et al. (2004): a.a.O., S. 12).

[838] Vgl. Van Dyck, C. et al. (2004): a.a.O., S. 13 ff., S. 39. Darüber hinaus kann die genaue Zusammensetzung des Index nicht veröffentlicht werden, da sie geistiges Eigentum der Firma DeBreed and Partners ist (vgl. Vgl. Van Dyck, C. et al. (2004): a.a.O., S. 14).

[839] Vgl. Van Dyck, C. et al. (2004): a.a.O., S. 15, 20.

derung des "Return on assets" korreliert und somit die Fehlermanagement-Kultur die Profitabilität besser voraussagt als der vorherige Unternehmenserfolg.[840]

Das Instrument zur Erhebung der Fehler-Kultur in der Untersuchung von VAN DYCK ET AL. (2004) basiert auf dem in der folgenden Tab. 3-14 dargestellten Error Orientation Questionnaire nach RYBOWIAK ET AL. (1999), welche die acht Dimensionen (1) "Error competence", (2) "Learning from errors", (3) "Error risk taking", (4) "Error strain", (5) "Error anticipation", (6) "Covering up errors", (7) "Error communication" und (8) "Thinking about errors" definieren.[841] Diese Skalen wurden mit Hilfe der Faktorenanalyse bestätigt, es wird jedoch nicht ausgeschlossen, dass es noch Skalen höherer Ordnung gibt.[842] BAUER ET AL. (2003) untersuchten Unterschiede in der Fehlerorientierung von Führungskräften und Beschäftigten ohne Führungsfunktion und benutzten dazu die Skalen von RYBOWIAK ET AL. (2004).[843] Dabei konnten die Elemente der Fehlerorientierng auf die drei Dimensionen "Bewertung von Fehlern", "Strategien zum lernförderlichen Umgang mit Fehlern" und "Emotionen in Verbindung mit Fehlern" verdichtet werden.[844] VAN DYCK ET AL. (2004) verwenden für ihre Erhebung alle Items der Dimensionen (1)[845], (2), (4), (6), (7) und (8), richten diese in der Formulierung vor dem unternehmenskulturellen Hintergrund stärker aus auf "... common organizational practices and instructed participants to rate the extent to which each statement applied to the people in their organization in general."[846] Darüber hinaus ordnen sie (1), (2), (7) und (8) der Dimension "Error Management Culture" sowie (4) und (6) der Dimension

---

[840] Vgl. Van Dyck, C. et al. (2004): a.a.O., S. 124 f. Basierend auf einer Recherche in der Hoppenstedt-Datenbank von 1998 wurden 269 potentiell passende Unternehmen identifiziert, welche (wie in der ersten Untersuchung) zwischen 100 und 500 Mitarbeiter hatten, aus Industrie oder Service-Sektoren stammten und aktuelle Finanzkennzahlen verfügbar machten. Darüber hinaus wurden Firmen, die kürzlich aus Unternehmenszusammenschlüssen hervorgegangen waren, ausgeschlossen (vgl. Van Dyck, C. et al. (2004): a.a.O., S. 22).

[841] Vgl. Rybowiak, V.et al. (1999): a.a.O., S. 547; Van Dyck, C. et al. (2004): a.a.O., S. 46 f.

[842] Vgl. Rybowiak, V.et al. (1999): a.a.O., S. 541 f.

[843] Vgl. Bauer, J. et al. (2003): a.a.O.

[844] Vgl. Bauer, J. et al. (2003): a.a.O., S. 12 ff.

[845] Bei der Dimension "Error competence" bilden van Dyck et al. (2004) nur drei Items, obwohl Rybowiak et al. (1999) vier Items verwenden (vgl. Van Dyck, C. et al. (2004): a.a.O., S. 45). Gründe dafür werden nicht genannt. Evtl. hängt es damit zusammen, dass die Items zu ähnlich in der Formulierung waren.

[846] Van Dyck, C. et al. (2004): a.a.O., S. 12.

"Error Aversion Culture" zu, was auch faktorenanalytisch bestätigt wird.[847] Die Items nach VAN DYCK ET AL. (2004) sind in der Tab. 3-15 dargestellt.

[847] Vgl. Van Dyck, C. et al. (2004): a.a.O., S. 13, 45 f.

Tab. 3-14: Error Orientation Questionnaire von RYBOWIAK ET AL. (1999)

	To what extent does this apply to you (Not at all, A bit, Neither a bit nor a lot, A lot, Totally)
Nr.	***Items 'Error competence'***
1	When I have made a mistake, I know immediately how to correct it.
2	When I do something wrong at work, I correct it immediately.
3	If it is at all possible to correct a mistake, then I usually know how to go about it.
4	I don't let go of the goal, although I may make mistakes.
	Items 'Learning from errors'
5	Mistakes assist me to improve my work.
6	Mistakes provide useful information for me to carry out my work.
7	My mistakes help me to improve my work.
8	My mistakes have helped me to improve my work.
	Items 'Error risk taking'
9	If one wants to achieve at work, one has to risk making mistakes.
10	It is better to take the risk of making mistakes than to 'sit on one's behind'.
11	To get on with my work, I gladly put up with things that can go wrong.
12	I'd prefer to err, than to do nothing at all.
	Items 'Error strain'
13	I find it stressful when I err.
14	I am often afraid of making mistakes.
15	I feel embarassed when I make an error.
16	If I make a mistake at work, I 'lose my cool' and become angry.
17	While working I am concerned that I could do something wrong.
	Items 'Error anticipation'
18	In carrying out my task, the likelihood of errors is high.
19	Whenever I start some piece of work, I am aware that mistakes occur.
20	Most of the time I am not astonished about my mistakes because I expect them.
21	I anticipate mistakes happening in my work.
22	I expect that something will go wrong from time to time.
	Items 'Covering up errors'
23	Why mention a mistake when it isn't obvious?
24	It is disadvantageous to make one's mistakes public.
25	I do not find it useful to discuss my mistakes.
26	It can be useful to cover up mistakes.
27	I would rather keep my mistakes to myself.
28	Employees who admit to their errors, make a big mistake.
	Items 'Error Communication'
29	When I make a mistake at work, I tell others about it in order that they do not make the same mistake.
30	If I cannot rectify an error by myself, I turn to my colleagues.
31	If I cannot manage to correct a mistake, I can rely on others.
32	When I have done something wrong, I ask others, how I should do it better.
	Items 'Thinking about errors'
33	After I have made a mistake, I think about how it came about.
34	I often think: 'How could I have prevented this?'
35	If something goes wrong at work, I think it over carefully.
36	After a mistake has happened, I think long and hard about how to correct it.
37	When a mistake occurs, I analyze it thoroughly.

Quelle: Rybowiak, V. et al. (1999): Error Orientation Questionnaire (EOQ): reliability, validity, and different language equivalence, in: Journal of Organizational Behavior, S. 547.

Tab. 3-15: Items Fehler-Kultur nach VAN DYCK ET AL. (2004)

Nr.	Items 'Error Management Culture'
1	For us, errors are very useful for improving the work process.
2	After an error, people think through how to correct it.
3	After an error has occurred, it is analyzed thoroughly.
4	If something went wrong, people take the time to think it through.
5	After making a mistake, people try to analyze what caused it.
6	In this organization, people think a lot about how an error could have been avoided.
7	An error provides important information for the continuation of the work.
8	Our errors point us at what we can improve.
9	When mastering a task, people can learn a lot from their mistakes.
10	When an error has occurred, we usually know how to rectify it.
11	When an error is made, it is corrected right away.
12	Although we make mistakes, we don't let go of the final goal.
13	When people are unable to correct an error by themselves, they turn to their colleagues.
14	If people are unable to continue their work after an error, they can rely on others.
15	When people make an error they can ask others for advice on how to continue.
16	When someone makes an error, (s)he shares it with others so that they don't make the same mistake.
Nr.	**Items 'Error Aversion Culture'**
1	In this organization, people feel stressed when making mistakes.
2	In general, people in this organization feel embarassed after making a mistake.
3	People in this organization are often afraid of making errors.
4	In this organization, people get upset and irritated if an error occurs.
5	During their work, people are often concerned that errors might occur.
6	Our motto is: "Why admit an error when no one will find out?"
7	There is no point in discussing errors with others.
8	There are advantages in covering up one's error.
9	People prefer to keep errors to themselves.
10	Employees who admit their errors are asking for trouble.
11	It can be harmful to make your errors known to others.

Quelle: Van Dyck, C. et al. (2004): Organizational Error Management Culture and its Impact on Performance, S. 45 f.

Auch wenn es also mittlerweile einige empirische Studien im Hinblick auf die Erfolgsrelevanz von Fehlerkultur gibt, so wäre es für eine Verallgemeinerung der Ergebnisse noch zu früh.[848] Dennoch geht die vorliegende Arbeit von der Sichtweise aus, dass eine Fehlermanagement-Kultur positiv auf den Erfolg radikaler Innovationen in jungen Unternehmen wirkt, und formuliert daher folgende Hypothesen:

[848] Vgl. Liebeherr, J. (Dissertationsentwurf noch nicht eingereicht): a.a.O.

Hypothese 4 a: Eine ausgeprägte Fehlermanagement-Kultur fördert den Erfolg in jungen Unternehmen positiv.

Hypothese 4 b: Je radikaler ein Innovationsvorhaben in jungen Unternehmen ist, desto wichtiger für den Erfolg ist eine ausgeprägte Fehlermanagement-Kultur.

3.7.1.3.3 Operationalisierung der Team-Fehler-Kultur

Die Operationalisierung der in der vorliegenden Arbeit verwendeten Items zur Ermittlung der Fehlermanagement- bzw. Fehlervermeidungs-Kultur erfolgt in Anlehnung an die Skalen von VAN DYCK ET AL. (2004), PFLESSER (1999) und auf Basis eigener Überlegungen unter Berücksichtigung der Ausführungen zur Item-Formulierung in Kapitel 3.4.4. Sie sind in der folgenden Tab. 3-16 dargestellt. Dabei wird unter Bezugnahme auf die Ergebnisse und die Vorgehensweise von VAN DYCK ET AL. (2004) die Dimension der Fehlervermeidungskultur nicht mit allen Items separat erhoben; lediglich fünf Items werden als zusätzliche Kontrolle im Sinne von "Reverse Coded Items" verwendet. Letztlich kann nach Auffassung der vorliegenden Arbeit argumentiert werden, dass ja gerade eine niedrige Ausprägung der Fehlermanagement-Kultur einer Fehlervermeidungs-Kultur zumindest sehr ähnlich ist.

Tab. 3-16: Verwendete Items Fehler-Kulturen der vorliegenden Untersuchung

Nr.	Items Fehlermanagement-Kultur: In unserem Unternehmen...	Quelle
	Fehler-Behebung	
1	...wird erwartet, dass wir normalerweise wissen, wie ein Fehler wieder behoben wird.	In Anlehnung an Van Dyck et al. (2004)
2	...wird erwartet, dass gemachte Fehler sofort korrigiert werden.	In Anlehnung an Van Dyck et al. (2004)
3	...wird großer Wert darauf gelegt, dass – auch wenn Fehler passieren – wir uns nicht durch solche Rückschläge vom finalen Ziel abbringen lassen.	In Anlehnung an Van Dyck et al. (2004)
	Aus Fehlern lernen	
4	...wird die Nützlichkeit von Fehlern zur Verbesserung von Arbeitsprozessen besonders betont.	In Anlehnung an Van Dyck et al. (2004)
5	...wird großer Wert darauf gelegt, dass Fehler als wichtige Informationsquelle für die Fortsetzung der Arbeit angesehen werden.	In Anlehnung an Van Dyck et al. (2004)
6	...wird das Motto "Aus Fehlern lernt man" besonders betont.	In Anlehnung an Van Dyck et al. (2004)
7	...wird akzeptiert, dass Fehler nie vollkommen zu vermeiden sind.	Eigene Überlegungen
	Fehler-Kommunikation	
8	...wird erwartet, dass man sich zur Korrektur von Fehlern an Kollegen wendet, sofern man diese nicht	In Anlehnung an Van Dyck et al. (2004)
9	...wird besonders betont, dass sich Mitarbeiter, welche ihre Arbeit nach einem Fehler nicht fortsetzen können,	In Anlehnung an Van Dyck et al. (2004)
10	...wird erwartet, dass Informationen über gemachte Fehler mit anderen geteilt werden, um den gleichen Fehler zukünftig zu vermeiden.	In Anlehnung an Van Dyck et al. (2004)
	Nachdenken über Fehler	
11	...wird erwartet, nach einem Fehler gründlich zu durchdenken, wie dieser korrigiert werden kann.	In Anlehnung an Van Dyck et al. (2004)
12	...wird nach einem Fehler erwartet, dass dieser gründlich im Hinblick auf seine Ursachen analysiert wird.	In Anlehnung an Van Dyck et al. (2004)
13	...wird viel Wert darauf gelegt, häufig darüber nachzudenken, wie ein Fehler hätte vermieden werden können.	In Anlehnung an Van Dyck et al. (2004)

3.7.2 Unternehmer-Führungs-Kultur

Wie schon in Kapitel 3.5 beschrieben, beinhaltet die Führungskompetenz nach dem Verständnis von SALOMO/BRINCKMANN (2003)[849] die Kommunikation und Interaktion der Führungsteammitglieder von jungen Unternehmen mit denjenigen, die nicht zum Führungsteam gehören. Unter der Qualität der Führungskompetenz wird dabei verstanden, wie gut die Übereinstimmung der Mitarbeiter- mit den Unternehmenszielen ist und inwiefern sich diese in der Arbeitseinstellung der Mitarbeiter sowie in der Mitarbeitermotivation niederschlägt.[850] Da Führungs-Kompetenz in Zusammenhang mit Führungs-Kultur steht, lassen sich aus Konstrukten zur Mitarbeiter- und Unternehmensführung relevante Inhalte zur Betrachtung der Führungs-Kultur ableiten.[851]

Die spezielle Betrachtung unternehmerischer Führung erfolgte jedoch bisher so gut wie gar nicht; vielmehr wurden die Forschungsgebiete Unternehmertum und Führung bislang getrennt betrachtet.[852] Ein solch detailliertes Konstrukt unternehmerischer Führung ("Entrepreneurial Leadership"), das sowohl die bisherigen Arbeiten zu "Entrepreneurship" und "Leadership" einbezieht, entwickelten daher erst kürzlich die Autoren GUPTA/MacMILLAN/SURIE (2004).[853] Auf ihre Arbeit soll im Folgenden eingegangen werden, um daraus letztlich die unternehmenskulturellen Inhalte von unternehmerischer Führung herzuleiten.

Nach GUPTA/MacMILLAN/SURIE (2004) diskutiert die Literatur zur Erforschung des Unternehmertums ("Entrepreneurship") mindestens vier Bedingungen, die unternehmerisches Verhalten fördern und welche durch die unternehmerische Führung entsprechend geschaffen bzw. mobilisiert werden müssen.[854] Dies sind:

1. Eine unternehmerische Vision, die auch effektiv kommuniziert wird;

---

[849] Vgl. Salomo, S. (2003): a.a.O.
[850] Vgl. Kapitel 3.5.
[851] Vgl. Kapitel 3.6 zum Zusammenhang zwischen Management-Kompetenzen und den korrespondierenden Unternehmens-Kulturen.
[852] Vgl. Gupta, V./MacMillan, I.C./Surie, G. (2004): a.a.O., S. 241 ff.
[853] Vgl. Gupta, V./MacMillan, I.C./Surie, G. (2004): a.a.O.
[854] Vgl. Gupta, V./MacMillan, I.C./Surie, G. (2004): a.a.O., S. 245 f.

2. innovationsförderliche Prozesse, vor allem durch Systeme für schnelles Produktdesign, schnelle Entwicklung und Kommerzialisierung;
3. Prozesse, die Ressourcen und Expertise für unternehmerische Vorhaben generieren bzw. sichern, insbesondere mittels der Menschen einer Organisation, die auf Veränderungen positiv reagieren durch partizipative Beschlussfassung und transparente Kommunikation, sowie
4. die Fähigkeit, permanente Erforschung und Ideen-Generierung durch institutionalisierte Anreize zu ermöglichen und zu unterstützen.

Die Literatur zur Führungsfähigkeit kann ergänzend zu den o.g. Kriterien herangezogen werden.[855] Die Hauptherausforderung eines "entrepreneurial leaders" besteht demnach darin, mögliche Geschäftsmöglichkeiten vorherzusehen und die Fähigkeiten ("transaction set") der Organisation bzw. des Unternehmens entsprechend zu aktivieren bei gleichzeitiger Berücksichtigung der begrenzten Ressourcen und vor dem Hintergrund evtl. konservativerer und risikoaverser "Gefolgsleute".

Nach GUPTA/MacMILLAN/SURIE (2004) kann die enorm umfangreiche Anzahl an Führungs-Literatur auf einem hohen Abstraktionsniveau dahingehend zusammengefasst werden, dass der Hauptfokus auf die Fähigkeit des Anführers gelegt wird, eine Gruppe von Gefolgsleuten zu beeinflussen. Dabei wird der Zusammenhang zwischen den drei Schlüsselfaktoren Anführer, Gefolgsleute und Umfeld besonders betont. Bei den ebenfalls im Überfluss vorhandenen Führungs-Theorien haben sich in den letzten Jahren drei länderkulturübergreifende universelle bzw. allgemeine Perspektiven zum Führungsverhalten herausgebildet, welche im Hinblick auf die Innovationsfähigkeit in sehr schnellen und unsicheren Marktumfeldern besonders relevant sind. Diese drei Perspektiven sind im Einzelnen:

1. Die neocharismatische bzw. transformationale Führungs-Perspektive: Im Gegensatz zu den transaktionsbasierten Führungstheorien rückt diese die Inspiration der Gefolgsleute

[855] Vgl. im folgenden Gupta, V./MacMillan, I.C./Surie, G. (2004): a.a.O., S. 245 f.

durch den Anführer in den Mittelpunkt. Damit wird ganz eigennützig, aber letztlich gewinnbringend für sowohl Anführer als auch Gefolgsmann, versucht, auf die höheren Bedürfnisse des Menschen, wie z.B. die Möglichkeit der Selbstverwirklichung, auf persönliche Werte und auf implizite Motivationen der Mitarbeiter einzugehen, so dass "... the act of leadership binds leader and follower together in a mutual and continuing pursuit of a higher purpose"[856], was sich in einer höheren und besseren Leistungen der Mitarbeiter niederschlägt. Im Hinblick auf die in unternehmerischen Aktivitäten beinhalteten Unsicherheiten liegt dabei die größte Herausforderung der unternehmerischen Führung darin, die Mitarbeiter davon zu überzeugen, eingefahrene, und sichere Karrierepfade zugunsten von kreativer, unternehmerischer Tätigkeit aufzugeben.[857]

2. Die teamorientierten Führungstheorien: Diese fokussieren auf die Fähigkeit der Führungskraft, Mitarbeiter zu erhöhter Mitwirkung in Gruppenarbeit zu animieren, um damit eine bessere Einbindung in das Unternehmen bzw. höhere Identifikation mit der Tätigkeit und letztendlich eine höhere bzw. bessere Leistung zu erreichen. Diese Sichtweise entstammt der sog. Theorie der Führungsdyaden (Leader-Member Exchange Theory), welche Führung als einen Interaktionsprozess zwischen Führer und Geführten konzeptualisiert und den Fokus auf die dyadischen[858] Austauschbeziehungen zwischen beiden legt.[859] Eine weitere Annahme ist, dass sich zwischen Führer und Geführtem auch unterschiedliche Führungsbeziehungen entwickeln. Mehrere Feldstudien stützen diese Theorien und zeigen, dass die dyadischen Beziehungen Gruppenleistung und betriebswirtschaftlichen Fort-

[856] Gupta, V./MacMillan, I.C./Surie, G. (2004): a.a.O., S. 245.
[857] Dies trifft nach Meinung des Autors dieser Arbeit nicht nur auf unternehmerische Aktivitäten bereits etablierter Firmen ("Corporate Venturing") zu, sondern insbesondere auch auf junge Unternehmen, die radikale Innovationen anstreben. Denn gerade hier gilt es häufig, anfängliche "Durststrecken" zu überwinden und dafür zu sorgen, dass wichtige Mitarbeiter weiterhin im Unternehmen verbleiben und nicht vorschnell wieder abspringen, um sich einen potentiell sichereren Job zu suchen, sofern sie das Gefühl haben, die angestrebte Innovation sei doch zu unsicher.
[858] Dyadisch bedeutet "dem Zweiersystem zugehörend". Vgl. www.duden.de, Suche vom 21.01.2005.
[859] Dieses Führungskonzept geht im Wesentlichen auf Graen und Cashman (1975) zurück. Vgl. Graen, G.B./Cashman, J.F. (1975): A role-making model of leadership in formal organizations: a developmental approach

schritt vorhersagen können.[860] Im Unterschied zu den mehr oder weniger stabilen Austauschbeziehungen in statischen Umfeldern muss sich ein unternehmerischer Führer jedoch, auf Grund der sehr unsicheren organisatorischen Gegebenheiten, ständig auf sich ändernde Rollenverständnisse der Mitarbeiter einstellen und diese entsprechend "orchestrieren".

3. Die wertebasierte Führungsperspektive: Ausgearbeitet von HOUSE/ADITYA (1997)[861], geht dieser Ansatz davon aus, dass Anführer a) eine faszinierende Vision bzw. Mission in ideologischer Sprache artikulieren bzw. kommunizieren, welche sie aus übergeordneten Werten und Überzeugungen, die auch die Gefolgsleute ansprechen, herleiten, b) mit beispielhaftem Verhalten (Beteiligung, Engagement) im Hinblick auf diese Überzeugungen und die Mission tätig sind und c) eine hohes Maß an Selbstvertrauen bzgl. der eigenen Erwartungen zeigen, und zwar so, dass die Gefolgsleute ebenso an sich selbst glauben und das Engagement nachahmen. Das auf diese Weise gewonnene Engagement kann ein entscheidender Wettbewerbsvorteil sein, da sich eine solche Ressource schwierig kopieren lässt. Der Unterschied der unternehmerischen wertebasierten Führung entstammt dann wiederum dem organisatorischen Kontext, denn der Anführer kann die außergewöhnlichen Leistungen nicht alleine erbringen, sondern ist auf Grund der in risikoreichen unternehmerischen Tätigkeiten implizit enthaltenen Aufgabenvielfalt darauf angewiesen, dass seine Gefolgsleute ihr spezialisiertes Wissen und Können eigenverantwortlich zur Erfüllung der Aufgaben nutzen.

Zusammenfassend muss ein unternehmerischer Führer nach GUPTA/MacMILLAN/SURIE (2004) also die folgenden fünf Fähigkeiten bzw. Kompetenzen mitbringen: Er muss in der Lage sein,

---

[860] Vgl. für einen Überblick Graen, G.B./Uhl-Bein, M. (1995): Relationship-based approach to leadership: development of leader-member (LMX) theory of leadership over 25 years: applying a multi-level multi-domain perspective, in: Leadership Quarterly.

[861] Vgl. House, R.J./Aditya, R.N. (1997): The social scientific study of leadership: quo vadis?, in: Journal of Management.

1. alle Stakeholder zu außergewöhnlich hohem Engagement zu motivieren,
2. sie davon zu überzeugen, dass sie alle Ziele verwirklichen können,
3. eine zwingende Vision für das Vorhaben zu formulieren,
4. glaubwürdig zu versprechen, dass alle Anstrengungen zu außerordentlichem Erfolg führen werden und
5. auch bei sich schnell verändernden Rahmenbedingungen ein hohes Durchhaltevermögen zu zeigen.

Auf dieser Basis nehmen die Autoren weiter an, dass unternehmerische Führer insbesondere zwei miteinander zusammenhängenden Herausforderungen gegenüberstehen:

1. "Szenario-Gestaltung" (scenario enactment): Die erste Herausforderung liegt darin, ein Geschäfts-Szenario zu entwerfen, welches bei gegebenen bzw. limitierten Ressourcen dazu geeignet ist, die ggf. schon vorhandenen, aktuellen Austauschbeziehungen zu Kunden und Lieferanten ("transaction set")[862] zu revolutionieren bzw. so zu verwandeln, dass das Geschäfts-Szenario potentiell erfolgreich sein wird.
2. "Besetzungs-Gestaltung" (cast enactment): Diese zweite Herausforderung beinhaltet erstens, potentielle Gefolgsleute und andere Stakeholder davon zu überzeugen, dass das entworfene Szenario und die beinhaltete Transformation der Austauschbeziehungen durch die Zusammensetzung der richtigen Ressourcen, vor allem der richtigen Menschen mit den entsprechenden Ressourcen bzw. Kompetenzen, umgesetzt werden kann, und zweitens, genau diese Menschen davon zu überzeugen, bei dem Vorhaben mitzumachen.

Beide Herausforderungen hängen laut GUPTA/MacMILLAN/SURIE (2004) eng miteinander zusammen, denn die Szenario-Entwicklung zur Verwandlung der Austauschbeziehungen ist ohne die richtigen Mitarbeiter nicht möglich; gleichzeitig ist es aber genauso schwierig, die richtigen Gefolgsleute zu akquirieren, wenn kein attraktives Szenario kommuniziert werden

[862] Vgl. zum Begriff des "transaction set" Venkatamaran, S./Van de Ven, A.H. (1998): Hostile environmental jolts, transaction sets and new business development, in: Journal of Business Venturing.

kann. Insofern gleichen diese beiden Herausforderungen einem sich gegenseitig bedingenden iterativen Prozess.

Um diese beiden Herausforderungen erfolgreich zu bewältigen, müssen laut GUPTA/MacMILLAN/SURIE (2004) die folgenden fünf spezifischen unternehmerischen Führungs-Kompetenzen ("leadership roles") vorhanden sein, wobei die ersten drei Kompetenzen der Szenario-Entwicklung und die letzten zwei Kompetenzen der Rollenbesetzungs-Gestaltung zuzurechnen sein sollen[863]:

1. "Framing role": Unter "Framing role" wird die Kompetenz des Anführenden verstanden, eine große Herausforderung bzw. Vision zu entwerfen, welche das potentielle Team bis an die Grenzen seiner (Leistungs-) Fähigkeiten bringt, es aber nicht durch Überschreitung dieser Grenzen überfordert. Der unternehmerische Führer muss also innerhalb eines realistischen Rahmens eine Balance finden zwischen seinem Wunsch nach aggressiver Innovation und den Fähigkeiten seiner Mitarbeiter, damit "... the result is discovery of a vision 'worthy of persistance'."[864] Diese Dimension wird in der vorliegenden Arbeit auch als "Herausforderung formulieren und gestalten" bezeichnet.
2. "Absorbing uncertainty role": Hier spielt die entscheidende Rolle die Fähigkeit des "entrepreneurial leaders", eine Vision bzgl. des zukünftigen Firmen-Zustands zu kommunizieren, auf welche alle Gefolgsleute hinarbeiten, aber gleichzeitig die bei unternehmerischen Vorhaben implizit stark enthaltene Belastung der potentiell paralysierenden Unsicherheit alleine zu schultern, um den Mitarbeitern das Selbstvertrauen zu geben, zu handeln, als ob die Realisierung der Vision auf jeden Fall möglich sei. Diese Dimension wird in der vorliegenden Arbeit auch als "Unsicherheit abfedern" bezeichnet.
3. "Path-clearing role": "In their "path-clearing role", entrepreneurial leaders negotiate the internal and external environments."[865] Dies beinhaltet insbesondere die Kompetenz, alle möglichen Steine aus dem Weg zu räumen, welche der Realisierung der angestrebten Zie-

---

[863] Vgl. im Folgenden Gupta, V./MacMillan, I.C./Surie, G. (2004): a.a.O., S. 247 f.
[864] Gupta, V./MacMillan, I.C./Surie, G. (2004): a.a.O., S. 247.
[865] Gupta, V./MacMillan, I.C./Surie, G. (2004): a.a.O., S. 247.

le im Wege liegen könnten, sowohl von Seiten interner als auch von Seiten externer Stakeholder. Diese Dimension wird in der vorliegenden Arbeit auch als "Den Weg frei machen" bezeichnet.

4. "Building commitment role": Diese "Rolle" umfasst die Kompetenz des Anführers, ein Team zusammenzustellen bzw. aufzubauen ("team-building skills"), welches hoch motiviert außergewöhnliches Engagement ("commitment") darauf verwendet, das durch ihn skizzierte Szenario umzusetzen. Der Anführer muss es also schaffen, ein gemeinsames Ziel, das alle fesselt und inspiriert, aufzubauen. Diese Dimension wird in der vorliegenden Arbeit auch als "Engagement für die gemeinsame Sache entfachen" bezeichnet.
5. "Specify limits role": Neben einem hohen "Commitment" muss gleichzeitig dafür gesorgt werden, dass ein gemeinsames Verständnis darüber herrscht, was erreicht werden kann und was nicht. Dies ist insbesondere wichtig vor dem Hintergrund, dass das jeweilige Mitarbeiter-Commitment auch bei eventuellen Rückschlägen oder anderen Handlungsbeschränkungen weiter aufrechterhalten bleiben muss. Durch das Spezifizieren der individuellen Möglichkeiten der Mitstreiter erreicht der Anführer, dass die Mitarbeiter ihre Fähigkeiten neu wahrnehmen und selbst auferlegte Begrenzungen der eigenen Möglichkeiten eliminiert werden. Dies führt zu einer erhöhten Kreativität sowie nach CLARK/HAYES/LORENZ[866] auch zu Durchbrüchen bei Neuproduktinnovationen. Diese Dimension wird in der vorliegenden Arbeit auch als "Grenzen ausloten" bezeichnet.

Das im vorigen beschriebene Konstrukt der unternehmerischen Führung wurde von GUPTA/MacMILLAN/SURIE (2004) im gleichen Aufsatz auch einer empirischen Überprüfung unterzogen. Dazu greifen sie auf eine weltweite Erhebung in 62 (Länder-) Gesellschaften unter 15.000 Angestellten des mittleren Managements aus über 900 Firmen zurück, die im Rahmen des sog. GLOBE-Projekts (Global Leadership and Organizational Behavior Effectiveness) von 1995 bis 1997 durchgeführt wurde.[867] Im Rahmen dieser Umfrage hatten die Befragten u.a. 112 Merkmale effektiver Führung auf einer siebenstufigen Likert-Skala von 1

---

[866] Vgl. Clark, K.B./Hayes, R.H./Lorenz, C. (1985): The Uneasy Alliance.
[867] Vgl. für weitere Details zum GLOBE-Projekt House, R.J. et al. (1998): Cultural influences on leadership and organization: the GLOBE project .

(behindert hervorragende Führung außerordentlich) bis 7 (erleichtert hervorragende Führung außerordentlich) zu beurteilen. Aus diesen 112 Attributen wählten die Autoren 19 aus, von denen sie erwarteten, dass ein statistisch relevanter Zusammenhang zu den definierten fünf Rollen bzw. Kompetenzen besteht. Es zeigte sich, dass das Modell die Anforderungen der Reliabilität (Zuverlässigkeit) erfüllt. Im Hinblick auf die Validität (Gültigkeit) wurden bzgl. der internen Validität die Kriterien der Konvergenzvalidität ebenfalls bestätigt, die Diskriminanzvalidität konnte jedoch zumindest per Chi-Quadrat-Test nicht bestätigt werden; sie wurde aber per Vergleich des unternehmerischen Führungskonzepts mit drei anderen kulturübergreifenden Führungsmodellen mittels Herausarbeiten der Unterschiede validiert. Auch die Kriterien der externen Validität wurden erfüllt.

3.7.2.1 Zwischenfazit

Auf Basis der vorigen Ausführungen kann nun die Verbindung zur Unternehmenskultur bzw. zur Unternehmer-Führungs-Kultur hergestellt werden. Unter einer Unternehmer-Führungs-Kultur wird in dieser Arbeit eine Kultur verstanden, welche die den o.g. fünf Kompetenzen zugrundeliegenden Werte und Normen beinhaltet. Die Operationalisierung durch GUPTA/MacMILLAN/SURIE (2004) ist in der folgenden Tab. 3-17 abgebildet. Auf dieser Basis werden, den Ausführungen in Kapitel 3.4.4 folgend, die Items im Hinblick auf das Ziel der Messung unternehmenskultureller Werte und Normen entsprechend in der Formulierung angepasst. Die in der vorliegenden Arbeit verwendeten Items zur Bestimmung der Unternehmer-Führungs-Kultur sind dann in Kapitel 3.7.2.3 in Tab. 3-18 zu sehen.

Tab. 3-17: Operationalisierung "Entrepreneurial Leadership" nach GUPTA ET AL. (2004)

	Scenario Enactment
Nr.	***Framing the challenge (specifying highly challenging but realistic outcomes for the cast of actors to accomplish)***
1	Performance oriented (sets high standards of performance)
2	Ambitious (sets high goals, works hard)
3	Informed (knowledgeable, aware of information)
4	Has extra insight (intuitive)
	Absorbing uncertainty (taking the burden of responsibility for the future)
5	Visionary (has a vision and imagination of the future)
6	Foresight (anticipates possible future events)
7	Confidence builder (instills others with confidence by showing confidence in them)
	Path clearing (negotiating opposition and clearing the path for scenario enactment)
8	Diplomatic (skilled at interpersonal relations, tactful)
9	Effective bargainer (is able to negotiate effectively, able to make transactions with others on favorable terms)
10	Convincing (unusual ability to persuade others of his/her viewpoint)
11	Encouraging (gives courage, confidence or hope through reassuring and advising)
	Cast Enactment
	Building commitment (building an inspired common purpose)
12	Inspirational (inspires emtions, beliefs, values and behaviors of others, inspires others to be motivated to work hard)
13	Enthusiastic (demonstrates and imparts strong positive emotions for work)
14	Team builder (able to induce group members to work together)
15	Improvement-oriented (seeks continuous performance improvement)
	Specifying limits (building a common understanding and agreement of what can and cannot be done)
16	Integrator (integrates people or things into cohesive, working whole)
17	Intellectually stimulating (encourages others to use their mind – challenges beliefs, stereotypes, and attitudes of others
18	Positive (generally optimistic and confident)
19	Decisive (makes decisions firmly and quickly)

Quelle: Gupta, V./MacMillan, I.C./Surie, G. (2004): Entrepreneurial leadership: developing and measuring a cross-cultural construct, in: Journal of Business Venturing, S. 250.

3.7.2.2 Bisherige Untersuchungen zur Erfolgsrelevanz von Führungs-Kultur und Aufstellung der Hypothesen zur Führungs-Kultur

Bevor am Ende des nun folgenden Kapitels die Hypothesen formuliert werden, soll noch ein Blick auf die bisherige Erforschung der Erfolgsrelevanz von Führung und Unternehmenskultur geworfen werden. Diesem Thema widmet sich ein relativ aktueller Artikel der Autoren OGBONNA/HARRIS (2000).[868] Nach Kenntnis der vorliegenden Untersuchung ist dies die erste und bisher einzige Arbeit[869], die sich explizit der gemeinsamen Betrachtung von Führung und Unternehmens-Kultur im Hinblick auf den Unternehmenserfolg widmet, welche sich

[868] Vgl. im folgenden Ogbonna, E./Harris, L.C. (2000): Leadership style, organizational culture and performance: empirical evidence from UK companies, in: International Journal of Human Resource Management.

[869] Diese Kenntnis stützt sich auf eine Suche nach den drei Schlüsselwörtern "Organizational culture", "leadership" sowie "performance" in der EBSCO Literaturdatenbank "Business Source Premier" am 26.01.2005.

zudem auch noch auf empirische Daten stützt; bisher wurden beide Forschungsgebiete immer nur isoliert in Verbindung zu Erfolgsparametern gesetzt.

Insofern stellen OGBONNA/HARRIS (2000) auch fest, dass, "... while the links between leadership and performance and between culture and performance have been examined independently, few studies have investigated the association between the three concepts"[870], was überraschend ist, "... given the numerous references to the importance of the two concepts in the functioning of organizations."[871] Zudem basierten die meisten konstruierten Zusammenhänge zwischen Führung und Erfolg auf anekdotischen Überlieferungen ohne empirische Basis; lediglich der Zusammenhang zwischen Unternehmens-Kultur und Unternehmenserfolg könne auf Basis empirischer Forschung als gesichert angesehen werden. Nach einem Literaturüberblick hinsichtlich des Zusammenhangs zwischen Führung, Unternehmens-Kultur und Unternehmenserfolg stellen die Autoren folgende Hypothese auf: "The link between leadership style and organizational performance is mediated[872] by the nature and form of organizational culture."[873] Unternehmenskultur als mediierende, vermittelnde Variable wäre so zu verstehen, dass der Führungsstil einen Einfluss auf die Unternehmenskultur und die Unternehmenskultur wiederum direkten Einfluss auf den Unternehmenserfolg hat; der Einfluss des Führungsstils auf den Unternehmenserfolg wäre dann von indirekter Natur, und nur die Un-

[870] Ogbonna, E./Harris, L.C. (2000): a.a.O., S. 766.
[871] Ogbonna, E./Harris, L.C. (2000): a.a.O., S. 766.
[872] Nach wie vor wird selbst in der angelsächsischen Literatur zu statistischen Methoden der Begriff der Mediator-Variable (auch als mediierende oder vermittelnde Variable bezeichnet) kaum bzw. schlecht erklärt; ebenso verhält es sich mit der Abgrenzung zum Begriff der Moderator-Variable (auch intervenierende Variable oder Interaktions-Variable genannt). Während eine moderierende Variable die Richtung und/oder die Stärke der Beziehung zwischen einer unabhängigen und einer abhängigen Variable beeinflusst, sich aber nicht in Beziehung zu den anderen zwei involvierten Variablen verändert und somit nicht zwingend ein kausaler Zusammenhang besteht, versteht man unter einer "mediating variable" bzw. einer mediierenden Variablen eine Variable, auf die genau dies zutrifft: "In short, mediators are variables that are expected to change in relation to the other two variables involved, whereas moderators are not." (Jose, P.E. (Publikationsdatum unbekannt): Moderation and Mediation Help Centre). Ein Mediator ist also für die kausale Beziehung zweier weiterer Variablen verantwortlich: Die unabhängige beeinflusst die mediierende Variable, und diese beeinflusst wiederum die abhängige Variable. Insofern kann festgehalten werden: "Whereas moderator variables specify when certain effects will hold, mediators speak to how or why such effects occur." (Baron, R.M./Kenny, D.A. (1986): The Moderator-Mediator Variable Distinction in Social Psychological Research: Conceptual, Strategic, and Statistical Considerations, in: Journal of Personality and Social Psychology, S. 1176). Vgl. die o.g. Autoren auch für weitere Ausführungen zu diesem Thema sowie ebenso MacKinnon, D.P. (Publikationsdatum unbekannt): Mediation.
[873] Ogbonna, E./Harris, L.C. (2000): a.a.O., S. 771.

ternehmenskultur hätte einen direkten Einfluss. Diese Hypothese wird im Rahmen der empirischen Untersuchung für zwei der vier betrachteten Unternehmenskultur-Typologien (Innovations-Kultur und Wettbewerbs-Kultur) auch bestätigt.[874] Während diese Arbeit ebenfalls davon ausgeht, dass Unternehmenskultur zwar nicht kurzfristig, aber dennoch mittels Führung durch das Management aktiv beeinflusst und verändert werden kann, so wird im Gegensatz zu vorgenannten Autoren gleichzeitig angenommen, dass es als Teil der Unternehmens-Kultur eine eigenständige Dimension der Führungs-Kultur gibt. Daher folgt diese Arbeit nicht dem typologie-, sondern dem dimensionenorientierten Unternehmenskultur-Ansatz. Zudem geht diese Studie davon aus, dass gerade diese Führungs-Kultur bzw. die ihr zugrundeliegenden Werte und Normen erst darüber entscheiden, was in einem Unternehmen als gute, effiziente und effektive Führungskompetenz gilt und wirkt. Ähnlicher Meinung sind auch SCHEIN (1992) und BASS/AVOLIO (1993).[875] SCHEIN argumentiert mit Blick auf den Lebenszyklus eines Unternehmens, dass bei der Gründung eines Unternehmens zunächst der Gründer die Unternehmenskultur entscheidend prägt, er im Verlaufe der Zeit jedoch auch selbst durch die (sich weiterentwickelnde) Organisation und Kultur in seinen (Führungs-) Handlungen beeinflusst wird, das Ganze also als dynamischer Prozess aufzufassen ist oder wie OGBONNA/HARRIS (2000) in Anlehnung an BASS/AVOLIO (1993) meinen: "[...] the relationship between the two concepts represents an ongoing interplay in which the leader shapes the culture and is in turn shaped by the resulting culture."[876]

Entscheidend ist letztlich, dass o.g. Forschungsarbeit die Erfolgswirksamkeit von Unternehmenskultur festgestellt hat, welche wiederum durch Führung beeinflusst wird, so dass insofern argumentiert werden kann, dass sie die Sichtweise einer eigenständigen Führungs-Kultur zumindest nicht widerlegt, potentiell sogar stützt. Daher formuliert diese Arbeit die folgenden Hypothesen:

---

[874] Die vier Unternehmenskultur-Typologien lauten "Innovative Culture", "Competitive Culture", "Bureaucratic Culture" und "Community Culture" und entsprechen der "Adhocratie-Kultur", der "Markt-Kultur", der "Hierarchie-Kultur" und der "Clan-Kultur" im typologieorientierten Ansatz nach Cameron/Freeman (1991). Vgl. dazu Kapitel 3.4.2. Eine Umbenennung erfolgte im o.g. Artikel aus Gründen der Verständlichkeit in der Praxis zur Datenerhebung.

[875] Vgl. Ogbonna, E./Harris, L.C. (2000): a.a.O., S. 770.

[876] Ogbonna, E./Harris, L.C. (2000): a.a.O., S. 770.

Hypothese 5 a: Eine ausgeprägte Unternehmer-Führungs-Kultur wirkt sich positiv auf den Erfolg von jungen Unternehmen aus.

Hypothese 5 b: Je radikaler ein Innovationsvorhaben in jungen Unternehmen ist, desto wichtiger für den Erfolg ist eine ausgeprägte Unternehmer-Führungs-Kultur.

3.7.2.3 Operationalisierung der Unternehmer-Führungs-Kultur

Die Operationalisierung der Unternehmer-Führungs-Kultur, dargestellt in Tab. 3-18, erfolgt, wie schon erwähnt, auf Basis der Arbeit von GUPTA/MacMILLAN/SURIE (2004) (vgl. Tab. 3-17) unter Berücksichtigung der Ausführungen in Kapitel 3.4.4.

Tab. 3-18: Operationalisierung Unternehmer-Führungs-Kultur der vorliegenden Untersuchung

Items Unternehmer-Führungs-Kultur	
	In unserem Unternehmen… **Szenariogestaltung**
Nr.	***Herausforderung formulieren und gestalten***
1	...werden eine hohe Leistungsorientierung sowie hohe Leistungsstandards besonders betont.
2	...wird harte Arbeit zur Umsetzung der hohen Ziele vorgelebt.
3	...wird betont, dass wir die Herausforderungen unter expliziter Berücksichtigung unserer ggf. auch begrenzten Fähigkeiten angehen.
4	...wird erwartet, dass wir uns regelmäßig zusammensetzen, um besser zu verstehen, was machbar ist und was nicht.
5	…wird die Balance aus hoher Leistungsorientierung im Hinblick auf unsere Ziele unter Berücksichtigung unserer Fähigkeiten vom Führungsteam vorgelebt.
	Unsicherheit abfedern
6	…betont das Führungsteam seine Verantwortungsübernahme nicht nur bei Erfolg, sondern auch bei Misserfolg.
7	…wird großes Augenmerk auf unsere Vision gerichtet.
8	...wird auf vorausschauendes Handeln besonders geachtet.
9	...wird auf das Vertrauen in die Mitarbeiter besonders viel Wert gelegt.
	Den Weg frei machen
10	…betont das Führungsteam seine Rolle zur Überwindung von internen oder externen Problemen bzw. Hindernissen.
11	...wird auf die Fähigkeit, geschäftliche Verhandlungen mit für uns vorteilhaften Ergebnissen abzuschließen, besonders viel Wert gelegt.
12	…wird die Wichtigkeit des diplomatischen Umgangs mit anderen zur Erreichung unserer Ziele besonders betont.
13	...wird der Überzeugungskraft des Führungsteams besonders viel Wert beigemessen.
14	...wird betont, dass wir uns im Hinblick auf unsere Arbeit gegenseitig Mut zusprechen und an uns selbst und den/die anderen Mitstreiter glauben.
	Besetzungsgestaltung
	Engagement für die gemeinsame Sache entfachen
15	...wird viel Wert auf eine inspirierende und motivierende Arbeitsatmosphäre gelegt.
16	...wird viel Wert darauf gelegt, dass wir Spaß an der Arbeit haben und alle voll mit dem Herzen bei der Sache sind.
17	...wird viel Wert auf echte Teamarbeit gelegt.
18	…wird nach ständiger Leistungsverbesserung gestrebt.
	Grenzen ausloten
19	...wird viel Wert darauf gelegt, unsere uns selbst auferlegten Grenzen zu hinterfragen.
20	...wird viel Wert darauf gelegt, dass wir alle als eine Einheit zusammenarbeiten.
21	...wird großer Wert darauf gelegt, unseren eigenen Verstand zu benutzen und den Mut zu haben, andere Sichtweisen und Meinungen zu hinterfragen.
22	...wird grundsätzlich eine optimistische und selbstsichere Haltung an den Tag gelegt.
23	...wird auf Entscheidungsfreude großer Wert gelegt.

Quelle: In Anlehnung an Gupta, V./MacMillan, I.C./Surie, G. (2004): a.a.O., S. 250.

3.7.3 Netzwerk-Kultur

"Economic network theory has investigated a number of different exchange relations in networks and network actors. The typical object of observation is an individual person or an individual institution that has durable information contacts, exchange relations, or both, with other people or with organizations such as firms, universities or authorities. Whenever the person or institution under survey has more than one contact of this kind that can be analysed, we are entitled to speak of a network and can conduct a network study."[877] Ein Netzwerk besteht dabei aus Punkten, auch Knoten ("nodes") genannt, und Linien, auch als Pfeile ("connections") bezeichnet; letztere verbinden die Punkte miteinander, und diese Verbindungen zwischen zwei Akteuren werden auch Dyaden genannt. [878] Eine Erweiterung der vorgenannten Perspektive von Einzelunternehmern umfasst die Betrachtung von Start-up-Teams und Organisationen.[879]

Mitte der 80er Jahre begann die Entrepreneurship-Forschung, das Thema "Netzwerke" für sich zu entdecken.[880] Auslöser war zunehmender Zweifel an der bis dahin vorherrschenden Meinung, dass Unternehmer allein ihrer ökonomischen Tätigkeit nachgingen und dieser unternehmerische Prozess völlig unterschiedlich im Vergleich zu anderen sozialen Phänomenen abliefe.[881] "Instead, entrepreneurs were seen as intimately tied, through their social relationships, to a broader network of actors. It became the task of scholars to examine the causes and consequences of embeddedness in the entrepreneurial process."[882] Die zentrale Hypothese dieses sog. "network approach to entrepreneurship" lautet daher, "... that founders use their personal network of private and business contacts to acquire resources and information that they would not (or not as cheaply) be able to acquire on markets. To put it in other words, the

[877] Witt, P. (2004): a.a.O., S. 391.
[878] Vgl. z.B. O'Donnell, A. et al. (2001): The network construct in entrepreneurship research: a review and critique, in: Management Decision, S. 749; Witt, P./Rosenkranz, S. (2002): a.a.O., S. 87; Witt, P. (2004): a.a.O., S. 392.
[879] Witt, P. (2004): a.a.O., S. 392 ff.
[880] Vgl. Hoang, H./Antoncic, B. (2003): Network-based research in entrepreneurship – A critical review, in: Journal of Business Venturing, S. 167 f.
[881] Vgl. Elfring, T./Hulsink, W. (2003): The Case of High-technology Firms, in: Small Business Economics, S. 409.
[882] Hoang, H./Antoncic, B. (2003): a.a.O., S. 167.

hypothesis is that entrepreneurs with larger and more diverse networks get more support from this network and thus are more successful than entrepreneurs with smaller networks or less support from their network."[883]

KAHLE/BOUNCKEN (2002) stellen in diesem Sinne fest, dass "... Unternehmensgründungen und junge Unternehmen auf Beziehungen und Kooperationen angewiesen sind."[884] Sie stufen die Kenntnis der Faktoren, welche die Netzwerkentwicklung beeinflussen, als elementar für den Netzwerkerfolg und damit als wesentlich für den Erfolg junger Unternehmen ein.[885] Somit kann davon ausgegangen werden, dass es auch eine mehr oder minder stark ausgeprägte Netzwerk-Kultur in jungen Unternehmen geben muss, welche sich entsprechend auf den Erfolg auswirkt. Auch RITTER (1998) stellt in seiner Arbeit die (später bestätigte) Hypothese auf, dass mit zunehmender Offenheit[886] der Organisationskultur eines Unternehmens dessen Ausmaß der Netzwerk-Kompetenz steigt[887] und die Netzwerk-Kompetenz wiederum signifikant positiv auf den Innovationserfolg wirkt.[888] RITTER (1998) entwickelt als erster und bisher einziger Autor ein empirisch validiertes Konstrukt zur Messung von Netzwerk-Kompetenz.[889] Allerdings nutzt auch RITTER (1998) zur Operationalisierung der Unternehmenskultur das typologieorientierte Modell nach CAMERON/FREEMAN (1991), welches hier aus schon erläuterten Gründen nicht verwendet wird.[890] Dennoch stützen Vorgehensweise und Ergebnisse von RITTER (1998) vor dem Hintergrund des Zusammenhangs zwischen Kompetenzen und Unternehmenskultur (vgl. dazu detailliert Kapitel 3.6) die Sicht-

[883] Witt, P. (2004): a.a.O., S. 392.
[884] Kahle, E./Bouncken, R.B. (2002): Entwicklung von Netzwerken – von der Vorgründung bis zum frühen Wachstum , S. 397.
[885] Vgl. Kahle, E./Bouncken, R.B. (2002): a.a.O., S. 397.
[886] Offenheit wird dabei definiert als mit der Stärke der Adhocracy-Kultur zunehmend und als mit der Stärke der Hierarchie-Kultur abnehmend. Die beiden anderen Ausprägungen Markt- und Clan-Kultur liegen laut Ritter in der Mitte dieses Kontinuums und werden daher nicht weiter betrachtet. Vgl. Ritter, T. (1998): Innovationserfolg durch Netzwerkkompetenz: Effektives Management von Unternehmensnetzwerken, S. 98 ff.
[887] Vgl. Ritter, T. (1998): a.a.O., S. 104 sowie S. 160 ff.
[888] Vgl. Ritter, T. (1998): a.a.O., S. 163 ff.
[889] Vgl. Ritter, T. (1998): a.a.O.; Ritter, T./Wilkinson, I.F./Johnston, W.J. (2002): a.a.O.; Ritter, T./Gemünden, H.G. (2003): Network competence – Its impact on innovaton success and its antecedents, in: Journal of Business Research.
[890] Vgl. dazu Kapitel 3.4.2.

weise der vorliegenden Untersuchung, dass die Netzwerk-Kultur eines Unternehmens potentiell erfolgsrelevant ist.

3.7.3.1 Zwischenfazit

Netzwerke und das Management von Netzwerken können als potentiell erfolgsrelevant für junge Unternehmen angesehen werden. Diese Sichtweise bestärken auch erste empirische Untersuchungen. Bevor die Operationalisierung der Netzwerk-Kultur erfolgt, sollen daher ausgewählte empirische Arbeiten vorgestellt und die Hypothesen hergeleitet werden.

3.7.3.2 Bisherige Untersuchungen zur Erfolgsrelevanz von Netzwerken und Aufstellung der Hypothesen zur Netzwerk-Kultur

Insgesamt kann festgehalten werden, dass die bisher veröffentlichten empirischen Arbeiten zum Zusammenhang zwischen Netzwerkbildung und Gründungserfolg insbesondere auf Grund verschiedener Methoden, unabhängige (Netzwerkaktivitäten) und abhängige (Erfolg) Variablen zu messen, noch zu uneinheitlichen Ergebnissen kommen (vgl. Tab. 3-19).[891] Wie ebenfalls i dargestellt, gibt es verschiedene Kriterien ("Maß für Netzwerkaktivitäten"), um Netzwerke zu beschreiben. In ihrer Bestandsaufnahme der netzwerkbasierten Entrepreneurship-Forschung identifizieren HOANG/ANTONCIC (2003) über 70 Forschungsarbeiten, die in den letzten 15 Jahren zu diesem Thema veröffentlicht wurden, und unterteilen diese Arbeiten hinsichtlich der interessierenden Kriterien in die drei Forschungsschwerpunkte "Inhalte von Netzwerkbeziehungen", "Steuerungsmechanismen von Netzwerkbeziehungen" sowie "Struktur von Netzwerken".[892] Beachten sollte man in diesem Zusammenhang jedoch WITTs (2004) Mahnung, insbesondere im Hinblick auf den folgenden dritten Punkt und die darin angesprochenen quantitativen Messkriterien, welche in den meisten empirischen Arbeiten zum Tragen kommen: "One limitation of all network research arises from the fact that empirical studies must use quantitative measures to estimate information which is essentially qualitative and cumulative in nature. The problem refers to data collection as well as data evaluation."[893]

---

[891] Vgl. Witt, P./Rosenkranz, S. (2002): a.a.O., S. 85 und S. 95 ff.
[892] Vgl. im folgenden Hoang, H./Antoncic, B. (2003): a.a.O., S. 168-172.
[893] Witt, P. (2004): a.a.O., S. 393.

Tab. 3-19: Bisherige Untersuchungen zur Erfolgsrelevanz von Netzwerkaktivitäten

Autor/en	Stichprobe	Maß für die Netzwerkaktivitäten	Erfolgsmaße	Zusammenhang
Aldrich/Rosen/ Woodward (1997)	165 Gründer und Gründungs-interessierte aus North Carolina, USA	a) Netzwerkgröße b) Netzwerkdiversität c) Netzwerkzugänglichkeit	d) Tatsächliche Gründung e) Rentabilität	1) Positiv (c-d) 2) Negativ (b-e bei jungen Unternehmen) 3) Positiv (c-e bei jungen Unternehmen) 4) Positiv (a-e bei älteren Unternehmen)
Cooper/Folta/Woo (1991)	2.246 Gründer in den USA	Intensität der Nutzung privater Informationskontakte	Überleben nach drei Jahren	Keiner
Aldrich/Reese (1993)	380 Gründer aus North Carolina, USA	a) Größe des Netzwerks b) Aufbau neuer Kontakte c) Pflege der Kontakte	d) Überleben nach zwei Jahren e) Umsatzwachstum	Keiner
Hansen (1995)	44 Gründer aus Tennessee, USA	a) Größe des aktiven Netzwerks b) Dichte des Netzwerks c) Häufigkeit der Kommunikation im Netzwerk	d) Wachstum der Lohnsumme ein Jahr nach Einstellung des ersten Vollzeitmitarbeiters	1) Positiv (a-d) 2) Positiv (b-d)
Johanisson (1996)	158 Gründer und Gründungsinteressierte aus Schweden	a) Größe des Netzwerks b) Aufgewendete Zeit für Aufbau und Pflege des Netzwerks	c) Subjektives Urteil der Gründer	Keiner
Brüderl/Preisendörfer (1998)	1.710 Gründer aus München und Oberbayern	a) Ausmaß der Unterstützung des Gründers aus seinem Netzwerk	b) Überleben nach 4-5 Jahren c) Wachstum der Mitarbeiteranzahl d) Umsatzwachstum	1) Positiv (a-b) 2) Positiv (a-d)

Quelle: Witt, P./Rosenkranz, S. (2002): Netzwerkbildung und Gründungserfolg, in: Zeitschrift für Betriebswirtschaft, S. 97.

Vor dem Hintergrund der unternehmenskulturellen Verankerung der Wichtigkeit von Netzwerken setzt die vorliegende Untersuchung genau an diesem Punkt an. Bevor jedoch die Arbeit von RITTER (1998) und sein Konstrukt der Netzwerk-Kompetenz vorgestellt wird, sollen zunächst die drei identifizierten Forschungsschwerpunkte erläutert werden:

1. Inhalte von Netzwerkbeziehungen: Dieser Bereich der Forschung begreift Netzwerke als Medium, welches den Akteuren Zugang insbesondere zu immateriellen Ressourcen verschafft. Dazu gehören u.a. (Markt-) Informationen, (fachlicher) Rat bzw. Know-How, Zugang zu qualifizierten Mitarbeitern oder unternehmerischen Ideen und emotionale Unterstützung im Hinblick auf die Risiken der unternehmerischen Aktivitäten, aber auch die

Vertrauen schaffende bzw. einen Ruf begründende Signalwirkung von hoch angesehenen Netzwerkbeziehungen fällt darunter. So haben STUART ET AL. (1999) festgestellt, dass Biotechnologiefirmen, die bekannte strategische Partner hatten, schneller und zu einer höheren Bewertung an die Börse gehen konnten.[894]

2. Steuerungsmechanismen ("governance") von Netzwerkbeziehungen: Hierbei sind die Steuerungsmechanismen von Interesse, die den Netzwerkaustausch unterstützen und koordinieren. In diesem Zusammenhang wird insbesondere Vertrauen als entscheidende Komponente genannt, welche die Qualität des Ressourcenaustauschs erhöht. Darüber hinaus können die Steuerungsmechanismen auch charakterisiert werden durch "... the reliance on 'implicit and openended contracts' that are supported by social mechanisms – such as power and influence and the threat of ostracism and loss of reputation – rather then legal enforcement."[895] Dadurch können Kostenvorteile entstehen gegenüber einer Koordination z.B. durch Marktmechanismen oder durch bürokratische Strukturen, da durch Vertrauen u.a. Überwachungskosten oder Kosten für die Nachverhandlung von Verträgen bei Umfeldveränderungen entfallen. Dies gilt insbesondere im Hinblick auf Austauschbeziehungen bei komplexen und hochinnovativen Aufgaben, die einem starken Zeitdruck unterliegen.

3. Struktur von Netzwerken: "Network structure is defined as the pattern of direct and indirect ties between actors."[896] Eine grundlegende Behauptung dieses Forschungsschwerpunktes ist, dass unterschiedliche Positionierungen in einem Netzwerk einen entscheidenden Einfluss auf den Ressourcenfluss und damit auf den unternehmerischen Erfolg haben. Um die verschiedenen Grundmuster sichtbar zu machen, werden unterschiedliche Maße zu deren Erhebung verwendet. Dabei kann man nach HOANG/ANTONCIC unterscheiden zwischen Kriterien, welche die zugängliche Ressourcenmenge in den Mittelpunkt stellen, und Kriterien, die sich auf die Vielfalt der zugänglichen Ressourcen beziehen. Im Hinblick auf die zugängliche Ressourcenmenge ist eines der am häufigsten verwendeten Maße die Netzwerk-Größe definiert als "... the number of direct links between a focal actor

---

[894] Vgl. Stuart, T.E./Hoang, H./Hybels, R.C. (1999): Interorganizational endorsements and the performance of entrepreneurial ventures, in: Administrative Science Quarterly.

[895] Hoang, H./Antoncic, B. (2003): a.a.O., S. 166.

[896] Hoang, H./Antoncic, B. (2003): a.a.O., S. 170.

and other actors."[897] Ein ähnliches Kriterium stellt das Maß des Zentralisierungsgrads dar – allerdings: "While this measure is conceptually similar to size, it explicitely includes the ability to access (or control) resources through indirect as well as direct links. Degree centrality taps the ability of actors to 'reach' other actors in their network through intermediaries."[898] Während die genannten Maße die Menge an zugänglichen Ressourcen in den Mittelpunkt stellen, legen andere den Schwerpunkt auf die Vielfalt. Im Hinblick auf die Vielfalt des Netzwerks ist GRANOVETTERs bekanntes Modell der starken und schwachen Beziehungen ("strong and weak ties") zu erwähnen.[899] Starke Beziehungen sind danach geprägt durch ein hohes Maß an emotionaler Bindung, z.B. zu Familienangehörigen und Freunden. Schwache Beziehungen hingegen sind rational dominiert, wie z.B. das Verhältnis zu Kollegen, Vorgesetzten oder Geschäftspartnern.[900] Die berühmte Hypothese GRANOVETTERs stellt jedoch gerade die Stärke der schwachen Beziehungen in den Mittelpunkt. Die Argumentation für diese Hypothese besagt, dass insbesondere schwache Beziehungen zwar weniger verlässlich sind, dafür aber einen besseren Zugang zu neuen Informationen bieten, wohingegen starke Beziehungen zwar ein hohes Maß an Verlässlichkeit haben, der Informationsfluss jedoch deutliche Redundanzen aufweist.[901] Die Sichtweise, dass gerade eine ausgewogene Mischung aus starken und schwachen Beziehungen günstig für den unternehmerischen Erfolg sind, stützt UZZI (1997) auf Basis einer explorativen Studie: "Network structures that integrate arm's-length and embedded ties optimize an organization's performance potential; network structures comprising only arm's-length ties or embedded ties decrease organizational potential."[902] ELFRING/HULSINK (2003) konstatieren entsprechend, "... that a key issue in the determination of network benefits is the search for the optimal mix of strong and weak ties."[903] Von potentiellem Vorteil ist neben schwachen Beziehungen auch das Modell zur Überbrückung sog. struktureller Löcher ("bridging structural holes") nach BURT (1992): "Take as a starting point

[897] Hoang, H./Antoncic, B. (2003): a.a.O., S. 171.
[898] Hoang, H./Antoncic, B. (2003): a.a.O., S. 171.
[899] Vgl. Witt, P. (2004): a.a.O., S. 396.
[900] Vgl. Witt, P. (2004): a.a.O., S. 396.
[901] Vgl. Witt, P. (2004): a.a.O., S. 396.
[902] Uzzi, B. (1997): Social Structure and Competition in Interfirm Networks: The Paradox of Embeddedness, in: Administrative Science Quarterly, S. 59.
[903] Elfring, T./Hulsink, W. (2003): a.a.O., S. 410.

one person, call her A, and assume she has a working relationship with two other parties, B and C. Burt argues that A is better off if B and C are not interconnected than if B and C are connected. In Burt's terms, a structural hole between B and C enhances A's positional power."[904] Denn: "First, more information is available to the one in the middle. That is, A obtains information from both B and C, and information is often valuable, even powerful. But, if B and C are interconnected to each other, then it is likely that B and C will be providing redundant information to A. Thus, a structural hole between B and C (a lack of connection between them) will increase the amount of non-redundant information provided by them, all to A's advantage."[905] Diese Logik ähnelt dem o.g. Modell GRANOVETTERs. Darüber hinaus erhöht die Besetzung eines strukturellen Lochs nicht nur die Wahrscheinlichkeit, Redundanzen zu reduzieren, sondern bietet auch die Möglichkeit zur Kontrolle über Informationen, welche zum Ausspielen von B gegen C zum Vorteil von A bzw. zu Arbitragegeschäften genutzt werden können. Diese strukturellen Löcher also "create the opportunities from which the entrepreneurs profit."[906] In der empirischen Forschung wird versucht, dieses Konstrukt u.a. durch die Netzwerkdichte (entspricht der Vernetzung der eigenen Kontakte) oder die Vielfalt eines Netzwerks näherungsweise abzubilden.[907]

Auch WITT (2004) gibt einen Überblick über mögliche Messgrößen unternehmerischer Netzwerke anhand drei interdependenter Analyseebenen. Zwar verwendet er ähnlich wie HOANG/ANTONCIC auch die Analyseebene "Netzwerk-Struktur", zusätzlich beschreibt er jedoch auch die Ebenen "Netzwerk-Aktivitäten" sowie "Durch das Netzwerk erhaltene Vorteile".[908] Letztere Ebene hat Ähnlichkeiten mit dem von HOANG/ANTONCIC (2003) diskutierten Forschungsschwerpunkt "Inhalte von Netzwerkbeziehungen". Mögliche konkrete Messgrößen zeigt die Abb. 3-14.

---

[904] Krackhardt, D. (1995): Entrepreneurial Opportunities in an Entrepreneurial Firm: A Structural Approach, in: Entrepreneurship, Theory & Practice, S. 55.
[905] Krackhardt, D. (1995): a.a.O., S. 55.
[906] Krackhardt, D. (1995): a.a.O., S. 56.
[907] Vgl. Hoang, H./Antoncic, B. (2003): a.a.O., S. 172.
[908] Vgl. Witt, P. (2004): a.a.O., S. 395 ff.

Bei der Rekapitulation der vorigen Ausführungen wird freilich deutlich, dass die Erforschung der Erfolgsrelevanz von Netzwerken insbesondere durch quantitative Messgrößen (vgl. Abb. 3-14) geprägt ist. Diese geben jedoch erst das Ergebnis bzw. den "Output" von Netzwerkbemühungen wieder; Netzwerk-Kultur ist allerdings nach Auffassung der vorliegenden Arbeit eine Voraussetzung bzw. ein "Input-Faktor". Daher lassen sich aus den vorigen Ausführungen keine Hinweise gewinnen für die Herleitung entsprechender Items zur Messung der Netzwerk-Kultur in Unternehmen. Auch WITT (2004) macht in diesem Zusammenhang darauf aufmerksam, dass die nötigen Kompetenzen zum Netzwerkaufbau und zur Netzwerkentwicklung bisher in der Literatur nur unzureichend behandelt wurden.[909] So schreibt WITT (2004), dass die reine Existenz von Netzwerkkontakten nicht ausreichend sei, um daraus Vorteile zu erlangen. Vielmehr muss der Unternehmer über entsprechende Kompetenz im Bereich der Zusammenarbeit bzw. Kooperation verfügen, um Vorteile aus seinem Netzwerk erlangen zu können.[910] Genau diesen Aspekt möchte die vorliegende Untersuchung durch Bezugnahme auf das Konstrukt der Netzwerk-Kompetenz nach RITTER (1998) berücksichtigen. Ein weiteres Argument für die Wahl einer unternehmenskulturellen Betrachtungsweise liefert ebenfalls WITT (2004). Er stellt die Vermutung auf, dass "In the long run, corporate success will depend more on the network and the networking activities of the whole organization than that of an individual entrepreneur."[911]

---

[909] Vgl. Witt, P. (2004): a.a.O., S. 401 ff. Witt beschreibt dies im Rahmen einer Übersicht im Hinblick auf Schwächen der bisherigen Entrepreneurship-Forschung und verwendet dafür die Überschrift "The problem of different starting conditions". In diesem Zusammenhang erwähnt er auch die "Kompensations-Hypothese". Diese besagt, dass nur schlecht mit Ressourcen ausgestattete Unternehmensgründer versuchen, große Netzwerke zu bilden und intensiv Unterstützung daraus suchen – oder mit anderen Worten: Vergleichsweise schlechte Startbedingungen lassen sich nicht durch Netzwerkaktivitäten kompensieren. Weitere, bisher unzureichend betrachtete Themen sind "The problem of multiple networks" und "The problem of non-linearity". Beim ersten Problemfeld geht es darum, dass bisher nur Netzwerke eines Unternehmers betrachtet wurden, häufig jedoch Teamgründungen vorliegen, oder auch die Netzwerke der Mitarbeiter wichtig sein können. Beim zweiten Problemfeld wird thematisiert, dass bisher Kosten von Netzwerkaktivitäten außer Acht gelassen wurden, jedoch liegt die Vermutung nahe, dass es eine optimale Netzwerkgröße gibt. Vgl. dazu detailliert Witt, P. (2004): a.a.O., S. 401 ff.

[910] Vgl. Witt, P. (2004): a.a.O., S. 401.

[911] Witt, P. (2004): a.a.O., S. 403.

Abb. 3-14: Messgrößen unternehmerischer Netzwerke

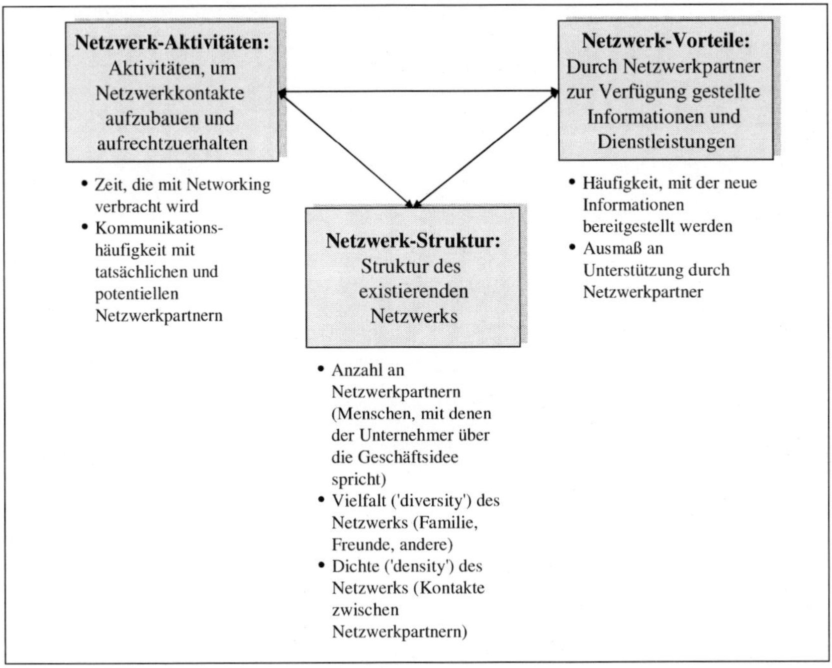

Quelle: Witt, P. (2004): Entrepreneur's networks and the success of start-ups, in: Entrepreneurship & Regional Development, S. 395.

RITTER (1998) betrachtet in seiner Arbeit das Ausmaß der Netzwerk-Kompetenz im Hinblick auf die technologie-orientierten Beziehungen eines Unternehmens[912] und definiert es als Kombination des Grades der Erfüllung der Aufgaben des Netzwerkmanagements sowie des Ausmaßes der vorhandenen Qualifikationen für das Netzwerkmanagement.[913] Für die darauf aufbauende Operationalisierung von Netzwerk-Kultur sind aus Sicht der vorliegenden Untersuchung die Aufgaben des Netzwerkmanagements als inhaltliche Beschreibung der wichtigen Kompetenzen relevant; das Ausmaß der vorhandenen Qualifikationen ist in diesem Zusam-

[912] Vgl. Ritter, T. (1998): a.a.O., S. 9.
[913] Vgl. Ritter, T. (1998): a.a.O., S. 37 ff.

menhang für die vorliegende Arbeit nicht weiter hilfreich. RITTER (1998) definiert sieben relevante Aufgabengebiete bzw. Kompetenzen und operationalisiert diese mit insgesamt 67 Indikatoren bzw. Items[914]: (1) Planung, (2) Organisation, (3) Personaleinsatz- und führung, (4) Kontrolle, (5) Anbahnung, (6) Austausch und (7) Koordination. Alle Konstrukte erweisen sich auf Basis einer Untersuchungsstichprobe von n = 308 deutschen per Zufall ausgewählten Unternehmen (pro Unternehmen wurde ein persönliches Interview anhand eines Fragebogens geführt) als reliabel und valide.[915] Es kann zudem ein signifikanter Zusammenhang zwischen Netzwerk-Kompetenz und Innovationserfolg belegt werden.[916] In einer Replikationsstudie mit teilnehmenden MBA-Studenten[917] aus Großbritannien, Dänemark und Malaysia können die Ergebnisse auch im internationalen Kontext bestätigt werden.[918] In der Wiederholungsstudie ordnen RITTER ET AL. (2002) die o.g. Aufgabengebiete (1) bis (4) einer Dimension "Beziehungsübergreifende Aufgabenimplementierung" und (5) bis (7) einer Dimension "Beziehungsspezifische Aufgabenimplementierung" zu.[919] Auf Basis der Replikationsstudie entwickeln RITTER ET AL. (2002) auch eine verkürzte Skala zur Messung der Netzwerk-Kompetenz, welche nur noch 11 Items für die Erhebung des Ausmaßes der Aufgabengebiete beinhaltet (vgl. Tab. 3-20).

Die aus Tab. 3-20 ersichtliche Fokussierung auf technologie-orientierte Netzwerkaktivitäten soll in der vorliegenden Untersuchung jedoch nicht vorgenommen werden; vielmehr werden die Items auf Werte und Normen im Hinblick auf die grundsätzliche Einstellung gegenüber Netzwerkaktivitäten angepasst und ergänzt werden. Des Weiteren wird keine Unterteilung in "Cross-relational" und "Relationship-specific" vorgenommen werden.

---

[914] Vgl. Ritter, T. (1998): a.a.O., S. 123 ff.
[915] Vgl. Ritter, T. (1998): a.a.O., S. 144.
[916] Vgl. Ritter, T. (1998): a.a.O., S. 163, 171.
[917] Die MBA-Studenten beantworteten die Fragen im Hinblick auf ihren aktuellen Arbeitgeber (vgl. Ritter, T./Wilkinson, I.F./Johnston, W.J. (2002): a.a.O., S. 121).
[918] Vgl. Ritter, T./Wilkinson, I.F./Johnston, W.J. (2002): a.a.O., S. 119 ff.
[919] Vgl. Ritter, T./Wilkinson, I.F./Johnston, W.J. (2002): a.a.O., S. 121, 130.

Tab. 3-20: Ausgewählte Items Netzwerk-Kompetenz nach RITTER ET AL. (2002)

	Cross-relational
1	We evaluate the way our relationship with each technical partner depends on our relations with other technical partners.
2	We evaluate the way our relationship with each technical partner interferes with our relations with other technical partners.
3	We organize regular meetings among those in our firm involved in relationships with other technical partners.
4	We assign people to each relationship with our technical partners.
5	We assign responsibility to people for each relationship with our technical partners.
	Relationship-specific
6	We use organizations, apart from our existing technical partners, to identify potential technical partners (e.g. chambers of commerce, consultants, industry associations, government associations).
7	We visit industrial fairs and exhibitions to identify potential technical partners.
8	We look at company advertisements in specialized technical journals to identify potential technical partners.
9	We discuss ways of collaborating with people from our technical partners.
10	We put people from our technical partners in contact with key people in the firm.
11	We put people in our firm in contact with key people from our technical partners.

Quelle: Ritter, T./Wilkinson, I.F./Johnston, W.J. (2002): Measuring network competence: some international evidence, in: Journal of Business & Industrial Marketing, S. 135.

Auch wenn im Hinblick auf den Zusammenhang zwischen Netzwerken und dem Erfolg junger Unternehmen, wie oben ausgeführt, noch keine eindeutigen, empirisch gesicherten Erkenntnisse vorliegen, so vermutet diese Arbeit auf Basis der dargelegten Zusammenhänge einen positiven Zusammenhang zwischen der sog. Netzwerk-Kultur eines Unternehmens und dem Unternehmenserfolg. Unter Netzwerk-Kultur wird dabei eine Unternehmens-Kultur verstanden, welche die Wichtigkeit von Netzwerken mittels entsprechender Werte und Normen betont bzw. fördert. Es werden die folgenden Hypothesen formuliert:

Hypothese 6 a: Eine ausgeprägte Netzwerk-Kultur fördert den Erfolg in jungen Unternehmen positiv.

Hypothese 6 b: Je radikaler ein Innovationsvorhaben in jungen Unternehmen ist, desto wichtiger für den Erfolg ist eine ausgeprägte Netzwerk-Kultur.

3.7.3.3 Operationalisierung der Netzwerk-Kultur

Wie oben ausgeführt, wird zur Erhebung der sog. Netzwerk-Kultur in jungen technologieorientierten Unternehmen eine Anpassung und Ergänzung der Items nach RITTER ET AL. (2002) vorgenommen. Daraus ergeben sich die in Tab. 3-21 aufgeführten Indikatoren.

Tab. 3-21: Items zur Operationalisierung der Netzwerk-Kultur

Nr.	Items Netzwerk-Kultur: In unserem Unternehmen…	Quelle
1	...wird die Wichtigkeit von persönlichen Netzwerken besonders betont.	Eigene Überlegungen
2	...streben wir eine kontinuierliche Weiterentwicklung unseres Netzwerks an.	Eigene Überlegungen
3	...streben wir eine kontinuierliche Vergrößerung unseres Netzwerks an.	Eigene Überlegungen
4	...legen wir großen Wert auf die Qualität unserer Netzwerkbeziehungen.	Eigene Überlegungen
5	...werden die Bemühungen zur Verbesserung unseres Netzwerks kontrolliert.	Eigene Überlegungen
6	...wird die Vernachlässigung von Bemühungen zur Verbesserung unseres Netzwerks sanktioniert.	Eigene Überlegungen
7	...wird auf eine Zuordnung von Verantwortlichkeiten für jede Netzwerkbeziehung viel Wert gelegt.	In Anlehnung an RITTER ET AL. (2002)
8	...werden die Abhängigkeiten und Auswirkungen unserer Beziehungen unter- und aufeinander regelmäßig überdacht.	In Anlehnung an RITTER ET AL. (2002)
9	...wird erwartet, dass sich diejenigen, die für eine oder mehrere Netzwerkbeziehungen verantwortlich sind, regelmäßig treffen und austauschen.	In Anlehnung an RITTER ET AL. (2002)
10	...wird erwartet, dass wir zur Identifizierung potentieller neuer Netzwerkbeziehungen Messen, Ausstellungen und andere Veranstaltungen nutzen.	In Anlehnung an RITTER ET AL. (2002)
11	...wird auf den regelmäßigen persönlichen Austausch mit unseren Netzwerkbeziehungen viel Wert gelegt.	In Anlehnung an RITTER ET AL. (2002)
12	...legen wir viel Wert darauf, mögliche Arten der Zusammenarbeit mit unseren Netzwerkbeziehungen zu diskutieren.	In Anlehnung an RITTER ET AL. (2002)

3.8 Zusammenfassung der Hypothesen für junge Unternehmen

In der folgenden Tab. 3-22 sind die in der vorliegenden Arbeit aufgestellten Hypothesen im Hinblick auf die Wirkung von Unternehmenskultur, Innovationsgrad und Lebenszyklus auf den Erfolg von jungen Unternehmen noch einmal übersichtlich zusammengefasst. Hypothese 1 zerfällt dabei in der empirischen Analyse gemäß der Zahl der betrachteten Erfolgswirkungen der Unternehmenskultur-Dimensionen in 7 Sub-Hypothesen 1a bis 1g. Auch die Hypothesen 3e und 3f bestehen streng genommen aus je 5 Hypothesen, für die jedoch keine Analyse des moderierenden Effekts der Entwicklungsstufe auf die Erfolgswirkung der Unternehmenskultur-Dimensionen vorgenommen werden soll. Insgesamt sind in der vorliegenden Arbeit somit 31 Hypothesen zu überprüfen.[920]

Wie schon in Kapitel 1.1 erwähnt, erfolgt die spätere Analyse der Unterschiede in Innovationsgrad und Unternehmenskultur zwischen jungen Unternehmen und mittelständischen Unternehmen deskriptiv-explorativ. Dies bedeutet, dass hierzu keine explizite Erarbeitung von Hypothesen erfolgt, die später auf Basis der erhobenen Daten überprüft werden. Vielmehr sollen die erhobenen Daten dazu genutzt werden, mögliche Unterschiede erst zu erkennen, welche dann ggf. in weiteren Arbeiten hypothesenbasiert überprüft werden können.

---

[920] Es sei darauf hingewiesen, dass die Präfixe, wie z.B. *Unternehmer*-Führungs-Kultur etc. in der Arbeit aus Vereinfachungsgründen teilweise weggelassen werden.

Tab. 3-22: Zusammenfassung der Hypothesen der vorliegenden Untersuchung

Nr.	*Hypothesen*
Zusammenhang Lebenszyklus und Unternehmenskultur	
1	Ein moderierender Effekt der Entwicklungsstufe eines jungen Unternehmens auf die Wirkungsbeziehung zwischen der jeweiligen Dimension der Unternehmenskultur und dem Unternehmenserfolg liegt nicht vor.
Kommunikations-Kultur	
2a	Eine ausgeprägte Kultur der offenen arbeitsbezogenen Kommunikation fördert den Erfolg in jungen Unternehmen positiv.
2b	Je radikaler ein Innovationsvorhaben in jungen Unternehmen ist, desto wichtiger für den Erfolg ist eine ausgeprägte Kultur der offenen arbeitsbezogenen Kommunikation.
2c	Eine ausgeprägte Kultur der offenen privaten Kommunikation fördert den Erfolg in jungen Unternehmen positiv.
2d	Je radikaler ein Innovationsvorhaben in jungen Unternehmen ist, desto wichtiger für den Erfolg ist eine ausgeprägte Kultur der offenen privaten Kommunikation.
Konflikt-Kultur	
3a	Eine ausgeprägte Konflikt-Zusammenarbeits-Kultur bei Sachkonflikten beeinflusst den Erfolg in jungen Unternehmen positiv.
3b	Je radikaler ein Innovationsvorhaben in jungen Unternehmen ist, desto wichtiger für den Erfolg ist bei Sachkonflikten eine ausgeprägte Konflikt-Zusammenarbeits-Kultur.
3c	Eine ausgeprägte Konflikt-Vermeidungs-Kultur bei Beziehungskonflikten beeinflusst den Erfolg in jungen Unternehmen positiv.
3d	Je radikaler ein Innovationsvorhaben in jungen Unternehmen ist, desto wichtiger für den Erfolg ist bei Beziehungskonflikten eine ausgeprägte Konflikt-Vermeidungs-Kultur.
3e	Eine ausgeprägte Konflikt-Vermeidungs-, Konflikt-Nachgebe-, Konflikt-Durchsetz-, Konflikt-Kompromiss- sowie Konflikt-Drittpartei-Kultur bei Sachkonflikten beeinflusst den Erfolg in jungen Unternehmen negativ.
3f	Eine ausgeprägte Konflikt-Nachgebe-, Konflikt-Zusammenarbeits-, Konflikt-Durchsetz-, Konflikt-Kompromiss- sowie Konflikt-Drittpartei-Kultur bei Beziehungskonflikten beeinflusst den Erfolg in jungen Unternehmen negativ.
Fehler-Kultur	
4a	Eine ausgeprägte Fehlermanagement-Kultur fördert den Erfolg in jungen Unternehmen positiv.
4b	Je radikaler ein Innovationsvorhaben in jungen Unternehmen ist, desto wichtiger für den Erfolg ist eine ausgeprägte Fehlermanagement-Kultur.
Führungs-Kultur	
5a	Eine ausgeprägte Unternehmer-Führungs-Kultur wirkt sich positiv auf den Erfolg von jungen Unternehmen aus.
5b	Je radikaler ein Innovationsvorhaben in jungen Unternehmen ist, desto wichtiger für den Erfolg ist eine ausgeprägte Unternehmer-Führungs-Kultur.
Netzwerk-Kultur	
6a	Eine ausgeprägte Netzwerk-Kultur fördert den Erfolg in jungen Unternehmen positiv.
6b	Je radikaler ein Innovationsvorhaben in jungen Unternehmen ist, desto wichtiger für den Erfolg ist eine ausgeprägte Netzwerk-Kultur.

4 Methodische Konzeption der Arbeit

Das folgende Kapitel behandelt die methodische Konzeption der quantitativen Analysen, welche zur Überprüfung der Hypothesen verwendet werden. Im ersten Schritt werden die methodischen Grundlagen gelegt im Hinblick auf die Untersuchungsmethode und den Untersuchungsbereich. Danach wird die Untersuchungsstichprobe charakterisiert. Den Schwerpukt dieses Kapitels bildet die Darstellung der verwendeten Analysemethoden. Dabei werden sowohl die Verfahren zur Konstruktmessung als auch zur Dependenzanalyse veranschaulicht.

4.1 Methodische Grundlagen und Vorgehensweise bei der empirischen Untersuchung

Kernziele der Untersuchung sind zum einen die Entwicklung eines für junge Unternehmen geeigneten Messmodells ausgewählter Dimensionen der Unternehmeskultur und zum anderen die Überprüfung der Erfolgsrelevanz dieser Dimensionen unter Berücksichtigung des Innovationsgrades.[921] Zur Überprüfung der Güte des Messkonzepts sowie zur Analyse der Zusammenhänge zwischen den Variablen ist eine ausreichend große Stichprobe notwendig. Daher wurde als Untersuchungsmethode eine standardisierte schriftliche Fragebogenerhebung gewählt.

Um möglichst nicht zu branchenspezifische Ergebnisse zu erhalten, wurden mehrere Technologie- bzw. Wirtschaftszweige abgedeckt.[922] Da diese Arbeit jedoch auf junge innovative Unternehmen ausgerichtet ist, wurde der Schwerpunkt auf potentiell innovative Technologien gelegt. Dazu zählen u.a. Bio- und Nanotechnologie, Elektrotechnik oder Medizintechnik.

Als zu befragende Personen kommen bei den jungen Unternehmen vor allem Mitglieder des Führungsteams in Frage. Diese sind häufig auch (Mit-)Gründer des Unternehmens. Ihnen wird ein großer Einfluss auf die Unternehmenskultur in jungen Unternehmen zugeschrieben. Daher werden sie als geeignet betrachtet, Auskünfte über die in ihrem Unternehmen herr-

[921] Vgl. Kapitel 1.1.
[922] Vgl. zur Diskussion möglicher Abgrenzungen von Wirtschafts- und Technologiezweigen Kapitel 1.2.1.2.

schenden Wert- und Normenvorstellungen im Sinne der Unternehmenskultur zu geben. Bei den mittelständischen Unternehmen sind ebenfalls die Mitglieder des Führungsteams der geeignete Personenkreis für die Befragung. Die formale Zugehörigkeit zur Geschäftsführung war weder bei jungen noch bei mittelständischen Unternehmen ein zwingendes Kriterium.

Der Ablauf einer empirischen Untersuchung kann unterteilt werden in die vier Phasen Literaturanalyse, Pre-Test, Datenerhebung und Datenanalyse. Diese werden nachfolgend kurz beschrieben.

Der Fragebogen wurde auf Basis einer intensiven Literaturrecherche, welche Gegenstand der vorigen Kapitel war, erstellt. Auf dieser Basis erfolgte die Entwicklung einer ersten Version des Fragebogens.

Die erarbeiteten Messmodelle wurden dann vor der Durchführung der Befragung einem Pre-Test unterzogen. Im Mittelpunkt des Interesses stand dabei die Überprüfung des Fragebogens auf Verständlichkeit, Vollständigkeit, Aufbau und Länge. Dazu wurde der Fragebogen fünf Praktikern und fünf Wissenschaftlern vorgelegt. Auf Basis der in persönlichen und telefonischen Gesprächen übermittelten Anregungen wurde der Fragebogen leicht angepasst. Die Anpassung beinhaltete die geringfügige Überarbeitung einiger Indikatoren und die Ergänzung einiger Erläuterungen im Fragebogen sowie insbesondere – angesichts der Tatsache, dass der Fragebogen letztlich mit 162 Items sehr lang war – die Eliminierung einiger Indikatoren.[923]

Die Beschaffung von Adressdaten in Frage kommender junger innovativer Unternehmen gestaltete sich aufgrund kaum geeigneter Datenbanken als relativ aufwendig. Als Datenbasis für die jungen deutschen Unternehmen wurde daher insbesondere auf eigene intensive Re-

[923] Hier sollte vor allem auch dem von Albers/Hildebrandt beklagten "Multi-Item-Abuse" Rechnung getragen werden (vgl. Albers, S./Hildebrandt, L. (2005): Methodische Probleme bei der Erfolgsfaktorenforschung – Messfehler, formative versus reflektive Indikatoren und die Wahl des Strukturgleichungsmodells, in: Erscheint in Zeitschrift für betriebswirtschaftliche Forschung (ZfB), S. 7). Der finale Online-Fragebogen für junge Unternehmen ist im Anhang abgedruckt.

cherche zurückgegriffen. Dazu wurden innerhalb von drei Wochen Kontaktdaten von Teilnehmern bzw. Gewinnern verschiedener Businessplanwettbewerbe (z.B. Science4Life, Münchner Businessplan Wettbewerb, NUK, StartUp), von Mitgliedsunternehmen von Verbänden (z.B. BVMed, IVAM), von in 2004 und 2005 Venture Capital finanzierten Unternehmen über VC-facts.de sowie von auf nanoforum.org gelisteten Unternehmen im Internet recherchiert. So konnten letztlich 1232 Ansprechpartner in 893 innovativen jungen Unternehmen identifiziert werden, die potentiell ein Führungsteam aufwiesen, technische Produkte selbst entwickelten und produzierten und kürzer als 15 Jahre alt existierten.[924]

Zusätzlich wurde auf die Hoppenstedt Firmendatenbank zurückgegriffen. Insgesamt wurden hieraus knapp 3700 Führungskräfte junger Unternehmen ausgewählt die nicht dem Dienstleistungssektor, sondern dem produzierenden Gewerbe zuzurechnen waren und kürzer als 15 Jahre existierten.

Auch für die Ansprache der mittelständischen Unternehmen wurde die Hoppenstedt Datenbank genutzt. Hier wurden 8200 potentielle Mitglieder des Führungsteams mittelständischer Unternehmen ausgewählt. Die Umsatzgrenze wurde dabei entsprechend der anerkannten Kriterien zwischen 1 und 50 Millionen EUR festgelegt, die Mitarbeiterzahl allerdings für eine schärfere Abgrenzung von den jungen Unternehmen in der Hoppenstedt-Datenbank ab 50 Personen aufwärts definiert. Die Obergrenze für die Mitarbeiterzahl wurde ebenfalls abweichend auf 1000 Personen festgelegt.

Anfang Oktober 2005 erfolgte der Versand der Einladungen per Email an die selbst recherchierten jungen Unternehmen unter Verwendung der für komplexe empirische Befragungen geeigneten online-basierten Software der Globalpark GmbH. Die jungen Unternehmen aus der Hoppenstedt-Datenbank wurden am 17. Oktober 2005 erstmalig kontaktiert, und am 25.

[924] Die relativ hohe Altersgrenze für junge Unternehmen wurde vor allem deshalb gewählt, weil es insbesondere in der hoch innovativen Branche der Biotechnologie durchaus 10 Jahre dauern kann, bis die Forschungsphase für ein Produkt abgeschlossen ist.

Oktober 2005 wurde die Befragung an die mittelständischen Unternehmen versendet. Der Zugang zu dem Online-Fragebogen erfolgte per personalisiertem Link in der Email, so dass nur eine Teilnahme pro Adressat möglich war. Die Email umfasste des Weiteren eine kurze Erläuterung der praktischen Relevanz der Erhebung sowie die Zusicherung des streng vertraulichen Umgangs mit den Daten. Um die Rücklaufquote zu erhöhen, wurden zudem zwei Anreize gesetzt:

- Sämtliche Teilnehmer bekamen einen individuellen Benchmarking-Bericht zum Vergleich der eigenen Unternehmenskultur mit sowohl allen anderen Unternehmen sowie mit Unternehmen der eigenen Branche avisiert.
- Unter allen Teilnehmern wurden zwei Flaschen Wein verlost.

Von den 1232 verschickten Emails an eigenhändig recherchierte Unternehmen konnte bei 293 Ansprechpartnern die Email nicht zugestellt werden oder sie wollten explizit nicht an der Umfrage teilnehmen, so dass hier die effektive Stichprobengröße 932 Personen beträgt. Bei der Stichprobe für junge Unternehmen aus der Hoppenstedt-Datenbank kann durch eigene Zusammensetzung von je zwei verschiedenen Email-Adressen pro Ansprechpartner[925]von einer effektiven Stichprobe von 3500 Personen ausgegangen werden kann.[926] Auch bei den mittelständischen Unternehmen kann die Annahme getroffen werden, dass jeder eine Email erhalten hat, so dass dort die effektive Stichprobe bei 8200 liegt. Dabei wurden für die selbstrecherchierten jungen Unternehmen zwei Nachfassaktionen gestartet; die erste nach sieben Tagen, die zweite nach knapp weiteren 14 Tagen. Bei den jungen Unternehmen aus der Hoppenstedt-Datenbank wurde einmal nach einer Woche per Erinnerungs-Email nachgefasst, bei den mittelständischen Unternehmen erfolgte die Nachfrage einmal nach 10 Tagen.

---

[925] Zum einen war dies vorname.nachname@unternehmensname.de, zum anderen war dies ersterbuchstabedesvornamens.nachname@unternehmensname.de/com/etc.

[926] Die Anzahl der nicht zustellbaren Emails betrug beim ersten Anschreiben 3343. Da jedoch zwei Emails pro Ansprechpartner, also insgesamt 7000 Stück, versendet wurden und einige Ansprechpartner die Email dadurch wahrscheinlich doppelt bekamen, kann davon ausgegangen werden, dass vermutlich alle Teilnehmer zumindest eine Email erreicht hat.

4.2 Beschreibung der Untersuchungsstichprobe

Insgesamt erzielte die empirische Untersuchung der jungen Unternehmen einen Rücklauf von 256 Fragebögen bei den selbst recherchierten Unternehmen und von 96 Fragebögen bei den Unternehmen aus der Hoppenstedt-Datenbank. Alle Fragebögen lagen spätestens vier Wochen nach dem Versand der ersten Email vor. Über 50% des erzielten Rücklaufs pro Gruppe lagen gar schon innerhalb einer Woche vor. Da bei der erstgenannten Stichprobe 17 und bei der zweitgenannten zwei Unternehmen mit je zwei Respondenten vertreten waren, musste eine Auswahl vorgenommen werden. Diese wurde zum einen anhand der hierarchischen Position, zum anderen zusätzlich anhand des Kriteriums getroffen, ob die Personen Mitgründer waren oder nicht. Darüber hinaus mussten insgesamt sechs weitere Fragebögen wegen unzureichend ausgefüllter Daten eliminiert werden, so dass insgesamt 330 Fragebögen junger Unternehmen zur Auswertung zur Verfügung standen. Bei den selbst recherchierten jungen Unternehmen entspricht dies einer Rücklaufquote von über 25%. Die Rücklaufquote für junge Unternehmen über die Hoppenstedt-Datenbank lag erwartungsgemäß mit knapp 2,6% deutlich niedriger. Bei den mittelständischen Unternehmen kamen 334 auswertbare Fragebögen zurück. Dies entspricht einer Rücklaufquote von 4%.

Die Abbildungen Tab. 4-1 und Tab. 4-2 zeigen die Charakteristika der Stichprobe im Hinblick auf die Branchenverteilung. Der Branchensplit kann dabei jeweils als heterogen bezeichnet werden und ist auf die jeweilige Datenbasis der angeschriebenen Unternehmen zurückzuführen. Insgesamt kann nach einem χ^2-Test davon ausgegangen werden, dass kein signifikanter Unterschied zwischen der Branchenverteilung der antwortenden Unternehmen und der ursprünglich angeschriebenen besteht, so dass die Datenbasis repräsentativ ist.

Tab. 4-1: Branchenverteilung Respondenten junger Unternehmen

Technologie/Branche	Anzahl Respondenten	Anteil
Software/IT	84	25,45%
Biotechnologie	46	13,94%
Maschinenbau	32	9,70%
Medizintechnik	27	8,18%
Nanotechnologie	19	5,76%
Elektronik	19	5,76%
Laser/Optik	14	4,24%
Mikrotechnologie	13	3,94%
Umwelttechnik	11	3,33%
Chemie/Pharma	8	2,42%
Sonstige	57	17,27%
GESAMT	**330**	**100,00%**

Tab. 4-2: Branchenverteilung Respondenten mittelständischer Unternehmen

Technologie/Branche	Anzahl Respondenten	Anteil
Maschinen-/Anlagenbau	113	33,83%
Elektronik	37	11,08%
Chemie/Kunststoff/Pharma	30	8,98%
Elektrotechnik	15	4,49%
Baubranche	13	3,89%
Metallbau	13	3,89%
Medizintechnik	7	2,10%
Software/IT	4	1,20%
Umwelttechnik	2	0,60%
Laser/Optik	2	0,60%
Mikrotechnologie	1	0,30%
Biotechnologie	1	0,30%
Sonstige	96	28,74%
GESAMT	**334**	**100,00%**

Eine weitere Frage von Interesse ist, ob systematische Unterschiede zwischen befragten und nicht befragten Unternehmen bestehen. Darüber gibt der Non-Response-Bias-Test von ARMSTRON/OVERTON (1977) Aufschluss.[927] Mittels eines t-Tests wird untersucht, ob signifikante Unterschiede zwischen den Mittelwerten von früh und spät zurückgesendeten Fragebögen bestehen. Bei dem Test wird unterstellt, dass Unternehmen, welche später antworten, in der Tendenz denjenigen Unternehmen im Antwortverhalten ähnlich sind, die gar

[927] Vgl. Armstrong, S.J./Overton, T.S. (1977): Estimation Nonresponse Bias in Mail Surveys, in: Journal of Marketing Research.

nicht antworten. Die am häufigsten verwendete Form der Untersuchung ist die Analyse, ob es signifkante Unterschiede zwischen den Antworten der Unternehmen der unterschiedlichen "Mailingwellen" gibt. Dies traf in der vorliegenden Arbeit nur in Ausnahmefällen zu, so dass das Ergebnis darauf hindeutet, dass kein Non-Response-Bias vorliegt.

4.3 Grundlagen der quantitativen Analyse

Das folgende Kapitel erklärt die Grundlagen der quantitativen Analyse, die zur Erreichung der Forschungsziele verwendet werden. Die quantitative Analyse wird in Anlehnung an ANDERSON/GERBING (1988) zweistufig durchgeführt.[928] In einem ersten Schritt werden die verwendeten Skalen auf Validität und Reliabilität überprüft. Dabei kommen die Softwareprogramme SPSS 11.0 sowie AMOS 5.0 zur Anwendung. Im zweiten Schritt erfolgt die Hypothesenüberprüfung mittels eines Verfahrens der Dependenzanalyse unter Verwendung von AMOS 5.0. In Analogie dazu werden im Folgenden zuerst die Verfahren der Konstruktmessung (vgl. Kapitel 4.3.1) und dann die Methoden der Dependenzanalyse (vgl. Kapitel 4.3.2) beschrieben.[929]

4.3.1 Konstruktmessung

4.3.1.1 Grundlegende Bemerkungen zur Konstruktmessung

In der vorliegenden Untersuchung werden die Unternehmenskultur, der Innovationsgrad sowie der Innovationserfolg als theoretische Konstrukte definiert.[930] BAGOZZI/FORNELL (1982) definieren ein solches Konstrukt als "... an abstract entity which represents the 'true', nonobservational state or nature of a phenomenon."[931] Da diese Konstrukte nicht direkt be-

---

[928] Vgl. Anderson, J.C./Gerbing, D.W. (1988): Structural Equation Modeling in Practice: A Review and Recommended Two-Step Approach, in: Psychological Bulletin, S. 417 ff.

[929] In der Struktur folgen die nachfolgenden Ausführungen der Arbeit von Spillecke, D. (noch nicht veröffentlicht): Interne Kundenorientierung des Controllerbereichs: Messung – Erfolgsauswirkungen – Determinanten.

[930] Vgl. dazu auch Kapitel 3.4.4.

[931] Bagozzi, R.P./Fornell, C. (1982): Theoretical Concepts, Measurements, and Meaning , S. 24.

obachtbare Variablen sind, bezeichnet man sie auch als latente Variablen.[932] Die interessierenden Wirkungszusammenhänge sind aber nur dann mittels dieser Konstrukte möglich, wenn sie reliabel und valide gemessen werden.[933] Dieser Aspekt der Konstruktmessung wurde jedoch in der betriebswirtschaftlichen Literatur lange Zeit vernachlässigt.[934] Obwohl dies ein Kernaspekt vor allem der Marketingforschung ist, begann erst Ende der 70er Jahre eine verstärkte Auseinandersetzung mit diesem Thema.[935] Vor allem in der Marketingliteratur sind seitdem hohe Anforderungen an die Güte von empirischen Untersuchungen entwickelt worden; diese sollen in der vorliegenden Studie als Basis für die Gütebeurteilung gelten.

Die Erarbeitung eines theoretischen Konstrukts erfolgt in den zwei Schritten Konzeptualisierung und Operationalisierung.[936] Bei der Konzeptualisierung werden die das Konstrukt möglichst vollständig beschreibenden inhaltlichen Dimensionen erarbeitet. Im zweiten Schritt der Operationalisierung wird dann das Messinstrument entwickelt. Dieses besteht in der Regel aus mehreren Items bzw. Indikatoren, welche das Konstrukt indirekt messen.

Es lassen sich nach der Anzahl der Faktoren, auf die die Konstrukt-Indikatoren verdichtet werden, ein- und mehrfaktorielle Konstrukte unterscheiden.[937] Ein Konstrukt heißt einfaktorielles Konstrukt, wenn alle Indikatoren auf einen Faktor aggregiert werden können. Bei einem mehrfaktoriellen Konstrukt hingegen reicht ein Faktor zur Verdichtung nicht aus; das Konstrukt setzt sich dann aus mehreren Faktoren zusammen. Darüber hinaus lassen sich mehrfaktorielle Konstrukte in Abhängigkeit von der Anzahl der zugrunde liegenden Dimensionen weiter in eindimensionale und mehrdimensionale Konstrukte differenzieren. Bei eindimensionalen Konstrukten sind alle Faktoren Teil der gleichen theoretischen Dimension.[938]

---

[932] Vgl. Kapitel 3.4.4.
[933] Vgl. zu Reliabilität und Validität auch die Ausführungen in Kapitel 2.3.3.
[934] Vgl. Homburg, C./Giering, A. (1996): Konzeptualisierung und Operationalisierung komplexer Konstrukte – Ein Leitfaden für die Marketingforschung, in: Marketing ZFP, S. 5.
[935] Vgl. Homburg, C./Giering, A. (1996): a.a.O., S. 5.
[936] Vgl. Kapitel 3.4.4.
[937] Vgl. Homburg, C./Giering, A. (1996): a.a.O., S. 5.
[938] Vgl. Homburg, C./Giering, A. (1996): a.a.O., S. 6.

Wenn die Faktoren jedoch mehreren theoretischen Dimensionen angehören, spricht man von einem mehrdimensionalen Konstrukt.

Zusätzlich können Konstrukte auch nach der Anzahl der Indikatoren unterschieden werden. Beim Single-Item-Ansatz handelt es sich um ein Konstrukt, welches über nur einen Indikator gemessen wird. Werden mehrere Indikatoren verwendet, so kommt der Multi-Item-Ansatz zur Anwendung.[939] Da bei komplexen Konstrukten eine hohe Validität der Messung gefordert wird, kommt in der vorliegenden Untersuchung der Multi-Item-Ansatz zur Anwendung, um die Güte der Messung beurteilen zu können.[940]

Bei der Konstruktmessung durch Indikatoren müssen zwei Arten von Indikatoren auseinandergehalten werden: reflektive und formative Indikatoren.[941] Reflektive Indikatoren werden vom Faktor verursacht.[942] Formative Indikatoren hingegen wirken auf den Faktor.[943] Der Faktor ist also die Funktion bzw. das Resultat der Indikatoren. Anders ausgedrückt: "[..] a concept is assumed to be defined by, or to be a function of its measurements".[944] Die Wirkungsrichtung ist also genau entgegengesetzt. Die empirische Forschung hat den formativen im Vergleich zu den reflektiven Indikatoren bisher kaum Aufmerksamkeit geschenkt.[945] Dies führte u.a. dazu, dass knapp 30 Prozent aller in den vier weltweit führenden Marketing-Journalen zwischen 1977 und dem Jahr 2000 veröffentlichten Untersuchungen mit latenten Konstrukten diese falsch modelliert haben; von den 353 falschen Modellierungen waren 336

---

939 Vgl. Henseler, J. (2005): Einführung in die PLS-Pfadmodellierung, in: Wirtschaftswissenschaftliches Studium, S. 70 f.

940 Vgl. Churchill Jr., G.A. (1979): a.a.O., S. 66.

941 Vgl. Fornell, C. (1986): A second Generation of Multivariate Analysis: Classification of Methods and Implications for Marketing Research, S. 9; Bollen, K./Lennox, R. (1991): Conventional Wisdom on Measurement – A Structural Equation Perspective, in: Psychological Bulletin, S. 306; Homburg, C./Giering, A. (1996): a.a.O., S. 6. Bei Eggert, A./Fassott, G. (2003): Zur Verwendung formativer und reflektiver Indikatoren in Strukturgleichungsmodellen: Ergebnisse einer Metaanalyse und Anwendungsempfehlungen, S. 2 ff. ist eine ausführliche Diskussion der Unterschiede zu finden.

942 In der englischen Literatur werden sie daher auch "effect indicators" genannt.

943 In der englischen Literatur werden sie deshalb auch "cause indicators" genannt.

944 Bagozzi, R.P./Fornell, C. (1982): a.a.O., S. 34.

945 Vgl. Eggert, A./Fassott, G. (2003): a.a.O., S. 1.

formative Konstrukte fälschlicherweise als reflektive Konstrukte behandelt worden.[946] Da reflektive und formative Indikatoren jedoch unterschiedliche Methoden zur Gütebeurteilung verlangen, existieren "[...] serious consequences of measurement model misspecification, and researchers need to think carefully about the direction of causality between constructs and their measures."[947] In der vorliegenden Untersuchung kommen jedoch ausschließlich reflektive Indikatoren zur Anwendung. Auch UNTERREITMEIER (2004) weist auf die Unterscheidung zwischen reflektiven und formativen Indikatoren hin und argumentiert ebenfalls, dass Unternehmenskultur ein reflektives Konstrukt sei.[948] Insofern ist eine weitere Berücksichtigung formativer Messmodelle im Folgenden nicht weiter notwendig.

Da die Aussagekraft der quantitativen Analyse vor allem von der Qualität der Messung der zugrunde liegenden Konstrukte abhängig ist, wird im Folgenden die Gütebeurteilung mittels Reliabilitäts- und Validitätsprüfung näher beleuchtet.[949]

Reliabilität (Zuverlässigkeit) bedeutet, "... dass Messinstrumente bei wiederholter Messung unter gleichen Bedinungen auch das gleiche Ergebnis produzieren müssen".[950] Sie ist auch definiert als "... the degree to which measures are free from random error and therefore yield consistent results".[951] Eine Messung wird daher als reliabel angesehen, wenn die Messfehlervariable einen möglichst minimalen Einfluss hat bzw. der zugrunde liegende Faktor den wesentlichen Anteil der Varianz der Indikatoren determiniert.[952] Bei Messung der Reliabilität wird also lediglich die formale Genauigkeit der Messung kontrolliert, nicht aber, ob das wirk-

---

946 Vgl. Jarvis, C.B./Mackenzie, S.B./Podsakoff, P.M. (2003): A Critical Review of Construct Indicators and Measurement Model Misspecification in Marketing and Consumer Research, in: Journal of Consumer Research, S. 206 f.
947 Jarvis, C.B./Mackenzie, S.B./Podsakoff, P.M. (2003): a.a.O., S. 200.
948 Vgl. Unterreitmeier, A. (2004): a.a.O., S. 120 f.
949 Vgl. zu ersten Ausführungen diesbezüglich auch schon Kapitel 2.3.3.
950 Ludwig-Mayerhofer, W. (2005): a.a.O.
951 Peter, P.J. (1979): Reliability: A Review of Psychometric Basics and Recent Marketing Practices, in: Journal of Marketing Research, S. 6.
952 Vgl. Homburg, C./Giering, A. (1996): a.a.O., S. 6.

lich Richtige gemessen wird.[953] In der Literatur werden zur Messung der Reliabilität im Wesentlichen drei Möglichkeiten unterschieden:[954]

- Test-Retest-Reliabilität: Korrelation mit einer Vergleichsmessung desselben Messinstruments zu einem zweiten Zeitpunkt.
- Parallel-Test-Reliabilität: Korrelation mit einer Vergleichsmessung auf einem äquivalenten Messinstrument.
- Interne-Konsistenz-Reliabilität: Misst die Korrelation zwischen zwei Hälften der Items eines Messinstruments.[955]

Eine quantitative Überprüfung der ersten beiden Formen der Reliabilität kann jedoch nur mit sehr hohem Aufwand durchgeführt werden, weshalb der letzten Form der Reliabilitätsform eine besondere Bedeutung zukommt.[956] Dabei liegt die Grundidee der Messung der internen Konsistenz-Reliabilität bei reflektiven Indikatoren darin, die Korrelationen der einzelnen Indikatoren eines Konstrukts zu überprüfen. Die interne Konsistenz reflektiver Messmodelle wird dabei umso besser beurteilt, je höher die Korrelationen sind.

Des Weiteren ist die Validität (Gültigkeit) eines Messinstruments dann gegeben, wenn es das misst, "[...] was gemessen werden soll"[957], bzw. nach CHURCHILL (1979) "[...] when the differences in observed scores reflect the true differences on the characteristic one is attempting to measure and nothing else [...]".[958] Es treten also bei vollkommener Validität weder systematische noch zufällige Messfehler auf. Somit kann die Reliabilität zwar als notwendige, nicht aber als hinreichende Bedingung für Validität aufgefasst werden.[959] Bei der Validitätsü-

---

953 Vgl. Wallenburg, C.M. (2004): Kundenbindung in der Logistik – Eine empirische Untersuchung zu ihren Einflussfaktoren, S. 138.
954 Vgl. Stier, W. (1999): Empirische Forschungsmethoden, S. 53.
955 Hildebrandt, L. (1998): Kausalanalytische Validierung in der Marketingforschung , S. 88.
956 Vgl. Hildebrandt, L. (1998): a.a.O., S. 88.
957 Ludwig-Mayerhofer, W. (2005): a.a.O.
958 Churchill Jr., G.A. (1979): a.a.O., S. 65.
959 Vgl. Peter, P.J. (1979): a.a.O., S. 6; Carmines, E.G./Zeller, R.A. (1979): Reliability and Validity Assessment, S. 13; Homburg, C./Giering, A. (1996): a.a.O., S. 7.

berprüfung können die Inhaltsvalidität und die Konstruktvalidität voneinander abgegrenzt werden:

- Die Inhaltsvalidität stellt den Grad dar, zu dem die Indikatoren die konzeptualisierten inhaltlichen Dimensionen und Aspekte auch tatsächlich abbilden.[960] Damit beschreibt Inhaltsvalidität den Grad an inhaltlicher Übereinstimmung zwischen dem Konstrukt und dem zugehörigen Messinstrument.[961] Die Inhaltsvalidität unterliegt einer subjektiven Bewertung.
- Die Konstruktvalidität beschäftigt sich mit der Beziehung zwischen Messinstrument und Konstrukt. Sie kann in drei Bereiche untergliedert werden:
  - Konvergenzvalidität "[...] is the degree to which two or more attempts to measure the same concept through maximally dissimilar methods are in agreement."[962] Die Forderung der Konvergenzvalidität bei reflektiven Messkonstrukten besteht also darin, dass ein hoher Zusammenhang zwischen den Indikatoren, die ein Konstrukt messen, besteht.[963]
  - Diskriminanzvalidität "[...] is the degree to which measures of distinct concepts differ."[964] Bei reflektiven Messmodellen fordert die Diskriminanzvalidität also, dass der Zusammenhang zwischen zwei Indikatoren, welche unterschiedlichen Faktoren zugeordnet sind, kleiner ist als die Korrelation zwischen zwei Faktoren, die zum gleichen Faktor gehören sollen.[965]
  - Nomologische Validität ist dann gegeben, "[...] if the construct behaves as expected with respect to the other constructs to which it is theoretically related [...]".[966] Nomologische Validität ist somit dann vorhanden, wenn sich die Beziehung zweier Konstrukte in der empirischen Überprüfung wie in der vorher

[960] Vgl. Bohrnstedt, G.W. (1970): Reliability and Validity Assessment in Attitude Measurement , S. 92; Homburg, C./Giering, A. (1996): a.a.O., S. 7.; Stier, W. (1999): a.a.O., S. 57 f.; Pflesser, C. (1999): a.a.O., S. 99.
[961] Vgl. Homburg, C./Giering, A. (1996): a.a.O., S. 7.
[962] Bagozzi, R.P./Phillips, L.W. (1982): Representing and Testing Organizational Theories: A Holistic Construal, in: Administrative Science Quarterly, S. 468.
[963] Vgl. Homburg, C./Giering, A. (1996): a.a.O., S. 7; Stier, W. (1999): a.a.O., S. 60.
[964] Bagozzi, R.P./Phillips, L.W. (1982): a.a.O., S. 469.
[965] Vgl. Homburg, C./Giering, A. (1996): a.a.O., S. 7; Stier, W. (1999): a.a.O., S. 60.
[966] Churchill, G.A. (1999): Marketing Research: Methodological Foundations, S. 457.

hergeleiteten Theorie bestätigt.[967] Die Ableitung von Zusammenhängen aus einem theoretischen Rahmen ist insofern Voraussetzung für nomologische Validität.[968]

Die Inhaltsvalidität ist also hauptsächlich qualitativ zu beurteilen. Der Schwerpunkt sollte dabei auf die inhaltlich genaue Konzeptualisierung und Operationalisierung gelegt werden. Nach HOMBURG/GIERING (1996) können aber auch im Bereich der Inhaltsvalidität quantitative Methoden zum Einsatz kommen. Auch die Überprüfung der nomologischen Validität hat vor allem qualitativ zu erfolgen. Konvergenz- und Diskriminanzvalidität können bei reflektiven Indikatoren sehr gut quantitativ überprüft werden. Die Methoden dazu sollen daher im Folgenden dargestellt werden.

4.3.1.2 Gütebeurteilung für reflektive Messmodelle

Bei den in der vorliegenden Arbeit zum Einsatz kommenden Methoden zur Reliabilitäts- und Validitätsmessung lassen sich Methoden der ersten und der zweiten Generation unterscheiden.[969] Zu denen der ersten Generation, welche sich ausschließlich auf die Beurteilung der Messmodelle beziehen, zählen insbesondere die explorative Faktorenanalyse, das Cronbachsche Alpha und die Item-to-Total-Korrelation.[970] Die Methoden der zweiten Generation gehen auf die Kovarianzstrukturanalyse zurück. Sie sind insofern leistungsfähiger, als Messfehler explizite Berücksichtigung finden können.[971]

---

[967] Vgl. Ruekert, R.W./Churchill Jr., G.A. (1984): Reliability and Validity of Alternative Measures of Channel Member Satisfaction, in: Journal of Marketing Research, S. 231.

[968] Vgl. Ruekert, R.W./Churchill Jr., G.A. (1984): a.a.O., S. 231 f.

[969] Vgl. für eine zusammenfassende Kurzübersicht zu den Gütekriterien der ersten und zweiten Generation Homburg, C./Giering, A. (1996): a.a.O., S. 7 ff.; Pflesser, C. (1999): a.a.O., S. 100 ff.; Wallenburg, C.M. (2004): a.a.O., S. 141 ff.

[970] Vgl. Churchill Jr., G.A. (1979): a.a.O., S. 66; Gerbing, D.W./Anderson, J.C. (1988): An updated Paradigm for Scale Development Incorporating Unidimensionality and Its Assessment, in: Journal of Marketing Research, S. 188 ff.; Homburg, C./Giering, A. (1996): a.a.O., S. 8.

[971] Vgl. Homburg, C. (2000): Kundennähe von Industriegüterunternehmen: Konzeption – Erfolgsauswirkungen – Determinanten, S. 90.

Im Folgenden werden die drei Gütekriterien der ersten Generation dargestellt, welche bei der Beurteilung von reflektiven Messmodellen zur Anwendung kommen:[972]

- die explorative Faktorenanalyse,
- das Cronbachsche Alpha sowie
- die Item-to-Total-Korrelation.

Mit der explorativen Faktorenanalyse wird die Faktorenstruktur des Messmodells ermittelt.[973] Die Analyse erfolgt dabei, wie die Bezeichnung bereits andeutet, explorativ, d.h. ohne eine vorherige Hypothesenbildung im Hinblick auf die zugrunde liegende Faktorenstruktur. Das Ziel dieser Vorgehensweise liegt darin, die Indikatoren eines Messmodells zu reduzieren auf eine möglichst geringe Anzahl an Faktoren, welche jedoch die Gesamtheit der Indikatoren gut widerspiegeln.[974] Die so explorativ ermittelte Faktorenstruktur wird danach überprüft, indem sie mit der theoretisch abgeleiteten Faktorenstruktur verglichen wird. Auf eine ausführliche Darstellung der Methodik wird in der vorliegenden Arbeit verzichtet, jedoch erfolgt die Erläuterung der Grundzüge der wesentlichen methodischen Aspekte.

Die Basis der Faktorenanalyse stellt die Korrelationsmatrix dar. Dabei bieten sich zur Beurteilung der Eignung der Korrelationsmatrix für die Faktorenanalyse mehrere Verfahren an. Zu den wesentlichen Methoden zählen die Prüfung der Signifikanzniveaus der Korrelationen, die Prüfung der Inversen der Korrelationsmatrix, der Barlett-Test, die Anti-Image-Kovarianz-Matrix oder das Kaiser-Meyer-Olkin-Kriterium.[975]

---

[972] Vgl. ebenso Pflesser, C. (1999): a.a.O., S. 100 ff; Wallenburg, C.M. (2004): a.a.O., S. 141.

[973] Vgl. Backhaus, K. et al. (2003): Multivariate Analysemethoden: Eine anwendungsorientierte Einführung, S. 259 ff.

[974] Vgl. Hartung, J./Elpelt, B. (1986): Multivariate Statistik: Lehr- und Handbuch der angewandten Statistik, S. 505.

[975] Vgl. Backhaus, K. et al. (2003): a.a.O., S. 273 ff. für eine detailliertere Erklärung dieser Prüfkriterien.

Das Fundamentaltheorem der Faktorenanalyse bedeutet, "... dass sich die Korrelationsmatrix durch die Faktorladungen und die Korrelationen zwischen den Faktoren reproduzieren lässt."[976] Dabei stehen zur Extraktion der Faktoren die Hauptkomponenten- und die Hauptachsenanalyse zur Verfügung.[977] In der vorliegenden Arbeit wird zur Ermittlung der Faktorenstruktur der reflektiven Messmodelle die Hauptachsenanalyse genutzt. Durch die in der Faktorladungsmatrix abgebildeten ermittelten Faktoren ist die Korrelation jedes einzelnen Indikators mit einem Faktor ersichtlich. Die als Korrelationen interpretierbaren Faktorladungen sind "... ein Maß für die Stärke und die Richtung der Zusammenhänge zwischen Faktoren und ursprünglichen Variablen ...".[978] Die vorliegende Untersuchung nutzt zur Erleichterung der Interpretation der Matrix mit den Faktorladungen noch zusätzlich die Rotation des Koordinatenkreuzes der Faktoren auf Basis des sog. OBLIMIN-Verfahrens.[979] Danach muss eine Entscheidung über die Anzahl der zu extrahierenden Faktoren getroffen werden. Hierzu können zwei Verfahren angewendet werden. Zum einen ist dies das Kaiser-Kriterium, zum anderen der Scree-Test. Letzterer wird aber in der Regel nur als zusätzliche Entscheidungshilfe bei Grenzfällen verwendet. Das Kaiser-Kriterium definiert die Anzahl der zu extrahierenden Faktoren als die Anzahl der Faktoren mit einem Eigenwert größer als eins.[980] Der Eigenwert wird berechnet aus der "... Summe der quadrierten Faktorladungen eines Faktors über alle Variablen."[981] Der Scree-Test wird dann nur in Grenzfällen, d.h. bei Eigenwerten nahe eins, als weiteres Entscheidungskriterium herangezogen. Der Scree-Test ordnet die Eigenwerte absteigend an und stellt sie graphisch dar. Daraus ergibt sich ein steiler Abfall des Graphen an der Stelle, wo die Differenz der Eigenwerte zweier Faktoren sehr hoch ist, und der Punkt vor diesem Abfall steht für die Menge der zu extrahierenden Faktoren.[982]

---

[976] Backhaus, K. et al. (2003): a.a.O., S. 279.
[977] Vgl. Backhaus, K. et al. (2003): a.a.O., S. 291.
[978] Backhaus, K. et al. (2003): a.a.O., S. 266.
[979] Hierfür können grundsätzlich zwei Verfahren verwendet werden: das VARIMAX- und das OBLIMIN-Verfahren. Das VARIMAX-Verfahren geht von unabhängigen Faktoren aus, während beim OBLIMIN-Verfahren ein beliebiger Winkel zwischen den Faktoren möglich ist. Da aber nicht grundsätzlich unabhängige Faktoren unterstellt werden können, wird in der vorliegenden Arbeit das zuletzt genannte Verfahren verwendet.
[980] Vgl. Kaiser, H.F. (1974): An Index of Factorial Simplicity, in: Psychometrika; Backhaus, K. et al. (2003): a.a.O., S. 295.
[981] Backhaus, K. et al. (2003): a.a.O., S. 295.
[982] Vgl. Backhaus, K. et al. (2003): a.a.O., S. 296.

Auf Basis der explorativen Faktorenanalyse können schon erste Aussagen im Hinblick auf Konvergenz- und Diskriminanzvalidität getroffen werden.[983] Lassen sich alle Indikatoren einer latenten Variable eindeutig auf einen Faktor verdichten, so kann die Konvergenzvalidität als gegeben angesehen werden. Von einer eindeutigen Zuordnung wird in der Literatur zur Konstruktmessung ab einem Mindestwert der Faktorladung von 0,4 gesprochen. Von Diskriminanzvalidität kann in diesem Zusammenhang ausgegangen werden, wenn eine geringere Ladung der eben betrachteten Indikatoren auf andere Faktoren vorliegt. Zusätzlich ist die erklärte Varianz der Indikatoren zur Gütebeurteilung der Messung des gesamten Faktors geeignet. Nach HOMBURG/GIERING (1996) sollte die Erklärung des Faktors mindestens 50 Prozent der Varianz einer Indikatormenge betragen.[984]

Mit dem Cronbachschen Alpha wird die Interne-Konsistenz-Reliabilität der Indikatoren eines Faktors bestimmt.[985] Folgendes Zitat zeigt, dass es in der empirischen Forschung auf große Zustimmung stößt: "Whether by acclamation or citation, coefficient alpha has effectively become the measure of choice for estimating the reliability of multi-item scale."[986] Die Idee hinter dem Cronbachschen Alpha ist die "Split-Half-Methode". Dabei werden die Indikatoren in zwei Teile zerlegt und die Korrelation zwischen der ersten und der zweiten Hälfte der Indikatoren ermittelt. Das Cronbachsche Alpha kann dann als arithmetisches Mittel aller potenziellen Split-Half-Koeffizienten betrachtet und wie folgt berechnet werden:[987]

$$\alpha = \left(\frac{N}{N-1}\right) \times \left(1 - \frac{\sum_{i=1}^{N} \sigma_i^2}{\sigma_t^2}\right)$$

---

[983] Vgl. Homburg, C./Giering, A. (1996): a.a.O., S. 8.

[984] Vgl. Homburg, C./Giering, A. (1996): a.a.O., S. 13.

[985] Vgl. Cronbach, L.J. (1951): Coefficient Alpha and the Internal Structure of Tests, in: Psychometrika, S. 297; Nunnally, J.C. (1978): Psychometric Theory, S. 229 ff.; Carmines, E.G./Zeller, R.A. (1979): a.a.O., S. 44 ff.; Churchill Jr., G.A. (1979): a.a.O., S. 68; Peter, P.J. (1979): a.a.O., S. 8 f.; Gerbing, D.W./Anderson, J.C. (1988): a.a.O., S. 190.

[986] Peterson, R.A. (1994): A Meta-Analysis of Cronbach's Coefficient Alpha, in: Journal of Consumer Research, S. 382. Vgl. auch Homburg, C./Giering, A. (1996): a.a.O., S. 8.

[987] Vgl. dazu Stier, W. (1999): a.a.O., S. 53.

mit N = Anzahl der Indikatoren des Faktors, σ_i^2 = Varianz des Indikators i sowie σ_t^2 = Varianz der Summe aller Indikatoren des Faktors.

Die Werte des Cronbachschen Alpha können zwischen 0 und 1 liegen. Hohe Werte lassen dabei auf eine hohe interne Konsistenz schließen. In der Literatur ist jedoch umstritten, ab welchem Schwellenwert von einer ausreichenden Reliabilität ausgegangen werden kann. Häufig wird NUNNALY (1978) folgend ein Mindestwert von 0,7 gefordert.[988] Diese Sichtweise wird auch hier vertreten. Bei der Interpretation des Schwellenwerts ist jedoch zu berücksichtigen, dass das Cronbachsche Alpha positiv von der Anzahl der Indikatoren beeinflusst wird.[989]

Die Item-to-Total-Korrelation wird, anders als die beiden vorgenannten Gütekriterien, auf der Ebene der einzelnen Indikatoren ermittelt. Sie ist definiert als "... die Korrelation dieses Indikators mit der Summe aller Indikatoren, die demselben Faktor zugeordnet sind."[990] Die Item-to-Total-Korrelation wird als Kriterium zur Elimination von Indikatoren eingesetzt, sofern ein Faktor nicht den geforderten Schwellenwert des Cronbachschen Alphas erreicht.[991] In der Regel kann durch die Eliminierung des Indikators mit der kleinsten Item-to-Total-Korrelation beim Messmodell eine Erhöhung der Reliabilität erreicht werden.

Die im vorigen zur Gütebeurteilung dargestellten Methoden der ersten Generation weisen jedoch deutliche Nachteile auf.[992] Die Gütekriterien der ersten Generation werden insbesondere im Hinblick auf die restriktiven Annahmen und die zur Validitätsprüfung verwendeten Faustregeln, welche eine Schätzung von Messfehlern nicht erlauben, kritisiert. Daher werden in der vorliegenden Arbeit zusätzlich Methoden der zweiten Generation genutzt.

---

[988] Vgl. Nunnally, J.C. (1978): a.a.O., S. 245.
[989] Vgl. Peterson, R.A. (1994): a.a.O., S. 384.
[990] Homburg, C./Giering, A. (1996): a.a.O., S. 8.
[991] Vgl. Churchill Jr., G.A. (1979): a.a.O., S. 68.
[992] Vgl. Homburg, C./Giering, A. (1996): a.a.O., S. 9; vgl. ebenso Bagozzi, R.P./Yi, Y./Phillips, L.W. (1991): Assessing Construct Validity in Organizational Research, in: Administrative Science Quarterly, S. 429 ff.

Die Basis für die Gütekriterien der zweiten Generation bildet die konfirmatorische Faktorenanalyse; mit ihr können die wesentlichen Nachteile der Methoden der ersten Generation beseitigt werden. Die konfirmatorische Faktorenanalyse ist ein Spezialfall der Kausalanalyse, welche auch Kovarianzstrukturanalyse genannt wird. Ein Kausalmodell besteht aus zwei Teilen, dem Mess- und dem Strukturmodell.[993] Über die zugeordneten Indikatoren werden die latenten Variablen als fehlerbehaftete Messung im Messmodell erfasst. Die Abhängigkeitsbeziehungen unter den latenten Variablen werden durch das Strukturmodell dargestellt und analysiert.[994] Bei der konfirmatorischen Faktorenanalyse werden, im Unterschied zur explorativen Faktorenanalyse, Hypothesen über die den Indikatoren zugrunde liegende Faktorenstruktur schon vor der empirischen Analyse gebildet.[995] Jeder Indikator ist entsprechend der Hypothesen genau einem Faktor zugeordnet. Die Kausalanalyse versucht, die Modellparameter dann so zu schätzen, dass die empirische Kovarianzmatrix möglichst gut der vom Modell generierten Kovarianzmatrix entspricht.

Voraussetzung für die Parameterschätzung ist jedoch, dass das spezifizierte Messmodell ermittelt werden kann.[996] Dies ist dann der Fall, wenn die empirische Datenbasis ausreichend Informationen enthält, um die Parameter eindeutig schätzen zu können. Als notwendige Bedingung für die Ermittlung gilt, dass für die Messung eines Faktors bei der Durchführung der konfirmatorischen Faktorenanalyse mindestens drei Indikatoren vorhanden sind.[997]

In der vorliegenden Untersuchung werden kovarianzbasierte Verfahren bei der konfirmatorischen Faktorenanalyse zur Prüfung reflektiver Messmodelle verwendet.[998] Dazu wird das

[993] Vgl. Homburg, C./Giering, A. (1996): a.a.O., S. 9.
[994] Vgl. Homburg, C./Baumgartner, H. (1995): Beurteilung von Kausalmodellen: Bestandsaufnahme und Anwendungsempfehlungen, in: Marketing ZFP, S. 163.
[995] Vgl. Homburg, C./Giering, A. (1996): a.a.O., S. 9.
[996] Vgl. Pflesser, C. (1999): a.a.O., S. 104; Homburg, C./Pflesser, C. (2000): Strukturgleichungsmodelle mit latenten Variablen: Kausalanalyse , S. 645.
[997] Vgl. Homburg, C./Baumgartner, H. (1995): Die Kausalanalyse als Instrument der Marketingforschung: Eine Bestandsaufnahme, in: Zeitschrift für Betriebswirtschaft (ZfB), S. 1093.
[998] Mit Bezug auf Herrmann, A./Huber, F./Kressmann, F. (2004): Partial Least Squares – Ein Leitfaden zur Spezifikation, Schätzung und Beurteilung varianzbasierter Strukturgleichungsmodelle, S. 16 f. sollten kovarianzbasierte Verfahren auch zur Prüfung der Güte reflektiver Messmodelle bei der Analyse des Pfadmodells mit PLS angewendet werden. Hermann/Huber/Kressmann (2004) halten außerdem fest: "Ebenfalls zeigen die Aus-

Software-Programmpaket AMOS 5.0 verwendet.[999] Nach der Parameterschätzung wird die Gütebeurteilung des Modells vorgenommen. Dazu wurden in der Literatur diverse Kriterien zur Beurteilung entwickelt, welche nach globalen und lokalen Anpassungsmaßen unterschieden werden können.[1000] Die globalen Anpassungsmaße bewerten die Anpassung des Gesamtmodells an die empirischen Daten, die lokalen Gütekriterien hingegen beziehen sich nur auf einzelne Bestandteile des Modells. Globale Gütekriterien lassen sich dann erneut nach relativen Anpassungsmaßen sowie Anpassungsmaßen mit Vergleichsstandard unterscheiden.

Zum Vergleich der Güte von mehreren Modellen werden relative globale Gütekriterien verwendet.[1001] Sie kommen vor allem bei der Auswahl unterschiedlicher Modelle zur Anwendung, sind jedoch ungeeignet für die Beurteilung der Güte eines Modells. Sie finden in der vorliegenden Arbeit deshalb keine Anwendung.

Globale Gütekriterien mit Vergleichsstandards können in Stand-alone-Maße sowie inkrementelle Anpassungsmaße unterteilt werden.[1002] Die inkrementellen Anpassungsmaße setzen das Messmodell in Beziehung zum Basismodell, die Stand-alone-Maße hingegen bewerten die Modellgüte isoliert. Stand-alone-Maße lassen sich weiter einteilen in inferenzstatistische und in deskriptive Anpassungsmaße.

Bei den inferenzstatistischen Anpassungsmaßen wird zur Prüfung der Modellgüte in der Regel der χ^2-Test verwendet. Dieser prüft, inwiefern das spezifizierte Gesamtmodell korrekt ist, d.h. es wird geprüft, inwiefern die empirische Kovarianzmatrix übereinstimmt mit der vom Modell erzeugten Kovarianzmatrix (Nullhypothese).[1003] Die Überprüfung der Nullhypo-

---

führungen, dass der Einsatz der Kovarianzstrukuturanalyse zur Generierung valider reflektiver wie formativer Item-Batterien mittels der konfirmatorischen Faktorenanalyse, dem MIMIC-Modell oder den nomologischen Netzwerk unerlässlich ist." (Herrmann, A./Huber, F./Kressmann, F. (2004): a.a.O., S. 30).

[999] Vgl. Backhaus, K. et al. (2005): Multivariate Analysemethoden – Eine anwendungsorientierte Einführung, S. 356 ff.

[1000] Vgl. Homburg, C./Baumgartner, H. (1995): a.a.O., S. 165.

[1001] Vgl. Homburg, C./Baumgartner, H. (1995): a.a.O., S. 166.

[1002] Vgl. Homburg, C./Baumgartner, H. (1995): a.a.O., S. 166.

[1003] Vgl. Homburg, C./Baumgartner, H. (1995): a.a.O., S. 166.

these erfolgt mittels des p-Werts. Dieser stellt die Wahrscheinlichkeit dar, mit der man bei Gültigkeit der Nullhypothese einen χ^2-Wert erhält, welche größer als der tatsächlich ermittelte Wert ist. Der von der Literatur geforderte Mindestwert liegt bei 0,05.[1004] BAGOZZI/YI (1998) empfehlen die Verwendung des Quotienten aus dem χ^2-Wert und der Zahl der Freiheitsgrade. Damit ist dieses Anpassungsmaß den deskriptiven Maßen mit Berücksichtigung von Freiheitsgraden zuzuordnen; diese werden nachfolgend noch erläutert.

Der RMSEA (Root Mean Squared Error Approximation) ist ein weiteres bedeutendes inferenzstatistisches Anpassungsmaß, wobei die wichtigsten Restriktionen des χ^2-Tests wegfallen.[1005] Der RMSEA wird wie folgt berechnet:

$RMSEA = \sqrt{\frac{\chi^2 - df}{df(n-1)}}$ mit n als Stichprobengröße.

Dabei prüft der RMSEA-Test das Modell auf den Fit im Hinblick auf die Grundgesamtheit, nicht auf die absolute Richtigkeit.[1006] Werte bis zu 0,05 weisen nach BROWNE/CUDECK (1993) auf einen guten Fit hin, Werte bis zu 0,8 sind zufrieden stellend.[1007] In neueren Untersuchungen werden auch Werte von 0,06 noch als gut bezeichnet.[1008] Ab Werten über 0,1 kann man von einer schlechten Modellanpassung ausgehen.[1009] Es sei allerdings an dieser Stelle schon darauf hingewiesen, dass in Abhängigkeit von dem in der konfirmatorischen Faktorenanalyse angewendeten Schätzverfahren Inferenzstatistiken ggf. nicht zur Berechnung herangezogen werden dürfen.[1010] Dies hängt insbesondere davon ab, ob die manifesten Variablen, also die Werte der erhobenenen Indikatoren, einer Multinormalverteilung folgen oder nicht. Liegt keine Multinormalverteilung vor, so dürfen der Chi-Quadrat-Test, Standardfehler, C.R.-

[1004] Vgl. Homburg, C./Giering, A. (1996): a.a.O., S. 10.
[1005] Vgl. Steiger, J.H. (1990): Structural Model Evaluation and Modification: An Internal Estimation Approach, in: Multivariate Behavioral Research, S. 173 ff.
[1006] Vgl. Homburg, C./Baumgartner, H. (1995): a.a.O., S. 166.
[1007] Vgl. Browne, M.W./Cudeck, R. (1993): Alternative Ways of Assessing Model Fit , S. 144.
[1008] Vgl. Hu, L./Bentler, P.M. (1999): Cutoff Criteria for Fit Indexes in Covariance Structure Analysis: Conventional Criteria Versus New Alternatives, in: Structural Equation Modeling, S. 27.
[1009] Vgl. MacCallum, R.C./Browne, M./Sugawara, H.M. (1996): Power Analysis and Determination of Sample Sizes for Covariance Structure Modeling, in: Psychological Methods, S. 134.
[1010] Vgl. Backhaus, K. et al. (2005): a.a.O., S. 370 f. sowie S. 414.

Werte (=t-Werte) sowie standardisierte Residuen bei manchen Schätzverfahren nicht zur Interpretation herangezogen werden. Insofern können ggf. einige der hier beschriebenen Gütemaße nicht zur Beurteilung verwendet werden.

Deskriptive Anpassungsmaße basieren nicht auf inferenzstatistischen Tests, sondern nehmen die Beurteilung der Güte nach Faustregeln vor. Sie lassen sich weiter unterteilen danach, ob Freiheitsgrade des Modells berücksichtigt werden oder nicht. Der Nachteil bei Nichtberücksichtigung liegt darin, dass eine automatische Verbesserung des Werts der Anpassungsmaße durch Hinzufügen eines Modellparameters stattfindet, d.h. dass die Verminderung von Freiheitsgraden bei diesen Anpassungsmaßen nicht "bestraft" wird.

Ein bedeutendes deskriptives Anpassungsmaß ohne Berücksichtigung von Freiheitsgraden ist der Goodness-of-Fit-Index (GFI). Er berechnet sich wie folgt:

$$GFI = 1 - \frac{sp\left[\left(\hat{\sum}^{-1} S - I\right)^2\right]}{sp\left[\left(\hat{\sum}^{-1} S\right)^2\right]}$$

wobei $\sum$ die vom Modell generierte Kovarianzmatrix, S die Kovarianzmatrix der empirischen Datengrundlage, sp die Spur, d.h. die Summe der Diagonalelemente einer quadratischen Matrix und I die Einheitsmatrix darstellen.[1011]

Der GFI steht für die Güte der Anpassung des Modells an die empirischen Daten. Der Wertebereich reicht von 0 bis 1, wobei hohe Werte auf eine hohe Anpassungsgüte hinweisen. Als zufrieden stellend gelten Werte ab 0,9.[1012]

[1011] Vgl. Jöreskog, K.G./Sörbom, D. (1982): Recent Developments in Structural Equation Modeling, in: Journal of Marketing Research, S. 408.

[1012] Vgl. Homburg, C./Baumgartner, H. (1995): a.a.O., S. 167.

Ein weiteres deskriptives Anpassungsmaß ohne Berücksichtigung von Freiheitsgraden ist der Root-Mean-Square-Residual-Index (RMR). Dieser stellt ein Maß für Residualvarianz dar, die durch das Modell nicht erklärbar ist.[1013] Je kleiner der RMR ist, desto besser ist die Modellanpassung. Häufig wird als Obergrenze ein Wert von 0,1 genannt.[1014]

Der Adjusted-Goodness-of-Fit-Index (AGFI) ist ein bedeutendes deskriptives Anpassungsmaß mit Berücksichtigung von Freiheitsgraden.[1015] Im Unterschied zum GFI berücksichtigt der AGFI einen Strafterm, welcher abhängig ist von der Parameterzahl. Bei wenigen Parametern werden bei gleicher Anpassungsgüte Modelle mit wenigen Parametern besser bewertet als Modelle mit vielen Parametern.[1016] Auch hier wird ein Schwellenwert von 0,9 gefordert.[1017]

Inkrementelle Anpassungsmaße gehen zurück auf BENTLER/BONETT (1980).[1018] Hier erfolgt die Bewertung relativ zu einem Basismodell. Dieses verfügt normalerweise nicht über inhaltliche Plausibilität. In der Regel wird die Unabhängigkeit aller Indikatoren angenommen.[1019] Bei den imkrementellen Anpassungsmaßen kann ebenfalls wieder unterschieden werden zwischen Maßen, welche Freiheitsgrade berücksichtigen, und anderen, die diese unberücksichtigt lassen. Zu letzteren zählt der Normed-Fit-Index (NFI), für den für einen guten Modellfit ein Mindestwert von 0,9 gefordert wird.[1020] Der Comparative-Fit-Index (CFI) berücksichtigt ebenfalls die Freiheitsgrade und entspricht ansonsten dem NFI. Der CFI wird wie folgt berechnet:

[1013] Vgl. Zinnbauer, M./Eberl, M. (2004): Die Überprüfung und Spezifikation von Strukturgleichungsmodellen: Verfahren und Anwendung, S. 18.

[1014] Vgl. z.B. Borth, B.-O. (2004): Beschwerdezufriedenheit und Kundenloyalität im Dienstleistungsbereich, S. 84.

[1015] Vgl. Bagozzi, R.P./Yi, Y. (1988): On the Evaluation of Structural Equation Models, in: Journal of the Academy of Marketing Science, S.79.

[1016] Vgl. Homburg, C./Giering, A. (1996): a.a.O., S. 10.

[1017] Vgl. Bagozzi, R.P./Yi, Y. (1988): a.a.O., S.79. Teilweise wird auch ein Wert von 0,8 schon für ausreichend gehalten (vgl. Sharma, S. (1996): Applied Multivariate Techniques, S. 152; Kiedaisch, I. (1997): Internationale Kunden-Lieferanten-Beziehungen: Determinanten – Steuerungsmechanismen – Beziehungsqualität, S. 73).

[1018] Vgl. Bentler, P.M./Bonett, D.G. (1980): Significance Tests and Goodness of Fit in the Analysis of Covariance Structures, in: Psychological Bulletin, S. 588 ff.

[1019] Vgl. Homburg, C./Baumgartner, H. (1995): a.a.O., S. 167.

[1020] Vgl. für die Berechnung des NFI Backhaus, K. et al. (2005): a.a.O., S. 381.

$$CFI = 1 - \frac{\max\{\chi^2_{\text{mod}\,el} - df_{\text{mod}\,el};0\}}{\max\{\chi^2_{null} - df_{null};\chi^2_{\text{mod}\,el} - df_{\text{mod}\,el};0\}},$$

wobei $\chi^2_{\text{mod}\,el}$ den χ^2-Wert des zu überprüfenden Modells und χ^2_{null} den χ^2-Wert des Basismodells bezeichnet. df steht für die Freiheitsgrade der entprechenden Modelle. Der Wertebereich des CFI reicht von 0 bis 1. Auch hier stehen hohe Werte für eine gute Anpassung, so dass in der Regel ein Mindestwert von 0,9 verlangt wird.[1021]

Zusätzlich zu den globalen Anpassungsmaßen werden auch lokale Anpassungskriterien zur Bewertung von Teilstrukturen des spezifizierten Modells genutzt. Dabei werden Kriterien unterschieden, welche sich entweder auf die Ebene der Indikatoren oder aber auf die Ebene der Faktoren beziehen. In der vorliegenden Arbeit werden die Indikatorreliabilität sowie der t-Wert der Faktorladung, die sich auf die einzelnen Faktorladungen beziehen, als lokale Anpassungsmaße verwendet. Darüber hinaus kommen die Faktorreliabilität und die durchschnittliche Varianz als faktorbezogene lokale Anpassungsmaße zur Anwendung.

Indikatorreliabilität beschreibt die quadrierte Assoziation von betrachtetem Indikator und dem zu Grunde liegenden Faktor und lässt sich wie folgt berechnen:[1022]

$$IR(x_i) = \frac{\lambda_{ij}^2 \phi_{jj}}{\lambda_{ij}^2 \phi_{jj} + \theta_{ii}},$$

wobei λ_{ij}^2 die geschätzte Faktorladung, ϕ_{jj} die geschätzte Varianz und θ_{ii} die geschätzte Varianz des Messfehlers wiedergibt. Die Indikatorreliabilität gibt also den Anteil der Varianz des

[1021] Vgl. Hu, L./Bentler, P.M. (1995): Evaluating Model Fit , S. 91.
[1022] Vgl. Bagozzi, R.P./Yi, Y. (1988): a.a.O., S. 80.

Indikators an, welchen der Faktor erklärt und hat einen Wertebereich zwischen 0 und 1. Der Mindestwert wird in der Regel mit 0,4 angegeben.[1023]

Mit dem t-Wert der Faktorladung kann überprüft werden, ob die Faktorladung von 0 signifikant verschieden ist.[1024] Der t-Wert der Faktorladung wird aus der unstandardisierten Faktorladung und dem Standardfehler der Schätzung gebildet. Dabei ist eine Faktorladung bei 5% Signifikanzniveau dann als signifikant einzustufen, wenn der t-Wert bei mindestens 1,645 liegt.[1025]

Die Faktorreliabilität (FR) und die durchschnittlich erfasste Varianz (DEV) zeigen, wie gut die Messung des Faktors durch die Indikatoren ist. Die Berechnung geschieht wie folgt:

$$FR\left(\xi_j\right) = \frac{\left(\sum_{i=1}^{k} \lambda_{ij}\right)^2 \phi_{jj}}{\left(\sum_{i=1}^{k} \lambda_{ij}\right)^2 \phi_{jj} + \sum_{i-1}^{k} \theta_{ii}}$$

$$DEV\left(\xi_j\right) = \frac{\sum_{i=1}^{k} \lambda_{ij}^2 \phi_{jj}}{\sum_{i=1}^{k} \lambda_{ij}^2 \phi_{jj} + \sum_{i=1}^{k} \theta_{ii}}$$

Der Wertebereich liegt bei beiden Kriterien zwischen 0 und 1. Hohe Werte deuten dabei auf eine gute Anpassung hin, wobei ein Schwellenwert für die Faktorreliabilität von 0,6 und bei der durchschnittlich erfassten Varianz von 0,5 gefordert wird.[1026]

Während sich die bisherigen Ausführungen auf Anpassungsmaße zur Beurteilung von Reliabilität und Konvergenzvalidität bezogen, werden zur Beurteilung der Diskriminanzvalidität

[1023] Vgl. Homburg, C./Baumgartner, H. (1995): a.a.O., S. 170.
[1024] Vgl. Bagozzi, R.P./Yi, Y./Phillips, L.W. (1991): a.a.O., S. 434.
[1025] Vgl. Homburg, C./Giering, A. (1996): a.a.O., S. 11.
[1026] Vgl. Bagozzi, R.P./Yi, Y. (1988): a.a.O., S. 80.

zwei weitere Methoden diskutiert. Dies sind der χ^2-Differenztest sowie das Fornell/Larcker-Kriterium.[1027] Letzteres bekommt als das strengere Gütemaß in der Regel den Vorzug vor dem χ^2-Differenztest. Auch in der vorliegenden Untersuchung wird dies so gehandhabt. Das Fornell/Larcker-Kritierum verlangt, "... dass die durchschnittlich erfasste Varianz eines Faktors größer ist als jede quadrierte Korrelation dieses Faktors mit einem anderen Faktor."[1028] Dadurch ist gesichert, dass jeder Faktor im Hinblick auf seine eigenen Indikatoren einen höheren Varianzanteil erklärt als den Varianzanteil bezüglich anderer Faktoren.[1029]

Eine zusammenfassende Übersicht der verwendeten Gütekriterien für reflektive Messmodelle zeigt die folgende Tab. 4-3. Es sei jedoch nochmals darauf hingewiesen, dass im Falle der Verletzung der Voraussetzung der Multinormalverteilung einige Gütekriterien der zweiten Generation nicht verwendet werden sollten, da die χ^2-Werte dann nicht korrekt sind.[1030] Dies betrifft insbesondere χ^2/df, RMSEA sowie CFI und die Berechnung von Signifikanzniveaus.

[1027] Vgl. Jöreskog, K.G./Sörbom, D. (1982): a.a.O., S. 412 ff.

[1028] Homburg, C./Giering, A. (1996): a.a.O., S. 11.

[1029] Vgl. Fornell, C./Larcker, D.F. (1981): Evaluating Structural Equation Models with Unobservable Variables and Measurement Error, in: Journal of Marketing Research, S. 46.

[1030] Gegen die Voraussetzung der Multinormalverteilung zur Anwendung entsprechender Verfahren und Gütemaße wird allerdings nach wie vor in vielen wissenschaftlichen Publikationen verstoßen, weshalb die publizierten Ergebnisse mit einer gewissen Vorsicht zur Kenntnis zu nehmen sind (vgl. Hildebrandt, L./Görz, N. (1999): Zum Stand der Kausalanalyse mit Strukturgleichungsmodellen – Methodische Trends und Software-Entwicklungen, S. 7 ff). Das Ergebnis der Überprüfung sämtlicher Indikatoren der vorliegenden Arbeit auf Multinormalverteilung wird in Kapitel 5 dargestellt.

Tab. 4-3: Gütekriterien zur Beurteilung der Messmodelle

Kriterien der ersten Generation	**Anspruchsniveau**
Erklärte Varianz (Explorative Faktorenanalyse)	≥0,5
Cronbachsches Alpha	≥0,7 (≥0,6)
Item-to-Total-Korrelation	≥0,5 (Kriterium zur Eliminierung von Items – sofern erforderlich)
Kriterien der zweiten Generation	**Anspruchsniveau**
χ^2/df	≤3,0 (≤5,0)
RMSEA	≤0,05 (≤0,08)
GFI	≥0,9
AGFI	≥0,9
RMR	≤0,1
NFI	≥0,9
CFI	≥0,9
Indikatorreliabilität	≥0,4
Signifikanzniveau der Faktorladung	≥1,654
Faktorreliabilität	≥0,6
Durchschnittlich erfasste Varianz	≥0,5
Fornell/Larckner-Kriterium	DEV (ξi) > quadrierte Korrelation (ξi,ξj); für alle i = j

4.3.2 Dependenzanalysen

Zur Überprüfung der Hypothesen im Hinblick auf den Zusammenhang zwischen den verschiedenen entwickelten Unternehmenskultur-Konstrukten und dem Unternehmenserfolg sind Methoden der Dependenzanalyse erforderlich.[1031] Dafür soll in der vorliegenden Arbeit die Kausalanalyse zur Anwendung kommen, die als strukturprüfendes Verfahren zur Klasse der multivariaten Dependenzanalysemethoden gehört. Dies liegt in ihrer höheren Leistungsfähigkeit im Vergleich zu Methoden der ersten Generation (z.B. der Regressionsanalyse) begründet. Die Vorteile dieses Verfahrens liegen insbesondere in der Möglichkeit, ein faktorenanalytisches und ein Strukturmodell gleichzeitig schätzen zu können.[1032] Laut BAGOZZI (1998) ist dies der am besten den wissenschaftstheoretischen Anforderungen genügende Ansatz zur

[1031] Vgl. Pflesser, C. (1999): a.a.O., S. 112.
[1032] Vgl. Bagozzi, R.P. (1994): Structural Equation Models in Marketing Research: Basic Principles .

Überprüfung sozialwissenschaftlicher Hypothesen.[1033] Hierfür wird in der vorliegenden Arbeit das Software-Programm AMOS 5.0 eingesetzt.[1034]

Mit Kausalmodellen können sowohl Messhypothesen komplexer Konstrukte als auch postulierte Kausalbeziehungen zwischen mehreren latenten Variablen untersucht werden. Bei der Integration zweier verschiedener Modellarten zu einem Kausalmodell wird zwischen zwei Ebenen unterschieden. Das vollständige Kausalmodell enthält einerseits mehrere Messmodelle, die latente endogene und exogene Variablen mittels manifester, d.h. beobachtbarer, Variablen (Indikatoren) indirekt messen. Andererseits enthält es ein Strukturmodell, das die Ursachen-Wirkungs-Beziehung zwischen den latenten Variablen darstellt. Diese Kausalmodelle werden graphisch als Pfaddiagramme dargestellt. Ein beispielhaftes Kausalmodell wird in Abb. 4-1 dargestellt.

Im Pfaddiagramm werden allgemeinen Konventionen folgend die latenten exogenen und endogenen Variablen als Ovale dargestellt. Die kausalen Beziehungen, die zwischen den latenten Variablen bestehen, werden im Strukturmodell durch Pfeile abgebildet und wie bei einer Regressionsanalyse behandelt.

[1033] Vgl. Bagozzi, R.P. (1998): A Prospectus for Theory Construction in Marketing: Revisited and Revised , S. 61 ff.

[1034] AMOS steht für Analysis of Moment Structure und zählt, wie LISREL und EQS, zu den Standardprogrammen der Kovarianz-Strukturanalyse. Im Hinblick auf ihre statistische Leistungsfähigkeit sind AMOS und LISREL nahezu gleichwertig, gleiche Berechnungen führen zu identischen Ergebnissen. AMOS ist jedoch aufgrund einer graphischen Oberfläche deutlich benutzerfreundlicher als LISREL, da die umständliche Eingabe von Programmcodes entfällt. Die vorliegende Arbeit greift daher auf AMOS zurück. Die hinter den Modellspezifikationen stehenden faktoranalytischen Gleichungsmodelle sollen in der vorliegenden Arbeit nicht dargestellt werden. Dazu sei auf die entsprechende Literatur verwiesen, z.B. Backhaus, K. et al. (2005): a.a.O. oder Hildebrandt, Lutz and Homburg, Christian (1998): Die Kausalanalyse: Ein Instrument Der Empirischen Betriebswirtschaftlichen Forschung.

Abb. 4-1: Beispiel eines Kausalmodells mit reflektiven latenten Variablen zweiter Ordnung

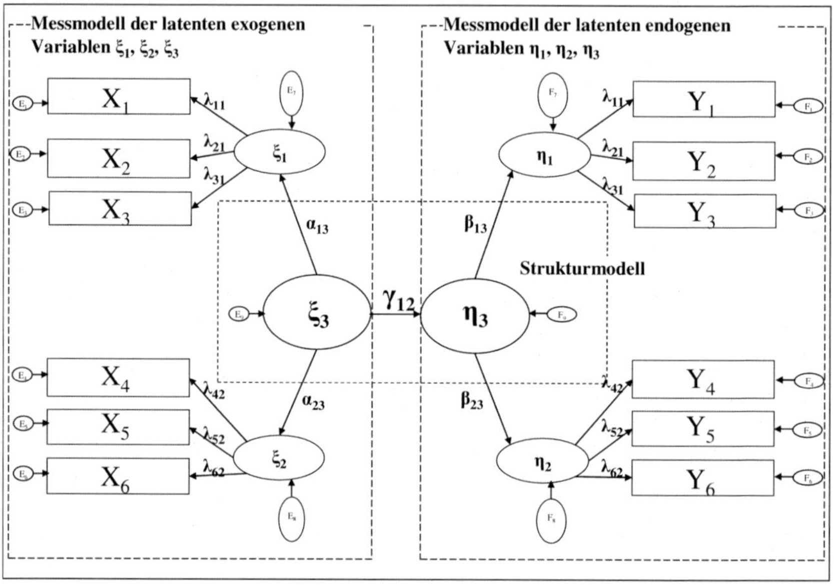

Die Rechtecke repräsentieren die beobachtbaren Indikatorvariablen (X bzw. Y), welche die in getrennten Messmodellen dargestellten latenten Variablen operationalisieren.

Die Pfeile von den latenten Variablen zu den Indikatorvariablen zeigen, dass von reflektiven Faktoren ausgegangen wird. Die Messfehler der Indikatoren werden hier mit E bzw. F bezeichnet, ebenso diejenigen der latenten exogenen bzw. endogenen Variablen.

Die unterstellte Faktorenstruktur der Messmodelle wird bei der Kausalanalyse simultan zur Ursache-Wirkungs-Struktur untersucht. Dies geschieht, indem die im Pfaddiagramm dargestellten Beziehungen in lineare Gleichungssysteme übertragen werden, für die wiederum die sogenannten Pfadkoeffizienten geschätzt werden (α, β, λ, γ in obiger Abbildung). Diese Pfadkoeffizienten repräsentieren die Stärke des Zusammenhangs zwischen zwei Variablen.

Bei der Parameterschätzung hat man bei der Kausalanalyse die Wahl zwischen verschiedenen Schätzverfahren. Zur Auswahl stehen u.a. die Verfahren Maximum-Likelihood (ML), Unweighted-Least-Squares (ULS), Generalized-Least-Squares (GLS) oder Asymptotically-Distribution-Free (ADF).[1035] Die Auswahl eines Verfahrens richtet sich insbesondere nach der Stichprobengröße und der Verteilungsform der Indikatorvariablen. Ist die Annahme einer Multinormalverteilung erfüllt, so liefert ML die genauesten Schätzwerte. Ist diese Annahme nicht erfüllt, so kann ULS oder ADF verwendet werden. Allerdings stellt ADF besonders hohe Anforderungen an die Stichprobengröße, so dass ggf. eher ULS zur Anwendung kommt.

Ein weiterer Schwerpunkt dieser Arbeit liegt in der Untersuchung moderierender Effekte des Innovationsgrades und der Entwicklungsstufe in jungen Unternehmen. Unter einem moderierenden Effekt wird verstanden, dass die Stärke des Effekts einer unabhängigen auf eine abhängige Variable vom Wert einer dritten Variablen abhängt. Bei einer positiven Moderation ist bei einer hohen Ausprägung der moderierenden Variablen der Zusammenhang zwischen unabhängiger und abhängiger Variablen größer als bei einem niedrigen Wert der Moderator-Variablen. Unter einer negativen Moderation wird der umgekehrte Fall verstanden. Zur Untersuchung dieser Effekte lässt sich ebenfalls die Kausalanalyse verwenden.[1036] Der diesbezüglich relevante Ansatz wird auch als Mehrgruppen-Kausalanalyse bezeichnet.[1037] Diese ist der moderierten Regressionsanalyse in methodischer Hinsicht deutlich überlegen.[1038]

[1035] Vgl. Backhaus, K. et al. (2005): a.a.O., S. 368 ff.

[1036] Vgl. z.B. Pflesser, C. (1999): a.a.O., S. 116 ff. sowie Borth, B.-O. (2004): a.a.O., S. 87 ff.

[1037] Vgl. Bollen, K.A. (1989): Structural Equations with Latent Variables. Ab und zu wird als weiteres Analyseverfahren zur Untersuchung moderierender Effekt auch das Interaktionsmodell von Kenny/Judd genannt (vgl. Kenny, D.A./Judd, C.M. (1984): Estimating the Nonlinear and Interactive Effects of Latent Variables, in: Psychological Bulletin). Dabei wird die Annahmen getroffen, dass zwei latente Variablen auf eine endogene Variable in ihrer Wirkung interagieren. Durch einen zusätzlichen Produktterm wird dieser Interaktionseffekt im Kausalmodell berücksichtigt. Dabei entstehen jedoch gerade bei mehreren Interaktionsbeziehungen sehr schnell sehr komplexe Strukturen, die das Modell schnell unpraktikabel werden lassen. Deshalb wird bei mehreren Interaktionsbeziehungen von der Verwendung des Interaktionsmodells von Kenny/Judd abgeraten und die Anwendung der kausalanalytischen Mehrgruppenanalylse empfohlen (vgl. Homburg, C./Hildebrandt, L. (1998): Die Kausalanalyse: Bestandsaufnahme, Entwicklungsrichtungen, Problemfelder , S.28).

[1038] Vgl. Steenkamp, J.-B./Baumgartner, H. (1998): Assessing Measurement Invariance through Multi-Sample Structural Equation Modeling , S. 402.

Bei der Mehrgruppenanalyse werden im Unterschied zu einer einfachen Kausalanalyse zwei oder mehr Kausalmodelle für jeweils verschiedene Teildatensätze derselben Stichprobe simultan geschätzt. Die vermutete Moderatorvariable bildet dabei die Basis für die Aufteilung der Stichprobe, so dass sich die Teilstichproben in der Ausprägung der potentiell moderierenden Variablen voneinander unterscheiden.

Zuerst wird bei der Mehrgruppenanalyse das Gesamtmodell ohne jegliche Restriktionen geschätzt. Die so ermittelte χ^2-Statistik wird als Ausgangsbasis für die nachfolgenden Vergleichsmodelle genommen, welche sich durch Einführung von Restriktionen vom Ausgangsmodell unterscheiden. Mittels dieser Restriktionen wird die Existenz moderierender Effekt überprüft. Im zweiten Schritt wird dafür eine Gleichheitsrestriktion eingeführt. Diese postuliert einen bestimmten Parameterwert als zwischen den zwei oder mehr Gruppen als invariant, d.h. er muss für jede Gruppe denselben Wert annehmen. Alle anderen Parameter werden wie im Ausgangsmodell voneinander unabhängig geschätzt.

Von der Existenz eines moderierenden Effekts kann dann ausgegangen werden, wenn sich durch Einführung der Identitätsrestriktion die χ^2-Statistik für das Gesamtmodell signifikant verändert, da dies auf die nicht vorhandene Invarianz des interessierenden Parameters zurückgeführt wird. Dies wiederum bedeutet, dass die Parameterwerte mit Höhe der betrachteten Moderatorvariablen variieren. Die Richtung des Moderator-Effekts wird durch einen Vergleich der standardisierten Pfadkoeffizienten zwischen den Gruppen mit hohen bzw. niedrigen Ausprägungen des Moderators bestimmt. Allerdings kann die Stärke des Effekts mit diesem Verfahren nur eingeschränkt durch einen Vergleich der Differenz der Pfadkoeffizienten beurteilt werden. Je höher die Differenz der standardisierten Pfadkoeffizienten (unter ansonsten gleichen Bedingungen) ist, desto größer ist der moderierende Effekt.[1039]

Besondere Beachtung muss bei der kausalanalytischen Mehrgruppenanalyse der Teilung der Stichprobe in zwei Gruppen geschenkt werden. In der Regel erfolgt eine Zweiteilung der

[1039] Vgl. Borth, B.-O. (2004): a.a.O., S. 89.

Stichprobe durch einen Median-Split. Bei ausreichendem Stichprobenumfang kann auch von einer Aufteilung der Stichprobe in Terzile oder Quartile Gebrauch gemacht werden, um dann die Gruppen mit den extremsten Ausprägungen der Moderatorvariablen miteinander zu vergleichen. Durch diese Vorgehensweise werden tendenziell auch schwächere Interaktionseffekte eher identifiziert.

4.3.3 Mittelwertvergleich

Für den Vergleich der Ausprägung von Innovationsgrad und den Dimensionen der Unternehmenskultur zwischen jungen und mittelständischen Unternehmen wird je nach vorliegender normal- oder nicht normalverteilter Datenbasis der sog. t-Test oder der sog. Mann-Whitney-U-Test durchgeführt, welche die Mittelwerte auf Signifikanz-Unterschiede testen. Da diese statistischen Tests heute zum Standardrepertoire einer empirischen Analyse gehören, sei für weitere Ausführungen dazu auf die einschlägige Literatur verwiesen.[1040]

[1040] Vgl. z.B. Bender, R./Lange, S./Ziegler, A. (2002): Wichtige Signifikanztests, in: Deutsche Medizinische Wochenschrift, Artikel Nr. 11 der Statistik Serie.

5 Ergebnisse der Datenerhebung und Interpretation für junge und für mittelständische Unternehmen

Die Darstellung der Ergebnisse der Datenerhebung und ihre Interpretation wird in zwei Hauptkapiteln erfolgen. Kapitel 5.1 wird die Ergebnisse der Datenerhebung für junge Unternehmen behandeln, und Kapitel 5.2 wird die Ergebnisse im Hinblick auf den Mittelstand darstellen.

Die Darstellung der Ergebnisse der Datenerhebung für junge Unternehmen in Kapitel 5.1 wird in Anlehnung an die fünf betrachteten Dimensionen der Unternehmenskultur in den Unterkapiteln 5.1.1 bis 5.1.5 erfolgen. Jedes dieser Unterkapitel geht dann wiederum in fünf Analyseschritten (Kapitel 5.1.1.1 bis 5.1.1.5, Kapitel 5.1.2.1 bis 5.1.2.5[1041] usw.) vor: Bevor nämlich die in dieser Arbeit aufgestellten Hypothesen zum Unternehmenserfolg überprüft werden können, müssen zunächst jeweils in den Schritten eins bis drei die Messmodelle der fünf Dimensionen der Unternehmenskultur kausalanalytisch identifiziert und validiert sowie die entsprechenden Konstruktvalidierungen durchgeführt werden. Erst im vierten Schritt können dann die diesbezüglich aufgestellten Hypothesen zur Wirkung auf den Untenehmenserfolg mittels Dependenzanalysen überprüft werden.[1042] Der fünfte Schritt widmet sich jeweils den Hypothesen zum moderierenden Effekt des Innovationsgrads sowie der Entwicklungsstufe bei jungen Unternehmen.

Das Kapitel 5.2 stellt die Ergebnisse im Hinblick auf den Mittelstand dar. Dazu wird ein Mittelwertvergleich für die fünf in dieser Arbeit betrachteten Dimensionen der Unternehmenskultur zwischen den jungen und mittelständischen Unternehmen durchgeführt, um auf Basis des Deltas eine mögliche Übertragbarkeit von Ausprägungen der verschiedenen Dimensionen der Unternehmenskultur auf die mittelständischen Unternehmen zu diskutieren.

[1041] In Kapitel 5.1.2.2 werden ausnahmesweise die Schritte 2 und 3 zusammengefasst, so dass hier der fünfte Schritte in Kapitel 5.1.2.4 dargestellt wird.

[1042] Die Kausalanalyse zur Herleitung und Überprüfung des für die Dependenzanalyse notwendigen Erfolgskonstrukts ist in den Tabellen A-1 bis A-7 im Anhang dargestellt.

Für die Berechnungen der Ergebnisse wurden die Statistikprogramme SPSS 11.0 sowie AMOS 5.0 eingesetzt. Als Schätzverfahren wird bei Kausal- und Dependenzanalysen durchgängig das ULS-Verfahren verwendet, weil die Normalverteilungsannahme für alle in der vorliegenden Arbeit abgefragten Indikatoren auf Basis des Kolmogorov-Smirnoff-Tests deutlich abgelehnt werden kann. Alternativ könnte noch das ADF-Verfahren unter Verwendung der χ^2-Inferenzstatistiken benutzt werden; dieses verlangt aber einen nochmals deutlich höheren Stichprobenumfang, so dass davon, insbesondere auch vor dem Hintergrund der notwendigen Teilung der Stichprobe für die Untersuchung moderierender Effekte, Abstand genommen wird.[1043]

5.1 Darstellung der Ergebnisse der Datenerhebung für junge Unternehmen

5.1.1 Untersuchung der Kommunikations-Kultur in jungen Unternehmen

5.1.1.1 Kommunikations-Kultur Schritt 1: Explorative Faktorenanalyse und Interpretation der einzelnen Faktoren für junge Unternehmen

Mittels der explorativen Faktorenanalyse lässt sich herausfinden, inwiefern die aus Literaturrecherche und Expertengesprächen postulierte Faktorenstruktur tatsächlich zutreffend ist. Wie schon in Kapitel 4.3.1.2 beschrieben, geben die Faktorladungen der Indikatoren dabei ersten Aufschluss über die Konvergenz- und Diskriminanzvalidität und werden daher als erstes, sukzessives Eliminationskriterium verwendet (geforderte Faktorladung >0,4; wobei dieser Indikator höchstens mit 0,35 auf einen weiteren Faktor laden darf)[1044].

Wie im theoretischen Teil beschrieben, werden neun Indikatoren im Rahmen der geschäftsbezogenen Kommunikations-Kultur berücksichtigt. Sowohl der Bartlett-Test (Signifikanz-Niveau: 0,000) als auch das KMO-Kriterium (MSA=0,834) legen den Schluss nahe, dass ein

[1043] Vgl. Backhaus, K. et al. (2005): a.a.O., S. 368 ff.
[1044] Vgl. ähnlich Borth, B.-O. (2004): a.a.O., S. 157. Dort wird der Indikator-Grenzwert für Ladung auf einen anderen Faktor bei 0,30 angesetzt.

hinreichend starker Zusammenhang zwischen den Indikatoren besteht und eine Faktorenanalyse sinnvoll ist.[1045] Bei Anwendung der schiefwinkligen[1046] bzw. obliminen Hauptkomponentenanalyse können mit Hilfe des Kaiser-Kriteriums entgegen den Erwartungen zwei Faktoren der geschäftsbezogenen Kommunikations-Kultur extrahiert werden (vgl. Tab. 5-1). Der erste Faktor besteht aus sieben Indikatoren. Durch die darin abgefragten Inhalte kann der Faktor als "Stellenwert von Offenheit und Proaktivität der arbeitsbezogenen Kommunikation" bezeichnet werden. Der zweite Faktor besteht aus zwei Indikatoren, die sich auf Kontrolle und Sanktionen im Hinblick auf die Weitergabe von arbeitsbezogenen Informationen beziehen; daher soll dieser zweite Faktor "Kontrolle der betriebsbezogenen Kommunikation" genannt werden. Insgesamt lassen sich knapp 59% der Gesamtvarianz durch die zwei ermittelten Faktoren erklären, was im Hinblick auf den geforderten Minimalwert von 50% als zufriedenstellend zu beurteilen ist.

Auch für die Kultur der privaten Kommunikation ergibt sich eine zweifaktorielle Struktur (vgl. Anhang Tab. 9). Die erklärte Gesamtvarianz beträgt knapp 63%. Vor dem Hintergrund der in den einzelnen Faktoren enthaltenen Indikatoren sollen diese beiden Faktoren als "Stellenwert von Offenheit und Proaktivität der privaten Kommunikation" sowie "Stellenwert von gemeinsamen Freizeitaktivitäten" überschrieben werden.

Die Ergebnisse der explorativen Faktorenanalyse liefern also erste Hinweise auf eine hohe Konvergenz- und Diskriminanzvalididät, da alle Indikatoren ausreichend hoch auf einen Faktor laden. Im nächsten Schritt werden die Faktoren einer konfirmatorischen Faktorenanalyse unterzogen.

[1045] Vgl. Backhaus, K. et al. (2005): a.a.O., S. 272 ff. Ein MSA von $\geq 0{,}8$ wird dort als "verdienstvoll" bzw. gut beurteilt. Bei den noch folgenden explorativen Faktorenanalysen werden diese Werte, sofern sie größer oder gleich 0,6 ("mittelmäßig") und damit aus Sicht der vorliegenden Arbeit akzeptabel sind, nicht mehr separat dargestellt.

[1046] Diese wird auch Oblimin-Rotation genannt. Vgl. Kapitel 4.3.1.2. Diese wird auch, sofern nicht anders angegeben, in allen folgenden explorativen Faktorenanalysen verwendet.

Tab. 5-1: Ergebnisse der explorativen Faktorenanalyse zur arbeitsbezogenen Kommunikations-Kultur[1047]

	Faktorladungen* nach schiefwinkliger Rotation	
Indikator	**Faktor I**	**Faktor II**
...wird besonderer Wert auf eine offene arbeitsbezogene Kommunikation gelegt.	**0,73**	0,08
...wird erwartet, dass relevante unternehmensbezogene Informationen offen von allen Mitarbeitern geteilt werden.	**0,72**	0,19
...wird auf die unmittelbare Weitergabe von arbeitsbezogenen Informationen besonders viel Wert gelegt.	**0,81**	0,01
...streben wir proaktive arbeitsbezogene Kommunikation an.	**0,81**	0,02
...wird eine funktionsübergreifende Informationsweitergabe angestrebt.	**0,76**	0,09
...wird erwartet, dass regelmäßig funktionsübergreifende Besprechungen stattfinden.	**0,46**	0,33
...wird die Weitergabe von arbeitsbezogenen Informationen erwartet.	**0,74**	0,11
...wird die Weitergabe von arbeitsbezogenen Informationen kontrolliert.	0,09	**0,84**
...wird das Zurückhalten von wichtigen unternehmensrelevanten Informationen sanktioniert.	0,10	**0,81**
Durch den Faktor erklärte Varianz	**43,3%**	**15,5%**

* Die Vorzeichen der Faktorladungen liefern keine relevanten Informationen; daher sind in der Tabelle nur die Beträge der Faktorladungen dargestellt.

5.1.1.2 Kommunikations-Kultur Schritt 2: Untersuchung der einzelnen Faktoren mittels konfirmatorischer Faktorenanalyse für junge Unternehmen

In dieser Analysestufe der konfirmatorischen Faktorenanalyse werden alle Faktoren einzeln betrachtet und auf die Gütekriterien der ersten und der zweiten Generation zur Beurteilung von Reliabilität und Validität überprüft.

Wie aus der folgenden Tab. 5-2 ersichtlich, wurden beim Faktor "Stellenwert der Offenheit der betriebsbezogenen Kommunikation" zwei Indikatoren eliminiert; der Grund dafür liegt in

[1047] Die in dieser Tabelle dargestellten Detailinformationen zur explorativen Faktorenanalyse werden für alle weiteren in der vorliegenden Arbeit zu untersuchenden Faktoren in Tabellen im Anhang dargestellt.

zu geringen Indikatorreliabilitäten. Aus Gründen der Inhaltsvalidität wird der erste Indikator trotz leichter Unterschreitung des Grenzwerts für die Indikatorreliabilität beibehalten. Alle weiteren Gütekriterein nehmen sehr zufrieden stellende Werte an.

Tab. 5-2: Informationen der konfirmatorischen Faktorenanalyse zum Faktor I der arbeitsbezogenen Kommunikation – "Stellenwert der Offenheit der arbeitsbezogenen Kommunikation"[1048]

Nr.	Indikator	Faktorladung¹	Item-to-Total-Korrelation¹	Indikator-reliabilität²
I-1	...wird besonderer Wert auf eine offene arbeitsbezogene Kommunikation gelegt.	0,71	0,56	0,38
I-2	...wird erwartet, dass relevante unternehmensbezogene Informationen offen von allen Mitarbeitern geteilt werden.	Eliminiert		
I-3	...wird auf die unmittelbare Weitergabe von arbeitsbezogenen Informationen besonders viel Wert gelegt.	0,84	0,72	0,64
I-4	...streben wir proaktive arbeitsbezogene Kommunikation an.	0,82	0,70	0,61
I-5	...wird eine funktionsübergreifende Informationsweitergabe angestrebt.	0,78	0,64	0,51
I-6	...wird erwartet, dass regelmäßig funktionsübergreifende Besprechungen stattfinden.	Eliminiert		
I-7	...wird die Weitergabe von arbeitsbezogenen Informationen erwartet.	0,79	0,66	0,53
	Informationen zum Faktor I der betriebsbezogenen Kommunikations-Kultur: **'Stellenwert der Offenheit der arbeitsbezogenen Kommunikation'** ¹ ²:			
	Cronbachsches Alpha:	0,85	GFI:	0,99
	Faktorreliabilität:	0,85	AGFI:	0,99
	Erklärte Varianz:	62,34%	RMR:	0,04
	Durchschnittlich erfasste Varianz (DEV):	0,54	NFI:	0,99
	¹Nach finaler, 1-faktorieller explorativer Faktorenanalyse in SPSS ²Nach finaler, 1-faktorieller konfirmatorischer Faktorenanalyse in AMOS			

Für den Faktor "Kontrolle der betriebsbezogenen Kommunikation" liegen die Item-To-Total-Korrelationen beider Indikatoren leicht unterhalb des geforderten Grenzwerts (vgl. Anhang Tab. 10). Da jedoch das Cronbachsche Alpha einen zufrieden stellenden Wert aufweist, wird der Faktor in der weiteren Analyse beibehalten.

Die Gütekriterien des ersten Faktors der privaten Kommunikations-Kultur ("Stellenwert von Offenheit und Proaktivität der privaten Kommunikation") sind als sehr gut zu bezeichnen

[1048] Die in dieser Tabelle dargestellten Detailinformationen zur konfirmatorischen Faktorenanalyse werden für alle weiteren in der vorliegenden Arbeit zu untersuchenden Faktoren in Tabellen im Anhang dargestellt.

(vgl. Anhang Tab. 11). Gleiches gilt (vgl. Anhang Tab. 12) auch für den zweiten Faktor der privaten Kommunikations-Kultur ("Stellenwert von gemeinsamen Freizeitaktivitäten"). Die Gütekriterien, die sich auf Basis des Messmodells mit drei Indikatoren ergeben, lassen auf eine hohe Validität und Reliabilität der Messung schließen. Der vierte Indikator musste eliminiert werden.

Im nächsten Kapitel folgt nun die Betrachtung der zwei Gesamtkonstrukte "Arbeitsbezogene Kommunikations-Kultur" und "Private Kommunikations-Kultur" mittels einer konfirmatorischen Faktorenanalyse zweiter Ordnung, um zu prüfen, ob die jeweils gefundenen Dimensionen auch tatsächlich auf die übergeordneten Konstrukte laden.

5.1.1.3 Kommunikations-Kultur Schritt 3: Untersuchung der Gesamtmodelle für junge Unternehmen

Die Ergebnisse der konfirmatorischen Faktorenanlyse zweiter Ordnung[1049] für das Konstrukt der arbeitsbezogenen Kommunikations-Kultur sind insgesamt zufrieden stellend (vgl. Tab. 5-3). Zwar führt der zweite Faktor aufgrund einer negativen Fehlervarianz[1050] für den dort verwendeten ersten Indikator ("II-1") zu Grenzwerten unterhalb der Anspruchsniveaus und damit auch zu Grenzwerten des gesamten Konstrukts, welche teilweise (Faktorreliabilität und DEV) unterhalb der gesetzten Grenzwerte liegen. Da die Kontrolle und Sanktionierung des Zurückhaltens von Informationen in dieser Arbeit jedoch ausdrücklich als mögliche und auch notwendige Teile einer arbeitsbezogenen Kommunikations-Kultur verstanden werden, soll dieser Faktor aus Gründen der Inhaltsvalidität beibehalten werden.

[1049] Vgl. für eine konfirmatorische Faktorenanalyse zweiter Ordnung z.B. Bauer, H.H./Falk, T./Hammerschmidt, M. (2004): Messung und Konsequenzen von Servicequalität im E-Commerce, in: Marketing ZFP.

[1050] Negative Fehlervarianzen werden auch als Heywood-Cases bezeichnet. Ein Heywood-Case ist ein umzulässiger Parameter eines geschätzten Wertes. Für negative Fehlervarianzen kann es vielfache Gründe geben, z.B. eine zu geringe Stichprobengröße. In der Praxis werden diese negativen Varianzen auf Null gesetzt und das Modell mit diesen zusätzlichen Restriktionen neu gefittet. Vgl. Macho, S. (2004): Vorlesungsskript: Kausale Modellierung mit linearen Strukturgleichungsmodellen – Teil 3: Konfirmative Faktorenanalyse, S. 72 f.

Tab. 5-3: Informationen zum gesamten Konstrukt der arbeitsbezogenen Kommunikations-Kultur[1051]

Nr.	Indikator	Faktor-ladung[1]	Indikator-reliabilität	Faktor-ladung 2. Ordnung	Faktor-reliabilität	DEV
I-1	...wird besonderer Wert auf eine offene arbeitsbezogene Kommunikation gelegt.	0,61	0,37	0,89	0,85	0,53
I-2	...wird auf die unmittelbare Weitergabe von arbeitsbezogenen Informationen besonders viel Wert gelegt.	0,79	0,63			
I-3	...streben wir proaktive arbeitsbezogene Kommunikation an.	0,77	0,60			
I-4c	...wird eine funktionsübergreifende Informationsweitergabe angestrebt.	0,72	0,51			
I-5	...wird die Weitergabe von arbeitsbezogenen Informationen erwartet.	0,75	0,56			
II-1	...wird die Weitergabe von arbeitsbezogenen Informationen kontrolliert.	(1,00)[2]	(1,00)[2]	0,34	0,70	0,60
II-2	...wird das Zurückhalten von wichtigen unternehmensrelevanten Informationen sanktioniert.	0,44	0,19			

Informationen zum **gesamten Konstrukt der arbeitsbezogenen Kommunikations-Kultur**:

Konstruktreliabilität:	0,58	AGFI:	1,00
Durchschnittlich erfasste Varianz (DEV):	0,45	RMR:	0,04
GFI	1,00	NFI:	0,99

[1] Standardisierte Werte aus AMOS
[2] Die Fehlervarianz dieses Indkators wies einen leicht negativen Wert auf und wurd daher auf Null gesetzt.

Auch die Überprüfung der Diskriminanzvalidität mittels des strengen Fornell-Larcker-Kriteriums ergibt einen sehr guten Wert.

Tab. 5-4: Beurteilung der Diskriminanzvalidität der Faktoren der arbeitsbezogenen Kommunikations-Kultur[1052]

Arbeitsbezogene Kommunikations-Kultur	Faktor	Faktor I	Faktor II
	DEV	0,53	0,6
Faktor I: Stellenwert der Offenheit der arbeitsbezogenen Kommunikation	0,53	-	-
Faktor II: Kontrolle der geschäftlichen Kommunikation	0,60	0,09	-

[1051] Die in dieser Tabelle dargestellten Detailinformationen zur konfirmatorischen Faktorenanalyse zweiter Ordnung werden für alle weiteren in der vorliegenden Arbeit zu untersuchenden Faktoren in Tabellen im Anhang dargestellt.

[1052] Die in dieser Tabelle dargestellten Detailinformationen zur Diskriminanzvalidität werden für alle weiteren in der vorliegenden Arbeit zu untersuchenden Faktoren in Tabellen im Anhang dargestellt.

Auch die Ergebnisse der konfirmatorischen Faktorenanlyse zweiter Ordnung für das Konstrukt der privaten Kommunikations-Kultur (vgl. Anhang Tab. 13) sind insgesamt als sehr zufrieden stellend zu beurteilen. Lediglich der RMR liegt mit 0,12 leicht über dem geforderten Grenzwert von 0,10. Die Diskriminanzvalididtät des Konstrukts liegt ebenfalls im akzeptablen Bereich (vgl. Anhang Tab. 14).

Somit kann nun im folgenden Kapitel im vierten Schritt die Überprüfung der Hypothesen unter Verwendung der in den Schritten eins bis drei ermittelten Konstrukte erfolgen.

5.1.1.4 Kommunikations-Kultur Schritt 4: Dependenzanalyse im Hinblick auf den Unternehmenserfolg von jungen Unternehmen

Zur Erfolgswirkung der Kommunikations-Kultur ohne Berücksichtigung eines moderierenden Effekts des Innovationsgrads wurden in Kapitel 3.7.1.1.1 die folgenden zwei Hypothesen aufgestellt:

Hypothese 2 a: Eine ausgeprägte Kultur der offenen arbeitsbezogenen Kommunikation fördert den Erfolg in jungen Unternehmen positiv.

Hypothese 2 c: Eine ausgeprägte Kultur der offenen privaten Kommunikation fördert den Erfolg in jungen Unternehmen positiv.

Diese werden im Folgenden einer Überprüfung unterzogen.

Das Pfaddiagramm zur Darstellung des Zusammenhangs zwischen dem Konstrukt der arbeitsbezogenen Kommunikations-Kultur und dem Unternehmenserfolg[1053] (Abb. 5-1) zeigt einen starken Zusammenhang zwischen einer hohen Ausprägung der arbeitsbezogenen Kom-

[1053] Die konfirmatorische Faktorenanalyse zur Bestimmung der Faktoren des Konstrukts des Unternehmenserfolgs wird aus Gründen des Darstellungsflusses erst im Anhang dargestellt (vgl. bis Anhang Tab. 8).

munkations-Kultur und dem Unternehmenserfolg. Der standardisierte Pfadkoeffizient beträgt +0,49 und wird als Korrelation zwischen den beiden latenten Variablen interpretiert, auch wenn durch das ULS-Schätzverfahren keine Signifikanz-Niveaus angegeben werden dürfen. Die damit erklärte Varianz des Unternehmenserfolgs durch die latente Variable "Arbeitsbezogene Kommunikations-Kultur" beträgt 24%. Dieser Wert ist ebenfalls als hoch anzusehen angesichts der Tatsache, dass hier ausschließlich die arbeitsbezogene Kommunikations-Kultur betrachtet wird, welche letztlich lediglich eine von vielen "Werkzeugen" zum Management eines Unternehmens darstellt. Die Güte- bzw. Globalkriterien des Messmodells liegen ebenfalls alle in einem sehr zufrieden stellenden Bereich.

Auch die private Kommunikations-Kultur wirkt positiv auf den Unternehmenserfolg (Abb. 5-2). Der standardisierte Pfadkoeffizient beträgt +0,23 und auch die Globalkriterien des Modells liegen im guten Bereich, lediglich der RMR übersteigt den Grenzwert leicht. Der erklärte Varianzanteil des Gesamterfolgs ist jedoch mit 0,05 bzw. 5% deutlich kleiner als bei der arbeitsbezogenen Kommunikations-Kultur. Die private Kommunikations-Kultur ist daher als weniger wichtig für den Unternehmenserfolg in jungen Unternehmen einzuschätzen als die arbeitsbezogene Kommunikation.

Abb. 5-1: Erfolgswirkung der arbeitsbezogenen Kommunikations-Kultur[1054]

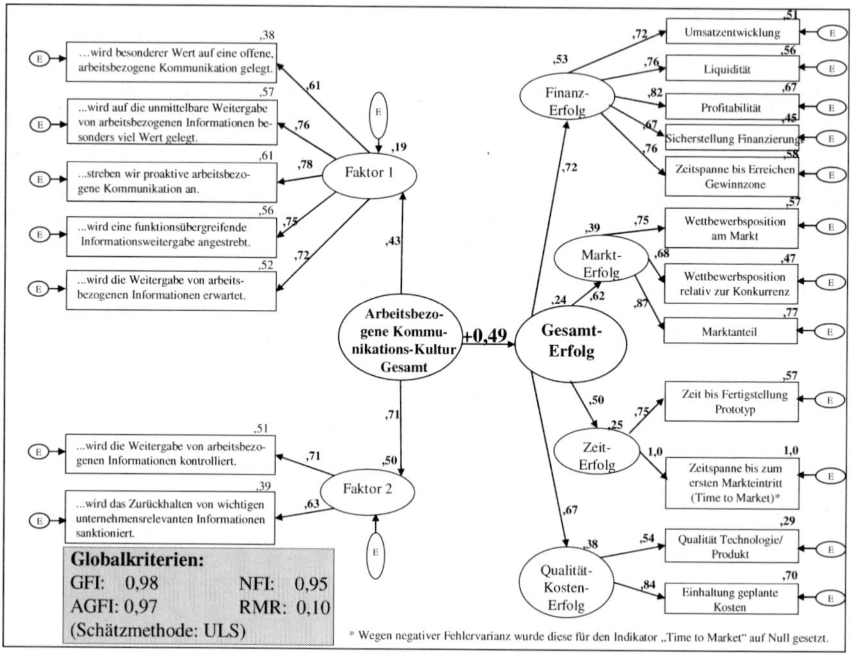

[1054] Die in der Abbildung aufgeführten Zahlenwerte an den Pfeilen stellen die standardisierten (Wertebereich zwischen 0 und 1) Pfadkoeffizienten dar. Die Zahlen auf den Rechtecken bzw. den Ovalen/Kreisen sind die erklärten Varianzanteile der manifesten, d.h. beobachtbaren, und auch der latenten Variablen. Sie entsprechen den quadrierten Pfadkoeffizienten bzw. Faktorladungen. Die unerklärten Varianzanteile, d.h. auf Messfehler und evtl. nicht berücksichtigte Variableneffekte zurückgehenden Effekte, berechnen sich als "1 minus erklärte Varianz". Vgl. Backhaus, K. et al. (2005): a.a.O., S. 405 f.

Abb. 5-2: Erfolgswirkung der privaten Kommunikations-Kultur

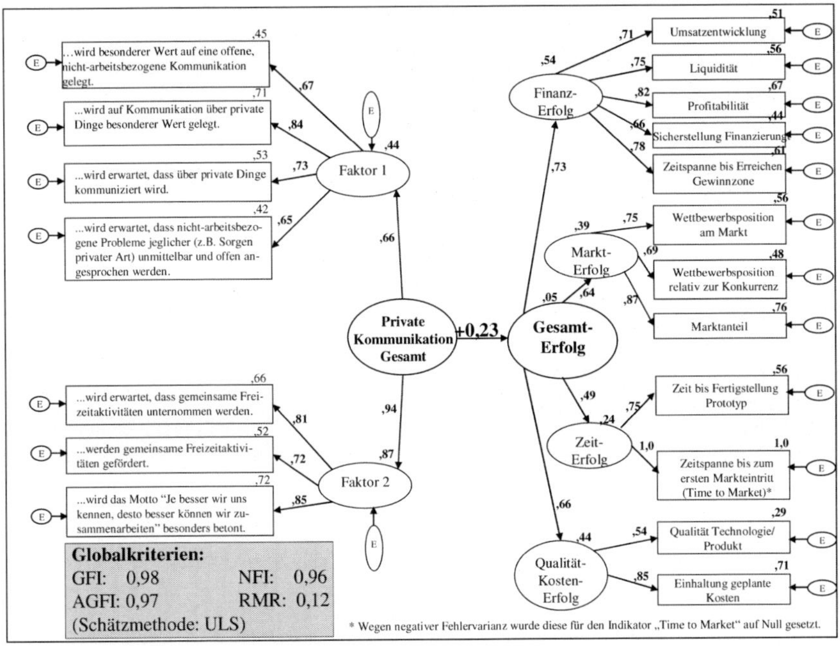

Insgesamt können jedoch beide Hypothesen 2a und 2c zur Wirkung der jeweiligen Dimension der Kommunikations-Kultur auf den Unternehmenserfolg als bestätigt angesehen werden.[1055]

5.1.1.5 Kommunikations-Kultur Schritt 5: Mehrgruppenanalyse zur Überprüfung des moderierenden Effekts des Innovationsgrades und der Entwicklungsstufe bei jungen Unternehmen

Zur Erfolgswirkung der Kommunikations-Kultur unter Berücksichtigung der moderierenden Wirkung des Innovationsgrads wurden in Kapitel 3.7.1.1.1 die folgenden zwei Hypothesen aufgestellt, die im vorliegenden Kapitel überprüft werden:

[1055] Vgl. Kapitel 3.8 für eine zusammenfassende Übersicht aller Hypothesen.

Hypothese 2 b: Je radikaler ein Innovationsvorhaben in jungen Unternehmen ist, desto wichtiger für den Erfolg ist eine ausgeprägte Kultur der offenen arbeitsbezogenen Kommunikation.

Hypothese 2 d: Je radikaler ein Innovationsvorhaben in jungen Unternehmen ist, desto wichtiger für den Erfolg ist eine ausgeprägte Kultur der offenen privaten Kommunikation.

Des Weiteren wurden in Kapitel 1.2.2 die folgenden Hypothesen zur moderierenden Wirkung der Entwicklungsstufe eines Unternehmens auf die Beziehung zwischen der jeweiligen Dimension der Unternehmenskultur und dem Unternehmenserfolg aufgestellt; diese werden in diesem Kapitel sowohl für die arbeitsbezogene als auch die private Kommunikations-Kultur überprüft:

Hypothese 1a: Ein moderierender Effekt der Entwicklungsstufe eines jungen Unter nehmens auf die Wirkungsbeziehung zwischen der arbeitsbezogenen Kommunikations-Kultur und dem Unternehmenserfolg liegt nicht vor.

Hypothese 1b: Ein moderierender Effekt der Entwicklungsstufe eines jungen Unternehmens auf die Wirkungsbeziehung zwischen der privaten Kommunikations-Kultur und dem Unternehmenserfolg liegt nicht vor.

Die Untersuchung der moderierenden Effekte des Innovationsgrads sowie der Entwicklungsstufe von jungen Unternehmen erfolgt für jede Wirkungsbeziehung separat. Da, anders als die Entwicklungsstufe[1056], der Innovationsgrad durch mehr als einen Indikator operationalisiert wurde, wird vor Beginn der Untersuchung eine Verdichtung vorgenommen, indem der Wert des Faktors "Innovationsgrad" als Mittelwert über die Werte der dem Innovationsgrad zuge-

---

[1056] Vgl. Kapitel 1.2.2 der vorliegenden Arbeit.

ordneten Indikatorvariablen berechnet wird. Dabei wurde der Mittelwert des Innovationsgrads bei den in Tab. 5-5 dargestellten Ergebnissen der Mehrgruppenanalyse aus allen im theoretischen Teil der vorliegenden Arbeit[1057] erarbeiteten 16 Indikatoren gebildet.[1058] Zum Vergleich wurde dieser Durchschnitt jedoch zusätzlich auch auf Basis von nur zehn Indikatoren berechnet, welche sich aus der konfirmatorischen Faktorenanalyse des Innovationsgrad-Konstrukts ergeben haben.[1059]

Um für jeden ermittelten Teildatensatz eine ausreichende Stichprobengröße sicherzustellen, gleichzeitig aber bei der Untersuchung des moderierenden Effekts des Innovationsgrades auf den Zusammenhang zwischen Kommunikations-Kultur und Unternehmenserfolg die nötige Trennschärfe zu erreichen, wird folgendermaßen vorgegangen: Die aus Tab. 5-5 ersichtlichen Ergebnisse verwenden eine Aufteilung der Stichprobe der betrachteten jungen Unternehmen (n=330) in Terzile, d.h. es wird eine Gruppe der Moderatorvariablen "Innovationsgrad" gebildet, welche eine hohe Ausprägung aufweist und das obere Drittel der Verteilung der Variablen repräsentiert (Index der Gruppe: h), und eine andere Gruppe mit den Fällen, welche eine niedrige Ausprägung aufweisen und entsprechend das untere Drittel der Verteilung darstellen (Index der Gruppe: n). Diese Terzil-Bildung erfolgt, wie oben erwähnt, sowohl für den Innovationsgrad-Durchschnitt auf Basis von 16 ("Terzil 16") als auch auf Basis von 10 Indikatoren ("Terzil 10"). Bei der Mehrgruppenanalyse werden dann jeweils diese beiden Terzil-Gruppen im Hinblick auf die geschätzten Parameterwerte miteinander verglichen. Zusätzlich, um die Interpretation der Ergebnisse zu verbessern bzw. die Ergebnisse auf Basis des Terzil-Splits zu validieren, wird auch noch eine Mehrgruppenanalyse auf Basis eines Mediansplits[1060] vorge-

---

[1057] Vgl. Kapitel 2.3.3 der vorliegenden Arbeit.

[1058] Die nachfolgend beschriebene Vorgehensweise bei der Analyse der moderierenden Effekt gilt auch für alle weiteren analysierten Dimensionen der Unternehmenskultur in Kapitel 5.

[1059] Die konfirmatorische Faktorenanalyse des Innovationsgrads ist im Anhang dargestellt (vgl. Anhang Tab. 15 bis Anhang Tab. 20). Es ergaben sich vier Faktoren "Technologieeigenschaften" (4 Indikatoren), "Kundennutzen und Neuheit am Markt" (2 Indikatoren), "Lernaufwand für den Kunden" (2 Indikatoren) sowie "Komplexität von Markt und Umfeld" (2 Indikatoren). Entgegen den Erwartungen (vgl. Kapitel 2.3.3) konnte keine wie vorher antizipierte Dimension "Externer Ressourcenfit" bestätigt werden; hier blieb von einem möglichen Konstrukt nach Bestimmung der Gütemaße nur ein Indikator übrig, so dass dieser Faktor als nicht bestätigt betrachtet wird.

[1060] Bei einem Mediansplit wird die Stichprobe zweigeteilt. Die untere Gruppe beinhaltet alle Fälle, welche unterhalb des Medians liegt, die obere Hälfte alle Fälle, welche oberhalb liegen.

nommen, und zwar wiederum einmal für den Innovationsgrad errechnet auf Basis von 16 ("Mediansplit 16") und einmal auf Basis von 10 Indikatoren ("Mediansplit10"). Insgesamt werden somit vier Analysen pro zu überprüfender Hypothese im Hinblick auf den Moderatoreffekt des Innovationsgrads durchgeführt, um das Ergebnis ausreichend zu validieren.

Tab. 5-5: Moderierender Effekt des Innovationsgrades auf den Zusammenhang zwischen Kommunikations-Kultur und Unternehmenserfolg ("Terzil 16")

Hypothese	Ausprägung der Moderator-Variablen "Innovationsgrad"[1]	Teilstichprobenumfang		Moderierender Effekt auf den Erfolg
		Absolut	Anteil[2]	
2b: Je radikaler ein Innovationsvorhaben in jungen Unternehmen ist, desto wichtiger für den Erfolg ist eine ausgeprägte Kultur der offenen **arbeitsbezogenen** Kommunikation	-Hoch: ≥ 4,5 -Niedrig: ≤ 3,4	n (hoch) =102 n (niedrig)= 88	31% 27%	$\gamma^h = 0,66$ $\gamma^n = 0,33$ $\Delta\chi^2 = 40,17$ **(+) ***[4]**
2d: Je radikaler ein Innovationsvorhaben in jungen Unternehmen ist, desto wichtiger für den Erfolg ist eine ausgeprägte Kultur der offenen **privaten** Kommunikation.	-Hoch: ≥ 4,5 -Niedrig: ≤ 3,4	n (hoch) =102 n (niedrig)= 88	31% 27%	$\gamma^h = 0,12$ $\gamma^n = 0,26$ $\Delta\chi^2 = 98,79$ **(-) *****

[1] Sofern nicht anders angegeben: Skalen der Moderatorvariablen von 1 (niedrig) bis 7 (hoch)

[2] Sofern nicht anders angegeben: Perzentilwert bezogen auf betrachtete Gesamtrücklauf-Stichprobe (n=330)

[3] Sofern nicht anders angegeben: γ^h und γ^n geben die standardisierten Pfadkoeffizienten bei separater Modellschätzung auf Basis des Teildatensatzes mit hohen (h) bzw. niedrigen (n) Ausprägungen der Moderatorvariablen an:
$\gamma^h > \gamma^n$: Positive Moderation (+)
$\gamma^h < \gamma^n$: Negative Moderation (-)

[4] Bei dieser Berechnung wurden wegen negativer Fehlervarianzen und dadurch unbrauchbarer Ergebnisse trotz des Setzens der Fehlervarianzen auf Null die Erfolgsdimensionen "Zeit-Erfolg" sowie "Qualität-Kosten-Erfolg" nicht berücksichtigt.

n.s.: Nicht signifikant auf 10%-Niveau
*: Signifikant auf 10%-Niveau
**: Signifikant auf 5%-Niveau
***: Signifikant auf 1%-Niveau

Bei der Überprüfung des moderierenden Effekts der Entwicklungsstufe wurde, um aufgrund einer stark rechtsschiefen Verteilung[1061] eine ausreichende Stichprobengröße sicherzustellen, für alle Dimensionen der Unternehmens-Kultur ausschließlich ein Mediansplit durchgeführt.

Wie aus Tab. 5-5 ersichtlich, übersteigt die χ^2-Differenz mit 40,17 den kritischen Wert von 6,63 für einen Freiheitsgrad-Unterschied auf dem 1%-Signifikanzniveau[1062] deutlich, und damit moderiert der Innovationsgrad die Wirkung der arbeitsbezogenen Kommunikations-Kultur auf den Erfolg signifikant positiv, d.h. je höher der Innovationsgrad, desto wichtiger für den Erfolg ist eine ausgeprägte Kultur der arbeitsbezogenen Kommunikation. Hypothese 2b kann somit bestätigt werden. Auch wenn die Stärke des moderierenden Effekts mittels der Mehrgruppenanalyse auf Basis der Differenz der Parameterwerte nur eingeschränkt beurteilt werden kann[1063], so ist doch bei einer Differenz der Pfadkoeffizienten von mehr als 0,3 von einem spürbaren Effekt auszugehen. Dieses Ergebnis wird zusätzlich von allen drei weiteren Analysen "Mediansplit 16", "Terzil 10" und "Mediansplit 10" auf einprozentigem Signifikanz-Niveau untermauert. Hypothese 2d bzgl. der privaten Kommunikations-Kultur kann jedoch nicht bestätigt werden. Im Gegenteil: Hier besteht ein signifikant negativer Zusammenhang auf 1%-Signifikanzniveau. Dieser wird auch bestätigt durch die Analysen "Mediansplit 16", "Terzil 10" und "Mediansplit 10".[1064] Je radikaler eine Innovation also ist, desto weniger wichtig ist private Kommunikation. Ein möglicher Grund könnte die notwendige Fokussierung aller Ressourcen auf die Umsetzung der radikalen Innovation sein, wobei private Kommunikation nur ablenkt. Die fundierte Ermittlung von Gründen muss jedoch Gegenstand weiterer Forschungsanstrengungen bleiben.

Die moderierende Wirkung der Entwicklungsstufe ist aus Tab. 5-6 ersichtlich. Dabei ergibt sich entgegen der Hypothese 1a eine signfikant positive Moderation für die arbeitsbezogene

[1061] Zum Zeitpunkt der Befragung befanden sich 302 von 330 jungen Unternehmen in Entwicklungsstufe 3,5 bzw. 4.

[1062] Der kritische Wert bei einem Freiheitsgrad Unterschied für das 5%-Signifikanzniveau beträgt 3,84, für das 10%-Niveau beträgt er 2,71 (vgl. Borth, B.-O. (2004): a.a.O., S. 189 ff.).

[1063] Vgl. Borth, B.-O. (2004): a.a.O., S. 89.

[1064] "Mediansplit 10" jedoch auf 5%-Signifikanzniveau.

Kommunikations-Kultur, d.h. je weiter fortgeschritten in der Entwicklung ein junges Unternehmen ist, desto wichtiger für den Erfolg ist eine hohe Ausprägung der arbeitsbezogenen Kommunikations-Kultur. Bei der privaten Kommunikations-Kultur ergab sich kein signifikanter Effekt, Hypothese 1b ist damit bestätigt und geht einher mit der im Vergleich zur arbeitsbezogenen Kommunikations-Kultur deutlich geringeren Erfolgsrelevanz der privaten Kommunikations-Kultur.

Tab. 5-6: Moderierender Effekt der Entwicklungsstufe auf den Zusammenhang zwischen Kommunikations-Kultur und Unternehmenserfolg

Hypothese	Ausprägung der Moderator-Variablen "Entwicklungsstufe"[1]	Teilstichprobenumfang		Moderierender Effekt auf den Erfolg
		Absolut	Anteil[2]	
1a: Ein moderierender Effekt der Entwicklungsstufe eines jungen Unternehmens auf die Wirkungsbeziehung zwischen der **arbeitsbezogenen** Kommunikations-Kultur und dem Unternehmenserfolg liegt nicht vor.	-Hoch: 4 -Niedrig: ≤ 3,5	n (hoch) =186 n (niedrig)= 144	56% 44%	γ^h **= 0,48** γ^n **= 0,35** $\Delta\chi^2$ **= 4,88** (+) ***[4]
1b: Ein moderierender Effekt der Entwicklungsstufe eines jungen Unternehmens auf die Wirkungsbeziehung zwischen der **privaten** Kommunikations-Kultur und dem Unternehmenserfolg liegt nicht vor.	-Hoch: 4 -Niedrig: ≤ 3,5	n (hoch) =186 n (niedrig)= 144	56% 44%	γ^h **= 0,25** γ^n **= 0,25** $\Delta\chi^2$ **= 0,62** **n.s.**[4]

[1] Sofern nicht anders angegeben: Skalen der Moderatorvariablen von 1 bis 4 (mit Zwischenabstufungen im Abstand 0,5)

[2] Sofern nicht anders angegeben: Perzentilwert bezogen auf betrachtete Gesamtrücklauf-Stichprobe (n=330)

[3] Sofern nicht anders angegeben: γ^h und γ^n geben die standardisierten Pfadkoeffizienten bei separater Modellschätzung auf Basis des Teildatensatzes mit hohen (h) bzw. niedrigen (n) Ausprägungen der Moderatorvariablen an:
$\gamma^h > \gamma^n$: Positive Moderation (+)
$\gamma^h < \gamma^n$: Negative Moderation (-)

[4] Bei dieser Berechnung wurden wegen negativer Fehlervarianz im Erfolgskonstrukt für "Time to Market" diese auf Null gesetzt.

n.s.: Nicht signifikant auf 10%-Niveau
*: Signifikant auf 10%-Niveau
**: Signifikant auf 5%-Niveau
***: Signifikant auf 1%-Niveau

5.1.2 Untersuchung der Konflikt-Kultur

5.1.2.1 Konflikt-Kultur Schritt 1: Explorative Faktorenanalyse und Interpretation der einzelnen Konstrukte für junge Unternehmen

Die Ergebnisse der explorativen Faktorenanalysen für alle Konflikt-Kultur-Konstrukte sind im Anhang aus den Tabellen Anhang Tab. 21 bis Anhang Tab. 32 ersichtlich. Alle 12 Konstrukte – jew. für Sachkonflikte und Beziehungskonflikte: 1. Vermeidungs-Kultur, 2. Nachgebe-Kultur, 3. Zusammenarbeits-Kultur, 4. Durchsetz-Kultur, 5. Kompromiss-Kultur, 6. Drittpartei-Kultur – konnten wie erwartet jeweils einfaktoriell bestätigt werden und wiesen auch durchweg gute bis sehr gute Faktorladungen und Anteile erklärter Varianz auf.

Lediglich beim Konstrukt "Vermeidungs-Kultur bei Sachkonflikten" musste der vierte Indikator schon auf dieser Analysestufe eliminiert werden, um eine erklärte Varianz über 50% zu erreichen.[1065] Schon an dieser Stelle sei angemerkt, dass das Konstrukt "Drittpartei-Kultur bei Sachkonflikten" auf Basis der späteren Faktorenanalyse komplett eliminiert und von der weiteren Analyse ausgeschlossen wurde. Dort trat bei der konfirmatorischen Faktoranalyse eine negative Fehlervarianz für den mittleren Indikator vor, und trotz des Setzens der Varianz auf Null bestanden weiterhin inakzeptable Werte für alle Indikatoren. Darüber hinaus lag auch das Cronbachsche Alpha bei lediglich 0,56.

5.1.2.2 Konflikt-Kultur Schritt 2 bzw. Schritt 3: Untersuchung der einzelnen Konstrukte mittels konfirmatorischer Faktorenanalyse für junge Unternehmen

In dieser Analysestufe werden alle Konstrukte der Konflikt-Kultur einzeln betrachtet und auf die Gütekriterien der ersten und zweiten Generation zur Beurteilung von Reliabilität und Validität überprüft. Da die Konstrukte der Konflikt-Kultur nicht als mehrfaktorielle Gesamtkonstrukte konzipiert wurden, können hier die Analyseschritte zwei und drei gemeinsam erfolgen bzw. der dritte Schritt kann weggelassen werden.

[1065] Der dritte Indikator wurde eliminiert, da er mit nur knapp 0,5 die geringste Faktorladung aufwies.

Wie im Anhang in Anhang Tab. 33 ersichtlich, weisen die Indikatorreliabilitäten für Indikator zwei und drei des Konstrukts "Vermeidungs-Kultur bei Sachkonflikten" Werte auf, die unter der angestrebten Grenze von 0,4 liegen, obwohl der vierte Indikator schon wegen zu geringer Indikatorreliabilität eliminiert wurde. Gleiches gilt für die DEV. Dennoch soll das Konstrukt aus Gründen der Inhaltsvalidität mit drei Indiaktoren in die weitere Analyse eingehen. Zudem weisen das Cronbachsche Alpha und die Faktorreliabilität insgesamt noch zufrieden stellende Werte auf.

In diesem Zusammenhang sei angemerkt, dass zudem in der Forschung keine Einigkeit darüber herrscht, wie hoch die Indikatorreliabilität mindestens sein muss. Die Vorschläge reichen von mindestens 0,1 bis hin zu mindestens 0,4.[1066] Gerade bei noch relativ neuen und nicht wiederholt validierten Skalen wie denjenigen der Konflikt-Kulturen können die Grenzwerte auch niedriger ausfallen. Darüber hinaus sei bemerkt, dass bei der Beurteilung der Konstruktmessung die verwendeten Gütekriterien sowie die zugehörigen Anspruchsniveaus nicht alle gleichzeitig erfüllt sein müssen.[1067] Anstelle einer isolierten Betrachtung der Kriterien wird die Konstruktmessung der vorliegenden Arbeit anhand des Gesamtbilds der Kriterien beurteilt.

Auch beim Konstrukt "Vermeidungs-Kultur bei Beziehungskonflikten" (vgl. Anhang Tab. 34) weist der dritte Indikator eine unter dem Grenzwert liegende Indikatorreliabilität auf, und auch die entsprechende Item-to-Total-Korrelation liegt leicht unter 0,5. Die anderen Anspruchsniveaus weisen jedoch zufrieden stellende Werte auf, so dass das Konstrukt mit drei Indikatoren in die weitere Analyse eingeht.

Das Konstrukt "Nachgebe-Kultur bei Sachkonflikten" weist durchgehend sehr zufrieden stellende Gütekriterien auf, so dass alle vier Indikatoren beibehalten werden können (vgl.

[1066] Vgl. Schäffer, U./Steiners, D. (2003): Zur Nutzung von Controllinginformationen, S. 19.
[1067] Vgl. Schäffer, U./Willauer, B. (2003): Strategische Überwachung in deutschen Unternehmen, S. 15; Unterreitmeier, A./Schwinghammer, F. (2004): Die Operationalisierung von Unternehmenskultur – Validierung eines Messinstruments, S. 25.

Anhang Tab. 35). Das Gleiche gilt für die "Nachgebe-Kultur bei Beziehungskonflikten" (vgl. Anhang Tab. 36).

Ebenfalls sehr gute Gütekriterien weisen die Konstrukte "Zusammenarbeits-Kultur bei Sachkonflikten" sowie "Zusammenarbeits-Kultur bei Beziehungskonflikten" auf (vgl. Anhang Tab. 37 und Anhang Tab. 38).

Auch die Konstrukte "Durchsetz-Kultur bei Sachkonflikten" sowie "Durchsetz-Kultur bei Beziehungskonflikten" erfüllen nach Elimination der Indikatoren 1 und 3 wegen zu geringer Indikatorreliabilitäten sämtliche Kriterien sehr gut (vgl. Anhang Tab. 39 und Anhang Tab. 40).

Bei den Konstrukten "Kompromiss-Kultur bei Sachkonflikten" sowie "Kompromiss-Kultur bei Beziehungskonflikten" weist jeweils der dritte Indikator eine relativ geringe Indikatorreliabilität auf (vgl. Anhang Tab. 41 und Anhang Tab. 42). Da jedoch alle anderen Gütemaße sehr gute Werte annehmen, wird auf eine Elimination an dieser Stelle verzichtet.

Wie schon erwähnt, wurde die "Drittpartei-Kultur" nur für Beziehungskonflikte analysiert. Das Konstrukt nimmt dabei nach Elimination des ersten Indikators wegen zu geringer Indikatorreliabilität von nur 0,01 noch zufrieden stellende Werte der Gütekriterien an (vgl. Anhang Tab. 43).

Damit können nun im folgenden Kapitel im vierten Schritt die Dependenzanalysen zur Überprüfung der Hypothesen unter Verwendung der in den vorigen Schritten ermittelten Konstrukte zur Konflikt-Kultur erfolgen.

5.1.2.3 Konflikt-Kultur Schritt 4: Dependenzanalyse im Hinblick auf den Unternehmenserfolg von jungen Unternehmen

Zur Erfolgswirkung der Konflikt-Kulturen ohne Berücksichtigung eines moderierenden Effekts des Innovationsgrads wurden in Kapitel 3.7.1.2.6 die folgenden vier Hypothesen 3a, 3c, 3e und 3f aufgestellt, wobei die Hypothesen 3e und 3f jew. aus 5 Hypothesen bestehen und somit insgesamt 12 Hypothesen zu überprüfen sind:

Hypothese 3 a: Eine ausgeprägte Konflikt-Zusammenarbeits-Kultur bei Sachkonflikten beeinflusst den Erfolg in jungen Unternehmen positiv.

Hypothese 3 c: Eine ausgeprägte Konflikt-Vermeidungs-Kultur bei Beziehungskonflikten beeinflusst den Erfolg in jungen Unternehmen positiv.

Hypothese 3 e: Eine ausgeprägte Konflikt-Vermeidungs-, Konflikt-Nachgebe-, Konflikt-Durchsetz-, Konflikt-Kompromiss- sowie Konflikt-Drittpartei-Kultur bei Sachkonflikten beeinflusst den Erfolg in jungen Unternehmen negativ.

Hypothese 3 f: Eine ausgeprägte Konflikt-Nachgebe-, Aktive-Konflikt-Zusammenarbeits-, Konflikt-Durchsetz-, Konflikt-Kompromiss- sowie Konflikt-Drittpartei-Kultur bei Beziehungskonflikten beeinflusst den Erfolg in jungen Unternehmen negativ.

Diese o.g. Hypothesen werden im Folgenden einer Überprüfung unterzogen. Dazu werden nachfolgend die Pfaddiagramme zur Beurteilung des Zusammenhangs zwischen den Konflikt-

Kulturen und dem Unternehmenserfolg getrennt nach Sach- (vgl. Abb. 5-3) und Beziehungskonflikt (vgl. Abb. 5-4) dargestellt.[1068]

Dabei ist zunächst festzustellen, dass gemäß der Erwartung aus Hypothese 3a eine hohe Ausprägung der Konflikt-Zusammenarbeits-Kultur bei Sachkonflikten den Erfolg positiv beeinflusst. Der Pfadkoeffizient beträgt knapp 0,20. Ebenso bestätigt sich die Hypothese 3e größtenteils, wonach Konflikt-Vermeidungs-, Konflikt-Nachgebe- und Konflikt-Durchsetz-Kultur den Erfolg bei Sachkonflikten negativ beeinflussen. Die standardisierten Pfadkoeffizienten nehmen dabei allerdings nur sehr geringe Werte von -0,07, -0,09 und -0,03 an, so dass hier von sehr geringen Effekten gesprochen werden muss. Vermutlich ist der Tatbestand des Konflikts so komplex und die Wahl des richtigen Konfliktlösungsansatzes von vielen Determinanten abhängig, die über die Unterscheidung nach Sach- und Beziehungskonflikt hinausgehen, dass mit der vorliegenden Arbeit nur ein erster Schritt zum besseren Verständnis von Konflikten in jungen Unternehmen gemacht werden konnte. Entgegen Hypothese 3e hat die Kompromiss-Kultur jedoch einen tendenziell positiven Effekt auf den Erfolg. Allerdings ist auch hier der Koeffizient mit 0,04 so klein, dass in der Praxis kaum von einem spürbaren Effekt auszugehen ist. Insgesamt untermauert dies noch zusätzlich, dass der Umgang mit Konflikten in Unternehmen noch besser durch zukünftige Forschungsarbeiten verstanden werden muss.

Im Hinblick auf den Umgang mit Beziehungskonflikten ist festzustellen, dass Hypothese 3c nicht bestätigt werden konnte. Der Pfadkoeffizient von -0,01 suggeriert einen tendenziell negativen Zusammenhang von Konflikt-Vermeidungs-Kultur und Beziehungskonflikten. Diese Sichtweise wird unterstützt von einem – entgegen Hypothese 3f – positiven Zusammenhang (Pfadkoeffizient 0,16) zwischen der Zusammenarbeits-Kultur bei Beziehungskonflikten und dem Unternehmenserfolg. Ebenfalls entgegen Hypothese 3f wirken sowohl die Kompromiss-Kultur (Pfadkoeffizient 0,22) und die Drittpartei-Kultur (0,21) relativ stark positiv auf den Unternehmenserfolg im Fall von Beziehungskonflikten.

[1068] Aus Platzgründen wurde dabei auf die vollständige Darstellung des Erfolgskonstrukts verzichtet.

Abb. 5-3: Erfolgswirkungen bei Sachkonflikt

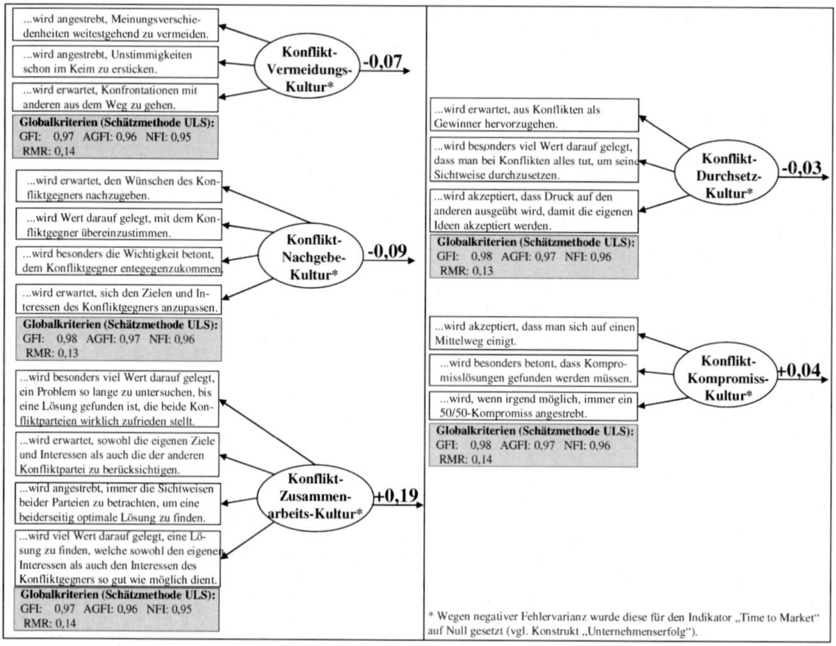

Auch die Nachgebe-Kultur hat eine positive Tendenz, der Pfadkoeffizient ist mit 0,06 aber sehr schwach. Dies gilt ebenso für die Konflikt-Vermeidungs- und die Konflikt-Durchsetz-Kultur, die mit einem negativen Pfadkoeffizienten von -0,01 zumindest die in Hypothese 3f postulierte Wirkungsrichtung aufweisen.

Insgesamt erscheint eine reine Vermeidungs-Kultur für Beziehungskonflikte nicht Erfolg versprechend; vielmehr bedürfen sie einer aktiven Auseinandersetzung und Bewältigung. Ob dies auf eine aktive, zusammenarbeitende Art und Weise, durch Kompromisse oder mit Hilfe eines Vorgesetzten geschehen soll, hängt vermutlich vom konkreten Anlass und der individuellen Gesamtsituation des Beziehungskonflikts ab. Eine solche Unterscheidung wurde jedoch in der vorliegenden Arbeit nicht vorgenommen. Die noch tiefergehende Untersuchung dieser detaillierten Abhängigkeiten muss daher zukünftigen Forschungsarbeiten überlassen bleiben.

Abb. 5-4: Erfolgswirkungen bei Beziehungskonflikt

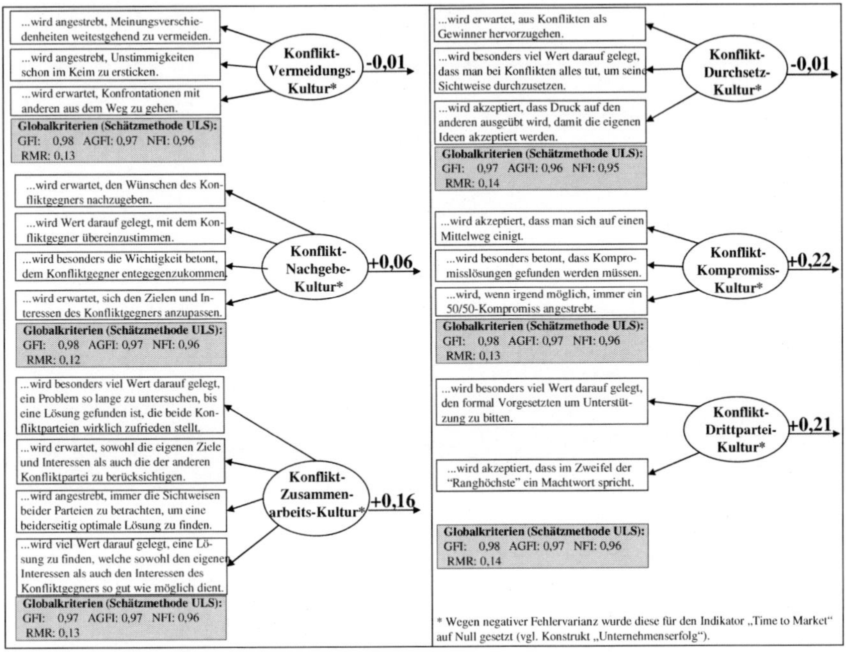

5.1.2.4 Konflikt-Kultur Schritt 5: Mehrgruppenanalyse zur Überprüfung des moderierenden Effekts des Innovationsgrades und der Enwicklungsstufe bei jungen Unternehmen

Zur Erfolgswirkung der Kommunikations-Kultur mit Berücksichtigung der moderierenden Wirkung des Innovationsgrads wurden in Kapitel 3.7.1.2.6 die folgenden zwei Hypothesen aufgestellt, und die hier überprüft werden:

Hypothese 3 b: Je radikaler ein Innovationsvorhaben in jungen Unternehmen ist, desto wichtiger für den Erfolg ist bei Sachkonflikten eine ausgeprägte Konflikt-Zusammenarbeits-Kultur.

Hypothese 3 d: Je radikaler ein Innovationsvorhaben in jungen Unternehmen ist, desto wichtiger für den Erfolg ist bei Beziehungskonflikten eine ausgeprägte Konflikt-Vermeidungs-Kultur.

Des Weiteren wurden in Kapitel 1.2.2 die folgenden Hypothesen zur moderierenden Wirkung der Entwicklungsstufe eines Unternehmens auf die Beziehung zwischen der jeweiligen Dimension der Unternehmenskultur und dem Unternehmenserfolg aufgestellt; diese werden hier sowohl für die "Konflikt-Zusammenarbeits-Kultur" bei Sachkonflikten als auch für die "Konflikt-Vermeidungs-Kultur" bei Beziehungskonflikten überprüft:

Hypothese 1c: Ein moderierender Effekt der Entwicklungsstufe eines jungen Unternehmens auf die Wirkungsbeziehung zwischen der Konflikt-Zusammenarbeits-Kultur bei Sachkonflikten und dem Unternehmenserfolg liegt nicht vor.

Hypothese 1d: Ein moderierender Effekt der Entwicklungsstufe eines jungen Unternehmens auf die Wirkungsbeziehung zwischen der Konflikt-Vermeidungs-Kultur bei Beziehungskonflikten und dem Unternehmenserfolg liegt nicht vor.

Wie in Tab. 5-7 ersichtlich, ist der Pfadkoeffizient des niedrigen Terzils höher als der Pfadkoeffizient für das hohe Terzil. Damit liegt entgegen der Hypothese 3b ein negativ

Tab. 5-7: Moderierender Effekt des Innovationsgrads auf den Zusammenhang zwischen ausgewählten Konflikt-Kulturen und Unternehmenserfolg ("Terzil 16")

Hypothese	Ausprägung der Moderator-Variablen "Innovationsgrad"[1]	Teilstichprobenumfang		Moderierender Effekt auf den Erfolg
		Absolut	Anteil[2]	
3b: Je radikaler ein Innovationsvorhaben in jungen Unternehmen ist, desto wichtiger für den Erfolg ist bei **Sachkonflikten** eine ausgeprägte **Konflikt-Zusammenarbeits-Kultur**.	-Hoch: $\geq 4,5$ -Niedrig: $\leq 3,4$	n (hoch) =102 n (niedrig)= 88	31% 27%	$\gamma^h = 0,08$ $\gamma^n = 0,14$ $\Delta\chi^2 = 51,45^4$ (-) ***
3d: Je radikaler ein Innovationsvorhaben in jungen Unternehmen ist, desto wichtiger für den Erfolg ist bei **Beziehungskonflikten** eine ausgeprägte **Konflikt-Vermeidungs-Kultur**.	-Hoch: $\geq 4,5$ -Niedrig: $\leq 3,4$	n (hoch) =102 n (niedrig)= 88	31% 27%	$\gamma^h = -0,09$ $\gamma^n = -0,04$ $\Delta\chi^2 = 176,37$ (-) ***[4]

[1] Sofern nicht anders angegeben: Skalen der Moderatorvariablen von 1 (niedrig) bis 7 (hoch)
[2] Sofern nicht anders angegeben: Perzentilwert bezogen auf betrachtete Gesamtrücklauf-Stichprobe (n=330)
[3] Sofern nicht anders angegeben: γ^h und γ^n geben die standardisierten Pfadkoeffizienten bei separater Modellschätzung auf Basis des Teildatensatzes mit hohen (h) bzw. niedrigen (n) Ausprägungen der Moderatorvariablen an:
$\gamma^h > \gamma^n$: Positive Moderation (+)
$\gamma^h < \gamma^n$: Negative Moderation (-)
[4] Bei dieser Berechnung wurden wegen negativer Fehlervarianz für "Time to Market" diese auf Null gesetzt.
n.s.: Nicht signifikant auf 10%-Niveau
*: Signifikant auf 10%-Niveau
**: Signifikant auf 5%-Niveau
***: Signifikant auf 1%-Niveau

moderierender Effekt auf 1%-Signifikanzniveau vor. Allerdings ist der Unterschied der Pfadkoeffizienten sehr gering, so dass die Bedeutung in der Praxis kaum von Belang sein dürfte. Ähnlich verhält es sich mit der moderierenden Wirkung des Innovationsgrads bei der Vermeidungs-Kultur für Beziehungskonflikte. Auch hier kann Hypothese 3d nicht bestätigt werden. Letzteres war jedoch auf Basis der Ergebnisse der Dependenzanalysen potentiell zu erwarten. Alle Ergebnisse werden auch durch die Analysen "Mediansplit 16", "Terzil 10" und "Mediansplit 10" gestützt.

Tab. 5-8: Moderierender Effekt der Entwicklungsstufe auf den Zusammenhang zwischen ausgewählten Konflikt-Kulturen und Unternehmenserfolg

Hypothese	Ausprägung der Moderator-Variablen "Entwicklungsstufe"[1]	Teilstichprobenumfang		Moderierender Effekt auf den Erfolg
		Absolut	Anteil[2]	
1c: Ein moderierender Effekt der Entwicklungsstufe eines jungen Unternehmens auf die Wirkungsbeziehung zwischen der **Konflikt-Zusammenarbeits-Kultur bei Sachkonflikten** und dem Unternehmenserfolg liegt nicht vor.	-Hoch: 4 -Niedrig: ≤ 3,4	n (hoch) =186 n (niedrig)= 144	56% 44%	**$\gamma^h = 0,17$** **$\gamma^n = 0,18$** **$\Delta\chi^2 = 12,01$** (-) ***
1d: Ein moderierender Effekt der Entwicklungsstufe eines jungen Unternehmens auf die Wirkungsbeziehung zwischen der **Konflikt-Vermeidungs-Kultur** bei Beziehungskonflikten und dem Unternehmenserfolg liegt nicht vor.	-Hoch: 4 -Niedrig: ≤ 3,4	n (hoch) =186 n (niedrig)= 144	56% 44%	**$\gamma^h = 0,03$** **$\gamma^n = 0,03$** **$\Delta\chi^2 = 85,59$** ***[4]

[1] Sofern nicht anders angegeben: Skalen der Moderatorvariablen von 1 bis 4 (mit Zwischenabstufungen im Abstand 0,5)
[2] Sofern nicht anders angegeben: Perzentilwert bezogen auf betrachtete Gesamtrücklauf-Stichprobe (n=330)
[3] Sofern nicht anders angegeben: γ^h und γ^n geben die standardisierten Pfadkoeffizienten bei separater Modellschätzung auf Basis des Teildatensatzes mit hohen (h) bzw. niedrigen (n) Ausprägungen der Moderatorvariablen an:
$\gamma^h > \gamma^n$: Positive Moderation (+)
$\gamma^h < \gamma^n$: Negative Moderation (-)
[4] Bei dieser Berechnung wurden wegen negativer Fehlervarianz für "Time to Market" diese auf Null gesetzt.
n.s.: Nicht signifikant auf 10%-Niveau
*: Signifikant auf 10%-Niveau
**: Signifikant auf 5%-Niveau
***: Signifikant auf 1%-Niveau

Die moderierende Wirkung der Entwicklunggstufe geht aus Tab. 5-8 hervor. Dabei bestätigen sich beide Hypothesen 1c und 1d, da trotz der jeweils signifikanten χ^2-Differenz die Pfadkoeffizienten nahzu identisch sind.

5.1.3 Untersuchung der Fehler-Kultur

5.1.3.1 Fehler-Kultur Schritt 1: Explorative Faktorenanalyse und Interpretation der einzelnen Faktoren für junge Unternehmen

In der empirischen Untersuchung der Fehler-Kultur waren 13 Indikatoren verwendet worden, die nach vier Dimensionen bzw. Faktoren abgefragt wurden und im Anhang in Anhang Tab. 44 dargestellt sind.

Die durchgeführte explorative Faktorenanalyse ergab durchweg gut erklärte Varianzen sowie Faktorladungen, so dass alle Faktoren in der weiteren Analyse verwendet werden. Dabei umschreibt der erste Faktor, inwiefern Fehler behoben bzw. korrigiert werden, und kann daher als "Fehler-Behebung" bezeichnet werden. Beim zweiten Faktor geht es darum, inwiefern im Unternehmen Werte vorherrschen, welche den letztlichen Nutzen von Fehlern in den Vordergrund stellen. Daher passt die Kennzeichnung als "Aus Fehlern Lernen/Fehler-Nutzen". Der dritte Faktor beschreibt die Kommunikation mit Kollegen bei bzw. über Fehler und trägt daher die Bezeichnung "Kommunikation bei Fehlern". Der vierte und letzte Faktor enthält Indikatoren, welche auf die Analysen nach einem Fehler fokussieren. Er kann daher als "Fehler-Analyse" bezeichnet werden.

5.1.3.2 Fehler-Kultur Schritt 2: Untersuchung der einzelnen Faktoren mittels konfirmatorischer Faktorenanalyse für junge Unternehmen

Die konfirmatorische Faktorenanalyse der einzelnen Faktoren führt zu folgenden Ergebnissen:

Beim Faktor I "Fehler-Behebung" musste der dritte Indikator wegen zu niedriger Indikatorreliabilität eliminiert werden. Die zwei verbliebenen Indikatoren weisen zufrieden stellende Werte auf (vgl. Anhang Tab. 45).

Faktor II "Aus Fehlern lernen/Fehler-Nutzen" besteht nach Elimination des vierten Indikators aus drei Items. Alle betrachteten Gütemaße nehmen sehr zufrieden stellende Werte an (vgl. Anhang Tab. 46). Ebenfalls sehr zufrieden stellende Ergebnisse werden durch die konfirmatorische Faktorenanalyse des Faktors III "Kommunikation bei Fehlern" erzielt(vgl. Anhang Tab. 47). Dies gilt auch für Faktor IV "Fehler-Analyse" (vgl. Anhang Tab. 48). Der dritte Indikator wird auf Grund inhaltlicher Überlegungen trotz Unterschreitung der Indikatorreliabilität beibehalten.

Im nächsten Schritt wird nun das Gesamtmodell der Fehler-Kultur mittels einer konfirmatorischen Faktorenanalyse zweiter Ordnung überprüft.

5.1.3.3 Fehler-Kultur Schritt 3: Untersuchung des Gesamtmodells für junge Unternehmen

Die Ergebnisse der konfirmatorischen Faktorenanalyse zweiter Ordnung für das Gesamt-Konstrukt der Fehler-Kultur sind insgesamt sehr zufrieden stellend (vgl. Anhang Tab. 49). Lediglich die DEV liegt knapp unter dem geforderten Mindest-Niveau, alle anderen Kriterien übererfüllen die geforderten Mindesthürden deutlich. Das entwickelte Gesamt-Konstrukt misst die Fehler-Kultur also valide und reliabel in jungen Unternehmen.

Auch die Überprüfung der Diskriminanzvalidität mittels des Fornell-Larcker-Kriteriums weist sehr gute Werte auf (vgl. Anhang Tab. 50). Da für jeden untersuchten Faktor die durchschnittlich erfasste Varianz größer ist als jede quadrierte Korrelation dieses Faktors mit einem anderen Faktor, kann von einer hinreichenden Differenzierbarkeit der einzelnen Faktoren ausgegangen werden.

Somit kann nun im folgenden Kapitel im vierten Schritt die Überprüfung der Hypothesen zur Fehler-Kultur unter Verwendung des in den Schritten eins bis drei ermittelten Gesamt-Konstrukts erfolgen.

5.1.3.4 Fehler-Kultur Schritt 4: Dependenzanalyse im Hinblick auf den Unternehmenserfolg von jungen Unternehmen

Zur Erfolgswirkung der Fehler-Kultur ohne Berücksichtigung eines moderierenden Effekts des Innovationsgrads wurde in Kapitel 3.7.1.3.2 die folgende Hypothese aufgestellt:

Hypothese 4 a: Eine ausgeprägte Fehlermanagement-Kultur fördert den Erfolg in jungen Unternehmen positiv.

Diese Hypothese wird im Folgenden einer Überprüfung unterzogen.

Aus dem Pfaddiagramm des vollständigen Kausalmodells (vgl. Abb. 5-5) geht hervor, dass der standardisierte Pfadkoeffizient zwischen Fehler-Kultur und Unternehmenserfolg 0,34 beträgt. Eine hohe Ausprägung der Fehler-Kultur hat damit eine positive Wirkung auf den Unternehmenserfolg. Die erklärte Varianz des Unternehmenserfolgs nimmt einen Wert von 11% an. Auch diese Zahl ist angesichts der hohen Zahl an potentiell einsetzbaren Managementinstrumenten, die helfen sollen, den Erfolg in Unternehmen zu erklären, als positiv anzusehen. Hypothese 4a kann damit als bestätigt angesehen werden.

Abb. 5-5: Erfolgswirkung der Fehler-Kultur

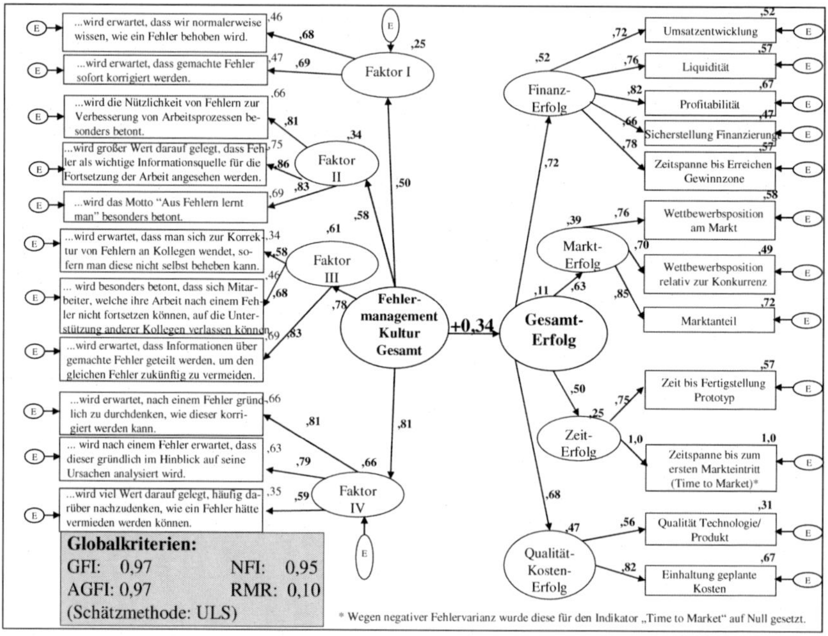

5.1.3.5 Fehler-Kultur Schritt 5: Mehrgruppenanalyse zur Überprüfung des moderierenden Effekts des Innovationsgrades und der Entwicklungsstufe bei jungen Unternehmen

Zur Erfolgswirkung der Fehler-Kultur mit Berücksichtigung der moderierenden Wirkung des Innovationsgrads wurde in Kapitel 3.7.1.3.2 die folgende Hypothese aufgestellt, die hier diese überprüft wird:

Hypothese 4 b: Je radikaler ein Innovationsvorhaben in jungen Unternehmen ist, desto wichtiger für den Erfolg ist eine ausgeprägte Fehlermanagement-Kultur.

Des Weiteren wurde in Kapitel 1.2.2 die folgende Hypothese zur moderierenden Wirkung der Entwicklungsstufe eines Unternehmens auf die Beziehung zwischen der jeweiligen Dimension der Unternehmenskultur und dem Unternehmenserfolg aufgestellt; diese wird hier für die Fehler-Kultur überprüft:

Hypothese 1e: Ein moderierender Effekt der Entwicklungsstufe eines jungen Unternehmens auf die Wirkungsbeziehung zwischen Fehler-Kultur und dem Unternehmenserfolg liegt nicht vor.

Die Analyse des moderierenden Effekts des Innovationsgrades auf den Zusammenhang zwischen Fehler-Kultur und Unternehmenserfolg scheint aufgrund des sehr geringen Unterschieds von lediglich 0,02 zwischen den Pfadkoeffizienten für das hohe und das niedrige Terzil in der Praxis trotz signifikanter χ^2-Differenz kaum von Belang. Allerdings ergeben die Analysen "Mediansplit 16" sowie "Terzil 10" einen auf 1%-Niveau signifikanten positiven moderierenden Effekt mit Pfadkoeffizient-Differenzen von 0,06 und sogar 0,14 für "Terzil 10". "Mediansplit 10" ergibt keinen signifikanten Effekt, so dass insgesamt von einem leicht positiven Effekt auszugehen ist, d.h. je höher der Innovationsgrad, desto wichtiger ist eine hohe Ausprägung der Fehlermanagement-Kultur. Hypothese 4b kann somit als tendenziell bestätigt angesehen werden.

Gleiches gilt auch für den moderierenden Effekt der Entwicklungsstufe eines jungen Unternehmens (vgl. Tab. 5-10): Je weiter fortgeschritten ein junges, radikal innovierendes Unternehmen in seiner Entwicklung ist, desto tendenziell wichtiger wird die Fehler-Kultur. Dies zeigt auf 1%-Signifikanzniveau die Differenz der Pfadkoeffizienten von 0,12. Hypothese 1e kann somit ebenfalls als bestätigt angesehen werden.

Tab. 5-9: Moderierender Effekt des Innovationsgrades auf den Zusammenhang zwischen Fehler-Kultur und Unternehmenserfolg ("Terzil 16")

Hypothese	Ausprägung der Moderator-Variablen "Innovationsgrad"[1]	Teilstichprobenumfang		Moderierender Effekt auf den Erfolg
		Absolut	Anteil[2]	
4b: Je radikaler ein Innovationsvorhaben in jungen Unternehmen ist, desto wichtiger für den Erfolg ist eine ausgeprägte Fehlermanagement-Kultur.	-Hoch: ≥ 4,5 -Niedrig: ≤ 3,4	n (hoch) =102 n (niedrig)= 88	31% 27%	**γ^h = 0,40** **γ^n = 0,42** **$\Delta\chi^2$ = 11,09** (-)***

[1] Sofern nicht anders angegeben: Skalen der Moderatorvariablen von 1 (niedrig) bis 7 (hoch)
[2] Sofern nicht anders angegeben: Perzentilwert bezogen auf betrachtete Gesamtrücklauf-Stichprobe (n=330)
[3] Sofern nicht anders angegeben: γ^h und γ^n geben die standardisierten Pfadkoeffizienten bei separater Modellschätzung auf Basis des Teildatensatzes mit hohen (h) bzw. niedrigen (n) Ausprägungen der Moderatorvariablen an:
$\gamma^h > \gamma^n$: Positive Moderation (+)
$\gamma^h < \gamma^n$: Negative Moderation (-)
n.s.: Nicht signifikant auf 10%-Niveau
*: Signifikant auf 10%-Niveau
**: Signifikant auf 5%-Niveau
***: Signifikant auf 1%-Niveau

Tab. 5-10: Moderierender Effekt der Entwicklungsstufe auf den Zusammenhang zwischen Fehler-Kultur und Unternehmenserfolg

Hypothese	Ausprägung der Moderator-Variablen "Entwicklungsstufe"[1]	Teilstichprobenumfang		Moderierender Effekt auf den Erfolg
		Absolut	Anteil[2]	
1e: Ein moderierender Effekt der Entwicklungsstufe eines jungen Unternehmens auf die Wirkungsbeziehung zwischen **Fehler-Kultur** und dem Unternehmenserfolg liegt nicht vor.	-Hoch: 4 -Niedrig: $\leq 3{,}4$	n (hoch) =186 n (niedrig)= 144	56% 44%	$\gamma^h = 0{,}36$ $\gamma^n = 0{,}24$ $\Delta\chi^2 = 38{,}33$ (+)***

[1] Sofern nicht anders angegeben: Skalen der Moderatorvariablen von 1 bis 4 (mit Zwischenabstufungen im Abstand 0,5)
[2] Sofern nicht anders angegeben: Perzentilwert bezogen auf betrachtete Gesamtrücklauf-Stichprobe (n=330)
[3] Sofern nicht anders angegeben: γ^h und γ^n geben die standardisierten Pfadkoeffizienten bei separater Modellschätzung auf Basis des Teildatensatzes mit hohen (h) bzw. niedrigen (n) Ausprägungen der Moderatorvariablen an:
$\gamma^h > \gamma^n$: Positive Moderation (+)
$\gamma^h < \gamma^n$: Negative Moderation (-)
[4] Bei dieser Berechnung wurden wegen negativer Fehlervarianz für "Time to Market" diese auf Null gesetzt.
n.s.: Nicht signifikant auf 10%-Niveau
*: Signifikant auf 10%-Niveau
**: Signifikant auf 5%-Niveau
***: Signifikant auf 1%-Niveau

5.1.4 Untersuchung der Führungs-Kultur

5.1.4.1 Führungs-Kultur Schritt 1: Explorative Faktorenanalyse und Interpretation der einzelnen Faktoren für junge Unternehmen

In der empirischen Untersuchung der Führungs-Kultur waren 23 Indikatoren verwendet worden, die nach fünf Dimensionen bzw. Faktoren abgefragt wurden und in Anhang Tab. 51 dargestellt werden. Faktor I wird als "Anforderungen formulieren", Faktor II als "Unsicherheit abfedern", Faktor III als "Den Weg frei machen" und Faktor IV als "Engagement für die gemeinsame Sache entfachen" bezeichnet. Entgegen den Erwartungen teilte sich Faktor V "Grenzen ausloten" jedoch in zwei Faktoren auf. Diese können als Faktor V "Grenzen ausloten" und Faktor VI "Entscheidungsfreude und Optimismus" beschrieben werden. Alle Faktorladungen und erklärten Varianzen weisen gute Werte auf.

5.1.4.2 Führungs-Kultur Schritt 2: Untersuchung der einzelnen Faktoren mittels konfirmatorischer Faktorenanalyse für junge Unternehmen

Beim ersten Faktor mussten zwei Indikatoren wegen zu niedriger Indikatorreliabilitäten eliminiert werden. Unter dem Gesichtspunkt der Inhaltsvalidität erscheint dies unproblematisch. Alle Gütekriterien weisen danach für den Faktor I "Anforderungen formulieren" sehr zufrieden stellende Werte auf (vgl. Anhang Tab. 52).

Auch der zweite Faktor "Unsicherheit abfedern" übertrifft alle geforderten Gütemaß-Grenzwerte deutlich. Lediglich Indikator 3 liegt bei der Indikatorreliabilität ganz leicht unterhalb von 0,4 (vgl. Anhang Tab. 53).

Beim dritten Faktor "Den Weg frei machen" wurden drei Indikatoren wegen zu niedriger Indikatorreliabilitäten eliminiert. Die verbliebenen zwei Indikatoren weisen zufrieden stellende Gütemaße auf (vgl. Anhang Tab. 54).

Der vierte Faktor "Engagement für die gemeinsame Sache entfachen" weist nach Elimination des vierten Indikators sehr zufrieden stellende Ausprägungen der berechenbaren Gütemaße auf (vgl. Anhang Tab. 55).

Faktor V "Grenzen ausloten" übertrifft von vornherein alle geforderten Mindestwerte für die verschiedenen Maße zur Beurteilung von Validität und Reliabilität. Diese können als sehr zufrieden stellend bezeichnet werden (vgl. Anhang Tab. 56).

Auch der wider Erwarten gebildete Faktor VI "Entscheidungsfreude und Optimismus" weist für die zwei Indikatoren sehr gute Gütemaße auf (vgl. Anhang Tab. 57). Diese zwei Indikatoren spiegeln im Hinblick auf die Inhalte in den Augen der Respondenten scheinbar andere Werte der Führungskultur wider als der Faktor "Grenzen ausloten", dem die beiden Items ursprünglich zugeordnet waren. Insofern hat die explorative Faktorenanalyse eine weitere Facette der Führungs-Kultur "entdeckt".

5.1.4.3 Führungs-Kultur Schritt 3: Untersuchung des Gesamtmodells für junge Unternehmen

Das gesamte Konstrukt der Führungs-Kultur ist im Anhang in Anhang Tab. 58 dargestellt. Nach der Durchführung der konfirmatorischen Faktorenanalyse zweiter Ordnung kann das Modell der Führungs-Kultur als bestätigt angesehen werden. Alle Faktoren und auch das übergeordnete Konstrukt weisen dabei sehr gute Werte auf. Sowohl die globalen als auch die lokalen Gütekriterien erfüllen die an sie gestellten Anforderungen. Auch die Diskriminanzvalidität ist zufrieden stellend. Zwar verstößt Faktor V gegen das Fornell-Larcker-Kriterium (vgl. Anhang Tab. 59), dies jedoch nur ganz leicht, so dass der Verstoß angesichts der Strenge dieses Kriteriums als unproblematisch erachtet wird.

Somit kann nun im vierten Schritt die Überprüfung der aufgestellten Hypothese zur Führungs-Kultur durch eine Dependenzanalyse unter Verwendung des in den Schritten eins bis drei ermittelten Gesamt-Konstrukts erfolgen.

5.1.4.4 Führungs-Kultur Schritt 4: Dependenzanalyse im Hinblick auf den Unternehmenserfolg von jungen Unternehmen

Zur Erfolgswirkung der Führungs-Kultur ohne Berücksichtigung eines moderierenden Effekts des Innovationsgrads wurde in Kapitel 3.7.2.2 die folgende Hypothese aufgestellt:

Hypothese 5 a: Eine ausgeprägte Unternehmer-Führungs-Kultur wirkt sich positiv auf den Erfolg von jungen Unternehmen aus.

Diese Hypothese wird im Folgenden einer Überprüfung unterzogen.

Ähnlich wie die arbeitsbezogene Kommunikations-Kultur mit einem Pfadkoeffizient von 0,49 im Hinblick auf die Erfolgswirkung bei einem erklärten Varianzanteil von 24% weist auch die Führungs-Kultur eine deutlich positive Wirkung auf den Unternehmenserfolg auf. Der standardisierte Pfadkoeffizient beträgt hier 0,46, und die erklärte Varianz des Gesamt-Erfolgs liegt bei 21% (vgl. Abb. 5-6). Wie bei der arbeitsbezogenen Kommunikations-Kultur kann dies als ein beachtliches Ergebnis angesehen werden. Hypothese 5a wird damit bestätigt.

Abb. 5-6: Erfolgswirkung der Führungs-Kultur in jungen Unternehmen

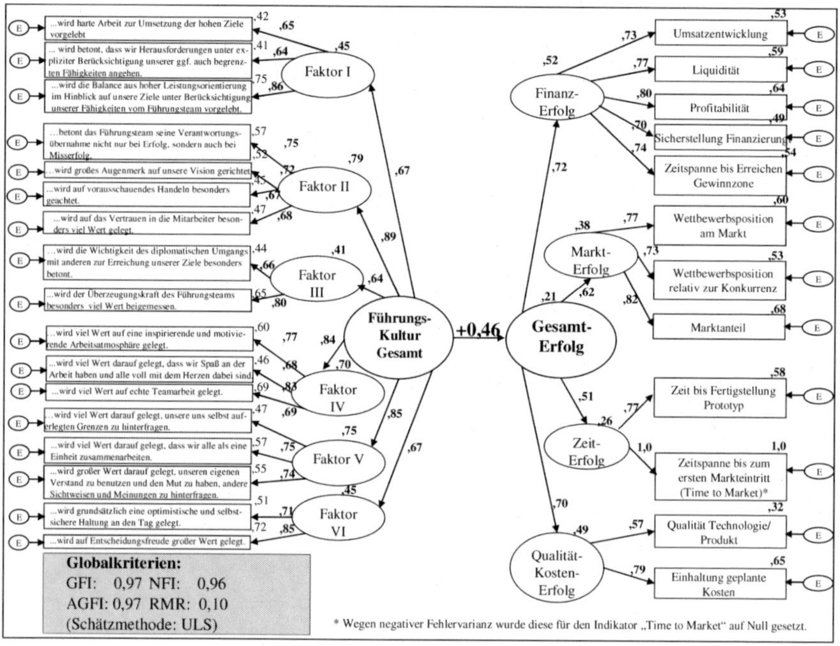

5.1.4.5 Führungs-Kultur Schritt 5: Mehrgruppenanalyse zur Überprüfung des moderierenden Effekts des Innovationsgrades und der Entwicklungsstufe bei jungen Unternehmen

Zur Erfolgswirkung der Führungs-Kultur mit Berücksichtigung der moderierenden Wirkung des Innovationsgrads wurde in Kapitel 3.7.2.2 die folgende Hypothese aufgestellt; diese wird nun überprüft:

Hypothese 5 b: Je radikaler ein Innovationsvorhaben in jungen Unternehmen ist, desto wichtiger für den Erfolg ist eine ausgeprägte Unternehmer-Führungs-Kultur.

Des Weiteren wurde in Kapitel 1.2.2 die folgende Hypothese zur moderierenden Wirkung der Entwicklungsstufe eines Unternehmens auf die Beziehung zwischen der jeweiligen Dimension der Unternehmenskultur und dem Unternehmenserfolg aufgestellt; diese wird hier für die Führungs-Kultur überprüft:

Hypothese 1f: Ein moderierender Effekt der Entwicklungsstufe eines jungen Unternehmens auf die Wirkungsbeziehung zwischen Führungs-Kultur und dem Unternehmenserfolg liegt nicht vor.

Entgegen der Erwartungen kann auf Basis der erhobenen Daten kein positiv moderierender Effekt des Innovationsgrads auf die Erfolgswirkung der Führungs-Kultur festgestellt werden. Im Gegenteil, der moderierende Effekt ist auf 1%-Signifikanz-Niveau negativ, und die doch recht große Differenz der Pfadkoeffizienten von 0,23 lässt darauf schließen, dass dieser Wirkungseffekt sogar recht stark ist (vgl. Tab. 5-11).

Tab. 5-11: Moderierender Effekt des Innovationsgrades auf den Zusammenhang zwischen Führungs-Kultur und Unternehmenserfolg ("Terzil 16")

Hypothese	Ausprägung der Moderator-Variablen "Innovationsgrad"[1]	Teilstichprobenumfang		Moderierender Effekt auf den Erfolg
		Absolut	Anteil[2]	
5b: Je radikaler ein Innovationsvorhaben in jungen Unternehmen ist, desto wichtiger für den Erfolg ist eine ausgeprägte **Unternehmer-Führungs-Kultur.**	-Hoch: ≥ 4,5 -Niedrig: ≤ 3,4	n (hoch) =102 n (niedrig)= 88	31% 27%	**$\gamma^h = 0{,}44$** **$\gamma^n = 0{,}67$** **$\Delta\chi^2 = 7{,}54$** **(-)***[4]**

[1] Sofern nicht anders angegeben: Skalen der Moderatorvariablen von 1 (niedrig) bis 7 (hoch)

[2] Sofern nicht anders angegeben: Perzentilwert bezogen auf betrachtete Gesamtrücklauf-Stichprobe (n=330)

[3] Sofern nicht anders angegeben: γ^h und γ^n geben die standardisierten Pfadkoeffizienten bei separater Modellschätzung auf Basis des Teildatensatzes mit hohen (h) bzw. niedrigen (n) Ausprägungen der Moderatorvariablen an:
$\gamma^h > \gamma^n$: Positive Moderation (+)
$\gamma^h < \gamma^n$: Negative Moderation (-)

[4] Bei dieser Berechnung wurden wegen negativer Fehlervarianz für "Time to Market" im Erfolgskonstrukt diese auf Null gesetzt.

n.s.: Nicht signifikant auf 10%-Niveau
*: Signifikant auf 10%-Niveau
**: Signifikant auf 5%-Niveau
***: Signifikant auf 1%-Niveau

Dies legt die Vermutung nahe, dass gerade bei sehr hoher Radikalität eines Innovationsvorhabens ein zu hohes Maß der zumindest von der vorliegenden Arbeit definierten Führungs-Kultur schädlich für den Erfolg ist. Eine Erklärung könnte sein, dass gerade an radikalen Innovationen beteiligte Personen Freiraum brauchen, dem ein hohes Maß an Führungskultur entgegensteht. Dies sollte durch weitere Forschungsbemühungen weiter verifiziert werden. Auch die Analyse "Mediansplit 16" untermauert diese Sichtweise, wenn auch nur auf einem 5%-Signifikanzniveau. Allerdings weisen die Ergebnisse für "Tertial 10" sowie "Mediansplit 10" keinen signifikanten Zusammenhang auf. Dies spricht umso mehr für weitere Forschungsanstrengungen im Hinblick auf die Führungskultur in innovativen Umfeldern. Hypothese 5a kann somit nicht bestätigt werden.

Bei der Betrachtung der moderierenden Wirkung der Entwicklungsstufen von jungen Unternehmen ergibt sich entgegen der Erwartung ebenfalls eine signifikant positive moderierende

Wirkung (vgl. Tab. 5-12). Je weiter fortgeschritten ein junges Unternehmen in seiner Entwicklung ist, desto wichtiger wird die Führungs-Kultur. Hypothese 1f bestätigt sich damit ebenfalls nicht. Ein Grund dafür könnte sein, dass – ähnlich wie bei der Diskussion des negativ moderierenden Effekts des Innovationsgrads auf die Erfolgswirkung von Führungs-Kultur – gerade am Anfang einer Unternehmensgründung ein Zuviel an Führung dem kreativen Freiraum entgegensteht. Weitere detaillierte Erkenntnisse dazu müssen jedoch zukünftigen Forschungsarbeiten überlassen bleiben.

Tab. 5-12: Moderierender Effekt der Entwicklungsstufe auf den Zusammenhang zwischen Führungs-Kultur und Unternehmenserfolg

Hypothese	Ausprägung der Moderator-Variablen "Entwicklungsstufe"[1]	Teilstichprobenumfang Absolut	Anteil[2]	Moderierender Effekt auf den Erfolg
1f: Ein moderierender Effekt der Entwicklungsstufe eines jungen Unternehmens auf die Wirkungsbeziehung zwischen **Führungs-Kultur** und dem Unternehmenserfolg liegt nicht vor.	-Hoch: 4 -Niedrig: ≤ 3,4	n (hoch) =186 n (niedrig)= 144	56% 44%	**γ^h = 0,49** **γ^n = 0,39** **$\Delta\chi^2$ =89,57** (+)***

[1] Sofern nicht anders angegeben: Skalen der Moderatorvariablen von 1 bis 4 (mit Zwischenabstufungen im Abstand 0,5)
[2] Sofern nicht anders angegeben: Perzentilwert bezogen auf betrachtete Gesamtrücklauf-Stichprobe (n=330)
[3] Sofern nicht anders angegeben: γ^h und γ^n geben die standardisierten Pfadkoeffizienten bei separater Modellschätzung auf Basis des Teildatensatzes mit hohen (h) bzw. niedrigen (n) Ausprägungen der Moderatorvariablen an:
$\gamma^h > \gamma^n$: Positive Moderation (+)
$\gamma^h < \gamma^n$: Negative Moderation (-)
[4] Bei dieser Berechnung wurden wegen negativer Fehlervarianz für "Time to Market" diese auf Null gesetzt.
n.s.: Nicht signifikant auf 10%-Niveau
*: Signifikant auf 10%-Niveau
**: Signifikant auf 5%-Niveau
***: Signifikant auf 1%-Niveau

5.1.5 Untersuchung der Netzwerk-Kultur

5.1.5.1 Netzwerk-Kultur Schritt 1: Explorative Faktorenanalyse und Interpretation der einzelnen Faktoren für junge Unternehmen

Die im Fragebogen verwendeten 12 Indikatoren zur Erhebung der Netzwerk-Kultur laden auf zwei unterschiedliche Faktoren (vgl. Anhang Tab. 60).**Error! Reference source not found.**Der erste Faktor beinhaltet dabei Indikatoren, die unter dem Oberbegriff "Stellenwert und Weiterentwicklung von Netzwerken" subsumiert werden können, der zweite Faktor zielt auf organisatorische und kontrollierende Elemente ab und kann daher als "Organisation von Netzwerkbeziehungen" bezeichnet werden.

Die letzten beiden Indikatoren werden auf Grund der Verletzung des Kriteriums der Eindeutigkeit der Faktorladung eliminiert. Die verbleibenden 10 Indikatoren laden alle eindeutig auf

Faktor I bzw. Faktor II. Das Netzwerk-Kultur-Konstrukt zweiter Ordnung besteht damit aus zwei Faktoren mit je fünf Indikatoren.

5.1.5.2 Netzwerk-Kultur Schritt 2: Untersuchung der einzelnen Faktoren mittels konfirmatorischer Faktorenanalyse für junge Unternehmen

Die konfirmatorische Faktorenanalyse des ersten Faktors "Stellenwert und Weiterentwicklung von Netzwerken" ergibt nach Eliminierung des fünften Indikators sehr gute Gütemaße in jeglicher Hinsicht. Alle geforderten Grenzwerte werden deutlich über- bzw. unterschritten (vgl. Anhang Tab. 61).

Gleiches gilt für Faktor II "Organisation der Netzwerkbeziehungen" von. Ohne Elimination eines Indikators weisen sämtliche Gütemaße sehr zufrieden stellende Werte auf (vgl. Anhang Tab. 62).

5.1.5.3 Netzwerk-Kultur Schritt 3: Untersuchung des Gesamtmodells für junge Unternehmen

Die Übererfüllung fast sämtlicher Gütemaße setzt sich auch bei der konfirmatorischen Faktorenanalyse zweiter Ordnung für das Gesamtmodell der Netzwerk-Kultur fort. Bis auf den RMR, der leicht über dem Grenzwert von 0,10 liegt, werden sämtliche Grenzwerte deutlich erfüllt (vgl. Anhang Tab. 63). Damit zeigt sich im Ergebnis eine hohe Reliabilität und Validität des operationalisierten Messmodells der Netzwerk-Kultur. Gleichzeitig ist auch die Diskriminanzvalidität nach dem Fornell-Larcker-Kriterium erfüllt, so dass das Konstrukt für die folgende Dependenzanalyse bedenkenlos verwendet werden kann (vgl. Anhang Tab. 64).

5.1.5.4 Netzwerk-Kultur Schritt 4: Dependenzanalyse im Hinblick auf den Unternehmenserfolg von jungen Unternehmen

Zur Erfolgswirkung der Netzwerk-Kultur ohne Berücksichtigung eines moderierenden Effekts des Innovationsgrads wurde in Kapitel 3.7.3.2 die folgende Hypothese aufgestellt:

Hypothese 6 a: Eine ausgeprägte Netzwerk-Kultur fördert den Erfolg in jungen Unternehmen positiv.

Diese Hypothese wird im Folgenden einer Überprüfung unterzogen.

Das Ergebnis der Dependenzanalyse für die Netzwerk-Kultur zeigt ein vergleichbares Bild zur Wirkung der privaten Kommunikations-Kultur auf den Erfolg. Der standardisierte Pfadkoeffizient zeigt hier ebenfalls einen positiven Wert von 0,23 bei einer erklärten Varianz des Unternehmenserfolgs von 5%. Dies ist in Anbetracht der bisher unerforschten und in der vorliegenden Arbeit erstmalig erhobenen Netzwerk-Kultur in jungen Unternehmen ein deutlicher Hinweis darauf, dass hier zukünftig weitere Forschungsarbeit stattfinden sollte, um die Relevanz der Netzwerk-Kultur noch besser zu verstehen. Hypothese 6a kann als bestätigt angesehen werden.

Abb. 5-7: Erfolgswirkung der Netzwerk-Kultur

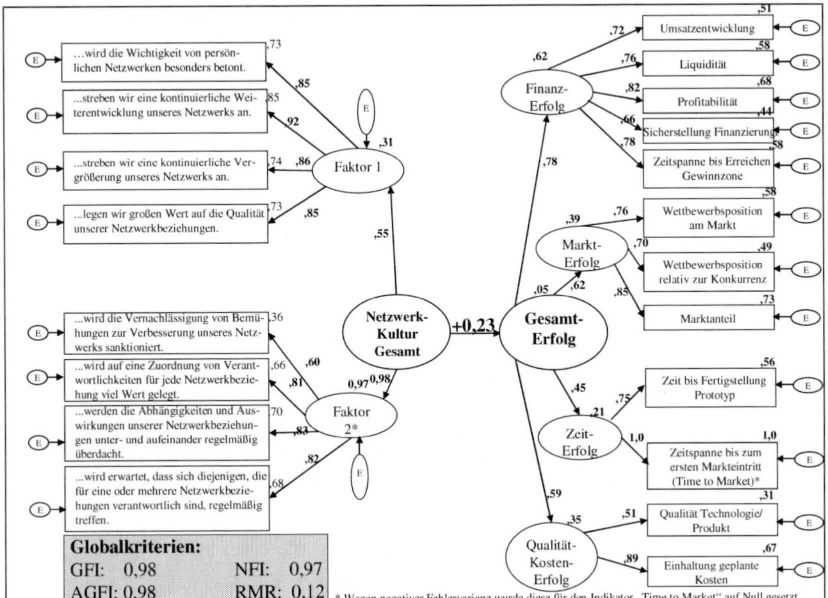

* Wegen negativer Fehlervarianz wurde diese für den Indikator „Time to Market" auf Null gesetzt.
** Zusätzlich wurde der erste Indikator von Faktor 2 eliminiert, da nur so eine negative Fehlervarianz für Faktor 2 verhindert werden konnte.

5.1.5.5 Netzwerk-Kultur Schritt 5: Mehrgruppenanalyse zur Überprüfung des moderierenden Effekts des Innovationsgrades und der Entwicklungsstufe bei jungen Unternehmen

Zur Erfolgswirkung der Netzwerk-Kultur mit Berücksichtigung der moderierenden Wirkung des Innovationsgrads wurde in Kapitel 3.7.3.2 die folgende Hypothese aufgestellt; diese wird hier überprüft:

Hypothese 6 b: Je radikaler ein Innovationsvorhaben in jungen Unternehmen ist, desto wichtiger für den Erfolg ist eine ausgeprägte Netzwerk-Kultur.

Des Weiteren wurde in Kapitel 1.2.2 die folgende Hypothese zur moderierenden Wirkung der Entwicklungsstufe eines Unternehmens auf die Beziehung zwischen der jeweiligen Dimension der Unternehmenskultur und dem Unternehmenserfolg aufgestellt; diese wird hier für die Netzwerk-Kultur überprüft:

Hypothese 1g: Ein moderierender Effekt der Entwicklungsstufe eines jungen Unternehmens auf die Wirkungsbeziehung zwischen Netzwerk-Kultur und dem Unternehmenserfolg liegt nicht vor.

Der erwartete positiv moderierende Effekt des Innovationsgrades auf die Wirkung der Netzwerk-Kultur im Hinblick auf den Unternehmenserfolg lässt sich auf Basis der vorliegenden Daten mit der Analyse "Terzil 16" nicht feststellen (vgl. Tab. 5-13). Hypothese 6b scheint damit verworfen werden zu müssen. Allerdings ist die Differenz des Pfadkoeffizienten mit nur 0,05 sehr gering für die Analyse "Terzil 16", so dass dieser negativ moderierende Effekt in der Praxis kaum von Belang sein dürfte, zumal lediglich ein 10%-Signifikanzniveau erreicht wird. Auch die Analysen "Mediansplit 16" und "Terzil 10" weisen trotz 1%-Signifikanzniveau ein nur sehr geringes Delta des Pfadkoeffizienten von 0,06 bzw. 0,02 auf, so dass die geringe Praxisrelevanz des negativ moderierenden Effekts untermauert wird. Allerdings zeigt die Analyse "Mediansplit 10" eine negativ moderierende Wirkung auf 1%-Signifikanzniveau bei einem Unterschied der Pfadkoeffizienten von 0,12, so dass die Einheitlichkeit der Ergebnisse nicht gewährleistet ist. Es kann aber wohl insgesamt von einem in der Praxis wenig relevanten moderierenden Effekt ausgegangen werden. Weitere Forschungsarbeiten müssen zeigen, ob dieses Ergebnis Bestand haben wird.

Tab. 5-13: Moderierender Effekt des Innovationsgrades auf den Zusammenhang zwischen Netzwerk-Kultur und Unternehmenserfolg ("Terzil 16")

Hypothese	Ausprägung der Moderator-Variablen "Innovationsgrad"[1]	Teilstichprobenumfang		Moderierender Effekt auf den Erfolg
		Absolut	Anteil[2]	
6b: Je radikaler ein Innovationsvorhaben in jungen Unternehmen ist, desto wichtiger für den Erfolg ist eine ausgeprägte **Netzwerk-Kultur**.	-Hoch: ≥ 4,5 -Niedrig: ≤ 3,4	n (hoch) =102 n (niedrig)= 88	31% 27%	$\gamma^h = 0{,}20$ $\gamma^n = 0{,}25$ $\Delta\chi^2 = 2{,}99$ (-) *[4]

[1] Sofern nicht anders angegeben: Skalen der Moderatorvariablen von 1 (niedrig) bis 7 (hoch)
[2] Sofern nicht anders angegeben: Perzentilwert bezogen auf betrachtete Gesamtrücklauf-Stichprobe (n=330)
[3] Sofern nicht anders angegeben: γ^h und γ^n geben die standardisierten Pfadkoeffizienten bei separater Modellschätzung auf Basis des Teildatensatzes mit hohen (h) bzw. niedrigen (n) Ausprägungen der Moderatorvariablen an:
$\gamma^h > \gamma^n$: Positive Moderation (+)
$\gamma^h < \gamma^n$: Negative Moderation (-)
[4] Bei dieser Berechnung wurden wegen negativer Fehlervarianz für "Time-to-Market" diese auf Null gesetzt.
n.s.: Nicht signifikant auf 10%-Niveau
*: Signifikant auf 10%-Niveau
**: Signifikant auf 5%-Niveau
***: Signifikant auf 1%-Niveau

Hypothese 1g kann jedoch auf Basis der vorliegenden Daten auf 10%-Signifikanzniveau bestätigt werden (vgl. Tab. 5-14). Da die χ^2-Differenz mit 0,13 relativ groß ist, kann in der Praxis von einer mit fortschreitender Entwicklungsstufe zunehmenden Wichtigkeit der Netzwerk-Kultur ausgegangen werden. Dies scheint einerseits im Widerspruch zu bisherigen Annahmen zu stehen, gerade in den ganz frühen Phasen seien die richtigen Netzwerkverbindungen am wichtigsten. Andererseits werden gerade nach erfolgreicher Produktentwicklung Netzwerke immer wichtiger, die z.B. eine schnelle Penetration des Marktes ermöglichen, was das Ergebnis wiederum plausibel erscheinen lässt. Weitere Forschungsanstrengungen sind auch hier vonnöten, um dieses Ergebnis für junge Unternehmen zu validieren.

Tab. 5-14: Moderierender Effekt der Entwicklungsstufe auf den Zusammenhang zwischen Netzwerk-Kultur und Unternehmenserfolg

Hypothese	Ausprägung der Moderator-Variablen "Entwicklungsstufe"[1]	Teilstichprobenumfang		Moderierender Effekt auf den Erfolg
		Absolut	Anteil[2]	
1g: Ein moderierender Effekt der Entwicklungsstufe eines jungen Unternehmens auf die Wirkungsbeziehung zwischen **Netzwerk-Kultur** und dem Unternehmenserfolg liegt nicht vor.	-Hoch: 4 -Niedrig: $\leq$ 3,4	n (hoch) =186 n (niedrig)= 144	56% 44%	$\gamma^h = 0{,}30$ $\gamma^n = 0{,}17$ $\Delta\chi^2 = 2{,}74$ (+)*

[1] Sofern nicht anders angegeben: Skalen der Moderatorvariablen von 1 bis 4 (mit Zwischenabstufungen im Abstand 0,5)
[2] Sofern nicht anders angegeben: Perzentilwert bezogen auf betrachtete Gesamtrücklauf-Stichprobe (n=330)
[3] Sofern nicht anders angegeben: γ^h und γ^n geben die standardisierten Pfadkoeffizienten bei separater Modellschätzung auf Basis des Teildatensatzes mit hohen (h) bzw. niedrigen (n) Ausprägungen der Moderatorvariablen an:
$\gamma^h > \gamma^n$: Positive Moderation (+)
$\gamma^h < \gamma^n$: Negative Moderation (-)
[4] Bei dieser Berechnung wurden wegen negativer Fehlervarianz für "Time to Market" diese auf Null gesetzt.
n.s.: Nicht signifikant auf 10%-Niveau
*: Signifikant auf 10%-Niveau
**: Signifikant auf 5%-Niveau
***: Signifikant auf 1%-Niveau

5.2 Ergebnisse der Datenerhebung für mittelständische Unternehmen: Mittelwertvergleiche mittelständische vs. junge Unternehmen

Die Ergebnisse für die mittelständischen Unternehmen werden auf Basis von Mittelwertvergleichen relativ zu den jungen Unternehmen ermittelt.

Um festzustellen, inwiefern sich mittelständische Unternehmen von jungen Unternehmen im Hinblick auf die Unternehmenskultur und die Radikalität von Innovationen unterscheiden, wird daher ein Signifikanz-Vergleich der Mittelwerts-Ausprägung der in der vorliegenden Arbeit betrachteten Unternehmenskultur-Dimensionen sowie des Innovationsgrads durchgeführt. Dazu wird der sog. Mann-Whitney-Test verwendet. Dieser eignet sich im Gegensatz zu dem sonst üblicherweise verwendeten T-Test auch für nichtnormalverteilte Stichproben.[1069]

Um die Diskussion potentieller Unterschiede in den jeweiligen Unternehmenskultur-Dimensionen besser fundieren zu können, wird der erste Mittelwertvergleich im Hinblick auf Unterschiede im Innovationsgrad erfolgen. Sollten deutliche Unterschiede im Innovationsgrad zwischen mittelständischen und jungen Unternehmen festgestellt werden, so müsste dies bei der nachfolgenden Diskussion von potentiellen Unterschieden in den Ausprägungen der verschiedenen Dimensionen der Unternehmenskultur berücksichtigt werden. Denn angenommen, sowohl der Innovationsgrad als auch die betrachtete Dimension der Unternehmenskultur sei bei mittelständischen Unternehmen signifikant niedriger ausgeprägt als bei jungen Unternehmen, so wäre – wenn ein mittelständisches Unternehmen innovativer sein möchte – der Schluss angebracht, dass deutliche Anstrengungen seitens des mittelständischen Unternehmens unternommen werden müssten, die eigene Unternehmenskultur zu verändern und höhere Ausprägungen der jeweils betrachteten Unternehmenskultur-Dimension zu erreichen, sofern sich eine hohe Ausprägung bei jungen Unternehmen als erfolgsrelevant herausgestellt hatte.

Diesen Analysen vorangestellt wird ein Exkurs über aktuelle Herausforderungen von mittelständischen Unternehmen. Die dort erörterten Inhalte sollen dazu beitragen, die Ergebnisse der Mittelwertvergleiche fundierter diskutieren zu können.

5.2.1 Exkurs: Aktuelle Herausforderungen in mittelständischen Unternehmen

Mittelständische Unternehmen beschäftigen ca. 70% aller deutschen Arbeitnehmer und stellen damit einen Eckpfeiler der deutschen Wirtschaft dar.[1070] Die Herausforderungen zu verstehen, denen diese Unternehmen gegenüberstehen, und mögliche Handlungsempfehlungen und

---

[1069] Vgl. Götz, K. et al. (2005): Verbessert "Learning by Doing" den Unterricht im Fach Medizinische Soziologie?, in: GMS Zeitschrift für Medizinische Ausbildung, S. 2.

[1070] Vgl. Schulz, A. (2005): Internationalisierung von kleinen und mittleren Unternehmen, S. 9.

Lösungsansätze für diese Herausforderungen zu entwickeln, kann daher als entscheidend eingestuft werden, diesen Eckpfeiler in seinem Fortbestand sichern zu helfen.

Neben den Herausforderungen des Mittelstands im Hinblick auf Nachfolgeregelung, Finanzierungsmöglichkeiten im Zeitalter von "Basel II" und zunehmende Deregulierung und Globalisierung[1071] wird als zentrale Herausforderung für mittelständische Unternehmen immer wieder die Fähigkeit betont – mehr noch als für Großunternehmen, die mit ihrem großen Produktportfolio auch einmal einen Misserfolg verkraften können – ‚erfolgreiche Innovationen auf den Markt zu bringen.[1072] Gleichzeitig liegt jedoch ihr Anteil an den gesamtdeutschen F&E-Aufwendungen bei unter 20%[1073], und lediglich ein Drittel der kleinen und mittelständischen Unternehmen hat während der letzten drei Jahre eine Innovation eingeführt.[1074] Insofern ist es umso wichtiger zu erforschen, wie nicht-finanzielle Faktoren helfen können, die Innovationsfähigkeit von mittelständischen Unternehmen zu verbessern.

In diesem Zusammenhang wird besonders betont, dass gerade in mittelständischen Unternehmen die Unternehmenskultur Innovativität als zentralen Faktor beinhalten muss.[1075] Unternehmenskultur ist jedoch laut BUSSIECK (1997) "... als selbständig zu betrachtender Erfolgsfaktor noch wenig in das Bewusstsein der Führung der KMU eingedrungen."[1076] Gerade dort liege jedoch die zukünftige Hauptaufgabe der Manager von mittelständischen Unternehmen.[1077]

1071 Vgl. Initiative MittelstandPlus (2002-2006): Mittelstand steht vor neuen Herausforderungen; Schulz, A. (2005): a.a.O.; S.10 ff.

1072 Vgl. Meyer, J.A. (2001): Innovationsmanagement in kleinen und mittleren Unternehmen – Eine Einführung in das Jahrbuch für Forschung und Praxis 2001 , S. 3; Nebe, R. (2000): Gestaltungsmöglichkeiten einer innovationsfreundlichen Organisationsstruktur , S. 1 ff.

1073 Vgl. Nebe, R. (2000): a.a.O., S. 20.

1074 Vgl. DG Bank (2000): a.a.O.

1075 Vgl. Blessin, B. (1998): Innovation und Innovationsmanagement in kleinen und mittleren Unternehmen, S. 11.

1076 Bussiek, J. (1997): Erfolgsstrategien von kleinen und mittleren Unternehmen an der Schwelle zum 21. Jahrhundert , S. 15.

1077 Vgl. Bussiek, J. (1997): a.a.O., S. 15.

Dabei seien v.a. Teamstrukturen zu fördern, da diese besonders für die Erarbeitung und Umsetzung von Innovationen geeignet sind.[1078] Auch die Fähigkeit der Netzwerkbildung wird für mittelständische Unternehmen als sehr wichtig angesehen, weil damit die eingeschränkten Kapitalausstattungen für F&E-Aufwendungen kompensiert werden können.[1079] Darin seien mittelständische Unternehmen aber bisher nicht sehr gut.[1080] Des Weiteren wird das Konfliktmanagement als Führungsaufgabe im Mittelstand betont; denn durch flache Hierarchien und enge Einbindung des mittelständischen Unternehmers in die Arbeitsebene sei "... die Gefahr ihrer Einbindung in betriebsinterne Konflikte größer als bei Großunternehmen."[1081] Dies zeigt erneut, dass bei mittelständischen Unternehmen, die in der Regel eigentümergeführt sind, die Rolle des Eigentümers bzw. Unternehmers als besonders wichtig bei der Gestaltung der Unternehmenskultur eingeordnet wird. Da damit jedoch eine starke Fokussierung auf den Unternehmer stattfindet, bieten sich dadurch natürlich Chancen und Risiken zugleich: Eine Unternehmerpersönlichkeit, die den erforderlichen Veränderungen der Unternehmenskultur entgegensteht, kann damit zur Gefahr für den Fortbestand des Unternehmens werden.

Abschließend kann auf Basis der vorigen Ausführungen festgehalten werden, dass die im Hinblick auf junge Unternehmen als wichtig angesehenen Dimensionen der Unternehmenskultur auch für mittelständische Unternehmen als relevant erachtet werden können. Somit kann im Folgenden mit den Mittelwertvergleichen begonnen werden.

5.2.2 Innovationsgrad: Mittelwertvergleich mittelständische vs. junge Unternehmen

Wie schon erwähnt, wird im ersten Schritt zunächst durch einen Mittelwertvergleich der Innovationsgrad in mittelständischen Unternehmen demjenigen in jungen Unternehmen gegenübergestellt. Auch hier erfolgt wieder wie in Kapitel 5.1.1.5 dargestellt sowohl die Berücksichtigung des Innovationsgrads auf Basis von 16 Indikatoren als auch auf Basis der in der konfirmatorischen Faktorenanalyse bestätigten zehn Indikatoren.

[1078] Vgl. Nebe, R. (2000): a.a.O., S. 21 ff.
[1079] Vgl. Maier, J./Obermaier, F. (2001): a.a.O., S. 39 ff.
[1080] Vgl. Fischer, S. (2003): Netzwerke im Mittelstand , S. 51 ff.
[1081] Aigner, T./Heilmann, J. (2003): Konfliktmanagement als Führungsaufgabe im Mittelstand , S. 123.

Der Innovationsgrad in jungen Unternehmen ist dabei signifikant immer um knapp eine Einheit der Befragungsskala höher als in mittelständischen Unternehmen. Mittelständische Unternehmen sind also deutlich weniger innovativ als die in der vorliegenden Arbeit betrachteten jungen Unternehmen. Es zeigen sich sowohl für "Innovationsgrad 10" als auch für "Innovationsgrad 16" bei allen Indikatoren, Faktoren und auch den zwei Gesamtkonstrukten deutliche Unterschiede im Innovationsgrad auf 1%-Signifikanzniveau.

Besonders eine höhere Ausprägung der Faktoren I "Technologischer Innovationsgrad" und II "Kundennutzen und Neuheit am Markt" wären jedoch wichtig für mittelständische Unternehmen, um sich neue Märkte zu erschließen. Diese signifikanten Unterschiede im Innovationsgrad müssen bei der nachfolgenden Betrachtung der Unterschiede in den Ausprägungen der verschiedenen Dimensionen der Unternehmenskultur berücksichtigt werden. Sofern bei mittelständischen Unternehmen auch die betrachtete Dimension der Unternehmenskultur signifikant niedriger sein sollte, so wäre – wenn ein mittelständisches Unternehmen innovativer sein möchte – die Hypothese naheliegend, dass deutliche Anstrengungen seitens des mittelständischen Unternehmens unternommen werden müssten, die eigene Unternehmenskultur zu verändern und höhere Ausprägungen der jeweils betrachteten Unternehmenskultur-Dimension zu erreichen. Sofern der Innovationsgrad sogar einen positiv moderierenden Effekt hat, müssten diese Anstrengungen umso stärker ausfallen, je radikaler das mittelständische Unternehmen innovieren möchte. Im Hinblick auf die für etablierte mittelständische Unternehmen möglichen Organisationsformen für (radikale) Innovationen sei erneut auf die Ausführungen in Kapitel 2.2.3 hingewiesen.

Tab. 5-15: Mittelwertvergleich "Innovationsgrad 10"

Nr.	Indikator	Indikator-Mittelwert		Indikator Mittlerer Rang		Indikator: Test auf Rangunterschiede	Faktor-Mittelwert		Faktor Mittlerer Rang		Faktor: Test auf Rangunterschiede	Konstrukt-Mittelwert		Konstrukt: Test auf Rangunterschiede
		Junge Unternehmen	Mittelstand	Junge Unternehmen	Mittelstand		Junge Unternehmen	Mittelstand	Junge Unternehmen	Mittelstand		Junge Unternehmen	Mittelstand	
I-1	Die Technologie unseres ersten Produkts basiert(e) auf neuen technologischen Prinzipien.	5,24	3,98	390,91	274,79	p=0,000	5,28	4,34	383,53	282,08	p=0,000	4,47	3,56	p=0,000
I-2	Die im ersten Produkt eingesetzte Technologie erlaubt(e) einen deutlichen Leistungssprung.	5,46	4,75	362,10	303,25	p=0,000								
I-3	Die im ersten Produkt eingesetzte Technologie hat(te) das Potenzial, alte Technologien zu verdrängen.	5,23	4,46	365,09	300,30	p=0,000								
I-4	Die technologische Entwicklung des ersten Produkts ist (war) äußerst komplex.	5,18	4,19	378,00	287,54	p=0,000								
II-1	Unser erstes Produkt bietet (bot) dem Kunden einen vollkommen neuen Nutzen.	4,91	4,12	366,52	298,89	p=0,000	4,31	3,48	373,09	292,40	p=0,000			
II-2	Mit unserem ersten Produkt entwickeln (entwickelten) wir einen vollkommen neuen Markt.	3,70	2,84	372,39	293,08	p=0,000								
III-1	Unser erstes Produkt verlangt(e) von den Kunden umfangreiche Einstellungs- und Verhaltensänderungen.	3,59	2,66	375,36	290,15	p=0,000	3,39	2,54	377,84	287,71	p=0,000			
III-2	Unser erstes Produkt erfordert(e) einen hohen Lernaufwand für den Kunden.	3,18	2,43	371,63	293,84	p=0,000								
IV-1	Der Markt für unser erstes Produkt ist (war) äußerst komplex.	4,56	3,58	375,36	290,15	p=0,000	4,11	3,10	383,55	282,06	p=0,000			
IV-2	Das Umfeld des Marktes für unser erstes Produkt ist (war) äußerst komplex.	3,66	2,63	382,10	283,49	p=0,000								

Inwiefern sich auch die in der vorliegenden Arbeit betrachteten Dimensionen der Unternehmenskultur in mittelständischen Unternehmen von derjenigen in jungen, innovativen Unternehmen unterscheidet, wird in den nachfolgenden Kapiteln gezeigt und diskutiert werden.

Tab. 5-16: Mittelwertvergleich "Innovationsgrad 16"

Nr.	Indikator	Indikator-Mittelwert		Indikator Mittlerer Rang		Indikator: Test auf Rangunterschiede	Faktor-Mittelwert		Faktor Mittlerer Rang		Faktor: Test auf Rangunterschiede	Konstrukt-Mittelwert		Konstrukt: Test auf Rangunterschiede
		Junge Unternehmen	Mittelstand	Junge Unternehmen	Mittelstand		Junge Unternehmen	Mittelstand	Junge Unternehmen	Mittelstand		Junge Unternehmen	Mittelstand	
I-1	Die Technologie unseres ersten Produkts basiert(e) auf neuen technologischen Prinzipien.	5,24	3,98	390,91	274,79	p=0,000								
I-2	Die im ersten Produkt eingesetzte Technologie erlaubt(e) einen deutlichen Leistungssprung.	5,46	4,75	362,10	303,25	p=0,000	5,28	4,35	383,53	282,08	p=0,000			
I-3	Die im ersten Produkt eingesetzte Technologie hat(te) das Potenzial, alte Technologien zu verdrängen.	5,23	4,46	365,09	300,30	p=0,000								
I-4	Die technologische Entwicklung des ersten Produkts ist (war) äußerst komplex.	5,18	4,19	378,00	287,54	p=0,000								
II-1	Unser erstes Produkt bietet (bot) dem Kunden einen vollkommen neuen Nutzen.	4,91	4,12	366,52	298,89	p=0,000								
II-2	Unser erstes Produkt bietet (bot) dem Kunden einzigartige Vorteile gegenüber Konkurrenzprodukten.	5,47	4,75	362,92	302,45	p=0,000								
II-3	Unser erstes Produkt ist (war) in der Form noch nicht zu beziehen.	5,11	4,33	365,76	299,64	p=0,000								
II-4	Mit unserem ersten Produkt entwickeln (entwickelten) wir einen vollkommen neuen Markt.	3,70	2,84	372,39	293,08	p=0,000								
II-5	Der Markt für unser erstes Produkt ist (war) äußerst komplex.	4,56	3,58	375,36	290,15	p=0,000	4,22	3,42	386,04	279,60	p=0,000			
II-6	Unser erstes Produkt verlangt(e) von den Kunden umfangreiche Einstellungs- und Verhaltensänderungen.	3,59	2,66	377,28	288,26	p=0,000						3,98	3,20	p=0,000
II-7	Bei unserem ersten Produkt kann (konnte) der Kunde schnell, leicht und zuverlässig prüfen, ob es seine Anforderungen erfüllt.	3,24	2,63	364,50	300,88	p=0,000								
II-8	Unser erstes Produkt erfordert(e) einen hohen Lernaufwand für den Kunden.	3,18	2,43	371,63	293,84	p=0,000								
III-1	Für unser erstes Produkt ist (war) der Aufbau einer neuen Infrastruktur (z.B. Wasserstoff-Tankstellen für Wasserstoffbetrieb von Autos) notwendig.	1,91	1,40	371,56	293,90	p=0,000								
III-2	Für unser erstes Produkt sind (waren) umfangreiche regulatorische Änderungen (z.B. Gesetze oder Industriestandards durch z.B. staatliche Stellen oder Berufsverbände) notwendig.	1,71	1,34	361,02	304,33	p=0,000	2,19	1,62	386,47	279,17	p=0,000			
III-3	Unser erstes Produkt steht (stand) im Kreuzfeuer gesellschaftlicher Kritik	1,46	1,12	366,38	299,02	p=0,000								
III-4	Das Umfeld des Marktes für unser erstes Produkt ist (war) äußerst komplex.	3,66	2,63	382,10	283,49	p=0,000								

5.2.3 Kommunikations-Kultur: Mittelwertvergleich mittelständische vs. junge Unternehmen

Sämtliche Indikatoren, beide Faktoren und auch das Gesamtkonstrukt der arbeitsbezogenen Kommunikations-Kultur sind zwischen jungen und mittelständischen Unternehmen signifkant unterschiedlich auf 1%-Signifikanzniveau (vgl. Tab. 5-17).

Junge Unternehmen haben dabei durchgängig eine deutlich höhere Ausprägung vorzuweisen. Vor dem Hintergrund der in Kapitel 5.1.1.4 festgestellten deutlich positiven Erfolgswirkung der arbeitsbezogenen Kommunikations-Kultur sowie des in Kapitel 5.1.1.5 ermittelten positiv moderierenden Effekts scheint die Hypothese angebracht, dass mittelständische Unternehmen, die innovieren möchten, ihre arbeitsbezogene Kommunikations-Kultur überprüfen und letztlich in ihren Ausprägungen erhöhen bzw. verbessern sollten. Ggf. ist es dazu überlegenswert, auf neue Organisationsformen für das Innovationsmanagement zurückzugreifen, z.B. durch internes oder externes Venture Management, was potentiell hilft, schneller neue Unternehmenskulturen zu etablieren.[1082] Auch die Auswahl geeigneter Mitarbeiter, die die entsprechende Unternehmenskultur vorleben und fördern, ist im Rahmen des Venture Management zur Etablierung insbesondere von radikalen Innovationen ein weiteres wichtiges Kriterium, welches mittelständische Unternehmen dabei berücksichtigen müssen.

Tab. 5-17: Kultur der betriebsbezogenen Kommunikation – Mittelwertvergleich junge vs. mittelständische Unternehmen

Nr.	Indikator	Indikator-Mittelwert		Indikator Mittlerer Rang		Indikator: Test auf Rangunterschiede	Faktor-Mittelwert		Faktor Mittlerer Rang		Faktor: Test auf Rangunterschiede	Konstrukt-Mittelwert		Konstrukt: Test auf Rangunterschiede
		Junge Unternehmen	Mittelstand	Junge Unternehmen	Mittelstand		Junge Unternehmen	Mittelstand	Junge Unternehmen	Mittelstand		Junge Unternehmen	Mittelstand	
I-1	...wird besonderer Wert auf eine offene arbeitsbezogene Kommunikation gelegt.	6,25	5,28	382,70	282,90	p=0,000								
I-2	...wird auf die unmittelbare Weitergabe von arbeitsbezogenen Informationen besonders viel Wert gelegt.	6,14	5,29	374,17	291,33	p=0,000								
I-3	...streben wir proaktive arbeitsbezogene Kommunikation an.	6,06	5,12	378,35	287,20	p=0,000	6,12	5,27	383,67	281,95	p=0,000			
I-4	...wird eine funktionsübergreifende Informationsweitergabe angestrebt.	5,82	5,16	358,09	307,22	p=0,000						5,49	4,73	p=0,000
I-5	...wird die Weitergabe von arbeitsbezogenen Informationen erwartet.	6,34	5,49	371,70	293,77	p=0,000								
II-1	...wird die Weitergabe von arbeitsbezogenen Informationen kontrolliert.	4,12	3,64	356,33	308,96	p=0,000	3,90	3,39	358,40	306,91	p=0,001			
II-2	...wird das Zurückhalten von wichtigen unternehmensrelevanten Informationen sanktioniert.	3,69	3,15	356,17	309,12	p=0,001								

[1082] Vgl. zu internem und externem Venture Management die Ausführungen in Kapitel 2.2.3.

Tab. 5-18: Kultur der privaten Kommunikation – Mittelwertvergleich junge vs. mittelständische Unternehmen

Nr.	Indikator	Indikator-Mittelwert		Indikator Mittlerer Rang		Indikator: Test auf Rangunterschiede	Faktor-Mittelwert		Faktor Mittlerer Rang		Faktor: Test auf Rangunterschiede	Konstrukt-Mittelwert		Konstrukt: Test auf Rangunterschiede
		Junge Unternehmen	Mittelstand	Junge Unternehmen	Mittelstand		Junge Unternehmen	Mittelstand	Junge Unternehmen	Mittelstand		Junge Unternehmen	Mittelstand	
I-1	...wird viel Wert auf eine offene nicht-arbeitsbezogene Kommunikation gelegt.	4,43	3,62	371,77	293,70	p=0,000								
I-2	...wird erwartet, dass nicht-arbeitsbezogene Probleme (z.B. Sorgen privater Art) jeglicher Art unmittelbar und offen angesprochen werden.	3,59	3,18	352,16	313,07	p=0,007	3,49	2,96	365,74	299,66	p=0,000			
I-3	...wird auf Kommunikation über private Dinge besonderer Wert gelegt.	3,22	2,57	370,47	294,99	p=0,000								
I-4	...wird erwartet, dass über private Dinge kommuniziert wird.	2,74	2,48	347,26	317,92	p=0,04						3,30	2,84	p=0,000
II-1	...wird erwartet, dass gemeinsame Freizeitaktivitäten unternommen werden.	2,66	2,43	346,33	318,84	p=0,06								
II-2	...werden gemeinsame Freizeitaktivitäten gefördert.	3,63	3,02	361,69	303,66	p=0,000	3,05	2,68	354,27	310,99	p=0,004			
II-3	...wird das Motto "Je besser wir uns privat kennen desto erfolgreicher können wir zusammenarbeiten" besonders betont.	2,85	2,58	346,63	318,53	p=0,05								

Bei der privaten Kommunikations-Kultur weisen mittelständische Unternehmen ebenfalls signifikant niedrigere Werte auf als junge Unternehmen (vgl. Tab. 5-18). Auch hier erscheint es für mittelständische Unternehmen vor dem Hintergrund der in Kapitel 5.1.1.4 erläuterten positiven Erfolgswirkung angebracht, ihre aktuelle private Kommunikations-Kultur zu überprüfen. Allerdings ist in Anbetracht der negativ moderierenden Wirkung des Innovationsgrads (vgl. Kapitel 5.1.1.5) vor der Vermischung von privater und arbeitsbezogener Kommunikation zu warnen, je radikaler eine geplante Innovation ist.

5.2.4 Konflikt-Kultur: Mittelwertvergleich mittelständische vs. junge Unternehmen

Wie aus Tab. 5-19 ersichtlich, sind mittelständische Unternehmen gerade in der einen Dimension der Konflikt-Kultur signifikant niedriger ausgeprägt als junge Unternehmen, welche als einzige bei der Dependenzanalyse einen relativ starken positiven Effekt auf den Unternehmenserfolg hatte: der Zusammenarbeits-Kultur (Indikatoren III-1 bis III-4). Insofern sollten mittelständische Unternehmen bei Innovationsvorhaben ihre Konflikt-Kultur diesbezüglich überdenken und die Ausprägung erhöhen. Bei drei weiteren Konflikt-Kulturen bei Sachkonflikten ist kein signifikanter Mittelwert-Unterschied feststellbar. Die Konstrukte "Vermeidungs-Kultur" (I), "Durchsetz-Kultur" (IV) und "Kompromiss-Kultur" (V) wiesen auch keinen deutlichen Zusammenhang zum Erfolg auf, so dass hier kein Handlungsbedarf für mittelständische Unternehmen abgeleitet werden kann. Auch bei der "Nachgebe-Kultur" (II) ist dies, trotz Signifikanz-Unterschied, nicht der Fall, da der Zusammenhang zum Erfolg nicht nur gering, sondern in der Tendenz auch negativ war.

Die Unterschiede im Hinblick auf Beziehungskonflikte sind Tab. 5-20 zu entnehmen. Hier wird wiederum deutlich, dass mittelständische Unternehmen bei zwei Konflikt-Kulturen, die bei der Dependenzanalyse einen positiven Effekt auf den Erfolg hatten – Zusammenarbeits-Kultur (III) und Kompromiss-Kultur (V) –, signifikant niedrigere Werte aufweisen. Der Schluss liegt nahe, dass innovierende mittelständische Unternehmen an der Erhöhung der Ausprägungen dieser Kulturen bei Beziehungskonflikten arbeiten sollten. Bei allen weiteren vier Konflikt-Kulturen treten keine signifikanten Unterschiede auf. Davon wiesen aber auch drei so gut wie keinen Effekt auf den Erfolg auf, lediglich bei der Drittpartei-Kultur lag dieser vor. Dort haben die mittelständischen Unternehmen eine ähnlich hohe Ausprägung (Mittelwert 3,25) wie die jungen Unternehmen (3,22), so dass dort kein Handlungsbedarf zu bestehen scheint.

Tab. 5-19: Konflikt-Kultur Sachkonflikte – Mittelwertvergleich mittelständische vs. junge Unternehmen

Nr.	Indikator	Indikator-Mittelwert		Indikator Mittlerer Rang		Indikator: Test auf Rangunterschiede	Konstrukt-Mittelwert		Konstrukt Mittlerer Rang		Konstrukt: Test auf Rangunterschiede
		Junge Unternehmen	Mittelstand	Junge Unternehmen	Mittelstand		Junge Unternehmen	Mittelstand	Junge Unternehmen	Mittelstand	
I-1	...wird angestrebt, Meinungsverschiedenheiten weitestgehend zu vermeiden.	2,47	2,64	324,03	340,87	p=0,25	2,40	2,46	330,34	334,64	p=0,77
I-2	...wird angestrebt, Unstimmigkeiten schon im Keim zu ersticken.	2,66	2,68	333,23	331,78	p=0,92					
I-3	...wird erwartet, Konfrontationen mit anderen aus dem Weg zu gehen.	2,06	2,06	337,58	327,48	p=0,48					
II-1	...wird erwartet, den Wünschen des Konfliktgegners nachzugeben.	2,42	2,21	348,38	316,81	p=0,03	2,81	2,52	350,39	314,83	p=0,02
II-2	...wird Wert darauf gelegt, mit dem Konfliktgegner übereinzustimmen.	2,88	2,68	343,71	321,43	p=0,13					
II-3	...wird besonders die Wichtigkeit betont, dem Konfliktgegner entgegenzukommen.	3,32	2,93	352,59	312,65	p=0,006					
II-4	...wird erwartet, sich den Zielen und Interessen des Konfliktgegners anzupassen.	2,61	2,25	356,77	308,52	p=0,001					
III-1	...wird besonders viel Wert darauf gelegt, ein Problem solange zu untersuchen, bis eine Lösung gefunden ist, die beide Konfliktparteien wirklich zufrieden stellt.	5,14	4,45	359,48	305,84	p=0,000	5,49	4,73	365,34	300,06	p=0,000
III-2	...wird erwartet, sowohl die eigenen Ziele und Interessen als auch die der anderen Konfliktpartei zu berücksichtigen.	5,51	4,69	365,52	299,87	p=0,000					
III-3	...wird angestrebt, immer die Sichtweisen beider Parteien zu betrachten, um eine beiderseitig optimale Lösung zu finden.	5,92	5,07	365,79	299,61	p=0,000					
III-4	...wird viel Wert darauf gelegt, eine Lösung zu finden, welche sowohl den eigenen Interessen als auch den Interessen des Konfliktgegners so gut wie möglich dient.	5,37	4,70	355,43	309,85	p=0,002					
IV-1	...wird erwartet, aus Konflikten als Gewinner hervorzugehen.	2,18	2,19	334,68	330,35	p=0,76	2,18	2,14	336,07	328,97	p=0,63
IV-2	...wird besonders viel Wert darauf gelegt, dass man bei Konflikten alles tut, um seine Sichtweise durchzusetzen.	2,29	2,26	335,88	329,16	p=0,64					
IV-3	...wird akzeptiert, dass Druck auf den anderen ausgeübt wird, damit die eigenen Ideen akzeptiert werden.	2,07	1,96	345,53	319,63	p=0,06					
V-1	...wird akzeptiert, dass man sich auf einen Mittelweg einigt.	4,74	4,23	354,48	310,78	p=0,003	3,75	3,56	338,21	326,86	p=0,44
V-2	...wird besonders betont, dass Kompromiss-Lösungen gefunden werden müssen.	4,20	4,07	336,53	328,52	p=0,59					
V-3	...wird, wenn irgend möglich, immer ein 50/50-Kompromiss angestrebt.	2,33	2,38	327,59	337,35	p=0,50					

Tab. 5-20: Konflikt-Kultur Beziehungskonflikte – Mittelwertvergleich mittelständische vs. junge Unternehmen

Nr.	Indikator	Indikator-Mittelwert		Indikator Mittlerer Rang		Indikator: Test auf Rangunterschiede	Konstrukt-Mittelwert		Konstrukt Mittlerer Rang		Konstrukt: Test auf Rangunterschiede
		Junge Unternehmen	Mittelstand	Junge Unternehmen	Mittelstand		Junge Unternehmen	Mittelstand	Junge Unternehmen	Mittelstand	
I-1	...wird angestrebt, Meinungsverschiedenheiten weitestgehend zu vermeiden.	3,71	3,34	347,88	317,30	p=0,04	3,33	3,10	342,00	323,11	p=0,20
I-2	...wird angestrebt, Unstimmigkeiten schon im Keim zu ersticken.	3,36	3,15	342,48	322,64	p=0,18					
I-3	...wird erwartet, Konfrontationen mit anderen aus dem Weg zu gehen.	2,94	2,81	339,05	326,02	p=0,37					
II-1	...wird erwartet, den Wünschen des Konfliktgegners nachzugeben.	2,76	2,42	352,35	312,89	p=0,007	2,98	2,65	346,48	318,69	p=0,06
II-2	...wird Wert darauf gelegt, mit dem Konfliktgegner übereinzustimmen.	2,89	2,63	345,55	319,61	p=0,075					
II-3	...wird besonders die Wichtigkeit betont, dem Konfliktgegner entgegenzukommen.	3,42	3,10	345,73	319,43	p=0,071					
II-4	...wird erwartet, sich den Zielen und Interessen des Konfliktgegners anzupassen.	2,84	2,43	354,85	310,41	p=0,002					
III-1	...wird besonders viel Wert darauf gelegt, ein Problem so lange zu untersuchen, bis eine Lösung gefunden ist, die beide Konfliktparteien wirklich zufrieden stellt.	4,54	3,71	366,96	298,45	p=0,000	5,04	4,15	373,36	292,13	p=0,000
III-2	...wird erwartet, sowohl die eigenen Ziele und Interessen als auch die der anderen Konfliktpartei zu berücksichtigen.	5,07	4,13	371,37	294,10	p=0,000					
III-3	...wird angestrebt, immer die Sichtweisen beider Parteien zu betrachten, um eine beiderseitig optimale Lösung zu finden.	5,43	4,43	371,47	294,00	p=0,000					
III-4	...wird viel Wert darauf gelegt, eine Lösung zu finden, welche sowohl den eigenen Interessen als auch den Interessen des Konfliktgegners so gut wie möglich dient.	5,11	4,30	364,56	300,83	p=0,000					
IV-1	...wird erwartet, aus Konflikten als Gewinner hervorzugehen.	2,01	2,04	339,18	325,90	p=0,35	2,05	1,95	343,26	321,87	p=0,15
IV-2	...wird besonders viel Wert darauf gelegt, dass man bei Konflikten alles tut, um seine Sichtweise durchzusetzen.	2,21	2,03	348,84	316,35	p=0,02					
IV-3	...wird akzeptiert, dass Druck auf den anderen ausgeübt wird, damit die eigenen Ideen akzeptiert werden.	1,91	1,78	348,34	316,85	p=0,03					
V-1	...wird akzeptiert, dass man sich auf einen Mittelweg einigt.	5,03	4,05	374,67	290,84	p=0,00	4,30	3,62	361,76	303,59	p=0,000
V-2	...wird besonders betont, dass Kompromiss-Lösungen gefunden werden müssen.	4,75	4,04	360,53	304,80	p=0,000					
V-3	...wird, wenn irgend möglich, immer ein 50/50-Kompromiss angestrebt.	3,12	2,78	345,99	319,17	p=0,07					
VI-1	...wird besonders viel Wert darauf gelegt, den formal Vorgesetzten um Unterstützung zu bitten.	2,92	2,97	328,65	336,30	p=0,60	3,22	3,25	325,14	339,78	p=0,32
VI-2	...wird akzeptiert, dass im Zweifel der "Ranghöchste" ein Machtwort spricht.	3,52	3,54	330,59	334,39	p=0,80					

5.2.5 Fehler-Kultur: Mittelwertvergleich mittelständische vs. junge Unternehmen

Die Mittelwerte des Gesamt-Konstrukts der Fehler-Kultur unterscheiden sich signifikant auf 1%-Niveau zwischen jungen und mittelständischen Unternehmen. Bei ersteren beträgt der Mittelwert 5,77, bei letzteren nur 5,05. Insbesondere getragen wird dieser Unterschied durch die beiden Faktoren II ("Aus Fehlern lernen/Nutzen von Fehlern") sowie III ("Kommunikation bei Fehlern"). Hier weisen mittelständische Unternehmen hoch signifikant niedrigere Werte auf als junge Unternehmen.

Tab. 5-21: Fehler-Kultur – Mittelwertvergleich junge vs. mittelständische Unternehmen

Nr.	Indikator	Indikator-Mittelwert		Indikator Mittlerer Rang		Indikator: Test auf Rangunterschiede	Faktor-Mittelwert		Faktor Mittlerer Rang		Faktor: Test auf Rangunterschiede	Konstrukt-Mittelwert		Konstrukt: Test auf Rangunterschiede
		Junge Unternehmen	Mittelstand	Junge Unternehmen	Mittelstand		Junge Unternehmen	Mittelstand	Junge Unternehmen	Mittelstand		Junge Unternehmen	Mittelstand	
I-1	…wird erwartet, dass wir normalerweise wissen, wie ein Fehler wieder behoben wird.	5,67	5,14	353,68	311,57	p=0,04	5,82	5,29	350,57	314,64	p=0,20	5,77	5,05	p=0,000
I-2	...wird erwartet, dass gemachte Fehler sofort korrigiert werden.	5,96	5,43	347,32	317,86	p=0,37								
II-1	...wird die Nützlichkeit von Fehlern zur Verbesserung von Arbeitsprozessen besonders betont.	5,29	4,42	372,20	293,28	p=0,007	5,42	4,53	375,94	289,58	p=0,06			
II-2	...wird großer Wert darauf gelegt, dass Fehler als wichtige Informationsquelle für die Fortsetzung der Arbeit angesehen werden.	5,54	4,60	373,18	292,31	p=0,075								
II-3	...wird das Motto "Aus Fehlern lernt man" besonders betont.	5,44	4,56	370,76	294,70	p=0,002								
III-1	...wird erwartet, dass man sich zur Korrektur von Fehlern an Kollegen wendet, sofern man diese nicht selber beheben kann.	6,43	5,48	380,43	285,14	p=0,000	6,30	5,28	390,90	275,69	p=0,000			
III-2	...wird besonders betont, dass sich Mitarbeiter, welche ihre Arbeit nach einem Fehler nicht fortsetzen können, auf die Unterstützung anderer Kollegen verlassen können.	6,02	5,00	383,00	282,60	p=0,000								
III-3	...wird erwartet, dass Informationen über gemachte Fehler mit anderen geteilt werden, um den gleichen Fehler zukünftig zu vermeiden.	6,46	5,37	384,03	281,59	p=0,000								
IV-1	...wird erwartet, nach einem Fehler gründlich zu durchdenken, wie dieser korrigiert werden kann.	6,38	5,40	378,84	286,71	p=0,35	5,98	5,18	363,80	301,58	p=0,15			
IV-2	...wird nach einem Fehler erwartet, dass dieser gründlich im Hinblick auf seine Ursachen analysiert wird.	6,18	5,35	367,70	297,72	p=0,02								
IV-3	...wird viel Wert darauf gelegt, häufig darüber nachzudenken, wie ein Fehler hätte vermieden werden können.	5,38	4,80	353,49	311,76	p=0,03								

Es erscheint für innovierende mittelständische Unternehmen ratsam, ihre Fehler-Kultur diesbezüglich anpassen. Vor dem Hintergrund des leicht positiv moderierenden Effekts des Innovationsgrades sollte dies ganz besonders bei radikalen Innovationen geschehen. In diesem Zusammenhang sei erneut auf die Ausführungen zum Venture Management in Kapitel 2.2.3 hingewiesen. Durch explizites Venture Management können Unternehmen eine Öffnung gegenüber Veränderungen bewirken, so dass eine Veränderung hin zu den Ausprägungen der

Unternehmenskultur, wie sie in jungen Unternehmen vorherrscht, potentiell schneller gelingen kann.

5.2.6 Führungs-Kultur: Mittelwertvergleich mittelständische vs. junge Unternehmen

Wie Tab. 5-22 zu entnehmen ist, weisen mittelständische Unternehmen für alle Indikatoren, Faktoren und das Gesamtkonstrukt signifikant niedrigere Ausprägungen auf als junge Unternehmen. Vor dem Hintergrund der in Kapitel 5.1.4 geschilderten deutlichen Erfolgswirksamkeit der unternehmerischen Führungs-Kultur scheint die Empfehlung gerechtfertigt, dass mittelständische Unternehmen bei Innovationsvorhaben ihre bisherige Führungs-Kultur in Frage stellen sollten. Dabei ist wiederum der Hinweis auf mögliche neue Organisationsformen von Innovationsvorhaben angebracht, welche dabei helfen können, die tendenziell nur langsam veränderbare Unternehmenskultur im Rahmen des internen oder externen Venture Managements schneller auf ein Innovationen förderliches Niveau zu heben [1083] Auch die Persönlichkeit des Unternehmers muss dabei berücksichtigt werden, da dieser in mittelständischen Unternehmen in der Regel die zentrale Rolle spielt und somit Veränderungen der Unternehmenskultur fast im Alleingang bewirken kann, solchen notwendigen Veränderungen aber auch massiv im Weg stehen könnte.

[1083] Vgl. Kapitel 2.2.3.

Tab. 5-22: Führungs-Kultur – Mittelwertvergleich mittelständische vs. junge Unternehmen

<table>
<tr><th rowspan="2">Nr.</th><th rowspan="2">Indikator</th><th colspan="2">Indikator-Mittelwert</th><th colspan="2">Indikator Mittlerer Rang</th><th rowspan="2">Indikator: Test auf Rangunterschiede</th><th colspan="2">Faktor-Mittelwert</th><th colspan="2">Faktor Mittlerer Rang</th><th rowspan="2">Faktor: Test auf Rangunterschiede</th><th colspan="2">Konstrukt-Mittelwert</th><th rowspan="2">Konstrukt: Test auf Rangunterschiede</th></tr>
<tr><th>Junge Unternehmen</th><th>Mittelstand</th><th>Junge Unternehmen</th><th>Mittelstand</th><th>Junge Unternehmen</th><th>Mittelstand</th><th>Junge Unternehmen</th><th>Mittelstand</th><th>Junge Unternehmen</th><th>Mittelstand</th></tr>
<tr><td>I-1</td><td>...wird harte Arbeit zur Umsetzung der hohen Ziele vorgelebt.</td><td>5,97</td><td>4,99</td><td>380,15</td><td>285,42</td><td>p=0,000</td><td rowspan="3">5,79</td><td rowspan="3">4,85</td><td rowspan="3">386,38</td><td rowspan="3">279,06</td><td rowspan="3">p=0,000</td><td rowspan="17">5,75</td><td rowspan="17">4,79</td><td rowspan="17">p=0,000</td></tr>
<tr><td>I-2</td><td>...wird betont, dass wir die Herausforderungen unter expliziter Berücksichtigung unserer ggf. auch begrenzten Fähigkeiten angehen.</td><td>5,50</td><td>4,66</td><td>372,82</td><td>292,67</td><td>p=0,000</td></tr>
<tr><td>I-3</td><td>…wird die Balance aus hoher Leistungsorientierung im Hinblick auf unsere Ziele unter Berücksichtigung unserer Fähigkeiten vom Führungsteam vorgelebt.</td><td>5,89</td><td>4,89</td><td>382,97</td><td>282,64</td><td>p=0,000</td></tr>
<tr><td>II-1</td><td>…betont das Führungsteam seine Verantwortungsübernahme nicht nur bei Erfolg, sondern auch bei Misserfolg.</td><td>6,25</td><td>5,18</td><td>386,59</td><td>279,06</td><td>p=0,000</td><td rowspan="4">6,01</td><td rowspan="4">5,00</td><td rowspan="4">387,50</td><td rowspan="4">278,16</td><td rowspan="4">p=0,000</td></tr>
<tr><td>II-2</td><td>…wird großes Augenmerk auf unsere Vision gerichtet.</td><td>5,61</td><td>4,69</td><td>372,30</td><td>293,18</td><td>p=0,000</td></tr>
<tr><td>II-3</td><td>...wird auf vorausschauendes Handeln besonders geachtet.</td><td>5,90</td><td>4,95</td><td>375,79</td><td>289,73</td><td>p=0,000</td></tr>
<tr><td>II-4</td><td>…wird auf das Vertrauen in die Mitarbeiter besonders viel Wert gelegt.</td><td>6,30</td><td>5,16</td><td>386,58</td><td>279,07</td><td>p=0,000</td></tr>
<tr><td>III-1</td><td>…wird die Wichtigkeit des diplomatischen Umgangs mit anderen zur Erreichung unserer Ziele besonders betont.</td><td>5,42</td><td>4,56</td><td>372,69</td><td>292,79</td><td>p=0,000</td><td rowspan="2">5,50</td><td rowspan="2">4,70</td><td rowspan="2">370,80</td><td rowspan="2">294,66</td><td rowspan="2">p=0,000</td></tr>
<tr><td>III-2</td><td>...wird der Überzeugungskraft des Führungsteams besonders viel Wert beigemessen.</td><td>5,57</td><td>4,85</td><td>361,78</td><td>303,57</td><td>p=0,000</td></tr>
<tr><td>IV-1</td><td>...wird viel Wert auf eine inspirierende und motivierende Arbeitsatmosphäre gelegt.</td><td>5,76</td><td>4,49</td><td>392,54</td><td>273,18</td><td>p=0,000</td><td rowspan="3">5,87</td><td rowspan="3">4,68</td><td rowspan="3">395,01</td><td rowspan="3">270,74</td><td rowspan="3">p=0,000</td></tr>
<tr><td>IV-2</td><td>...wird viel Wert darauf gelegt, dass wir Spaß an der Arbeit haben und alle voll mit dem Herzen bei der Sache sind.</td><td>5,91</td><td>4,68</td><td>390,06</td><td>275,63</td><td>p=0,000</td></tr>
<tr><td>IV-3</td><td>...wird viel Wert auf echte Teamarbeit gelegt.</td><td>5,94</td><td>4,87</td><td>384,50</td><td>281,12</td><td>p=0,000</td></tr>
<tr><td>V-1</td><td>...wird viel Wert darauf gelegt, unsere uns selbst auferlegten Grenzen zu hinterfragen.</td><td>5,02</td><td>4,09</td><td>378,74</td><td>286,82</td><td>p=0,000</td><td rowspan="3">5,52</td><td rowspan="3">4,61</td><td rowspan="3">381,04</td><td rowspan="3">284,54</td><td rowspan="3">p=0,000</td></tr>
<tr><td>V-2</td><td>...wird viel Wert darauf gelegt, dass wir alle als eine Einheit zusammenarbeiten.</td><td>5,54</td><td>4,75</td><td>365,73</td><td>299,66</td><td>p=0,000</td></tr>
<tr><td>V-3</td><td>...wird großer Wert darauf gelegt, unseren eigenen Verstand zu benutzen und den Mut zu haben, andere Sichtweisen und Meinungen zu hinterfragen.</td><td>6,01</td><td>5,01</td><td>381,51</td><td>284,07</td><td>p=0,000</td></tr>
<tr><td>VI-1</td><td>…wird grundsätzlich eine optimistische und selbstsichere Haltung an den Tag gelegt.</td><td>5,58</td><td>4,67</td><td>376,03</td><td>289,49</td><td>p=0,000</td><td rowspan="2">5,60</td><td rowspan="2">4,76</td><td rowspan="2">375,45</td><td rowspan="2">290,07</td><td rowspan="2">p=0,000</td></tr>
<tr><td>VI-2</td><td>…wird auf Entscheidungsfreude großer Wert gelegt.</td><td>5,63</td><td>4,86</td><td>366,45</td><td>298,95</td><td>p=0,000</td></tr>
</table>

5.2.7 Netzwerk-Kultur: Mittelwertvergleich mittelständische vs. junge Unternehmen

Auch hier bestätigt sich wieder das bisher durchgängig vogefundene Bild, dass mittelständische Unternehmen eine signifikant niedrigere Ausprägung der jeweiligen Unternehmenskultur-Dimensionen aufweisen als junge, innovative Unternehmen (vgl. Tab. 5-23). Erneut lässt sich eine Empfehlung dahingehend ableiten, dass mittelständische Unternehmen ihre Kultur diesbezüglich überdenken und verändern müssen, wenn sie ihren im Mittel signifikant niedrigeren Innovationsgrad erfolreich erhöhen wollen, um auch zukünftig ihre Wettbewerbsfähigkeit erhalten zu können. Gerade eine Förderung des Denkens und Arbeitens in Netzwerken ist für mittelständische Unternehmen vor dem Hintergrund ihrer beschränkten Möglichkeiten, hohe Beträge in Forschung und Entwicklung zu investieren, besonders relevant.[1084]

Tab. 5-23: Netzwerk-Kultur – Mittelwertvergleich mittelständische vs. junge Unternehmen

Nr.	Indikator	Indikator-Mittelwert		Indikator Mittlerer Rang		Indikator: Test auf Rangunterschiede	Faktor-Mittelwert		Faktor Mittlerer Rang		Faktor: Test auf Rangunterschiede	Konstrukt-Mittelwert		Konstrukt: Test auf Rangunterschiede
		Junge Unternehmen	Mittelstand	Junge Unternehmen	Mittelstand		Junge Unternehmen	Mittelstand	Junge Unternehmen	Mittelstand		Junge Unternehmen	Mittelstand	
I-1	...wird die Wichtigkeit von persönlichen Netzwerken besonders betont.	5,02	4,02	382,21	283,38	p=0,000								
I-2	...streben wir eine kontinuierliche Weiterentwicklung unseres Netzwerks an.	5,49	4,34	389,47	276,22	p=0,000	5,38	4,25	395,44	270,31	p=0,000			
I-3	...streben wir eine kontinuierliche Vergrößerung unseres Netzwerks an.	5,46	4,23	395,27	270,49	p=0,000								
I-4	...legen wir großen Wert auf die Qualität unserer Netzwerkbeziehungen.	5,53	4,39	387,28	278,38	p=0,000								
II-1	...werden die Bemühungen zur Verbesserung unseres Netzwerks kontrolliert.	3,65	3,07	359,61	305,71	p=0,000								
II-2	...wird die Vernachlässigung von Bemühungen zur Verbesserung unseres Netzwerks sanktioniert.	2,36	2,24	339,82	325,27	p=0,313						4,29	3,58	p=0,000
II-2	...wird auf eine Zuordnung von Verantwortlichkeiten für jede Netzwerkbeziehung viel Wert gelegt.	3,61	3,28	347,28	317,90	p=0,045	3,43	3,05	350,80	314,42	p=0,01			
II-3	...werden die Abhängigkeiten und Auswirkungen unserer Netzwerkbeziehungen unter- und aufeinander regelmäßig überdacht.	3,64	3,05	361,22	304,13	p=0,000								
II-4	...wird erwartet, dass sich diejenigen, die für eine oder mehrere Netzwerkbeziehungen verantwortlich sind, regelmäßig treffen und austauschen.	3,88	3,60	342,90	322,22	p=0,160								

[1084] Vgl. Kapitel 5.2.1.

6 Zusammenfassung und Ausblick

In diesem abschließenden Kapitel werden die Ergebnisse der vorliegenden Arbeit zusammengefasst. Darüber hinaus werden Implikationen für Theorie und Praxis diskutiert.

6.1 Zentrale Ergebnisse

Ausganspunkt der vorliegenden Untersuchung war die Feststellung, dass die Unternehmenskultur immer wieder genannt wird, wenn es darum geht, Unterschiede im Erfolg von Unternehmen zu erklären. Es zeigte sich aber, dass in der Unternehmenskultur-Forschung nach wie vor nur sehr wenige empirisch fundierte Erkenntnisse insbesondere über die Erfolgswirkung vorhanden sind, und auch im Hinblick auf das Konstrukt der Unternehmenskultur mit seinen Inhalten und Determinanten herrscht keine Einigkeit. Vor allem sind diese Fragen bisher völlig unbeantwortet geblieben im Zusammenhang mit jungen Unternehmen, ebenso wurden mittelständische Unternehmen noch nicht explizit vor diesem Hintergrund untersucht.

Die vorliegende Arbeit möchte zum besseren Verständnis der Unternehmenskultur in Theorie und Praxis beitragen und befasst sich daher mit den folgenden Forschungsfragen:

- Was heißt Unternehmenskultur in jungen Unternehmen und wie kann das Konstrukt konzeptualisiert und operationalisiert werden?
- Welchen Einfluss haben möglicherweise verschiedene Facetten der Unternehmenskultur auf den Unternehmenserfolg junger Unternehmen?
- Welche situativen Einflüsse übt der Innovationsgrad dabei aus?
- Gibt es ggf. noch weitere moderierende Effekte?
- Inwiefern unterscheidet sich die Unternehmenskultur in mittelständischen Unternehmen von derjenigen in jungen Unternehmen?

Zur Beantwortung dieser Fragen wurden auf Basis der bisherigen wissenschaftlichen Erkenntnisse Hypothesen aufgestellt und durch zwei empirische Online-Befragungen bei jungen und bei mittelständischen Unternehmen überprüft. Insgesamt beteiligten sich 352 Manager der ersten Führungsebene junger Unternehmen an der Untersuchung, wovon letztlich 330 Fragebögen in die Auswertung eingehen konnten. Bei den mittelständischen Unternehmen in Person von Führungskräften der ersten und zweiten Ebene waren 334 Fragebögen auswertbar. Die Untersuchung der gestellten Forschungsfragen erfolgte auf dieser Datenbasis.

Die Unternehmenskultur wurde auf Basis einer Mehrebenenbetrachtung untersucht, welche eine Betrachtung nach unterschiedlichen Dimensionen der Unternehmenskultur erlaubt. Als besonders relevant für junge, technologieorientierte Unternehmen wurden dabei die Kommunikations-, die Konflikt-, die Fehler-, die Führungs- und die Netzwerk-Kultur identifiziert. Alle fünf Kultur-Dimensionen stellen komplexe Konstrukte (teilweise zweiter Ordnung) dar, welche jeweils durch eine Vielzahl von Indikatoren operationalisiert wurden. Die Messmodelle wurden anhand der Gütekriterien der ersten und zweiten Generation überprüft. Alle Konstrukte konnten bestätigt werden.

Anschließend wurde mittels Kausalanalyse die jeweilige Erfolgswirkung der fünf Unternehmenskultur-Dimensionen überprüft. Dabei wurde festgestellt, dass vor allem die arbeitsbezogene Kommunikations-Kultur sowie die Führungs-Kultur den Erfolg stark beeinflussen. Auch die private Kommunikations-Kultur, die Fehler-Kultur und die Netzwerk-Kultur wirken positiv auf den Erfolg, allerdings schwächer als die beiden erstgenannten Dimensionen. Bei der Konflikt-Kultur, die nochmals in sechs Sub-Kulturen untergliedert ist, zeigt sich ein gemischtes Bild. Bei Sachkonflikten weist die Konflikt-Zusammenarbeits-Kultur einen positiven Effekt auf, alle anderen Konflikt-Kulturen haben so gut wie keinen Effekt. Bei der Betrachtung von Beziehungskonflikten hingegen zeigt sich, dass verschiedene Konflikt-Kulturen den Erfolg positiv beeinflussen, und zwar sowohl die Zusammenarbeits- als auch die Kompromiss- sowie die Drittpartei-Kultur. Scheinbar hängen die Vorteile der jeweiligen Kulturen von der Ursache des Beziehungskonflikts ab, was jedoch nicht weiter untersucht werden konnte.

Im Hinblick auf die moderierende Wirkung des Innovationsgrades und der Entwicklungsstufe von jungen Unternehmen auf den Zusammenhang zwischen der jeweiligen Kultur-Dimension und dem Unternehmenserfolg zeigen sich unterschiedliche Ergebnisse. Bei der arbeitsbezogenen Kommunikation moderiert der Innovationsgrad die Beziehung stark positiv; je höher der Innovationsgrad, desto wichtiger ist die arbeitsbezogene Kommunikations-Kultur für den Erfolg. Das Gleiche gilt für die Entwicklungsstufe. Bei der privaten Kommunikations-Kultur hingegen zeigt sich ein leicht negativ moderierender Effekt für den Innovationsgrad. Bei den Konflikt-Kulturen sind jeweils leicht negativ moderierende Effekte für den Innnovationsgrad auszumachen, in der Praxis werden sie jedoch kaum von Belang sein, ebenso wenig wie die moderierenden Effekte der Entwicklungsstufe. Bei der Fehler-Kultur ist auch insgesamt von einem leicht positiven Moderations-Effekt des Innovationsgrads auszugehen; das Gleiche gilt für die Entwicklungsstufe. Bei der Führungs-Kultur suggeriert die erste Analyse im Hinblick auf den Innovationsgrad einen deutlich negativ moderierenden Effekt, was bedeuten könnte, dass es – je radikaler eine Innovation ist – ein Zuviel an Führung gäbe. Da die ergänzenden Analysen diesem Ergebnis widersprechen, sind hier weitere Forschungsanstrengungen notwendig. Hingegen zeigt sich ein leicht positiv moderierender Effekt bei fortschreitender Entwicklung eines jungen Unternehmens, so dass die Führungs-Kultur in der Tendenz immer wichtiger wird, je länger das junge Unternehmen überlebt. Dies gilt auch für die Netzwerk-Kultur; allerdings ist deren Erfolgswirkung relativ unabhängig vom Innovationsgrad.

Beim Vergleich der Mittelwerte des Innovationsgrades und der Dimensionen der Unternehmens-Kultur zwischen jungen und mittelständischen Unternehmen zeigt sich ein klar einheitliches Bild: Mittelständische Unternehmen haben in allen Dimensionen sowohl einen signifikant niedrigeren Innovationsgrad als auch signifikant niedrigere Ausprägungen der als erfolgsrelevant ermittelten Kommunikations-, Fehler-, Führungs- und Netzwerk-Kulturen, und auch bei den Konflikt-Kulturen gibt es nur bei einer von vier positiv auf den Erfolg wirkenden Ausprägungen der Konflikt-Kultur keinen signifikanten Unterschied.

6.2 Wissenschaftliche Bewertung

Mit der Konzeptualisierung und Operationalisierung der betrachteten fünf Dimensionen der Unternehmenskultur in jungen Unternehmen ist es gelungen, deutlich über bisher vorliegende Arbeiten im Bereich der Unternehmenskulturforschung hinauszugehen. Die Operationalisierung erfolgte konsequent in Anlehnung an die Einstellungstheorie. Die Messinstrumente wurden entsprechend als Konstrukte höherer Ordnung mit reflektiven Indikatoren operationalisiert. Sämtliche Gütekriterien weisen dabei insgesamt gute Werte auf. Damit liegen empirisch validierte Messinstrumente für die Erhebung der Kommunikations-, der Konflikt-, der Fehler-, der Führungs- sowie der Netzwerk-Kultur vor, welche in Folgestudien verwendet werden können.

Des Weiteren konnten auch Erfolgswirkungen der betrachteten Dimensionen der Unternehmenskultur in jungen Unternehmen sowie moderierende Effekte des Innovationsgrads und der Entwicklungsstufe nachgewiesen werden. Mittels einer großzahligen empirischen Untersuchung in jungen Unternehmen wurde die Vorteilhaftigkeit entsprechender Ausprägungen der Unternehmenskultur aufgezeigt. Ebenso wurde empirisch großzahlig die Unternehmenskultur in mittelständischen Unternehmen erhoben und belegt, dass das immer wieder beklagte Innovationsproblem des deutschen Mittelstandes tatsächlich existiert und seine Unternehmenskulturen zudem gar nicht für radikalere Innovationen ausgelegt sind.

Weiterer Forschungsbedarf ergibt sich daraus, dass in Replikationsstudien die in der vorliegenden Arbeit ermittelten Ergebnisse zu verifizieren sind. Gerade für weitergehende und detailliertere Aussagen zu mittelständischen Unternehmen sind Folgestudien wünschenswert, die – wie hier für die jungen Unternehmen durchgeführt – Hypothesen im Hinblick auf die Erfolgswirksamkeit von Unternehmenskultur erarbeiten und diese dann mittels Kausal- und Dependenzanalysen überprüfen. Darüber hinaus geben die teils leicht widersprüchlichen Ergebnisse der vier durchgeführten Analysen zur moderierenden Wirkung des Innovationsgrads Anlass zu weiteren Forschungsanstrengungen. Auch die verschiedenen Konfliktkulturen scheinen in Abhängigkeit einer weiteren beeinflussenden Variablen, nämlich dem konkreten

Anlass des Konflikts, untersucht werden zu müssen. Außerdem gibt es potentiell weitere interessante Dimensionen der Unternehmenskultur –, z.B. die Unternehmer- und die Fachkultur[1085] – die in der vorliegenden Arbeit aus Gründen der gewählten Methodik nicht betrachtet wurden[1086], welche jedoch in zukünftigen Forschungsarbeiten Berücksichtigung finden sollten.

6.3 Implikationen für die Praxis

Die Implikationen für die Praxis ergeben sich im Wesentlichen aus den folgenden drei Kernergebnissen der Arbeit.

Die wohl entscheidende Implikation der Arbeit für die Unternehmenspraxis in jungen Unternehmen liegt darin, dass die Unternehmenskultur den Erfolg positiv beeinflusst. Die positiven Effekte insbesondere der Kommunikations-, der Fehler-, der Führungs- und der Netzwerk-Kultur verlangen nach einer entsprechenden Umsetzung in der Unternehmenspraxis junger Unternehmen. Zu beachten sind dabei allerdings die angedeuteten teilweise leicht negativ moderierenden Effekte, je radikaler ein Innovationsvorhaben ist.

Die zweite wichtige Implikation besteht darin, dass mittelständische Unternehmen durchschnittlich einen signifikant niedrigeren Innovationsgrad aufweisen als die für ihre Wachstumsmöglichkeiten bekannten jungen, technologieorientierten Unternehmen. Wenn mittelständische Unternehmen neue Geschäftsfelder mit radikaleren Innovationen erschließen wollen, so erfordern diese radikaleren Innovationen ein höheres Maß an Risikobereitschaft.

Die dritte und letzte wichtige Implikation liegt darin, dass mittelständische Unternehmen aufgrund der zusätzlich in allen Dimensionen signifikant niedrigeren Ausprägungen der betrachteten Dimensionen der Unternehmenskultur ihre eigene Unternehmenskultur in Frage

---

[1085] Vgl. Kapitel 3.5 und Kapitel 3.6.
[1086] Vgl. Kapitel 3.6.

stellen und sich ernsthafte Gedanken machen müssen, wie sie – wenn sie denn radikaler innovieren möchten – ihre Unternehmenskulturen in einem Tranformationsprozess hin zu höheren Ausprägungen der in jungen Unternehmen erfolgsrelevanten Kommunikations-, Fehler-, Führungs- und Netzwerk-Kultur verändern können. Eine zentrale Rolle bei solchen Veränderungen in mittelständischen Unternehmen muss dabei dem Unternehmer, der in der Regel auch Eigentümer ist, zugeschrieben werden.

ANHANGSVERZEICHNIS

Abbildungsverzeichnis Anhang

Tabellenverzeichnis Anhang

Anhang I. Konzeptionalisierung der Unternehmenskultur

Anhang Tab. 1: Konzeptualisierung Unternehmenskultur nach UNTERREITMEIER (2004)

Dimension	Entsprechende Dimensionen aus der Literatur
1. Entscheidungsprozesse und Führungsstil	Decision-Making Structure (GORDON/CUMMINS 1979) Management Style (GORDON/CUMMINS 1979) Policies and Procedures (ALLEN/DYER 1980) Power Distance (HOFSTEDE 1980) Individual vs. Collective Decision Making (REYNOLDS 1986) Centralized vs. Decentralized Decision Making (REYNOLDS 1986) Ad Hockery vs. Planning (REYNOLDS 1986) Power (COOKE/LAFFERTY 1989, GUPTARA 1992) Loose vs. Tight Control (HOFSTEDE ET AL. 1990) Autonomy and Decision Making (CHATTERJEE ET AL. 1992, WEBER 1996) Systematic Decision-Making (GORDON/DiTOMASO 1992) Leadership (HOLMES/MARSDEN 1996) Participation (HOLMES/MARSDEN 1996) Führungskultur (POECH 2003)
2. Ergebnis- und Karriereorientierung	Performane Orientation (GORDON/CUMMINS 1979) Being the Best (SASHKIN 1984) Growth/Profit/Other Indicators of Success (SASHKIN 1984) Resultats- und Leistungsorientierung (KOBI/WÜTHRICH 1986) Achievement (COOKE/LAFFERTY 1989, GUPTARA 1992) Work Centralitiy (HOFSTEDE ET AL. 1990) Process-Oriented vs. Results-Oriented (HOFSTEDE ET AL. 1990) Rentabilität (KERN 1991) Privatheit vor Arbeit (KERN 1991) Minimierung von Risiken (KERN 1991) Outcome Orientation (O'REILLY ET AL. 1991) Performance Orientation (CHATTERJEE ET AL. 1992, WEBER 1996) Accountability (GORDON/DiTOMASO 1992) Performance (FLETCHER/JONES 1992, HOLMES/MARSDEN 1996) Strain (FLETCHER/JONES 1992) Risk-Taking (CHATTERJEE ET AL. 1992, WEBER 1996) Attitudes Towards Work Pressures (HOFSTEDE 1998)
3. Mitarbeiterorientierung	Human Resource Development (GORDON/CUMMINS 1979) Training (ALLEN/DYER 1980) Mitarbeiterorientierung (KOBI/WÜTHRICH 1986) Employee- vs. Job-oriented (HOFSTEDE ET AL. 1990) Menschlichkeit (KERN 1991) Beschäftigungssicherheit (KERN 1991) Development and Promotion from Within (GORDON/DiTOMASO 1992) The Human Factor in a Bureaucratic Culture (XENIKOU/FURNHAM 1996) Lernkultur (POECH 2003)
4. Entlohnungsgerechtigkeit	Compensation (GORDON/CUMMINS 1979) Individual vs. Group Rewards (REYNOLDS 1986) Reward Orientation (CHATTERJE ET AL. 1992, WEBER 1996) Fairness of Rewards (GORDON/DiTOMASO 1992) Reward (HOLMES/MARSDEN 1996)

5. Problemlösungsverhalten	Task Innovation (KILMANN/SAXTON 1983) Innovation (SASHKIN 1984, O'REILLY ET AL. 1991, GUPTARA 1992) Innovationsorientierung (KÖBI/WÜTHRICH 1986) Stability vs. Innovation (REYNOLDS 1986) Innovation and Action Orientation (CHATTERJE ET AL. 1992, WEBER 1996) Creativity (GUPTARA 1992) Intrapreneurhsip (GUPTARA 1992) Negativism and Resistance to New Ideas (XENIKOU/FURNHAM 1996) Unternehmerkultur (POECH 2003) Innovationskultur (POECH 2003)
6. Arbeitsklima i.e.S.	Leader-Subordinate Interaction (ALLEN/DYER 1980) Supportive Climate (ALLEN/DYER 1980) Individualism (HOFSTEDE 1980) Task Support (KILMANN/SAXTON 1983) Social Relationships (KILMANN/SAXTON 1983) Work Should be Fun (SASHKIN 1984) Worth and Value of People (SASHKIN 1984) Communicating to get the job done (SASHKIN 1984) Kommunikationsorientierung (KOBI/WÜTHRICH 1986) Cooperation vs. Competition (REYNOLDS 1986) Approval (COOKE/LAFFERTY 1989) Affiliation (COOKE/LAFFERTY 1989, GUPTARA 1992, HOLMES/MARSDEN 1996) Competitive/Competition (COOKE/LAFFERTY 1989, GUPTARA 1992) Open vs. Closed Systems (HOFSTEDE ET AL. 1990) Aggressiveness (O'REILLY ET AL. 1991) Team Orientation (O'REILLY ET AL. 1991) Respect for People (O'REILLY ET AL. 1991) Integration/Communication (GORDON/DiTOMASO 1992) Interpersonal Relationships in the Workplace (FLETCHER/JONES 1992) Helpfulness (GUPTARA 1992) Teamwork (HOLMES/MARSDEN 1996) Positive Social Relations in the Work Place (XENIKOU/FURNHAM 1996) Communication Climate (HOFSTEDE 1998) Values about Work Context (HOFSTEDE 1998)
7. Wettbewerbsorientierung	Organizational Vitality (GORDON/CUMMINS 1979) Wettbewerbsorientierung (KERN 1991) Adaptability (DENISON/MISHRA 1995)
8. Kundenorientierung	Quality (SASHKIN 1984) Kundenorientierung (KOBI/WÜTHRICH 1986) Markt/Service (KERN 1991) Servicekultur (POECH 2003)
9. Unternehmensumwelt	Internationale Geschäftspolitik (KERN 1991) Umweltschutze/Sicherheit (KERN 1991) Mäzenatentum (KERN 1991) Unseriöse Geschäftspraktiken (KERN 1991)
10. Artefakte	Heroes (GLASER 1983) Traditions/Rituals (GLASER 1983) Tradition (KERN 1991) Artifacts (XENIKOU/FURNHAM 1996)

Quelle: Unterreitmeier, A. (2004): a.a.O., S. 9

Anhang II. Fragebögen

Anhang Abb. 1: Online-Fragebogen für junge Unternehmen

U N I K A S S E L
V E R S I T Ä T

Previewmode

10%

Benchmarking-Studie "UNTERNEHMENSKULTUR VON TECHNOLOGIEORIENTIERTEN UNTERNEHMENSGRÜNDUNGEN"

Zunächst einmal vielen Dank, dass Sie an dieser Studie teilnehmen!

Einer der zentralen Untersuchungsgegenstände der Studie ist das **Führungsteam** in jungen, technologieorientierten Unternehmen. Als Führungsteam werden die Personen bezeichnet, die gemeinsam das Unternehmen leiten, die Entscheidungen auf oberster Unternehmensebene treffen und die Verantwortung für diese Entscheidungen tragen. Dabei ist es nicht zwingend notwendig, dass man als Mitglied des Führungsteams auch formal als Geschäftsführer oder Vorstand eingetragen ist.

Bitte beantworten Sie die folgenden Fragen:

A. Teilnahemkriterien

1. Entwickelt und produziert (ggf. erst in der Zukunft) Ihr Unternehmen technische Produkte bzw. Verfahren (inkl. z.B. Software, Biotechnologie etc.; aber KEIN reiner Handel)?

○ Ja ○ Nein

2. Ist Ihr Unternehmen jünger als 15 Jahre?

○ Ja ○ Nein

3. Wird Ihr Unternehmen von einem Team (mindestens zwei Personen) geführt?

○ Ja ○ Nein

4. Sind Sie Mitglied dieses Führungsteams?

○ Ja ○ Nein

WICHTIGER HINWEIS:
Wenn Sie **mindestens eine** der o.g. Fragen mit **"Nein"** beantwortet haben, so wird diese Befragung nach Klicken des **"Weiter"** Buttons automatisch **beendet**, da die Teilnahmevoraussetzungen für die vorliegende Befragung nicht erfüllt sind. Bitte kontaktieren Sie dann Herrn Norbert Fischl per Email fischl@startnetz.org oder per Telefon unter 0175-3187380, um das weitere Vorgehen abzustimmen.

ACHTUNG:
Sollten Sie **irrtümlicherweise** eine Frage mit "Nein" beantwortet haben, so **korrigieren** Sie dies bitte **JETZT (VOR KLICKEN DES "WEITER" BUTTONS)** und fahren dann durch Klicken auf **"Weiter"** mit der Befragung fort.

[Weiter]

UNIKASSEL
VERSITÄT

Previewmode

B. Hinweise zum Ausfüllen des Fragbogens

- Das Ausfüllen des Fragebogens wird **ca. 20 Minuten** Ihrer Zeit beanspruchen.

- Es werden **keine** Informationen zu den konkreten Inhalten der Unternehmensgründung erhoben, sondern lediglich der Neuheitsgrad der Produktentwicklung aus Sicht Ihres Unternehmens in abstrakter Form bestimmt.

- Sämtliche Angaben werden selbstverständlich **streng vertraulich** behandelt und ausgewertet. Die Ergebnisse der Studie erlauben keine Rückschlüsse auf die einzelne Person und das Unternehmen.

- Bitte beantworten Sie möglichst **alle** Fragen, selbst wenn Sie sich über die genaue Antwort im Einzelfall nicht ganz sicher sind. Eine ungefähre Angabe von Ihnen ist wertvoller als ein unvollständiger Fragebogen. Bitte **antworten Sie** darüber hinaus **möglichst *spontan***.

- Der Fragebogen enthält aus methodischen Gründen teilweise **ähnliche Fragen**. Wir bitten Sie hierfür um Verständnis.

- Für Ihre Teilnahme erhalten Sie **auf Wunsch als Gegenleistung** eine Auswertung der Ergebnisse. Wir vergleichen für Sie die Unternehmenskultur in Ihrem Unternehmen mit der der übrigen Teilnehmer und stellen die wesentlichen Erfolgsfaktoren dar.

- Darüber hinaus werden unter allen Teilnehmern an dieser Studie zwei hochwertige Flaschen **Wein verlost**.

- Zur vollständigen Beendigung der Befragung müssen Sie **auf der letzten Seite des Fragebogens** (betitelt als "6. Kontaktdetails") den **"Weiter" Button anklicken**. Wir möchten Sie bitten, dies nach dem Ausfüllen des Fragebogens entsprechend zu tun.

- Bitten füllen Sie den nachfolgenden Fragebogen **bis spätestens zum 28. Oktober 2005 *online*** aus.

- Für weitere Informationen oder auch Anregungen jeglicher Art zu dieser Studie zögern Sie bitte nicht, mich zu kontaktieren:

Dipl.-Kfm. Norbert Fischl
Universität Kassel
Prof. Dr. Klaus Nathusius
START Intra+Entrepreneurship Center
Gottschalkstraße 22
D-34109 Kassel
Tel.: +49-(0)175-3187380
Email: fischl@startnetz.org
http://www.startnetz.org/

UNIKASSEL
VERSITÄT

Previewmode

C. Fragebogen

Wichtiger Hinweis: Diese Studie stellt Fragen bezogen auf den **Initialzeitpunkt** Ihres Unternehmens **und auf heute**. Der Initialzeitpunkt ist der Zeitpunkt, zu dem sich das Gründerteam formiert und erste Unternehmensaktivitäten unternommen hat. Dieser Zeitpunkt muss nicht notwendigerweise mit der formalen Unternehmensgründung zusammenfallen, da die Gründer häufig diverse Aktivitäten unternehmen und die formale Gründung erst später vollziehen.

Bitte geben Sie Monat und Jahr des Initialzeitpunkts an.

01

1980

Bitte geben Sie Monat und Jahr der formalen Unternehmensgründung an.

01

1990

Zurück Weiter

Abbrechen

1. Schwerpunkte der Aktivitäten Ihres Unternehmens

Wichtiger Hinweis: Bitte ordnen Sie im folgenden Ihr Unternehmen entsprechend der Aktivitäten für Ihr **Kernprodukt** einer Phase in der Unternehmensentwicklung zu. Es wird davon ausgegangen, dass Aktivitäten von schon durchlaufenen Phasen teilweise weiter unternommen werden. Ihre aktuelle Phase der Unternehmensentwicklung ergibt sich aus den Aktivitäten, die zur Zeit **den Schwerpunkt** bilden. Befindet sich Ihr Unternehmen gerade zwischen zwei Phasen, so wählen Sie bitte die entsprechende **Zwischenphase** (0,5; 1,5; 2,5; 3,5).

Vorgründung	Planungs- und Gründungsdurchführung	Frühentwicklung	Etablierung
Phase 1 - Entwicklung Geschäftsidee - Entscheidung zur Selbständigkeit - Team Building	**Phase 2** - Erarbeitung Geschäftsplan - Produktentwicklung - Durchführung formal-juristische Gründung - Errichtung betriebliche Faktorkombination - Vorbereitung Finanzierung	**Phase 3** - Etablierung von innerbetrieblichen Prozessen und Strukturen - Markteintritt - Sicherstellung Finanzierung	**Phase 4** - Etablierung auf bestehendem Niveau - Etablierung durch Wachstum - Professionalisierung Finanzfunktion und ggf. Sicherstellung weiterer Finanzierungsrunde

Zum Initialzeitpunkt war unser Unternehmen in Phase:

0	0,5	1	1,5	2	2,5	3	3,5	4
○	○	○	○	○	○	○	○	○

Unser Unternehmen befindet sich zur Zeit in Phase:

0	0,5	1	1,5	2	2,5	3	3,5	4
○	○	○	○	○	○	○	○	○

[Zurück] [Weiter]

2. Einordnung der Unternehmensgründung

2.1 Bitte geben Sie an, seit wann sich Ihr Kernprodukt am Markt befindet:

○ Noch gar nicht
○ Weniger als 6 Monate
○ 6-12 Monate
○ 13-24 Monate
○ 25-36 Monate
○ Mehr als 36 Monate

2.2 Folgende Aussagen treffen über die Komplexität der technologischen Entwicklung Ihres Kernprodukts zu:

2.2.1 Technologie

	Trifft überhaupt nicht zu			Trifft teilweise zu			Trifft vollständig zu
Die Technologie unseres ersten Produkts basiert(e) auf neuen technologischen Prinzipien.	○	○	○	○	○	○	○
Die im ersten Produkt eingesetzte Technologie erlaubt(e) einen deutlichen Leistungssprung.	○	○	○	○	○	○	○
Die im ersten Produkt eingesetzte Technologie hat(te) das Potenzial, alte Technologien zu verdrängen.	○	○	○	○	○	○	○
Die technologische Entwicklung des ersten Produkts ist (war) äußerst komplex.	○	○	○	○	○	○	○

2.2.2 Markt

	Trifft überhaupt nicht zu			Trifft teilweise zu			Trifft vollständig zu
Unser erstes Produkt bietet (bot) dem Kunden einen vollkommen neuen Nutzen.	○	○	○	○	○	○	○
Unser erstes Produkt bietet (bot) dem Kunden einzigartige Vorteile gegenüber Konkurrenzprodukten.	○	○	○	○	○	○	○
Unser erstes Produkt ist (war) in der Form noch nicht zu beziehen.	○	○	○	○	○	○	○
Mit unserem ersten Produkt entwickeln (entwickelten) wir einen vollkommen neuen Markt.	○	○	○	○	○	○	○
Der Markt für unser erstes Produkt ist (war) äußerst komplex.	○	○	○	○	○	○	○
Unser erstes Produkt verlangt(e) von den Kunden umfangreiche Einstellungs- und Verhaltensänderungen.	○	○	○	○	○	○	○
Bei unserem ersten Produkt kann (konnte) der Kunde schnell, leicht und zuverlässig prüfen, ob es seine Anforderungen erfüllt(e).	○	○	○	○	○	○	○
Unser erstes Produkt erfordert(e) einen hohen Lernaufwand für den Kunden.	○	○	○	○	○	○	○

2.2.3 Umfeld

	Trifft überhaupt nicht zu			Trifft teilweise zu			Trifft vollständig
Für unser erstes Produkt ist (war) der Aufbau einer neuen Infrastruktur (z.B. Wasserstoff-Tankstellen für Wasserstoffbetrieb von Autos) notwendig.	○	○	○	○	○	○	○
Für unser erstes Produkt sind (waren) umfangreiche regulatorische Änderungen (z.B. Gesetze oder Industriestandards durch z.B. staatliche Stellen oder Berufsverbände) notwendig.	○	○	○	○	○	○	○
Unser erstes Produkt steht (stand) im Kreuzfeuer gesellschaftlicher Kritik	○	○	○	○	○	○	○
Das Umfeld des Marktes für unser erstes Produkt ist (war) äußerst komplex.	○	○	○	○	○	○	○

[Zurück] [Weiter]

[Abbrechen]

3. Unternehmenskulturelle Aspekte des Unternehmens

Unter **Unternehmenskultur** wird die Gesamtheit von Wertvorstellungen, Denkmustern und Regeln verstanden, die in einem Unternehmen vorhanden sind, sich also im Verlaufe der Zeit entwickelt und bewährt haben und daher das Verhalten von Organisationsmitgliedern prägen.

Dabei wird davon ausgegangen, dass es in **jungen Unternehmen** insbesondere die **Unternehmensgründer bzw. das Führungsteam** sind, welche die **Unternehmenskultur** insbesondere zu Anfang **prägen** und von daher die Kultur des Führungsteams identisch ist mit der des jungen Unternehmens insgesamt.

Bitte **geben Sie** daher bei allen Fragen im jetzt folgenden Fragekapitel "3. Unternehmenskulturelle Aspekte" **an**, wie sehr die Aussagen jeweils auf Ihr **Führungsteam**, und damit auf Ihr **Unternehmen** insgesamt, **zutreffen**.

WICHTIGER HINWEIS: BITTE BEZIEHEN SIE SICH BEI IHREN ANTWORTEN IMMER AUF DIE IN IHREM UNTERNEHMEN TATSÄCHLICH VORHANDENEN BZW. GELEBTEN WERTVORSTELLUNGEN, DENKMUSTER, REGELN UND VERHALTENSWEISEN, UND ***NICHT*** LEDIGLICH AUF DIE GGF. IDEALERWEISE ERWÜNSCHTEN..

3.1 Kommunikation

Bei der Kommunikation wird zwischen der **arbeits- bzw. unternehmensbezogenen** und der **privaten** Kommunikation **unterschieden**. Bei der ersteren geht es um den Austausch von Informationen, die für die inhaltliche Arbeit in Ihrem Unternehmen relevant ist, bei der letzteren geht es um den Austausch von Informationen, die z.B. das Privatleben betreffen bzw. ganz allgemein mit der inhaltlichen Arbeit in Ihrem Unternehmen nichts zu tun haben.

Bitte beantworten Sie, inwiefern die folgenden Aussagen zur Kommunikation in Ihrem Unternehmen zutreffen:

"Arbeitsbezogene Kommunikation": **In unserem Unternehmen...**

	Trifft überhaupt nicht zu			Trifft teilweise zu			Trifft vollständig zu
...wird besonderer Wert auf eine offene arbeitsbezogene Kommunikation gelegt.	○	○	○	○	○	○	○
...wird erwartet, dass relevante unternehmensbezogene Informationen offen von allen Mitarbeitern geteilt werden.	○	○	○	○	○	○	○
...wird auf die unmittelbare Weitergabe von arbeitsbezogenen Informationen besonders viel Wert gelegt.	○	○	○	○	○	○	○
...streben wir proaktive arbeitsbezogene Kommunikation an.	○	○	○	○	○	○	○
...wird eine funktionsübergreifende Informationsweitergabe angestrebt.	○	○	○	○	○	○	○
...wird erwartet, dass regelmäßig funktionsübergreifende Besprechungen stattfinden.	○	○	○	○	○	○	○
...wird die Weitergabe von arbeitsbezogenen Informationen erwartet.	○	○	○	○	○	○	○
...wird die Weitergabe von arbeitsbezogenen Informationen kontrolliert.	○	○	○	○	○	○	○
...wird das Zurückhalten von wichtigen unternehmensrelevanten Informationen sanktioniert.	○	○	○	○	○	○	○

"Private Kommunikation": **In unserem Unternehmen...**

	Trifft überhaupt nicht zu			Trifft teilweise zu			Trifft vollständig zu
...wird viel Wert auf eine offene nicht-arbeitsbezogene Kommunikation gelegt.	○	○	○	○	○	○	○
...wird erwartet, dass nicht-arbeitsbezogene Probleme (z.B. Sorgen privater Art) jeglicher Art unmittelbar und offen angesprochen werden.	○	○	○	○	○	○	○
...wird auf Kommunikation über private Dinge besonderer Wert gelegt.	○	○	○	○	○	○	○
...wird erwartet, dass über private Dinge kommuniziert wird.	○	○	○	○	○	○	○
...wird erwartet, dass gemeinsame Freizeitaktivitäten unternommen werden.	○	○	○	○	○	○	○
...werden gemeinsame Freizeitaktivitäten gefördert.	○	○	○	○	○	○	○
...wird das Motto "Je besser wir uns privat kennen desto erfolgreicher können wir zusammenarbeiten" besonders betont.	○	○	○	○	○	○	○
...werden Mitarbeiter bzw. Kollegen, die sich eher zurückhaltend im Hinblick auf nicht-arbeitsbezogene Kommunikation geben, nicht voll akzeptiert.	○	○	○	○	○	○	○

[Zurück] [Weiter]

3.2 Konflikte

In jedem Unternehmen treten **Konflikte** auf. Konflikte können dabei inhaltlich nach **Sachkonflikten** und **Beziehungskonflikten** unterschieden werden.

Bei **Sachkonflikten** geht es um objektivierbare Unterschiede in Ideen oder Standpunkten. **Beziehungskonflikte** hingegen sind in zwischenmenschlichen Unverträglichkeiten begründet, d.h. sie sind durch persönliche emotionale Verletzungen bzw. Verletzungen des Selbstwertgefühls zwischen den Parteien entstanden.

Bitte beantworten Sie, inwiefern die folgenden Aussagen zum Umgang mit Konflikten in Ihrem Unternehmen zutreffen - bitte beantworten Sie dabei zuerst ALLE Fragen im Hinblick auf Sachkonflikte und danach die gleichen Fragen im Hinblick auf Beziehungskonflikte.

***"Vermeiden"*: In unserem Unternehmen...**

	Bei Sachkonflikten							Bei Beziehungskonflikten						
	Trifft überhaupt nicht zu			Trifft teilweise zu			Trifft vollständig zu	Trifft überhaupt nicht zu			Trifft teilweise zu			Trifft vollständig zu
...wird angestrebt, Meinungsverschiedenheiten weitestgehend zu vermeiden.	○	○	○	○	○	○	○	○	○	○	○	○	○	○
...wird angestrebt, Unstimmigkeiten schon im Keim zu ersticken.	○	○	○	○	○	○	○	○	○	○	○	○	○	○
...wird erwartet, Konfrontationen mit anderen aus dem Weg zu gehen.	○	○	○	○	○	○	○	○	○	○	○	○	○	○
...wird akzeptiert, dass Konflikte totgeschwiegen werden.	○	○	○	○	○	○	○	○	○	○	○	○	○	○

***"Nachgeben"*: In unserem Unternehmen...**

	Bei Sachkonflikten							Bei Beziehungskonflikten						
	Trifft überhaupt nicht zu			Trifft teilweise zu			Trifft vollständig zu	Trifft überhaupt nicht zu			Trifft teilweise zu			Trifft vollständig zu
...wird erwartet, den Wünschen des Konfliktgegners nachzugeben.	○	○	○	○	○	○	○	○	○	○	○	○	○	○
...wird Wert darauf gelegt, mit dem Konfliktgegner übereinzustimmen.	○	○	○	○	○	○	○	○	○	○	○	○	○	○
...wird besonders die Wichtigkeit betont, dem Konfliktgegner entgegenzukommen.	○	○	○	○	○	○	○	○	○	○	○	○	○	○
...wird erwartet, sich den Zielen und Interessen des Konfliktgegners anzupassen.	○	○	○	○	○	○	○	○	○	○	○	○	○	○

***"Kooperieren"*: In unserem Unternehmen...**

	Bei Sachkonflikten							Bei Beziehungskonflikten						
	Trifft überhaupt nicht zu			Trifft teilweise zu			Trifft vollständig zu	Trifft überhaupt nicht zu			Trifft teilweise zu			Trifft vollständig zu
...wird besonders viel Wert darauf gelegt, ein Problem solange zu untersuchen, bis eine Lösung gefunden ist, die beide Konfliktparteien wirklich zufriedenstellt.	○	○	○	○	○	○	○	○	○	○	○	○	○	○
...wird erwartet, sowohl die eigenen Ziele und Interessen als auch die der anderen Konfliktpartei zu berücksichtigen.	○	○	○	○	○	○	○	○	○	○	○	○	○	○
...wird angestrebt, immer die Sichtweisen beider Parteien zu betrachten, um eine beiderseitig optimale Lösung zu finden.	○	○	○	○	○	○	○	○	○	○	○	○	○	○
...wird viel Wert darauf gelegt, eine Lösung zu finden, welche sowohl den eigenen Interessen als auch den Interessen des Konfliktgegners so gut wie möglich dient.	○	○	○	○	○	○	○	○	○	○	○	○	○	○

***"Durchsetzen"*: In unserem Unternehmen...**

	Bei Sachkonflikten							Bei Beziehungskonflikten						
	Trifft überhaupt nicht zu			Trifft teilweise zu			Trifft vollständig zu	Trifft überhaupt nicht zu			Trifft teilweise zu			Trifft vollständig zu
...wird akzeptiert, dass man seine eigene Sichtweise durchsetzt.	○	○	○	○	○	○	○	○	○	○	○	○	○	○
...wird erwartet, aus Konflikten als Gewinner hervorzugehen.	○	○	○	○	○	○	○	○	○	○	○	○	○	○
...wird akzeptiert, dass jeder bei Konflikten ein möglichst gutes Ergebnis für sich selbst anstrebt.	○	○	○	○	○	○	○	○	○	○	○	○	○	○
...wird besonders viel Wert darauf gelegt, dass man bei Konflikten alles tut, um seine Sichtweise durchzusetzen.	○	○	○	○	○	○	○	○	○	○	○	○	○	○
...wird akzeptiert, dass Druck auf den anderen ausgeübt wird, damit die eigenen Ideen akzeptiert werden.	○	○	○	○	○	○	○	○	○	○	○	○	○	○

***"Kompromisse schließen"*: In unserem Unternehmen...**

	Bei Sachkonflikten: Trifft überhaupt nicht zu			Trifft teilweise zu			Trifft vollständig zu	Bei Beziehungskonflikten: Trifft überhaupt nicht zu			Trifft teilweise zu			Trifft vollständig zu
...wird akzeptiert, dass man sich auf einen Mittelweg einigt.	○	○	○	○	○	○	○	○	○	○	○	○	○	○
...wird besonders betont, dass Kompromiss-Lösungen gefunden werden müssen.	○	○	○	○	○	○	○	○	○	○	○	○	○	○
...wird, wenn irgend möglich, immer ein 50/50-Kompromiss angestrebt.	○	○	○	○	○	○	○	○	○	○	○	○	○	○

"Dritte/Externe einbeziehen": In unserem Unternehmen...

	Bei Sachkonflikten: Trifft überhaupt nicht zu			Trifft teilweise zu			Trifft vollständig zu	Bei Beziehungskonflikten: Trifft überhaupt nicht zu			Trifft teilweise zu			Trifft vollständig zu
...wird viel Wert darauf gelegt, Unternehmensexterne aktiv in die Konfliktlösung einzuschalten.	○	○	○	○	○	○	○	○	○	○	○	○	○	○
...wird besonders viel Wert darauf gelegt, den formal Vorgesetzten um Unterstützung zu bitten.	○	○	○	○	○	○	○	○	○	○	○	○	○	○
...wird akzeptiert, dass im Zweifel der "Ranghöchste" ein Machtwort spricht.	○	○	○	○	○	○	○	○	○	○	○	○	○	○

[Zurück] [Weiter]

[Abbrechen]

Previewmode

U N I K A S S E L
V E R S I T Ä T

67%

3.3 Fehler

In jedem Unternehmen können **Fehler** passieren. Hier interessieren vor allem handlungs-und prozessbedingte Fehler verursacht durch unbeabsichtigtes Abweichen von z.B. Plänen, Zielen, geeigneten Feedback-Prozessen, Standards, Verhaltenskodexen, der Wahrheit oder einer metrischen Größe. Dieses Abweichen kann wiederum z.B. durch mangelndes Fachwissen ausgelöst werden.

Bitte beantworten Sie, inwiefern die folgenden Aussagen zum Umgang mit Fehlern in Ihrem Unternehmen zutreffen:

***"Fehler beheben"*: In unserem Unternehmen...**

	Trifft überhaupt nicht zu			Trifft teilweise zu			Trifft vollständig zu
...wird erwartet, dass wir normalerweise wissen, wie ein Fehler wieder behoben wird.	○	○	○	○	○	○	○
...wird erwartet, dass gemachte Fehler sofort korrigiert werden.	○	○	○	○	○	○	○
...wird großer Wert darauf gelegt, dass - auch wenn Fehler passieren - wir uns nicht durch solche Rückschläge vom finalen Ziel abbringen lassen.	○	○	○	○	○	○	○

***"Fehler-Nutzen"*: In unserem Unternehmen...**

	Trifft überhaupt nicht zu			Trifft teilweise zu			Trifft vollständig zu
...wird die Nützlichkeit von Fehlern zur Verbesserung von Arbeitsprozessen besonders betont.	○	○	○	○	○	○	○
...wird großer Wert darauf gelegt, dass Fehler als wichtige Informationsquelle für die Fortsetzung der Arbeit angesehen werden.	○	○	○	○	○	○	○
...wird das Motto "Aus Fehlern lernt man" besonders betont.	○	○	○	○	○	○	○
...wird akzeptiert, dass Fehler nie vollkommen zu vermeiden sind.	○	○	○	○	○	○	○

"Kommunikation bei Fehlern": **In unserem Unternehmen...**

	Trifft überhaupt nicht zu			Trifft teilweise zu			Trifft vollständig zu
...wird erwartet, dass man sich zur Korrektur von Fehlern an Kollegen wendet, sofern man diese nicht selber beheben kann.	○	○	○	○	○	○	○
...wird besonders betont, dass sich Mitarbeiter, welche ihre Arbeit nach einem Fehler nicht fortsetzen können, auf die Unterstützung anderer Kollegen verlassen können.	○	○	○	○	○	○	○
...wird erwartet, dass Informationen über gemachte Fehler mit anderen geteilt werden, um den gleichen Fehler zukünftig zu vermeiden.	○	○	○	○	○	○	○

"Fehler-Analyse": **In unserem Unternehmen...**

	Trifft überhaupt nicht zu			Trifft teilweise zu			Trifft vollständig zu
...wird erwartet, nach einem Fehler gründlich zu durchdenken, wie dieser korrigiert werden kann.	○	○	○	○	○	○	○
...wird nach einem Fehler erwartet, dass dieser gründlich im Hinblick auf seine Ursachen analysiert wird.	○	○	○	○	○	○	○
...wird viel Wert darauf gelegt, häufig darüber nachzudenken, wie ein Fehler hätte vermieden werden können.	○	○	○	○	○	○	○

[Zurück] [Weiter]

[Abbrechen]

UNIKASSEL VERSITÄT

3.4 Führung

Führung beinhaltet die Interaktion der Führungsteammitglieder mit denjenigen, die nicht zum Führungsteam gehören. Die Qualität von Führung wird dabei verstanden als Maß der Übereinstimmung der Mitarbeiterziele mit den vom Führungsteam definierten Zielen des Unternehmens. Das Führungsteam führt dabei seine Mitarbeiter und versucht, bestimmtes Verhalten zu fördern.

Bitte beantworten Sie, inwiefern die folgenden Aussagen zur Führung in Ihrem Unternehmen zutreffen:

"Anforderungen": **In unserem Unternehmen...**

	Trifft überhaupt nicht zu			Trifft teilweise zu			Trifft vollständig zu
...werden eine hohe Leistungsorientierung sowie hohe Leistungsstandards besonders betont.	○	○	○	○	○	○	○
...wird harte Arbeit zur Umsetzung der hohen Ziele vorgelebt.	○	○	○	○	○	○	○
...wird betont, dass wir die Herausforderungen unter expliziter Berücksichtigung unserer ggf. auch begrenzten Fähigkeiten angehen.	○	○	○	○	○	○	○
...wird erwartet, dass wir uns regelmäßig zusammensetzen, um besser zu verstehen, was machbar ist und was nicht.	○	○	○	○	○	○	○
...wird die Balance aus hoher Leistungsorientierung im Hinblick auf unsere Ziele unter Berücksichtigung unserer Fähigkeiten vom Führungsteam vorgelebt.	○	○	○	○	○	○	○

"Sicherheit vs. Unsicherheit": **In unserem Unternehmen...**

	Trifft überhaupt nicht zu			Trifft teilweise zu			Trifft vollständig zu
...betont das Führungsteam seine Verantwortungsübernahme nicht nur bei Erfolg, sondern auch bei Misserfolg.	○	○	○	○	○	○	○
...wird großes Augenmerk auf unsere Vision gerichtet.	○	○	○	○	○	○	○
...wird auf vorausschauendes Handeln besonders geachtet.	○	○	○	○	○	○	○
...wird auf das Vertrauen in die Mitarbeiter besonders viel Wert gelegt.	○	○	○	○	○	○	○

"Zielerreichung": **In unserem Unternehmen...**

	Trifft überhaupt nicht zu			Trifft teilweise zu			Trifft vollständig zu
...betont das Führungsteam seine Rolle zur Überwindung von internen oder externen Problemen bzw. Hindernissen.	○	○	○	○	○	○	○
...wird auf die Fähigkeit, geschäftliche Verhandlungen mit für uns vorteilhaften Ergebnissen abzuschließen, besonders viel Wert gelegt.	○	○	○	○	○	○	○
...wird die Wichtigkeit des diplomatischen Umgangs mit anderen zur Erreichung unserer Ziele besonders betont.	○	○	○	○	○	○	○
...wird der Überzeugungskraft des Führungsteams besonders viel Wert beigemessen.	○	○	○	○	○	○	○
...wird betont, dass wir uns im Hinblick auf unsere Arbeit gegenseitig Mut zusprechen und an uns selbst und den/die anderen Mitarbeiter glauben.	○	○	○	○	○	○	○

"Verhältnis zur Arbeit": **In unserem Unternehmen...**

	Trifft überhaupt nicht zu			Trifft teilweise zu			Trifft vollständig zu
...wird viel Wert auf eine inspirierende und motivierende Arbeitsatmosphäre gelegt.	○	○	○	○	○	○	○
...wird viel Wert darauf gelegt, dass wir Spaß an der Arbeit haben und alle voll mit dem Herzen bei der Sache sind.	○	○	○	○	○	○	○
...wird viel Wert auf echte Teamarbeit gelegt.	○	○	○	○	○	○	○
...wird nach ständiger Leistungsverbesserung gestrebt.	○	○	○	○	○	○	○

"Grenzen": **In unserem Unternehmen...**

	Trifft überhaupt nicht zu			Trifft teilweise zu			Trifft vollständig zu
...wird viel Wert darauf gelegt, unsere uns selbst auferlegten Grenzen zu hinterfragen.	○	○	○	○	○	○	○
...wird viel Wert darauf gelegt, dass wir alle als eine Einheit zusammenarbeiten.	○	○	○	○	○	○	○
...wird großer Wert darauf gelegt, unseren eigenen Verstand zu benutzen und den Mut zu haben, andere Sichtweisen und Meinungen zu hinterfragen.	○	○	○	○	○	○	○
...wird grundsätzlich eine optimistische und selbstsichere Haltung an den Tag gelegt.	○	○	○	○	○	○	○
...wird auf Entscheidungsfreude großer Wert gelegt.	○	○	○	○	○	○	○

[Zurück] [Weiter]

[Abbrechen]

UNIKASSEL VERSITÄT

Previewmode

3.5 Netzwerke

Sobald ein Mensch Austauschbeziehungen zu mehr als z.B. einem Menschen, Unternehmen oder mehr als einer beliebigen Organisation unterhält, so kann man von einem bestehenden **Netzwerk** sprechen.

Bitte beantworten Sie, inwiefern die folgenden Aussagen zu Netzwerken in Ihrem Unternehmen zutreffen:

In unserem Unternehmen...

	Trifft überhaupt nicht zu			Trifft teilweise zu			Trifft vollständig zu
...wird die Wichtigkeit von persönlichen Netzwerken besonders betont.	○	○	○	○	○	○	○
...streben wir eine kontinuierliche Weiterentwicklung unseres Netzwerks an.	○	○	○	○	○	○	○
...streben wir eine kontinuierliche Vergrößerung unseres Netzwerks an.	○	○	○	○	○	○	○
...legen wir großen Wert auf die Qualität unserer Netzwerkbeziehungen.	○	○	○	○	○	○	○
...werden die Bemühungen zur Verbesserung unseres Netzwerks kontrolliert.	○	○	○	○	○	○	○
...wird die Vernachlässigung von Bemühungen zur Verbesserung unseres Netzwerks sanktioniert.	○	○	○	○	○	○	○
...wird auf eine Zuordnung von Verantwortlichkeiten für jede Netzwerkbeziehung viel Wert gelegt.	○	○	○	○	○	○	○
...werden die Abhängigkeiten und Auswirkungen unserer Netzwerkbeziehungen unter- und aufeinander regelmäßig überdacht.	○	○	○	○	○	○	○
...wird erwartet, dass sich diejenigen, die für eine oder mehrere Netzwerkbeziehungen verantwortlich sind, regelmäßig treffen und austauschen.	○	○	○	○	○	○	○
...wird erwartet, dass wir zur Identifizierung potentieller neuer Netzwerkbeziehungen Messen, Ausstellungen und andere Veranstaltungen nutzen.	○	○	○	○	○	○	○
...wird auf den regelmäßigen persönlichen Austausch mit unseren Netzwerkbeziehungen viel Wert gelegt.	○	○	○	○	○	○	○
...legen wir viel Wert darauf, mögliche Arten der Zusammenarbeit mit unseren Netzwerkbeziehungen zu diskutieren.	○	○	○	○	○	○	○

[Zurück] [Weiter]

[Abbrechen]

UNIKASSEL VERSITÄT

Previewmode

4. Erfolg des Unternehmens

Wie haben Sie die folgenden Ziele erreicht bzw. welche Erwartung haben Sie bezüglich der jeweiligen Zielerreichung?

	Ziel überhaupt nicht erreicht			Ziel teilweise erreicht			Ziel voll und ganz erreicht
Umsatzentwicklung des Unternehmens	○	○	○	○	○	○	○
Liquidität des Unternehmens	○	○	○	○	○	○	○
Profitabilität des Unternehmens	○	○	○	○	○	○	○
Sicherstellung Finanzierung des Unternehmens	○	○	○	○	○	○	○
Wettbewerbsposition des Unternehmens am Markt	○	○	○	○	○	○	○
Wettbewerbsposition relativ zu Konkurrenzunternehmen	○	○	○	○	○	○	○
Marktanteil des Unternehmens	○	○	○	○	○	○	○
Bekanntheit des Unternehmens am Markt	○	○	○	○	○	○	○
Zeitspanne bis zum ersten funktionsfähigen Prototypen	○	○	○	○	○	○	○
Zeitspanne bis zum ersten Markteintritt (Time to Market)	○	○	○	○	○	○	○
Zeitspanne bis zum Erreichen der Gewinnzone	○	○	○	○	○	○	○
Qualität der Technologie/des Produkts	○	○	○	○	○	○	○
Einhaltung der geplanten Kosten	○	○	○	○	○	○	○

Wie viele Mitarbeiter hatte Ihr Unternehmen inklusive Führungsteam zum Initialzeitpunkt (hochgerechnet auf volle Mitarbeiter)?

Wie viele Mitarbeiter hat Ihr Unternehmen inklusive Führungsteam zur Zeit (hochgerechnet auf volle Mitarbeiter)?

Welchen Umsatz hat Ihr Unternehmen im abgelaufenen Geschäftsjahr gemacht?

In Tausend Euro

Welchen Umsatz hatte Ihr Unternehmen im Initialjahr?

In Tausend Euro

In welchem Geschäftsjahr wurde/wird erstmals die Gewinnschwelle überschritten (nicht steuerlich; bitte im Format YYYY angeben)?

Jahr

Wie viele Produktserien hat Ihr Unternehmen...

...heute?

...im Initialjahr?

Zurück Weiter

Abbrechen

5. Weitere Angaben zum Unternehmen

Bitte ordnen Sie Ihr Unternehmen anhand des Hintergrunds der Unternehmensgründung in eine der folgenden Klassen ein:

- ○ Eigenständige Gründung
- ○ Spin-Off von Universität
- ○ Spin-Off von sonstigem Forschungsinstitut
- ○ Spin-Off von Unternehmen
- ○ Joint Venture
- ○ Sonstiges (bitte nennen)

Bitte ordnen Sie Ihr Unternehmen dem Tätigkeitsschwerpunkt entsprechend einer der folgenden Branchen/Sektoren zu:

- ○ Nanotechnologie
- ○ Biotechnologie
- ○ Software/IT
- ○ Mikrotechnologie
- ○ Umwelttechnik
- ○ Elektronik
- ○ Maschinenbau
- ○ Medizintechnik
- ○ Laser/Optik
- ○ Sonstige (bitte nennen)

Wie viele Mitglieder hat das Führungsteam Ihres Unternehmens derzeit?

Wie viele Mitglieder hatte das Führungsteam Ihres Unternehmens zum Initialzeitpunkt?

6. Kontaktdetails

Die folgenden Angaben werden wie die bisherigen Angaben vertraulich behandelt und dienen lediglich der Verwaltung der Studie, für eventuelle Rückfragen, zum Übersenden der Studie sowie zur Verlosung der zwei Flaschen Wein.

Name:

Ihre Funktion im Führungsteam (Mehrfachnennung möglich):

- ☐ Eher Technologisch
- ☐ Eher Marketing
- ☐ Eher Kaufmännisch

Firma:

Email:

Telefon:

Wir möchten die Ergebnisse der Studie kostenlos zugesendet bekommen:

○ Ja ○ Nein

ACHTUNG: Wenn Sie jetzt auf **"Weiter" klicken** werden Ihre **Antworten** an uns übermittelt und sind dann **nicht mehr änderbar**.

[Zurück] [Weiter]

[Abbrechen]

UNIKASSEL
VERSITÄT

Previewmode

100 %

Vielen Dank für Ihre Teilnahme an der Befragung!

Ihr
Norbert Fischl

Dipl.-Kfm. Norbert Fischl
Universität Kassel
Prof. Dr. Klaus Nathusius
START Intra+Entrepreneuship Center
Gottschalkstraße 22
D-34109 Kassel
Tel.: +49-(0)175-318 7380
Email: fischl@startnetz.org

Anhang Abb. 2: Online-Fragebogen für mittelständische Unternehmen

UNI KASSEL
VERSITÄT

Benchmarking-Studie "UNTERNEHMENSKULTUR VON MITTELSTÄNDISCHEN UNTERNEHMEN"

Zunächst einmal vielen Dank, dass Sie an dieser Studie teilnehmen!

Einer der zentralen Untersuchungsgegenstände der Studie ist das **Führungsteam** in mittelständischen Unternehmen. Als Führungsteam werden die Personen bezeichnet, die gemeinsam das Unternehmen leiten, die Entscheidungen auf oberster Unternehmensebene treffen und die Verantwortung für diese Entscheidungen tragen. Dabei kann man Mitglied des Führungsteams sein, auch wenn man NICHT formal eine Position als Geschäftsführer oder Vorstand inne hat.

Bitte beantworten Sie die folgenden Fragen:

A. Teilnahemkriterien

1. Entwickelt und produziert Ihr Unternehmen technische Produkte bzw. Verfahren (inkl. z.B. Maschinenbau, Elektrotechnik, Software, Biotechnologie etc.; aber KEIN reiner Handel)?

○ Ja ○ Nein

2. Wird Ihr Unternehmen von einem Team (mindestens zwei Personen) geführt? HINWEIS: Dabei müssen nicht alle Mitglieder des Führungsteams auch formal Geschäftsführer/Vorstand etc. sein. Auch Mitarbeiter der sog. "2. Führungsebene" gehören laut Definition dieser Befragung zum Führungsteam.

○ Ja ○ Nein

3. Sind Sie Mitglied dieses Führungsteams?

○ Ja ○ Nein

WICHTIGER HINWEIS:
Wenn Sie **mindestens eine** der o.g. Fragen mit **"Nein"** beantwortet haben, so wird diese Befragung nach Klicken des **"Weiter"** Buttons automatisch **beendet**, da die Teilnahmevoraussetzungen für die vorliegende Befragung nicht erfüllt sind. Bitte kontaktieren Sie dann Herrn Norbert Fischl per Email unter fischl@startnetz.org oder per Telefon unter 0175-3187380, um das weitere Vorgehen abzustimmen.

ACHTUNG:
Sollten Sie **irrtümlicherweise** eine Frage mit "Nein" beantwortet haben, so **korrigieren** Sie dies bitte **JETZT (VOR KLICKEN DES "WEITER" BUTTONS)** und fahren dann durch Klicken auf **"Weiter"** mit der Befragung fort.

[Weiter]

UNI KASSEL
VERSITÄT

B. Hinweise zum Ausfüllen des Fragbogens

- Das Ausfüllen des Fragebogens wird **ca. 20 Minuten** Ihrer Zeit beanspruchen.

- Es werden **keine** Informationen zu den konkreten Inhalten Ihres Unternehmens erhoben, sondern u.a. lediglich der Neuheitsgrad einer Neuproduktentwicklung Ihres Unternehmens in abstrakter Form bestimmt.

- Sämtliche Angaben werden selbstverständlich **streng vertraulich** behandelt und ausgewertet. Die Ergebnisse der Studie erlauben keine Rückschlüsse auf die einzelne Person und das Unternehmen.

- Bitte beantworten Sie möglichst **alle** Fragen, selbst wenn Sie sich über die genaue Antwort im Einzelfall nicht ganz sicher sind. Eine ungefähre Angabe von Ihnen ist wertvoller als ein unvollständiger Fragebogen. Bitte **antworten Sie** darüber hinaus **möglichst *spontan***.

- Der Fragebogen enthält aus methodischen Gründen teilweise **ähnliche Fragen**. Wir bitten Sie hierfür um Verständnis.

- Für Ihre Teilnahme erhalten Sie **auf Wunsch als Gegenleistung** eine Auswertung der Ergebnisse. Wir vergleichen für Sie die Unternehmenskultur in Ihrem Unternehmen mit der der übrigen Teilnehmer und stellen die wesentlichen Erfolgsfaktoren dar.

- Darüber hinaus werden unter allen Teilnehmern an dieser Studie zwei hochwertige Flaschen **Wein verlost**.

- Zur vollständigen Beendigung der Befragung müssen Sie **auf der letzten Seite des Fragebogens** (betitelt als "5. Kontaktdetails") den **"Weiter" Button anklicken**. Wir möchten Sie bitten, dies nach dem Ausfüllen des Fragebogens entsprechend zu tun.

- Bitten füllen Sie den nachfolgenden Fragebogen **bis spätestens zum 11. November 2005 *online*** aus.

- Für weitere Informationen oder auch Anregungen jeglicher Art zu dieser Studie zögern Sie bitte nicht, mich zu kontaktieren:

Dipl.-Kfm. Norbert Fischl
Universität Kassel
Prof. Dr. Klaus Nathusius
START Intra+Entrepreneurship Center
Gottschalkstraße 22
D-34109 Kassel
Tel.: +49-(0)175-3187380
Email: fischl@startnetz.org
http://www.startnetz.org/

[Zurück] [Weiter]

U N I K A S S E L
V E R S I T Ä T

C. Fragebogen

1. Einordnung der Innovationstätigkeiten Ihres Unternehmens

1.1 Wie erfolgsentscheidend sind Innovationen in Ihrer Branche?

Unwichtig ○ ○ ○ ○ ○ ○ ○ Sehr wichtig

1.2 Wieviele Neuproduktentwicklungen hat Ihr Unternehmen seit 2002 durchgeführt?
DEFINITION: Unter einer Neuproduktentwicklung wird die Entwicklung (und spätere Vermarktung) eines völlig neuen oder auch die Weiterentwicklung eines bestehenden Produkts verstanden. Ein weiterer Begriff, der den gleichen Sachverhalt umschreibt, lautet "Produktinnovation".

Anzahl: [ ]

1.3 Bei wievielen der o.g. Neuproduktentwicklungen handelte es sich um aus Marktsicht...
Bitte geben Sie die jew. Anzahl an.

...völlig neue Produkte? [ ]

...merkliche Verbesserungen bestehender Produkte? [ ]

...unerhebliche Veränderungen bestehender Produkte? [ ]

1.4 Wieviele Prozessinnovationen hat Ihr Unternehmen seit 2002 durchgeführt?
DEFINITION: Unter einer Prozessinnovation werden Neuerungen in den für die Leistungserbringung notwendigen Prozessen verstanden. Hauptziele sind dabei niedrigere Herstellungskosten bzw. Produktivitätssteigerungen.

Anzahl: [ ]

1.5 Bei wievielen dieser Produkt- bzw. Prozessinnovationen war Ihr Unternehmen...
Bitte geben Sie die jew. Anzahl an.

	...Innovationsführer?	...schneller Zweiter?	...später Folger?
Neuproduktentwicklungen/Produktinnovationen:	[ ]	[ ]	[ ]
Prozessinnovationen:	[ ]	[ ]	[ ]

1.6 Alle wieviel Monate muss Ihr Unternehmen typischerweise ein neues Produkt auf den Markt bringen?

In Monaten: [ ]

1.7 Wie lange dauert in Ihrem Unternehmen typischerweise eine Neuproduktentwicklung?

In Monaten: [ ]

1.8 Wie verteilt sich der Umsatz (einschl. Exporte) Ihres Unternehmens im Jahr 2004 auf Produkte, die seit 2002 eingeführt wurden vs. Produkte, die vor 2002 eingeführt wurden?
Bitte geben Sie die jeweilige Verteilung ca. in Prozent an (Summe muss 100% ergeben).

Seit 2002 [ ]

Vor 2002 [ ]

1.9 Haben Sie eine eigene Forschungs- und Entwicklungs-Abteilung?

Ja ○ Nein ○

[Zurück] [Weiter]

UNIKASSEL VERSITÄT

Previewmode

WICHTIGER HINWEIS: BITTE BETRACHTEN SIE FÜR DIE FOLGENDEN FRAGEN 1.10 BIS 1.11.3 DIE FÜR IHR UNTERNEHMEN **AKTUELL (DAS PRODUKT KANN AUCH SCHON AUF DEM MARKT SEIN) WICHTIGSTE** NEUPRODUKTENTWICKLUNG.

1.10 Bitte geben Sie an, seit wann sich die im folgenden betrachtete Neuproduktentwicklung am Markt befindet:

- ○ Noch gar nicht
- ○ Weniger als 6 Monate
- ○ 6-12 Monate
- ○ 13-24 Monate
- ○ 25-36 Monate
- ○ Mehr als 36 Monate

1.11 Folgende Aussagen treffen über die betrachtete Neuproduktentwicklung Ihres Unternehmens zu:

1.11.1 Technologie

	Trifft überhaupt nicht zu			Trifft teilweise zu			Trifft vollständig zu
Die Technologie unseres Produkts basiert(e) auf neuen technologischen Prinzipien.	○	○	○	○	○	○	○
Die im Produkt eingesetzte Technologie erlaubt(e) einen deutlichen Leistungssprung.	○	○	○	○	○	○	○
Die im Produkt eingesetzte Technologie hat(te) das Potenzial, alte Technologien zu verdrängen.	○	○	○	○	○	○	○
Die technologische Entwicklung des Produkts ist (war) äußerst komplex.	○	○	○	○	○	○	○

1.11.2 Markt

	Trifft überhaupt nicht zu			Trifft teilweise zu			Trifft vollständig zu
Unser Produkt bietet (bot) dem Kunden einen vollkommen neuen Nutzen.	○	○	○	○	○	○	○
Unser Produkt bietet (bot) dem Kunden einzigartige Vorteile gegenüber Konkurrenzprodukten.	○	○	○	○	○	○	○
Unser Produkt ist (war) in der Form noch nicht zu beziehen.	○	○	○	○	○	○	○
Mit unserem Produkt entwickeln (entwickelten) wir einen vollkommen neuen Markt.	○	○	○	○	○	○	○
Der Markt für unser Produkt ist (war) äußerst komplex.	○	○	○	○	○	○	○
Unser Produkt verlangt(e) von den Kunden umfangreiche Einstellungs- und Verhaltensänderungen.	○	○	○	○	○	○	○
Bei unserem Produkt kann (konnte) der Kunde schnell, leicht und zuverlässig prüfen, ob es seine Anforderungen erfüllt(e).	○	○	○	○	○	○	○
Unser Produkt erfordert(e) einen hohen Lernaufwand für den Kunden.	○	○	○	○	○	○	○

1.11.3 Umfeld

	Trifft überhaupt nicht zu			Trifft teilweise zu			Trifft vollständig
Für unser Produkt ist (war) der Aufbau einer neuen Infrastruktur (z.B. Wasserstoff-Tankstellen für Wasserstoffbetrieb von Autos) notwendig.	○	○	○	○	○	○	○
Für unser Produkt sind (waren) umfangreiche regulatorische Änderungen (z.B. Gesetze oder Industriestandards durch z.B. staatliche Stellen oder Berufsverbände) notwendig.	○	○	○	○	○	○	○
Unser Produkt steht (stand) im Kreuzfeuer gesellschaftlicher Kritik	○	○	○	○	○	○	○
Das Umfeld des Marktes für unser Produkt ist (war) äußerst komplex.	○	○	○	○	○	○	○

[Zurück] [Weiter]

[Abbrechen]

U N I K A S S E L
V E R S I T Ä T

Previewmode

2. Unternehmenskulturelle Aspekte des Unternehmens

Unter **Unternehmenskultur** wird die Gesamtheit von Wertvorstellungen, Denkmustern und Regeln verstanden, die in einem Unternehmen vorhanden sind, sich also im Verlaufe der Zeit entwickelt und bewährt haben und daher das Verhalten von Organisationsmitgliedern prägen.

Bitte **geben Sie** daher bei allen Fragen im jetzt folgenden Fragekapitel "2. Unternehmenskulturelle Aspekte" **an**, wie sehr die Aussagen jeweils auf Ihr **Unternehmen** insgesamt **zutreffen**.

WICHTIGER HINWEIS: BITTE BEZIEHEN SIE SICH BEI IHREN ANTWORTEN IMMER AUF DIE IN IHREM UNTERNEHMEN TATSÄCHLICH GELEBTE KULTUR, UND ***NICHT*** AUF DIE GGF. IDEALERWEISE ERWÜNSCHTE.

2.1 Kommunikation

Bei der Kommunikation wird zwischen der **arbeits- bzw. unternehmensbezogenen** und der **privaten** Kommunikation **unterschieden**. Bei der ersteren geht es um den Austausch von Informationen, die für die inhaltliche Arbeit in Ihrem Unternehmen relevant ist, bei der letzteren geht es um den Austausch von Informationen, die z.B. das Privatleben betreffen bzw. ganz allgemein mit der inhaltlichen Arbeit in Ihrem Unternehmen nichts zu tun haben.

Bitte beantworten Sie, inwiefern die folgenden Aussagen zur Kommunikation in Ihrem Unternehmen zutreffen:

***"Arbeitsbezogene Kommunikation"*: In unserem Unternehmen...**

	Trifft überhaupt nicht zu			Trifft teilweise zu			Trifft vollständig zu
...wird besonderer Wert auf eine offene arbeitsbezogene Kommunikation gelegt.	○	○	○	○	○	○	○
...wird erwartet, dass relevante unternehmensbezogene Informationen offen von allen Mitarbeitern geteilt werden.	○	○	○	○	○	○	○
...wird auf die unmittelbare Weitergabe von arbeitsbezogenen Informationen besonders viel Wert gelegt.	○	○	○	○	○	○	○
...streben wir proaktive arbeitsbezogene Kommunikation an.	○	○	○	○	○	○	○
...wird eine funktionsübergreifende Informationsweitergabe angestrebt.	○	○	○	○	○	○	○
...wird erwartet, dass regelmäßig funktionsübergreifende Besprechungen stattfinden.	○	○	○	○	○	○	○
...wird die Weitergabe von arbeitsbezogenen Informationen erwartet.	○	○	○	○	○	○	○
...wird die Weitergabe von arbeitsbezogenen Informationen kontrolliert.	○	○	○	○	○	○	○
...wird das Zurückhalten von wichtigen unternehmensrelevanten Informationen sanktioniert.	○	○	○	○	○	○	○

***"Private Kommunikation"*: In unserem Unternehmen...**

	Trifft überhaupt nicht zu			Trifft teilweise zu			Trifft vollständig zu
...wird viel Wert auf eine offene nicht-arbeitsbezogene Kommunikation gelegt.	○	○	○	○	○	○	○
...wird erwartet, dass nicht-arbeitsbezogene Probleme (z.B. Sorgen privater Art) jeglicher Art unmittelbar und offen angesprochen werden.	○	○	○	○	○	○	○
...wird auf Kommunikation über private Dinge besonderer Wert gelegt.	○	○	○	○	○	○	○
...wird erwartet, dass über private Dinge kommuniziert wird.	○	○	○	○	○	○	○
...wird erwartet, dass gemeinsame Freizeitaktivitäten unternommen werden.	○	○	○	○	○	○	○
...werden gemeinsame Freizeitaktivitäten gefördert.	○	○	○	○	○	○	○
...wird das Motto "Je besser wir uns privat kennen desto erfolgreicher können wir zusammenarbeiten" besonders betont.	○	○	○	○	○	○	○
...werden Mitarbeiter bzw. Kollegen, die sich eher zurückhaltend im Hinblick auf nicht-arbeitsbezogene Kommunikation geben, nicht voll akzeptiert.	○	○	○	○	○	○	○

[Zurück] [Weiter]

[Abbrechen]

U N I K A S S E L
V E R S I T Ä T

Previewmode

2.2 Konflikte

In jedem Unternehmen treten **Konflikte** auf. Konflikte können dabei inhaltlich nach **Sachkonflikten** und **Beziehungskonflikten** unterschieden werden.

Bei **Sachkonflikten** geht es um objektivierbare Unterschiede in Ideen oder Standpunkten. **Beziehungskonflikte** hingegen sind in zwischenmenschlichen Unverträglichkeiten begründet, d.h. sie sind durch persönliche emotionale Verletzungen bzw. Verletzungen des Selbstwertgefühls zwischen den Parteien entstanden.

Bitte beantworten Sie, inwiefern die folgenden Aussagen zum Umgang mit Konflikten in Ihrem Unternehmen zutreffen - bitte beantworten Sie dabei zuerst ALLE Fragen im Hinblick auf Sachkonflikte und danach die gleichen Fragen im Hinblick auf Beziehungskonflikte.

***"Vermeiden":* In unserem Unternehmen...**

	Bei Sachkonflikten							Bei Beziehungskonflikten						
	Trifft überhaupt nicht zu			Trifft teilweise zu			Trifft vollständig zu	Trifft überhaupt nicht zu			Trifft teilweise zu			Trifft vollständig zu
...wird angestrebt, Meinungsverschiedenheiten weitestgehend zu vermeiden.	○	○	○	○	○	○	○	○	○	○	○	○	○	○
...wird angestrebt, Unstimmigkeiten schon im Keim zu ersticken.	○	○	○	○	○	○	○	○	○	○	○	○	○	○

***"Nachgeben":* In unserem Unternehmen...**

	Bei Sachkonflikten							Bei Beziehungskonflikten						
	Trifft überhaupt nicht zu			Trifft teilweise zu			Trifft vollständig zu	Trifft überhaupt nicht zu			Trifft teilweise zu			Trifft vollständig zu
...wird erwartet, den Wünschen des Konfliktgegners nachzugeben.	○	○	○	○	○	○	○	○	○	○	○	○	○	○
...wird Wert darauf gelegt, mit dem Konfliktgegner übereinzustimmen.	○	○	○	○	○	○	○	○	○	○	○	○	○	○
...wird besonders die Wichtigkeit betont, dem Konfliktgegner entgegenzukommen.	○	○	○	○	○	○	○	○	○	○	○	○	○	○
...wird erwartet, sich den Zielen und Interessen des Konfliktgegners anzupassen.	○	○	○	○	○	○	○	○	○	○	○	○	○	○

***"Kooperieren":* In unserem Unternehmen...**

	Bei Sachkonflikten							Bei Beziehungskonflikten						
	Trifft überhaupt nicht zu			Trifft teilweise zu			Trifft vollständig zu	Trifft überhaupt nicht zu			Trifft teilweise zu			Trifft vollständig zu
...wird besonders viel Wert darauf gelegt, ein Problem solange zu untersuchen, bis eine Lösung gefunden ist, die beide Konfliktparteien wirklich zufriedenstellt.	○	○	○	○	○	○	○	○	○	○	○	○	○	○
...wird erwartet, sowohl die eigenen Ziele und Interessen als auch die der anderen Konfliktpartei zu berücksichtigen.	○	○	○	○	○	○	○	○	○	○	○	○	○	○
...wird angestrebt, immer die Sichtweisen beider Parteien zu betrachten, um eine beiderseitig optimale Lösung zu finden.	○	○	○	○	○	○	○	○	○	○	○	○	○	○
...wird viel Wert darauf gelegt, eine Lösung zu finden, welche sowohl den eigenen Interessen als auch den Interessen des Konfliktgegners so gut wie möglich dient.	○	○	○	○	○	○	○	○	○	○	○	○	○	○

***"Durchsetzen":* In unserem Unternehmen...**

	Bei Sachkonflikten							Bei Beziehungskonflikten						
	Trifft überhaupt nicht zu			Trifft teilweise zu			Trifft vollständig zu	Trifft überhaupt nicht zu			Trifft teilweise zu			Trifft vollständig zu
...wird akzeptiert, dass man seine eigene Sichtweise durchsetzt.	○	○	○	○	○	○	○	○	○	○	○	○	○	○
...wird erwartet, aus Konflikten als Gewinner hervorzugehen.	○	○	○	○	○	○	○	○	○	○	○	○	○	○
...wird akzeptiert, dass jeder bei Konflikten ein möglichst gutes Ergebnis für sich selbst anstrebt.	○	○	○	○	○	○	○	○	○	○	○	○	○	○
...wird besonders viel Wert darauf gelegt, dass man bei Konflikten alles tut, um seine Sichtweise durchzusetzen.	○	○	○	○	○	○	○	○	○	○	○	○	○	○
...wird akzeptiert, dass Druck auf den anderen ausgeübt wird, damit die eigenen Ideen akzeptiert werden.	○	○	○	○	○	○	○	○	○	○	○	○	○	○

***"Kompromisse schließen"*: In unserem Unternehmen...**

	Bei Sachkonflikten							Bei Beziehungskonflikten						
	Trifft überhaupt nicht zu			**Trifft teilweise zu**			**Trifft vollständig zu**	**Trifft überhaupt nicht zu**			**Trifft teilweise zu**			**Trifft vollständig zu**
...wird akzeptiert, dass man sich auf einen Mittelweg einigt.	○	○	○	○	○	○	○	○	○	○	○	○	○	○
...wird besonders betont, dass Kompromiss-Lösungen gefunden werden müssen.	○	○	○	○	○	○	○	○	○	○	○	○	○	○
...wird, wenn irgend möglich, immer ein 50/50-Kompromiss angestrebt.	○	○	○	○	○	○	○	○	○	○	○	○	○	○

"Dritte/Externe einbeziehen": In unserem Unternehmen...

	Bei Sachkonflikten							Bei Beziehungskonflikten						
	Trifft überhaupt nicht zu			**Trifft teilweise zu**			**Trifft vollständig zu**	**Trifft überhaupt nicht zu**			**Trifft teilweise zu**			**Trifft vollständig zu**
...wird viel Wert darauf gelegt, Unternehmensexterne aktiv in die Konfliktlösung einzuschalten.	○	○	○	○	○	○	○	○	○	○	○	○	○	○
...wird besonders viel Wert darauf gelegt, den formal Vorgesetzten um Unterstützung zu bitten.	○	○	○	○	○	○	○	○	○	○	○	○	○	○
...wird akzeptiert, dass im Zweifel der "Ranghöchste" ein Machtwort spricht.	○	○	○	○	○	○	○	○	○	○	○	○	○	○

[Zurück] [Weiter]

[Abbrechen]

UNIKASSEL
VERSITÄT

Previewmode

67%

2.3 Fehler

In jedem Unternehmen können **Fehler** passieren. Hier interessieren vor allem handlungs-und prozessbedingte Fehler verursacht durch unbeabsichtigtes Abweichen von z.B. Plänen, Zielen, geeigneten Feedback-Prozessen, Standards, Verhaltenskodexen, der Wahrheit oder einer metrischen Größe. Dieses Abweichen kann wiederum z.B. durch mangelndes Fachwissen ausgelöst werden.

Bitte beantworten Sie, inwiefern die folgenden Aussagen zum Umgang mit Fehlern in Ihrem Unternehmen zutreffen:

***"Fehler beheben"*: In unserem Unternehmen...**

	Trifft überhaupt nicht zu			**Trifft teilweise zu**			**Trifft vollständig zu**
...wird erwartet, dass wir normalerweise wissen, wie ein Fehler wieder behoben wird.	○	○	○	○	○	○	○
...wird erwartet, dass gemachte Fehler sofort korrigiert werden.	○	○	○	○	○	○	○
...wird großer Wert darauf gelegt, dass - auch wenn Fehler passieren - wir uns nicht durch solche Rückschläge vom finalen Ziel abbringen lassen.	○	○	○	○	○	○	○

***"Fehler-Nutzen"*: In unserem Unternehmen...**

	Trifft überhaupt nicht zu			Trifft teilweise zu			Trifft vollständig zu
...wird die Nützlichkeit von Fehlern zur Verbesserung von Arbeitsprozessen besonders betont.	○	○	○	○	○	○	○
...wird großer Wert darauf gelegt, dass Fehler als wichtige Informationsquelle für die Fortsetzung der Arbeit angesehen werden.	○	○	○	○	○	○	○
...wird das Motto "Aus Fehlern lernt man" besonders betont.	○	○	○	○	○	○	○
...wird akzeptiert, dass Fehler nie vollkommen zu vermeiden sind.	○	○	○	○	○	○	○

***"Kommunikation bei Fehlern"*: In unserem Unternehmen...**

	Trifft überhaupt nicht zu			Trifft teilweise zu			Trifft vollständig zu
...wird erwartet, dass man sich zur Korrektur von Fehlern an Kollegen wendet, sofern man diese nicht selber beheben kann.	○	○	○	○	○	○	○
...wird besonders betont, dass sich Mitarbeiter, welche ihre Arbeit nach einem Fehler nicht fortsetzen können, auf die Unterstützung anderer Kollegen verlassen können.	○	○	○	○	○	○	○
...wird erwartet, dass Informationen über gemachte Fehler mit anderen geteilt werden, um den gleichen Fehler zukünftig zu vermeiden.	○	○	○	○	○	○	○

***"Fehler-Analyse"*: In unserem Unternehmen...**

	Trifft überhaupt nicht zu			Trifft teilweise zu			Trifft vollständig zu
...wird erwartet, nach einem Fehler gründlich zu durchdenken, wie dieser korrigiert werden kann.	○	○	○	○	○	○	○
...wird nach einem Fehler erwartet, dass dieser gründlich im Hinblick auf seine Ursachen analysiert wird.	○	○	○	○	○	○	○
...wird viel Wert darauf gelegt, häufig darüber nachzudenken, wie ein Fehler hätte vermieden werden können.	○	○	○	○	○	○	○

[Zurück] [Weiter]

[Abbrechen]

Previewmode

UNIKASSEL
VERSITÄT

2.4 Führung

Führung beinhaltet die Interaktion der Führungsteammitglieder mit denjenigen, die nicht zum Führungsteam gehören. Die Qualität von Führung wird dabei verstanden als Maß der Übereinstimmung der Mitarbeiterziele mit den vom Führungsteam definierten Zielen des Unternehmens. Das Führungsteam führt dabei seine Mitarbeiter und versucht, bestimmtes Verhalten zu fördern.

Bitte beantworten Sie, inwiefern die folgenden Aussagen zur Führung in Ihrem Unternehmen zutreffen:

***"Anforderungen"*: In unserem Unternehmen...**

	Trifft überhaupt nicht zu			Trifft teilweise zu			Trifft vollständig zu
...werden eine hohe Leistungsorientierung sowie hohe Leistungsstandards besonders betont.	○	○	○	○	○	○	○
...wird harte Arbeit zur Umsetzung der hohen Ziele vorgelebt.	○	○	○	○	○	○	○
...wird betont, dass wir die Herausforderungen unter expliziter Berücksichtigung unserer ggf. auch begrenzten Fähigkeiten angehen.	○	○	○	○	○	○	○
...wird erwartet, dass wir uns regelmäßig zusammensetzen, um besser zu verstehen, was machbar ist und was nicht.	○	○	○	○	○	○	○
...wird die Balance aus hoher Leistungsorientierung im Hinblick auf unsere Ziele unter Berücksichtigung unserer Fähigkeiten vom Führungsteam vorgelebt.	○	○	○	○	○	○	○

***"Sicherheit vs. Unsicherheit"*: In unserem Unternehmen...**

	Trifft überhaupt nicht zu			Trifft teilweise zu			Trifft vollständig zu
...betont das Führungsteam seine Verantwortungsübernahme nicht nur bei Erfolg, sondern auch bei Misserfolg.	○	○	○	○	○	○	○
...wird großes Augenmerk auf unsere Vision gerichtet.	○	○	○	○	○	○	○
...wird auf vorausschauendes Handeln besonders geachtet.	○	○	○	○	○	○	○
...wird auf das Vertrauen in die Mitarbeiter besonders viel Wert gelegt.	○	○	○	○	○	○	○

***"Zielerreichung"*: In unserem Unternehmen...**

	Trifft überhaupt nicht zu			Trifft teilweise zu			Trifft vollständig zu
...betont das Führungsteam seine Rolle zur Überwindung von internen oder externen Problemen bzw. Hindernissen.	○	○	○	○	○	○	○
...wird auf die Fähigkeit, geschäftliche Verhandlungen mit für uns vorteilhaften Ergebnissen abzuschließen, besonders viel Wert gelegt.	○	○	○	○	○	○	○
...wird die Wichtigkeit des diplomatischen Umgangs mit anderen zur Erreichung unserer Ziele besonders betont.	○	○	○	○	○	○	○
...wird der Überzeugungskraft des Führungsteams besonders viel Wert beigemessen.	○	○	○	○	○	○	○
...wird betont, dass wir uns im Hinblick auf unsere Arbeit gegenseitig Mut zusprechen und an uns selbst und den/die anderen Mitarbeiter glauben.	○	○	○	○	○	○	○

***"Verhältnis zur Arbeit"*: In unserem Unternehmen...**

	Trifft überhaupt nicht zu			Trifft teilweise zu			Trifft vollständig zu
...wird viel Wert auf eine inspirierende und motivierende Arbeitsatmosphäre gelegt.	○	○	○	○	○	○	○
...wird viel Wert darauf gelegt, dass wir Spaß an der Arbeit haben und alle voll mit dem Herzen bei der Sache sind.	○	○	○	○	○	○	○
...wird viel Wert auf echte Teamarbeit gelegt.	○	○	○	○	○	○	○
...wird nach ständiger Leistungsverbesserung gestrebt.	○	○	○	○	○	○	○

***"Grenzen"*: In unserem Unternehmen...**

	Trifft überhaupt nicht zu			Trifft teilweise zu			Trifft vollständig zu
...wird viel Wert darauf gelegt, unsere uns selbst auferlegten Grenzen zu hinterfragen.	○	○	○	○	○	○	○
...wird viel Wert darauf gelegt, dass wir alle als eine Einheit zusammenarbeiten.	○	○	○	○	○	○	○
...wird großer Wert darauf gelegt, unseren eigenen Verstand zu benutzen und den Mut zu haben, andere Sichtweisen und Meinungen zu hinterfragen.	○	○	○	○	○	○	○
...wird grundsätzlich eine optimistische und selbstsichere Haltung an den Tag gelegt.	○	○	○	○	○	○	○
...wird auf Entscheidungsfreude großer Wert gelegt.	○	○	○	○	○	○	○

[Zurück] [Weiter]

[Abbrechen]

Previewmode

UNIKASSEL VERSITÄT

80%

2.5 Netzwerke

Sobald ein Mensch Austauschbeziehungen zu mehr als z.B. einem Menschen, Unternehmen oder mehr als einer beliebigen Organisation unterhält, so kann man von einem bestehenden **Netzwerk** sprechen.

Bitte beantworten Sie, inwiefern die folgenden Aussagen zu Netzwerken in Ihrem Unternehmen zutreffen:

In unserem Unternehmen...

	Trifft überhaupt nicht zu			Trifft teilweise zu			Trifft vollständig zu
...wird die Wichtigkeit von persönlichen Netzwerken besonders betont.	○	○	○	○	○	○	○
...streben wir eine kontinuierliche Weiterentwicklung unseres Netzwerks an.	○	○	○	○	○	○	○
...streben wir eine kontinuierliche Vergrößerung unseres Netzwerks an.	○	○	○	○	○	○	○
...legen wir großen Wert auf die Qualität unserer Netzwerkbeziehungen.	○	○	○	○	○	○	○
...werden die Bemühungen zur Verbesserung unseres Netzwerks kontrolliert.	○	○	○	○	○	○	○
...wird die Vernachlässigung von Bemühungen zur Verbesserung unseres Netzwerks sanktioniert.	○	○	○	○	○	○	○
...wird auf eine Zuordnung von Verantwortlichkeiten für jede Netzwerkbeziehung viel Wert gelegt.	○	○	○	○	○	○	○
...werden die Abhängigkeiten und Auswirkungen unserer Netzwerkbeziehungen unter- und aufeinander regelmäßig überdacht.	○	○	○	○	○	○	○
...wird erwartet, dass sich diejenigen, die für eine oder mehrere Netzwerkbeziehungen verantwortlich sind, regelmäßig treffen und austauschen.	○	○	○	○	○	○	○
...wird erwartet, dass wir zur Identifizierung potentieller neuer Netzwerkbeziehungen Messen, Ausstellungen und andere Veranstaltungen nutzen.	○	○	○	○	○	○	○
...wird auf den regelmäßigen persönlichen Austausch mit unseren Netzwerkbeziehungen viel Wert gelegt.	○	○	○	○	○	○	○
...legen wir viel Wert darauf, mögliche Arten der Zusammenarbeit mit unseren Netzwerkbeziehungen zu diskutieren.	○	○	○	○	○	○	○

Zurück Weiter

Abbrechen

Previewmode

UNIKASSEL VERSITÄT

90%

3. Erfolg des Unternehmens

WICHTIGER HINWEIS: Bitte beantworten Sie die folgenden Fragen unter 3.1 analog zu den Fragen 1.10 bis 1.11.3 im Hinblick auf die für Ihr Unternehmen **aktuell (das Produkt kann auch schon auf dem Markt sein) wichtigste** Neuproduktentwicklung.

3.1 Subjektive Einschätzung des Innovationserfolgs: Wie haben Sie die folgenden Ziele erreicht bzw. welche Erwartung haben Sie bezüglich der jeweiligen Zielerreichung?

	Ziel überhaupt nicht erreicht			Ziel teilweise erreicht			Ziel voll und ganz erreicht
Umsatzentwicklung der Neuproduktentwicklung	○	○	○	○	○	○	○
Beitrag zur Liquidität des Unternehmens	○	○	○	○	○	○	○
Profitabilität der Neuproduktentwicklung	○	○	○	○	○	○	○
Sicherstellung Finanzierung der Neuproduktentwicklung	○	○	○	○	○	○	○
Beitrag zur Wettbewerbsposition des Unternehmens am Markt	○	○	○	○	○	○	○
Beitrag zur Wettbewerbsposition relativ zu Konkurrenzunternehmen	○	○	○	○	○	○	○
Marktanteil der Neuproduktentwicklung	○	○	○	○	○	○	○
Beitrag zur Bekanntheit des Unternehmens am Markt	○	○	○	○	○	○	○
Zeitspanne bis zum ersten funktionsfähigen Prototypen	○	○	○	○	○	○	○
Zeitspanne bis zum ersten Markteintritt (Time to Market)	○	○	○	○	○	○	○
Zeitspanne bis zum Erreichen der Gewinnzone	○	○	○	○	○	○	○
Qualität der Technologie/des Produkts	○	○	○	○	○	○	○
Einhaltung der geplanten Kosten	○	○	○	○	○	○	○

3.2 Kennzahlen zum Unternehmen: Bitte geben Sie die Werte der folgenden Kennziffern bezogen auf Ihr Gesamtunternehmen an.
HINWEIS: Sollten Sie als Tochterunternehmen zu einem Konzern gehören, so berücksichtigen Sie bitte nur Ihr eigenes Unternehmen und nicht den Gesamtkonzern. Darüber hinaus sichern wir Ihnen nochmals zu, dass die folgenden Kennzahlen ausschließlich im Rahmen der vorliegenden Forschungsarbeit verwendet werden, Dritten nicht zugänglich sein werden und die Ergebnisse der Studie keinen Rückschluss auf die einzelne Person oder das Unternehmen erlauben.

	2002	2004
Umsatzrendite in %		
Mitarbeiterzahl (äquivalent in Vollzeitmitarbeitern)		
Anzahl Mitarbeiter in F&E (äquivalent Vollzeitmitarbeiter)		
Höhe F&E-Budget in % vom Umsatz		

[Zurück] [Weiter]

[Abbrechen]

UNIKASSEL VERSITÄT

Previewmode

4. Weitere Angaben zum Unternehmen

4.1 Bitte geben Sie das Jahr der Gründung Ihres Unternehmens an:

vor 1850

4.2 Bitte geben Sie an, ob Sie Ihr Unternehmen als mittelständisches Unternehmen bezeichnen:

- ○ Ja
- ○ Nein

4.3 Bitte ordnen Sie Ihr Unternehmen dem Tätigkeitsschwerpunkt entsprechend einer der folgenden Branchen/Sektoren zu:

- ○ Maschinenbau
- ○ Software/IT
- ○ Elektronik
- ○ Mikrotechnologie
- ○ Umwelttechnik
- ○ Medizintechnik
- ○ Laser/Optik
- ○ Nanotechnologie
- ○ Biotechnologie
- ○ Sonstige (bitte nennen)

4.4 Wie viele Mitglieder hat das Führungsteam Ihres Unternehmens derzeit?

4.5 Bitte ordnen Sie Ihr Unternehmen der Managementstruktur entsprechend einer der folgenden Kategorien zu:

- ○ Eigentümergeführtes Unternehmen mit ausschließlich Familienmitgliedern auf oberster Führungsebene
- ○ Eigentümergeführtes Unternehmen mit oberster Führungseben bestehend sowohl aus Familienmitgliedern als auch aus "externem" Management
- ○ Unternehmen mit oberster Führungsebene bestehend ausschließlich aus "externem" Management

[Zurück] [Weiter]

[Abbrechen]

5. Kontaktdetails

Die folgenden Angaben werden wie die bisherigen Angaben vertraulich behandelt und dienen lediglich der Verwaltung der Studie, für eventuelle Rückfragen, zum Übersenden der Studie sowie zur Verlosung der zwei Flaschen Wein.

Name:

Ihre Funktion im Führungsteam (Mehrfachnennung möglich):

- ☐ Eher Technologisch
- ☐ Eher Marketing
- ☐ Eher Kaufmännisch

Firma:

Email:

Telefon:

Wir möchten die Ergebnisse der Studie kostenlos zugesendet bekommen:

○ Ja ○ Nein

ACHTUNG: Wenn Sie jetzt auf **"Weiter" klicken** werden Ihre **Antworten** an uns übermittelt und sind dann **nicht mehr änderbar**.

[Zurück] [Weiter]

[Abbrechen]

Previewmode

UNIKASSEL VERSITÄT

100 %

Vielen Dank für Ihre Teilnahme an der Befragung!

Ihr
Norbert Fischl

Dipl.-Kfm. Norbert Fischl
Universität Kassel
Prof. Dr. Klaus Nathusius
START Intra+Entrepreneuship Center
Gottschalkstraße 22
D-34109 Kassel
Tel.: +49-(0)175-318 7380
Email: fischl@startnetz.org

Anhang III. Informationen zum Konstrukt "Unternehmenserfolg"

Anhang Tab. 2: Explorative Faktorenanalyse Unternehmenserfolg

	Faktorladungen* nach schiefwinkliger Rotation			
Indikator	**Faktor I**	**Faktor II**	**Faktor III**	**Faktor IV**
Umsatzentwicklung des Unternehmens	**0,74**	0,02	0,11	0,13
Liquidität des Unternehmens	**0,88**	0,03	0,14	0,17
Profitabilität des Unternehmens	**0,87**	0,16	0,10	0,06
Sicherstellung Finanzierung des Unternehmens	**0,72**	0,04	0,02	0,11
Wettbewerbsposition des Unternehmens am Markt	0,04	0,01	**0,86**	0,21
Wettbewerbsposition relativ zu Konkurrenzunternehmen	0,08	0,06	**0,90**	0,20
Marktanteil des Unternehmens	0,24	0,01	**0,73**	0,18
Bekanntheit des Unternehmens am Markt	0,09	0,15	**0,58**	0,30
Zeitspanne bis zum ersten funktionsfähigen Prototypen	0,06	**0,94**	0,06	0,10
Zeitspanne bis zum ersten Markteintritt (Time to Market)	0,04	**0,91**	0,04	0,05
Zeitspanne bis zum Erreichen der Gewinnzone	**0,72**	0,22	0,05	0,15
Qualität der Technologie/des Produkts	0,00	0,16	0,12	**0,79**
Einhaltung der geplanten Kosten	0,28	0,11	0,06	**0,67**
Durch den Faktor erklärte Varianz	**37,15%**	**13,57%**	**12,78%**	**8,16%**

* Die Vorzeichen der Faktorladungen liefern keine relevanten Informationen; daher sind in der Tabelle nur die Beträge der Faktorladungen dargestellt.

Anhang Tab. 3: Informationen zum Faktor I des Unternehmenserfolgs

Nr.	Indikator	Faktorladung[1]	Item-to-Total-Korrelation[1]	Indikator-reliabilität[2]
I-1	Umsatzentwicklung des Unternehmens	0,79	0,67	0,51
I-2	Liquidität des Unternehmens	0,84	0,74	0,63
I-3	Profitabilität des Unternehmens	0,87	0,77	0,71
I-4	Sicherstellung Finanzierung des Unternehmens	0,74	0,61	0,44
I-5	Zeitspanne bis zum Erreichen der Gewinnzone	0,79	0,67	0,51
	Informationen zum Faktor I des Unternehmens-Erfolgs[1 2]:			
	Cronbachsches Alpha:	0,89	GFI:	0,99
	Faktorreliabilität:	0,86	AGFI:	0,98
	Erklärte Varianz:	65,49%	RMR:	0,15
	Durchschnittlich erfasste Varianz (DEV):	0,56	NFI:	0,99

[1]Nach finaler, 1-faktorieller explorativer Faktorenanalyse in SPSS
[2]Nach finaler, 1-faktorieller konfirmatorischer Faktorenanalyse in AMOS

Anhang Tab. 4: Informationen zum Faktor II des Unternehmenserfolgs

Nr.	Indikator	Faktorladung[1]	Item-to-Total-Korrelation[1]	Indikator-reliabilität
II-1	Zeitspanne bis zum ersten funktionsfähigen Prototypen	0,94	0,77	-*
II-2	Zeitspanne bis zum ersten Markteintritt (Time to Market)	0,94	0,77	-*
	Informationen zum Faktor II des Unternehmens-Erfolgs[1 2]:			
	Cronbachsches Alpha:	0,87	GFI:	-*
	Faktorreliabilität:	-*	AGFI:	-*
	Erklärte Varianz:	88,61%	RMR:	-*
	Durchschnittlich erfasste Varianz (DEV):	-*	NFI:	-*

* Zur Durchführung einer konfirmatorischen Faktorenanalyse sind mindestens drei Indikatoren notwendig. Die Berechnung dieser Maße ist daher unmöglich.
[1]Nach finaler, 1-faktorieller explorativer Faktorenanalyse in SPSS

Anhang Tab. 5: Informationen zum Faktor III des Unternehmenserfolgs

Nr.	Indikator	Faktorladung[1]	Item-to-Total-Korrelation[1]	Indikator-reliabilität[2]
III-1	Wettbewerbsposition des Unternehmens am Markt	0,89	0,72	0,71
III-2	Wettbewerbsposition relativ zu Konkurrenzunternehmen	0,89	0,72	0,72
III-3	Marktanteil des Unternehmens	0,82	0,62	0,46
III-4	Bekanntheit des Unternehmens am Markt	Eliminiert		
	Informationen zum Faktor III des Unternehmens-Erfolgs[1 2]:			
	Cronbachsches Alpha:	0,82	GFI:	-*
	Faktorreliabilität:	0,82	AGFI:	-*
	Erklärte Varianz:	75,12%	RMR:	-*
	Durchschnittlich erfasste Varianz (DEV):	0,61	NFI:	-*
	* Bei drei Indikatoren hat ein konfirmatorisches Modell null Freiheitsgrade. Daher ist die Berechnung dieser Maße nicht sinnvoll. [1] Nach finaler, 1-faktorieller explorativer Faktorenanalyse in SPSS [2] Nach finaler, 1-faktorieller konfirmatorischer Faktorenanalyse in AMOS			

Anhang Tab. 6: Informationen zum Faktor IV des Unternehmenserfolgs

Nr.	Indikator	Faktorladung[1]	Item-to-Total-Korrelation[1]	Indikator-reliabilität
IV-1	Qualität der Technologie/des Produkts	0,85	0,46	-*
IV-2	Einhaltung der geplanten Kosten	0,85	0,46	-*
	Informationen zum Faktor IV des Unternehmens-Erfolgs[1 2]:			
	Cronbachsches Alpha:	0,61	GFI:	-*
	Faktorreliabilität:	-*	AGFI:	-*
	Erklärte Varianz:	72,79%	RMR:	-*
	Durchschnittlich erfasste Varianz (DEV):	-*	NFI:	-*
	* Zur Durchführung einer konfirmatorischen Faktorenanalyse sind mindestens drei Indikatoren notwendig. Die Berechnung dieser Maße ist daher unmöglich. [1]Nach finaler, 1-faktorieller explorativer Faktorenanalyse in SPSS			

Anhang Tab. 7: Informationen zum gesamten Konstrukt des Unternehmenserfolgs

Nr.	Indikator	Faktor-ladung*	Indikator-reliabilität	Faktor-ladung 2. Ordnung	Faktor-reliabilität	DEV
I-1	Umsatzentwicklung des Unternehmens	0,72	0,51	0,85	0,86	0,56
I-2	Liquidität des Unternehmens	0,76	0,57			
I-3	Profitabilität des Unternehmens	0,82	0,67			
I-4	Sicherstellung Finanzierung des Unternehmens	0,67	0,46			
I-5	Zeitspanne bis zum Erreichen der Gewinnzone	0,76	0,58			
II-1	Zeitspanne bis zum ersten funktionsfähigen Prototypen	0,74	0,55	0,69	0,87	0,77
II-2	Zeitspanne bis zum ersten Markteintritt (Time to Market)	(1,00)	(1,00)			
III-1	Wettbewerbsposition des Unternehmens am Markt	0,75	0,56	0,68	0,82	0,60
III-2	Wettbewerbsposition relativ zu Konkurrenzunternehmen	0,70	0,49			
III-3	Marktanteil des Unternehmens	0,87	0,76			
IV-1	Qualität der Technologie/des Produkts	0,75	0,28	0,64	0,66	0,51
IV-2	Einhaltung der geplanten Kosten	0,81	0,74			
	Informationen zum gesamten Konstrukt der Führungs-Kultur:					
	Konstruktreliabilität:	0,71		AGFI:		0,97
	Durchschnittlich erfasste Varianz (DEV):	0,46		RMR:		0,14
	GFI	0,98		NFI:		0,96
	* Standardisierte Werte aus AMOS					

Anhang Tab. 8: Diskriminanzvalidität der Faktoren des Unternehmenserfolgs

Erfolgskonstrukt Gesamt	Faktor	Faktor I	Faktor II	Faktor III	Faktor IV
	DEV	0,56	0,77	0,6	0,51
Faktor I	0,56	-			
Faktor II	0,77	0,26	-		
Faktor III	0,60	0,12	0,06	-	
Faktor IV	0,51	0,21	0,11	0,23	-

Anhang IV. Informationen zum Konstrukt "Kommunikations-Kultur"

Anhang Tab. 9: Ergebnisse der explorativen Faktorenanalyse zur privaten Kommunikations-Kultur

	Faktorladungen* nach schiefwinkliger Rotation	
Indikator	**Faktor 1**	**Faktor 2**
...wird viel Wert auf eine offene nicht-arbeitsbezogene Kommunikation gelegt.	**0,79**	0,03
...wird erwartet, dass nicht-arbeitsbezogene Probleme (z.B. Sorgen privater Art) jeglicher Art unmittelbar und offen angesprochen werden.	**0,82**	0,08
...wird auf Kommunikation über private Dinge besonderer Wert gelegt.	**0,84**	0,07
...wird erwartet, dass über private Dinge kommuniziert wird.	**0,69**	0,16
...wird erwartet, dass gemeinsame Freizeitaktivitäten unternommen werden.	0,11	**0,79**
...werden gemeinsame Freizeitaktivitäten gefördert.	0,02	**0,82**
...wird das Motto "Je besser wir uns privat kennen desto erfolgreicher können wir zusammenarbeiten" besonders betont.	0,21	**0,73**
...werden Mitarbeiter bzw. Kollegen, die sich eher zurückhaltend im Hinblick auf nicht-arbeitsbezogene Kommunikation geben, nicht voll akzeptiert.	0,09	**0,63**
Durch den Faktor erklärte Varianz	**48,1%**	**14,7%**

* Die Vorzeichen der Faktorladungen liefern keine relevanten Informationen; daher sind in der Tabelle nur die Beträge der Faktorladungen dargestellt.

Anhang Tab. 10: Informationen der konfirmatorischen Faktorenanalyse zum Faktor II der arbeitsbezogenen Kommunikations-Kultur – "Kontrolle der arbeitsbezogenen Kommunikation"

Nr.	Indikator	Faktorladung[1]	Item-to-Total-Korrelation[1]	Indikator-reliabilität
II-1	...wird die Weitergabe von arbeitsbezogenen Informationen kontrolliert.	0,85	0,45	-*
II-2	...wird das Zurückhalten von wichtigen unternehmensrelevanten Informationen sanktioniert.	0,85	0,45	-*
	Informationen zum Faktor II der betriebsbezogenen Kommunikations-Kultur: **"Kontrolle der arbeitsbezogenen Kommunikation "** [1]:			
	Cronbachsches Alpha:	0,61	GFI:	-*
	Faktorreliabilität:	-*	AGFI:	-*
	Erklärte Varianz:	72,30%	RMR:	-*
	Durchschnittlich erfasste Varianz (DEV):	-*	NFI:	-*
	* Zur Durchführung einer konfirmatorischen Faktorenanalyse sind mindestens drei Indikatoren notwendig. Die Berechnung dieser Maße ist daher unmöglich.			
	[1]Nach finaler, 1-faktorieller explorativer Faktorenanalyse in SPSS			

Anhang Tab. 11: Informationen der konfirmatorischen Faktorenanalyse zum Faktor I der privaten Kommunikations-Kultur – "Stellenwert von Offenheit und Proaktivität der privaten Kommunikation"

Nr.	Indikator	Faktorladung[1]	Item-to-Total-Korrelation[1]	Indikatorreliabilität
I-1	...wird viel Wert auf eine offene nicht-arbeitsbezogene Kommunikation gelegt.	0,77	0,59	0,41
I-2	...wird erwartet, dass nicht-arbeitsbezogene Probleme (z.B. Sorgen privater Art) jeglicher Art unmittelbar und offen angesprochen werden.	0,76	0,58	0,70
I-3	...wird auf Kommunikation über private Dinge besonderer Wert gelegt.	0,88	0,74	0,60
I-4	...wird erwartet, dass über private Dinge kommuniziert wird.	0,79	0,61	0,43
	Informationen zum Faktor I der privaten Kommunikations-Kultur: **"Stellenwert der privaten Kommunikation"** [1 2]:			
	Cronbachsches Alpha:	0,81	GFI:	0,99
	Faktorreliabilität:	0,81	AGFI:	0,98
	Erklärte Varianz:	64,13%	RMR:	0,08
	Durchschnittlich erfasste Varianz (DEV):	0,52	NFI:	0,99
	[1]Nach finaler, 1-faktorieller explorativer Faktorenanalyse in SPSS [2]Nach finaler, 1-faktorieller konfirmatorischer Faktorenanalyse in AMOS			

Anhang Tab. 12: Informationen der konfirmatorischen Faktorenanalyse zum Faktor II der privaten Kommunikations-Kultur - "Stellenwert von gemeinsamen Freizeitaktivitäten"

Nr.	Indikator	Faktorladung[1]	Item-to-Total-Korrelation[1]	Indikatorreliabilität[2]
II-1	...wird erwartet, dass gemeinsame Freizeitaktivitäten unternommen werden.	0,87	0,69	0,62
II-2	...werden gemeinsame Freizeitaktivitäten gefördert.	0,86	0,68	0,58
II-3	...wird das Motto "Je besser wir uns privat kennen, desto erfolgreicher können wir zusammenarbeiten" besonders betont.	0,85	0,67	0,64
II-4	...werden Mitarbeiter bzw. Kollegen, die sich eher zurückhaltend im Hinblick auf nicht-arbeitsbezogene Kommunikation geben, nicht voll akzeptiert.	Eliminiert		
	Informationen zum Faktor II der privaten Kommunikations-Kultur: **"Förderung der privaten Kommunikationserlebnisse"** [1 2]			
	Cronbachsches Alpha:	0,82	GFI:	-*
	Faktorreliabilität:	0,82	AGFI:	-*
	Erklärte Varianz:	74,11%	RMR:	-*
	Durchschnittlich erfasste Varianz (DEV):	0,61	NFI:	-*
	[1]Nach finaler, 1-faktorieller explorativer Faktorenanalyse in SPSS [2]Nach finaler, 1-faktorieller konfirmatorischer Faktorenanalyse in AMOS * Bei drei Indikatoren hat ein konformatorisches Modell null Freiheitsgrade. Daher ist die Berechnung dieser Maße nicht sinnvoll.			

Anhang Tab. 13: Informationen zum gesamten Konstrukt der privaten Kommunikations-Kultur

Nr.	Indikator	Faktor-ladung*	Indikator-reliabilität	Faktor-ladung 2. Ordnung	Faktor-reliabilität	DEV
I-1c	...wird viel Wert auf eine offene nicht-arbeitsbezogene Kommunikation gelegt.	0,68	0,46	0,90	0,81	0,53
I-2c	...wird erwartet, dass nicht-arbeitsbezogene Probleme (z.B. Sorgen privater Art) jeglicher Art unmittelbar und offen angesprochen werden.	0,64	0,41			
I-3c	...wird auf Kommunikation über private Dinge besonderer Wert gelegt.	0,85	0,72			
I-4c	...wird erwartet, dass über private Dinge kommuniziert wird.	0,72	0,52			
I-1d	...wird erwartet, dass gemeinsame Freizeitaktivitäten unternommen werden.	0,80	0,65	0,71	0,83	0,62
I-2d	...werden gemeinsame Freizeitaktivitäten gefördert.	0,70	0,48			
I-3d	...wird das Motto "Je besser wir uns privat kennen, desto erfolgreicher können wir zusammenarbeiten" besonders betont.	0,85	0,73			
	Informationen zum gesamten Konstrukt der privaten Kommunikations-Kultur:					
	Konstruktreliabilität:	0,79		AGFI:		0,98
	Durchschnittlich erfasste Varianz (DEV):	0,66		RMR:		0,12
	GFI	0,99		NFI:		0,99
	* Standardisierte Werte aus AMOS					

Anhang Tab. 14: Beurteilung der Diskriminanzvalidität der Faktoren der privaten Kommunikations-Kultur

Private Kommunikations-Kultur	Faktor	Faktor 1	Faktor 2
	DEV	0,53	0,62
Faktor 1: Stellenwert der Offenheit der privaten Kommunikation	0,53	-	-
Faktor 2: Förderung der privaten Kommunikationserlebnisse	0,62	0,41	-

Anhang V. Informationen zum Konstrukt "Innovationsgrad"

Anhang Tab. 15: Explorative Faktorenanalyse Innovationsgrad

	Faktorladungen* nach schiefwinkliger Rotation				
Indikator	**Faktor I**	**Faktor II**	**Faktor III**	**Faktor IV**	**Faktor V**
Die Technologie unseres ersten Produkts basiert(e) auf neuen technologischen Prinzipien.	**0,80**	0,05	0,02	0,03	0,06
Die im ersten Produkt eingesetzte Technologie erlaubt(e) einen deutlichen Leistungssprung.	**0,72**	0,29	0,12	0,07	0,04
Die im ersten Produkt eingesetzte Technologie hat(te) das Potenzial, alte Technologien zu verdrängen.	**0,78**	0,04	0,06	0,07	0,10
Die technologische Entwicklung des ersten Produkts ist (war) äußerst komplex.	**0,71**	0,01	0,10	0,24	0,11
Unser erstes Produkt bietet (bot) dem Kunden einen vollkommen neuen Nutzen.	0,12	**0,74**	0,04	0,05	0,02
Unser erstes Produkt bietet (bot) dem Kunden einzigartige Vorteile gegenüber Konkurrenzprodukten.	**0,37**	**0,63**	0,06	0,06	0,01
Unser erstes Produkt ist (war) in der Form noch nicht zu beziehen.	0,14	**0,74**	0,02	0,14	0,03
Mit unserem ersten Produkt entwickeln (entwickelten) wir einen vollkommen neuen Markt.	0,24	**0,77**	0,08	0,26	0,08
Der Markt für unser erstes Produkt ist (war) äußerst komplex.	0,02	0,10	0,01	**0,89**	0,07
Unser erstes Produkt verlangt(e) von den Kunden umfangreiche Einstellungs- und Verhaltensänderungen.	0,10	0,14	**0,54**	0,32	0,20
Bei unserem ersten Produkt kann (konnte) der Kunde schnell, leicht und zuverlässig prüfen, ob es seine Anforderungen er	0,21	0,04	**0,75**	0,20	0,12
Unser erstes Produkt erfordert(e) einen hohen Lernaufwand für den Kunden.	0,27	0,04	**0,66**	0,22	0,18
Für unser erstes Produkt ist (war) der Aufbau einer neuen Infrastruktur (z.B. Wasserstoff-Tankstellen für Wasserstoffbe	0,10	0,04	0,24	0,03	**0,67**
Für unser erstes Produkt sind (waren) umfangreiche regulatorische Änderungen (z.B. Gesetze oder Industriestandards durc	0,02	0,02	0,00	0,08	**0,81**
Unser erstes Produkt steht (stand) im Kreuzfeuer gesellschaftlicher Kritik	0,11	0,04	0,21	0,10	**0,69**
Das Umfeld des Marktes für unser erstes Produkt ist (war) äußerst komplex.	0,03	0,02	0,05	**0,85**	0,06
Durch den Faktor erklärte Varianz	**30,53%**	**6,66%**	**7,93%**	**7,27%**	**14,06%**

* Die Vorzeichen der Faktorladungen liefern keine relevanten Informationen; daher sind in der Tabelle nur die Beträge der Faktorladungen dargestellt.

Anhang Tab. 16: Informationen zum Faktor I "Technologieeigenschaften"

Nr.	Indikator	Faktorladung[1]	Item-to-Total-Korrelation[1]	Indikator-reliabilität[2]
I-1	Die Technologie unseres ersten Produkts basiert(e) auf neuen technologischen Prinzipien.	0,84	0,68	0,61
I-2	Die im ersten Produkt eingesetzte Technologie erlaubt(e) einen deutlichen Leistungssprung.	0,85	0,71	0,66
I-3	Die im ersten Produkt eingesetzte Technologie hat(te) das Potenzial, alte Technologien zu verdrängen.	0,79	0,62	0,49
I-4	Die technologische Entwicklung des ersten Produkts ist (war) äußerst komplex.	0,75	0,58	0,41
	Informationen zum Faktor I des Innovationsgrads: **"Technologieeigenschaften"**[1 2]:			
	Cronbachsches Alpha:	0,82	GFI:	1,00
	Faktorreliabilität:	0,82	AGFI:	1,00
	Erklärte Varianz:	65,63%	RMR:	0,06
	Durchschnittlich erfasste Varianz (DEV):	0,54	NFI:	1,00
	[1]Nach finaler, 1-faktorieller explorativer Faktorenanalyse in SPSS [2]Nach finaler, 1-faktorieller konfirmatorischer Faktorenanalyse in AMOS			

Anhang Tab. 17: Informationen zum Faktor II "Nutzen und Neuheit am Markt"

Nr.	Indikator	Faktorladung[1]	Item-to-Total-Korrelation[1]	Indikator-reliabilität
II-1	Unser erstes Produkt bietet (bot) dem Kunden einen vollkommen neuen Nutzen.	0,87	0,52	-*
II-2	Unser erstes Produkt ist (war) in der Form noch nicht zu beziehen.	Eliminiert		
II-3	Mit unserem ersten Produkt entwickeln (entwickelten) wir einen vollkommen neuen Markt.	0,87	0,52	-*
	Informationen zum Faktor II des Innovationsgrads: **"Kundennutzen und Neuheit am Markt"**[1 2]:			
	Cronbachsches Alpha:	0,67	GFI:	-*
	Faktorreliabilität:	-*	AGFI:	-*
	Erklärte Varianz:	76,20%	RMR:	-*
	Durchschnittlich erfasste Varianz (DEV):	-*	NFI:	-*
	* Zur Durchführung einer konfirmatorischen Faktorenanalyse sind mindestens drei Indikatoren notwendig. Die Berechnung dieser Maße ist daher unmöglich. [1]Nach finaler, 1-faktorieller explorativer Faktorenanalyse in SPSS			

Anhang Tab. 18: Informationen zum Faktor III "Lernaufwand für den Kunden"

Nr.	Indikator	Faktorladung[1]	Item-to-Total-Korrelation[1]	Indikator-reliabilität
III-1	Unser erstes Produkt verlangt(e) von den Kunden umfangreiche Einstellungs- und Verhaltensänderungen.	0,89	0,60	-*
III-2	Bei unserem ersten Produkt kann (konnte) der Kunde schnell, leicht und zuverlässig prüfen, ob es seine Anforderungen erfüllte.	Eliminiert		
III-3	Unser erstes Produkt erfordert(e) einen hohen Lernaufwand für den Kunden.	0,89	0,60	-*
	Informationen zum Faktor III des Innovationsgrads: **"Lernaufwand für den Kunden"**[1 2]:			
	Cronbachsches Alpha:	0,75	GFI:	-*
	Faktorreliabilität:	-*	AGFI:	-*
	Erklärte Varianz:	79,87%	RMR:	-*
	Durchschnittlich erfasste Varianz (DEV):	-*	NFI:	-*
	* Zur Durchführung einer konfirmatorischen Faktorenanalyse sind mindestens drei Indikatoren notwendig. Die Berechnung dieser Maße ist daher unmöglich.			
	[1]Nach finaler, 1-faktorieller explorativer Faktorenanalyse in SPSS			

Anhang Tab. 19: Informationen zum Faktor IV "Komplexität von Markt und Umfeld"

Nr.	Indikator	Faktorladung[1]	Item-to-Total-Korrelation[1]	Indikator-reliabilität
IV-1	Der Markt für unser erstes Produkt ist (war) äußerst komplex.	0,91	0,65	-*
IV-2	Das Umfeld des Marktes für unser erstes Produkt ist (war) äußerst komplex.	0,91	0,65	-*
	Informationen Faktor IV des Innovationsgrads: **"Komplexität von Markt und Umfeld"**[1 2]:			
	Cronbachsches Alpha:	0,79	GFI:	-*
	Faktorreliabilität:	-*	AGFI:	-*
	Erklärte Varianz:	82,72%	RMR:	-*
	Durchschnittlich erfasste Varianz (DEV):	-*	NFI:	-*
	* Zur Durchführung einer konfirmatorischen Faktorenanalyse sind mindestens drei Indikatoren notwendig. Die Berechnung dieser Maße ist daher unmöglich.			
	[1]Nach finaler, 1-faktorieller explorativer Faktorenanalyse in SPSS			

Anhang Tab. 20: Informationen zum gesamten Konstrukt "Innovationsgrad"

Nr.	Indikator	Faktor-ladung*	Indikator-reliabilität	Faktor-ladung 2. Ordnung	Faktor-reliabilität	DEV
I-1	Die Technologie unseres ersten Produkts basiert(e) auf neuen technologischen Prinzipien.	0,75	0,56	0,60	0,82	0,54
I-2	Die im ersten Produkt eingesetzte Technologie erlaubt(e) einen deutlichen Leistungssprung.	0,80	0,64			
I-3	Die im ersten Produkt eingesetzte Technologie hat(te) das Potenzial, alte Technologien zu verdrängen.	0,66	0,43			
I-4	Die technologische Entwicklung des ersten Produkts ist (war) äußerst komplex.	0,73	0,53			
II-1	Unser erstes Produkt bietet (bot) dem Kunden einen vollkommen neuen Nutzen.	0,77	0,60	0,88	0,69	0,53
II-2	Mit unserem ersten Produkt entwickeln (entwickelten) wir einen vollkommen neuen Markt.	0,68	0,46			
III-1	Unser erstes Produkt verlangt(e) von den Kunden umfangreiche Einstellungs- und Verhaltensänderungen.	0,84	0,70	0,69	0,75	0,60
III-2	Unser erstes Produkt erfordert(e) einen hohen Lernaufwand für den Kunden.	0,71	0,51			
IV-1	Der Markt für unser erstes Produkt ist (war) äußerst komplex.	0,91	0,82	0,63	0,80	0,67
IV-2	Das Umfeld des Marktes für unser erstes Produkt ist (war) äußerst komplex.	0,72	0,52			
	Informationen zum gesamten Konstrukt des Innovationsgrads:					
	Konstruktreliabilität:	0,80		AGFI:		0,97
	Durchschnittlich erfasste Varianz (DEV):	0,50		RMR:		0,19
	GFI	0,98		NFI:		0,97
	* Standardisierte Werte aus AMOS					

Anhang VI. Informationen zum Konstrukt "Konflikt-Kultur"

Anhang Tab. 21: Explorative Faktorenanalyse Vermeidungs-Kultur bei Sachkonflikten

	Faktorladungen* nach schiefwinkliger Rotation
Indikator	**Faktor I**
...wird angestrebt, Meinungsverschiedenheiten weitestgehend zu vermeiden.	**0,78**
...wird angestrebt, Unstimmigkeiten schon im Keim zu ersticken.	**0,74**
...wird erwartet, Konfrontationen mit anderen aus dem Weg zu gehen.	**0,72**
...wird akzeptiert, dass Konflikte totgeschwiegen werden.	**Eliminiert**
Durch den Faktor erklärte Varianz	**55,6%**

* Die Vorzeichen der Faktorladungen liefern keine relevanten Informationen; daher sind in der Tabelle nur die Beträge der Faktorladungen dargestellt.

Anhang Tab. 22: Explorative Faktorenanalyse Vermeidungs-Kultur bei Beziehungskonflikten

	Faktorladungen* nach schiefwinkliger Rotation
Indikator	**Faktor I**
...wird angestrebt, Meinungsverschiedenheiten weitestgehend zu vermeiden.	**0,77**
...wird angestrebt, Unstimmigkeiten schon im Keim zu ersticken.	**0,74**
...wird erwartet, Konfrontationen mit anderen aus dem Weg zu gehen.	**0,77**
...wird akzeptiert, dass Konflikte totgeschwiegen werden.	**0,70**
Durch den Faktor erklärte Varianz	**55,3%**

* Die Vorzeichen der Faktorladungen liefern keine relevanten Informationen; daher sind in der Tabelle nur die Beträge der Faktorladungen dargestellt.

Anhang Tab. 23: Explorative Faktorenanalyse Nachgebe-Kultur bei Sachkonflikten

	Faktorladungen* nach schiefwinkliger Rotation
Indikator	**Faktor I**
...wird erwartet, den Wünschen des Konfliktgegners nachzugeben.	**0,82**
...wird Wert darauf gelegt, mit dem Konfliktgegner übereinzustimmen.	**0,77**
...wird besonders die Wichtigkeit betont, dem Konfliktgegner entgegenzukommen.	**0,78**
...wird erwartet, sich den Zielen und Interessen des Konfliktgegners anzupassen.	**0,84**
Durch den Faktor erklärte Varianz	**64,3%**

* Die Vorzeichen der Faktorladungen liefern keine relevanten Informationen; daher sind in der Tabelle nur die Beträge der Faktorladungen dargestellt.

Anhang Tab. 24: Explorative Faktorenanalyse Nachgebe-Kultur bei Beziehungskonflikten

	Faktorladungen* nach schiefwinkliger Rotation
Indikator	**Faktor I**
...wird erwartet, den Wünschen des Konfliktgegners nachzugeben.	**0,81**
...wird Wert darauf gelegt, mit dem Konfliktgegner übereinzustimmen.	**0,81**
...wird besonders die Wichtigkeit betont, dem Konfliktgegner entgegenzukommen.	**0,82**
...wird erwartet, sich den Zielen und Interessen des Konfliktgegners anzupassen.	**0,88**
Durch den Faktor erklärte Varianz	**64,3%**

* Die Vorzeichen der Faktorladungen liefern keine relevanten Informationen; daher sind in der Tabelle nur die Beträge der Faktorladungen dargestellt.

Anhang Tab. 25: Explorative Faktorenanalyse Zusammenarbeits-Kultur bei Sachkonflikten

Indikator	Faktorladungen* nach schiefwinkliger Rotation Faktor I
...wird besonders viel Wert darauf gelegt, ein Problem so lange zu untersuchen, bis eine Lösung gefunden ist, die beide Konfliktparteien wirklich zufrieden stellt.	**0,77**
...wird erwartet, sowohl die eigenen Ziele und Interessen als auch die der anderen Konfliktpartei zu berücksichtigen.	**0,88**
...wird angestrebt, immer die Sichtweisen beider Parteien zu betrachten, um eine beiderseitig optimale Lösung zu finden.	**0,86**
...wird viel Wert darauf gelegt, eine Lösung zu finden, welche sowohl den eigenen Interessen als auch den Interessen des Konfliktgegeners so gut wie möglich dient.	**0,83**
Durch den Faktor erklärte Varianz	**70,0%**

* Die Vorzeichen der Faktorladungen liefern keine relevanten Informationen; daher sind in der Tabelle nur die Beträge der Faktorladungen dargestellt.

Anhang Tab. 26: Explorative Faktorenanalyse Zusammenarbeits-Kultur bei Beziehungskonflikten

Indikator	Faktorladungen* nach schiefwinkliger Rotation Faktor I
...wird besonders viel Wert darauf gelegt, ein Problem so lange zu untersuchen, bis eine Lösung gefunden ist, die beide Konfliktparteien wirklich zufrieden stellt.	**0,83**
...wird erwartet, sowohl die eigenen Ziele und Interessen als auch die der anderen Konfliktpartei zu berücksichtigen.	**0,93**
...wird angestrebt, immer die Sichtweisen beider Parteien zu betrachten, um eine beiderseitig optimale Lösung zu finden.	**0,92**
...wird viel Wert darauf gelegt, eine Lösung zu finden, welche sowohl den eigenen Interessen als auch den Interessen des Konfliktgegeners so gut wie möglich dient.	**0,88**
Durch den Faktor erklärte Varianz	**79,2%**

* Die Vorzeichen der Faktorladungen liefern keine relevanten Informationen; daher sind in der Tabelle nur die Beträge der Faktorladungen dargestellt.

Anhang Tab. 27: Explorative Faktorenanalyse Durchsetz-Kultur bei Sachkonflikten

Indikator	Faktorladungen* nach schiefwinkliger Rotation Faktor I
...wird akzeptiert, dass man seine eigene Sichtweise durchsetzt.	**0,63**
...wird erwartet, aus Konflikten als Gewinner hervorzugehen.	**0,78**
...wird akzeptiert, dass jeder bei Konflikten ein möglichst gutes Ergebnis für sich selbst anstrebt.	**0,72**
...wird besonders viel Wert darauf gelegt, dass man bei Konflikten alles tut, um seine Sichtweise durchzusetzen.	**0,82**
...wird akzeptiert, dass Druck auf den anderen ausgeübt wird, damit die eigenen Ideen akzeptiert werden.	**0,75**
Durch den Faktor erklärte Varianz	**55,0%**

* Die Vorzeichen der Faktorladungen liefern keine relevanten Informationen; daher sind in der Tabelle nur die Beträge der Faktorladungen dargestellt.

Anhang Tab. 28: Explorative Faktorenanalyse Durchsetz-Kultur bei Beziehungskonflikten

Indikator	Faktorladungen* nach schiefwinkliger Rotation Faktor I
...wird akzeptiert, dass man seine eigene Sichtweise durchsetzt.	**0,66**
...wird erwartet, aus Konflikten als Gewinner hervorzugehen.	**0,78**
...wird akzeptiert, dass jeder bei Konflikten ein möglichst gutes Ergebnis für sich selbst anstrebt.	**0,71**
...wird besonders viel Wert darauf gelegt, dass man bei Konflikten alles tut, um seine Sichtweise durchzusetzen.	**0,83**
...wird akzeptiert, dass Druck auf den anderen ausgeübt wird, damit die eigenen Ideen akzeptiert werden.	**0,77**
Durch den Faktor erklärte Varianz	**56,5%**

* Die Vorzeichen der Faktorladungen liefern keine relevanten Informationen; daher sind in der Tabelle nur die Beträge der Faktorladungen dargestellt.

Anhang Tab. 29: Explorative Faktorenanalyse Kompromiss-Kultur bei Sachkonflikten

Indikator	Faktorladungen* nach schiefwinkliger Rotation Faktor I
...wird akzeptiert, dass man sich auf einen Mittelweg einigt.	0,85
...wird besonders betont, dass Kompromiss-Lösungen gefunden werden müssen.	0,88
...wird, wenn irgend möglich, immer ein 50/50-Kompromiss angestrebt.	0,74
Durch den Faktor erklärte Varianz	**68,4%**

* Die Vorzeichen der Faktorladungen liefern keine relevanten Informationen; daher sind in der Tabelle nur die Beträge der Faktorladungen dargestellt.

Anhang Tab. 30: Explorative Faktorenanalyse Kompromiss-Kultur bei Beziehungskonflikten

Indikator	Faktorladungen* nach schiefwinkliger Rotation Faktor I
...wird akzeptiert, dass man sich auf einen Mittelweg einigt.	0,85
...wird besonders betont, dass Kompromiss-Lösungen gefunden werden müssen.	0,90
...wird, wenn irgend möglich, immer ein 50/50-Kompromiss angestrebt.	0,69
Durch den Faktor erklärte Varianz	**67,3%**

* Die Vorzeichen der Faktorladungen liefern keine relevanten Informationen; daher sind in der Tabelle nur die Beträge der Faktorladungen dargestellt.

Anhang Tab. 31: Explorative Faktorenanalyse Drittpartei-Kultur bei Sachkonflikten

Indikator	Faktorladungen[1] nach schiefwinkliger Rotation Faktor I[2]
...wird viel Wert darauf gelegt, Unternehmensexterne aktiv in die Konfliktlösung einzuschalten.	**0,60**
...wird besonders viel Wert darauf gelegt, den formal Vorgesetzten um Unterstützung zu bitten.	**0,85**
...wird akzeptiert, dass im Zweifel der "Ranghöchste" ein Machtwort spricht.	**0,72**
Durch den Faktor erklärte Varianz	**67,3%**

[1] Die Vorzeichen der Faktorladungen liefern keine relevanten Informationen; daher sind in der Tabelle nur die Beträge der Faktorladungen dargestellt.

[2] Die MSA beträgt für den Faktor nur 0,523. Dennoch soll die Analyse fortgesetzt werden.

Anhang Tab. 32: Explorative Faktorenanalyse Drittpartei-Kultur bei Beziehungskonflikten

Indikator	Faktorladungen[1] nach schiefwinkliger Rotation Faktor I[2]
...wird viel Wert darauf gelegt, Unternehmensexterne aktiv in die Konfliktlösung einzuschalten.	**0,57**
...wird besonders viel Wert darauf gelegt, den formal Vorgesetzten um Unterstützung zu bitten.	**0,85**
...wird akzeptiert, dass im Zweifel der "Ranghöchste" ein Machtwort spricht.	**0,78**
Durch den Faktor erklärte Varianz	**55,1%**

[1] Die Vorzeichen der Faktorladungen liefern keine relevanten Informationen; daher sind in der Tabelle nur die Beträge der Faktorladungen dargestellt.

[2] Die MSA beträgt für den Faktor nur 0,544. Dennoch soll die Analyse zunächst fortgesetzt werden.

Anhang Tab. 33: Informationen zum Konstrukt "Vermeidungs-Kultur bei Sachkonflikten"

Nr.	Indikator	Faktorladung[1]	Item-to-Total-Korrelation[1]	Indikator-reliabilität[2]
I-1	...wird angestrebt, Meinungsverschiedenheiten weitestgehend zu vermeiden.	0,78	0,45	0,44
I-2	...wird angestrebt, Unstimmigkeiten schon im Keim zu ersticken.	0,74	0,41	0,31
I-3	...wird erwartet, Konfrontationen mit anderen aus dem Weg zu gehen.	0,71	0,38	0,26

Informationen zum Konstrukt "Konflikt-Vermeidungs-Kultur" bei Sachkonflikten [1,2]:

Cronbachsches Alpha:	0,60	GFI:	-*
Faktorreliabilität:	0,61	AGFI:	-*
Erklärte Varianz:	55,60%	RMR:	-*
Durchschnittlich erfasste Varianz (DEV):	0,35	NFI:	-*

* Bei drei Indikatoren hat ein konfirmatorisches Modell null Freiheitsgrade. Daher ist die Berechnung dieser Maße nicht sinnvoll.
[1] Nach finaler, 1-faktorieller explorativer Faktorenanalyse in SPSS
[2] Nach finaler, 1-faktorieller konfirmatorischer Faktorenanalyse in AMOS

Anhang Tab. 34: Informationen zum Konstrukt "Vermeidungs-Kultur bei Beziehungskonflikten"

Nr.	Indikator	Faktorladung[1]	Item-to-Total-Korrelation[1]	Indikator-reliabilität[2]
I-1	...wird angestrebt, Meinungsverschiedenheiten weitestgehend zu vermeiden.	0,81	0,55	0,50
I-2	...wird angestrebt, Unstimmigkeiten schon im Keim zu ersticken.	0,81	0,55	0,51
I-3	...wird erwartet, Konfrontationen mit anderen aus dem Weg zu gehen.	0,75	0,46	0,31
I-4	...wird akzeptiert, dass Konflikte totgeschwiegen werden.	Eliminiert		

Informationen zum Konstrukt "Konflikt-Vermeidungs-Kultur" bei Beziehungskonflikten [1,2]:

Cronbachsches Alpha:	0,70	GFI:	-*
Faktorreliabilität:	0,71	AGFI:	-*
Erklärte Varianz:	62,58%	RMR:	-*
Durchschnittlich erfasste Varianz (DEV):	0,45	NFI:	-*

* Bei drei Indikatoren hat ein konfirmatorisches Modell null Freiheitsgrade. Daher ist die Berechnung dieser Maße nicht sinnvoll.
[1] Nach finaler, 1-faktorieller explorativer Faktorenanalyse in SPSS
[2] Nach finaler, 1-faktorieller konfirmatorischer Faktorenanalyse in AMOS

Anhang Tab. 35: Informationen zum Konstrukt "Nachgebe-Kultur bei Sachkonflikten"

Nr.	Indikator	Faktorladung[1]	Item-to-Total-Korrelation[1]	Indikator-reliabilität[2]
I-1	...wird erwartet, den Wünschen des Konfliktgegners nachzugeben.	0,82	0,65	0,57
I-2	...wird Wert darauf gelegt, mit dem Konfliktgegner übereinzustimmen.	0,77	0,59	0,44
I-3	...wird besonders die Wichtigkeit betont, dem Konfliktgegner entgegenzukommen.	0,79	0,61	0,48
I-4	...wird erwartet, sich den Zielen und Interessen des Konfliktgegners anzupassen.	0,84	0,68	0,62
	Informationen zum Konstrukt "Konflikt-Nachgebe-Kultur" bei Sachkonflikten [1, 2]:			
	Cronbachsches Alpha:	0,81	GFI:	1,00
	Faktorreliabilität:	0,81	AGFI:	1,00
	Erklärte Varianz:	64,33%	RMR:	0,04
	Durchschnittlich erfasste Varianz (DEV):	0,52	NFI:	1,00
	[1] Nach finaler, 1-faktorieller explorativer Faktorenanalyse in SPSS [2] Nach finaler, 1-faktorieller konfirmatorischer Faktorenanalyse in AMOS			

Anhang Tab. 36: Informationen zum Konstrukt "Nachgebe-Kultur bei Beziehungskonflikten"

Nr.	Indikator	Faktorladung[1]	Item-to-Total-Korrelation[1]	Indikator-reliabilität[2]
I-1	...wird erwartet, den Wünschen des Konfliktgegners nachzugeben.	0,82	0,66	0,53
I-2	...wird Wert darauf gelegt, mit dem Konfliktgegner übereinzustimmen.	0,77	0,65	0,52
I-3	...wird besonders die Wichtigkeit betont, dem Konfliktgegner entgegenzukommen.	0,79	0,67	0,55
I-4	...wird erwartet, sich den Zielen und Interessen des Konfliktgegners anzupassen.	0,84	0,76	0,74
	Informationen zum Konstrukt "Konflikt-Nachgebe-Kultur" bei Beziehungskonflikten [1 2]:			
	Cronbachsches Alpha:	0,85	GFI:	1,00
	Faktorreliabilität:	0,85	AGFI:	1,00
	Erklärte Varianz:	68,66%	RMR:	0,04
	Durchschnittlich erfasste Varianz (DEV):	0,58	NFI:	1,00
	[1] Nach finaler, 1-faktorieller explorativer Faktorenanalyse in SPSS [2] Nach finaler, 1-faktorieller konfirmatorischer Faktorenanalyse in AMOS			

Anhang Tab. 37: Informationen zum Konstrukt "Zusammenarbeits-Kultur bei Sachkonflikten"

Nr.	Indikator	Faktorladung[1]	Item-to-Total-Korrelation[1]	Indikator-reliabilität[2]
I-1	...wird besonders viel Wert darauf gelegt, ein Problem so lange zu untersuchen, bis eine Lösung gefunden ist, die beide Konfliktparteien wirklich zufrieden stellt.	0,77	0,62	0,44
I-2	...wird erwartet, sowohl die eigenen Ziele und Interessen als auch die der anderen Konfliktpartei zu berücksichtigen.	0,88	0,77	0,75
I-3	...wird angestrebt, immer die Sichtweisen beider Parteien zu betrachten, um eine beiderseitig optimale Lösung zu finden.	0,86	0,72	0,65
I-4	...wird viel Wert darauf gelegt, eine Lösung zu finden, welche sowohl den eigenen Interessen als auch den Interessen des Konfliktgegeners so gut wie möglich dient.	0,83	0,69	0,56
	Informationen zum Konstrukt "Konflikt-Zusammenarbeits-Kultur" bei Sachkonflikten [1 2]:			
	Cronbachsches Alpha:	0,85	GFI:	1,00
	Faktorreliabilität:	0,85	AGFI:	1,00
	Erklärte Varianz:	69,97%	RMR:	0,04
	Durchschnittlich erfasste Varianz (DEV):	0,59	NFI:	1,00
	[1] Nach finaler, 1-faktorieller explorativer Faktorenanalyse in SPSS [2] Nach finaler, 1-faktorieller konfirmatorischer Faktorenanalyse in AMOS			

Anhang Tab. 38: Informationen zum Konstrukt "Zusammenarbeits-Kultur bei Beziehungskonflikten"

Nr.	Indikator	Faktorladung[1]	Item-to-Total-Korrelation[1]	Indikator-reliabilität[2]
I-1	...wird besonders viel Wert darauf gelegt, ein Problem so lange zu untersuchen, bis eine Lösung gefunden ist, die beide Konfliktparteien wirklich zufrieden stellt.	0,83	0,71	0,56
I-2	...wird erwartet, sowohl die eigenen Ziele und Interessen als auch die der anderen Konfliktpartei zu berücksichtigen.	0,93	0,86	0,83
I-3	...wird angestrebt, immer die Sichtweisen beider Parteien zu betrachten, um eine beiderseitig optimale Lösung zu finden.	0,92	0,84	0,82
I-4	...wird viel Wert darauf gelegt, eine Lösung zu finden, welche sowohl den eigenen Interessen als auch den Interessen des Konfliktgegeners so gut wie möglich dient.	0,88	0,79	0,67

Informationen zum Konstrukt "Konflikt-Zusammenarbeits-Kultur" bei Beziehungskonflikten [1 2]:

Cronbachsches Alpha:	0,91	GFI:	1,00
Faktorreliabilität:	0,91	AGFI:	1,00
Erklärte Varianz:	79,19%	RMR:	0,05
Durchschnittlich erfasste Varianz (DEV):	0,71	NFI:	1,00

[1] Nach finaler, 1-faktorieller explorativer Faktorenanalyse in SPSS
[2] Nach finaler, 1-faktorieller konfirmatorischer Faktorenanalyse in AMOS

Anhang Tab. 39: Informationen zum Konstrukt "Durchsetz-Kultur bei Sachkonflikten"

Nr.	Indikator	Faktorladung[1]	Item-to-Total-Korrelation[1]	Indikator-reliabilität[2]
I-1	...wird akzeptiert, dass man seine eigene Sichtweise durchsetzt.	Eliminiert		
I-2	...wird erwartet, aus Konflikten als Gewinner hervorzugehen.	0,85	0,63	0,57
I-3	...wird akzeptiert, dass jeder bei Konflikten ein möglichst gutes Ergebnis für sich selbst anstrebt.	Eliminiert		
I-4	...wird besonders viel Wert darauf gelegt, dass man bei Konflikten alles tut, um seine Sichtweise durchzusetzen.	0,85	0,64	0,58
I-5	...wird akzeptiert, dass Druck auf den anderen ausgeübt wird, damit die eigenen Ideen akzeptiert werden.	0,81	0,58	0,46

Informationen zum Konstrukt "Konflikt-Durchsetz-Kultur" bei Sachkonflikten [1 2]:

Cronbachsches Alpha:	0,78	GFI:	-*
Faktorreliabilität:	0,78	AGFI:	-*
Erklärte Varianz:	69,36%	RMR:	-*
Durchschnittlich erfasste Varianz (DEV):	0,54	NFI:	-*

* Bei drei Indikatoren hat ein konfirmatorisches Modell null Freiheitsgrade. Daher ist die Berechnung dieser Maße nicht sinnvoll.
[1] Nach finaler, 1-faktorieller explorativer Faktorenanalyse in SPSS
[2] Nach finaler, 1-faktorieller konfirmatorischer Faktorenanalyse in AMOS

Anhang Tab. 40: Informationen zum Konstrukt "Durchsetz-Kultur bei Beziehungskonflikten"

Nr.	Indikator	Faktorladung[1]	Item-to-Total-Korrelation[1]	Indikator-reliabilität[2]
I-1	...wird akzeptiert, dass man seine eigene Sichtweise durchsetzt.	Eliminiert		
I-2	...wird erwartet, aus Konflikten als Gewinner hervorzugehen.	0,85	0,65	0,60
I-3	...wird akzeptiert, dass jeder bei Konflikten ein möglichst gutes Ergebnis für sich selbst anstrebt.	Eliminiert		
I-4	...wird besonders viel Wert darauf gelegt, dass man bei Konflikten alles tut, um seine Sichtweise durchzusetzen.	0,84	0,63	0,55
I-5	...wird akzeptiert, dass Druck auf den anderen ausgeübt wird, damit die eigenen Ideen akzeptiert werden.	0,83	0,61	0,50
	Informationen zum Konstrukt "Konflikt-Durchsetz-Kultur" bei Beziehungskonflikten [1] [2]:			
	Cronbachsches Alpha:	0,79	GFI:	-*
	Faktorreliabilität:	0,79	AGFI:	-*
	Erklärte Varianz:	70,30%	RMR:	-*
	Durchschnittlich erfasste Varianz (DEV):	0,55	NFI:	-*
	* Bei drei Indikatoren hat ein konfirmatorisches Modell null Freiheitsgrade. Daher ist die Berechnung dieser Maße nicht sinnvoll.			
	[1] Nach finaler, 1-faktorieller explorativer Faktorenanalyse in SPSS			
	[2] Nach finaler, 1-faktorieller konfirmatorischer Faktorenanalyse in AMOS			

Anhang Tab. 41: Informationen zum Konstrukt "Kompromiss-Kultur bei Sachkonflikten"

Nr.	Indikator	Faktorladung[1]	Item-to-Total-Korrelation[1]	Indikator-reliabilität[2]
I-1	...wird akzeptiert, dass man sich auf einen Mittelweg einigt.	0,78	0,65	0,57
I-2	...wird besonders betont, dass Kompromiss-Lösungen gefunden werden müssen.	0,74	0,69	0,78
I-3	...wird, wenn irgend möglich, immer ein 50/50-Kompromiss angestrebt.	0,71	0,49	0,30
	Informationen zum Konstrukt "Konflikt-Kompromiss-Kultur" bei Sachkonflikten [1] [2]:			
	Cronbachsches Alpha:	0,77	GFI:	-*
	Faktorreliabilität:	0,80	AGFI:	-*
	Erklärte Varianz:	68,43%	RMR:	-*
	Durchschnittlich erfasste Varianz (DEV):	0,59	NFI:	-*
	* Bei drei Indikatoren hat ein konfirmatorisches Modell null Freiheitsgrade. Daher ist die Berechnung dieser Maße nicht sinnvoll.			
	[1] Nach finaler, 1-faktorieller explorativer Faktorenanalyse in SPSS			
	[2] Nach finaler, 1-faktorieller konfirmatorischer Faktorenanalyse in AMOS			

Anhang Tab. 42: Informationen zum Konstrukt "Kompromiss-Kultur bei Beziehungskonflikten"

Nr.	Indikator	Faktorladung[1]	Item-to-Total-Korrelation[1]	Indikator-reliabilität[2]
I-1	...wird akzeptiert, dass man sich auf einen Mittelweg einigt.	0,85	0,61	0,52
I-2	...wird besonders betont, dass Kompromiss-Lösungen gefunden werden müssen.	0,90	0,70	0,96
I-3	...wird, wenn irgend möglich, immer ein 50/50-Kompromiss angestrebt.	0,69	0,44	0,22

Informationen zum Konstrukt "Konflikt-Kompromiss-Kultur" bei Beziehungskonflikten [1] [2]:

Cronbachsches Alpha:	0,82	GFI:	-*
Faktorreliabilität:	0,79	AGFI:	-*
Erklärte Varianz:	67,26%	RMR:	-*
Durchschnittlich erfasste Varianz (DEV):	0,58	NFI:	-*

* Bei drei Indikatoren hat ein konfirmatorisches Modell null Freiheitsgrade. Daher ist die Berechnung dieser Maße nicht sinnvoll.
[1] Nach finaler, 1-faktorieller explorativer Faktorenanalyse in SPSS
[2] Nach finaler, 1-faktorieller konfirmatorischer Faktorenanalyse in AMOS

Anhang Tab. 43: Informationen zum Konstrukt "Drittpartei-Kultur bei Beziehungskonflikten"

Nr.	Indikator	Faktorladung[1]	Item-to-Total-Korrelation[1]	Indikator-reliabilität
I-1	...wird viel Wert darauf gelegt, Unternehmensexterne aktiv in die Konfliktlösung einzuschalten.	Eliminiert		
I-2	...wird besonders viel Wert darauf gelegt, den formal Vorgesetzten um Unterstützung zu bitten.	0,87	0,50	-*
I-3	...wird akzeptiert, dass im Zweifel der "Ranghöchste" ein Machtwort spricht.	0,87	0,50	-*

Informationen zum Konstrukt "Konflikt-Drittpartei-Kultur" bei Beziehungskonflikten [1] [2]:

Cronbachsches Alpha:	0,66	GFI:	-*
Faktorreliabilität:	-*	AGFI:	-*
Erklärte Varianz:	74,92%	RMR:	-*
Durchschnittlich erfasste Varianz (DEV):	-*	NFI:	-*

* Zur Durchführung einer konfirmatorischen Faktorenanalyse sind mindestens drei Indikatoren notwendig. Die Berechnung dieser Maße ist daher unmöglich.
[1] Nach finaler, 1-faktorieller explorativer Faktorenanalyse in SPSS

Anhang VII. Informationen zum Konstrukt "Fehler-Kultur"

Anhang Tab. 44: Explorative Faktorenanalyse für Faktoren der Fehler-Kultur

	Faktorladungen* nach schiefwinkliger Rotation			
Indikator	**Faktor I**	**Faktor II**	**Faktor III**	**Faktor IV**
...wird erwartet, dass wir normalerweise wissen, wie ein Fehler wieder behoben wird.	**0,76**	-	-	-
...wird erwartet, dass gemachte Fehler sofort korrigiert werden.	**0,84**	-	-	-
...wird großer Wert darauf gelegt, dass – auch wenn Fehler passieren – wir uns nicht durch solche Rückschläge vom finalen Ziel abbringen lassen.	**0,68**	-	-	-
...wird die Nützlichkeit von Fehlern zur Verbesserung von Arbeitsprozessen besonders betont.	-	**0,87**	-	-
...wird großer Wert darauf gelegt, dass Fehler als wichtige Informationsquelle für die Fortsetzung der Arbeit angesehen werden.	-	**0,88**	-	-
...wird das Motto "Aus Fehlern lernt man" besonders betont.	-	**0,89**	-	-
...wird akzeptiert, dass Fehler nie vollkommen zu vermeiden sind.	-	**0,42**	-	-
...wird erwartet, dass man sich zur Korrektur von Fehlern an Kollegen wendet, sofern man diese nicht selber beheben kann.	-	-	**0,82**	-
...wird besonders betont, dass sich Mitarbeiter, welche ihre Arbeit nach einem Fehler nicht fortsetzen können, auf die Unterstützung anderer Kollegen verlassen können.	-	-	**0,82**	-
...wird erwartet, dass Informationen über gemachte Fehler mit anderen geteilt werden, um den gleichen Fehler zukünftig zu vermeiden.	-	-	**0,80**	-
...wird erwartet, nach einem Fehler gründlich zu durchdenken, wie dieser korrigiert werden kann.	-	-	-	**0,87**
...wird nach einem Fehler erwartet, dass dieser gründlich im Hinblick auf seine Ursachen analysiert wird.	-	-	-	**0,89**
...wird viel Wert darauf gelegt, häufig darüber nachzudenken, wie ein Fehler hätte vermieden werden können.	-	-	-	**0,73**
Durch den Faktor erklärte Varianz	**57,6%**	**62,9%**	**66,4%**	**69,5%**

* Die Vorzeichen der Faktorladungen liefern keine relevanten Informationen; daher sind in der Tabelle nur die Beträge der Faktorladungen dargestellt.

Anhang Tab. 45: Informationen zum Faktor I "Fehler-Behebung"

Nr.	Indikator	Faktorladung[1]	Item-to-Total-Korrelation[1]	Indikator-reliabilität
I-1	...wird erwartet, dass wir normalerweise wissen, wie ein Fehler wieder behoben wird.	0,86	0,47	-*
I-2	...wird erwartet, dass gemachte Fehler sofort korrigiert werden.	0,86	0,47	-*
I-3	...wird großer Wert darauf gelegt, dass – auch wenn Fehler passieren – wir uns nicht durch solche Rückschläge vom finalen Ziel abbringen lassen.	Eliminiert		
	Informationen zum Faktor I der Fehler-Kultur: "Fehler-Behebung" [1]:			
	Cronbachsches Alpha:	0,63	GFI:	-*
	Faktorreliabilität:	-*	AGFI:	-*
	Erklärte Varianz:	73,33%	RMR:	-*
	Durchschnittlich erfasste Varianz (DEV):	-*	NFI:	-*

* Zur Durchführung einer konfirmatorischen Faktorenanalyse sind mindestens drei Indikatoren notwendig. Die Berechnung dieser Maße ist daher unmöglich.
[1]Nach finaler, 1-faktorieller explorativer Faktorenanalyse in SPSS

Anhang Tab. 46: Informationen zum Faktor II "Aus Fehlern lernen/Fehler-Nutzen"

Nr.	Indikator	Faktorladung[1]	Item-to-Total-Korrelation[1]	Indikator-reliabilität[2]
II-1	...wird die Nützlichkeit von Fehlern zur Verbesserung von Arbeitsprozessen besonders betont.	0,89	0,76	0,69
II-2	...wird großer Wert darauf gelegt, dass Fehler als wichtige Informationsquelle für die Fortsetzung der Arbeit angesehen werden.	0,89	0,76	0,70
II-3	...wird das Motto "Aus Fehlern lernt man" besonders betont.	0,90	0,76	0,71
II-4	...wird akzeptiert, dass Fehler nie vollkommen zu vermeiden sind.	Eliminiert		
	Informationen zum Faktor II der Fehler-Kultur: **"Aus Fehlern Lernen/Fehler-Nutzen"** [1 2]:			
	Cronbachsches Alpha:	0,88	GFI:	-*
	Faktorreliabilität:	0,87	AGFI:	-*
	Erklärte Varianz:	80,03%	RMR:	-*
	Durchschnittlich erfasste Varianz (DEV):	0,70	NFI:	-*

* Bei drei Indikatoren hat ein konfirmatorisches Modell null Freiheitsgrade. Daher ist die Berechnung dieser Maße nicht sinnvoll.
[1] Nach finaler, 1-faktorieller explorativer Faktorenanalyse in SPSS
[2] Nach finaler, 1-faktorieller konfirmatorischer Faktorenanalyse in AMOS

Anhang Tab. 47: Informationen zum Faktor III "Kommunikation bei Fehlern"

Nr.	Indikator	Faktorladung[1]	Item-to-Total-Korrelation[1]	Indikator-reliabilität[2]
III-1	...wird erwartet, dass man sich zur Korrektur von Fehlern an Kollegen wendet, sofern man diese nicht selber beheben kann.	0,82	0,59	0,53
III-2	...wird besonders betont, dass sich Mitarbeiter, welche ihre Arbeit nach einem Fehler nicht fortsetzen können, auf die Unterstützung anderer Kollegen verlassen können.	0,82	0,58	0,50
III-3	...wird erwartet, dass Informationen über gemachte Fehler mit anderen geteilt werden, um den gleichen Fehler zukünftig zu vermeiden.	0,80	0,55	0,45
	Informationen zum Faktor III der Fehler-Kultur: **"Kommunikation bei Fehlern"** [1 2]:			
	Cronbachsches Alpha:	0,73	GFI:	-*
	Faktorreliabilität:	0,74	AGFI:	-*
	Erklärte Varianz:	66,38%	RMR:	-*
	Durchschnittlich erfasste Varianz (DEV):	0,50	NFI:	-*
	* Bei drei Indikatoren hat ein konfirmatorisches Modell null Freiheitsgrade. Daher ist die Berechnung dieser Maße nicht sinnvoll.			
	[1] Nach finaler, 1-faktorieller explorativer Faktorenanalyse in SPSS			
	[2] Nach finaler, 1-faktorieller konfirmatorischer Faktorenanalyse in AMOS			

Anhang Tab. 48: Informationen zum Faktor IV "Fehler-Analyse"

Nr.	Indikator	Faktorladung[1]	Item-to-Total-Korrelation[1]	Indikator-reliabilität[2]
IV-1	...wird erwartet, nach einem Fehler gründlich zu durchdenken, wie dieser korrigiert werden kann.	0,87	0,63	0,63
IV-2	...wird nach einem Fehler erwartet, dass dieser gründlich im Hinblick auf seine Ursachen analysiert wird.	0,89	0,66	0,80
IV-3	...wird viel Wert darauf gelegt, häufig darüber nachzudenken, wie ein Fehler hätte vermieden werden können.	0,73	0,49	0,28
	Informationen zum Faktor IV der Fehler-Kultur: **"Fehler-Analyse"** [1 2]:			
	Cronbachsches Alpha:	0,74	GFI:	-*
	Faktorreliabilität:	0,75	AGFI:	-*
	Erklärte Varianz:	69,48%	RMR:	-*
	Durchschnittlich erfasste Varianz (DEV):	0,50	NFI:	-*
	* Bei drei Indikatoren hat ein konfirmatorisches Modell null Freiheitsgrade. Daher ist die Berechnung dieser Maße nicht sinnvoll.			
	[1] Nach finaler, 1-faktorieller explorativer Faktorenanalyse in SPSS			
	[2] Nach finaler, 1-faktorieller konfirmatorischer Faktorenanalyse in AMOS			

Anhang Tab. 49: Informationen zum gesamten Konstrukt der Fehler-Kultur

Nr.	Indikator	Faktor-ladung*	Indikator-reliabilität	Faktor-ladung 2. Ordnung	Faktor-reliabilität	DEV
I-1	...wird erwartet, dass wir normalerweise wissen, wie ein Fehler wieder behoben wird.	0,64	0,41	0,46	0,64	0,47
I-2	...wird erwartet, dass gemachte Fehler sofort korrigiert werden.	0,81	0,65			
II-1	...wird die Nützlichkeit von Fehlern zur Verbesserung von Arbeitsprozessen besonders betont.	0,84	0,70	0,57	0,88	0,70
II-2	...wird großer Wert darauf gelegt, dass Fehler als wichtige Informationsquelle für die Fortsetzung der Arbeit angesehen werden.	0,84	0,71			
II-3	...wird das Motto "Aus Fehlern lernt man" besonders betont.	0,83	0,69			
III-1	...wird erwartet, dass man sich zur Korrektur von Fehlern an Kollegen wendet, sofern man diese nicht selber beheben kann.	0,84	0,71	0,86	0,74	0,49
III-2	...wird besonders betont, dass sich Mitarbeiter, welche ihre Arbeit nach einem Fehler nicht fortsetzen können, auf die Unterstützung anderer Kollegen verlassen können.	0,78	0,61			
III-3	...wird erwartet, dass Informationen über gemachte Fehler mit anderen geteilt werden, um den gleichen Fehler zukünftig zu vermeiden.	0,58	0,34			
IV-1	...wird erwartet, nach einem Fehler gründlich zu durchdenken, wie dieser korrigiert werden kann.	0,65	0,42	0,78	0,78	0,55
IV-2	...wird nach einem Fehler erwartet, dass dieser gründlich im Hinblick auf seine Ursachen analysiert wird.					
IV-3	...wird viel Wert darauf gelegt, häufig darüber nachzudenken, wie ein Fehler hätte vermieden werden können.	0,72	0,52			
	Informationen zum gesamten Konstrukt der Fehler-Management-Kultur:					
	Konstruktreliabilität:	0,77		AGFI:		0,99
	Durchschnittlich erfasste Varianz (DEV):	0,48		RMR:		0,07
	GFI	0,99		NFI:		0,98
	* Standardisierte Werte aus AMOS					

Anhang Tab. 50: Beurteilung der Diskriminanzvalidität der Faktoren der Fehler-Kultur

Fehler-Management-Kultur Gesamt	Faktor	Faktor I	Faktor II	Faktor III	Faktor IV
	DEV	0,47	0,70	0,49	0,55
Faktor I	0,47	-			
Faktor II	0,70	0,04	-		
Faktor III	0,49	0,24	0,26	-	
Faktor IV	0,55	0,17	0,21	0,38	-

Anhang VIII. Informationen zum Konstrukt "Führungs-Kultur"

Anhang Tab. 51: Ergebnisse der explorativen Faktorenanalyse zur Führungs-Kultur

	Faktorladungen* nach schiefwinkliger Rotation					
Indikator	**Faktor I**	**Faktor II**	**Faktor III**	**Faktor IV**	**Faktor V**	**Faktor VI**
...werden eine hohe Leistungsorientierung sowie hohe Leistungsstandards besonders betont.	**0,69**	-	-	-	-	-
...wird harte Arbeit zur Umsetzung der hohen Ziele vorgelebt.	**0,77**	-	-	-	-	-
...wird betont, dass wir die Herausforderungen unter expliziter Berücksichtigung unserer ggf. auch begrenzten Fähigkeiten angehen.	**0,77**	-	-	-	-	-
...wird erwartet, dass wir uns regelmäßig zusammensetzen, um besser zu verstehen, was machbar ist und was nicht.	**0,71**	-	-	-	-	-
...wird die Balance aus hoher Leistungsorientierung im Hinblick auf unsere Ziele unter Berücksichtigung unserer Fähigkeiten vom Führungsteam vorgelebt.	**0,80**	-	-	-	-	-
...betont das Führungsteam seine Verantwortungsübernahme nicht nur bei Erfolg, sondern auch bei Misserfolg.	-	**0,78**	-	-	-	-
...wird großes Augenmerk auf unsere Vision gerichtet.	-	**0,82**	-	-	-	-
...wird auf vorausschauendes Handeln besonders geachtet.		**0,80**	-	-	-	-
...wird auf das Vertrauen in die Mitarbeiter besonders viel Wert gelegt.	-	**0,75**	-	-	-	-
...betont das Führungsteam seine Rolle zur Überwindung von internen oder externen Problemen bzw. Hindernissen.	-	-	**0,69**	-	-	-
...wird auf die Fähigkeit, geschäftliche Verhandlungen mit für uns vorteilhaften Ergebnissen abzuschließen, besonders viel Wert gelegt.	-	-	**0,71**	-	-	-
...wird die Wichtigkeit des diplomatischen Umgangs mit anderen zur Erreichung unserer Ziele besonders betont.	-	-	**0,74**	-	-	-
...wird der Überzeugungskraft des Führungsteams besonders viel Wert beigemessen.	-	-	**0,81**	-	-	-
...wird betont, dass wir uns im Hinblick auf unsere Arbeit gegenseitig Mut zusprechen und an uns selbst und den/die anderen Mitarbeiter glauben.	-	-	**0,58**	-	-	-
...wird viel Wert auf eine inspirierende und motivierende Arbeitsatmosphäre gelegt.	-	-	-	**0,84**	-	-
...wird viel Wert darauf gelegt, dass wir Spaß an der Arbeit haben und alle voll mit dem Herzen bei der Sache sind.	-	-	-	**0,82**	-	-
...wird viel Wert auf echte Teamarbeit gelegt.	-	-	-	**0,83**	-	-
...wird nach ständiger Leistungsverbesserung gestrebt.	-	-	-	**0,73**	-	-
...wird viel Wert darauf gelegt, unsere uns selbst auferlegten Grenzen zu hinterfragen.	-	-	-	-	**0,83**	0,05
...wird viel Wert darauf gelegt, dass wir alle als eine Einheit zusammenarbeiten.	-	-	-	-	**0,85**	0,00
...wird großer Wert darauf gelegt, unseren eigenen Verstand zu benutzen und den Mut zu haben, andere Sichtweisen und Meinungen zu hinterfragen.	-	-	-	-	**0,79**	0,06
...wird grundsätzlich eine optimistische und selbstsichere Haltung an den Tag gelegt.	-	-	-	-	0,00	**0,90**
...wird auf Entscheidungsfreude großer Wert gelegt.	-	-	-	-	0,00	**0,89**
Durch den Faktor erklärte Varianz	56,3%	62,2%	50,4%	64,6%	73,2%	
* Die Vorzeichen der Faktorladungen liefern keine relevanten Informationen; daher sind in der Tabelle nur die Beträge der Faktorladungen dargestellt.						

Anhang Tab. 52: Informationen zum Faktor I "Anforderungen formulieren"

Nr.	Indikator	Faktorladung[1]	Item-to-Total-Korrelation[1]	Indikator-reliabilität[2]
I-1	...werden eine hohe Leistungsorientierung sowie hohe Leistungsstandards besonders betont.	Eliminiert		
I-2	...wird harte Arbeit zur Umsetzung der hohen Ziele vorgelebt.	0,84	0,62	0,58
I-3	...wird betont, dass wir die Herausforderungen unter expliziter Berücksichtigung unserer ggf. auch begrenzten Fähigkeiten angehen.	0,82	0,59	0,50
I-4	...wird erwartet, dass wir uns regelmäßig zusammensetzen, um besser zu verstehen, was machbar ist und was nicht.	Eliminiert		
I-5	...wird die Balance aus hoher Leistungsorientierung im Hinblick auf unsere Ziele unter Berücksichtigung unserer Fähigkeiten vom Führungsteam vorgelebt.	0,81	0,57	0,48
	Informationen zum Faktor I der Führungs-Kultur: **"Anforderungen formulieren"**[1 2]:			
	Cronbachsches Alpha:	0,76	GFI:	-*
	Faktorreliabilität:	0,76	AGFI:	-*
	Erklärte Varianz:	67,84%	RMR:	-*
	Durchschnittlich erfasste Varianz (DEV):	0,52	NFI:	-*
	* Bei drei Indikatoren hat ein konfirmatorisches Modell null Freiheitsgrade. Daher ist die Berechnung dieser Maße nicht sinnvoll.			
	[1]Nach finaler, 1-faktorieller explorativer Faktorenanalyse in SPSS			
	[2]Nach finaler, 1-faktorieller konfirmatorischer Faktorenanalyse in AMOS			

Anhang Tab. 53: Informationen zum Faktor II "Unsicherheit abfedern"

Nr.	Indikator	Faktorladung[1]	Item-to-Total-Korrelation[1]	Indikator-reliabilität[2]
II-1	...betont das Führungsteam seine Verantwortungsübernahme nicht nur bei Erfolg, sondern auch bei Misserfolg.	0,78	0,60	0,46
II-2	...wird großes Augenmerk auf unsere Vision gerichtet.	0,82	0,65	0,59
II-3	...wird auf vorausschauendes Handeln besonders geachtet.	0,80	0,63	0,39
II-4	...wird auf das Vertrauen in die Mitarbeiter besonders viel Wert gelegt.	0,75	0,56	0,54
	Informationen zum Faktor II der Führungs-Kultur: **"Unsicherheit abfedern"**[1 2]:			
	Cronbachsches Alpha:	0,79	GFI:	1,00
	Faktorreliabilität:	0,80	AGFI:	0,99
	Erklärte Varianz:	62,24%	RMR:	0,04
	Durchschnittlich erfasste Varianz (DEV):	0,51	NFI:	0,99
	[1] Nach finaler, 1-faktorieller explorativer Faktorenanalyse in SPSS			
	[2] Nach finaler, 1-faktorieller konfirmatorischer Faktorenanalyse in AMOS			

Anhang Tab. 54: Informationen zum Faktor III "Den Weg frei machen"

Nr.	Indikator	Faktorladung[1]	Item-to-Total-Korrelation[1]	Indikator-reliabilität
III-1	...betont das Führungsteam seine Rolle zur Überwindung von internen oder externen Problemen bzw. Hindernissen.	Eliminiert		
III-2	...wird auf die Fähigkeit, geschäftliche Verhandlungen mit für uns vorteilhaften Ergebnissen abzuschließen, besonders viel Wert gelegt.	Eliminiert		
III-3	...wird die Wichtigkeit des diplomatischen Umgangs mit anderen zur Erreichung unserer Ziele besonders betont.	0,88	0,53	-*
III-4	...wird der Überzeugungskraft des Führungsteams besonders viel Wert beigemessen.	0,88	0,53	-*
III-5	...wird betont, dass wir uns im Hinblick auf unsere Arbeit gegenseitig Mut zusprechen und an uns selbst und den/die anderen Mitarbeiter glauben.	Eliminiert		

Informationen zum Faktor III der Führungs-Kultur: **"Den Weg frei machen"** [1]:

Cronbachsches Alpha:	0,69	GFI:	-*
Faktorreliabilität:	-*	AGFI:	-*
Erklärte Varianz:	76,61%	RMR:	-*
Durchschnittlich erfasste Varianz (DEV):	-*	NFI:	-*

* Zur Durchführung einer konfirmatorischen Faktorenanalyse sind mindestens drei Indikatoren notwendig. Die Berechnung dieser Maße ist daher unmöglich.

[1]Nach finaler, 1-faktorieller explorativer Faktorenanalyse in SPSS

Anhang Tab. 55: Informationen zum Faktor IV "Engagement für die gemeinsame Sache entfachen"

Nr.	Indikator	Faktorladung[1]	Item-to-Total-Korrelation[1]	Indikator-reliabilität[2]
IV-1	...wird viel Wert auf eine inspirierende und motivierende Arbeitsatmosphäre gelegt.	0,87	0,69	0,66
IV-2	...wird viel Wert darauf gelegt, dass wir Spaß an der Arbeit haben und alle voll mit dem Herzen bei der Sache sind.	0,87	0,69	0,66
IV-3	...wird viel Wert auf echte Teamarbeit gelegt.	0,82	0,61	0,46
IV-4	...wird nach ständiger Leistungsverbesserung gestrebt.	Eliminiert		

Informationen zum Faktor IV der Führungs-Kultur: **"Engagement für die gemeinsame Sache entfachen"** [1 2]:

Cronbachsches Alpha:	0,81	GFI:	-*
Faktorreliabilität:	0,81	AGFI:	-*
Erklärte Varianz:	72,60%	RMR:	-*
Durchschnittlich erfasste Varianz (DEV):	0,59	NFI:	-*

* Bei drei Indikatoren hat ein konfirmatorisches Modell null Freiheitsgrade. Daher ist die Berechnung dieser Maße nicht sinnvoll.

[1]Nach finaler, 1-faktorieller explorativer Faktorenanalyse in SPSS

[2] Nach finaler, 1-faktorieller konfirmatorischer Faktorenanalyse in AMOS

Anhang Tab. 56: Informationen zum Faktor V "Grenzen ausloten"

Nr.	Indikator	Faktorladung[1]	Item-to-Total-Korrelation[1]	Indikator-reliabilität[2]
V-1	...wird viel Wert darauf gelegt, unsere uns selbst auferlegten Grenzen zu hinterfragen.	0,81	0,58	0,45
V-2	...wird viel Wert darauf gelegt, dass wir alle als eine Einheit zusammenarbeiten.	0,85	0,64	0,65
V-3	...wird großer Wert darauf gelegt, unseren eigenen Verstand zu benutzen und den Mut zu haben, andere Sichtweisen und Meinungen zu hinterfragen.	0,82	0,59	0,49
	Informationen zum Faktor V der Führungs-Kultur: **"Grenzen ausloten"** [1 2]:			
	Cronbachsches Alpha:	0,76	GFI:	-*
	Faktorreliabilität:	0,77	AGFI:	-*
	Erklärte Varianz:	68,38%	RMR:	-*
	Durchschnittlich erfasste Varianz (DEV):	0,53	NFI:	-*
	* Bei drei Indikatoren hat ein konfirmatorisches Modell null Freiheitsgrade. Daher ist die Berechnung dieser Maße nicht sinnvoll.			
	[1]Nach finaler, 1-faktorieller explorativer Faktorenanalyse in SPSS			
	[2] Nach finaler, 1-faktorieller konfirmatorischer Faktorenanalyse in AMOS			

Anhang Tab. 57: Informationen zum Faktor VI "Entscheidungsfreude und Optimismus"

Nr.	Indikator	Faktorladung[1]	Item-to-Total-Korrelation[1]	Indikator-reliabilität
VI-1	...wird grundsätzlich eine optimistische und selbstsichere Haltung an den Tag gelegt.	0,90	0,61	-*
VI-2	...wird auf Entscheidungsfreude großer Wert gelegt.	0,90	0,61	-*
	Informationen zum Faktor VI der Führungs-Kultur: **"Entscheidungsfreude und Optimismus"** [1 2]:			
	Cronbachsches Alpha:	0,75	GFI:	-*
	Faktorreliabilität:	-*	AGFI:	-*
	Erklärte Varianz:	80,37%	RMR:	-*
	Durchschnittlich erfasste Varianz (DEV):	-*	NFI:	-*
	* Zur Durchführung einer konfirmatorischen Faktorenanalyse sind mindestens drei Indikatoren notwendig. Die Berechnung dieser Maße ist daher unmöglich.			
	[1]Nach finaler, 1-faktorieller explorativer Faktorenanalyse in SPSS			

Anhang Tab. 58: Informationen zum gesamten Konstrukt der Führungs-Kultur

Nr.	Indikator	Faktor-ladung*	Indikator-reliabilität	Faktor-ladung 2. Ordnung	Faktor-reliabilität	DEV
I-1	...wird harte Arbeit zur Umsetzung der hohen Ziele vorgelebt.	0,64	0,41	0,65	0,76	0,52
I-2	...wird betont, dass wir die Herausforderungen unter expliziter Berücksichtigung unserer ggf. auch begrenzten Fähigkeiten angehen.	0,67	0,45			
I-3	...wird die Balance aus hoher Leistungsorientierung im Hinblick auf unsere Ziele unter Berücksichtigung unserer Fähigkeiten vom Führungsteam vorgelebt.	0,84	0,70			
II-1	...betont das Führungsteam seine Verantwortungsübernahme nicht nur bei Erfolg, sondern auch bei Misserfolg.	0,75	0,56	0,88	0,80	0,50
II-2	...wird großes Augenmerk auf unsere Vision gerichtet.	0,72	0,52			
II-3	...wird auf vorausschauendes Handeln besonders geachtet.	0,67	0,45			
II-4	...wird auf das Vertrauen in die Mitarbeiter besonders viel Wert gelegt.	0,69	0,48			
III-1	...wird die Wichtigkeit des diplomatischen Umgangs mit anderen zur Erreichung unserer Ziele besonders betont.	0,66	0,44	0,64	0,70	0,54
III-2	...wird der Überzeugungskraft des Führungsteams besonders viel Wert beigemessen.	0,80	0,64			
IV-1	...wird viel Wert auf eine inspirierende und motivierende Arbeitsatmosphäre gelegt.	0,77	0,60	0,84	0,81	0,58
IV-2	...wird viel Wert darauf gelegt, dass wir Spaß an der Arbeit haben und alle voll mit dem Herzen bei der Sache sind.	0,69	0,48			
IV-3	...wird viel Wert auf echte Teamarbeit gelegt.	0,82	0,67			
V-1	...wird viel Wert darauf gelegt, unsere uns selbst auferlegten Grenzen zu hinterfragen.	0,70	0,48	0,90	0,77	0,53
V-2	...wird viel Wert darauf gelegt, dass wir alle als eine Einheit zusammenarbeiten.	0,75	0,56			
V-3	...wird großer Wert darauf gelegt, unseren eigenen Verstand zu benutzen und den Mut zu haben, andere Sichtweisen und Meinungen zu hinterfragen.	0,74	0,55			
VI-1	...wird grundsätzlich eine optimistische und selbstsichere Haltung an den Tag gelegt.	0,71	0,50	0,64	0,76	0,62
VI-2	...wird auf Entscheidungsfreude großer Wert gelegt.	0,86	0,74			
	Informationen zum gesamten Konstrukt der Führungs-Kultur:					
	Konstruktreliabilität:	0,89		AGFI:		0,98
	Durchschnittlich erfasste Varianz (DEV):	0,59		RMR:		0,08
	GFI	0,99		NFI:		0,98
	* Standardisierte Werte aus AMOS					

Anhang Tab. 59: Beurteilung der Diskriminanzvalidität des Konstrukts der Führungs-Kultur

Führungs-Kultur Gesamt	Faktor	Faktor I	Faktor II	Faktor III	Faktor IV	Faktor V	Faktor VI
	DEV	0,52	0,50	0,54	0,58	0,53	0,52
Faktor I	0,52	-					
Faktor II	0,50	0,42	-				
Faktor III	0,54	0,13	0,35	-			
Faktor IV	0,58	0,22	0,49	0,36	-		
Faktor V	0,53	0,35	0,58	0,26	0,64	-	
Faktor VI	0,52	0,16	0,37	0,27	0,28	0,25	-

Anhang IX. Informationen zum Konstrukt "Netzwerk-Kultur"

Anhang Tab. 60: Explorative Faktorenanalyse der Indikatoren der Netzwerk-Kultur

	Faktorladungen* nach schiefwinkliger Rotation	
Indikator	**Faktor I**	**Faktor II**
...wird die Wichtigkeit von persönlichen Netzwerken besonders betont.	**0,81**	0,02
...streben wir eine kontinuierliche Weiterentwicklung unseres Netzwerks an.	**0,96**	0,07
...streben wir eine kontinuierliche Vergrößerung unseres Netzwerks an.	**0,98**	0,12
...legen wir großen Wert auf die Qualität unserer Netzwerkbeziehungen.	**0,87**	0,00
...werden die Bemühungen zur Verbesserung unseres Netzwerks kontrolliert.	0,24	**0,63**
...wird die Vernachlässigung von Bemühungen zur Verbesserung unseres Netzwerks sanktioniert.	0,21	**0,87**
...wird auf eine Zuordnung von Verantwortlichkeiten für jede Netzwerkbeziehung viel Wert gelegt.	0,08	**0,76**
...werden die Abhängigkeiten und Auswirkungen unserer Netzwerkbeziehungen unter- und aufeinander regelmäßig überdacht.	0,05	**0,83**
...wird erwartet, dass sich diejenigen, die für eine oder mehrere Netzwerkbeziehungen verantwortlich sind, regelmäßig treffen und austauschen.	0,13	**0,77**
...wird erwartet, dass wir zur Identifizierung potentieller neuer Netzwerkbeziehungen Messen, Ausstellungen und andere Veranstaltungen nutzen.	**0,52**	0,20
...wird auf den regelmäßigen persönlichen Austausch mit unseren Netzwerkbeziehungen viel Wert gelegt.	**0,54**	**0,39**
...legen wir viel Wert darauf, mögliche Arten der Zusammenarbeit mit unseren Netzwerkbeziehungen zu diskutieren.	**0,51**	**0,38**
Durch den Faktor erklärte Varianz	**53,8%**	**13,8%**

* Die Vorzeichen der Faktorladungen liefern keine relevanten Informationen; daher sind in der Tabelle nur die Beträge der Faktorladungen dargestellt.

Anhang Tab. 61: Informationen zum Faktor I der Netzwerk-Kultur

Nr.	Indikator	Faktorladung[1]	Item-to-Total-Korrelation[1]	Indikator-reliabilität[2]
I-1	...wird die Wichtigkeit von persönlichen Netzwerken besonders betont.	0,86	0,77	0,63
I-2	...streben wir eine kontinuierliche Weiterentwicklung unseres Netzwerks an.	0,95	0,90	0,92
I-3	...streben wir eine kontinuierliche Vergrößerung unseres Netzwerks an.	0,93	0,86	0,83
I-4	...legen wir großen Wert auf die Qualität unserer Netzwerkbeziehungen.	0,89	0,80	0,68
I-5	...wird erwartet, dass wir zur Identifizierung potentieller neuer Netzwerkbeziehungen Messen, Ausstellungen und andere Veranstaltungen nutzen.	Eliminiert		

Informationen zum Faktor I der Netzwerk-Kultur: "Stellenwert und Weiterentwicklung von Netzwerken" [1 2]:

Cronbachsches Alpha:	0,93	GFI:	1,00
Faktorreliabilität:	0,93	AGFI:	1,00
Erklärte Varianz:	82,28%	RMR:	0,02
Durchschnittlich erfasste Varianz (DEV):	0,77	NFI:	1

[1]Nach finaler, 1-faktorieller explorativer Faktorenanalyse in SPSS
[2]Nach finaler, 1-faktorieller konfirmatorischer Faktorenanalyse in AMOS

Anhang Tab. 62: Informationen zum Faktor II der Netzwerk-Kultur

Nr.	Indikator	Faktorladung[1]	Item-to-Total-Korrelation[1]	Indikator-reliabilität[2]
II-1	...werden die Bemühungen zur Verbesserung unseres Netzwerks kontrolliert.	0,79	0,67	0,50
II-2	...wird die Vernachlässigung von Bemühungen zur Verbesserung unseres Netzwerks sanktioniert.	0,76	0,64	0,46
II-3	...wird auf eine Zuordnung von Verantwortlichkeiten für jede Netzwerkbeziehung viel Wert gelegt.	0,83	0,72	0,62
II-4	...werden die Abhängigkeiten und Auswirkungen unserer Netzwerkbeziehungen unter- und aufeinander regelmäßig überdacht.	0,85	0,75	0,68
II-5	...wird erwartet, dass sich diejenigen, die für eine oder mehrere Netzwerkbeziehungen verantwortlich sind, regelmäßig treffen und austauschen.	0,84	0,73	0,64

Informationen zum Faktor II der Netzwerk-Kultur: "Organisation der Netzwerkbeziehungen" [1 2]:

Cronbachsches Alpha:	0,87	GFI:	1,00
Faktorreliabilität:	0,88	AGFI:	0,99
Erklärte Varianz:	66,54%	RMR:	0,098
Durchschnittlich erfasste Varianz (DEV):	0,59	NFI:	1,00

[1]Nach finaler, 1-faktorieller explorativer Faktorenanalyse in SPSS
[2]Nach finaler, 1-faktorieller konfirmatorischer Faktorenanalyse in AMOS

Anhang Tab. 63: Informationen zum gesamten Konstrukt der Netzwerk-Kultur

Nr.	Indikator	Faktor-ladung*	Indikator-reliabilität	Faktor-ladung 2. Ordnung	Faktor-reliabilität	DEV
I-1	...wird die Wichtigkeit von persönlichen Netzwerken besonders betont.	0,85	0,72	0,78	0,93	0,76
I-2	...streben wir eine kontinuierliche Weiterentwicklung unseres Netzwerks an.	0,92	0,85			
I-3	...streben wir eine kontinuierliche Vergrößerung unseres Netzwerks an.	0,87	0,75			
I-4	...legen wir großen Wert auf die Qualität unserer Netzwerkbeziehungen.	0,86	0,73			
II-1	...werden die Bemühungen zur Verbesserung unseres Netzwerks kontrolliert.	0,77	0,59	0,75	0,85	0,58
II-2	...wird die Vernachlässigung von Bemühungen zur Verbesserung unseres Netzwerks sanktioniert.	0,63	0,39			
II-3	...wird auf eine Zuordnung von Verantwortlichkeiten für jede Netzwerkbeziehung viel Wert gelegt.	0,79	0,63			
II-IV	...werden die Abhängigkeiten und Auswirkungen unserer Netzwerkbeziehungen unter- und aufeinander regelmäßig überdacht.	0,80	0,64			
II-V	...wird erwartet, dass sich diejenigen, die für eine oder mehrere Netzwerkbeziehungen verantwortlich sind, regelmäßig treffen und austauschen.	0,80	0,64			
	Informationen zum gesamten Konstrukt der Netzwerk-Kultur:					
	Konstruktreliabilität:	0,74		AGFI:		0,99
	Durchschnittlich erfasste Varianz (DEV):	0,59		RMR:		0,12
	GFI	0,99		NFI:		0,99
	* Standardisierte Werte aus AMOS					

Anhang Tab. 64: Diskriminanzvalidität der Netzwerk-Kultur

Netzwerk-Kultur Gesamt	Faktor	Faktor I	Faktor II
	DEV	0,76	0,58
Faktor I	0,76	-	
Faktor II	0,58	0,34	-

LITERATURVERZEICHNIS

Abernathy, William J./Clark, Kim B. (1985): Innovation – Mapping the winds of creative destruction, in: Research Policy, Jg. 14, H. 1, S. 3-22.

Abernathy, William J./Utterback, James M. (1978): Patterns of industrial innovation, in: Tushman, M./Moore, W. L. (Hrsg.): Readings in the management of innovations, 2. Auflage, Ballinger, Cambridge (MA), S. 25-36.

Afuah, A. (1998): Innovation management: Strategies, Implementation, and profits, Oxford University Press, New York/ Oxford.

Ahuja, G./Lambert, C. M. (1998): Entrepreneurship in the large corporation: A longitudinal study of how established firms create breakthrough innovations, in: Strategic Management Journal, Jg. 22, H. 6/7, S. 521-543.

Aiginger, Karl (2003): Deutschland leidet an einer "Technologielücke", in: http://www.netzeitung.de/wirtschaft/261383.html (Download 29.10.2006).

Aigner, Tatjana/Heilmann, Joachim (2003): Konfliktmanagement als Führungsaufgabe im Mittelstand, in: Bouncken, R. B. (Hrsg.): Management von KMU und Gründungsunternehmen, DUV, Wiesbaden, S. 119-140.

Ajzen, I./Fishbein, M. (1970): The Prediction of Behavior from Attitudinal and Normative Variables, in: Journal of Experimental Social Psychology, Jg. 6, S. 466-487.

Ajzen, I./Fishbein, M. (1973): Attitudinal and Normative Variables as Predictors of Specific Behaviors, in: Journal of Personality and Social Psychology, Jg. 27, H. 1, S. 41-57.

Ajzen, I./Fishbein, M. (1980): Understanding Attitudes and Predicting Social Behavior, Prentice-Hall, Englewood Cliffs/New York.

Akademie für Führungskräfte der Wirtschaft GmbH, Bad H. (2001): "Beziehungs-Weise..." – Führung und Unternehmenskultur, Bad Harzburg.

Albach, Horst (1989): Editorial: Innovationsmanagement im Wettbewerb, in: Zeitschrift für Betriebswirtschaft, Jg. Ergänzungsheft 1/89: Innovationsmanagement, S. XII-X.

Albach, Horst (1994): Culture and technical innovation – A cross-cultural analysis and policy recommendation, de Gruyter, Berlin/New York.

Albach, Horst (1998): Unternehmensgründungen in Deutschland – Potentiale und Lücken, Wissenschaftszentrum Berlin für Sozialforschung, Berlin.

Albers, S./Eggers, S. (1991): Organisatorische Gestaltung von Produktinnovations-Prozessen – Führt der Wechsel des Organisationsgrades zu Innovationserfolg?, in: Schmalenbachs Zeitschrift für betriebswirtschaftliche Forschung, Jg. 43, H. 1, S. 44-64.

Albers, Sönke/Hildebrandt, Lutz (2005): Methodische Probleme bei der Erfolgsfaktorenforschung – Messfehler, formative versus reflektive Indikatoren und die Wahl des Strukturgleichungsmodells, in: Erscheint in Zeitschrift für betriebswirtschaftliche Forschung (ZfB), Jg. noch unbekannt, H. noch unbekannt, S. noch unbekannt.

Alterowitz, Ralph/Zonderman, Jon (1988): New corporate ventures – How to make them work, Wiley, New York u.a.

Amason, Allen C./Schweiger, David M. (1997): The Effects of Conflict on Strategic Decision Making Effectiveness and Organizational Performance, in: De Dreu, C. K. W./Van De Vliert, E. (Hrsg.): Using Conflict in Organizations, 1. Auflage, Sage Publications, London u.a., S. 101-115.

Amsa, P. (1986): Organizational culture and work group behaviour: An empirical study, in: Journal of Management Studies, Jg. 23, H. 3, S. 347-362.

Anderseck, Klaus (2000): "born or made" – Der Weg zum Unternehmensgründer, Fachbereich Wirtschaftswissenschaften der Fernuniversität Hagen – Diskussionsbeiträge, Nr. 281, Hagen.

Anderson, James C./Gerbing, David W. (1988): Structural Equation Modeling in Practice: A Review and Recommended Two-Step Approach, in: Psychological Bulletin, Jg. 103, H. 3, S. 411-423.

Antal, Ariane B./Lenhardt, Uwe (2001): Barriers to Organizational Learning, in: Dierkes, M. et al. (Hrsg.): Handbook of Organizational Learning and Knowledge, Oxford, Sp. 2160-2210.

Argyris, Chris (1985): Interventions for improving leadership effectiveness, in: Journal of Management Development, Jg. 4, H. 5, S. 30-50.

Armstrong, Scott J./Overton, Terry S. (1977): Estimation Nonresponse Bias in Mail Surveys, in: Journal of Marketing Research, Jg. 14, H. August, S. 396-402.

Asche, Stefan (22.4.2005): Die Klasse der Besten, in: VDI Nachrichten, S. 7.

Audia, Pino/Locke, Edwin A./Smith, Ken G. (2000): The paradox of success: An archival and laboratory study of strategic persistance following radical environmental change, in: Academy of Management Journal, Jg. 43, H. 5, S. 837-853.

Audretsch, David B. (2002): Entrepreneurship: A Survey of the Literature, Indiana/London.

Audretsch, David B./Thurik, Roy (2001): Linking Entrepreneurship to Growth, STI Working Papers 2001/2, Paris.

Avlonitis, George J./Papastathopoulo, Paulina G./Gounaris, Spiros P. (2001): An empirically-based typology of product innovativeness for new financial services: Success and failure scenarios, in: Journal of Product Innovation Management, Jg. 18, H. 5, S. 324-342.

Bachmann, Gerd (1998): Innovationsschub aus dem Nanokosmos – Technologieanalyse, aus: VDI-Technologiezentrum: Zukünftige Technologien, Band Nr. 28, Düsseldorf.

Backhaus, Klaus/Erichson, Bernd/Pinke, Wulff/Weiter, Rolf (2003): Multivariate Analysemethoden: Eine anwendungsorientierte Einführung, 10. Auflage, Berlin u.a.

Backhaus, Klaus/Erichson, Bernd/Plinke, Wulff/Weiber, Rolf (2005): Multivariate Analysemethoden – Eine anwendungsorientierte Einführung, 11. Auflage, Springer, Berlin u.a.

Backholm, Ari (1999): Corporate Venturing – An overview, Selbstverlag, Espoo.

Bagozzi, Richard P. (1994): Structural Equation Models in Marketing Research: Basic Principles, in: Bagozzi, R. (Hrsg.): Principles of Marketing Research, Cambridge, S. 386-422.

Bagozzi, Richard P. (1998): A Prospectus for Theory Construction in Marketing: Revisited and Revised, in: Hildebrandt, L./Homburg, C. (Hrsg.): Die Kausalanalyse: Ein Instrument der betriebswirtschaftlichen Forschung, Stuttgart, S. 45-81.

Bagozzi, Richard P./Fornell, Claes (1982): Theoretical Concepts, Measurements, and Meaning, in: Fornell, C. (Hrsg.): A Second Generation of Multivariate Analysis, Volume 2: Measurement and Evaluation, New York, S. 24-38.

Bagozzi, Richard P./Phillips, Lynn W. (1982): Representing and Testing Organizational Theories: A Holistic Construal, in: Administrative Science Quarterly, Jg. 27, H. September, S. 459-489 .

Bagozzi, Richard P./Yi, Youaje/Phillips, Lynn W. (1991): Assessing Construct Validity in Organizational Research, in: Administrative Science Quarterly, Jg. 36, H. 3, S. 421-458.

Bagozzi, Richard P./Yi, Youjae (1988): On the Evaluation of Structural Equation Models, in: Journal of the Academy of Marketing Science, Jg. 16, H. 1, S. 74-94.

Baker, Norman R./Siegman, James/Rubenstein, Albert H. (1967): The Effects of Perceived Needs and Means on the Generation of Ideas for Industrial Research and Development Projects, in: IEEE-Transactions on Engineering Management, Jg. EM-14, H. 4, S. 156-163.

Balk, M. (1975): Klassifikationskalkül, Klassifikationssystem und internationale Patentklassifikation, in: Datenverarbeitung Steuern Wirtschaft Recht (DSWR), H. 10, S. 293-301.

Barney, Jay (1991): Firm Resources and Sustained Competitive Advantage, in: Journal of Management, Jg. 17, H. 1, S. 99-120.

Baron, Reuben M./Kenny, David A. (1986): The Moderator-Mediator Variable Distinction in Social Psychological Research: Conceptual, Strategic, and Statistical Considerations, in: Journal of Personality and Social Psychology, Jg. 51, H. 6, S. 1173-1182.

Bart, C. K. (1988): New venture units – Use them wisely to manage innovation, in: Sloan Management Review, Jg. 29, H. 4, S. 35-43.

Bass, Hans. H. (1999): Joseph A. Schumpeter (1883-1950) – Innovation und schöpferische Zerstörung: der Unternehmer als Motor der Entwicklung, in: E+Z – Entwicklung und Zusammenarbeit, Jg. 40, H. 7/8, S. 215-218.

Bates, Marty/Rizvi, Syed S. H./Tewari, Prashant/Vardhan, Dev (2001): How fast is too fast?, in: The McKinsey Quarterly, Jg. 38, H. 3, S. 52-61.

Bauer, Hans H./Falk, Thomas/Hammerschmidt, Maik (2004): Messung und Konsequenzen von Servicequalität im E-Commerce, in: Marketing ZFP, Jg. 26, H. Spezialausgabe "Dienstleistungsmarketing", S. 45-57.

Bauer, Johannes/Festner, Dagmar/Harteis, Christian/Gruber, Hans (2003): Fehlerorientierung im betrieblichen Arbeitsalltag – Ein Vergleich zwischen Führungskräften und Beschäftigten ohne Führungsfunktion, Forschungsberichte des Instituts für Pädagogik der Universität Regensburg, Nr. 5, Regensburg.

Beal, Reginald M./Lockamy, Archie I. (1999): Quality differentiation for competitive advantage – A contingency approach, in: European Journal of Innovation Management, Jg. 2, H. 2, S. 71-81.

Bechtoldt, Myriam (2003): Die Bedeutung sozialer Kompetenz für die Bewältigung interpersoneller Stress-Situationen am Arbeitsplatz, Frankfurt a.M.

Bellmann, Klaus/Haritz, Andre (2001): Innovation in Netzwerken, in: Blecker, T./Gemünden, H. G. (Hrsg.): Innovatives Produktions- und Technologiemanagement: Festschrift für Bernd Kaluza, Springer, Berlin u.a., S. 271-298.

Bender, R./Lange, S./Ziegler, A. (2002): Wichtige Signifikanztests, in: Deutsche Medizinische Wochenschrift, Artikel Nr. 11 der Statistik Serie.

Benner, Mary J./Tushman, Michael (2003): Exploitation, exploration and process management – The productivity dilemma revisited, in: Academy of Management Review, Jg. 28, H. 2, S. 238-256.

Bentler, Peter M./Bonett, Douglas G. (1980): Significance Tests and Goodness of Fit in the Analysis of Covariance Structures, in: Psychological Bulletin, Jg. 88, H. 3, S. 588-606.

Bentley, Kathleen (1990): A discussion of the link between one organization's style and structure and its connection with its market, in: Journal of Product Innovation Management, Jg. 7, H. 1, S. 19-34.

Bhide, Amar (2000): The Origin and Evolution of New Businesses, Oxford University Press, New York.

Billing, Fabian (2003): Koordination in radikalen Innovationsvorhaben, DuV, Wiesbaden.

Birch, David L. (1979): The Job Creation Process – Unpublished report, M.I.T. program on Neighbourhood and Regional Change, Cambridge/Mass.

Bitzer, Marc R. (1991): Intrapreneurship – Unternehmertum in der Unternehmung, Schäffer, Stuttgart.

Bleicher, Knut (1999): Das Konzept Integriertes Management. Visionen – Missionen – Programme, 5. Auflage, Campus, Frankfurt a.M./New York.

Blessin, Bernd (1998): Innovation und Innovationsmanagement in kleinen und mittleren Unternehmen, Europäische Forschungsstelle Ländlicher Raum (EFLR) Forschung, Stuttgart.

Block, Zenas/MacMillan, Ian C. (1993): Corporate Venturing – Creating new business within the firm, HBS Press, Boston/MA.

Boer, Harry/During, Willem E. (2001): Innovation, what innovation? A comparison between product, process and organizational innovation, in: International Journal of Technology Management, Jg. 19, H. 1, S. 83-107.

Boeri, Tito/Cramer, Ulrich (1991): Betriebliche Wachstumsprozesse – Eine statistische Analyse auf der Grundlage der Beschäftigtenstatistik 1977-1987, in: Mitteilungen aus der Arbeitsmarkt- und Berufsforschung, Jg. 24, H. 1, S. 70-80.

Bohrnstedt, George W. (1970): Reliability and Validity Assessment in Attitude Measurement, in: Summers, G. F. (Hrsg.): Attitude Measurement, Chicago, S. 80-99.

Bollen, Kenneth/Lennox, Richard (1991): Conventional Wisdom on Measurement – A Structural Equation Perspective, in: Psychological Bulletin, Jg. 110, H. 2, S. 305-314.

Bollen, Kenneth A. (1989): Structural Equations with Latent Variables, New York u.a.

Borth, Björn-Olaf (2004): Beschwerdezufriedenheit und Kundenloyalität im Dienstleistungsbereich, DUV, Wiesbaden.

Bourgeois, L. J. (1985): Strategic Goals, Perceived Uncertainty, and Economic Performance in Volatile Environments, in: Academy of Management Journal, Jg. 28, H. 3, S. 548-573.

Bower, Joseph L./Christensen, Clayton M. (1995): Disruptive Technologies – Catching the wave, in: Harvard Business Review, Jg. 73, H. 1, S. 43-54.

Brandkamp, Michael (2000): Technologien für innovative Unternehmensgründungen, Gabler, Wiesbaden.

Brettel, Malte (2003): Ausgewählte do's and do not's bei der Unternehmensgründung, in: http://www.hhl.de/fileadmin/LS/Finance/Download/View_am_16April2003VortragBrettel.pdf (Download 29.6.2005).

Brettel, Malte/Jaugey, Cyril/Rost, Cornelius (2000): Business Angels – Der informelle Beteiligungskapitalmarkt in Deutschland, Gabler, Wiesbaden.

Brinckmann, Jan (1912-2006): Competence of Top Management Teams and the Success of New Technology-Based Firms (working title), DUV, Wiebaden.

Brockhoff, Klaus (1994): Forschung und Entwicklung – Planung und Kontrolle, 4. Auflage, Oldenbourg, München/Wien.

Brockhoff, Klaus (1999): Forschung und Entwicklung: Planung und Kontrolle, 5. Auflage, München, Wien.

Brockhoff, Klaus (1999): Produktpolitik, 4. Auflage, Lucius&Lucius, Stuttgart/Jena.

Brockhoff, Klaus (2000): Produktinnovation, in: Sönke, A./Herrmann, A. (Hrsg.): Handbuch Produktmanagement, Wiesbaden, Sp. 25-54.

Brockhoff, Klaus/Schmaul, Bernd (1996): Organization, autonomy, and success of internationally dispersed R&D facilities, in: IEEE Transactions on Engineering Management, Jg. 43, H. 1, S. 33-40.

Brockhoff, Klaus/Zanger, Cornelia (1993): Messprobleme des Neuigkeitsgrades – dargestellt am Beispiel von Software, in: Zeitschrift für betriebswirtschaftliche Forschung, Jg. 45, H. 10, S. 835-851.

Brodbeck, Felix C. (1994): Intensive Kommunikation lohnt sich für SE-Projekte, in: Brodbeck, F. C./Frese, M. (Hrsg.): Produktivität und Qualität in Software-Projekten, München/Wien, S. 51-67.

Brown, L. D. (1983): Managing Conflict at Organizational Interfaces, Addison-Wesley Publishing Company, Reading/MA.

Browne, Michael W./Cudeck, Robert (1993): Alternative Ways of Assessing Model Fit, in: Bollen, K. A./Long, S. J. (Hrsg.): Testing Structural Equation Models, Newbury Park, S. 136-162.

Brüderl, Josef/Preisendörfer, Peter/Ziegler, Rolf (1998): Der Erfolg neugegründeter Betriebe – Eine empirische Studie zu den Chancen und Risiken von Unternehmensgründungen, 2. Auflage, Berlin.

Buchmann, Peter (1987): Bestimmungsgründe für betriebliche Insolvenz, in: Sparkasse, Jg. 104, H. 9.

Bullinger, Hans-Jörg (1995): Integrierte Produktentwicklung, Gabler, Wiesbaden.

Bundesministerium für Bildung und Forschung (1996): Delphi-Bericht 1995 zur Entwicklung von Wissenschaft und Technik, Bonn.

Bundesministerium für Bildung und Forschung (Hrsg.) (2005): Aufbau innovationsförderlicher Unternehmenskulturen – Flyer des Bundesministeriums für Bildung und Forschung, Bonn/Berlin.

Bundesministerium für Forschung und Technologie (1993): Deutscher Delphi-Bericht zur Entwicklung von Wissenschaft und Technik, Bonn.

Burgelman, Robert A. (1983): A process model of internal corporate venturing in the diversified major firm, in: Administrative Science Quarterly, Jg. 28, H. 2, S. 223-244.

Burgelman, Robert A. (1985): Managing the new venture division – Research findings and implications for strategic management, in: Strategic Management Journal, Jg. 6, H. 1, S. 39-54.

Burns, Tom/Stalker, Graham M. (1961): The management of innovation, Tavistock, London.

Bussiek, Jürgen (1997): Erfolgsstrategien von kleinen und mittleren Unternehmen an der Schwelle zum 21. Jahrhundert, in: Bührens, J. (Hrsg.): Management im Mittelstand, Verlag Wissenschaft und Praxis, Sternenfels, S. 13-28.

Bygrave, William D./Hofer, Charles W. (1991): Theorizing about entrepreneurship, in: Entrepreneurship Theory and Practice, Jg. 16, H. 2, S. 13-22.

Bühner, Rolf (1989): Betriebswirtschaftliche Organisationslehre, 4. Auflage, Oldenbourg, München/Wien.

Campion, Michael A./Medsker, G. J./Higgs, A. C. (1993): Relation between work group characteristics and effectiveness: Implications for designing effective work groups, in: Personnel Psychology, Jg. 46, H. 4, S. 823-850.

Campion, Michael A./Pepper, E. M./Medsker, G. J. (1996): Relations between work team characteristics and effectiveness: A replication and extension, in: Personnel Psychology, Jg. 49, H. 2, S. 429-452.

Cannon, Mark D./Edmondson, Amy C. (2001): Confronting failure: Antecedents and consequences of shared beliefs about failure in organizational work groups, in: Journal of Organizational Behvior, Jg. 22, H. 2, S. 161-173.

Carmines, Edward G./Zeller, Richard A. (1979): Reliability and Validity Assessment, Newsbury Park.

Carneiro, Robert L. (1968): Cultural Adaptation, in: Sills, D. L. (Hrsg.): International Encyclopedia of the Social Sciences, 3 Auflage, New York, S. 551-554.

Carroll, Daniel T./Salerno, Lynn M. (1983): A disappointing search for excellence, in: Harvard Business Review, Jg. 61, H. 6, S. 78-88.

Caspari, Volker (2001): Marktstruktur, Wettbewerb und Innovation, Arbeitspapiere des Instituts für Volkswirtschaftslehre Technische Universität Darmstadt, Nr. 104, Darmstadt.

Castka, Pavel/Bamber, Christopher J./Sharp, John M. (2003): Measuring teamwork culture: the use of a modified EFQM model, in: Journal of Management Development, Jg. 22, H. 2, S. 149-170.

Castringius, Roland (2004): Regionale Gründungsförderung, Josef Eul Verlag, Lohmar/Köln.

Chatman, Jennifer A./Jehn, Karen A. (1994): Assessing the relationship between industry characteristics and organizational culture: How different can you be?, in: Academy of Management Journal, Jg. 37, H. Juni, S. 522-553.

Christensen, Clayton M. (1997): The Innovator's Dilemma: When New Technologies Cause Great Firms to Fail, Harvard Business School Press, Boston.

Christensen, Clayton M./ Overdorf, Michael (2000): Meeting the challenge of disruptive change, in: Harvard Business Review, Jg. 78, H. 2, S. 67-76.

Churchill, Gilbert A. (1999): Marketing Research: Methodological Foundations, 7. Auflage, Forth Worth.

Churchill Jr., Gilbert A. (1979): A Paradigm for Developing Better Measures of Marketing Constructs, in: Journal of Marketing Research, Jg. 16, H. 1, S. 64-73.

Clark, Kim B./Hayes, Robert H./Lorenz, Christopher (1985): The Uneasy Alliance, Harvard Business School Press, Boston/MA.

Cooper, Arnold C./Gimeno-Gascon, F. J./Woo, Carolyn Y. (1994): Initial human and financial capital as predictors of new venture performance, in: Journal of Business Venturing, Jg. 9, H. 5, S. 371-395.

Cooper, Robert G. (1998): Product leadership – Creating and launching superior new products, Perseus, Cambridge/MA.

Cooper, Robert G./Kleinschmidt, Elko J. (1995): Benchmarking the firm's critical success factors in new product development, in: Journal of Product innovation management, Jg. 12, H. 5, S. 374-291.

Cooper, Robin/Slagmulder, Regine (1999): Develop profitable products with target costing, in: Sloan Management Review, Jg. 40, H. 4, S. 23-33.

Covin, Jeffrey G./Slevin, Dennis P. (1991): A conceptual model of entrepreneurship as firm behaviour, in: Entrepreneurship Theory & Practice, Jg. 16, H. 1, S. 7-25.

Cramer, Ulrich (1987): Klein- und Mittelbetriebe: Hoffnungsträger der Beschäftigungspolitik?, in: Mitteilungen aus der Arbeitsmarkt- und Berufsforschung (MittAB), Jg. 20, H. 1, S. 15-29.

Cramer, Ulrich/Koller, Martin (1988): Gewinne und Verluste von Arbeitsplätzen in Betrieben – Der "Job-Turnover"-Ansatz, in: Mitteilungen aus der Arbeitsmarkt- und Berufsforschung, Jg. 21, H. 3, S. 361-377.

Crawford, Merle (1997): New products management, Irwin, Homewood.

Cronbach, Lee J. (1951): Coefficient Alpha and the Internal Structure of Tests, in: Psychometrika, Jg. 16, H. 3, S. 297-334.

Crooker, Robert/Feige, Andreas (2001): Innovationsweltmeister Deutschland – ein Mythos der Vergangenheit?, in: Braun, M./Feige, A./Sommerlatte, T. (Hrsg.): Business Innovation: Quantensprung statt "Innovatiönchen". Ein Wegweiser zur zielgerichteten Geschäftserneuerung, F.A.Z.-Institut, Frankfurt a.M., S. 15-19.

Cutler, Leonard S. (2000): Creativity – essential to technological innovation, in: Research Technology Management, Jg. 43, H. 6, S. 29-30.

Daft, Richard L./Becker, Selwyn W. (1978): The innovative organization, North-Holland, Amsterdam u.a.

Danneels, Erwin/Kleinschmidt, Elko J. (2001): Product innovativeness from the firm's perspective: Its dimensions and their relation with project selection and perfomance, in: Journal of Product Innovation Management, Jg. 18, H. 6, S. 357-373.

De Dreu, Carsten K. W. (1997): Productive Conflict: The Importance of Conflict Management and Conflict Issue, in: De Dreu, C./Van De Vliert, E. (Hrsg.): Using Conflict in Organizations, 1. Auflage, Sage Publications, London u.a., S. 9-22.

De Dreu, Carsten K. W./Evers, Arne/Beersma, Bianca/Kluwer, Esther S./Nauta, Aukje (2001): A theory-based measure of conflict management strategies in the workplace, in: Journal of Organizational Behavior, Jg. 22, H. 6, S. 645-668.

De Dreu, Carsten K. W./Van Vianen, Annelies E. M. (2001): Managing relationship conflict and the effectiveness of organizational teams, in: Journal of Organizational Behavior, Jg. 22, H. 3, S. 309-328.

De Dreu, Carsten K. W./Weingart, Laurie R. (2003): Task Versus Relationship Conflict, Team Performance and Team Member Satisfaction: A Meta-Analysis, in: Journal of Applied Psychology, Jg. 88, H. 4, S. 741-749.

Deal, Terrence E./Kennedy, Allan A. (1982): Corporate Cultures, Addison-Wesley Publishing Company, Reading.

Delobbe, Nathalie/Haccoun, Robert R./Vandenberghe, Christian (2002): Measuring Core Dimensions of Organizational Culture? A Review of Research and Development of a New Instrument, Working paper, Nr. 53/02, Université catholique de Louvain.

Denison, Daniel R. (1996): What is the difference between organizational culture and organizational climate? A native's point of view on a decade of paradigm wars, in: Academy of Management Review, Jg. 21, H. 3, S. 619-654.

Denison, Daniel R./Hart, S. L./Kahn, J. A. (1996): From chimneys to cross-functional teams: Developing and validating a diagnostic model, in: Academy of Management Journal, Jg. 39, H. 4, S. 1005-1023.

Deutsches Patentamt (1984): Internationale Patentklassifikation, Band 9: Einführung, Verzeichnis der Klassen und Hauptgruppen, 4. Auflage, München u.a.

DG Bank (2000): DG Bank Mittelstandsumfrage Frühjahr 2000 – Sonderthema "Investition und Innovation", Frankfurt a.M.

Dietel, Bernhard (1997): Unternehmenskultur – eine Herausforderung für die Theorie der Unternehmung?, in: Heinen, E./Fank, M. (Hrsg.): Unternehmenskultur – Perspektiven für Wissenschaft und Praxis, 2. Auflage, Oldenbourg, München, S. 211-237.

Dill, Peter/Hügler, Gert (1997): Unternehmenskultur und Führung betriebswirtschaftlicher Organisationen – Ansatzpunkte für ein kulturbewußtes Management, in: Heinen, E./Fank, M. (Hrsg.): Unternehmenskultur – Perspektiven für Wissenschaft und Praxis, 2. Auflage, Oldenbourg, München/Wien, S. 141-210.

Downs, George W. jr./Mohr, Lawrence B. (1976): Conceptual Issues in the Study of Innovation, in: Administrative Science Quarterly, Jg. 21, H. 4, S. 700-714.

Drucker, Peter F. (1985): The discipline of innovation, in: Harvard Business Review, Jg. 63, H. Mai-Juni, S. 67-72.

Dyer, Barbara/Song, Michael X. (1998): Innovation Strategy and Sanctioned Conflict: A New Edge in Innovation?, in: Journal of Product Innovation Management, Jg. 15, H. 6, S. 505-519.

Dyer, Barbara/Song, X. M. (1997): The impact of strategy on conflict: A cross-national comparative study of U.S. and Japanese firms, in: Journal of International Business Studies, Jg. 28, H. 3, S. 467-493.

Dülfer, Eberhard (1992): Kultur und Organisationsstruktur, in: Frese, E. (Hrsg.): Handwörterbuch der Organisation, 3. Auflage, Stuttgart, Sp. 1201-1214.

Ebers, Mark (1987): Organisationskultur und Führung, in: Kieser, A./Reber, G./Wunderer, R. (Hrsg.): Handwörterbuch der Führung, Stuttgart, Sp. 1619-1630.

Ebers, Mark (1991): Der Aufstieg des Themas "Organisationskultur" in problem- und disziplingeschichtlicher Perspektive, in: Dülfer, E. (Hrsg.): Organisationskultur, Gabler, Stuttgart, S. 39-63.

Ebner, M./Walti, A. (1996): Innovationsmanagement als Antwort auf den zunehmenden Wettbewerbsdruck, in: Gassmann, O./Zedtwitz, M. v. (Hrsg.): Internationales Innovationsmanagement – Gestaltung von Innovationsprozessen im globalen Wettbewerb, Vahlen, München, S. 17-33.

Edward Burnett Tylor (1871): Primitive Culture, London.

Edwards, Chris (2000): Entrepreneurs Creating the New Economy, Washington D.C.

Eggert, Andreas/Fassott, Georg (2003): Zur Verwendung formativer und reflektiver Indikatoren in Strukturgleichungsmodellen: Ergebnisse einer Metaanalyse und Anwendungsempfehlungen, Universität Kaiserslautern.

Eglau, Hans O./Kluge, Jürgen/Meffert, Jürgen/Stein, Lothar (2000): Durchstarten zur Spitze – McKinseys Strategien für mehr Innovation, Campus, Frankfurt a.M./New York.

Elfring, Tom/Hulsink, Willem (2003): The Case of High-technology Firms, in: Small Business Economics, Jg. 21, H. 4, S. 409-422.

Ensley, Michael D./Pearson, Allison W./Amason, Allen C. (2002): Understanding the dynamics of new venture top management teams: Cohesion, conflict, and new venture performance, in: Journal of Business Venturing, Jg. 17, H. 4, S. 365-386.

Enz, Cathy A. (1988): The role of value congruity in intraorganizational power, in: Administrative Science Quarterly, Jg. 33, H. 2, S. 284-304.

Ernst, Holger (2002): Success Factors of New Product Development: A Review of the Empirical Literature, in: International Journal of Management Reviews, Jg. 4, H. 1, S. 1-40.

Ernst, Holger (2003): Unternehmenskultur und Innovationserfolg – Eine empirische Analyse, in: Zeitschrift für betriebswirtschaftliche Forschung, Jg. 55, H. Februar, S. 23-44.

European Tech Tour Association (2004): Press Release – Wachstumskapital für aufstrebende Technologieunternehmen, in: http://www.techtour.com/german05/files/GTT05_PR151204.pdf (Download 29.6.2005).

Falter, Thomas/Krahe, Andreas (2002): Aus Fehlern lernen, in: Wissensmanagement, Jg. 4, H. 4, S. 23-25.

Fank, Matthias (1997): Ansatzpunkte für eine Abgrenzung des Begriffs Unternehmenskultur anhand der Betrachtung verschiedener Kulturebenen und Konzepte der Organisationstheorie, in: Heinen, E./Fank, M. (Hrsg.): Unternehmenskultur – Perspektiven für Wissenschaft und Praxis, 2. Auflage, Oldenbourg, München, S. 239-262.

Farson, Richard/Keys, Ralph (2002): The failure-tolerant leader, in: Harvard Business Review, Jg. 80, H. 8, S. 64-71.

Faust, Konrad (1989): Dynamische Felder der Technik im Licht der internationalen Patentaktivität, Report 1989, Nr. I und II, München.

Fiol, C. M. (1994): Consensus, Diversity, and Learning in Organizations, in: Organization Science, Jg. 5, H. 3, S. 403-420.

Fischer, Sören (2003): Netzwerke im Mittelstand, in: Bouncken, R. B. (Hrsg.): Management von KMU und Gründungsunternehmen, DUV, Wiesbaden, S. 51-68.

Fitzek, Daniel/Gaso, Berislav/Voelz, Dirk (2002): Performance Effects of Supplier Relationship Management, St. Gallen.

Fornell, Claes (1986): A second Generation of Multivariate Analysis: Classification of Methods and Implications for Marketing Research, University of Michigan, Ann Arbor.

Fornell, Claes/Larcker, David F. (1981): Evaluating Structural Equation Models with Unobservable Variables and Measurement Error, in: Journal of Marketing Research, Jg. 45, H. Februar, S. 39-50.

Foster, Richard N./Kaplan, Sarah (2001): Creative destruction, in: The McKinsey Quarterly, Jg. 38, H. 3, S. 41-51.

Frederick, William C. (1995): Values, Nature and Culture in the American Corporation, New York.

Freier, Peter (2000): Etablierungsmanagement innovativer Unternehmensgründungen: Eine empirische Analyse der Biotechnologie, Gabler/ DUV, Wiesbaden.

Frey, Dieter/Schulz-Hardt, Stefan (2000): Zentrale Führungsprinzipien und Center-of-Excellence-Kulturen als notwendige Bedingung für ein funktionierendes Ideenmanagement, in: Frey, D./Schuld-Hardt, S. (Hrsg.): Vom Vorschlagwesen zum Ideenmanagement – Zum Problem der Änderung von Mentalitäten, Verhalten und Strukturen, Hogrefe-Verlag, Göttingen u.a., S. 15-46.

Frietsch, Rainer/Grupp, Hariolf (2002): Technologische Leistungsfähigkeit Deutschlands auf dem Gebiet der Optischen Technologie, Karlsruhe.

Fritsch, M. (1990): Wachstumsmotor junge Technologieunternehmen – Zu Besonderheiten der Beschäftigungsentwicklung von jungen Technologieunternehmen im Verarbeitenden Gewerbe der Bundesrepublik Deutschland, in: Internationales Gewerbearchiv, H. 3, S. 147-161.

Fritsch, Michael/Niese, Michael (2002): Überblick über Problembereiche bei der Erfassung von Gründungen und Stilllegungen, in: Fritsch, M./Grotz, R. (Hrsg.): Das Gründungsgeschehen in Deutschland, Physica, Heidelberg, S. 5-20.

Gabele, E./Kirsch, W./Treffert, J. (1977): Werte von Führungskräften der deutschen Wirtschaft – Eine empirische Analyse, München.

Gabele, Eduard (1993): Unternehmenskultur, in: Hauschildt, J./Grün, O. (Hrsg.): Ergebnisse empirischer betriebswirtschaftlicher Forschung – Zu einer Realtheorie der Unternehmung, Festschrift für Eberhard Witte, Stuttgart, S. 115-134.

Gaitanides, M./Wicher, H. (1985): Venture Management – Strategien und Strukturen der Unternehmensentwicklung, in: Die Betriebswirtschaft, Jg. 45, H. 4, S. 414-426.

Galbraith, J. R. (1982): Designing the innovating organization, in: Organizational Dynamics, Jg. 10, H. 3, S. 5-25.

Garcia, Rosanna/Calantone, Roger (2002): A critical look at technological innovation typology and innovativeness terminology – A literature review, in: Journal of Product Innovation Management, Jg. 19, H. 2, S. 110-132.

Gatignon, Hubert/Tushman, Michael L./Smith, Wendy/Anderson, Philip (2002): A Structural Approach to Assessing Innovation: Construct Development of Innovation Locus, Type and Characteristics, in: Management Science, Jg. 48, H. 9, S. 1103-1122.

Gebert, D./Boerner, S./Lanwehr, R. (2001): Innovationsförderliche Öffnungsprozesse – "Je mehr, desto besser?", in: Die Betriebswirtschaft, Jg. 61, H. 2, S. 204-222.

Gemünden, Hans G./Högl, Martin (2001): Determinanten und Wirkungen der Teamarbeit in innovativen Projekten – Eine theoretische und empirische Analyse, in: Gemünden, H. G./Högl, M. (Hrsg.): Management von Teams – Theoretische Konzepte und empirische Befunde, 2. Auflage, Gabler, Wiesbaden, S. 33-66.

Gemünden, H. G./Högl, M. (Hrsg.) (2001): Management von Teams – Theoretische Konzepte und empirische Befunde, 2. Auflage, Gabler, Wiesbaden.

Gemünden, Hans G./Högl, Martin (2001): Teamarbeit in innovativen Projekten: Eine kritische Bestandsaufnahme der empirischen Forschung, in: Gemünden, H. G./Högl, M. (Hrsg.): Management von Teams – Theoretische Konzepte und empirische Befunde, 2. Auflage, Gabler, Wiesbaden, S. 1-31.

Gemünden, Hans G./Konrad, Elmar D. (2000): Unternehmerisches Verhalten als ein bedeutender Erfolgsfaktor von technologischen Unternehmensgründungen – eine kritische Würdigung von Erklärungsansätzen verschiedener Modellkonstrukte, in: Die Unternehmung, Jg. 54, H. 4, S. 247-271.

Gerbing, David W./Anderson, James C. (1988): An updated Paradigm for Scale Development Incorporating Unidimensionality and Its Assessment, in: Journal of Marketing Research, Jg. 25, H. Mai, S. 186-192.

Gerpott, Torsten J. (1999): Strategisches Technologie- und Innovationsmanagement, Schäffer-Poeschel, Stuttgart.

Gerybadze, Alexander (1995): Innovationsmanagement, in: Corsten, H./Reiß, M. (Hrsg.): Handbuch Unternehmensführung: Konzepte – Instrumente – Schnittstellen, Gabler, Wiesbaden, S. 829-845.

Geschka, Horst (1993): Wettbewerbsfaktor Zeit – Beschleunigung von Innovationsprozessen, Moderne Industrie, Landsberg (Lech).

Gielow, Gisela (1987): Unterschiede im Innovationsverhalten zwischen kleinen und großen Unternehmen, in: Fritsch, M./Hall, G. (Hrsg.): Arbeitsplatzdynamik und Regionalentwicklung, Berlin, S. 219-234.

Gillingham, David W./Blanco, José/Lewko, John H. (1997): An integrated model of error management, in: Disaster Prevention and Management, Jg. 6, H. 3, S. 186-190.

Gladstein, Deborah L. (1984): Groups in context: A model of task group effectiveness, in: Administrative Science Quarterly, Jg. 29, S. 499-517.

Glasl, Friedrich (1999): Konfliktmanagement, 6. Auflage, Freies Geistesleben, Bern.

Goll, Irene/Zeitz, Gerald (1991): Conceptualizing and measuring corporate ideology, in: Organization Studies, Jg. 12, H. 2, S. 191-207.

Gontard, Maximilian (2002): Unternehmenskultur und Organisationsklima, Rainer Hampp, München.

Govindarajan, Vijay/Trimble, Chris (2004): Strategic innovation and the science of learning, in: MIT Sloan Management Review, H. Winter, S. 67-75.

Graen, George B./Cashman, James F. (1975): A role-making model of leadership in formal organizations: a developmental approach, in: Hunt, J. G./Larson, L. L. (Hrsg.): Leadership Frontiers, Kent State Univ. Press, Kent/OH, S. 143-165.

Graen, George B./Uhl-Bein, Mary (1995): Relationship-based approach to leadership: development of leader-member (LMX) theory of leadership over 25 years: applying a multi-level multi-domain perspective, in: Leadership Quarterly, Jg. 6, H. 2, S. 219-247.

Green, Stephen G./Gavin, Mark B./Aiman-Smith, Lynda (1995): Assessing a multidimensional measure of radical technological innovation, in: IEEE Transactions on Engineering Management, Jg. 42, H. 3, S. 203-214.

Gruber, Marc (2000): Der Wandel von Erfolgsfaktoren mittelständischer Unternehmen, DUV, Wiesbaden.

Grupp, Hariolf (1995): Technologie am Beginn des 21. Jahrhunderts, 2. Auflage, Heidelberg.

Grupp, Hariolf/Legler, Harald/Jungmittag, Andre/Schmoch, Ulrich (2000): Hochtechnologie 2000 – Neudefinition der Hochtechnologie für die Berichterstattung zur technologischen Leistungsfähigkeit Deutschlands, Karlsruhe/Hannover.

Gupta, Vipin/MacMillan, Ian C./Surie, Gita (2004): Entrepreneurial leadership: developing and measuring a cross-cultural construct, in: Journal of Business Venturing, Jg. 19, H. 6, S. 241-260.

Gussmann, Bernd (1987): Innovationsfördernde Unternehmenskultur, Erich Schmidt, Berlin.

Götz, Katja/Tritt, Karin/Leiberich, Peter/Lahmann, Claas/Loew, Thomas (2005): Verbessert "Learning by Doing" den Unterricht im Fach Medizinische Soziologie?, in: GMS Zeitschrift für Medizinische Ausbildung, Jg. 22, H. 4, Doc211.

Günterberg, Brigitte/ Kayser, Gunter (2004): SMEs in Germany – Facts and Figures 2004, IfM-Materialien, Nr. 161, Bonn.

Günterberg, Brigitte/ Wolter, Hans-Jürgen (2002): Unternehmensgrößenstatistik 2001/2002 – Daten und Fakten, Institut für Mittelstandsforschung, Bonn.

Halmann, Johannes I. M./ Keizer, Jimme A./Song, Michael (2001): Risk factors in product innovation projects, Eindhoven Centre for innovation studies: Conference about "The future of innovation studies", Eindhoven.

Hart, Stewar L./Milstein, Mark B. (1999): Global sustainability and the creative destruction of industries, in: Sloan Management Review, Jg. 41, H. 1, S. 23-33.

Hartung, Joachim/Elpelt, Bärbel (1986): Multivariate Statistik: Lehr- und Handbuch der angewandten Statistik, 2. Auflage, München/Wien.

Harzing, Anne-Wil (2003): Journal Quality List, Melbourne.

Hauschildt, Jürgen (1997): Innovationsmanagement, 2. Auflage, Vahlen, München.

Hauschildt, Jürgen (2001): Innovationsmanagement, in: Bühner, R. (Hrsg.): Management-Lexikon, Oldenbourg, München/Wien, S. 364-366.

Hauschildt, Jürgen (2004): Innovationsmanagement, 3. Auflage, Vahlen, München.

Hauschildt, Jürgen/Leker, Jens (2000): Krisendiagnose durch Bilanzanalyse, Köln.

Hauschildt, Jürgen/Schlaak, Thomas M. (2001): Zur Messung des Innovationsgrades neuartiger Produkte, in: Zeitschrift für Betriebswirtschaft, Jg. 71, H. 2, S. 161-182.

Heide, Jan B./John, George (1992): Do Norms Matter in Marketing Relationships?, in: Journal of Marketing, Jg. 56, H. April, S. 32-44.

Heinemann, Florian (Dissertation eingereicht): Gestaltung der organisatorischen Rahmenbedingungen von Neuproduktentwicklungsprodukten - Eine Analyse der Bedeutung des Innovationsgrads für die Eignung möglicher innovationskontexte auf Basis des Akteursmodells, Mündliche Prüfung am 22.11.2006, RWTH Aachen.

Heinen, Edmund (1985): Entscheidungsorientierte Betriebswirtschaftslehre und Unternehmenskultur, in: Zeitschrift für Betriebswirtschaft (ZfB), Jg. 55, H. 10, S. 980-991.

Heinen, Edmund (1997): Unternehmenskultur als Gegenstand der Betriebswirtschaftslehre, in: Heinen, E./Fank, M. (Hrsg.): Unternehmenskultur – Perspektiven für Wissenschaft und Praxis, 2. Auflage, Oldenbourg, München/Wien, S. 1-48.

Heirman, Ans/Clarysse, Bart/Van Den Haute, Vicky (2003): How and Why Do Firms Differ at Start-Up? A Resource-Based Configurational Perspective, Nr. 2003/198, Ghent.

Helm, Roland (2001): Planung und Vermarktung von Innovationen: Die Präferenz von Konsumenten für verschiedene Innovationsumfänge unter Berücksichtigung des optimalen Stimulationsniveaus und marktbezogener Einflussfaktoren, Schäffer-Poeschel, Stuttgart.

Helmers, Sabine (1993): Beiträge der Ethnologie zur Unternehmenskulturforschung, in: Dierkes, M./von Rosenstiel, L./Steger, U. (Hrsg.): Unternehmenskultur in Theorie und Praxis – Konzepte aus Ökonomie, Psychologie und Ethnologie, Campus Verlag, Frankfurt a.M., New York, S. 147-187.

Henderson, Rebecca M./Clark, Kim B. (1990): Architectural innovation: The reconfiguration of existing product technologies and the failure of established firms, in: Administrative Science Quarterly, Jg. 35, H. 1, S. 9-30.

Henseler, Jörg (2005): Einführung in die PLS-Pfadmodellierung, in: Wirtschaftswissenschaftliches Studium, Jg. 34, H. 2, S. 70-75.

Hermann, Robert (2004): Arzneien effizient entwickeln, in: Fraunhofer Magazin, H. 3, S. 13.

Herrmann, Andreas/Huber, Frank/Kressmann, Frank (2004): Partial Least Squares – Ein Leitfaden zur Spezifikation, Schätzung und Beurteilung varianzbasierter Strukturgleichungsmodelle, Mainz.

Herstatt, Cornelius/Verworn, Birgit (2003): Management der frühen Innovationsphasen: Grundlagen – Methoden – Neue Ansätze, Gabler, Wiesbaden.

Hildebrandt, Lutz (1998): Kausalanalytische Validierung in der Marketingforschung, in: Hildebrandt, L./Homburg, C. (Hrsg.): Die Kausalanalyse – Ein Instrument der betriebswirtschaftlichen Forschung, Stuttgart, S. 85-111.

Hildebrandt, Lutz/Görz, Nicole (1999): Zum Stand der Kausalanalyse mit Strukturgleichungsmodellen – Methodische Trends und Software-Entwicklungen, Discussion Paper 46, SFB 373, Berlin.

Hildebrandt, L./Homburg, C. (Hrsg.) (1998): Die Kausalanalyse: Ein Instrument der empirischen betriebswirtschaftlichen Forschung, Stuttgart.

Hill, Richard M./Hlavacek, James D. (1972): The venture team – A new concept in marketing organization, in: Journal of Marketing, Jg. 36, H. 3, S. 44-50.

Hoang, Ha/Antoncic, Bostjan (2003): Network-based research in entrepreneurship – A critical review, in: Journal of Business Venturing, Jg. 18, H. 2, S. 165-187.

Hofstede, Geert (1998): Attitudes, Values and Organizational Culture: Disentangling the Concepts, in: Organization Studies, Jg. 19, H. 3, S. 477-493.

Homburg, Christian (2000): Kundennähe von Industriegüterunternehmen: Konzeption – Erfolgsauswirkungen – Determinanten, 3. Auflage, Gabler, Wiesbaden.

Homburg, Christian/Baumgartner, Hans (1995): Beurteilung von Kausalmodellen: Bestandsaufnahme und Anwendungsempfehlungen, in: Marketing ZFP, Jg. 17, H. 3, S. 162-176.

Homburg, Christian/Baumgartner, Hans (1995): Die Kausalanalyse als Instrument der Marketingforschung: Eine Bestandsaufnahme, in: Zeitschrift für Betriebswirtschaft (ZfB), Jg. 65, H. 10, S. 1091-1108.

Homburg, Christian/Giering, Annette (1996): Konzeptualisierung und Operationalisierung komplexer Konstrukte – Ein Leitfaden für die Marketingforschung, in: Marketing ZFP, Jg. 18, H. 1, S. 5-24.

Homburg, Christian/Hildebrandt, Lutz (1998): Die Kausalanalyse: Bestandsaufnahme, Entwicklungsrichtungen, Problemfelder, in: Hildebrandt, L./Homburg, C. (Hrsg.): Die Kausalanalyse: Ein Instrument der empirischen betriebswirtschaftlichen Forschung, Stuttgart, S. 15-43.

Homburg, Christian/Pflesser, Christian (2000): Strukturgleichungsmodelle mit latenten Variablen: Kausalanalyse, in: Herrmann, A. /Homburg, C. (Hrsg.): Marktforschung: Methoden, Anwendungen, Praxisbeispiele, 2. Auflage, Wiesbaden, S. 633-661.

Horváth, Péter (1995): Instrumente des F&E-Controllings, in: Zahn, E. (Hrsg.): Handbuch Technologiemanagement, Schäffer-Poeschel, Stuttgart, S. 705-723.

Hotz-Hart, Beat/Reuter, Andreas/Vock, Patrick (2001): Innovationen: Wirtschaft und Politik im globalen Wettbewerb, Peter Lang Verlag, Bern.

House, R. J./Hanges, P./Ruiz-Quintanilla, S. A./Dorfman, P. W./Javidan, M./Dickson, M./Gupta, V. (1998): Cultural influences on leadership and organization: the GLOBE project, in: Mobley, W. (Hrsg.): Advances in Global Leadership, JAI Press, Stamford, S. 171-233.

House, Robert J./Aditya, Ram N. (1997): The social scientific study of leadership: quo vadis?, in: Journal of Management, Jg. 23, H. 3, S. 409-473.

Hu, Li-tze/Bentler, Peter M. (1995): Evaluating Model Fit, in: Hoyle, R. H. (Hrsg.): Structural Equation Modeling: Concepts, Issues and Applications, Sage, Thousand Oaks, S. 76-99.

Hu, Li-tze/Bentler, Peter M. (1999): Cutoff Criteria for Fit Indexes in Covariance Structure Analysis: Conventional Criteria Versus New Alternatives, in: Structural Equation Modeling, Jg. 6, H. 1, S. 1-55.

Högl, Martin/Gemünden, Hans G. (2001): Teamwork Quality and the Success of Innovative Projects: A Theoretical Concept and Empirical Evidence, in: Organization Science, Jg. 12, H. 4, S. 435-449.

Initiative MittelstandPlus (2002-2006): Mittelstand steht vor neuen Herausforderungen, in: https://www.mittelstand-plus.de/html/content/mittelstand/herausforderungen.php (Download 9.9.2006).

Jaafari, Ali (2001): Management of risks, uncertainties and opportunities on projects – Time for a fundamental shift, in: International Journal of Project Management, Jg. 19, H. 2, S. 89-101.

Jackson, Jay (1966): A Conceptual and Measurement Model for Norms and Roles, in: Pacific Sociological Review, Jg. 9, H. Spring, S. 35-47.

Jacques, Elliot (1951): The changing culture of a factory, London.

Jarvis, Cheryl B./Mackenzie, Scott B./Podsakoff, Philip M. (2003): A Critical Review of Construct Indicators and Measurement Model Misspecification in Marketing and Consumer Research, in: Journal of Consumer Research, Jg. 30, H. September, S. 199-218.

Jehn, Karen A. (1994): Enhancing Effectiveness: An Investigation of Advantages and Disadvantages of Value-Based Intragroup Conflict, in: The International Journal of Conflict Management, Jg. 5, H. 3, S. 223-238.

Jehn, Karen A. (1995): A Multimethod Examination of the Benefits and Detriments of Intragroup Conflict, in: Administration Science Quarterly, Jg. 40, H. 2, S. 256-282.

Jehn, Karen A. (1997): A qualitative analysis of conflict types and dimensions in organizational groups, in: Administrative Science Quarterly, Jg. 42, H. 3, S. 530-557.

Jehn, Karen A./Mannix, Elizabeth A. (2001): The dynamic nature of conflict: A longitudinal study of intragroup conflict and group performance, in: Academy of Management Journal, Jg. 44, H. 2, S. 238-251.

Jehn, Karen A./Northcraft, Gregory B./Neale, Margaret A. (1999): Why differences make a difference: A field study of diversity, conflict, and performance in workgroups, in: Adminstrative Science Quarterly, Jg. 44, H. 4, S. 741-763.

Jennings, Daniel F./Lumpkin, James R. (1989): Functioning modeling corporate entrepreneurship – An empirical integrative analysis, in: Journal of Management, Jg. 15, H. 3, S. 485-202.

Jensen, Bjarne/Harmsen, Hanne (2001): Implementation of success factors in new product development – the missing link?, in: European Journal of Innovation Management, Jg. 4, H. 1, S. 37-52.

Johannessen, J. A./Olsen, B./Lumpkin, G. T. (2001): Innovations as newness: What is new, how new and new to whom?, in: European Journal of Innovation Management, Jg. 4, H. 1, S. 20-31.

Jones, Charlotte F./O'Brien, John (1991): Mistakes that worked, Bantam Doubleday, New York/NY.

Jose, Paul E. (Publikationsdatum unbekannt): Moderation and Mediation Help Centre, in: http://www.vuw.ac.nz/psyc/staff/paul-jose/files/helpcentre/help1_intro.php (Download 27.1.2005).

Jöreskog, Karl G./Sörbom, Dag (1982): Recent Developments in Structural Equation Modeling, in: Journal of Marketing Research, Jg. 19, H. November, S. 404-416.

Kahle, Egbert/Bouncken, Ricarda B. (2002): Entwicklung von Netzwerken – von der Vorgründung bis zum frühen Wachstum, in: Füglistaller, U. et al. (Hrsg.): Umbruch der Welt – KMU vor Höhenflug oder Absturz?, KMU Verlag HSG, St. Gallen, S. 397-409.

Kaiser, Henry F. (1974): An Index of Factorial Simplicity, in: Psychometrika, Jg. 39, H. 1, S. 31-36.

Kaiser, Lars/Gläser, Joachim (2004): Entwicklungsphasen neugegründeter Unternehmen, Trierer Arbeitspapiere zur Mittelstandsökonomie, Nr. 6, Trier.

Kaschube, Jürgen (1993): Betrachtung der Unternehmens- und Organisationskulturforschung aus (organisations-) psychologischer Sicht, in: Dierkes, M./von Rosenstiel, L./Steger, U. (Hrsg.): Unternehmenskultur in Theorie und Praxis – Konzepte aus Ökonomie, Psychologie und Ethnologie, Campus Verlag, Frankfurt a.M./New York, S. 90-146.

Kasper, Helmut (1987): Organisationskultur – Über den Stand der Forschung, Service-Fachverlag, Wien.

Katz, Daniel/Kahn, Robert L. (1978): The social psychology of organizations, Wiley, New York.

Keith, Nina/Frese Michael (2004): Performance Effects of Error Management Training: A Meta-Analysis, Gießen.

Kellermanns, Franz W./Eddleston, Kimberly A. (2004): Feuding Families: When Conflict Does a Family Firm Good, in: Entrepreneurship: Theory & Practice, Jg. 28, H. Spring, S. 209-228.

Kenny, David A./Judd, C. M. (1984): Estimating the Nonlinear and Interactive Effects of Latent Variables, in: Psychological Bulletin, Jg. 96, H. 1, S. 201-210.

Kerber, Wolfgang (1994): Evolutorischer Wettbewerb: Zu den theoretischen und institutionellen Grundlagen der Wettbewerbsforschung, Freiburg.

Kern, Werner/Schröder, Hans-Horst (1977): Forschung und Entwicklung in der Unternehmung, Rowohlt, Reinbek bei Hamburg.

Khurana, Anil/Rosenthal, Stephen R. (1997): Integrating the fuzzy front end of new product development, in: Sloan Management Review, Jg. 38, H. 2, S. 103-120.

Kiedaisch, Ingo (1997): Internationale Kunden-Lieferanten-Beziehungen: Determinanten – Steuerungsmechanismen – Beziehungsqualität, Wiesbaden.

Kieser, Alfred (1974): Der Einfluss der Umwelt auf die Organisationsstruktur der Unternehmung, in: Zeitschrift Führung + Organisation, Jg. 43, H. 5, S. 302-314.

Kieser, Alfred (1984): Innovation und Organisationskultur, in: Gdi-Impuls, H. 4, S. 3-11.

Kieser, Alfred/Woywode, Michael (1998): Evolutionstheoretische Ansätze, in: Kieser, A. (Hrsg.): Organisationstheorien, 3. Auflage, Stuttgart, Sp. 253-287.

Kilman, Ralph H./Saxton, Mary J./Serpa, Roy (1985): Introduction: Five Key Issues in Understanding and Changing Culture, in: Kilman, R. H./Saxton, M. J./Serpa, R. (Hrsg.): Gaining Control of the Corporate Culture, San Francisco, S. 1-16.

Kirchhoff, Bruce A./Greene, Patricia G. (1995): Response to renewed attacks on the small business job creation hypothesis, in: Frontiers of Entrepreneurship Research, S. 1-15.

Kirschbaum, Günter (1984): Wirtschaftliche Revitalisierung – Regionalwirtschaftliche Aspekte der Gründungsforschung, in: Nathusius, K./ Klandt, H./Kirschbaum, G. (Hrsg.): Unternehmensgründungen – Konfrontation von Forschung und Praxis, Festschrift für Norbert Szyperski, Bergisch-Gladbach, S. 81-107.

Klandt, Heinz (1984): Aktivität und Erfolg des Unternehmensgründers: Eine empirische Analyse unter Einbeziehung des sozialen Umfeldes, Bergisch-Gladbach.

Klandt, Heinz (1999): Entrepreneurship: Unternehmerausbildung an deutschen Hochschulen, in: Betriebswirtschaftliche Forschung und Praxis, Jg. 51, H. 3, S. 241-255.

Klandt, Heinz/Kirchhoff-Kestel, Susanne/Struck, Jochen (1998): Zur Wirkung der Existenzgründungsförderung auf junge Unternehmen. Eine vergleichende Analyse geförderter und nicht-geförderter Unternehmen, FGF Entrepreneurship-Research Monographien, Köln u.a.

Kleinhückelskoten, Hans-Dieter (2002): Welche Anforderungen stellt der Business Angel an den Unternehmensgründer? Welche Zielunternehmen sind für ihn interessant?, in: Kleinhückelskoten, H.-D. (Hrsg.): Business Angels – Wenn Engel Gutes tun! Wie Unternehmensgründer und ihre Förderer erfolgreich zusammenarbeiten. Ein Praxishandbuch, F.A.Z.-Institut, Frankfurt a.M., S. 21-26.

Klocke, Björn (2004): Unternehmens- und Netzwerkentwicklung in High-Tech-Sektoren, DUV, Wiesbaden.

Kluckhohn, Clyde (1951): Values and Value-Orientations in the Theory of Action: An Exploration in Definition and Classification, in: Parsons, T./Shils, E. A. (Hrsg.): Toward a General Theory of Action, Cambridge, S. 388-433.

Knight, Russell M. (1987): Corporate Innovation and entrepreneurship – A Canadian study, in: Journal of Product Innovation Management, Jg. 4, H. 4, S. 284-297.

Komar, Walter (2003): Standortbedingungen der Biotechnologiebranche – Eine Analyse zur Identifikation von Erfolgsfaktoren für Biotechnologiefirmen und Bioregionen, Forschungspapier des Instituts für Wirtschaftsforschung Halle (IWH), Nr. 176, Halle (Saale).

Kondratieff, Nikolai D. (1926): Die langen Wellen der Konjunktur, in: Archiv für Sozialwissenschaft und Sozialpolitik, Bd. 56, S. 573-609.

Kortum, Samuel/Lerner, Josh (1998): Does Venture Capital Spur Innovation?, National Bureau of Economic Research Working Paper, Cambridge/MA.

Kotler, Philip (1992): Marketing-Management, 7. Auflage, Schäffer-Poeschel, Stuttgart.

Krackhardt, David (1995): Entrepreneurial Opportunities in an Entrepreneurial Firm: A Structural Approach, in: Entrepreneurship, Theory & Practice, Jg. 19, H. Spring, S. 53-69.

Kratzer, Jan (2001): Communication and Performance: An Empirical Study in Innovation Teams, 1. Auflage, ICS-Serie der Universitäten Groningen, Utrecht und Nijmegen (NL), Groningen/Utrecht.

Kreditanstalt für Wiederaufbau (KfW) (2000): Durch Erhöhung der Selbständigenquote zur Vollbeschäftigung?, in: KfW-Beiträge zur Mittelstands- und Strukturpolitik, Jg. 18, H. 7, S. 16-26.

Kretschmer, Thomas (1992): Forschungs- und Technologiefelder der Zukunft – Analyse nationaler und internationaler Prognosen und Programme, Bericht im Auftrag des Bundesministers der Verteidigung, Bonn.

Krieger, Axel (2005): Erfolgreiches Management radikaler Innovationen – Autonomie als Schlüsselvariable, DUV, Wiesbaden.

Krimphove, Dieter/Tytko, Dagmar (2002): Der Begriff "mittelständische Unternehmen" in betriebswirtschaftlicher und juristischer Diskussion, in: Krimphove, D./Tytko, D. (Hrsg.): Praktiker-Handbuch Unternehmensfinanzierung, Schäfer-Poeschel, Stuttgart, S. 3-13.

Kroeber, Alfred L./Kluckhohn, Clyde (1952): Culture, Cambridge/Mass.

Krohmer, Harley (1999): Marktorientierte Unternehmenskultur als Erfolgsfaktor bei der Strategieimplementierung, DUV, Wiesbaden.

Kroy, Walter (1995): Technologiemanagement für grundlegende Innovationen, in: Zahn, E. (Hrsg.): Handbuch Technologiemanagement, Schäffer-Poeschel, Stuttgart, S. 57-79.

Kuczmarski, Thomas D. (2000): Managing new products: Using the MAP™ system to accelerate growth, The Innovation Press, Chicago.

Kulicke, Marianne (1993): Chancen und Risiken junger Technologieunternehmen – Ergebnisse des Modellversuchs "Förderung technologieorientierter Unternehmensgründungen", Heidelberg.

Kulicke, Marianne (2000): Neue innovative Unternehmenstypen, in: http://www.uni-kassel.de/tib/gruender/doc/kulick.pdf (Download 6.9.2005).

Kulicke, Marianne/Menrad, Klaus/Wörner, Stefan (2002): Innovationsmanagement in jungen Biotechnologieunternehmen, Karlsruhe.

Leavy, Brian (1997): Innovation and the established organization, in: Journal of General Management, Jg. 22, H. 3, S. 38-52.

Leder, Matthias (1989): Innovationsmanagement: Ein Überblick, in: Zeitschrift für Betriebswirtschaft, Jg. Ergänzungsheft 1/89: Innovationsmanagement, S. 1-54.

Legler, Harald/Gehrke, Birgit (2005): Zur technologischen Leistungsfähigkeit Deutschlands 2005, in: Bundesministerium für Bildung und Forschung (BMBF) (Hrsg.): Zur technologischen Leistungsfähigkeit Deutschlands 2005, Bonn/Berlin, S. 1-95.

Legler, Harald/Gehrke, Birgit/Krawczyk, Olaf (2004): Deutschlands forschungs- und wissensintensive Wirtschaftszweige: Spezialisierung, Wachstum, Beschäftigung und Qualifikationserfordernisse, Studien zum deutschen Innovationssystem, Nr. 14-2005, Hannover.

Lehner, Franz (2001): Innovatives Management: Ein Widerspruch in sich selbst?, in: Blecker, T./Gemünden, H. G. (Hrsg.): Innovatives Produktions- und Technologiemanagement – Festschrift für Bernd Kaluza, Springer, Berlin u.a., S. 253-270.

Lehrer, Mark (2000): Has Germany finally fixed its high-tech problem? The recent boom in German technology-based entrepreneurship, in: California Management Review, Jg. 42, H. 4, S. 89-107.

Leifer, Richard/McDermott, Christopher M./Colarelli O'Connor, Gina/Peters, Lois S./Rice, Mark P./Veryzer, Robert W./Rice, Mark (2000): Radical innovation: How mature companies can outsmart upstarts, Harvard Business School Press, Boston.

Leppin, Karin (24.2002): Still, verborgen, unsichtbar – Nanotechnik soll die Wirtschaft im 21. Jahrhundert revolutionieren. Deutsche Start-ups sind Weltspitze, in: Die Zeit, S. 24-25.

Lessat, Vera/Hemer, Joachim/Eckerle, Tobias/Kulicke, Marianne/Licht, Georg/Nerlinger Eric (1999): Beteiligungskapital und Technologieorientierte Unternehmensgründungen. Markt – Finanzierung – Rahmenbedingungen, Wiesbaden.

Liebeherr, Jeanette (Dissertationsentwurf noch nicht eingereicht): Vorliegendes Kapitel mit Arbeitstitel: Fehlertoleranz als Teil der innovationsorientierten Unternehmenskultur, Stand des Kapitels vom 20.09.2004, Berlin.

Lindström, Tom (2005): Resource-Based View of Diversification: Main Concepts and Comparison with other Views, Working paper TU-91.167 (Seminar in Business Strategy and International Business), Helsinki.

Loch, Christoph H./Stein, Lothar/Terwiesch, Christian (1996): Measuring development performance in the electronics industry, in: Journal of Product Innovation Management, Jg. 13, H. 1, S. 3-20.

Lorsch, Jay W. (1986): Managing culture: The invisible barrier to strategic change, in: California Management Review, Jg. 28, H. 2, S. 95-109.

Luber, Silvia/Gangl, Markus/Leicht, René (1997): Fehlende Kultur der Selbständigkeit?, Strukturbericht Kurzinfo, Mannheim.

Ludwig-Mayerhofer, Wolfgang (2005): ILMES – Internet-Lexikon der Methoden der empirischen Sozialforschung: Cronbachs Alpha, in: http://www.lrz-muenchen.de/~wlm/ilm_c4.htm (Download 7.6.2005).

Ludwig-Mayerhofer, Wolfgang (2005): ILMES – Internet-Lexikon der Methoden der empirischen Sozialforschung: Reliabilität, in: http://www.lrz-muenchen.de/~wlm/ilm_z5.htm (Download 7.6.2005).

Ludwig-Mayerhofer, Wolfgang (2005): ILMES – Internet-Lexikon der Methoden der empirischen Sozialforschung: Validität, in: http://www.lrz-muenchen.de/~wlm/ilm_v5.htm (Download 7.6.2005).

Lumpkin, Tom G./Dess, Gregory G. (1996): Clarifying the entrepreneurial orientation construct and linking it to performance, in: Academy of Management Journal, Jg. 21, H. 1, S. 135-172.

Lutschewitz, Hartmut (1974): Die Diffusion innovativer Investitionsgüter – Ein Beitrag zu einer Theorie des Investitionsgütermarketing, Mannheim.

Lynn, Frank/Heintz, Susan (1992): From experience: Where does your new technology fit into the marketplace?, in: Journal of Product Innovation Management, Jg. 9, H. 1, S. 19-25.

Lynn, Gary S./Morone, Joseph G./Paulson, Albert S. (1996): Marketing and discontinous Innovation: The Probe and Learn Process, in: California Management Review, Jg. 38, H. 3, S. 8-37.

Lynn, Gary S./Morone, Joseph G./Paulson, Albert S. (o.J.): Wie echte Produktinnovationen entstehen, in: Manager, H. B. (Hrsg.): Innovationsmanagement, Band 3, Manager-Magazin-Verlag, Hamburg, S. 9-19.

Lyon, Douglas W./Lumpkin, G. T./Dess, Gregory G. (2000): Enhancing Entrepreneurial Orientation Research: Operationalizing and Measuring a Key Strategic Decision Making Process, in: Journal of Management, Jg. 26, H. 5, S. 1055-1085.

MacCallum, Robert C./Browne, Michael/Sugawara, Hazuki M. (1996): Power Analysis and Determination of Sample Sizes for Covariance Structure Modeling, in: Psychological Methods, Jg. 1, H. 2, S. 130-149.

Macho, Siegfried (2004): Vorlesungsskript: Kausale Modellierung mit linearen Strukturgleichungsmodellen – Teil 3: Konfirmative Faktorenanalyse, Unveröffentlichtes Manuskript, Universität Fribourg.

MacKinnon, David P. (Publikationsdatum unbekannt): Mediation, in: http://www.public.asu.edu/~davidpm/ripl/mediate.htm (Download 27.1.2005).

Maidique, Modesto A. (1982): Entrepreneurs, champions and technological innovation, in: Tushman, M. L./Moore, W. L. (Hrsg.): Readings in the management of innovation, Pitman, Boston, S. 562-581.

Maier, Jörg/Obermaier, Frank (2001): Die Bedeutung des "supporting space" für Innovationsverhalten und Netzwerkbildung von kleinen und mittleren Unternehmen, in: Meyer, J.-A. (Hrsg.): Innovationsmanagement in kleinen und mittleren Unternehmen: Jahrbuch der KMU-Forschung 2001, Vahlen, München, S. 39-54.

Manigart, Sophie/Baeyens, Katleen/Van Hyfte, Wim (2002): The survival of venture capital backed companies, in: Venture Capital, Jg. 4, H. 2, S. 103-124.

Mantzavinos, Chrysostomos (1994): Wettbewerbstheorie – eine kritische Auseinandersetzung, Duncker und Humblot, Berlin.

Mascitelli, Ronald (2000): From experience: Harnessing tacit knowledge to achieve breakthrough innovation, in: Journal of Product Innovation Management, Jg. 17, H. 3, S. 179-193.

Mason, Colin M./Harrison, Richard T. (1994): Informal Venture Capital in the UK, in: Hughes, A./Storey, D. J. (Hrsg.): Finance and the Small Firm, Routledge, London, S. 64-111.

McAuley, John (1994): Exploring Issues in Culture and Competence, in: Human Relations, Jg. 47, H. 4, S. 417-430.

McCune, Jenny C. (1997): Making lemonade, in: Management Review, Jg. 86, H. 6, S. 49-53.

Meißner, Wolfgang (1989): Innovation und Organisation, Verlag für angewandte Psychologie, Stuttgart.

Mellewigt, Thomas/Witt, Peter (2002): Die Bedeutung des Vorgründungsprozesses für die Evolution von Unternehmen: Stand der empirischen Forschung, in: Zeitschrift für Betriebswirtschaft, Jg. 72, H. 1, S. 81-110.

Melzer, Gisela (1990): Die Bedeutung technologischer Basisinnovationen, institutioneller Innovationen und Sozialinnovationen für das Wirtschaftswachstum – Kritik der Kondratieff-Innovations-Cluster-These, Bonn.

Meyer, Jörn A. (2001): Innovationsmanagement in kleinen und mittleren Unternehmen – Eine Einführung in das Jahrbuch für Forschung und Praxis 2001, in: Meyer, J.-A. (Hrsg.): Innovationsmanagement in kleinen und mittleren Unternehmen, Vahlen, München, S. 3-8.

Meyer-Krahmer, Frieder/Grupp, Hariolf (1993): Strategische Sektoren der Bundesrepublik Deutschland – Empirische Befunde und Vermutungen, in: Meyer-Krahmer, F. (Hrsg.): Innovationsökonomie und Technologiepolitik, Heidelberg, S. 247-273.

Michel, Kay (1987): Technologie im strategischen Management: Ein Portfolio-Ansatz zur integrierten Technologie- und Marktplanung, Berlin.

Miller, Franz (2004): Schneller zum besseren Medikament, in: Fraunhofer Magazin, H. 3, S. 8-12.

Mintzberg, Henry (1991): The effective organization – Forces and forms, in: Sloan Management Review, Jg. 32, H. 2, S. 54-67.

Murdock, George P. (1940): The Cross-Cultural Survey, in: American Sociological Review, Jg. 5, H. 3, S. 361-370.

Murnigham, J. K./Conlon, Donald E. (1991): The dynamics of intense work groups: a study of British string quartets, in: Administrative Science Quarterly, Jg. 36, S. 165-186.

Möhrle, Martin G. (1994): Instrumentelles FuE-Management – Das Zusammenspiel von FuE-Programm-Portfolio und FuE-Projektverflechtungsgraph, in: Zahn, E. (Hrsg.): Technologiemanagement und Technologien für das Management, Schäffer-Poeschel, Stuttgart, S. 227-249.

Müller-Stewens, Günter/Lechner, Christoph (2001): Strategisches Management – Wie strategische Initiativen zum Wandel führen, Schäffer-Poeschel, Stuttgart.

Nathusius, Klaus (1979a): Venture Management – Ein Instrument zur innovativen Unternehmensentwicklung, Duncker & Humblot, Berlin.

Nathusius, Klaus (1979b): Grundansatz und Formen des Venture Managements, in: Schmalenbachs Zeitschrift für betriebswirtschaftliche Forschung, Jg. 31, H. 6, S. 507-526.

Nathusius, Klaus (2001): Grundlagen der Gründungsfinanzierung, Gabler, Wiesbaden.

Nebe, Ralph (2000): Gestaltungsmöglichkeiten einer innovationsfreundlichen Organisationsstruktur, in: Dold, E./Gentsch, P. (Hrsg.): Innovationsmanagement – Handbuch für mittelständische Unternehmen, Luchterhand, Neuwied, S. 1-26.

Nerlinger, Eric/Berger, Gregor (1995): Technologieorientierte Industrien und Unternehmen: Alternative Definitionen, Working Paper aus der Industrial Economics and International Management Series, Nr. 95-20, Mannheim.

Neuberger, Oswald/Kompa, Ain (1987): Wir, die Firma. Der Kult um die Unternehmenskultur, Beltz, Weinheim.

Nieschlag, Robert/Dichtl, Erwin/Hörschgen, Hans (1997): Marketing, 18. Auflage, Berlin.

Nunnally, Jum C. (1978): Psychometric Theory, 2. Auflage, New York u.a.

O'Donnell, Aodheen/Gilmore, Audrey/Cummins, Darryl/Carson, David (2001): The network construct in entrepreneurship research: a review and critique, in: Management Decision, Jg. 39, H. 9, S. 749-760.

O'Reilly, Charles A./Chatman, Jennifer A. (1996): Culture as social control: Corporations, culture and commitment, in: Staw, B./Cummings, L. (Hrsg.): Research in organizational behavior, 18. Auflage, S. 157-200.

O'Reilly, Charles A./Chatman, Jennifer A./Caldwell, David F. (1991): People and Organizational Culture: A Profile Comparison Approach to Assessing Person-Organization Fit, in: Academy of Management Journal, Jg. 34, H. 3, S. 487-516.

O.V. (19.5.2001): Viel zu kurz kommt in deutschen Unternehmen das zwischenmenschliche Beziehungsmanagement, in: Frankfurter Rundschau.

Ogbonna, Emmanuel/Harris, Lloyd C. (2000): Leadership style, organizational culture and performance: empirical evidence from UK companies, in: International Journal of Human Resource Management, Jg. 11, H. 4, S. 766-788.

Ouchi, William G. (1981): Theory Z: How American Management can Meet the Japanese Challenge, Addison-Wesley, Reading/Mass.

Parry, Ken W./Proctor-Thomson, Sarah B. (2001): Testing the Validity and Reliability of the Organisational Description Questionnaire (ODQ), in: International Journal of Organisational Behaviour, Jg. 4, H. 3, S. 111-124.

Pascale, Richard T./Athos, Anthony A. (1981): The art of Japanese management, Simon & Schuster, New York.

Payne, Roy L. (2000): Climate and Culture: How Close Can They Get?, in: Ashkanasy, N. M./Wilderom, C. P. M./Peterson, M. F. (Hrsg.): Handbook of Organizational Culture & Climate, Sage Publications, Thousand Oaks, S. 163-176.

Penrose, Edith T. (1959): The theory of the growth of the firm, Blackwell, Oxford.

Peter, Paul J. (1979): Reliability: A Review of Psychometric Basics and Recent Marketing Practices, in: Journal of Marketing Research, Jg. 16, H. February, S. 6-17.

Peters, Thomas J./Waterman, Robert H. (1982): In Search of Excellence, New York.

Peters, Thomas J./Waterman, Robert H. (1984): Auf der Suche nach Spitzenleistungen – Was man von den bestgeführten US-Unternehmen lernen kann, 6. Auflage, Landsberg am Lech.

Peterson, Robert A. (1994): A Meta-Analysis of Cronbach's Coefficient Alpha, in: Journal of Consumer Research, Jg. 21, H. September, S. 381-391.

Pfeiffer, Werber (1985): Zur Notwendigkeit strategischer Vorsteuerung von Innovationsprozessen, in: Franke, J. (Hrsg.): Betriebliche Innovation als interdisziplinäres Problem, Poeschel, Stuttgart, S. 124-133.

Pflesser, Christian (1999): Marktorientierte Unternehmenskultur – Konzeption und Untersuchung eines Mehrebenenmodells, DUV, Wiesbaden.

Pickett, Les (1998): Competencies and Managerial Effectiveness: Putting Competencies to work, in: Public Personnel Management, Jg. 27, H. 1, S. 103-115.

Picot, Arnold/Laub, Ulf-Dieter/Schneider, Dietram (1989): Innovative Unternehmensgründungen: Eine ökonomisch-empirische Analyse, Springer, Berlin/Heidelberg.

Pinto, Mary B./Pinto, Jeffrey K. (1990): Project team communication and cross-functional cooperation in new program development, in: Journal of Product Innovation Management, Jg. 7, H. 3, S. 200-212.

Pinto, Mary B./Pinto, Jeffrey K./Prescott, J. E. (1993): Antecedents and consequences of project team cross-functional cooperation, in: Management Science, Jg. 39, H. 10, S. 1281-1297.

Piva, Evila/Colombo, Massimo G. (2005): Academic Start-Ups and the New Technology-Based Firms: A Matched Pair Comparison, Working Paper, Nr. A244, Milan.

Pleschak, Franz/Sabisch, Helmut (1996): Innovationsmanagement, Schäffer-Poeschel, Stuttgart.

Pleschak, Franz/Werner, Henning (1998): Technologieorientierte Unternehmensgründungen in den neuen Bundesländern – Wissenschaftliche Analyse und Begleitung des BMBF-Modellversuchs, aus: Fraunhofer-Institut: ISI-Schriftenreihe "Technik, Wirtschaft und Politik", Band 33, Heidelberg.

Poech, Angela (2002): Erfolgsfaktor Unternehmenskultur – Eine empirische Analyse zur Diagnose kultureller Einflussfaktoren auf betriebliche Prozesse, Herbert Utz Verlag, München.

Polley, Douglas/Van de Ven, Andrew H. (1996): Learning by discovering during innovation development, in: International Journal of Technology Management, Jg. 11, H. 7/8, S. 871-883.

Quinn, James B. (1985): Managing innovation – Controlled chaos, in: Harvard Business Review, Jg. 63, H. 3, S. 73-83.

Rahim, M. A./Magner, Nace R. (1995): Confirmatory Factor Analysis of the Styles of Handling Interpersonal Conflict: First-Order Factor Model and Its Invariance Across Groups, in: Journal of Applied Psychology, Jg. 80, H. 1, S. 122-132.

Rammer, Christian (2004): FuE-Verhalten von jungen Unternehmen in Deutschland – eine Panelanalyse für den Zeitraum 1998-2003, Studien zum deutschen Innovationssystem, Nr. 8-2005, Mannheim.

Rammer, Christian (2004): Unternehmensdynamik in Deutschland 1995-2003: Die Rolle forschungs- und wissensintensiver Branchen und eine Einordnung im internationalen Vergleich, Studien zum deutschen Innovationssystem, Nr. 11-2005, Mannheim.

Rammert, Werner (1999): Radikale Innovationen nicht zu erwarten, in: http://www.tu-berlin.de/presse/tui/99jun/rammert.htm (Download 28.10.2006).

Rapoport, Anataol (1974): Game theory as a theory of conflict resolution, Reidel, Dordrecht/NL.

Rentrop, Norman (1984): Innovative Imitation als Gründungsstrategie, in: Nathusius, K./Klandt, H./Kirschbaum, G. (Hrsg.): Unternehmensgründung – Konfrontation von Forschung und Praxis, Bergisch-Gladbach, S. 187-204.

Reynolds, Paul/Miller, Brenda (1992): New firm gestation: Conception, birth, and implications for research, in: Journal of Business Venturing, Jg. 7, H. 5, S. 405-417.

Reynolds, Paul D. (1986): Organizational culture as related to industry, position and performance: A preliminary report, in: Journal of Management Studies, Jg. 23, H. 3, S. 333-345.

Reynolds, Paul D./Hay, Michael/Camp, S. M. (1999): Global Entrepreneurship Monitor – 1999 Executive Report, Global Entrepreneurship Monitor, London u.a.

Rheinisch Westfälisches Institut für Wirtschaftsforschung e.V. (1998): Kleine und mittlere Unternehmen im sektoralen Strukturwandel – Schwerpunktbericht im Rahmen der Strukturberichterstattung, Gutachten im Auftrag des Bundesministeriums für Wirtschaft, Essen.

Rice, Mark P./O'Connor, Gina C./Peters, Lois S./Morone, Joseph G. (1998): Managing discontinuous innovation, in: Research Technology Management, Jg. 41, H. 3, S. 52-58.

Ritter, Thomas (1998): Innovationserfolg durch Netzwerkkompetenz: Effektives Management von Unternehmensnetzwerken, Gabler, Wiesbaden.

Ritter, Thomas/Gemünden, Hans G. (2003): Network competence – Its impact on innovaton success and its antecedents, in: Journal of Business Research, Jg. 56, H. 9, S. 745-755.

Ritter, Thomas/Wilkinson, Ian F./Johnston, Wesley J. (2002): Measuring network competence: some international evidence, in: Journal of Business & Industrial Marketing, Jg. 17, H. 2/3, S. 119-138.

Roberts, Edward B. (1991): Entrepreneurs in High Technology, Oxford.

Rohloff, Susanne (1994): Die Unternehmenskultur im Rahmen von Unternehmenszusammenschlüssen, Josef Eul, Bergisch-Gladbach.

Rommel, Günter/Brück, Felix/Diederichs, Raimund/Kempis, Rolf-Dieter/Kluge, Jürgen (1993): Einfach überlegen – Das Unternehmenskonzept, das die Schlanken schlank und die Schnellen schnell macht, Schäffer-Poeschel, Stuttgart.

Ronzheimer, Manfred (2001): Branchenreport Biotechnologie, in: http://www.berlinews.de/archiv/1797.shtml (Download 23.6.2005).

Roure, Juan B./Keeley, Robert H. (1990): Predictors of success in new technology based ventures, in: Journal of Business Venturing, Jg. 5, H. 4, S. 201-220.

Rousseau, Denise M. (1990): Quantitative Assessment of Organizational Culture: The Case for Multiple Measures, in: Schneider, B. (Hrsg.): Frontiers in Industrial and Organizational Psychology, Jossey-Bass, San Francisco, S. 153-192.

Roussel, P. A./Saad, K. N./Erickson, T. J. (Hrsg.) (1991): Third generation R&D: Managing the link to corporate strategy, Harvard Business School Press, Boston.

Ruekert, Robert W./Churchill Jr., Gilbert A. (1984): Reliability and Validity of Alternative Measures of Channel Member Satisfaction, in: Journal of Marketing Research, Jg. 21, H. Mai, S. 226-233.

Ruekert, Robert W./Walker Jr., Orville C. (1987): Marketing's interaction with other funtional units: A conceptual framework and empirical evidence, in: Journal of Marketing, Jg. 51, H. Januar, S. 1-19.

Rybowiak, Volker/Garst, Harry/Frese, Michael/Batinic, Bernad (1999): Error Orientation Questionnaire (EOQ): reliability, validity, and different language equivalence, in: Journal of Organizational Behavior, Jg. 20, H. 4, S. 527-547.

Rüttinger, Bruno/Sauer, Jürgen (2000): Konflikt und Konfliktlösungen, 3. Auflage, Rosenberger Fachverlag, Leonberg.

Sackmann, Sonja (1990): Möglichkeiten der Gestaltung von Unternehmenskultur, in: Lattmann, C. (Hrsg.): Die Unternehmenskultur: ihre Grundlagen und ihre Bedeutung für die Führung der Unternehmung, Physica, Heidelberg, S. 153-188.

Sackmann, Sonja (1996): Erfassung und Analyse von National- und Organisationskultur – eine kritische Betrachtung, in: Lang, R. (Hrsg.): Wandel von Unternehmenskulturen in Ostdeutschland und Osteuropa, Hampp Verlag, München/Mering, S. 55-64.

Saleh, D. S./Wang, Clement K. (1993): The management of innovation – Strategy, structure, and organizational climate, in: IEEE Transactions on Engineering Management, Jg. 40, H. 1, S. 14-21.

Salomo, Sören (2003): Konzept und Messung des Innovationsgrades – Ergebnisse einer empirischen Studie zu innovativen Entwicklungsvorhaben, Forschungspapier am Lehrstuhl für Technologie- und Innovationsmanagement, Berlin.

Salomo, Sören/Brinckmann, Jan (2003): Management-Kompetenz in jungen Unternehmen, Forschungspapier am Lehrstuhl für Technologie- und Innovationsmanagement, Berlin.

Sapolsky, Harvey M. (1967): Organizational structure and innovation, in: The Journal of Business, Jg. 40, H. 3, S. 497-510.

Sathe, Vijay (1983): Implications of Corporate Culture: A Manager's Guide to Action, in: Organizational Dynamics, Jg. 12, H. 2, S. 5-23.

Saßmannshausen, Patrick S. (2001): Wesen und Wege der Selbständigkeit, in: Koch, L./Zacharias, C. (Hrsg.): Gründungsmanagement, München, S. 121-136.

Schäffer, Utz/Steiners, Daniel (2003): Zur Nutzung von Controllinginformationen, European Business School Working Papers on Management Accounting & Control, No. 9, Oestrich-Winkel.

Schäffer, Utz/Willauer, Bianca (2003): Strategische Überwachung in deutschen Unternehmen, European Business School Working Paper on Management Accounting & Control No. 7, Oestrich-Winkel.

Schefczyk, Michael/Pankotsch, Frank (2002): Theoretische und empirische Implikationen wachstumsstarker Start-ups – Stand der Forschung, in: Hommel, U./Knecht, T. (Hrsg.): Wertorientiertes Start-up-Management: Grundlagen – Konzepte – Strategien, Vahlen, München, S. 21-38.

Scheidt, Beate (1994): Die Einbindung junger Technologieunternehmen in Unternehmens- und Politiknetzwerke – Eine theoretische, empirische und strukturpolitische Analyse, Berlin.

Schein, Edgar H. (1984): Coming to a New Awareness of Organizational Culture, in: Sloan Management Review, Jg. 26, H. Winter, S. 3-16.

Schein, Edgar H. (1985): Organizational Culture and Leadership, 1. Auflage, Jossey-Bass, San Francisco/London.

Schein, Edgar H. (1992): Organizational Culture and Leadership, 2. Auflage, Jossey-Bass Publishers, San Francisco.

Schein, Edgar H. (1995): Unternehmenskultur – Ein Handbuch für Führungskräfte, Campus, Frankfurt.

Schein, Edgar H. (2000): Sense and Nonsense About Culture and Climate, in: Ashkanasy, N. M./Wilderom, C. P. M./Peterson, M. F. (Hrsg.): Handbook of Organizational Culture & Climate, Sage Publications, Thousand Oaks, S. XXIII-XXX.

Schendel, Dan (1990): Introduction to the special issue on corporate entrepreneurship, in: Strategic Management Journal, Jg. 11, H. Special Issue, S. 73-90.

Scherer, Frederic M. (1965): Firm Size, Market Structure, Opportunity, and the Output of Patented Invention, in: The American Economic Review, Jg. 55, H. 5, S. 1097-1125.

Schlaak, Thomas (1999): Der Innovationsgrad als Schlüsselvariable: Perspektiven für das Management von Produktentwicklungen, DUV, Wiesbaden.

Schmelzer, Hermann J. (1999): Prozessmanagement in der Produktentwicklung, in: Tintelnot, C./Meißner, D./Steinmeier, I. (Hrsg.): Innovationsmanagement, Springer , Berlin, S. 205-217.

Schmitt, Eckart (1997): Strategien mittelständischer Welt- und Europamarktführer, Gabler, Wiesbaden.

Schmitz, Christian E. (2004): Zur Entwicklung des Unternehmerbegriffs, Josef Eul Verlag, Lohmar/Köln.

Schmookler, Jacob (1965): Invention and Economic Growth, Cambridge/Mass.

Schulz, Anja (2005): Internationalisierung von kleinen und mittleren Unternehmen, RKW Verlag, Eschborn.

Schumpeter, Joseph A. (1912): Theorie der wirtschaftlichen Entwicklung, Leipzig.

Schumpeter, Joseph A. (1931): Theorie der wirtschaftlichen Entwicklung – Eine Untersuchung über Unternehmergewinn, Kapital, Kredit, Zins und den Konjunkturzyklus, 3. Auflage, Leipzig.

Schumpeter, Joseph A. (1934): Theorie der wirtschaftlichen Entwicklung, 4. Auflage, Duncker & Humboldt, Leipzig.

Schumpeter, Joseph A. (1952): Aufsätze zur ökonomischen Theorie, Mohr Siebeck, Tübingen.

Schumpeter, Joseph A. (1993): Die Theorie der wirtschaftlichen Entwicklung, 8. Auflage, Duncker & Humboldt, Leipzig.

Schween, Karsten (1996): Corporate Venture Capital – Risikokapitalfinanzierung deutscher Industrieunternehmen, Gabler, Wiesbaden.

Schweickart, Larry (2000): The Entrepreneurial Adventure: A History of Business in the United States, Harcourt Brace and Company, Fort Worth.

Schwenk, Charles R./Cosier, Richard A. (1993): Effects of Consensus and Devil's Advocacy on Strategic Decision Making, in: Journal of Applied Social Psychology, Jg. 23, H. 2, S. 126-139.

Schwenk, Charles R./Valacich, Joseph S. (1994): Effects of Devil's Advocacy and Dialectical Inquiry on Individuals Versus Groups, in: Organizational Behavior and Human Decision Processes, Jg. 59, H. 2, S. 210-222.

Seers, Anson (1989): Team-member exchange quality: A new construct for role-making research, in: Organizational Behavior and Human Decision Process, Jg. 43, H. 1, S. 118-135.

Seers, Anson/Petty, M. M./Cashman, James F. (1995): Team-member exchange under team and traditional management: A naturally occuring quasi-experiment, in: Group & Organization Management, Jg. 20, H. 1, S. 18-38.

Segal-Horn, Susan/McGill, I./Bowner, T./Frost, P. (1987): Non-facilitated Action Learning, in: Management Education and Development, Jg. 18, H. 4, S. 277-286.

Seiler, Petra/Holtmannspötter, Dirk/Albertshauser, Ulrich (2004): Internationale Technologieprognosen im Vergleich, Düsseldorf.

Servatius, Hans-Gerd (1988): New Venture Management – Erfolgreiche Lösung von Innovationsproblemen für Technologie-Unternehmen, Gabler, Wiesbaden.

Sharma, Pramedita/Chrisman, James J. (1999): Toward a reconciliation of the definition in the field of corporate entrepreneurship, in: Entrepreneurship Theory and Practice, Jg. 23, H. 3, S. 11-27.

Sharma, Subhash (1996): Applied Multivariate Techniques, New York u.a.

Shepherd, Charles/Ahmed, Pervaiz K. (2000): From product innovation to solutions innovation: A new paradigm for competitive advantage, in: European Journal of Innovation Management, Jg. 3, H. 2, S. 100-106.

Sheremata, Willow A. (2000): Centrifugal and centripetal forces in radical new product development under time pressure, in: Academy of Management Review, Jg. 25, H. 2, S. 389-408.

Sicotte, Helene/Langley, Ann (2000): Integration mechanism and R&D project performance, in: Journal of Engineering Technology Management, Jg. 17, H. 1, S. 1-37.

Siemer, Stephan (1991): Diversifizieren mit Venture-Management – Effizienz und praktische Anwendung von Venture-Einheiten zur Erschließung neuer Geschäftsfelder, Erich Schmidt, Berlin.

Siemers, Sven H. A. (1997): Innovationsprozess im Mittelstand – Teamorientierte Arbeitsformen zur Förderung von Innovationen, DUV, Wiesbaden.

Sommerlatte, Tom (1995): Management von Forschung und Entwicklung, in: Zahn, E. (Hrsg.): Handbuch Technologiemanagement, Schäffer-Poeschel, Stuttgart, S. 323-334.

Song, X. M./Montoya-Weiss, Mitzi M. (1998): Critical Development activities for really new versus incremental products, in: Journal of Product Innovation Management, Jg. 15, H. 2, S. 124-135.

Song, X. M./Xie, Jinhong (2000): Does innovativeness moderate the relationship between cross-functional integration and product performance, in: Journal of International Marketing, Jg. 8, H. 4, S. 61-89.

Specht, Günter/Beckmann, Christoph (1996): F&E-Management, Schäffer-Poeschel, Stuttgart.

Specht, Günter/Gerhard, Bernd (1999): Beteiligung unternehmensinterner Funktionsbereiche am Innovationsprozeß. Determinante des Erfolgs technischer Produktinnovationen, in: Tintelnot, C./Meißner, D./Steinmeier, I. (Hrsg.): Innovationsmanagement, Springer, Berlin, S. 219-234.

Spillecke, Dennis (noch nicht veröffentlicht): Interne Kundenorientierung des Controllerbereichs: Messung – Erfolgsauswirkungen – Determinanten, Dissertation eingereicht 2005.

Staehle, W. H. (Hrsg.) (1990): Management – eine verhaltenswissenschatliche Perspektive, 5. Auflage, Vahlen, München.

Staudt, Erich/Kottmann, Marcus (2001): Deutschland gehen die Innovatoren aus, Frankfurter Allgemeine Zeitung GmbH, Frankfurt a.M.

Staudt, Hubert (1997): Initiating corporate renewal – A study of the process of fundamental innovation development, Copenhagen Business School, Kopenhagen.

Steegmann, Johannes (2005): Funktionen der Hausbank bei der Unterstützung von Unternehmensgründungen, Eul-Verlag, Lohmar/Köln.

Steenkamp, Jan-Benedikt/ Baumgartner, Hans (1998): Assessing Measurement Invariance through Multi-Sample Structural Equation Modeling, in: Hildebrandt, L./Homburg, C. (Hrsg.): Die Kausalanalyse: Ein Instrument der empirischen betriebswirtschaftlichen Forschung, Stuttgart, S. 399-426.

Steger, Ulrich (1993): Unternehmenskultur aus forschungstheoretischer und praktischer Sicht – Ergebnisse eines Delphi-Prozesses, in: Dierkes, M./von Rosenstiel, L./Steger, U. (Hrsg.): Unternehmenskultur in Theorie und Praxis – Konzepte aus Ökonomie, Psychologie und Ethnologie, Campus Verlag, Frankfurt a.M./New York, S. 188-199.

Steiger, James H. (1990): Structural Model Evaluation and Modification: An Internal Estimation Approach, in: Multivariate Behavioral Research, Jg. 24, H. 2, S. 173-180.

Steinle, Claus/Schumann, Katja (2003): Kooperation, Innovation und Erfolg technologieorientierter Gründungen – Konzept und Ergebnisse einer repräsentativen Studie, in: Steinle, C./Schumann, K. (Hrsg.): Gründung von Technologieunternehmen: Merkmale – Erfolg – empirische Ergebnisse, 1. Auflage, Gabler, Wiesbaden, S. 15-66.

Stern, Thomas/Jaberg, Helmut (2003): Erfolgreiches Innovationsmanagement – Erfolgsfaktoren, Grundmuster, Fallbeispiele, Gabler, Wiesbaden.

Sternberg, Rolf/Bergmann, Heiko (2003): Global Entrepreneurship Monitor – Länderbericht Deutschland 2002, Köln.

Stichcombe, Arthur L. (1965): Social structure and organizations, in: March, J. G. (Hrsg.): Handbook of Organizations, Chicago, Sp. 142-193.

Stier, Winfried (1999): Empirische Forschungsmethoden, 2. Auflage, Wiesbaden.

Stippel, Nicola (1999): Innovationscontrolling, Vahlen, München.

Stuart, Toby E./Hoang, Ha/Hybels, Ralph C. (1999): Interorganizational endorsements and the performance of entrepreneurial ventures, in: Administrative Science Quarterly, Jg. 44, H. 2, S. 315-349.

Szyperski, Norbert (1979): Innovative Unternehmensgründer als Promotoren der marktwirtschaftlichen Entwicklung, in: Zeitschrift für betriebswirtschaftliche Forschung, H. 31, S. 489-499.

Szyperski, Norbert/Nathusius, Klaus (1977): Probleme der Unternehmensgründung, 1. Auflage, Stuttgart.

Szyperski, Norbert/Nathusius, Klaus (1999): Probleme der Unternehmensgründung, Eul-Verlag, Lohmar.

Tebbe, K. (1990): Die Organisation von Produktinnovationsprozessen, Stuttgart.

Tellis, Gerald J./Golder, Peter N. (1996): First to market, first to fail? Real causes of enduring market leadership, in: Sloan Management Review, Jg. 37, H. 2, S. 65-75.

Thamhain, Hans J. (1990): Managing technologically innovative team efforts towards new product success, in: Journal of Product Innovation Management, Jg. 7, H. 1, S. 5-18.

The National Commission of Entrepreneurship (2001): Five Myths about Entrepreneurs, Washington D.C.

Thom, Norbert (1980): Grundlagen des betrieblichen Innovationsmanagements, 2. Auflage, Hanstein, Königstein (Taunus).

Thom, Norbert (1990): Innovation management in small and medium-sized firms, in: International Management Review, Jg. 30, H. 2, S. 181-192.

Thomas, Kenneth W. (1976): Conflict and conflict management, in: Dunnette, M. D. (Hrsg.): Handbook of Industrial and Organizational Psychology, Chicago, Sp. 889-935.

Thomas, Kenneth W. (1976): Conflict and Conflict Management, in: Dunnette, M. D./Hough, L. M. (Hrsg.): Handbook of Industrial and Organizational Psychology, 1. Auflage, Chicago, Sp. 889-935.

Thomas, Kenneth W. (1992): Conflict and negotiation processes in organizations, in: Dunnette, M. D./Hough, L. M. (Hrsg.): Handbook of industrial and organizational psychology, Consulting Psychologists Press , Palo Alto/CA, S. 651-717.

Tiebler, Petra/Prätorius, Gerhard (1993): Ökonomische Literatur zum Thema "Unternehmenskultur", in: Dierkes, M./von Rosenstiel, L./Steger, U. (Hrsg.): Unternehmenskultur in Theorie und Praxis – Konzepte aus Ökonomie, Psychologie und Ethnologie, Campus Verlag, Frankfurt a.M./New York, S. 23-89.

Timmons, Jeffry A. (1999): New Venture Creation, Entrepreneurship for the 21st Century, 5. Auflage, Irwin-McGraw Hill, Boston.

Tornatzky, Louis G./Klein, Katherine J. (1982): Innovation Characteristics and Innovation Adoption – Implementation: A Meta-Analysis of Findings, in: IEEE Transactions on Engineering Management, Jg. EM-29, H. 1, S. 28-45.

Trice, Harrison/Beyer, Janice (1993): The Cultures of Work Organizations, Prentice Hall, Englewood Cliffs.

Trommsdorff, Volker (1991): Innovationsmarketing – Querfunktion der Unternehmensführung, in: Marketing – Zeitschrift für Forschung und Praxis, Jg. 13, H. 3, S. 178-185.

Trommsdorff, Volker (1995): Fallstudien zum Innovationsmarketing, Vahlen, München.

Trommsdorff, Volker (2002): Konsumentenverhalten, 4. Auflage, Kohlhammer, Stuttgart u.a.

Trommsdorff, Volker/Schneider, Peter (1990): Grundzüge des betrieblichen Innovationsmanagement, in: Trommsdorff, V. (Hrsg.): Innovationsmanagement, Vahlen, München, S. 1-26.

Trommsdorff, Volker/Schuster, H. (1985): Strategie- und Imageplanung für junge Technologieunternehmen, in: Absatzwirtschaft, Jg. 28, H. 9, S. 116-121.

Tushman, Michael L./O'Reilly, Charles A. (1996): Ambidextrous Organizations: Managing Evolutionary and Revolutionary Change, in: California Management Review, Jg. 38, H. 4, S. 8-29.

Unterreitmeier, Andreas (2004): Unternehmenskultur bei Mergers & Acquisitions – Ansätze zur Konzeptualisierung und Operationalisierung, DUV, Wiesbaden.

Unterreitmeier, Andreas/Schwinghammer, Florian (2004): Die Operationalisierung von Unternehmenskultur – Validierung eines Messinstruments, Ludwig-Maximilians-Universität München - Schriften zur Empirischen Forschung und Quantitativen Unternehmensplanung, Nr. 18, München.

Uzzi, Brian (1997): Social Structure and Competition in Interfirm Networks: The Paradox of Embeddedness, in: Administrative Science Quarterly, Jg. 42, S. 35-67.

Van de Ven, Andrew H. (1986): Central Problems in the Management of Innovation, in: Management Science, Jg. 32, H. 5, S. 590-607.

Van de Ven, Andrew H./Polley, Douglas/Garud, Raghu/Venkataraman, Sankaran (1999): The innovation journey, Oxford University Press, Oxford.

Van Dyck, Cathy/Frese, Michael/Baer, Markus/Sonnentag, Sabine (2004): Organizational Error Management Culture and its Impact on Performance, Amsterdam/Gießen.

Vandermerwe, Sandra (1987): Diffusing new ideas in-house, in: Journal of Product Innovation Management, Jg. 4, H. 4, S. 256-264.

VDI-Nachrichten/McKinsey & Company/TU Berlin/VDI (2001): Innovationskompass 2001: radikale Innovationen erfolgreich managen – Handlungsempfehlungen auf Basis einer empirischen Untersuchung, Düsseldorf.

Venkatamaran, Sankaran/Van de Ven, Andrew H. (1998): Hostile environmental jolts, transaction sets and new business development, in: Journal of Business Venturing, Jg. 13, H. 3, S. 231-255 .

Verband der Vereine Creditreform e.V. (2004): Gründungsbilanz 2004, in: http://www.creditreform.de/angebot/analysen/0046/06.php (Download 6.5.2005).

Verein deutscher Ingenieure e.V. (VDI) (Publikationsdatum unbekannt): Der VDI im Profil, in: http://www.vdi.de/vdi/presse/profil/index.php (Download 23.6.2005).

Veryzer Jr., Robert W. (1998): Discontinous innovation and the new product development process, in: Journal of Product Innovation Management, Jg. 15, H. 4, S. 304-321.

Von Keller, Eugen (1982): Management in fremden Kulturen: Ziele, Ergebnisse und methodische Probleme der kulturvergleichenden Managementforschung, Bern/Stuttgart.

Von Rosenstiel, Lutz (1993): Unternehmenskultur – einige einführende Anmerkungen, in: Dierkes, M./von Rosenstiel, L./Steger, U. (Hrsg.): Unternehmenskultur in Theorie und Praxis – Konzepte aus Ökonomie, Psychologie und Ethnologie, Campus Verlag, Frankfurt a.M./New York, S. 8-22.

Wall Jr., James A./Callister Ronda Roberts (1995): Conflict and Its Management, in: Journal of Management, Jg. 21, H. 3, S. 515-558.

Wallenburg, Carl M. (2004): Kundenbindung in der Logistik – Eine empirische Untersuchung zu ihren Einflussfaktoren, noch nicht veröffentlicht, Vallendar.

Walter, Achim/Auer, Michael/Gemünden, Hans G. (2002): The impact of personality, competence, and activities of academic entrepreneurs on technology transfer success, in: International Journal of Entrepreneurship and Innovation, Jg. 2, H. 2/3, S. 268-289.

Walton, Richard E. (1969): Interpersonal peacemaking: Confrontations and third party consultation, Addison-Wesley, Reading/MA.

Weber, Susanne (2000): Innovation und "schöpferische Zerstörung" (J.A. Schumpeter) – Fragen zu einem Leitbegriff moderner ökonomischer Strategien, Aufsätze des Christian Jakob Kraus-Instituts für Wirtschafts- und Sozialphilosophie der FernUniversität Hagen, Hagen.

Webster, Cynthia (1993): Refinement of the marketing culture scale and the relationship between marketing culture and profitability of a service firm, in: Journal of Business Research, Jg. 26, H. 2, S. 111-131.

Weick, Karl E./Coutu, Diane L. (2003): Sense and Reliability, in: Harvard Business Review, H. April, S. 84-90.

Weik, Elke (1997): Innovation, aber wie? Einige Gedanken zur Verwendung des Begriffes in der BWL, in: Heidelhoff, F./Radel, T. (Hrsg.): Organisation von Innovation: Strukturen, Prozesse, Interventionen, Hampp , München/Mering, S. 7-17.

Welbourne, Theresa M./Wright, Patrick M. (2002): Which Resources Matter in Initial Public Offering Firms? A Longitudinal Comparison of Five Resources' Contributions to Firm Performance, Nr. 97-02, Ithaca/NY.

Werner, Bjorn M./Souder, William E. (1997): Measuring R&D Performance – State of the art, in: Research Technology Management, Jg. 40, H. 2, S. 34-42.

Werner, Henning (2000): Junge Technologieunternehmen – Entwicklungsverläufe und Erfolgsfaktoren, Gabler, Wiesbaden.

Wernerfelt, Birger (1984): The Resource-based View of the Firm, in: Strategic Management Journal, Jg. 5, H. 2, S. 171-180.

Weyrich, Claus (1997): Was ist eine Innovation, in: von Pierer, H./von Oetinger, B. (Hrsg.): Wie kommt das Neue in die Welt, Hanser, München/Wien, S. 41-42.

Wheelwright, Steven C./Clark, Kim B. (1994): Revolution der Produktentwicklung – Spitzenleistungen in Schnelligkeit, Effizienz und Qualität durch dynamische Teams, Campus, Frankfurt a.M./New York.

White, Leslie A. (1963): Der Begriff Kultur, in: Schmitz, C. A. (Hrsg.): Kultur, Frankfurt a.M., S. 358-388.

Wicher, Hans (1985): Innovation und Organisation – Das Paradigma vom organisatorischen Dilemma, in: Wirtschaftswissenschaftliches Studium, Jg. 14, H. 7, S. 355-359.

Wicher, Hans (1991): Grundsatz und Strukturformen des Venture Management – Konzeption und empirische Befunde, in: Wicher, H. (Hrsg.): Betriebliches Innovationsmanagement, Verlag an der Lottbeck, Ammersbeck bei Hamburg, S. 161-190.

Wiklund, Johan (1999): The Sustainability of the Entrepreneurial Orientation-Performance Relationship, in: Entrepreneurship – Theory and Practice, Jg. 24, H. 1, S. 37-48.

Wilderom, Celeste P. M./Glunk, Ursula/Maslowski, Ralf (2000): Organizational Culture as a Predictor of Organizational Performance, in: Ashkanasy, N. M./Wilderom, C. P. M./Peterson, M. F. (Hrsg.): Handbook of Organizational Culture and Climate, Sage Publications, Thousand Oaks/California, S. 193-209.

Wilson, James Q. (1966): Innovation in organization – Notes towards a theory, in: Thompson, J. D. (Hrsg.): Approaches to organizational design, University of Pittsburgh Press, Pittsburgh/PA, S. 193-218.

Wippler, Armgard (1998): Innovative Unternehmensgründungen in Deutschland und den USA, Gabler, Wiesbaden.

Witt, Peter (2004): Entrepreneur's networks and the success of start-ups, in: Entrepreneurship & Regional Development, Jg. 16, H. 5, S. 391-412.

Witt, Peter/Rosenkranz, Stephanie (2002): Netzwerkbildung und Gründungserfolg, in: Zeitschrift für Betriebswirtschaft, Jg. 72, Ergänzungsheft 5, S. 85-106.

Xenikou, Athena/Furnham, Adrian (1996): A correlational and factor analytic study of four questionnaire measures of organizational culture, in: Human Relations, Jg. 49, H. 3, S. 349-371.

Xie, Jinhong/Song, Michael X./Stringfellow, Anne (1998): Interfunctional conflict, conflict resolution styles, and new product success: A four-culture comparison, in: Management Science, Jg. 44, H. 12, Teil 2 von 2, S. 192-206.

Xie, Jinhong/Song, X. M./Stringfellow, Anne (1997): Conflict Management in New Product Development Process: An International Perspective, Florida.

Zahn, Erich/Foschiani, Stefan (2000): Strategien und Strukturen für den Hyperwettbewerb, in: Wojda, F. (Hrsg.): Innovative Organisationsformen – Neue Entwicklungen in der Unternehmensorganisation, Schäffer-Poeschel, Stuttgart, S. 89-113.

Zahn, Erich/Weidler, Andreas (1995): Integriertes Innovationsmanagement, in: Zahn, E. (Hrsg.): Handbuch Technologiemanagement, Schäffer-Poeschel, Stuttgart, S. 351-376.

Zahra, Shaker A. (1995): Corporate Entrepreneurship and financial performance – The case of management leveraged buyouts, in: Journal of Business Venturing, Jg. 10, H. 3, S. 225-247.

Zahra, Shaker A. (1996): Governance, ownership, and corporate entrepreneurship – The moderating impact of industry technology opportunities, in: Academy of Management Journal, Jg. 29, H. 6, S. 1713-1735.

Zahra, Shaker A./Bogner, William C. (2000): Technology strategy and software new venture's performance, in: Journal of Business Venturing, Jg. 15, H. 2, S. 135-173.

Zahra, Shaker A./Kirchhoff, Bruce A. (2001): The impact of maturity upon firm growth among technology-based new ventures, in: http://www.babson.edu/entrep/fer/Babson2001/XVI/XVIB/XVIB.htm (Download 7.6.2005).

Zahra, Shaker A./Nielsen, Anders P. (2002): Sources of capabilities, integration and technology commercialization, in: Strategic Management Journal, Jg. 23, H. 5, S. 377-398.

Zapf, Wolfgang (1989): Über soziale Innovationen, in: Soziale Welt, Jg. 40, H. 1/2, S. 170-183.

Ziegler, W. (1984): Die Unternehmensbeurteilung als Instrument zur Früherkennung von Kreditrisiken, Stuttgart.

Zinnbauer, Markus/Eberl, Markus (2004): Die Überprüfung und Spezifikation von Strukturgleichungsmodellen: Verfahren und Anwendung, Ludwig-Maximilians-Universität München – Schriften zur empirischen Forschung und quantitativen Unternehmensplanung, Nr. 21/2004, München.

AUSGEWÄHLTE VERÖFFENTLICHUNGEN

EUL VERLAG

CORPORATE LIFE CYCLE MANAGEMENT
Herausgegeben von Prof. Dr. Klaus Nathusius

Band 1
Norbert Fischl
Unternehmenskultur und radikale Innovation – Eine Analyse von jungen und mittelständischen Unternehmen
Lohmar – Köln 2008 ♦ 492 S. ♦ € 63,- (D) ♦ ISBN 978-3-89936-668-6

VENTURE CAPITAL UND INVESTMENT BANKING
Herausgegeben von Prof. Dr. Klaus Nathusius

Neue Folge, Band 5
Klaus Nathusius, Judith Winand und Andy Klose
Analyse des Finanzbedarfs von Universitätsausgründungen – Theoretische und empirische Voruntersuchung zu einem START Early Stage Venture Capital Fonds in Hessen und Niedersachsen
Lohmar – Köln 2005 ♦ 294 S. ♦ € 49,- (D) ♦ ISBN 3-89936-363-9

Neue Folge, Band 6
Johannes Steegmann
Funktionen der Hausbank bei der Unterstützung von Unternehmensgründungen
Lohmar – Köln 2006 ♦ 302 S. ♦ € 49,- (D)
ISBN-13: 978-3-89936-507-8 ♦ ISBN-10: 3-89936-507-0

Neue Folge, Band 7
Judith Winand
Venture Capital als Finanzierungsinstrument für Medienunternehmen – Analyse für TV-Produktionsunternehmen und Internet-Content-Providing-Unternehmen
Lohmar – Köln 2006 ♦ 138 S. ♦ € 36,- (D)
ISBN-13: 978-3-89936-524-5 ♦ ISBN-10: 3-89936-524-0

Neue Folge, Band 8
Jens Ortgiese
Value Added by Venture Capital Firms – An Analysis on the Basis of New Technology-Based Firms in the USA and Germany
Lohmar – Köln 2007 ♦ 366 S. ♦ € 54,- (D) ♦ ISBN 978-3-89936-621-1

Neue Folge, Band 9
Björn Wolf
Einflussfaktoren der Finanzierung junger Unternehmen – Eine empirische Untersuchung des Finanzierungsverhaltens deutscher Gründungen
Lohmar – Köln 2007 ♦ 286 S. ♦ € 48,- (D) ♦ ISBN 978-3-89936-626-6

Neue Folge, Band 10
Axel Löntz
Finanzierung junger Unternehmen durch Business Angels – Eine betriebswirtschaftliche und steuerliche Analyse
Lohmar – Köln 2007 • 324 S. • € 52,- (D) • ISBN 978-3-89936-637-2

FGF ENTREPRENEURSHIP-RESEARCH MONOGRAPHIEN

Herausgegeben von Prof. Dr. Heinz Klandt, Oestrich-Winkel, Prof. Dr. Dr. h. c. Norbert Szyperski, Köln, Prof. Dr. Michael Frese, Gießen, Prof. Dr. Josef Brüderl, Mannheim, Prof. Dr. Rolf Sternberg, Hannover, Prof. Dr. Ulrich Braukmann, Wuppertal, und Prof. Dr. Lambert T. Koch, Wuppertal

Band 34
Alexander Keßler
Unternehmensgründungen in europäischen Transformationsländern – Dargestellt am Beispiel der Tschechischen Republik
Lohmar – Köln 2003 • 330 S. • € 49,- (D) • ISBN 3-89936-080-X

Band 35
Friedrich Kugler
Unter Mitarbeit von Nina Rosenbusch und Jörg Möller
Erfolgsfaktoren und Erfolgsmuster von Unternehmensgründungen – Eine empirische Analyse aus Südthüringen
Lohmar – Köln 2003 • 258 S. • € 47,- (D) • ISBN 3-89936-021-4

Band 36
Heinz Klandt and Ahmad Zaki Abu Bakar (Eds.)
IntEnt2002 – Internationalizing Entrepreneurship Education and Training – Proceedings of the IntEnt-Conference Johore Bahru, Malaysia, July 8-10, 2002
Lohmar – Köln 2003 • 384 S. • € 54,- (D) • ISBN 3-89936-133-4

Band 37
Gideon Joffe
Entstehung und Entwicklung des Unternehmertums in der VR China – und sein Einfluß auf Transformation und Demokratisierung
Lohmar – Köln 2003 • 230 S. • € 45,- (D) • ISBN 3-89936-175-X

Band 38
Christian Ege
Unterstützungsnetzwerke für forschungsnahe Unternehmensgründungen
Lohmar – Köln 2004 • 288 S. • € 48,- (D) • ISBN 3-89936-187-3

Band 39
Christian E. Schmitz
Zur Entwicklung des Unternehmerbegriffs
Lohmar – Köln 2004 • 106 S. • € 33,- (D) • ISBN 3-89936-195-4

Band 40
Enrico Purle
Management von Komplexität in jungen Wachstumsunternehmen – Eine fallstudiengestützte Analyse
Lohmar – Köln 2004 • 388 S. • € 55,- (D) • ISBN 3-89936-196-2

Band 41
Holger Berg
Evolution der Gründungsunternehmung im Lichte des Resource-Based View
Lohmar – Köln 2004 • 136 S. • € 36,- (D) • ISBN 3-89936-214-4

Band 42
Ilona Ebbers
Wirtschaftsdidaktisch geleitete Unternehmenssimulation im Rahmen der Förderung von Existenzgründungen aus Hochschulen
Lohmar – Köln 2004 • 306 S. • € 49,- (D) • ISBN 3-89936-224-1

Band 43
Roland Castringius
Regionale Gründungsförderung
Lohmar – Köln 2004 • 356 S. • € 54,- (D) • ISBN 3-89936-247-0

Band 44
Sascha Kraus
unter Mitwirkung von Carl Henning Reschke
Evolutionäres Strategisches Management von Gründungsunternehmen
Lohmar – Köln 2004 • 132 S. • € 36,- (D) • ISBN 3-89936-255-1

Band 45
Christian Lendner
Organisationsmodell und Erfolgsfaktoren von Hochschulinkubatoren – Eine internationale Studie
Lohmar – Köln 2004 • 240 S. • € 46,- (D) • ISBN 3-89936-280-2

Band 46
Christian Schütz
Exitstrategien von Business Angels
Lohmar – Köln 2004 • 430 S. • € 57,- (D) • ISBN 3-89936-283-7

Band 47
Stefan Roskos
The Influence of Entrepreneurial and Market Orientation on the Degree of Innovation and Success of New Ventures in Technology-Oriented Industries
Lohmar – Köln 2005 • 478 S. • € 62,- (D) • ISBN 3-89936-312-4

Band 48
Rouven Westphal
Kundennutzen und Auswirkungen von Business Angels-Netzwerken – Eine empirische Analyse
Lohmar – Köln 2005 • 332 S. • € 53,- (D) • ISBN 3-89936-335-3

Band 49
Robert B. Mellor
Achieving Enterprise – Teaching Entrepreneurship and Innovation in Business and Academia
Lohmar – Köln 2005 ♦ 164 S. ♦ € 42,- (D) ♦ ISBN 3-89936-338-8

Band 50
Felix-Michael Weber
Der Einfluss der Postgründer-Generation auf die Performance – Eine empirische Analyse deutscher und österreichischer Familienunternehmen
Lohmar – Köln 2005 ♦ 254 S. ♦ € 47,- (D) ♦ ISBN 3-89936-353-1

Band 51
Stefanie Pesch
Wirtschaftliche Wirkungen von öffentlichen Förderprogrammen für Existenz- und Unternehmensgründungen in Deutschland
Lohmar – Köln 2005 ♦ 286 S. ♦ € 48,- (D) ♦ ISBN 3-89936-367-1

Band 52
Michael A. Seidel
Unter Mitarbeit von Thomas Hack
Von der Arbeitslosigkeit in die Selbständigkeit – Evaluation eines Modellprojekts zur Gründerberatung
Lohmar – Köln 2005 ♦ 294 S. ♦ € 49,- (D) ♦ ISBN 3-89936-390-6

Band 53
Christian King
Erfolgreiche Marketingstrategien für innovative technologieorientierte Unternehmensgründungen
Lohmar – Köln 2006 ♦ 356 S. ♦ € 54,- (D) ♦ ISBN 3-89936-444-9

Band 54
Christian Schwens
Internationalisierung mittelständischer Unternehmen – Eine empirische Analyse unter Berücksichtigung von Born Globals
Lohmar – Köln 2006 ♦ 78 S. ♦ € 32,- (D) ♦ ISBN 3-89936-473-2

Band 55
Heiko Haase und Arndt Lautenschläger
Die GET UP-Initiative – Best Practice-Ansätze der Gründungsförderung an Hochschulen
Lohmar – Köln 2006 ♦ 320 S. ♦ € 52,- (D)
ISBN-13: 978-3-89936-483-5 ♦ ISBN-10: 3-89936-483-X

Band 56
Peter Jaskiewicz
Performance-Studie börsennotierter Familienunternehmen in Deutschland, Frankreich und Spanien
Lohmar – Köln 2006 ♦ 408 S. ♦ € 56,- (D)
ISBN-13: 978-3-89936-502-3 ♦ ISBN-10: 3-89936-502-X

Band 57
Bernadette Sager
Strategische Marketing-Planung in jungen Wachstumsunternehmen
Lohmar – Köln 2006 • 352 S. • € 54,- (D)
ISBN-13: 978-3-89936-537-5 • ISBN-10: 3-89936-537-2

Band 58
Jasmina Haus
Förderung von Unternehmertum und Unternehmensgründungen an deutschen Hochschulen – Eine Handlungsempfehlung zur Verankerung von Entrepreneurship in Forschung und Lehre
Lohmar – Köln 2006 • 434 S. • € 58,- (D)
ISBN-13: 978-3-89936-542-9 • ISBN-10: 3-89936-542-9

Band 59
Julia Kaden
Regionale Unterschiede der Selbstständigkeit in Deutschland
Lohmar – Köln 2007 • 174 S. • € 43,- (D)• ISBN 978-3-89936-558-0

Band 60
Thomas Raueiser
Syndizierungsstrategien von Business Angels – Eine fallstudiengestützte Analyse
Lohmar – Köln 2007 • 320 S. • € 52,- (D) • ISBN 978-3-89936-593-1

Band 61
Carina Lomberg
Personalanreizstrategien junger Wachstumsunternehmen – Eine empirische Untersuchung auf Basis der Anreiz-Beitrags-Theorie
Lohmar – Köln 2008 • 212 S. • € 45,- (D) • ISBN 978-3-89936-659-4

- **Reihe: Wissenschafts- und Hochschulmanagement**
  Herausgegeben von Prof. Dr. Detlef Müller-Böling, Gütersloh, und Prof. Dr. Reinhard Schulte, Lüneburg

- **Reihe: Personal, Organisation und Arbeitsbeziehungen**
  Herausgegeben von Prof. Dr. Fred G. Becker, Bielefeld, und Prof. Dr. Walter A. Oechsler, Mannheim

- **Reihe: Forum Finanzwissenschaft und Public Management**
  Herausgegeben von Prof. Dr. Kurt Reding, Kassel, und PD Dr. Walter Müller, Kassel

- **Reihe: Finanzierung, Kapitalmarkt und Banken**
  Herausgegeben von Prof. Dr. Hermann Locarek-Junge, Dresden, Prof. Dr. Klaus Röder, Regensburg, und Prof. Dr. Mark Wahrenburg, Frankfurt

- **Reihe: Marketing**
  Herausgegeben von Prof. Dr. Heribert Gierl, Augsburg, Prof. Dr. Roland Helm, Jena, Prof. Dr. Frank Huber, Mainz, und Prof. Dr. Henrik Sattler, Hamburg

- **Reihe: Marketing, Handel und Management**
  Herausgegeben von Prof. Dr. Rainer Olbrich, Hagen

- **Reihe: Kundenorientierte Unternehmensführung**
  Herausgegeben von Prof. Dr. Hendrik Schröder, Essen

- **Reihe: Agrarökonomie**
  Herausgegeben von Prof. Dr. Achim Spiller, Göttingen, und Prof. Dr. Ludwig Theuvsen, Göttingen

- **Reihe: Produktionswirtschaft und Industriebetriebslehre**
  Herausgegeben von Prof. Dr. Jörg Schlüchtermann, Bayreuth

- **Reihe: Europäische Wirtschaft**
  Herausgegeben von Prof. Dr. Winfried Matthes, Wuppertal

- **Reihe: Katallaktik – Quantitative Modellierung menschlicher Interaktionen auf Märkten**
  Herausgegeben von Prof. Dr. Otto Loistl, Wien, und Prof. Dr. Markus Rudolf, Koblenz

- **Reihe: Quantitative Ökonomie**
  Herausgegeben von Prof. Dr. Eckart Bomsdorf, Köln, Prof. Dr. Wim Kösters, Bochum, und Prof. Dr. Winfried Matthes, Wuppertal

- **Reihe: Internationale Wirtschaft**
  Herausgegeben von Prof. Dr. Manfred Borchert, Münster, Prof. Dr. Gustav Dieckheuer, Münster, und Prof. Dr. Paul J. J. Welfens, Wuppertal

- **Schriftenreihe des Europäischen Instituts für Internationale Wirtschaftsbeziehungen**
  Herausgegeben von Prof. Dr. Wilfried Fuhrmann, Potsdam, und Prof. Dr. Paul J. J. Welfens, Wuppertal

- **Reihe: Industrieökonomik**
  Herausgegeben von Prof. Dr. Frank C. Englmann, Stuttgart, Prof. Dr. Mathias Erlei, Clausthal, Prof. Dr. Ulrich Schwalbe, Hohenheim, und Prof. Dr. Bernd Woeckener, Stuttgart

- **Reihe: Studien zur Dynamik der Wirtschaftsstruktur**
  Herausgegeben von Prof. Dr. Heinz Grossekettler, Münster

- **Reihe: Versicherungswirtschaft**
  Herausgegeben von Prof. (em.) Dr. Dieter Farny, Köln, und Prof. Dr. Heinrich R. Schradin, Köln

- **Reihe: Wirtschaftsgeographie und Wirtschaftsgeschichte**
  Herausgegeben von Prof. Dr. Ewald Gläßer, Köln, Prof. Dr. Josef Nipper, Köln, Dr. Martin W. Schmied, Köln, und Prof. Dr. Günther Schulz, Bonn

- Reihe: Wirtschafts- und Sozialordnung: FRANZ-BÖHM-KOLLEG – Vorträge und Essays
Herausgegeben von Prof. Dr. Bodo B. Gemper, Siegen

- Reihe: WISO-Studientexte
Herausgegeben von Prof. Dr. Eckart Bomsdorf, Köln, und Prof. (em.) Dr. Dr. h. c. Dr. h. c. Josef Kloock, Köln

- Reihe: Europäisches Wirtschaftsrecht
Herausgegeben von Prof. Dr. Dieter Krimphove, Paderborn

- Reihe: Rechtswissenschaft

FACHHOCHSCHUL-SCHRIFTENREIHEN

- Reihe: Lehr- und Studienbücher der Wirtschaftswissenschaft
Herausgegeben von Prof. Dr. Erik Gawel, FH Frankfurt am Main, Prof. Dr. Kilian Bizer, Universität Göttingen, Prof. Dr. Wiebke Störmann, FH Schmalkalden, und Prof. Dr. Thomas Wagner, FH Nürnberg

- Reihe: Institut für betriebliche Datenverarbeitung (IBD) e. V. im Forschungsschwerpunkt Informationsmanagement für KMU
Herausgegeben von Prof. Dr. Felicitas Albers, Düsseldorf

- Reihe: FH-Schriften zu Marketing und IT
Herausgegeben von Prof. Dr. Doris Kortus-Schultes, Mönchengladbach, und Prof. Dr. Frank Victor, Gummersbach

- Reihe: Medienmanagement
Herausgegeben von Prof. Dr. Thomas Breyer-Mayländer, Offenburg

- Reihe: FuturE-Business
Herausgegeben von Prof. Dr. Michael Müßig, Würzburg-Schweinfurt

- Reihe: Controlling-Forum – Wege zum Erfolg
Herausgegeben von Prof. Dr. Jochem Müller, Ansbach

- Reihe: Unternehmensführung und Controlling in der Praxis
Herausgegeben von Prof. Dr. Thomas Rautenstrauch, Bielefeld

- Reihe: Economy and Labour
Herausgegeben von EUR ING Prof. Dr.-Ing. Hans-Georg Nollau MBCS, Regensburg

- Reihe: Institut für Regionale Innovationsforschung (IRI)
Herausgegeben von Prof. Dr. Rainer Voß, Wildau

- Reihe: Interkulturelles Medienmanagement
Herausgegeben von Prof. Dr. Edda Pulst, Gelsenkirchen

PRAKTIKER-SCHRIFTENREIHEN

- Reihe: Transparenz im Versicherungsmarkt
Herausgegeben von *ASSEKURATA* GmbH, Köln

- Reihe: Betriebliche Praxis
Herausgegeben von vBP StB Prof. Dr. Johannes Georg Bischoff, Wuppertal

- Reihe: Regulierungsrecht und Regulierungsökonomie
Herausgegeben von Juconomy Consulting AG, Düsseldorf